江苏省高等学校重点教材（2021-2-032）

油气储运仪表及自动化

（富媒体）

主　编　彭浩平　高玉明　李晓平
副主编　梁飞华　高建丰　雷　云

石油工业出版社

内 容 提 要

本书主要介绍油气储运生产过程中自动控制系统方面的基本知识，构成自动控制系统的被控对象、检测仪表与传感器、自动控制仪表及执行器等；在简单控制系统的基础上，介绍了计算机控制系统；最后结合储运生产过程介绍了典型储运单元的控制方案，储运 DCS、SCADA 等控制系统及其应用。按储运生产特点，本书增添了在线分析仪表、安全仪表系统、储运自动化系统及其信息化等方面的内容和相关案例。为方便教学，本书以二维码为纽带，添加了大量富媒体资料。

本书适用于油气储运工程专业，也适用于燃气、能源等相关专业，还可供相关工程技术人员的培训或参考使用。

图书在版编目（CIP）数据

油气储运仪表及自动化：富媒体/彭浩平，高玉明，李晓平主编.—北京：石油工业出版社，2021.12（2025.8 重印）
江苏省高等学校重点教材
ISBN 978-7-5183-4522-9

Ⅰ.①油… Ⅱ.①彭…②高…③李… Ⅲ.①石油与天然气储运—检测仪表—高等学校—教材②石油与天然气储运—自动化系统—高等学校—教材 Ⅳ.①TE8

中国版本图书馆 CIP 数据核字（2021）第 025535 号

出版发行：石油工业出版社
　　　　　（北京市朝阳区安华里二区 1 号楼　100011）
　　　　　网　　址：www.petropub.com
　　　　　编辑部：（010）64523697
　　　　　图书营销中心：（010）64523633
经　　销：全国新华书店
排　　版：三河市聚拓图文制作有限公司
印　　刷：北京中石油彩色印刷有限责任公司

2021 年 12 月第 1 版　2025 年 8 月第 3 次印刷
787 毫米×1092 毫米　　开本：1/16　　印张：25
字数：640 千字

定价：52.00 元
（如发现印装质量问题，我社图书营销中心负责调换）
版权所有，翻印必究

前　言

随着现代科学技术的迅猛发展，自动化技术已成为当代举世瞩目的高技术之一。自动化仪表、计算机控制及信息化技术的不断完善和发展，使各类生产工艺技术不断改进、提高，生产过程向连续化、大型化转变；同时，生产过程控制由常规仪表控制向计算机全过程控制发展；生产过程自动化水平由局部自动化向综合自动化发展。

油气储运系统是连接油气生产、加工、分配、销售诸环节的纽带，在保障国家能源供应、维护能源安全方面具有重要作用，油气储运系统自动化的实现与应用可更好地保证安全生产，提高经济效益，从而达到节能降耗、安全环保和增加效益的目的。

为了适应这些发展要求及管控一体化、系统集成化与信息化的发展趋势，各类生产过程工艺专业技术人员都需要学习和掌握必要的检测技术及自动化方面的知识；在工艺设计与技术改造中，熟悉生产过程自动控制的主要内容及具体方案，并与自动化技术人员密切合作。这是现代工业生产实现高效、优质、安全、环保、低耗的基本条件和重要保证，也是有关人员管理与开发现代化生产过程所必须具备的知识。本书正是为适应这种需要而编写的。

在编写方面，本书根据测量仪表系统和自动控制系统的发展以及储运实际应用的需要，着眼于油气储运自动化的过程，以自动化为主线，集教学内容的先进性与叙述的深入浅出为一体，坚持突出系统概念、注重理论分析与实例解剖等原则，以更好地满足油气储运专业学生学习的需要。在内容叙述上，本书力求由浅入深、循序渐进，做到概念清楚、文字叙述确切。本书各章后面给出了习题与思考题，可对相应的内容进行练习，加深对内容的理解和掌握，以满足广大师生与读者的教学需要或参考。本书能满足油气储运及相关专业的本科生和研究生的学习需要，同时也能更好地满足相关领域的工程技术人员的工作需要。

本书由常州大学彭浩平、高玉明、中国石油大学（北京）李晓平任主编，广东石油化工学院梁飞华、浙江海洋大学高建丰、常州大学雷云任副主编。其中，绪论、第1、15章由高玉明、彭浩平、李晓平等编写，第2~4章由李晓平、周昊、温凯等编写，第5、8章由梁飞华、邓雪爽、雷云等编写，第6、7章由高玉明、邓雪爽、周昊等编写，第9、10章由于鹏飞、雷云、周年勇等编写，第11、12章由高建丰、纪国剑、周年勇等编写，第13章由纪国剑、于鹏飞、彭浩平等编写，第14章由高玉明、李晓平、纪国剑等编写。本书由高玉明负责统稿，参加本书编写的还有常州大学周诗崟、吕晓方、吕爱华、陆先亮、郭文敏、王卫卿、柳杨，长江大学杨三青，重庆科技学院严宏东等老师，对他们为本书付出的辛勤劳动深表敬意。

中国石油大学（北京）侯磊教授、浙江海洋大学竺柏康教授、辽宁石油化工大学王卫强教授、中石油规划总院陈由旺教授级高工、中石化齐鲁石化公司慕常强教授级高工认真审阅了本书的编写计划与书稿，提出了许多宝贵意见，使编者受益匪浅。

本书在编写过程中，得到了许多领导与校友、兄弟院校同仁的关心与支持，常州大学陈海群教授、浙江中控技术股份有限公司鲁勋高工、江苏省计量科学研究院侯松梁高工、中石化石油勘探开发研究院徐孝轩高工等对本书的编写提出了很多宝贵建议，本书编写过程中参阅了大量资料，从中得到不少启发和帮助，在此表示衷心的感谢。

因编写者水平有限，疏漏与不足之处在所难免，恳请同行和读者批评指正。

编者
2021年8月

目　录

绪论 ··· 1

1　油气储运自动控制系统基本概念 ··· 3
　　1.1　油气储运自动化的基本内容与分类 ··· 3
　　1.2　自动控制系统的基本组成及表示方式 ·· 7
　　1.3　自动控制系统的分类 ··· 17
　　1.4　自动控制系统的过渡过程及品质指标 ··· 18
　　习题与思考题 ··· 24

2　油气储运过程特性及其数学模型 ··· 26
　　2.1　油气储运对象及描述方法 ··· 26
　　2.2　对象数学模型的建立 ··· 28
　　2.3　描述对象特性的参数及其对控制过程的影响 ·· 33
　　习题与思考题 ··· 38

3　测量仪表及变送器 ·· 39
　　3.1　检测技术 ·· 39
　　3.2　测量误差理论与数据处理 ··· 41
　　3.3　信号传输、传感器与变送器 ·· 52
　　3.4　油气储运检测仪表的要求与防爆措施 ··· 56
　　习题与思考题 ··· 57

4　压力测量仪表 ·· 59
　　4.1　概述 ·· 59
　　4.2　弹性式压力计 ·· 61
　　4.3　电气式压力计 ·· 65
　　4.4　活塞式压力计 ·· 71
　　4.5　智能型压力变送器 ·· 72
　　4.6　压力仪表的选用、安装与校验 ··· 74
　　习题与思考题 ··· 81

5　温度测量仪表 ·· 82
　　5.1　温度及测量原理 ··· 82
　　5.2　膨胀式温度计 ·· 85
　　5.3　热电阻温度计 ·· 87
　　5.4　热电偶温度计 ·· 90

5.5 光纤温度传感器 ·········· 98
5.6 温度变送器 ·········· 99
5.7 测温仪表的选用及安装 ·········· 101
习题与思考题 ·········· 105

6 流量测量仪表 ·········· 106
6.1 流量的基本概念 ·········· 106
6.2 容积式流量计 ·········· 108
6.3 速度式流量计 ·········· 116
6.4 质量流量计 ·········· 139
6.5 流量仪表的选型 ·········· 145
习题与思考题 ·········· 149

7 物位测量仪表 ·········· 150
7.1 物位测量的基本概念与方法 ·········· 150
7.2 直读式液位计 ·········· 152
7.3 静压式液位计 ·········· 155
7.4 浮力式液位计 ·········· 159
7.5 电气型液位计 ·········· 167
7.6 液位计的选型与安装 ·········· 177
习题与思考题 ·········· 181

8 常用在线分析仪表与显示仪表 ·········· 182
8.1 在线原油含水分析仪 ·········· 182
8.2 在线密度计 ·········· 189
8.3 色谱分析仪 ·········· 193
8.4 含油污水分析仪 ·········· 197
8.5 在线露点分析仪 ·········· 200
8.6 显示仪表 ·········· 201
习题与思考题 ·········· 208

9 安全仪表系统 ·········· 209
9.1 安全仪表系统及配置原则 ·········· 209
9.2 安全仪表系统的功能安全及其标准 ·········· 215
9.3 储运安全仪表系统 ·········· 218
9.4 气体泄漏及火灾检测系统 ·········· 220
习题与思考题 ·········· 224

10 执行器 ... 226
10.1 概述 ... 226
10.2 电动执行器 ... 227
10.3 气动执行器 ... 234
10.4 电—气转换器及电—气阀门定位器 ... 248
10.5 智能执行器 ... 253
10.6 执行器的选择、安装和维护 ... 256
习题与思考题 ... 260

11 自动控制仪表 ... 261
11.1 概述 ... 261
11.2 基本控制规律及其对系统过渡过程的影响 ... 262
11.3 数字式控制器 ... 273
11.4 可编程序控制器 ... 278
11.5 常用的现场控制设备 ... 291
习题与思考题 ... 292

12 简单控制系统 ... 294
12.1 简单控制系统的结构与组成 ... 294
12.2 简单控制系统的设计 ... 296
12.3 控制器参数的工程整定 ... 309
12.4 控制系统的投运 ... 313
习题与思考题 ... 315

13 计算机控制系统 ... 317
13.1 概述 ... 317
13.2 集散控制系统 ... 324
13.3 现场总线控制系统 ... 339
13.4 网络控制系统 ... 343
13.5 工业控制系统 ... 346
习题与思考题 ... 347

14 储运常见典型系统的控制方案 ... 349
14.1 流体输送设备的控制方案 ... 349
14.2 储存设备及分离设备的自动控制方案 ... 357
14.3 传热设备的自动控制方案 ... 363
习题与思考题 ... 368

15 油气储运自动化综合管理系统及其信息化 ……………………………………………… 369
  15.1 储运自动化系统及其信息化概述 ……………………………………………… 369
  15.2 油库管控一体化自动化系统及其信息化 ……………………………………… 375
  15.3 油气管道管控一体化自动化系统及其信息化 ………………………………… 382
  15.4 城市燃气管控一体化自动化系统及其信息化 ………………………………… 385
  习题与思考题 …………………………………………………………………………… 390

参考文献 ………………………………………………………………………………… 391

富媒体资源目录

序号	名称	页码
1	开放性问题1	1
2	学习拓展与探究式研讨1	2
3	开放性问题2	10
4	复杂工程问题实践研讨1	24
5	学习拓展与探究式研讨2	30
6	复杂工程问题实践研讨2	38
7	问题1	39
8	开放性问题3	42
9	开放性问题4	50
10	学习拓展与探究式研讨3	54
11	复杂工程问题实践研讨3	58
12	视频1 压力变送器	66
13	复杂工程问题实践研讨4	81
14	开放性问题5	82
15	视频2 温度变送器	84
16	复杂工程问题实践研讨5	105
17	视频3 容积式流量计	109
18	视频4 气体涡轮流量计	121
19	学习拓展与探究式研讨4	132
20	复杂工程问题实践研讨6	146
21	视频5 磁翻板液位计	154
22	问题2	209
23	学习拓展与探究式研讨5	225
24	视频6 PID控制	271
25	开放性问题6	296
26	学习拓展与探究式研讨6	296
27	复杂工程问题实践研讨7	316
28	视频7 DCS简介	324
29	开放性问题7	349
30	视频8 三相分离缓冲罐	359

绪　　论

开放性问题 1

自动化技术是当今举世瞩目的高技术之一。自动化技术的研究开发和应用水平是衡量一个国家发达程度的重要标志。自动化技术的进步推动了工业生产的飞速发展，在促进产业革命中起着十分重要的作用。特别是在石油工业等领域，由于采用了自动化仪表和集中控制装置，促进了连续生产过程自动化的发展，大大地提高了劳动生产率，获得了巨大的社会效益和经济效益。

石油开采、储运、炼制、化工生产过程中，所处理的介质一般是原油、成品油、天然气等流体。这些流体从油（气）井中采出后，经过集输汇集、集输联合站进行初步分离与净化，再经长输管道送往炼油厂和化工厂，进行精细分馏或其他处理。在上述过程中，油、气、水的处理往往是在密闭的设备、管道中连续进行的。只有借助测量仪表与自动化装置进行检测和控制，才能正确地指导生产操作，监控设备运行。随着生产规模的不断扩大，需要测控的工艺参数逐渐增多，只靠人工操作已经无法适应现代工业生产的要求。为了确保安全生产，提高生产效率，改善劳动条件，必须把生产中的各项工艺参数控制在最佳值，使生产过程在最佳状态下自动地运行，即实现生产过程的自动化。

在生产过程中，利用各种仪表和设备代替人的一些复杂性、重复性的劳动，来检测、控制生产过程中的工艺参数，按照人们所预定的要求，自动地进行生产和操作，这种用自动化仪表来管理生产过程的方法，称为生产过程自动化。石油储存与运输、集输与加工过程的自动化均属于生产过程自动化的范畴。例如，在储运生产设备上，配备上一些自动化装置，代替操作人员的部分直接劳动，使生产在不同程度上自动地进行，这种用自动化装置来管理储运生产过程的办法，即储运自动化。

1. 储运生产过程自动化的目的与作用

自动化是提高社会生产力的有力工具之一，实现储运生产过程自动化的目的与作用如下：

（1）加快生产速度，降低生产成本，提高产品产量和质量。在人工操作的生产过程中，因人对外界的观察控制精确度和速度有一定限度，而且因体力关系，人直接操纵设备的功率也有限。如果用自动化装置代替人的操纵，则以上情况可以得到避免和改善，并且通过自动控制系统使生产过程在最佳条件下进行，可大大加快生产速度，降低能耗，实现优质高产。

（2）减轻劳动强度，改善劳动条件。多数储运生产过程具有较大危险性，有易燃、易爆或有毒、有腐蚀性、有刺激性气味等特点。实现了储运自动化，人只要对自动化装置的运行进行监视，而不需要再直接从事大量危险的操作。

（3）能够保证生产安全，防止事故发生或扩大，达到延长设备使用寿命、提高设备利用效率的目的。如用于天然气管线输送的离心式压缩机，往往因操作不当引起喘振而损坏机体，假如对此类设备进行必要的自动控制，就可减少或防止事故的发生。

（4）生产过程自动化的实现，能根本改变劳动方式，提高工人文化技术水平，为逐步地消灭体力劳动和脑力劳动之间的差别创造条件。

随着生产过程的大型化、复杂化，各种类型的自动控制系统已经成为现代工业生产实现安全、高效、优质、低耗的基本条件和重要保证。

学习拓展与探究式研讨1

2. 油气储运生产过程自动化的发展过程

从生产过程自动化的发展情况来看,首先是应用一些自动检测仪表来监视生产。

20 世纪 40 年代前,绝大多数石油生产处于手工操作状况,操作工人根据反映主要参数的仪表指示情况,用人工来改变操作条件,生产过程单凭经验进行,导致生产效率较低。

20 世纪 50 年代到 60 年代,石油工业生产过程朝着大规模、高效率、连续生产、综合利用方向迅速发展。为使这类生产正常运行,必须要有性能良好的自动控制系统和仪表。此时,在实际生产中应用的自动控制系统主要是温度、压力、流量和液位四大参数的简单控制;所应用的自动化技术工具主要是基地式电动、气动及单元组合式仪表。

20 世纪 70 年代以来,计算机在自动化中发挥了越来越重要的作用,自动化技术工具方面的仪表更新迅速、不断变革,以满足生产过程中对能量利用、产品质量等各方面越来越高的要求。20 世纪末,计算机与信息技术的飞速发展,引发了自动化系统结构的变革。专用微处理器嵌入传统测量控制仪表,使其具有数字计算和数字通信能力;现场总线控制系统的出现,使自动化仪表、集散控制系统和可编程序控制器产品的体系结构、功能结构都发生了很大的变化。

目前的自动化技术已不只是局限于对生产过程中重要参数的自动控制,其应用领域和规模越来越大,管控一体化、集成化的智能信息化系统已成为趋势,现代自动化技术已发展为综合自动化。同时,在自动化技术的发展过程中,软设备所起的作用日益被重视,自动化过程中的智能化程度日益增加,显示了知识密集化、高技术集成化的特点。各种智能仪表的不断出现、控制精度的逐步提高、控制方式的日益多样化,使自动化技术不仅减轻或代替了人们的体力劳动,而且也在很大程度上代替了人们的脑力劳动。

3. 自动化的发展趋势

(1) 控制目标由实现过程工艺参数的稳定运行,发展为以最优质量为指标的最优控制。

(2) 控制方法由模拟的反馈控制发展为数字式的开环预测控制,由传统的手动定值控制器、PID 控制器及各种顺序控制装置,发展为由微型计算机构成的数字控制器和自适应控制器。

(3) 自动化技术的总体发展趋势是系统化、柔性化、集成化和智能化。

4. 储运自动化的学习意义

因现代自动化技术的发展,在储运行业,生产工艺、设备、控制与管理已逐渐成为一个有机的整体。自动化技术具有实时监控、智能控制和集中管理等特点,在石油天然气的储运生产过程中,从沙漠腹地无人值守的集输泵站到海上采油平台的自动控制,从长输管线远程联网控制到炼油厂、石油石化企业的大型自动化系统应用,自动化技术已成为储运生产过程中必不可少的重要技术手段。因此,从事储运生产过程控制的技术人员必须深入了解和熟悉储运生产工艺与设备,而储运工艺技术人员必须掌握相应的仪表自动化知识。越来越多的工艺技术人员认识到学习自动化及仪表方面的知识对控制、管理和开发现代化储运生产过程的重要性。

油气储运生产过程自动化是一门综合性的技术学科。它应用自动控制学科、仪器仪表学科及计算机学科的理论与技术服务于油气储运工程;储运生产过程有其自身的规律,而其工艺更是类型众多。对于熟悉油气储运工程学科的人员,如能再学习和掌握一些检测技术和控制系统方面的知识,必能在推进国内油气储运的自动化事业中起到事半功倍的作用。

1 油气储运自动控制系统基本概念

1.1 油气储运自动化的基本内容与分类

自动化技术具有实时监控、智能控制和集中管理等特点,在现代化工业生产中的应用越来越广泛。同其他工业生产一样,在石油天然气储运生产过程中,也可广泛地采用自动化技术。油气储运过程一般包括油气净化处理、储存、加热和输送等环节。比如,在集输、长输等系统的工艺管线和各类站库的设备上都装有各种自动化仪表,对原油及天然气的压力、温度、流量等参数进行自动测量和控制。油气储运行业中常见的与自动化相关的系统有很多,如油气田集输工程中的自动计量系统、分离器的自动液位调节系统、长输管道中的 SCADA 系统等。

1.1.1 油气储运自动化的分类

任何生产过程基本上都是由"物质流程"和"信息流程"组织起来的。信息流程是人们管理物质流程所必需的。这是因为在生产中为了进行有目的的操作,人们必然对生产过程中的各种信息先进行测量、分析、判断,然后再由生产管理者下达命令到操作机构进行控制。实现自动化的途径就是把人们对生产过程的测量控制作用移交给工业自动化系统去完成。所以,工业自动化系统实质上是一种信息机器,它和动力机器不同,其主要功能是信息形式的转换,而动力机器的主要功能是能量形式的转换。

信息不同于信号。任何事物都有其自己的特征,这就是信息。信号则是在变换传输处理过程中用来体现事物状态(即信息)的物质形式,或者说信号是信息的载体。

人与机器机能的对应关系如图 1.1 所示。

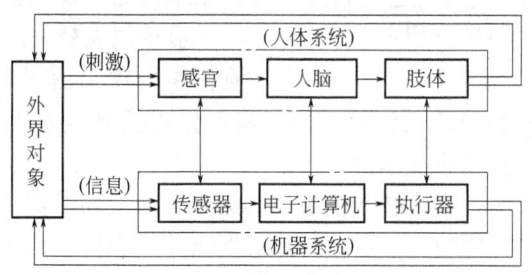

图 1.1 人与机器机能的对应关系

油气储运生产过程一般包括油气集输、净化处理、储存、输送、加工和销售等环节,其自动化应用本质上也属类似过程。油气处理站、油气集输与城市燃气管网、油气长输管道及其场站、炼油厂与油库等生产单位,对生产过程中的物位、流量、压力、温度和含水率等生产工艺参数都需进行检测及调节。若是人工操作,误差较大,也不能保证多参数之间的协调与优化,会严重影响生产效率及产品质量。为节能增效,提高产品质量和安全性,对生产工艺和设备实施自动控制非常必要。用仪表控制装置代替人工操作，完成生产运行参数的采集、显示、记录、调节和异常报警，并通过系统自动调节到最佳状态，操作人员只需通过监控系统就可及时了解和掌握生产装置的运行状态，因此，自动化技术的应用，可大大提高测量精度，消除人为误差，降低工人劳动强度，具有良好的经济和社会效益。目前，生产过程自动化已成为油气储运、燃气输配等储运生产过程中必不可少的一个重要组成部分。例如，在储运工艺管线和各类站库上装有各种自动化仪表，即可实现对油气压力、温度、流量等工艺参数的自动测量和控制。

工业用自动化仪表类型众多，一般分类如下：

（1）按仪表使用能源的不同，可分为电动仪表、气动仪表、自力式仪表和液压式仪表，它们分别使用电、压缩空气、被测介质自身能量等作为动力。

（2）按所测量参数的不同，可分为模拟测量仪表（压力、物位、流量、温度等参数测量仪表）、电工测量仪表（测量电压、电流等参数）、成分分析仪表等。

（3）按仪表在自动控制系统中的作用不同，可分为变送器（用于参数的检测与信号的转换及传送）、控制器与执行器（用于对参数的调节）、显示记录仪等。

（4）按仪表组合形式的不同，可分为基地式仪表、单元组合仪表和综合控制装置。

（5）按仪表功能用途的不同，可分为检测仪表（用于参数的检测）、显示仪表、转换和传输仪表（用于信号的转换及传送）、调节控制仪表（控制器）、执行器（用于对参数的调节）、变送器（用于参数的检测与信号的转换及传送）。

从信息角度来看，根据生产过程中信息流程的基本形式，按信息的获得、传递、反映和处理的过程，可将工业自动化仪表划分为检测仪表、显示仪表、控制仪表、执行器 4 类，各类仪表的作用如图 1.2 所示。

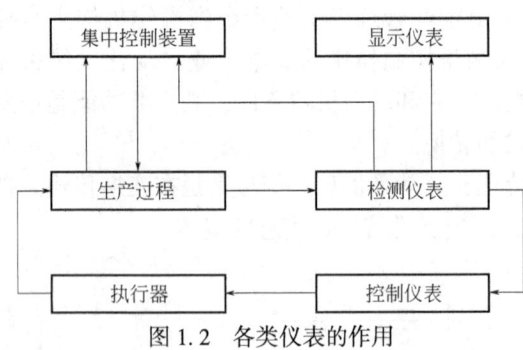

图 1.2　各类仪表的作用

检测仪表是信息获得和转换的工具，用以对生产过程相关参数的测量，以及信号调整、放大、转换，即传感器、变送器、转换器等。检测仪表按所使用系统不同可分为生产系统检测仪表和安全系统检测仪表。

显示仪表是信息显示的工具。它是将检测仪表的输出信号显示出来以供观察的仪表，与检测仪表、变送器和传感器配套使用。显示仪表按显示方式不同分为模拟式显示仪表、数字式显示仪表和字符图像显示仪等。

控制仪表是信息处理的工具。控制仪表又称调节仪表或控制器，其作用是将生产过程中的被测参数与设定参数进行比较，然后按一定控制规律发出控制信号给执行器，其类型有控制器、调节器、信号选择器、顺序控制器、批量控制器，以及多路信号输入输出装置、数据通信装置等。

执行器是信息执行的工具，储运常见的有电动执行器、气动执行器、调节阀（控制阀）、阀门定位器、电磁阀、液动阀等。

1.1.2　油气储运自动化系统

油气储运自动化系统按照功能不同可分为若干类型，下面对其中的几种主要类型分别予以介绍。实际应用中它们常常组合使用。

1. 自动检测系统

自动检测系统即利用各种检测仪表对生产过程的主要工艺运行参数（如压力、温度、液位、流量等）和工艺设备状态参数（如阀的开关、泵的启停状态、环境中可燃气体的浓度等）进行测量、显示或记录，并集中在值班室或中控室显示，达到"了解"生产任务的目的。一般都要保存成历史数据库。检测数据可储存和打印出来。

自动检测是自动化系统的基础部分。它就像人的感觉器官，代替了操作人员对工艺参数的不断观察与记录，对生产过程起到了信息的获取与记录作用。

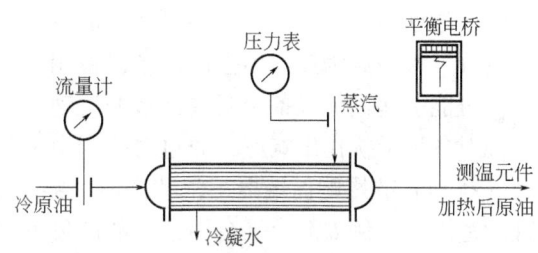

图 1.3　热交换器自动检测系统示意图

例如，图 1.3 所示的储运原油加热热交换器自动检测系统，利用蒸汽来加热原油，冷原油经加热后的温度是否达到要求，可用测温元件配上平衡电桥来进行测量、指示和记录；冷原油流量可用流量计进行检测；蒸汽压力可用压力表来指示。

2. 自动保护系统

自动保护系统也称自动信号和联锁保护系统或自动切断系统，即在检测到生产过程中某参数超出合理的取值范围，有可能对系统带来危害的情况下，自动触发一系列的保护动作，以防止破坏的发生，如泵入口的低压保护、压缩机的防喘振机制、储油罐的高低安全液位控制等。它是生产过程中的一种安全装置，用于生产安全保护。

储运生产过程中，偶然因素导致工艺参数超出允许变化范围而出现不正常情况时，就有可能引起事故。为此常对一些关键性参数设有自动信号联锁装置。

自动保护系统根据仪表传感器不断检测与安全生产有关的运行参数（如压力、温度等）和工艺设备的状态参数（如机泵的负载、振动等），利用事先编好的故障和事故诊断程序来分析生产系统的安全状况。如检测到生产过程中某工艺参数超出合理的允许取值范围，在事故发生前，信号系统会自动地发出声光信号，告诫操作人员注意，并及时采取措施。如工况已到达危险状态时，联锁系统就会立即自动采取紧急措施，打开安全阀或切断某些通路，必要时利用事先编好的紧急停车程序有序停止相关设备的运行，或将有事故的部分设备切断开来，必要时紧急停车，以防止事故的发生和扩大。

因为现代储运生产过程的强化，仅靠操作人员处理事故已完全不可能，在一个强化的生产过程中，事故常常会在几秒钟内发生，由操作人员直接处理根本来不及，而自动联锁保护系统可圆满地解决这类问题。

3. 自动开停车系统

自动开停车系统可按照预先规定好的步骤，将生产过程自动地投入运行或自动停车，如常见的泵或压缩机的启停、阀门的开关等。该系统主要用于由人工在值班室或中控室通过开关及控制器对阀门的开关、开度和电动机的启停、转速等进行操作控制。因该系统没有自动形成信息的检测、分析判断、反馈控制的闭合环路，故此类系统属于开环控制系统。如油田的某些机泵变频调速就采用此类系统。开环控制系统常和自动检测系统结合使用，分析判断工作则由人工完成。

4. 自动操纵系统

自动操纵一般指可根据预先规定的步骤自动地对生产设备进行某种周期性的操作。

该系统极大地减轻了操作人员的重复性体力劳动，主要用于根据仪表传感器检测的数据，利用事先编好的逻辑控制程序对阀门、电动机等生产设备进行控制，整个过程自动进行，是一种闭环控制。

5. 自动控制系统

生产过程中各种工艺条件不可能一成不变。外界对系统有各种各样的干扰，特别是油气生产过程，大多数为连续性生产，各设备相互关联。当其中某一个设备的工艺条件发生变化时，都可能引起其他设备中某些参数的波动，从而偏离正常的工艺条件。为此，需要自动控制系统对各种干扰作出响应，通过对生产中某些关键性参数的自动控制，当它们在受到外界干扰（扰动）的影响而偏离正常状态时，能自动地进行调节，使各种工艺参数始终保持在合理的范围内。例如海上平台因油井的产量不稳定，气液两相流的流动就会带来各种干扰，要保持段塞流捕集器的液位处于合理范围内，必须依靠灵活、健全的控制系统才能实现。

自动控制系统是一种为保证产品质量而广泛应用的闭环控制系统，它能保证生产过程中的各种工艺参数（如压力、温度、液位、流量等）保持在给定值附近范围内，主要应用于根据仪表传感器检测的数据，利用事先编好的控制程序对阀门的开度及电动机的转速等进行控制，使被控制量保持在给定值上。

对生产过程或设备的自动控制，实现了生产工艺参数从测量、显示、记录到控制，以及对生产设备的操作和保护等环节都用自动装置和仪表来自动完成，从而使生产质量得以提高，并能大大地减少工人的劳动强度；同时，也能更好地保证生产安全，延长设备使用寿命，降低能量消耗和生产成本。例如，储运油气集输中的原油稳定和轻油回收系统中就大量采用了这种系统。如图1.4所示为油气集输中油气水三相分离器液位自动控制。

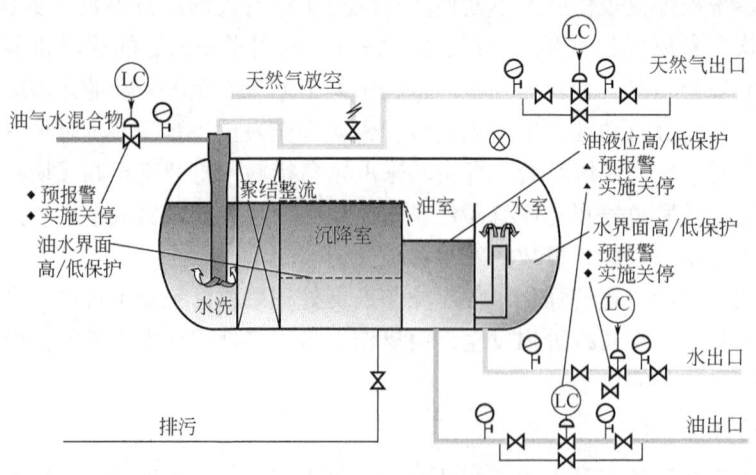

图1.4 油气水三相分离器液位自动控制示意图

6. 火灾消防系统

火灾消防系统是一种专门用于扑灭火灾的系统，它根据测温、测烟等仪表检测到的数据，当分析判断火灾发生时，立即通过泵、管道、喷嘴进行喷淋和喷泡沫等救灾。喷淋是用来降低已燃的设备和相邻未燃烧设备的温度；喷泡沫是扑灭已燃设备的火焰。它单独设置，自成系统,一般油气田或管道配套油库的罐区都设有这种系统。

综上所述,自动检测系统只能完成"了解"生产过程进行情况的任务;自动保护系统只能在工艺条件进入某种极限状态时采取安全措施,以避免生产事故的发生;自动操纵系统只能按照预先规定好的步骤进行某种周期性操纵;火灾消防系统只能在火灾发生后进行灭火时起到保护作用;只有自动控制系统才能自动地排除各种干扰因素对工艺参数的影响,使它们始终保持在预先规定的数值上,保证生产维持在正常或最佳的工艺操作状态。自动控制系统在石油天然气储运生产中应用最多,也是最主要的系统。因此,自动控制系统是储运自动化生产中的核心部分,也是本课程了解和学习的重点。

1.2 自动控制系统的基本组成及表示方式

1.2.1 自动控制系统的基本组成

自动控制系统在人工控制基础上产生和发展而来。在介绍自动控制前,先分析人工操作,并与自动控制加以比较,以利于分析和了解自动控制系统。

图 1.5 为中质原油三段脱水工艺中的原油缓冲罐,常用来储存一次沉降脱水后的原油。一次沉降脱水后的原油连续不断地流入储油罐中,而罐中原油又经泵送至加热炉加热后,再进行电脱和原油稳定处理。当流入量 Q_i(或流出量 Q_o)波动时会引起罐内液位的波动,严重时会溢出或抽空。最简单的解决办法是以储油罐液位为操作指标,以改变出口阀门开度为控制手段,如图 1.5(a) 所示。当液位上升时,将出口阀门开大,液位上升越多,阀门开得越大;反之,当液位下降时,则关小出口阀门,液位下降越多,阀门关得越小。为使液位上升和下降都有足够余地,选择玻璃管液位计指示值中间某一点为正常工作时的液位高度,通过改变出口阀门开度而使液位保持在这一高度上。这样就不会出现罐中液位过高而溢至罐外,或使罐内液体抽空而发生事故。总结起来,操作人员所进行的工作有以下 3 个方面[图 1.5(b)]:

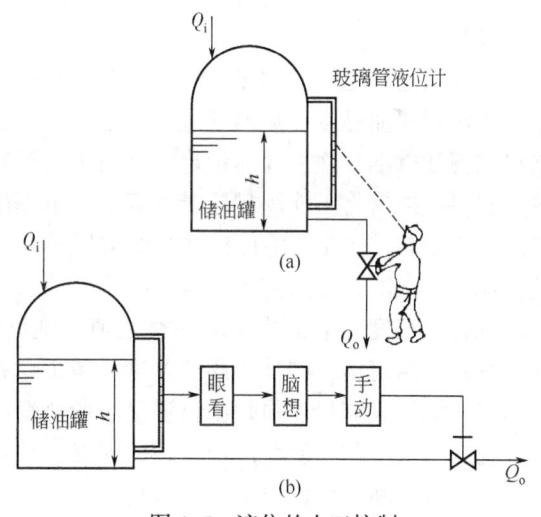

图 1.5 液位的人工控制

(1) 眼看:用眼睛观察玻璃管液位计(测量元件)中液位的高低,并通过神经系统告诉大脑。

(2) 脑想:大脑根据眼睛看到的液位高度加以思考,并与要求的液位值进行比较,得出偏差的大小和正负,然后根据操作经验,经思考、决策后发出命令。

(3) 手动:按大脑发出的命令,通过手去改变阀门开度,以改变出口流量 Q_o,使液位保持在所需高度上。

眼、脑、手 3 个器官,分别担负了检测、运算和执行 3 个作用,来完成测量、求偏差、操纵阀门以纠正偏差的全过程。因人工控制受人生理上的限制,在控制速度和精度上都满足不了大型现代化生产的需要。为提高控制精度和减轻劳动强度,可用一套自动化装置来代替上述人工操作,这样就由人工控制变为了自动控制。储油罐和自动化装置一起构成了一个自动控制系统,如图1.6所示。

为了完成人的眼、脑、手3个器官的任务,自动化装置一般至少也应包括3个部分,分别用来模拟人的眼、脑和手的功能。如图1.6所示,自动化装置的3个部分分别是:

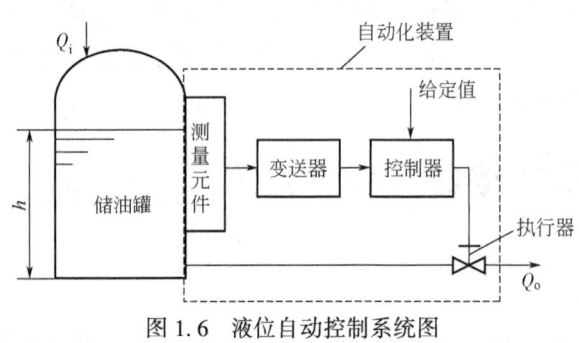

图1.6 液位自动控制系统图

(1)测量元件与变送器:其功能是测量液位并将液位的高度转化为一种特定的、统一的输出信号(如气压信号或电压、电流信号等)。

(2)自动控制器:它接收变送器送来的信号,与工艺需要保持的液位高度相比较得出偏差,并按某种运算规律算出结果,然后将此结果用特定信号(气压或电流)发送出去。

(3)执行器:通常指控制阀,它与普通阀门的功能一样,只不过它能自动地根据控制器送来的信号值来改变阀门的开启度。

显然,这套自动化装置具有人工控制中操作人员的眼、脑、手的部分功能,故它能完成自动控制储油罐中液位高低的任务。

在自动控制系统的组成中,除必须有前述的自动化装置外,还必须有控制装置所控制的生产设备。

下面通过储运原油加热炉实例来深入分析与了解自动化控制系统。

为降低原油黏度,热油管道中常设置加热炉对原油进行升温。因原油性质不同,加热炉出口的温度就不一样,具体设定温度由工艺计算确定。这一温度不能太低,否则黏度太大,泵所提供的能量将不能满足输量的要求;也不能太高,否则就会造成油品气化,给安全运行造成不良影响。图1.7为原油加热炉温度控制过程示意图,(a)、(b)分别为人工控制与自动控制的示意图。人工控制过程为操作者通过观察位于出口的测温仪表,了解加热炉出口温度。如出口温度低于工艺要求的给定值,则增大阀门开度,提高燃料供应,以升高加热温度;如高于给定值,则减小阀门开度,减少燃料供应,以降低加热温度。自动控制过程则是先通过检测仪表测量加热炉出口温度。所测温度经变送器输入给调节器。调节器中的比较电路,比较给定值与所测实际温度值的差异,再按此差异判断是否对阀门进行调节及调节的方向,然后将判断结果输出给执行机构。执行机构将比较电路发来的信号放大,然后控制相应

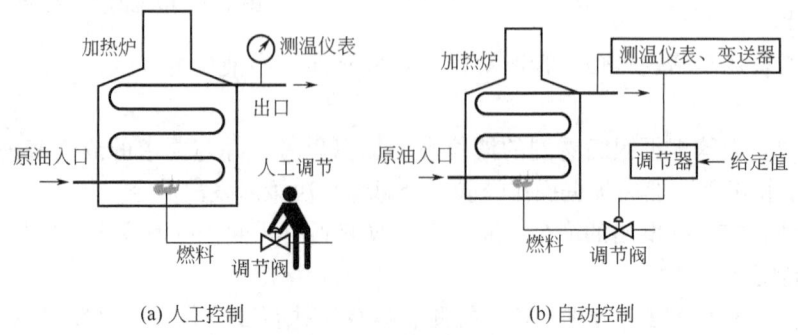

(a)人工控制　　　　　　　　　　(b)自动控制

图1.7 原油加热炉温度控制过程示意图

电路推动调节阀动作,以达到改变燃料供给的目的,最终控制加热炉的出口温度。

对比人工控制和自动控制系统,可看出两系统的相同点:

(1) 人工控制与自动控制系统的操作对象都为加热炉。自动控制系统中,需要控制其工艺参数的设备、机械机器与生产过程被称为被控对象,简称对象。实际生产的被控对象一般是某个设备,如本例中的加热炉,而图1.5所示的储油罐则为液位控制系统的被控对象。

储运生产中的各种分离设备、换热器、泵和压缩机及各类储罐等都是常见的被控对象,甚至一段输气管道也可以是一个被控对象。但某些情况下也会有所变化,被控对象可能只是设备中的一部分。如复杂的生产设备中,一个设备上可能有好几个控制系统。这时在确定被控对象时,就不一定是生产设备的整个装置。例如图1.8所示的油气田集输中的原油稳定塔,塔顶需要控制温度、压力,塔中又需要控制液位,在这种情况下,就只有与控制有关的塔的相应部分才是某一个控制系统的被控对象。例如,在讨论塔中部的液位控制系统时,被控对象仅为出油管道及阀门等,而不是整个原油稳定装置。

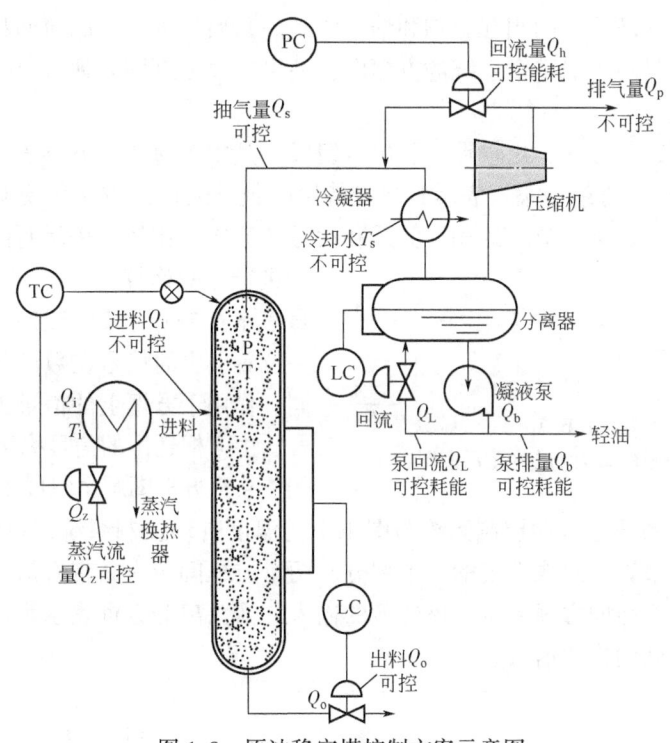

图1.8 原油稳定塔控制方案示意图

(2) 两个系统中都有负责观察或测量的器官或元件,该部分在自动控制系统中称测量元件与变送器。测量元件的功能为获取被测物理量的值,变送器的功能是将测量所获得的信号传递给控制器。对一般控制系统,这一变送过程集成在传感器中,称智能传感器。但对复杂的控制系统,信号需要传递所涉及的空间距离或时间跨度都较大,就会把负责信号传递功能的部分独立出来,称通信系统。

(3) 人工控制系统中人脑对应于自动控制系统中的调节器(也称自动控制器),其作用是进行判断(或称运算),即按采集(测量)所得来的信息,判断是否需要采取调节措施,以及调节措施的方向、幅度等。

（4）调节阀（执行器）。人工控制系统中操作员用手来执行大脑所发出的指令；自动控制系统中则需一系列的电气装置来完成类似的功能。在自动控制系统中将用于完成控制器指令的部分称为执行器。图1.7(b)中的调节阀即为执行器。

通过上述液位及温度控制系统的分析可知，自动控制系统由被控对象和自动化装置组成，自动化装置则包括测量元件与变送器、控制器、执行器，分别代替了人的眼、脑、手3个器官的功能。

1.2.2 自动控制系统的表示形式

1. 方框图

开放性问题2

在研究自动控制系统时，为便于对系统分析研究，一般都用方框图来表示控制系统的组成。

方框图是自动控制系统中每个环节的功能和信号流向的图解表示，是自动控制系统进行理论分析、设计中常用到的一种形式，常用于表明一个自动控制系统中各个组成环节间的相互影响和信号联系。只要依据信号的流向将各元件的方框连接起来，就能很容易地组成整个系统的方框图，还可通过方框图来评价每个元件对系统性能的影响。

方框图由方框、信号线、比较点、引出点组成。其中，每一个方框表示系统中的一个组成部分（也称环节），方框内添入表示其自身特性的数学表达式或文字说明；信号线是带有箭头的直线段，用来表示环节间的相互关系和信号的流向；比较点表示对两个或两个以上信号进行加减运算，"+"号表示相加，"-"号表示相减；引出点表示信号引出，从同一位置引出的信号在数值和性质方面完全相同。作用于方框上的信号为该环节的输入信号，由方框送出的信号称该环节的输出信号。图1.9为方框图基本组成单元示意图。

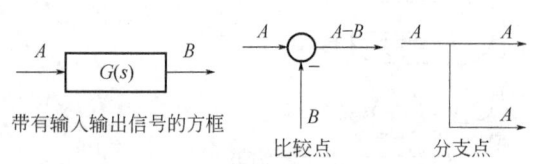

图1.9　方框图基本组成单元示意图

例如，图1.6的液位自动控制系统与图1.7的温度自动控制系统都可用图1.10的方框图来表示。每个环节表示组成系统的一个部分。两个方框间用一条带有箭头的线条表示其信号的相互关系，箭头指向方框表示为该环节的输入，箭头离开方框表示为该环节的输出。线旁的字母表示相互间的作用信号。

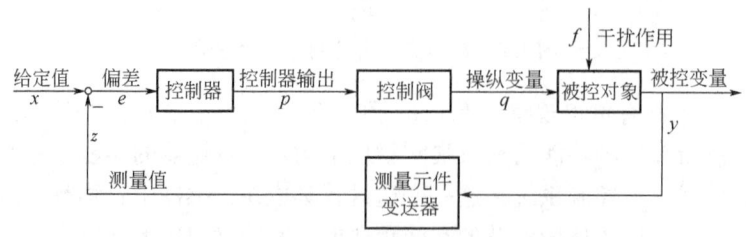

图1.10　液位或温度自动控制系统方框图

图1.6中的储油罐、图1.7中的加热炉在图1.10中用一个"被控对象"方框来表示，其液位或温度即生产过程中所要保持恒定的变量，在自动控制系统中称被控变量，用y来表示。在方框图中，被控变量y即对象的输出。在液位控制中影响被控变量y的因素来自进油

流量的改变，这种引起被控变量波动的外来因素，在自动控制系统中称干扰作用（扰动作用），用 f 表示。干扰作用为作用于对象的输入信号。出油流量 q 的改变是因控制阀动作所致，如用一方框表示控制阀，则出油流量 q 即为"控制阀"方框的输出信号。出油流量的变化也是影响液位变化的因素，故也是作用对象的输入信号。出油流量信号 q 在方框图中把控制阀和对象连接在一起。

储油罐液位信号是测量元件及变送器的输入信号，而测量元件及变送器的输出信号 z 进入比较机构，与工艺上希望保持的被控变量数值（即给定值）x 进行比较，得出偏差信号 $e(e=x-z)$，并送往控制器。比较机构仅是控制器的一个组成部分，并非独立仪表，为更清楚地说明其比较作用，一般在图中把它单独画出，并以〇或⊗表示。控制器根据偏差信号的大小，按一定规律运算后，发出信号 p 送至控制阀，使控制阀开度发生变化，以改变出油流量来克服干扰对被控变量（液位）的影响。控制阀的开度变化起着控制作用。具体实现控制作用的变量称操纵变量，如图1.6中流过控制阀的出油流量即操纵变量。用来实现控制作用的流体介质一般称操纵介质或操纵剂，如液位控制中流过控制阀的流体（原油）即操纵介质。

按自动控制系统的方框图，介绍自动控制系统中常用的几个术语：

（1）被控对象：需要实现控制的设备、机械或生产过程，简称对象，如图1.6、图1.7、图1.8中的储油罐、加热炉、原油稳定塔。

（2）被控变量：被控对象工艺要求保持一定数值（或按某一规律变化）的物理量，如图1.6、图1.7、图1.8中储油罐的液位、加热炉出口温度、原油稳定塔的顶部压力与温度。被控变量也为对象的输出变量。

（3）操纵变量：受执行器控制，用以使被控变量保持一定数值的物理量称为控制变量或操纵变量，如图1.6、图1.7中储油罐的出油量、加热炉的燃料供应量。操纵变量是对象的输入作用。

（4）干扰（扰动）作用：除操纵变量以外，作用于对象并引起被控变量变化的一切因素，如图1.6中储油罐的进油量。

（5）给定值：工艺规定被控变量所要保持的数值，如图1.6、图1.7、图1.8中储油罐的液位、加热炉出口温度、原油稳定塔的顶部压力与温度。

（6）偏差：偏差本应是给定值与被控变量的实际值之差，但实际能获取的信息是被控变量的测量值而非实际值，故在控制系统中常把给定值与测量值之差定义为偏差，$e=x-z$，偏差是控制器的输入信号。

用同一种形式的方框图可代表不同的控制系统。例如图1.11为原油蒸汽加热器温度控制系统，当进油流量或温度变化等因素引起出口油温度变化时，可将该温度变化测量后送至温度控制器TC。温度控制器的输出信号送至控制

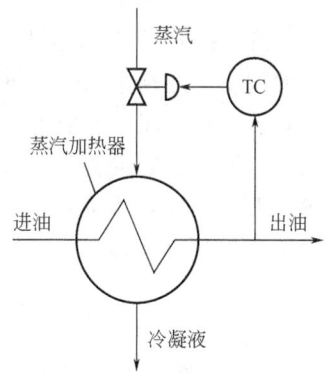

图1.11 原油蒸汽加热器温度控制系统

阀，以改变加热蒸汽量来维持出口原油的温度不变。该控制系统同样可用图1.10的方框图来表示。此时被控对象是加热器，被控变量 y 是出口原油的温度。干扰作用可能是进油流量、进油温度的变化、加热蒸汽压力的变化、加热器内部传热系数或环境温度的变化等。而控制阀的输出信号，即操纵变量 q 是加热蒸汽量的变化，此处加热蒸汽是操纵介质

或操纵剂。

方框图中的每一个方框都代表一个具体的装置。方框与方框间的连接线仅代表方框间的信号联系，并不代表方框间的物料联系。方框间连接线的箭头也仅代表信号作用的方向，与工艺流程图上的物料线不同。工艺流程图上的物料线代表物料从一个设备进入另一个设备，而方框图上的线条及箭头方向有时并不与流体流向相一致。如控制阀控制着操纵介质的流量（即操纵变量），从而把控制作用施加于被控对象去克服干扰的影响，以维持被控变量在给定值上，故控制阀的输出信号 q 任何情况下都指向被控对象，但控制阀所控制的操纵介质却可流入对象（如图1.11中的加热蒸汽），也可由对象流出（如图1.6中的出油流量）。这说明方框图上控制阀的引出线仅代表施加到对象的控制作用，并非具体流入或流出对象的流体。如该物料确实流入对象，信号与流体的方向才一致。

对任何一个简单自动控制系统，只要按照上面的原则去作出它们的方框图，则无论它们在表面上有多大差别，但各组成部分在信号传递关系上都形成了一个闭合的环路。其中任何一个信号，只要沿着箭头方向前进，通过若干个环节后，最终又会回到原来的起点。故自动控制系统是一个闭环系统。

图1.10中，系统输出变量是被控变量，但它经测量元件和变送器后，又返回到系统的输入端，与给定值进行比较。这种把系统（或环节）的输出信号直接或经过一些环节重新返回到输入端的做法称反馈。由图1.10可见，在反馈信号 z 旁有一个负号"−"，而在给定值 x 旁有一个正号"+"（正号可省略）。这里正和负的意思是在比较时，以 x 作为正值，以 z 作为负值，即到控制器的偏差信号 $e=x-z$。因图1.10中的反馈信号 z 取负值，故称负反馈，负反馈信号能使原来的信号减弱。如反馈信号取正值，则反馈信号使原来的信号加强，称正反馈。此时，方框图中反馈信号 z 旁则要用正号"+"，此时偏差 $e=x+z$。自动控制系统中都用负反馈。因为当被控变量 y 受到干扰的影响而升高时，只有负反馈才能使反馈信号 z 升高，经过比较输送到控制器中去的偏差信号 e 将降低，此时控制器将发出信号，以使控制阀的开度发生变化，变化的方向为负，从而使被控变量下降回到给定值，这样就达到了控制的目的。如采用正反馈，则控制作用不仅不能克服干扰的影响，反而推波助澜，即当被控变量 y 受到干扰升高时，z 也升高，控制阀的动作方向使被控变量进一步升高，且只要有一点微小的偏差，控制作用就会使偏差越来越大，直至被控变量超出安全范围而破坏生产。所以控制系统绝对不能单独采用正反馈。

综上所述，自动控制系统是具有被控变量负反馈的闭环系统。其与自动检测、自动操纵等开环系统最本质的区别在于自动控制系统有负反馈。开环系统中，被控（工艺）变量不反馈到输入端。如图1.12为集输曝气水处理工艺中自动造气机的自动操纵系统方框图，该系统就属于典型的开环系统。自动机在操作时，一旦开机，就只能按预先规定好的程序周而复始地运转。此时曝气池水处理工况如发生了变化，

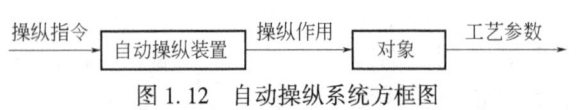

图1.12 自动操纵系统方框图

自动机不会自动地根据曝气池的实际工况来改变自己的操作，即自动机不能随时"了解"曝气池的情况并依此改变自己的操作状态，这是开环系统的缺点。自动控制系统因是具有负反馈的闭环系统，所以，它可随时了解被控对象的情况，有针对性地根据被控变量的变化情况而改变控制作用的大小和方向，使系统的工作状态始终等于或接近于所希望的状态，这是闭环系统的优点。

2. 工艺管道及控制流程图

工艺流程确定后，工艺和自控设计人员应共同研究确定控制方案。控制方案的确定包括流程中各测量点的选择、控制系统的确定，以及有关自动信号、联锁保护系统的设计等。在控制方案确定后，在工艺流程图的基础上，按流程顺序标出相应的测量点、控制点、控制系统及自动信号与联锁保护系统等，便成了管道及仪表流程图，该图是自动控制设计的文字代号和图形符号等在工艺流程图上描述生产过程控制的原理图，是控制系统设计、施工中采用的一种图示形式，由工艺人员和自控人员共同研究绘制。

在绘制管道及仪表流程图时，图中所采用的文字代号和图形符号要按有关技术规定进行，下面结合石油化工及化工行业标准 HG/T 20505—2014《过程测量与控制仪表的功能标志及图形符号》、SH/T 3105—2018《石油化工仪表管线平面布置图图形符号及文字代号》，介绍一些常用的图形符号和文字代号。

图 1.13 是深度原油稳定（脱 $C_1 \sim C_4$）生产过程中脱乙烷塔的工艺管道及控制流程图。为说明方便对实际工艺过程及控制方案作了部分修改。从脱甲烷塔出来的液体进入脱乙烷塔脱除乙烷。从脱乙烷塔塔顶出来的碳二馏分经塔顶冷凝器冷凝后，部分作为回流，其余则去乙炔加氢反应器进行加氢反应。从脱乙烷塔底出来的原油部分经再沸器后返回塔底，其余则去脱丙烷塔脱除丙烷。

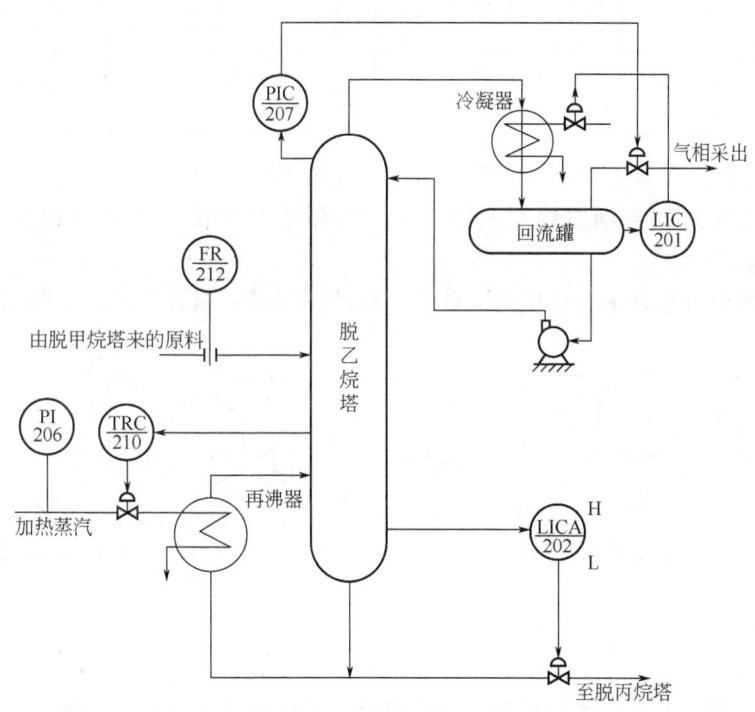

图 1.13 脱乙烷塔工艺管道及控制流程图举例

1）图形符号

（1）测量点（包括检测元件、取样点）。测量点是由工艺设备轮廓线或工艺管线引到仪表圆圈的连接线的起点，一般无特定的图形符号，如图 1.14 所示。图 1.13 中的塔顶取压点和加热蒸汽管线上的取压点都属于这种情形。必要时，检测元件也可用象形或图形符号表示。如流量检测采用孔板时，测量点也可用图 1.13 中脱乙烷塔的进料管线上的符号表示。

（2）连接线。通用的仪表信号线均以细实线表示。连接线表示交叉及相接时，采用图 1.15 的形式。必要时也可用加箭头的方式表示信号的方向。需要时信号线也可按气信号、电信号、导压毛细管等采用不同的表示方式以示区别。

图 1.14　测量点的表示方法　　　　图 1.15　连接线的表示方法

（3）仪表（包括检测、显示、控制）的图形符号。仪表图形符号是一细实线圆圈，直径约 10mm。不同仪表安装位置的图形符号如表 1.1 所示。

表 1.1　仪表安装位置的图形符号表示

序号	安装位置	图形符号	备注	序号	安装位置	图形符号	备注
1	就地安装仪表	○		3	就地仪表盘面安装仪表	⊖	
		⊸○⊶	嵌在管道中	4	集中仪表盘后安装仪表	⊝	
2	集中仪表盘面安装仪表	⊖		5	就地仪表盘面安装仪表	⊜	

对处理 2 个或 2 个以上的被测变量、具有相同或不同功能的复式仪表时，可用 2 个相切的圆或分别用细实线圆与细虚线圆相切表示（测量点在图纸上距离较远或不在同一图纸上），如图 1.16 所示。

执行器的图形符号是由执行机构和调节机构的图形符号组合而成，如图 1.17 所示。

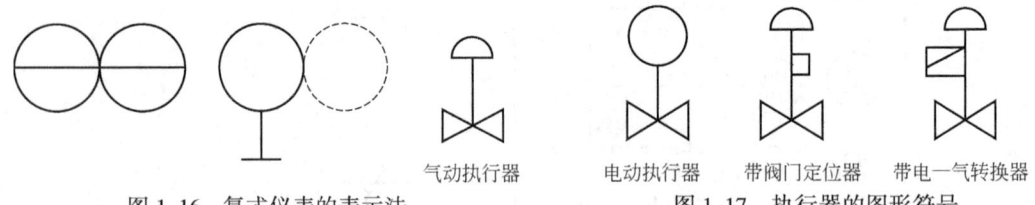

图 1.16　复式仪表的表示法　　　　图 1.17　执行器的图形符号

2）文字符号

（1）仪表功能字母代号。

仪表功能标志是用几个大写英文字母的组合来表示对某个变量的操作要求，如 TIC、PICA 等。

在控制流程图中，用来表示仪表的小圆圈上半圆内，一般写有两位（或两位以上）字母，第一位字母或两位字母称首位字母，表示被测变量；余一位或多位称后继字母，表示仪表的功能（即该变量的操作要求）。常用被测变量和仪表功能的字母代号见表 1.2。

在自动控制类技术图纸中，仪表的各类功能用其英文含义的首位字母来表达，且同一字母在不同仪表位号中的表示方法具有不同的含义。常见被测变量及仪表功能字母组合示例见表 1.3。

表 1.2　被测变量和仪表功能的字母代号

字母	第一位字母		后继字母	字母	第一位字母		后继字母
	被测变量	修饰词	功能		被测变量	修饰词	功能
A	分析		报警	P	压力或真空		
C	电导率		控制（调节）	Q	数量或件数	积分、累积	积分、累积
D	密度		差	R	放射性		记录或打印
E	电压		检测元件（传感器）	S	速度或频率	安全	开关、联锁
F	流量	比（分数）		T	温度		传送
I	电流		指示	V	黏度		阀、挡板、百叶窗
K	时间或时间程序		自动-手动操作器	W	力		套管
L	物位			Y	供选用		继动器或计算器
M	水分或湿度			Z	位置		驱动、执行或未分类的终端执行机构

注：供选用的字母（例如表中 Y），指的是在个别设计中反复使用，而本表内未列入含义的字母。使用时字母含义需在具体工程的设计图例中作出规定，第一位字母是一种含义，而作为后继字母，则为另一种含义。

表 1.3　常见被测变量及仪表功能字母组合示例

仪表功能 \ 被测变量	温度	温差	压力或真空	压差	流量	流量比率	分析	密度	位置	速率或频率	黏度
指示	TI	TdI	PI	PdI	FI	FfI	AI	DI	ZI	SI	VI
指示、控制	TIC	TdIC	PIC	PdIC	FIC	FfIC	AIC	DIC	ZIC	SIC	VIC
指示、报警	TIA	TdIA	PIA	PdIA	FIA	FfIA	AIA	DIA	ZIA	SIA	VIA
指示、开关	TIS	TdIS	PIS	PdIS	FIS	FfIS	AIS	DIS	ZIS	SIS	VIS
记录	TR	TdR	PR	PdR	FR	FfR	AR	DR	ZR	SR	VR
记录、控制	TRC	TdRC	PRC	PdRC	FRC	FfRC	ARC	DRC	ZRC	SRC	VRC
记录、报警	TRA	TdRA	PRA	PdRA	FRA	FfRA	ARA	DRA	ZRA	SRA	VRA
记录开关	TRS	TdRS	PRS	PdRS	FRS	FfRS	ARS	DRS	ZRS	SRS	VRS
控制	TC	TdC	PC	PdC	FC	FfC	AC	DC	ZC	SC	VC
控制、变送	TCT	TdCT	PCT	PdCT	FCT	FfCT	ACT	DCT	ZCT	SCT	VCT
报警	TA	TdA	PA	PdA	FA	FfA	AA	DA	ZA	SA	VA
开关	TS	TdS	PS	PdS	FS	FfS	AS	DS	ZS	SS	VS
指示灯	TL	TdL	PL	PdL	FL	FfL	AL	DL	ZL	SL	VL

① 功能标志只表示仪表的功能，不表示仪表的结构。例如，要实现 FR（流量记录）功能，可选用流量或差压变送器及记录仪。

② 功能标志的首位字母选择应与被测变量或引发变量相对应，可不与被处理变量相符。例如，某液位控制系统中的控制阀，其功能标志应为 LV，而不是 FV。

③ 功能标志的首位字母后面可附加一个修饰字母，使原来的被测变量变成一个新变量。如在首位字母 P、T 后面加 D，变成 PD、TD，分别表示压差、温差。

④ 功能标志的后继字母后面可附加一个或两个修饰字母，以对其功能进行修饰。功能

标志 PAH 中，后继字母 A 后面加 H，表示压力的报警为高限报警。

以图 1.13 来说明如何以字母代号的组合来表示被测变量和仪表功能。

塔顶的压力控制系统中的 PIC-207，其中第一位字母 P 表示被测变量为压力，第二位字母 I 表示具有指示功能，第三位字母 C 表示具有控制功能，因此，PIC 的组合就表示一台具有指示功能的压力控制器。该控制系统通过改变气相产出量来维持塔压稳定。同样，回流罐液位控制系统中的 LIC-201 是一台具有指示功能的液位控制器，它通过改变进入冷凝器的冷剂量来维持回流罐中液位稳定。

塔下部的温度控制系统 TRC-210 表示一台具有记录功能的温度控制器，它通过改变进入再沸器的加热蒸汽量来维持塔底温度恒定。当一台仪表同时具有指示和记录功能时，只需标注字母代号"R"，不标"I"，所以 TRC-210 可同时具有指示和记录功能。同样，进料管线上的 FR-212 可表示同时具有指示和记录功能的流量仪表。

塔底液位控制系统 LICA-202 代表一台具有指示和报警功能的液位控制器，它通过改变塔底产出量来维持塔底液位稳定。仪表圆圈外标有"H""L"字母，表示该仪表同时具有高、低限报警，在塔底液位过高或过低时，会发出声、光报警信号。

(2) 仪表位号。

在检测、控制系统中，构成回路的每个仪表（或元件）都用仪表位号来标识。仪表位号由字母代号组合和阿拉伯数字编号两部分组成。字母代号意义前面已解释过。回路编号由工序号和顺序号组成，一般用 3~5 位阿拉伯数字表示，第一位表示工序号，后续数字（二位或三位数字）表示仪表位号，如下例所示：

```
仪表位号    FIC-116
                  └─ 顺序号(一般用两位数字，也可用三位数字)
                  └── 工序号(一般用一位数字，也可用两位数字)

仪表位号    FFSHL-2
                  └─ 顺序号(无工序号)
```

图 1.13 中仪表数字编号第一位都是 2，表示脱乙烷塔在原油稳定生产中属第二工段。通过控制流程图，可看出图上每台仪表的测量点位置、被测变量、仪表功能、工段号、仪表序号、安装位置等。如图 1.13 中的 PI-206 表示测量点在加热蒸汽管线上的蒸汽压力指示仪表，该仪表为就地安装，工段号为 2，仪表序号为 06。而 TRC-210 表示同一工段的一台温度记录控制仪，其温度的测量点在塔的下部，仪表安装在集中仪表盘面上。PIC-207 表示测量点在加热蒸汽管线上的蒸汽压力指示仪表，该仪表为就地安装，工段号为 2，仪表序号为 07。

在管道及仪表流程图中，仪表位号的标注方法如图 1.18 所示：字母代号填写在仪表圆圈的上半圆中；以阿拉伯数字表示的回路编号填写圆圈的下半部中，第一位数字表示工段号，后续数字（二位或三位数字）表示仪表序号。需要注意的是：①仪表位号按不同类的被测变量分类，同一装置同类被测变量的仪表位号中顺序号可连续也可不连续，不同类被测变量的仪表位号不能连续编号；②同一仪表回路有 2 个以上功能相同的仪表，则在仪表位号后附加尾缀（大写字母）来区分，如 FT-201A、FT-201B 表示该回路有两台流量变送器；③不同工序的多个检测元件

(a) 就地安装　　(b) 集中盘面安装

图 1.18　仪表位号的标注

共用一台显示仪表时，仪表位号不表示工序号，只编顺序号，对应的检测元件位号的表示方法是在仪表编号后加数字后缀并用"-"隔开，如一台多点温度记录仪 TR-1，其对应的检

测元件位号为 TR-1-1，TR-1-2。

3）管道及仪表流程图实例

图 1.19 为油气集输立式旋流油水分离器部分简化的工艺管道及仪表流程图。

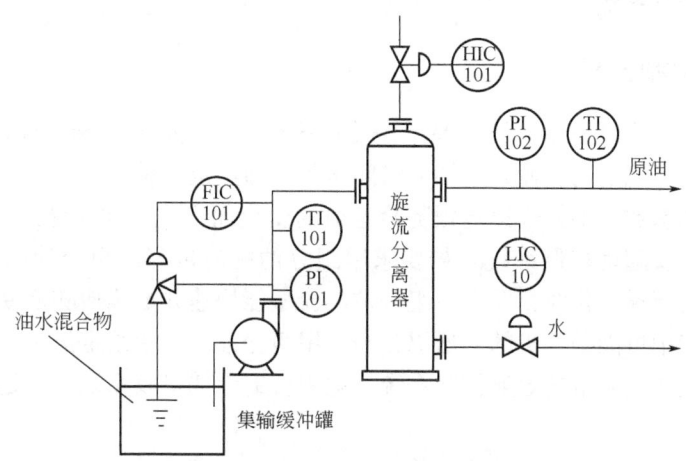

图 1.19　立式旋流油水分离器部分简化的工艺管道及仪表流程图

$\overset{\text{FIC}}{101}$ 表示为第一工序第 01 个流量控制器（带累计指示），累计指示仪及控制器安装在控制室（集中仪表盘面安装）。

$\overset{\text{HIC}}{101}$ 表示为第一工序第 01 个带指示的手动控制器，手动控制器（手操器）安装在控制室（集中仪表盘面安装）。

$\overset{\text{LIC}}{101}$ 表示为第一工序第 01 个带指示的液位控制器，该控制器安装在控制室（集中仪表盘面安装）。

$\overset{\text{TI}}{101}$ $\overset{\text{TI}}{102}$ 表示为第一工序第 01、02 个温度指示仪，该仪表安装在现场。

$\overset{\text{PI}}{101}$ $\overset{\text{PI}}{102}$ 表示为第一工序第 01、02 个压力表，该仪表安装在现场。

1.3　自动控制系统的分类

自动控制系统有多种分类方法，每种方法只反映出自动控制系统在某一方面的特点，例如按被控变量名称分类，有压力控制系统、温度控制系统、流量控制系统及液位控制系统等；按被控变量的数量来分类，有单变量控制系统和多变量控制系统；按控制器具有的控制规律分类，有比例控制系统、比例积分控制系统及比例积分微分控制系统等。在分析自动控制系统特性时，常按照工艺过程所需控制的被控变量的给定值是否变化和如何变化来分类，即定值控制系统、随动控制系统和程序控制系统。

1.3.1　定值控制系统

"定值"是恒定给定值的简称。工艺生产中，若要求自动控制系统的作用是使被控制的工艺参数保持在一个生产指标上不变，或要求被控变量的给定值不变，就需要采用定值控制系统。如图1.6所示的液位控制系统、如图1.7所示的温度控制系统均属定值控制系统。在工业生产过程中，大多数工艺参数（温度、压力、流量、液位、成分等）都要求保持恒定。因此，定值控制系统是工业生产过程中应用最多的一种控制系统。后面所讨论的，如无特别说明，都属定值控制系统。

1.3.2 随动控制系统

随动控制系统（自动跟踪系统）是被控变量的给定值随时间不断变化的自动控制系统，且这种变化不是预先规定的，而是未知的时间函数，即给定值是随机变化的。该系统的目的是使所控制的工艺参数准确而快速地跟随给定值的变化而变化。如在储运油品调和生产中，其比值控制系统就属随动控制系统。如要求甲组分油的流量与乙组分油的流量保持一定比值，当乙组分油的流量变化时，要求甲组分油的流量能快速并准确地随之变化。因乙组分油的流量变化在生产中可能是随机的，所以相当于甲组分油的流量给定值也是随机的，故属随动控制系统。其他如航空上的导航雷达系统、电视台的天线接收系统，都是随动控制系统的一些例子。

1.3.3 程序控制系统

程序控制系统（顺序控制系统）是被控变量的给定值按预定的时间程序变化的自动控制系统。这类系统给定值也是变化的，但它是一个已知的时间函数，即生产技术指标需按一定的时间程序变化。这类系统在间歇生产过程中应用较普遍。例如储运的原油热处理温度控制和机械工业中金属热处理的温度控制，其给定值都是按预定的升温、恒温和降温等程序而变化的。近年来，程序控制系统应用日益广泛，一些定型或非定型的程序控制装置越来越多地被应用到生产中，微型计算机的广泛应用也为程序控制提供了良好的技术工具与有利条件。

1.4 自动控制系统的过渡过程及品质指标

实际生产过程的不同工艺参数对整个生产过程的影响不尽相同，有些参数对整个生产过程至关重要，可能影响生产安全、产品质量等，这些参数即被控参数；另一些参数则可能影响不大，允许有较大的变化区间。例如，热油管道中的原油温度太低，就会有凝管危险；成品油管道中的油品流速也是一项关键参数，如流速太低（低于临界流速）管道中的流动状态就会变差，混油量会增加，直接导致油品品质降低。如流速高于临界流速，流速的小范围变动就不会对油品品质带来太大的影响，即允许流速小范围变化，而对混油影响却很小。

自动控制系统的作用就是保障这些参数（对生产过程至关重要的参数，即被控参数）处于最佳取值范围内。不同系统的效果不同，为更好地对生产过程进行控制，需要对自动控制系统的状态进行研究，并评价自动控制系统的品质。

1.4.1 自动控制系统的静态与动态

自动化领域中将被控变量不随时间而变化的平衡状态称系统的静态，而把被控变量随时间变化的不平衡状态称系统的动态。

当一个自动控制系统的输入（给定值和干扰）和输出均恒定不变时，整个系统就处于一种相对稳定的平衡状态，系统的各个组成环节如变送器、控制器、控制阀等都会保持暂时无任何动作的状态，即不改变其原先的状态，它们的输出信号也都处于相对静止状态，这种状态就是上述的静态。以热油管道为例，当管道流量、油温、燃料油流量都保持不变，如加热炉出口温度刚好等于给定值，系统就达到了平衡，处于一个相对稳定的状态，即处于静态，控制器不会对燃料油调节阀进行任何操作。显然，这里的静态与习惯上所讲的静态（相对静止不动）不同，自动化领域中的静态指系统中各信号的变化率为零，即信号保持在某一常数不变化，而并非指系统内无物料流动与能量交换，因为自动控制系统在静态时，生产还在进行，物料和能量仍然有进有出，只是平稳进行、没有改变而已，即被控变量参数变化率为零或保持不变，管道内的流动及热交换仍持续不断地进行着。

自动控制系统的目的是希望将被控变量保持在一个不变的给定值上，这只有当进入被控对象的物料量（或能量）和流出对象的物料量（或能量）相等时才有可能。如图1.6所示的液位控制系统，只有当流入和流出储油罐的流量相等时，液位才能恒定，此时系统就达到了平衡状态，即处于静态。

当外界干扰变化时，原先处于相对平衡状态（即静态）的系统，其平衡状态就会被破坏，被控参数就会发生变化，偏离原来的稳定值（给定值），从而使控制器、控制阀等自动化装置改变原来平衡时所处的状态，产生一定的控制作用，使执行器开始动作，不断调整被控参数，以克服新的干扰所带来的影响，并力图使系统恢复平衡。从干扰作用破坏静态平衡开始，经过控制，直到系统重新建立平衡，在这一段时间中，整个系统的各个环节和信号都处于变动状态之中，这时系统的状态称动态。如控制系统设计合理，各元件性能都满足要求，系统会在控制器的作用下，逐步调整并恢复到新的稳态。以处于静态的热油管道为例，如有寒潮来袭，外界气温骤降，这时管道散热就会加大，原油出站油温就会降低，低于给定值。此时控制器就会指示执行机构增加燃料油供应量，提高加热炉功率，逐步将加热炉的出口温度提高，直到再次恢复到设定的温度，使系统再次达到新的平衡状态，即新的静态。

从外部干扰变化，平衡状态被破坏，自动控制装置开始动作到系统重新建立稳态（达到新的平衡）、调节过程结束的这一段时间里，整个系统各环节的状态参数都处于变化之中，这就是动态的特点。另外，当系统给定值变化时，系统的静态也会被破坏，自动控制装置也会被启动，直至达到新的平衡，重新建立新的静态。系统在动态过程中，被控参数与控制变量之间的关系即控制过程的动态特性。

在自动化工作中，了解系统的静态是必要的，但了解系统的动态更为重要。因为实际生产过程中干扰总是随处、随时存在的，被控系统不可能一直工作在稳态，例如生产过程中前后工序的相互影响，负荷的改变，电压和气压的波动，气候的影响等。这些干扰是破坏系统平衡状态引起被控变量发生变化的外界因素。自动控制系统投入运行后，时时刻刻都有干扰作用于控制系统，从而破坏了正常的工艺生产状态。因此，就需要通过自动化装置不断地施加控制作用去对抗或抵消干扰作用的影响，以使被控变量保持在工艺生产所要求控制的技术指标上。故一个自动控制系统在正常工作时，总是处于一波未平、一波又起、波动不止、往复不息的动态过程中。显然，研究自动控制系统的重点是要研究系统的动态。只有准确地掌握了各个环节的动态特性后，才能设计出更符合实际需要的自动控制系统。

1.4.2 自动控制系统的过渡过程

一个生产过程常会受到各种扰动的影响,致使被控变量偏离给定值,原来的稳定状态遭到破坏。图 1.20 是简单控制系统方框图。系统原处于平衡状态,系统中各信号不随时间而变化。在某一时刻 t_0,有一干扰作用于对象,系统的输出 y 就有变化,即被控变量(输出)随时间不断变化,系统进入动态过程。因自动控制系统的负反馈作用,经过一段时间后,系统又重新

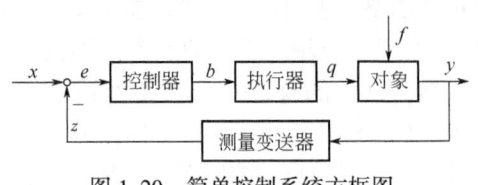

图 1.20 简单控制系统方框图

恢复平衡。系统由一个平衡状态,经过动态过渡到另一个平衡状态的过程,称系统的过渡过程。

系统在过渡过程中,被控变量随时间变化。被控变量随时间变化的规律取决于系统受到的干扰形式。实际生产中,外界的干扰多种多样,无固定的形式,且多半具有随机性质。在分析和设计自动控制系统时,为分析与设计的方便,常采用一些定型的干扰形式,其中最常用的是阶跃干扰。如图 1.21 所示,阶跃干扰在某一瞬间 t_0,干扰(即输入量)突然地由 0 在瞬间变化到一个有限值 y_0,即阶跃式地加到系统上,并一直保持在这个幅度。

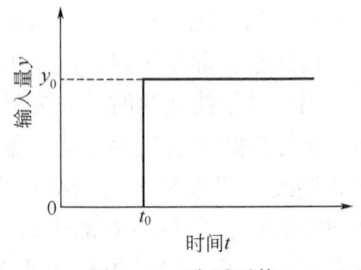

图 1.21 阶跃干扰

因阶跃输入信号是突然阶跃式地施加于系统之上,且作用时间长,因此,它对系统的影响也最大。如一个系统能有效地克服阶跃式干扰,那么对其他比较缓和的干扰就有更强的抑制力。同时,这种干扰的形式较简单,易于实现,便于分析、实验和计算。实践表明,一个阶跃扰动作用对自动控制系统的被控变量影响最大。在生产过程中,阶跃扰动最为多见,如负荷的改变、阀门开度的突然变化、电路的突然接通或断开等。另外,给定值的变化通常也以阶跃形式出现。

在阶跃式干扰的作用下,定值控制系统过渡过程有如图 1.22 所示的几种形式。

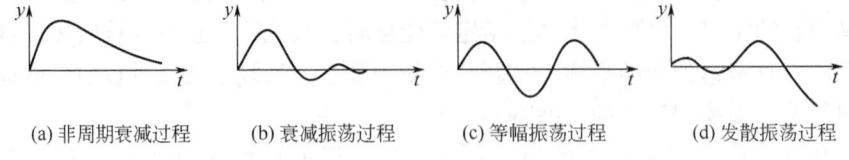

(a) 非周期衰减过程　　(b) 衰减振荡过程　　(c) 等幅振荡过程　　(d) 发散振荡过程

图 1.22 过渡过程的几种基本形式

(1) 非周期衰减过程:被控变量在给定值的某一侧缓慢变化,无来回波动,最后稳定在某一数值上,如图 1.22(a) 所示。

(2) 衰减振荡过程:被控变量在给定值附近上下波动,但幅度逐渐减小,经几个振荡周期后,最后稳定在某一数值上,如图 1.22(b) 所示。

以上两种过渡过程都是衰减的,属稳定过程,即经过一段时间的调节后,系统总能克服外界干扰,使被控变量最终回到给定值上,即逐渐趋向原来的或新的平衡状态。对非周期衰减过程,因该种过程变化缓慢,被控变量在控制过程中长时间偏离给定值,而不能很快恢复平衡状态,故一般不采用,仅在生产上不允许被控变量有波动的情况下才采用。相比之下,

衰减振荡过程能较快地对外界的干扰做出反应，使系统较快地达到稳定状态。因此，在多数情况下，都希望自动控制系统在阶跃输入作用下，能保持如图1.22(b)所示的过渡过程。

（3）等幅振荡过程：系统受到阶跃扰动作用后，被控变量在给定值附近来回波动，作振幅恒定的振荡而不能稳定下来，如图1.22(c)所示。这是介于稳定与不稳定之间的临界状态，也属不稳定过程。因此，在生产上除了用于控制质量要求不高的位式控制外，一般不予采用。

（4）发散振荡过程：系统受到阶跃扰动时，被控变量来回波动，且波动幅度逐渐变大，即偏离给定值越来越远，如图1.22(d)所示。此类过渡过程属发散性的不稳定过渡过程，其被控变量在控制过程中，非但不能使被控变量回到给定值达到平衡状态，反而会使其逐渐远离给定值，以致被控变量超过工艺允许范围，严重时会引起事故。这是生产上所不允许的，应竭力避免。

1.4.3 自动控制系统的品质指标

从安全和稳定生产的角度来讲，一个设计良好的自动控制系统在受到外来干扰作用或给定值发生变化后，应能迅速、平稳、准确地使被控参数回到（或趋近）给定值上，以恢复到稳定状态。自动控制系统的过渡过程是衡量系统品质的依据。在多数情况下，都希望得到衰减振荡过程，所以取衰减振荡的过渡过程形式来讨论系统的品质指标。如自动控制系统设计合理，控制器参数选择得当，使这些指标符合一定要求，就能使控制质量满足控制要求。

假定自动控制系统在阶跃输入作用下，被控变量的变化曲线如图1.23所示，属衰减振荡的过渡过程。图中横坐标 t 为时间，纵坐标 y 为被控变量离开给定值的变化量。假定在时间 $t=0$ 前，系统稳定，且被控变量等于给定值，即 $y=0$；在 $t=0$ 瞬间，外加阶跃干扰作用，系统的被控变量开始按衰减振荡规律变化，经过相当长时间后，y 逐渐稳定在 C 值。即 $y(\infty)=C$。

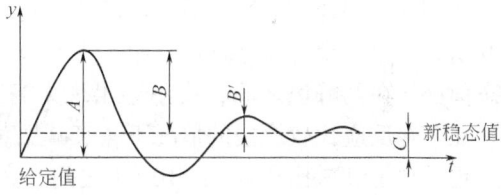

图1.23 过渡过程品质指标示意图

对如图1.23所示的过渡过程，通常采用给定值阶跃变化时被控参数响应曲线来定义控制系统的单项性能指标，习惯上采用如下指标来评价自动控制系统的质量。

1. 最大偏差或超调量

最大偏差和超调量是描述被控变量偏离给定值程度的物理量。最大偏差是指在过渡过程中，被控变量偏离给定值的最大数值。在衰减振荡过程中，最大偏差就是第一个波的峰值，在图1.23中以 A 表示。最大偏差表示系统瞬间偏离给定值的最大程度。若偏离越大，偏离的时间越长，即表明系统离开规定的工艺参数指标就越远，这对稳定正常生产不利，因此最大偏差可作为衡量系统质量的一个品质指标。一般而言，最大偏差小一些为好，特别是对一些有约束条件的系统，如储油罐中储存液位的上、下位极限，原油加热的温度极限等，都会对最大偏差的允许值有所限制。同时考虑到干扰会不断出现，当第一个干扰还未清除时，第二个干扰可能又出现了，偏差有可能是叠加的，这就更需要限制最大偏差的允许值。所以，在决定最大偏差允许值时，要根据工艺情况慎重选择。

有时也可用超调量来表征被控变量偏离给定值的程度。在图1.23中超调量以 B 表示。从图中可见，超调量 B 是第一个峰值 A 与新稳定值 C 之差，即 $B=A-C$。如系统的新稳定值等于给定值，则最大偏差 A 与超调量 B 相等。

2. 余差

余差指过渡过程终了时，被控变量所达到的新稳态值与给定值之间的偏差，即过渡过程终了时的残余偏差。余差的数值可正可负，在图 1.23 中以 C 表示。它是反映自动控制系统控制精度的静态指标，一般希望它为零或不超过工艺设计的允许范围。在生产中，给定值是生产的技术指标，所以被控变量越接近给定值越好，即余差越小越好。但在实际生产中，不同工艺对余差的要求并不一样，并不要求任何系统的余差都很小，例如一般储罐的液位控制要求就不高，往往允许液位有较大的变化范围，余差就可大一些；反之，有些分离或加热设备的温度控制一般要求比较高，应当尽量消除余差。所以，对余差大小的要求，必须结合具体系统进行具体分析，不能一概而论。通常有余差的控制过程称有差调节，相应的系统称有差系统；无余差的控制过程称无差调节，相应的系统称无差系统。

3. 衰减比

衰减比是衡量控制系统稳定性的一个动态指标，它是前后相邻两个峰值的比，反映了振荡过程的衰减程度。在图 1.23 中衰减比是 B/B'，习惯上表示为 $n:1$。显然，$n=1$ 时，过渡过程为等幅振荡；$n<1$ 为发散振荡，n 越小，发散越快；$n>1$ 是衰减振荡，n 越大，衰减越快；当 $n\to\infty$ 时，系统过渡过程为非周期衰减过程。最佳衰减比实际上还无定论，衰减比过小，系统迟迟不能稳定；衰减比过大，稳定过程就会不够平稳。根据实际经验，为使自动控制系统快速达到新的平衡状态，同时又保持足够的稳定性，一般 n 取 4~10 之间为宜。因为衰减比在 4:1~10:1 之间时，过渡过程开始阶段的变化速度较快，被控变量在同时受到干扰作用和控制作用的影响后，能较快地达到一个峰值，然后马上下降，又较快地达到一个低峰值，且第二个峰值远远低于第一个峰值，再振荡数次后就会很快稳定下来，并且最终的稳态值必然在两峰值之间，决不会出现太高或太低的现象，更不会远离给定值以致造成事故。尤其在反应比较缓慢的情况下，衰减振荡过程的这一特点尤为重要。所以，选择衰减振荡过程并规定衰减比在 4:1~10:1 之间，完全是操作人员多年操作经验的总结。对少数不希望有振荡的控制过程，过渡过程需要采用非周期的衰减形式。

4. 过渡时间

过渡时间又称控制时间，它指从干扰作用发生的时刻起，直到系统重新建立新的平衡时止，过渡过程所经历的时间。理论上对具有一定衰减比的衰减振荡过渡过程来说，要完全达到新的平衡状态需要无限长的时间。实际上，因仪表灵敏度的限制，当被控变量接近稳态值时，指示值就基本上不再改变。所以实际工程中，一般以被控参数与稳态值的相对偏差小于 ±5%（有时是 ±2%）以内作为过渡过程结束的标志，即在稳态值的上下规定一个范围，当被控变量进入这一范围并不再越出时，就认为被控变量已达到新的稳态值，或者说过渡过程已结束。过渡时间是衡量控制系统快速性的一个指标，过渡时间短，表示过渡过程进行得比较迅速，这时即使干扰频繁出现，系统也能适应，系统控制质量就高；反之，过渡时间太长，会出现前波未平后波又起的现象，即几个干扰的影响叠加起来，可能使被控变量长期偏离工艺规定的要求，导致系统满足不了生产的要求而影响生产。

5. 振荡周期或频率

过渡过程同向两波峰（或波谷）之间的间隔时间称振荡周期或工作周期，其倒数称振荡频率。在衰减比相同的情况下，周期与过渡时间成正比，一般希望振荡周期短一些为好，振荡周期短些有利于控制。因此振荡周期也可作为衡量控制快速性的指标,定值控制系统常用振荡周期来衡量系统的快慢。

除上述指标外,还有一些次要的品质指标,其中的振荡次数是指在过渡过程内被控变量振荡的次数。所谓"理想过渡过程两个波",即指过渡过程振荡2次就能稳定下来,它一般情况下可认为是较为理想的过程。此时的衰减比约相当于4:1,图1.23即为接近于4:1的过渡过程曲线。上升时间也是一个品质指标,它指干扰开始作用起至第一个波峰时所需要的时间,显然,上升时间以短一些为宜。

综上所述,过渡过程的品质指标主要有最大偏差、衰减比、余差、过渡时间等。这些指标在不同的系统中各有其重要性,且相互之间既有联系也有矛盾。因此,在实际的工程问题中,应根据具体情况分清主次,区别轻重,对那些对生产过程有决定性意义的主要品质指标应优先予以保证,优先满足。另外,对一个系统提出的品质要求和评价一个控制系统的质量,都应该从实际需要出发,不应过分偏高、偏严,否则就会造成人力物力的巨大浪费,甚至根本无法实现。

【例1.1】 某原油换热器的温度控制系统在单位阶跃干扰作用下的过渡过程曲线如图1.24所示。试分别求出其最大偏差、余差、衰减比、振荡周期和过渡时间(给定值为200℃)。

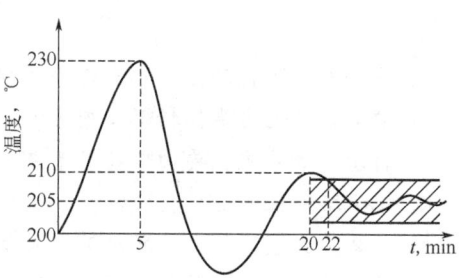

图1.24 温度控制系统过渡过程曲线

解:最大偏差 $A = 230℃ - 200℃ = 30℃$。

余差 $C = 205℃ - 200℃ = 5℃$。

由图可见,第一个波峰值 $B = 230℃ - 205℃ = 25℃$,第二个波峰值 $B' = 210℃ - 205℃ = 5℃$,故衰减比应为 $B:B' = 25:5 = 5:1$。

振荡周期为同向两波峰之间的时间间隔,故周期 $T = 20\text{min} - 5\text{min} = 15\text{min}$。

过渡时间与规定的被控变量限制范围大小有关,假定被控变量进入额定值的±2%,就可认为过渡过程已结束,则该系统的限制范围为 $200℃ \times (\pm 2\%) = \pm 4℃$,此时可在新稳态值(205℃)两侧以宽度为±4℃画一区域,图1.24中以画有阴影线的区域表示,只要被控变量进入这一区域且不再越出,过渡过程就可认为已结束。故从图上可见,过渡时间为22min。

1.4.4 影响自动控制系统过渡过程品质的主要因素

自动控制系统实际上包含两部分,即工艺过程部分(被控对象)和自动化装置部分。前者并非泛指整个工艺部分,而是指与该自动控制系统有关的部分。自动控制系统控制质量的好坏,取决于组成系统的各个环节,尤其是过程的特性,即被控对象特性。自动控制装置应按对象的特性加以适当选择和调整,两者要很好地配合,才能达到预期的控制质量。

以图1.11所示的原油蒸汽加热器温度控制系统为例,其工艺过程部分指的是与被控变量温度有关的工艺参数和设备的结构与材质等因素,即被控对象;自动化装置部分指为实现自动控制所必需的自动化仪表设备,通常包括测量与变送装置、控制器和执行器三部分。对一个自动控制系统,过渡过程品质的好坏,在很大程度上取决于对象的性质。如前述的温度控制系统中,属对象性质的主要因素有:换热器的负荷大小,换热器的结构、尺寸与材质等,换热器内的换热情况、散热情况及结垢程度等。所以,过渡过程品质的好坏关键取决于两者的配合。所谓配合,即自动化装置部分所实现的各种控制逻辑应该与被控过程固有的物理规律相吻合，形象地说就是"顺势而为，因势利导"，才能立竿见影。自动化装置应按对象性质加以选择和调整，两者要很好地配合，如两者间的配合出现问题，整个系统的调节效果就会变差，甚至造成安全事故而影响生产。也就是说，如自动化装置的选择和调整不当，也会直接影响控制质量。此外，在自动控制系统运行过程中，自动化装置的性能一旦发生变化，如阀门失灵、测量失真，也会影响控制质量。

复杂工程问题
实践研讨1

总之，影响自动控制系统过渡过程品质的因素很多，在系统设计和运行过程中都应给予充分注意。只有在充分了解这些环节的作用和特性后，才能进一步研究和分析设计自动控制系统，提高系统的控制质量。这样才能有助于加快生产速度，提高产品的数量和质量。

习题与思考题

1. 什么是储运自动化？它有什么重要意义？
2. 储运自动化主要包括哪些内容？
3. 自动控制系统主要由哪些环节组成？各部分的作用是什么？
4. 根据给定值的形式，自动控制系统可以分为哪几类？
5. 什么是反馈？什么是正反馈和负反馈？负反馈在自动控制中有什么重要意义？
6. 闭环控制系统与开环控制系统有什么不同？
7. 什么是自动控制系统的方框图？它与控制流程图有什么区别？什么是工艺管道与控制流程图？
8. 在自动控制系统中，测量变送装置、控制器、执行器各起什么作用？
9. 什么是被控对象、被控变量、给定值、操纵变量？
10. 简述被控对象、被控变量、操纵变量、扰动（干扰）量、设定（给定）值和偏差的含义。
11. 什么是干扰作用？什么是控制作用？试说明两者的关系。
12. 图1.25为一个油品调和温度控制系统示意图。油品经过冷却器进入调和罐，通过改变进入冷却器的冷剂量来控制罐内温度的恒定。试画出该温度控制系统的方框图，并指出该系统中的被控对象、被控变量、操纵变量及可能影响被控变量的干扰。
13. 图1.26为某原油列管式蒸汽加热器控制流程图。试分别说明图中PI-307、TRC-303、FRC-305所代表的意义。

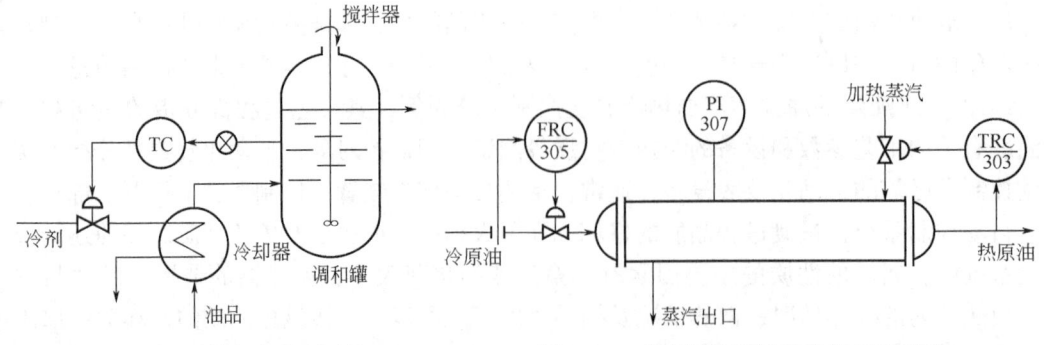

图1.25 调和罐温度控制系统　　　　图1.26 蒸汽加热器管道及仪表流程图

14. 什么是自动控制系统的过渡过程？它有哪几种基本形式？
15. 什么是控制系统的静态和动态？为什么说研究控制系统的动态比研究静态更重要？
16. 什么是阶跃作用？为什么经常采用阶跃作用作为系统的输入作用形式？
17. 描述自动控制系统衰减振荡过程的品质指标有哪些？各自的含义是什么？
18. 图 1.27 为一油料实验温度控制系统示意图。A、B 两种油料进入油料混合器进行混合，通过改变进入夹套的冷却水流量来控制混合器内的温度不变。试画出该温度控制系统的方框图，并指出该系统中的被控对象、被控变量、操纵变量及可能影响被控变量的干扰。
19. 按给定值形式不同，自动控制系统可分哪几类？
20. 什么是阶跃作用？为什么经常采用阶跃作用作为系统的输入作用形式？
21. 为什么生产上经常要求自动控制系统的过渡过程具有衰减振荡形式？
22. 自动控制系统衰减振荡过渡过程的品质指标有哪些？影响这些品质指标的因素是什么？
23. 某石油产品生产工艺规定操作温度为 800℃±10℃。为确保生产安全，控制温度最高不得超过 850℃。现运行的温度控制系统，在阶跃扰动下的过渡过程曲线如图 1.28 所示。请分别求出该系统的最大偏差、余差、衰减比、过渡时间（温度进入±2%新稳态值即视为系统已经稳定）和振荡周期，并判断该自动控制系统能否满足题中所给的工艺要求？

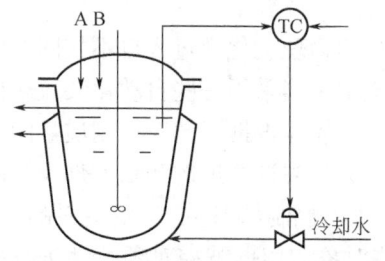

图 1.27 油料实验温度控制系统示意图

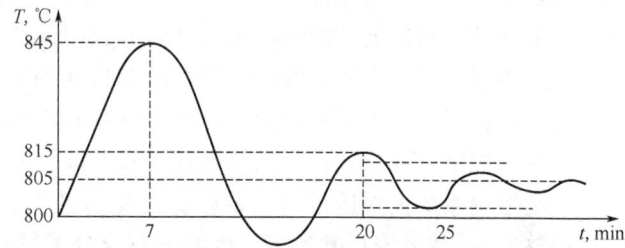

图 1.28 石油产品生产温度控制系统过渡过程曲线

24. 图 1.29(a) 是某稠油蒸汽加热器温度控制原理图。试画出该系统的方框图，并指出其被控对象、被控变量、操纵变量和可能存在的干扰。现因生产需要，要求出口物料温度从 80℃ 提高到 81℃，当仪表给定值阶跃变化后，被控变量的变化曲线如图 1.29(b) 所示。试求该系统的过渡过程品质指标：最大偏差、衰减比和余差（提示：该系统为随动控制系统，新的给定值为 81℃）。

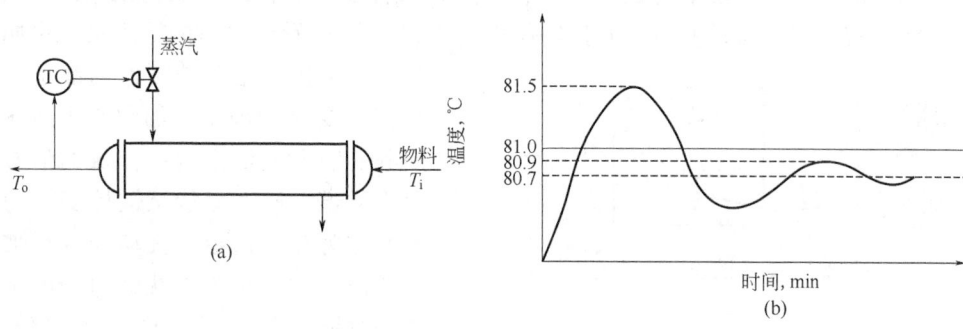

图 1.29 蒸汽加热器温度控制

2 油气储运过程特性及其数学模型

2.1 油气储运对象及描述方法

自动控制系统由被控对象、测量变送装置、控制器和执行器等部分组成。系统控制的好坏与组成系统的每一个环节的特性都有密切关系,特别是被控对象的特性对整个系统的控制质量起着重要作用。

在油气储运自动化中,最常见的被控对象有各类热交换器、分离处理设备、加热炉、锅炉、储罐、流体输送设备(泵、压缩机)与管输系统等。

不同领域所研究的对象各有不同,比如油气集输领域重点研究多相流集输管网,而长距离输送领域重点研究的是单相管网等等。然而,在上述各个系统中涉及的控制对象有很多是相同的,比如调节阀、泵、压缩机等。其中,对储运过程控制起关键作用的就是调节阀,而泵和压缩机则是能量供给元件。

尽管上述控制对象的几何形状和尺寸各异,内部所进行的物理、化学过程也不相同,但是从控制的角度来看,本质上有许多共性。在自动控制系统中,当采用一些自动化装置来模拟人工操作时,必须深入了解对象的特性,掌握其内在规律,才能根据工艺对控制质量的要求设计合理的控制系统,选择合适的被控变量和操纵变量,进而挑选合适的测量元件及控制器。在自动控制系统投入运行时,要根据对象特性选择合适的控制器参数(也称控制器参数的工程整定),使系统正常运行,因此只有充分了解这些对象,依据被控对象特性进行控制方案的设计和控制器参数的选择,才能获得预期的控制效果,使工艺生产在最佳状态下进行。特别在设计新型的控制方案时,例如自适应控制、计算机最优控制等,更需要考虑对象特性。

2.1.1 储运对象特性与描述方法

所谓对象特性,就是用数学的方法描述对象输入量与输出量之间的关系,常称数学模型。建立某个对象的数学模型(建模)时,一般将被控变量看作对象的输出量,也叫输出变量,而将干扰作用(扰动变量)和控制作用(操纵变量)看作对象的输入量,也叫输入变量。干扰作用和控制作用都是引起被控变量变化的因素。如图 2.1 所示,由对象的输入变量至输出变量的信号联系称为通道,操纵变量至被控变量的信号联系称为控制通道,扰动变量至被控变量的信号联系称为干扰通道。由于干扰作用对被控变量的影响是短暂且随机的,而控制作用对被控变量的影响却是反复不断地进行,认识和掌握控制通道的特性更为重要。

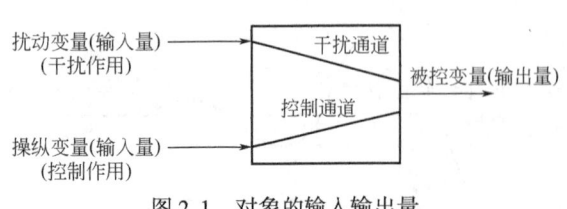

图 2.1 对象的输入输出量

以调节阀为例,系统控制的是调节阀的开度,控制作用就是流量的改变,所以调节阀的对象特性实际上就是指调节阀的流量特性,即开度与流量的关系曲线。

在自动控制系统的分析与设计中,对象的数学模型是十分关键的基础资料。对象的数学模型有动态与静态之分。静态数学模型描述的是对象在静态时输入量与输出量之间的关系,是系统稳态时的特性;动态数学模型描述的是对象在输入量改变后输出量的变化,是过渡过程中系统的动态特性。静态数学模型与动态数学模型相互关联,是事物特性的两个侧面。静态数学模型是基础,动态数学模型是在静态数学模型基础上的发展,静态数学模型是对象在达到平衡状态时的动态数学模型的一个特例。

在自动控制系统的分析与设计中所用到的数学模型,与工艺设计和分析中所用的数学模型基本原理是一致的,但是在用法以及边界条件上会有差异。用于控制的数学模型一般是在工艺流程、设备参数等已确定的条件下使用,重点关注输入量对输出量的影响,比如调节阀开度变化后流量的变化,或者泵转速调节后扬程的变化等,往往采用的是动态模型。研究的目的是使控制过程更好地满足工艺的要求,起到良好的控制效果。工艺设计中所用的模型一般都是静态的,工艺参数甚至是工艺流程往往没有确定,需要通过模型计算来优选甚至是优化各种工艺参数或者流程。

数学模型的表达形式多种多样,主要有参量模型和非参量模型两类。

1. 参量模型

以数学方程表达的模型称为参量模型。此类模型的形式可以是简单的多项式,也可能是描述输入、输出关系的微分方程式、偏微分方程式、状态方程、差分方程等。

例如,输油管道系统中,根据系统特点和被控对象的不同,基于管道的控制要求,在调节阀的选择上,一般仅限于线性特性和等百分比特性。对于线性结构,相对流通面积与阀门相对开度呈线性关系,这就是一个典型的常微分方程形式的模型,数学关系式为

$$\frac{df}{dl} = K_f \tag{2.1}$$

式中,f代表阀门的流通面积;l表示相对开度。

对式(2.1)积分可得
$$f = K_f l + C_1 \tag{2.2}$$

式中,K_f、C_1均为常数。

若已知边界条件为$l=0$时$f=f_0$,$l=l_{100}$时$f=f_{100}$,则有

$$f = \frac{1}{R}[1 + (R-1)l] \tag{2.3}$$

式中,$R = \frac{f_{100}}{f_0}$称调节阀可调范围。

2. 非参量模型

采用曲线或者数据表格形式来表示的数学模型称为非参量模型。此类模型可通过实验或计算得到,其特点是形象、直观、清晰,比较容易看出其定性的特征。比如,油气储运工程中常遇到的泵或压缩机特性曲线等。由于它们缺乏数学方程的解析性质,无法直接用于系统分析和设计,实际应用中往往需要对其进行一定的数学处理来得到参量模型形式,但处理后的曲线不可避免地会带来一定的误差,对系统分析不利。

2.1.2 被控对象的负荷

当生产过程处于稳定状态时,在单位时间内流入或流出对象的物料或能量称为被控对象

的负荷或生产能力，例如液体储罐的物料流量、分离设备的处理量、压缩机的输量等。负荷的改变是由生产需要决定的，设备和机器只能限制负荷的极限值。当负荷在极限范围内时，设备就能正常运转。由于生产的需要，改变负荷时，往往会影响对象的特性。

在自动控制系统中，对象负荷变化情况（大小、快慢和次数）都可以看作是系统的扰动，直接影响自动控制过程的稳定性。如果对象的负荷变化速度相当急剧，又很频繁，那么就要求自动控制系统具有较高的灵敏度，能够在被控变量偏差很小时就实施控制，以便迅速恢复平衡。所以对象的负荷稳定是有利于控制的。

2.1.3 被控对象的自衡

如果对象的负荷发生改变后，无需外加控制作用，被控变量就能自行趋近于一个新的稳定值，这种性质称为对象的自衡性。例如，自衡液位对象及其响应曲线如图 2.2 所示。

图 2.2(a) 为普通液体储罐的液位自衡过程。当它处于稳定状态时，流入量与流出量相等，液位保持在某一高度。如果流入量突然增加，液位开始上升，流出量将随着液体静压力的增大而增加。当流入量与流出量再次相等时，液位又自行稳定在一个新的高度。这就是一个常见的有自衡性的对象的例子，其响应曲线如图 2.2(b) 所示。

若在图 2.2(a) 中的储罐出口安装一台泵，如图 2.3 所示。此时流出量由泵的转速决定，而与液位高度无关。若流入量突然增加，则液位将一直上升，不能自行重新稳定，所以它是无自衡特性的对象。

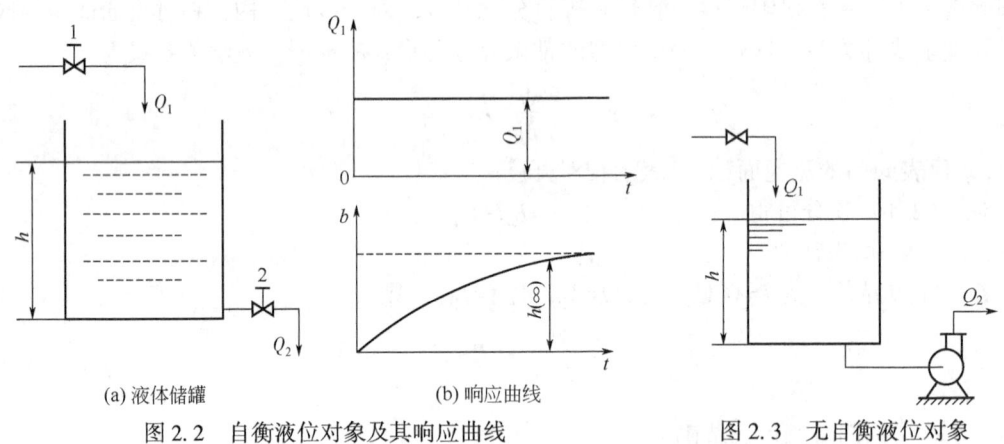

(a) 液体储罐　　　　　　　(b) 响应曲线
图 2.2　自衡液位对象及其响应曲线　　　　图 2.3　无自衡液位对象

由此可见，具有自衡特性的对象有利于进行控制，更易于获得满意的控制质量。除了锅炉汽包及上述用泵排液的对象外，大多数对象都具有一定的自衡性。

2.2 对象数学模型的建立

2.2.1 建模目的

建立被控对象数学模型对自动控制系统的设计具有重要的意义，其主要目的可归结如下：

(1) 自动控制系统的方案设计。全面和深入地了解被控对象的特性，是设计自动控制系统的基础。例如，自动控制系统中被控变量及检测点的选择、操纵变量的确定、自动控制系统结构形式的确定等都与被控对象的特性有关。

(2) 自动控制系统的调试和控制器参数的确定。为了使自动控制系统能够进行必要的调试并安全投运，需要准确了解被控对象的特性。另外，在选择控制器控制规律及确定控制器参数时，也离不开对被控对象特性的了解。例如，长输管道中调节阀的整定，就必须在准确掌握调节阀特性的情况下进行，根据调节阀的静态特性与动态特性仔细选择整定参数，否则可能会造成水击事故。

(3) 制定工艺过程操作优化方案。能达到相同工艺状态的控制方案可能是多种多样的。但是，不同的方案所取得的效果各不相同。如果精确地了解被控对象的特性参数，就可以在此基础上对操作过程进行优化，从而在相同的投资下获取最大的利润。操作优化往往可以在基本不增加投资与设备的情况下获取可观的经济效益。这离不开对被控对象特性的了解，而且主要是依靠对象的静态数学模型。

(4) 新型控制方案及控制算法的确定。随着技术的进步，为了提高自动控制系统的性能，出现了各种各样的新型控制方案以及相应的算法。在用计算机构建一些新型自动控制系统时，这些新型控制算法，例如预测控制、推理控制、前馈动态补偿等的求解，往往需要知道已知对象的数学模型才能进行。

(5) 计算机仿真与过程培训系统。随着 IT 技术的发展，计算机仿真与过程培训在油气储运生产实际中占据了越来越重要的位置。仿真系统以及过程培训系统的开发都是以被控对象的数学模型为基础的。操作人员可以借助被控对象的数学模型在计算机上对各种控制方案进行模拟仿真，对比各种控制策略方案之间的优劣，进行定量的比较与评定，并在计算机上仿效实际的操作，从而高速、安全、低成本地开发出最优的自动控制系统；还可以利用系统仿真技术，在模拟系统上进行各种培训，从而安全、低成本地培训工程技术人员和操作工人，制定大型设备启动和停车的操作方案，这也是当今员工培训的发展趋势。

(6) 设计生产过程的故障检测与诊断系统。利用控制对象的数学模型可以进行生产过程的故障检测以及系统诊断。在被控对象数学模型的基础上，开发在线仿真软件，就可以对生产过程进行在线仿真，对比仿真数据以及在线的监测数据，实现对系统的故障检测和在线诊断，及时发现生产过程中自动控制系统的故障，并进一步探究其原因，以提供正确的解决方案，从而将事故消除在隐患阶段，提高系统的安全性。

2.2.2 机理建模

机理建模就是根据对象或生产的内部机理规律，结合各种相关的平衡方程，从而建立控制对象（或过程）的数学模型，这类模型通常称为机理模型，例如油气储运管输系统的连续性方程（也称物料平衡方程）、能量平衡方程、动量平衡方程，以及某些物性方程和设备特性方程等。

机理模型的最大特点是物理意义明确，所建模型适用范围广泛，便于对模型参数进行调整。但机理模型对象复杂，所建立的模型也往往比较复杂，求解非常困难。另外，对某些物理或化学变化过程的机理并不完全了解，而且线性关系的模型并不多，加上分布参数元件又特别多（即参数同时是位置与时间的函数），所以所建立模型的适用性也会受到很大的限制。例如多相流动，对多相流动的规律认识就很不完善，所以很难建立适应性较广泛的理论模型，常用的往往是经验相关公式模型。

下面通过相关的例子来讨论机理建模的方法。

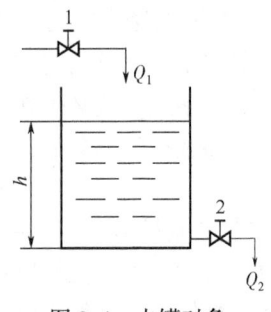

图2.4 水罐对象

当对象的动态特性可用一阶微分方程式来描述时，通常称为一阶对象。如图2.4所示，截面积为S的水罐是一个简单的液位控制对象，水经过阀门1不断地流入水罐，水罐内的水又通过阀门2不断流出。

工艺上要求水罐的液位h保持一定数值。在这里，水罐就是被控对象，液位h就是被控变量。如果阀门2的开度保持不变，阀门1的开度变化就是引起液位变化的干扰因素，那么，这里所指的对象特性，就是指当阀门1开度变化时，液位h是如何变化的。在这种情况下，液位h是对象的输出量，流入水罐的流量Q_1是对象的输入量。

在用微分方程式来描述对象特性时，往往着眼于某些量的变化，而不注重这些量的初始值。所以在推导方程的过程中，假定Q_1、Q_2、h代表它们偏离初始平衡状态的变化值。下面推导表征h与Q_1之间关系的数学表达式，根据动态物料平衡关系有

$$Q_1 - Q_2 = S \frac{\mathrm{d}h}{\mathrm{d}t} \tag{2.4}$$

式(2.4)的物理意义是水罐中储存量的变化率为单位时间内液体的流入量与流出量之差。

式(2.4)就是微分方程式的一种形式。由工艺设备的特性可知，Q_2与h的关系是非线性的。如果考虑变化量很微小（在自动控制系统中，各个变量都是在它们的额定值附近微小波动，因此假定是允许的），可以近似认为Q_2与h成正比，与出水阀的阻力系数R成反比，其表达式为

$$Q_2 = \frac{h}{R} \tag{2.5}$$

把式(2.5)代入式(2.4)中，整理后得

$$SR \frac{\mathrm{d}h}{\mathrm{d}t} + h = RQ_1 \tag{2.6}$$

令$T = SR$，$K = R$得

$$T \frac{\mathrm{d}h}{\mathrm{d}t} + h = KQ_1 \tag{2.7}$$

学习拓展与探究式研讨2

式中，T称为时间常数，K称为放大系数。式(2.6)或式(2.7)就是用来描述水罐对象的一阶常系数微分方程。所有的一阶对象的数学模型都有类似的结构形式，但时间常数T和放大系数K是不同的。

2.2.3 实验建模

如前所述，机理建模具有适应性广、直接反应物理规律等优点，但也具有复杂、不易求解等缺点。在实际的储运生产中，许多对象的特性很复杂，难以直接通过内在机理的分析得到描述对象特性的数学表达式，通常这些表达式（一般是高阶微分方程式或偏微分方程式）也较难求解；另外，在推导与估算过程中，常常要进行一些假定、假设或

近似，忽略了很多次要因素。但是在实际工作中，由于条件的变化，可能某些假定与实际不完全相符，或者某些次要的因素上升为不能忽略的因素，所以直接利用机理建模得到的对象特性作为合理设计自动控制系统的依据往往是不可靠的，或者不能达到需要的精度。因此，在实际工程应用中，常常通过实验的方法来得到对象的特性，不仅可以比较可靠地得到对象的特性，也可以对通过机理分析得到的对象特性加以验证。

所谓实验建模，就是通过实验的方法获取对象的特性。一般的做法就是对所要研究的对象加上一个人为的输入作用（输入量），并用仪表测取、记录表征该对象特性的物理量（输出量）随时间变化的规律，进而得到一系列实验数据（或曲线）。这些数据或曲线就可以用来表示对象的特性。有时，为了进一步分析对象的特性，需要对这些数据或曲线加以必要的数据处理，使之转化为描述对象特性的数学模型。

这种应用对象的输入输出的实测数据来决定其模型的结构和参数的方法，也称为系统辨识，其主要特点是把被研究的对象视为一个"黑匣子"，完全从外部特性上来测试和描述它的动态特性，不需要深入了解其内部机理，这种方法对于一些复杂的对象可以较简单、省力地获取所需的数学模型。

对象特性的实验测取法有很多种，这些方法常以所加输入形式的不同来区分，简单介绍如下。

1. 阶跃反应曲线法

阶跃反应曲线法又称阶跃扰动法或飞升曲线法，就是用实验的方法测取对象在阶跃输入作用下，输出量随时间的变化规律。当过程处于稳定状态时，在对象的输入端施加一个幅度已知的阶跃信号，测取对象的输出随时间的变化响应曲线，根据响应曲线，再经过处理就能得到对象特性参数。

例如，要测取图 2.5 简单水罐对象的动态特性。这时表征水罐工作状况的物理量是液位 h，要测取输入流量 Q_1 改变时，输出 h 的反应曲线。

假定在时间 t_0 之前，对象处于稳定状况，即输入流量 Q_1 等于输出流量 Q_2，液位维持 h 不变。在 t_0 时刻，突然开大进水阀，然后保持不变。Q_1 改变的幅度可以用流量仪表测得，假定为 A。这时若用液位仪表测得 h 随时间的变化规律，便是简单水罐的反应曲线，如图 2.6 所示。

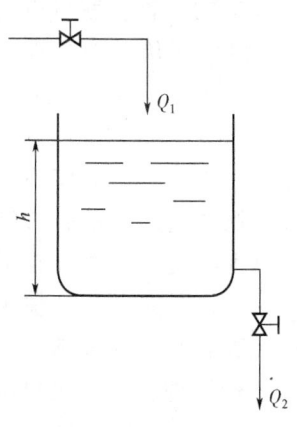
图 2.5　简单水罐对象

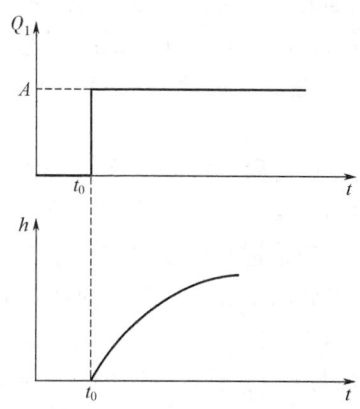
图 2.6　水罐的阶跃反应曲线

阶跃反应曲线法能形象、直观地描述对象的动态特性，简便易行，不需要增加特殊的信号发生器。如果输入量是流量，只要突然改变阀门的开度，便可认为施加了阶跃干扰，在装置上进行极为容易。输出参数的变化过程可以利用原来的仪表记录下来（若原来的仪表精度不符合要求，可改用具有高灵敏度的快速记录仪），测试工作量较小。故阶跃反应曲线法是一种比较简易的动态特性测试方法。

这种方法也存在一些缺陷，主要是对象在阶跃信号作用下，从不稳定到稳定一般所需时间较长，对象不可避免要受到许多其他干扰因素的影响，因而测试精度受到限制。为了提高精度，就必须加大所施加的输入作用幅值，但会对正常的生产带来影响，工艺上一般是不允许的。一般所加输入作用的大小是取额定值的 5%～10%，以不影响生产为宜。阶跃反应曲线法是一种简易但精度较差的对象特性测试方法。

2. 矩形脉冲扰动法

当对象处于稳定工况下，在时间 t_0 突然加一阶跃干扰，幅值为 A，在 t_1 时刻突然除去阶跃干扰，这时测得的输出量 y 随时间的变化规律，称为对象的矩形脉冲特性，而这种形式的干扰称为矩形脉冲干扰，如图 2.7 所示。

用矩形脉冲干扰来测取对象特性时，因加在对象上的干扰经过一段时间后即被除去，因此干扰的幅值可取得比较大，以提高实验精度，对象的输出量又不至于长时间地偏离给定值，因而对正常生产影响较小。目前，这种方法也是测取对象动态特性的常用方法之一。

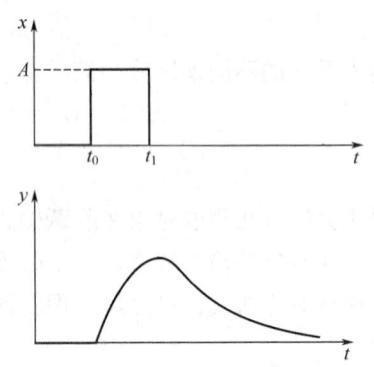

图 2.7　矩形脉冲特性曲线

3. 周期扰动法

除了应用阶跃干扰与矩形脉冲干扰作为实验测取对象动态特性的输入信号形式外，还可以在对象的输入端施加一系列频率不同的周期性信号来测取对象的动态特性，即周期扰动法，一般以矩形脉冲波和正弦波居多。

上述介绍的各种方法都有一个共同的特点，就是要在对象上人为地外加干扰作用（或称测试信号），这在一般的生产过程中是允许的，因为一般外加的干扰量比较小、时间短。根据现场的实际情况，合理地选择以上几种方法中的一种，就可以得到对象的动态特性，从而为正确设计自动化系统创造有利的条件。由于对象动态特性对自动化工作有着非常重要的意义，因此只要有可能，就要创造条件，通过实验来获取对象的动态特性。

用实验法测试对象特性是一种研究对象特性的有效方法。对于某些不宜施加人为干扰来测取特性的对象，可以根据在正常生产情况下长期积累下来的各种参数的记录数据或曲线，用随机理论进行分析和计算，来获取对象的特性。这是一种在自动化技术及计算工具进一步发展的基础上，研究对象特性的有效方法。为了提高测试精度并减少计算量，也可以利用专用的仪器，在系统中施加对正常生产基本上没有影响的一些特殊信号（例如伪随机信号），然后对系统的输入输出数据进行分析处理，可以比较准确地获得对象动态特性。

综上所述，机理建模与实验建模各有特点，目前比较实用的方法是将两者结合起来，称为混合建模。此类建模的途径是先通过机理分析的方法提供数学模型的结构形式，然后将其中某些未知或不确定的参数利用实测的方法给予确定。这种在已知模型结构的基础上，通过实测数据来确定其中某些参数的方法，称为参数估计。以换热器建模为例，可以先列出其热量平衡方程式，而其中的换热系数等则通过实测的试验数据来确定。

2.3 描述对象特性的参数及其对控制过程的影响

前面用数学分析法对对象的特性做了简单的数学模型描述，实际工作中为了方便地研究问题，常常用下面 3 个物理量来表示对象的特性。这些物理量称为对象的特征参数。

2.3.1 放大系数 K 及其对控制过程的影响

如图 2.6 所示的简单水罐的对象特性可由式(2.7) 来表示，假定输入信号为如图 2.8(a)所示的阶跃信号：

$$\begin{cases} Q_1 = 0, t < 0 \\ Q_1 = A, t \geq 0 \end{cases} \tag{2.8}$$

为求得在 Q_1 作用下 h 的变化规律，对上述方程求解，得

$$h(t) = KA(1 - e^{-t/T}) \tag{2.9}$$

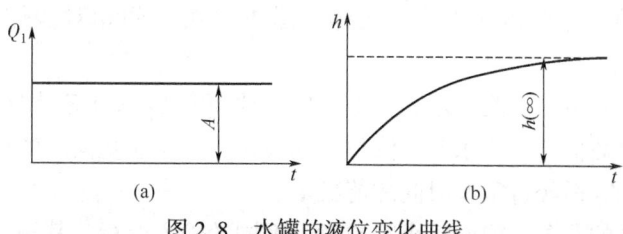

图 2.8 水罐的液位变化曲线

式(2.9) 即为单容水罐受到阶跃作用 $Q_1 = A$ 后（即进水阀开大）其被控变量 h 随时间变化的规律。其响应曲线如图 2.8(b) 所示，称为阶跃响应曲线。

由式(2.9) 可以看出，当 $t \to \infty$ 时，被控变量不再变化而达到了新的稳态值，此值 $h(\infty) = KA$，这就是说，一阶水罐的输出变化量与输入变化量之比是一个常数：

$$K = \frac{h(\infty)}{A} \tag{2.10}$$

放大系数 K 的物理意义可理解为：如果有一定的输入变量 A，通过对象被放大 K 倍，最终变为输出变量 $h(\infty)$。它表示对象受到输入作用后重新达到平衡状态时的性能，是不随时间而变的，所以是对象的静态性能。

K 在数值上等于对象重新稳定后的输出变化量与输入变化量之比。K 值大小反映了对象的输入对输出影响的灵敏程度。对象的放大系数 K 越大，表示当对象的输入量有一定变化时，对输出的影响也越大。

在油气储运管输生产中，常常会发现有的阀门对生产影响很大，开度稍微变化就会引起对象输出量大幅度的变化，甚至造成水击事故；有的阀门则相反，开度的变化对生产的影响很小。这说明对于同一个对象，不同的输入变量与被控变量之间的放大系数的大小有可能各不相同，即各种输入变量与被控变量之间的放大系数有大有小。放大系数 K 越大，被控变

量对这个量的变化就越灵敏,这在选择自动控制方案时是需要考虑的。

例如,当管输系统线性结构的调节阀开度较小时,阀的调节特性非常敏感,也就是说放大系数较大;当开度达到一定程度后,调节特性会变得迟缓,也就是说放大系数在变小。线性调节阀的放大系数会随着开度变化具有一个由大变小的特性。

如前所述,对象的输入至输出的信号联系通道分为控制通道与干扰通道,控制通道的放大系数(一般用 K_0 表示)越大,表示控制作用对被控变量的影响也越强;干扰通道的放大系数(一般用 K_f 表示)越大,表示干扰作用对被控变量的影响也越强。所以,在设计控制方案时,总是希望 K_0 要大一些,K_f 要尽可能小一些。K_0 越大,控制作用对干扰的补偿能力也越强,越有利于克服干扰;K_f 越小,干扰对被控变量的影响就越小。但 K_0 也不能太大,否则过于灵敏,使过程不易控制,难以达到稳定。

2.3.2 时间常数 T 及其对控制过程的影响

从大量的生产实践中发现,有的对象受到干扰后,被控变量变化很快,较迅速地达到了稳定值;有的对象在受到干扰后,惯性很大,被控变量要经过很长时间才能达到新的稳态值。例如,在液体类长输管道中,因液体的不可压缩性,水击波的速度能够达到 1km/s 左右,所以管道中任意点的操作所引发的压力波动都会以 1km/s 的速度向上下游传递,液体管道调节后达到稳定的时间就会比较短。相反,气体管道中因气体的可压缩性,其压力波的传播速度远小于液体管道,气体管道的平衡时间相对液体管道来说,就会长很多。

如图 2.9 所示,有甲、乙两个水罐,甲水罐的截面积 S_1 大于乙水罐的截面积 S_2,当进水流量改变同样一个数值时,乙水罐的液位变化很快,并迅速趋向新的稳态值。而甲水罐的惰性大,液位变化慢,需经过很长时间才能稳定。

这说明对于不同的对象,或同一个对象对于不同的输入变量,其输出对输入变化的响应速度是不一样的,一般用时间常数 T 来描述对象对输入响应的快慢程度。当 $t=T$ 时,式(2.9) 变为

$$h(T) = KA(1-e^{-1}) = 0.632KA = 0.632h(\infty) \tag{2.11}$$

即当对象受到阶跃输入后,被控变量达到新稳态值的 63.2% 所需的时间,就是时间常数 T。显然,时间常数越大,被控变量的变化也越慢,达到新的稳定值所需的时间也越大。对式(2.9) 求导,可得到液位 h 在 t 时刻的变化速率为

$$\frac{dh}{dt} = \frac{KA}{T}e^{-t/T} \tag{2.12}$$

当 $t=0$ 时,
$$\left.\frac{dh}{dt}\right|_{t=0} = \frac{KA}{T} = \frac{h(\infty)}{T} \tag{2.13}$$

当 $t=\infty$ 时,
$$\left.\frac{dh}{dt}\right|_{t\to\infty} \to 0$$

由图 2.10 可以看出,该曲线在起始点处的切线斜率,就是由式(2.13)计算出的($t=0$)液位变化的初始速率 $\dfrac{h(\infty)}{T}$。这条切线与新的稳定值上 $h(\infty)$ 的交点所对应的时间正好等于 T。

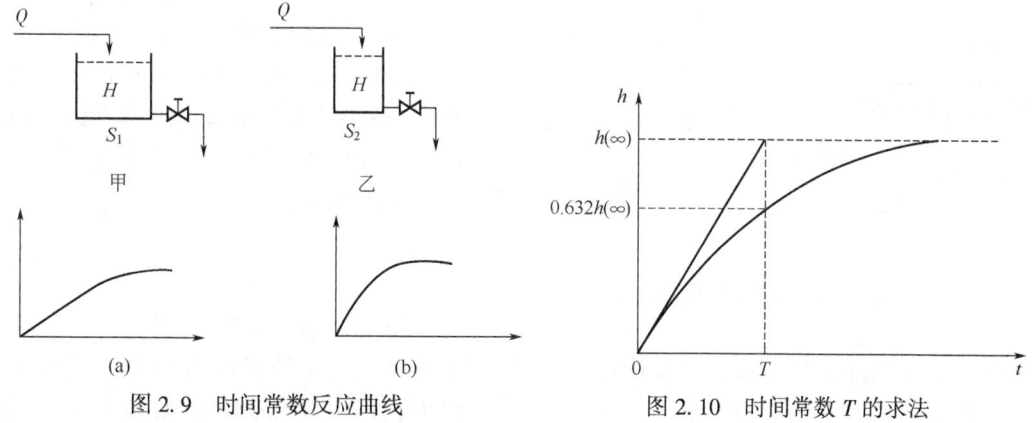

图 2.9 时间常数反应曲线　　　　图 2.10 时间常数 T 的求法

T 的物理意义可以这样理解：当对象受到阶跃输入作用后，被控变量如果保持初始变化速度，达到新的稳态值所需的时间，就是时间常数。实际上，被控变量的变化速度一般是越来越小的。所以，被控变量变化到新的稳定值所需的时间，要比 T 长得多。实际中往往以达到稳定值的 0.95 倍的时间作为时间常数的取值。

当 $t=3T$ 时，代入式(2.9)，可得

$$h(3T) = KA(1-e^{-3}) \approx 0.95KA = 0.95h(\infty) \tag{2.14}$$

即在加入输入作用后，只需经过 $3T$ 时间，液位已经变化了全部变化范围的 95%。这时，可以近似地认为动态过程基本结束。所以，时间常数 T 是表示在输入作用下，被控变量完成其变化过程所需要的时间的一个重要参数。

时间常数的大小反映了对象输出变量对输入变量响应速度的快慢。对控制通道而言，若时间常数太大，则响应速度慢，使控制作用不及时，易引起过大的超调量，过渡时间很长；若时间常数小，则响应速度快，控制作用及时，控制质量容易保证。但时间常数过小也不利于控制，时间常数过小，则响应过快，易引起振荡，使系统的稳定性降低。对干扰通道而言，干扰通道的时间常数越大，被控变量对干扰的响应就越慢，控制作用就越容易克服干扰而获得较高的控制质量。

2.3.3 滞后时间 τ 及其对控制过程的影响

某些对象（如前面介绍的简单水罐）在受到扰动的情况下，被控参数立即以较快的速度开始变化，这种对象使用时间常数和放大系数 K 两个参数就可以完全描述它们的特性。但是，有些对象在输入变化后，被控变量（输出）却不能立即随之变化，而是需要间隔一段时间才发生改变，这种现象称为滞后现象。滞后时间是描述过程滞后现象的动态参数，根据滞后性质的不同，可分为两类，即传递滞后和容量滞后。

1. 传递滞后

传递滞后又称纯滞后，常用 τ_0 表示。一般是由介质的输送需要一段时间而引起的。

图 2.11(a) 为含油水处理溶解槽控制系统。浓度测控点位于溶解槽中，加料斗中的固体物料用皮带输送机送至加料口，才能到达溶解槽，在加料斗加大送料量后，固体溶质需等皮带输送机将其送到加料口并落入溶解槽中后，才会影响溶液浓度。当以加料斗的加料量作为控制变量（对象的输入），以溶液浓度作为输出时，其反应曲线如图 2.11(b) 所示，图

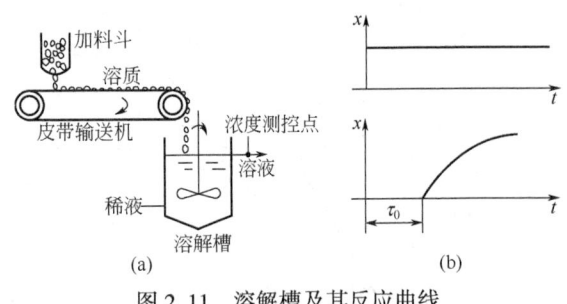

图 2.11 溶解槽及其反应曲线

中时间 τ_0 为皮带输送机将固体溶质由加料斗输送到溶解槽所需要的时间（溶质溶解的时间以及分子扩散的时间忽略不计），称为纯滞后时间。显然，纯滞后时间 τ_0 与皮带输送机的传送速度 v 和传送距离 L 的关系为

$$\tau_0 = \frac{L}{v} \qquad (2.15)$$

另外，从测量方面来说，测量点选择不当、测量元件安装不合适等原因也会造成传递滞后。此类纯滞后的现象在成分分析过程中尤为常见。安装成分分析仪器时，取样管线太长，取样点安装离设备太远，都会引起较大的纯滞后时间，这是在实际工作中要尽量避免的。

假设该对象为一阶对象，则数学表达式为

$$T\frac{dy(t)}{dt} + y(t) = Kx(t - \tau_0) \qquad (2.16)$$

当假定 $y(t)$ 的初始值 $y(0) = 0$，$x(t)$ 是一个发生在 $t=0$ 的阶跃输入，设幅值为 A，对方程式(2.16)求解，可得

$$y(t) = KA\left(1 - e^{-\frac{t-\tau_0}{T}}\right)(t \geq \tau_0) \qquad (2.17)$$

图 2.12 为有、无纯滞后的一阶阶跃响应曲线。x 为输入量，$y(t)$ 为无纯滞后的输出量，$y_\tau(t)$ 为有纯滞后的输出量。比较两条响应曲线，除了在时间轴上前后相差一个 τ_0 的时间外，其他形状完全相同。也就是说纯滞后对象的特性完全相同。当输入量发生变化时，其输出量不是立即反映输入量的变化，而是要经过一段纯滞后时间 τ_0 以后，才开始等量地反映原无滞后时的输出量的变化。可见，对于有、无纯滞后特性的一阶对象，它们的反应曲线在形状上完全相同，其数学模型具有类似的形式，而且它们的时间常数和放大系数也相等，只是具有时滞的反应曲线在时间上错后一段时间。

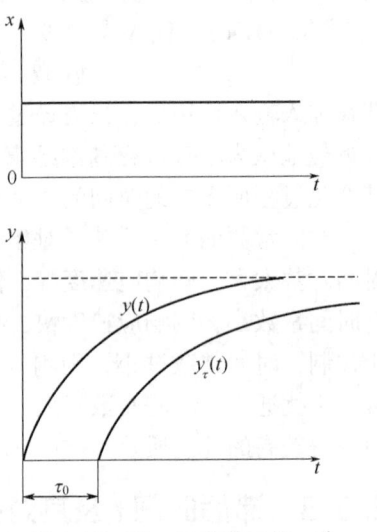

图 2.12 有、无纯滞后的一阶阶跃响应曲线

2. 容量滞后

同样分析上述例子可以发现，溶质落入溶解槽也不可能马上影响溶液浓度，因为溶解实际上也是需要一定时间的。而且，溶解后浓度最先变化的是落入点，整个溶解槽内的浓度达到一致，也需要经过一段时间（分子扩散的时间）。溶解时间、分子扩散的时间从机理上分类，都不是由物料传递造成的，而是被控过程本身的特性，这种滞后称为容量滞后。由传送带所带来的滞后计算起来比较简单，滞后时间就等于距离除以传送速度，而后两个因素造成的传递滞后的计算就比较麻烦。

容量滞后又称过渡滞后，常用 τ_h 表示。它是多容量过程的固有属性，一般是由物料或能量的传递需要通过一定阻力而引起的。图 2.13 为具有容量滞后对象的反应曲线，对象在

受到阶跃输入作用 x 后，被控变量 y 开始变化很慢，然后加快，最后又变慢，直至逐渐接近稳定值。

以成品油管道为例，在密闭输送过程中，以油品的密度作为被控变量。那么，当首站进行油品切换时，从新油品进入管道开始，到密度计的示数发生变化，也需要一段时间。这段时间产生的原因就是进油口与密度计安装点的距离造成的，而这种滞后就属于传递滞后。

同样是密闭输送的液体管道，管道中某一点进行水力学操作，比如开关阀门，或者遇到打孔盗油，该点产生的水击波需要经过一段时间才能被安装在站点的压力传感器检测到。这种滞后是由水击波的传播速度不是无限大造成的，属于容量滞后。

纯滞后和容量滞后尽管本质上不同，但实际上很难严格区分，所以当容量滞后与纯滞后同时存在时，常常把两者结合起来统称滞后时间 τ，如图 2.14 所示。相应的关系式为

$$\tau = \tau_0 + \tau_h \tag{2.18}$$

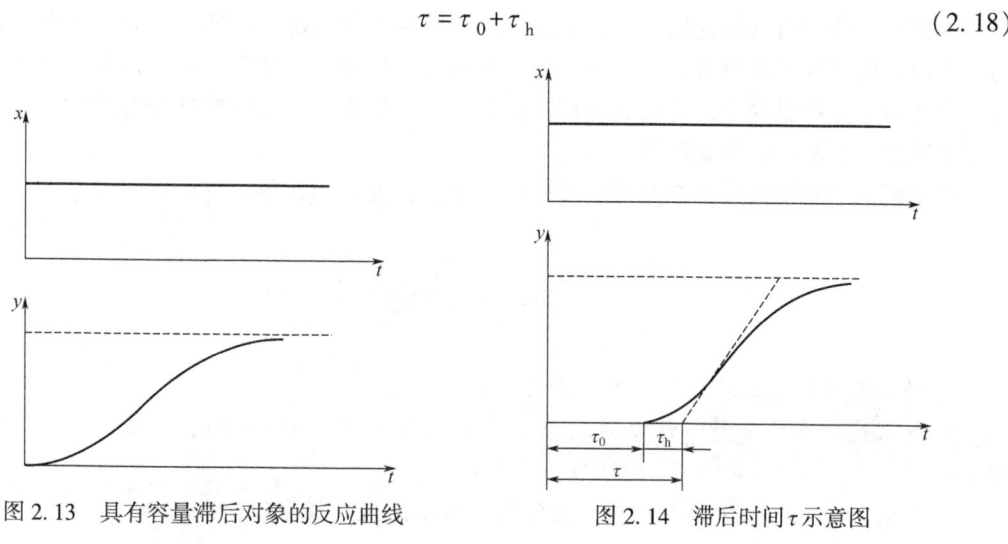

图 2.13　具有容量滞后对象的反应曲线　　图 2.14　滞后时间 τ 示意图

3. 滞后时间 τ 对控制过程的影响

滞后时间 τ 对控制过程的影响，需按其与过程的时间常数 T 的相对值 τ/T 来考虑，同时控制通道和干扰通道存在的时滞对控制过程的影响也不尽相同。

对控制通道而言，无论滞后存在于操纵变量方面还是被控变量方面，都将使控制作用落后于被控变量的变化，不能立即生效，以克服干扰的影响，从而降低自动控制系统的质量，使最大偏差和超调量增大，振荡加剧，控制过程延长。特别是纯滞后，对控制系统质量影响更大。因此，在 τ/T 较大时，为确保系统的稳定性，需要在一定程度上降低自动控制系统的控制指标。一般认为 $\tau/T \leq 0.3$ 的过程较易控制，而 $\tau/T > (0.5 \sim 0.6)$ 的过程往往需用特殊控制规律。另外构建自动控制系统时，应尽最大努力避免或减小滞后的影响，如改进工艺（如减少不必要的管道），合理选择检测元件和控制器的安装位置，或者选择更好的控制方案。

对干扰通道而言，如存在纯滞后，相当于将扰动作用推延一段纯滞后时间 τ_0 后才进入系统，而干扰在什么时间出现，本来就不能预知，因此并不影响自动控制系统的品质，即对过渡过程曲线的形状没有影响。如果干扰通道存在容量滞后，则使阶跃扰动的影响趋于缓

和，在相同干扰作用下，被控变量的变化较单容对象来得缓和，因此干扰通道的容量滞后越大，对被控变量的影响越小，反而对自动控制系统有利。

一般而言，在不同变量中，液位和压力过程的 τ 较小，流量过程的 τ 和 T 都较小，温度过程的 τ_0 较大，成分过程的 τ_0 和 τ_h 都较大。

显然，滞后的存在不利于自动控制系统的控制。系统受到干扰作用后，由于存在滞后，被控变量不能立即反映出来，当然就不能及时地产生控制作用，必然带来控制的延迟，拉长过渡过程的时间，加大过渡过程振荡的风险，整个系统的控制质量就会受到严重的影响。所以，在设计和安装自动控制系统时，应当通过各种办法，尽量把滞后时间减到最小，较容易办到的是降低传递时间。例如，在选择控制阀与检测点的安装位置时，应选取更合理、靠近控制对象的传感器有利位置；从工艺角度来说，应通过工艺改进，尽量减少或缩短那些不必要的管线及阻力，以利于减少滞后时间。

综上所述，简单对象的特性参数可以用放大系数 K、时间常数 T、滞后时间 τ 特性参数表征，多容对象也可近似地用它们代表。对象特性对控制系统的控制质量有着非常重要的影响，所以在确定控制方案时，应根据工艺要求确定被控变量，从生产实际出发，分析干扰因素，合理地选择操纵变量，以构成合理的控制通道，组成一个可控性良好的被控对象，这是控制系统设计中的一个重要环节。

如何根据对象特性选择被控变量及操纵变量，将在后面章节中进行详细讨论。

习题与思考题

1. 什么是被控对象的特性？为什么要研究对象特性？
2. 什么是对象的负荷？什么是对象的自衡？对象的负荷对控制系统的稳定性有什么影响？
3. 什么是对象的数学模型？静态数学模型与动态数学模型有什么区别？
4. 建立对象的数学模型有什么重要意义？
5. 建立对象的数学模型有哪两类主要方法？
6. 机理建模的根据是什么？
7. 反映对象特性的参数有哪些？各有什么物理意义？它们对自动控制系统有什么影响？
8. 为什么说放大系数 K 是对象的静态特性？而时间常数 T 和滞后时间 τ 是对象的动态特性？
9. 简述时间常数 T 的物理意义。试分别说明当对象受到阶跃输入作用后，$t=T$、$2T$、$3T$ 时输出变量达到新稳态值的程度。
10. 对象的纯滞后和容量滞后各是什么原因造成的？对控制过程有什么影响？

复杂工程问题实践研讨 2

3 测量仪表及变送器

问题1

3.1 检测技术

3.1.1 检测的作用与意义

在油气储运、石油化工、燃气输配等行业的生产过程中,为正确地指导生产操作,保证生产安全和产品质量,实现生产过程自动化并准确而及时地对生产过程中的有关参数(如压力、流量、温度、液位和产品成分及物性等)进行检测与控制是一项必不可少的工作。检测仪表是生产自动化系统中最基础、最重要的组成部分之一,其可靠性和精度直接影响系统工作的可靠性和技术性能。熟悉检测仪表的原理等对正确地选择、合理地使用和维护仪表、正确地设计自动化系统有重要意义。

检测系统的一般检测过程如图3.1所示。在自动控制系统中,测量元件与变送器是一个非常重要的环节。如果被控变量的测量误差很大,那么控制系统就不可能实现精确控制。因此离开这一基本环节,再好的控制技术和信息网络技术也无法用于生产过程。例如在液体管线离心泵机组的运行过程中,为防止因吸入压力过低出现汽蚀现象和出站压力过高损坏泵、泵的机械密封和管道,就需要对泵机组的入口压力、出口压力进行监测和控制。

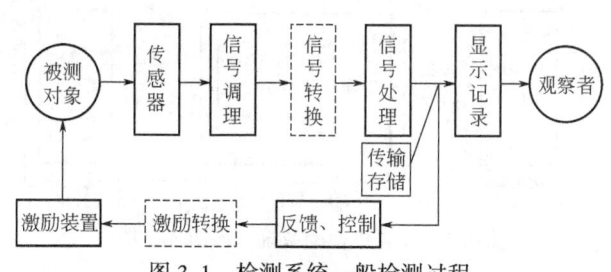

图3.1 检测系统一般检测过程

被控参数的测量是生产过程中自动化系统的难题之一,到目前为止,许多被控参数诸如转化率等仍然无法(或难以)直接在线测量和获取。本书仅对一些较成熟且在油气储运生产中有普遍应用的检测技术及有关参数(压力、流量、物位、温度等)的检测方法、测量仪表及相应的传感器或变送器等作简要的介绍讨论。

3.1.2 检测的基本概念

1. 检测

检测指各类生产、科研、试验及服务等各个领域中,为及时获得被测或被控对象的有关信息而实时或非实时地对一些参量进行的定性检查和定量测量。用来检测生产过程中各种有关参数的技术工具称为检测仪表。

2. 检测与测量

检测和测量的含义基本相同，国家标准中测量指以确定被测对象属性和量值为目的的全部操作。检测是意义更为广泛的测量。

检测技术包含信号的测量与检出。检测技术是检测方法、检测结构和检测信号处理的综合性技术。

在自动化领域中，检测的任务不仅是对被测对象的检验和测量，更是为了检查、监督和控制某个生产过程或被控对象，并使之处于给定的最佳状态，需要随时检查和测量各种参量的大小和变化等情况。

在油气储运生产应用中，随着信息化与自动化技术及检测仪表一体化和智能化技术的发展，检测和测量的界限逐步趋于一致，区别并不大。而在油气储运系统中以确定被测对象属性和量值为目的的测量操作较多，故本节后述以测量技术为主。

3.1.3 检测系统的构成

尽管现代检测仪器和检测系统的种类、型号繁多，用途、性能千差万别，但它们都是用于各种物理或化学成分等参量的检测。

一般检测系统基本由敏感元件（传感器）、信号转换与处理电路（含反馈）、显示电路和信号传输电路等组成。其中敏感元件（传感器）将非电量转换为电信号；信号转换与处理电路将代表被测变量特征的信号变换成能进行显示或输出的信号；显示电路将被测对象以人能感知的形式表现出来；信号传输电路将信号（数据）从一点（或一个地方）送到另一点（或地方）。

目前储运常用的计算机检测系统一般组成框图如图 3.2 所示，检测系统的一般组成分类如图 3.3 所示。

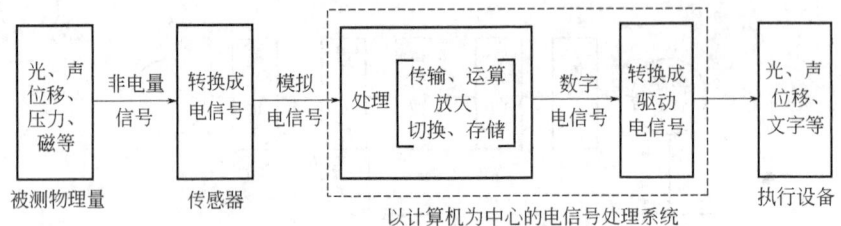

图 3.2 计算机检测系统一般组成框图

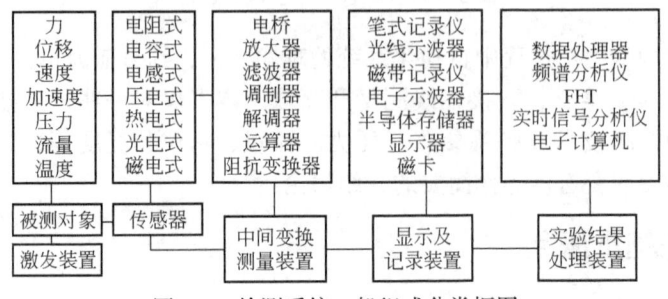

图 3.3 检测系统一般组成分类框图

3.1.4 检测方法

因检测对象、检测环境和被检测变量千差万别，相应地也有不同的检测方法。常用的检测方法如表 3.1 所示。

表 3.1 常用检测方法

分类根据	检测方法		检测形式	备注
是否与被测介质接触	接触式		检测元件与被测介质接触	对被测介质有干扰
	非接触式		检测元件与被测介质不接触	不干扰被测介质，易受外界干扰
检测过程	直接		测量时对仪表的读数不需要经过任何运算，能直接表示测量所需的结果	测量过程简单而迅速，但精度不高，如使用弹簧管式压力表测量锅炉压力
	间接		测量时，首先对与被测变量有确定函数关系的几个量进行直接测量，然后将测量值代入函数关系式，经过计算得到所需的结果	被测变量无法或不便于直接测量，例如，生产过程中纸张厚度无法进行直接测量，需通过测量与厚度有确定函数关系的单位面积重量间接测量。间接测量比直接测量复杂，有时可得到较高的测量精度
被测变量与标准单位量的比较方式	比较法	零位法（平衡法）	测量过程中，用指零仪表的零位指示检测测量系统的平衡状态，调节已知的标准量，使其与被测变量平衡，测量系统达到平衡时（偏差指示为零），用已知基准量表示被测未知量	在测量过程中标准量直接与被测变量相比较；在测量过程中需要调节已知的标准量，精度高，操作复杂，速度慢，要求高灵敏的偏差指示表；广泛应用于工程检测中
		偏差法	由检测仪表指针偏移显示被测变量	在测量过程中以间接方式实现被测变量与标准量的比较；操作简便迅速，精度低；适用于慢变参数的检测
		微差法	用数值接近被测变量的标准量和被测变量比较，取得微小差值，然后用偏差法测此差值，被测变量为标准量和此差值之和	综合了零位法与偏差法的优点，测量过程中标准量直接与被测量比较；测量过程中无需调整标准量，而只需测量两者的差值；差值越小，精确度越高，操作简便，反应快，设备复杂；适合于在线控制参数检测
		代替法	在测量装置上，用已知量替代被测变量后，使装置仍然恢复原状，则此已知量值大小即等于被测变量	准确度高，操作复杂
		计算法	用标准脉冲或单位量个数来表示被测变量	准确度高，直观
被测变量的变化速度	静态		被测变量的变化速度慢或者不变化	准确度高，操作复杂
	动态		被测变量的变化速度快	检测系统需有检测快变信号的动态特性
被测变量的输出类型	模拟式		检测系统输出结果为模拟量	模拟量读数有误差
	数字式		检测系统输出结果为数字量	数字读数准确
被测变量的输出值	在线		不中断生产过程的情况下进行检测	测量的是被测变量在生产过程中的实际值
	离线		中断生产过程的情况下进行检测	与被测变量在生产过程中的实际值有偏差

3.2 测量误差理论与数据处理

3.2.1 测量与测量误差

1. 测量及其要素

如图 3.4 所示，参数检测是将被测参数经过一次或多次能量的交换，获得一种便于显示和

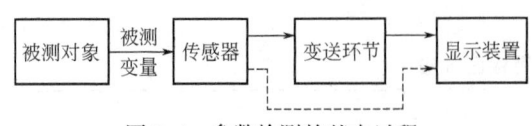

图 3.4　参数检测的基本过程

传递的信号的过程。而测量就是用实验的方法，借助一定的仪器或设备，把被测变量与其相应的测量单位进行比较，求出二者的比值，从而得到被测变量数值大小的过程。测量结果即测量值，包括被测量的大小、符号（正或负）及测变量单位。

如图 3.5 所示，测量过程实质上就是将被测变量与其相应的测量单位的标准量进行比较的过程，而测量仪表就是实现这种比较的工具。各种测量仪表无论采用哪种原理，都要将被测参数经过一次或多次的信号能量转换，最后获得一种便于测量的信号能量形式，并由指针位移或数字形式显示出来。例如，体温计是利用水银的热膨胀效应，将温度大小转换成一定的水银柱高度，与已被转换成了高度的温度测量单位（标尺刻度）进行比较，即可读出温度值；又如，要测量一个物体的长度，就要用一把具有刻度单位（如 mm）的直尺与被测物体比较，得到物体长度对应直尺上的数值（如 100mm），则该被测物体的长度值即为 100mm。

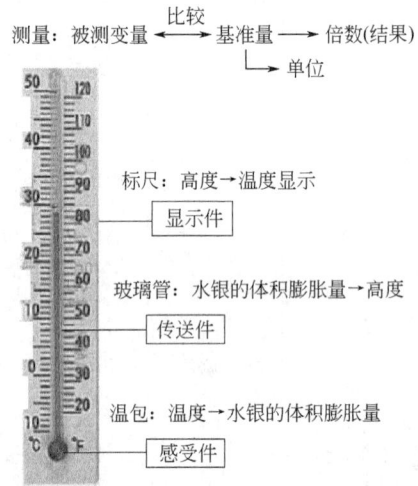

图 3.5　测量示意图

测量的基本要素如图 3.6 所示。在工业测量仪表中，为便于使这一比较过程自动完成，一般都是根据某些物理、化学效应，将被测变量转换成一个相应的、便于测量比较的信号形式显示出来。

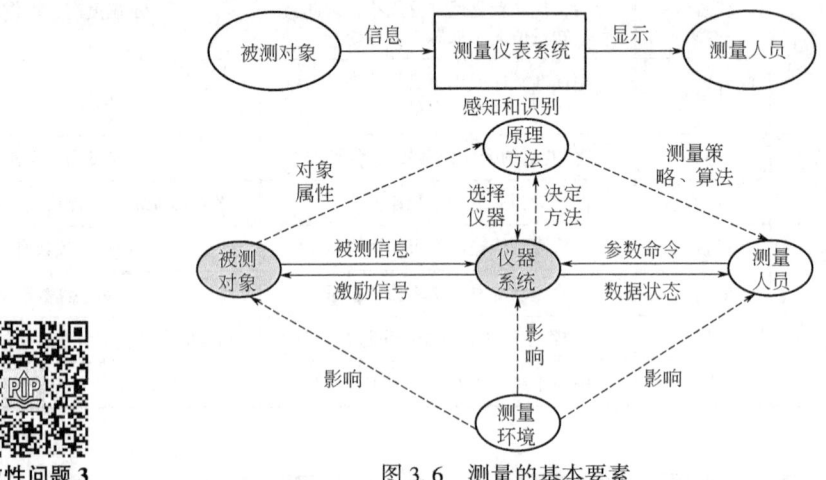

图 3.6　测量的基本要素

油气储运测量的基本意义与作用通常为：及时地反映储运生产及设备的运行工况，为运行人员提供操作依据；为储运自动化系统准确及时地提供信号；为运行的经济性计算提供依据。

2. 测量误差

在测量过程中，因某些测量仪表本身的问题，或因测量原理方法的局限性、外界因素的干扰、测量者个人因素等，测量的结果不可能绝对准确，测量仪表的指示值 x_m 与被测变量

的真实值 x_1（真值）之间存在的偏差值，称为测量误差。

1）测量误差的形式

测量误差可能由多个误差分量组成。引起测量误差的原因通常有测量装置的基本误差、非标准工作条件下所增加的附加误差、所采用的测量方法不完善引起的方法误差，还有与测量人员有关的误差因素等。

测量误差的表示形式因其用途不同而不同，测量误差的分类方法也有所不同。常按误差的数值表示方法来表示测量误差，常用表示方式有绝对误差、相对误差和引用误差。

(1) 绝对误差。

绝对误差是仪表示值 x_m 与被测变量真值 x_1 之差的代数值。它是以被测变量单位表示的误差，以符号 Δ 表示。绝对误差反映测量值偏离真值的大小：

$$\Delta = x_m - x_1 \tag{3.1}$$

真值指被测变量客观存在的真实数值，它是无法得到的理论值。实际值是满足规定精确度、用来代替真值使用的量值，即标准表读数。测量仪表在标尺范围内各点读数的绝对误差，一般指用被校表（精确度较低）和标准表（精确度较高）同时对同一被测变量进行测量所得到的两个读数之差。

由式(3.1)可知，绝对误差可能有正、负值，在实际测量中，常用被测变量的实际值来代替真值，把式(3.1)中的真值 x_1 用标准表读数 x_0 来代替，则绝对误差可表示为

$$\Delta = x_m - x_0 \tag{3.2}$$

式中，Δ 为绝对误差；x_m 为被校表的读数值；x_0 为标准表的读数值。

显然，绝对误差只能表示示值误差的大小，而无法表示测量结果的可信程度，也不能用来衡量不同量程同类仪表的准确度。

(2) 相对误差。

相对误差又称相对百分误差、相对真误差或实际相对误差，是仪表示值的绝对误差与被测变量真值（或多次测量的平均值）之比，通常以百分数（％）来表示：

$$y = \frac{\Delta}{x_1} \times 100\% = \frac{x_m - x_1}{x_1} \times 100\% \tag{3.3}$$

因真值不易取得，用标准表读数 x_0 来代替真值 x_1，则有

$$y = \frac{\Delta}{x_0} \times 100\% = \frac{x_m - x_0}{x_0} \times 100\% \tag{3.4}$$

式中，y 为仪表在 x_0 处的相对误差。

工程上，有时用仪表示值代替真值求相对误差（称为标称相对误差或示值相对误差），用 δ 表示，即

$$\delta = \frac{\Delta}{x_m} \times 100\% = \frac{\text{绝对误差}}{\text{仪表测量值}} \times 100\% \tag{3.5}$$

因绝对误差可能为正值或负值，故相对误差也可能为正值或负值。

对相同的被测变量，绝对误差可评定其测量精度的高低，但对不同的被测变量以及不同的物理量，绝对误差就难以评定其测量精度的高低，而采用相对误差来评定较为准确。

例如，有两组测量值，第1组为 $x_1 = 2000$，$x_m = 2005$，第2组为 $x_1 = 200$，$x_m = 205$；则 $\Delta_1 = +5$，$\delta_1 = 0.25\%$；$\Delta_2 = +5$，$\delta_2 = 2.5\%$。

两组测量结果的绝对误差虽然相等，但第一组结果的相对误差小得多，显然第一组比第

二组的测量精度高。

（3）引用误差。

单凭绝对误差和相对误差评价仪表的准确与否是不行的。因仪表的测量范围各不相同，即使有相同的绝对误差，也不能说两仪表一样准确。在仪表测量范围内绝对误差各不相同，相对误差也非一个定值，它们随被测变量的大小而变化。尤其是当测量值趋于零时，相对误差在理论上将趋于无穷大，因此也无法用相对误差来衡量仪表的准确程度。

工业上常用仪表的"引用误差"表示其测量的准确程度。采用引用误差可十分方便地表述测量仪器的准确度等级。引用误差是一种简化、实用方便的仪表示值的相对误差，它以仪表某一刻度点示值的绝对误差为分子，以测量范围上限值或全量程为分母，所得比值称为引用误差，用 δ_q 表示，可表示为：

$$\delta_q = \frac{\Delta}{R_s} \times 100\% = \frac{x_m - x_0}{x_{\max} - x_{\min}} \times 100\% = \frac{\text{绝对误差}}{\text{测量范围的上限} - \text{测量范围的下限}} \times 100\% \quad (3.6)$$

其中 $R_s = x_{\max} - x_{\min}$

式中，Δ 为仪表的绝对误差；δ_q 为仪表的引用误差；R_s 为仪表的量程；$x_{\max}$ 与 $x_{\min}$ 是仪表测量范围的最大值与最小值，对就地显示仪表，$x_{\max}$、$x_{\min}$ 即仪表标尺上、下限刻度值。

例如，某温度计的测量范围为 $-50 \sim 250$℃，则其量程为 300℃。对测量范围下限为零的仪表，其量程即测量范围的上限值，如普通压力表即是这样。

【例3.1】某温度计测量量程是 $0 \sim 10$℃，在温度计示值5℃处的实际值（标定示值）为4℃，求该温度计的误差。

解：温度计在该刻度真值=4℃，测量值=5℃，则

绝对误差 $\quad\quad\quad\quad\quad\quad \Delta = x_m - x_0 = 5 - 4 = 1(\text{℃})$

相对误差 $\quad\quad\quad\quad\quad\quad y = \frac{\Delta}{x_0} \times 100\% = \frac{5-4}{4} \times 100\% = 25\%$

标称相对误差 $\quad\quad\quad\quad \delta = \frac{\Delta}{x_m} \times 100\% = \frac{\text{绝对误差}}{\text{仪表测量值}} \times 100\% = \frac{5-4}{5} \times 100\% = 20\%$

引用误差 $\quad\quad\quad\quad\quad\quad \delta_q = \frac{\Delta}{R_s} \times 100\% = \frac{5-4}{10-0} \times 100\% = 10\%$

实际相对误差 = 绝对误差与被测变量真值之比 = 25%

示值相对误差 = 绝对误差与仪表指示值之比 = 20%

引用相对误差 = 绝对误差与仪表满刻度值之比 = 10%

可见，引用误差更能表述测量仪器的准确度等级。

2）测量误差的分类

（1）按误差产生原因及其规律来分，可将其分为系统误差、随机误差和粗大误差。

系统误差指在相同的条件下，多次测量同一量时，出现的一种绝对值大小和符号保持不变或按照某一规律变化的误差。系统误差是由仪表质量问题、测量原理不完善、仪表使用不当、动力源或工作条件变化（温度、电磁场等环境）等引起的一种误差。必须指出：单纯增加测量次数，无法减少系统误差对测量的影响，但在找出产生误差的原因后，可通过对测量结果引入适当的修正而消除系统误差。

随机误差指在已消除系统误差后，在相同的条件下测量同一量时，出现的以不可预计的方式变化的误差。随机误差是由那些对测量结果影响较小、人们尚未认识或无法控制的因素

（如电子噪声干扰等）所造成的。在多次重复测量同一量时，其误差值总体上服从统计规律（如正态分布）。从随机误差的统计规律分布特征，可对其示值大小和可靠性作出评价，并可通过适当地增加测量次数，求平均值的方法，来减少随机误差对测量结果的影响。

粗大误差指一种显然与事实不符的误差，其误差值较大且违反常规。粗大误差一般是由操作人员在操作、读数或记录数据时粗心大意造成的。测量条件的突然改变或外界重大干扰也会造成粗大误差。对于这类误差一旦发现，应及时纠正。

（2）按误差的数值表示方法，可将其分为绝对误差、相对误差和引用误差。

（3）按误差与仪表使用条件的关系，可将其分为基本误差和附加误差。

基本误差是仪表在规定的正常工作条件下可能产生的误差。仪表基本误差的允许值，称仪表的"最大允许绝对误差"，用 e_{max} 表示。仪表在规定条件下工作时，示值的绝对误差数值（绝对值）都不应超过其最大允许绝对误差，即 $|e_a| \leqslant e_{max}$。

附加误差是仪表在偏离规定的正常工作条件下使用时附加产生的新误差。此时仪表的实际误差等于基本误差与附加误差之和。

仪表在工作条件（如温度、湿度、振动、电源电压、频率等）改变时会产生附加误差，所以在使用仪表时，应尽量满足仪表规定的工作条件，以防止产生附加误差。

（4）按测量过程的状态可将误差分为静态误差与动态误差。

静态误差是仪表进入到一种新平衡状态后所具有的误差。这时仪表示值稳定。一般仪表的精度都由静态误差决定。

动态误差是被测信号变化时，因仪表惯性而不能准确跟踪信号变化，使示值产生的滞后误差。当信号稳定下来后，动态误差最终会消失。但在动态测试、系统环节多、惯性时间长时，必须充分考虑其影响。

3.2.2 测量仪表的组成与分类

测量仪表是能确定所感受的被测变量大小的仪表，是传感器、变送器和自身兼有检测元件与显示装置的仪表的总称。

传感器是能接受被测信息，并按一定规律将其转换成同种或别种性质的输出变量的仪表。输出为标准信号的传感器称为变送器。所谓标准信号，是指变化范围的上下限已经标准化的信号（例如 4~20mA DC、20~100kPa 等）。

1. 测量仪表的组成

各类测量仪表所测参数不同、测量原理及输出（指示）方式不同，其结构也各不相同。但就其测量功能而言，通常由检测传感部分、转换传送部分、显示装置组成，如图 3.7 所示。某个环节可能是一个元件，也可能是一个复杂装置。对一些简单仪表，各环节的划分不明显。

1）检测传感部分

检测传感部分（检测环节）直接与被测对象联系，感受被测变量的变化，并将其转换成相应的机械、电或其他形式的易于传递、测量的信号（如位移、电量或其他物理量），完成对被测参数信号形式的转换。

检测环节主要由检测元件来实现。

检测元件是测量仪表的关键元件，决定整个仪表的测量质量，因而对检测元件具有较高的要求。

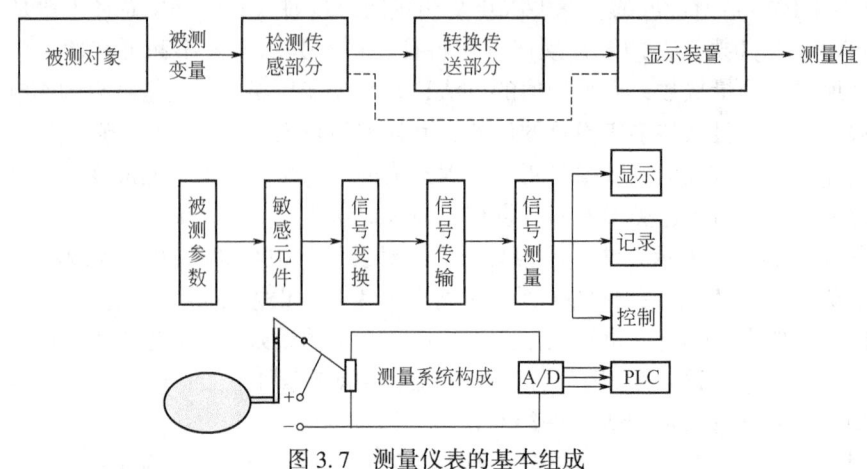

图 3.7 测量仪表的基本组成

2) 转换传送部分

转换传送部分（又称转换传送环节）是测量仪表的中间环节，其作用是将检测元件的输出信号进行放大、滤波、传输、线性化处理或转换成统一标准信号输出，以供给显示装置进行显示。变送器就属于变换传送部分。

标准信号是物理量的形式和数值范围都符合国际标准的信号，统一的标准信号不仅使同一系列的各类仪表易构成检测或控制系统，而且还可将不同系列的仪表甚至计算机连接起来，构成系统使用。这样兼容性、互换性大为提高，配套方便，从而扩大了仪表的应用范围，如频率转换成 4~20mA 电流等。另外，不同的标准信号间通过转换器也可相互转换。

该环节的作用为联系仪表的各个环节，给其他环节的输入输出信号提供通道。

3) 显示装置

显示装置（显示环节）是人机联系的主要环节，它将获得的被测变量结果与相应的标准量进行比较，并最终以指针位移、数字、图形、曲线或记录笔、计数器、数码管及 LCD 屏显示等方式表现出来，以便观察者读取。如指针式显示仪表，利用指针对标尺的相对位置来表示被测变量数值，被测变量的测量单位被转换成了标尺的刻度分格。这种操作者参与比较过程的显示，称为模拟显示；而用数字形式显示被测变量数值的方式称为数字显示，其比较过程在仪表内进行。

显示装置可与检测传感部分、转换传送部分共同构成一个整体，成为就地指示型测量仪表，如弹簧管压力表，可单独工作，也可与各类传感器、变送器等配合使用，构成检测系统，如电子电位差计、数字显示表等。

2. 测量仪表的分类

油气储运生产过程中所用的测量仪表，其结构和形式多种多样，按技术特点或使用范围的不同有各种分类方法，常见的分类方式如下。

1) 按被测参数分类

测量仪表一般被用来测量某个特定的参数，根据这些被测参数的不同，测量仪表可分为温度测量仪表、压力测量仪表、流量测量仪表、物位测量仪表等。

2) 按对被测参数的响应形式分类

测量仪表可分为连续式测量仪表和开关式测量仪表。前者是指测量仪表的输出值随被测参数的变化按比例地连续改变。例如，常见的水银温度计，是一种连续式测量仪表。开关式测量仪表是指在被测参数整个变化范围内其输出响应只有两种状态，这两种状态可以是电路的"通"或"断"，或是电压或空气压力的"高"和"低"。例如，冰箱压缩机的间歇启动、电饭煲的自动保温等都是利用开关式的温度测量仪表来实现的。

3）按仪表所使用的能源分类

按使用的能源可将测量仪表分为气动仪表、电动仪表和液动仪表，常用的为气动仪表和电动仪表。

气动仪表的结构比较简单、直观；工作比较可靠；对温度、湿度、电磁场、放射线等环境影响的抗干扰能力较强；能防火、防爆；价格比较便宜。但气动仪表一般反应速度较慢，传送距离受到限制；与计算机结合比较困难，不宜实现远距离、大范围的集中显示与控制。

电动仪表以电为能源，信号之间联系比较方便，适宜远距离传送、集中控制；便于与计算机结合控制生产过程；近年来，国内电动仪表已实现本安型的防火防爆要求，更有利于电动仪表的安全使用。但电动仪表一般投资较大；受温度、湿度、电磁场、放射线等影响较大，使用可靠性受到限制。

4）按仪表的组成形式分类

按仪表的组成形式来分，可将测量仪表分为基地式仪表和单元组合式仪表。

基地式仪表是集测量、显示、调节等各部分都装在一个壳体内，成为不可分离的整体。当用它来构成简单自动化系统时，仪表台数少，结构简化。但用它来构成比较复杂的调节系统时就有些困难，不够灵活。

单元组合式仪表是将对参数的测量及其变送、显示、调节等各部分，分别做成只完成某一个而又能各自独立工作的单元仪表（简称单元，例如变送单元、显示单元、调节单元等）。这些单元之间以统一的标准信号互相联系，可以根据不同要求，方便地将各单元任意组合成各种调节系统，适用性和灵活性均较好。

工业生产中的单元组合式仪表有电动单元组合仪表和气动单元组合仪表两种。国产的电动单元组合仪表以"电""单""组"三字的汉语拼音字头为代号，简称为DDZ仪表；同样，气动单元组合仪表简称为QDZ仪表。

5）按信号的输出（显示）形式分类

测量仪表可分为模拟式仪表和数字式仪表。模拟式仪表是指仪表的输出与显示是一个模拟量，人们通常看到的带指针式显示的仪表，如电压表、电流表等均为模拟式仪表。数字式仪表是指仪表的显示直接以数字（或数码）的形式给出，或以二进制等编码形式输出和传输。随着计算机技术的应用日益普遍，数字式仪表迅速增多。另外，为了满足不同使用者的需要，有些仪表既有数字式仪表的功能，同时又有模拟式仪表的功能。例如，现在使用的很多变送器除了有现场数字显示（参数设定）功能外，还能产生可以远传的4~20mA的模拟信号。这类仪表一般也归属为数字式仪表，但严格说应该是数字—模拟混合型仪表。20世纪90年代发展起来的总线式仪表则被认为是全数字式的仪表。

3.2.3 仪表的性能指标

仪表的性能指标是评价仪表性能好坏、质量优劣的主要依据，也是正确选择仪表和使用仪表，以进行准确测量所必须具备和了解的知识。若仪表选择和使用不当，即使选用性能好、质量高的仪表，也不能得到准确的测量结果。因此，掌握反映仪表性能的主要指标，根据要求正确地选择和使用仪表，对于使用人员来说十分重要。

仪表特性一般分静态特性和动态特性两种。当测量仪表进行测量的参数不随时间而变或随时间变化很缓慢时的特性，即静态特性。动态特性是指当被测变量随时间变化很快，需考虑测量仪表输入量与输出量之间的动态关系时的特性。下面对仪表的一些重要性能指标分别进行介绍。

1. 精确度

仪表的精确度（简称精度）表示测量结果与真值一致的程度。精确度高，表示仪表精密、准确，即其随机误差与系统误差都小。工业仪表的精确度常用仪表的精度等级来表示。

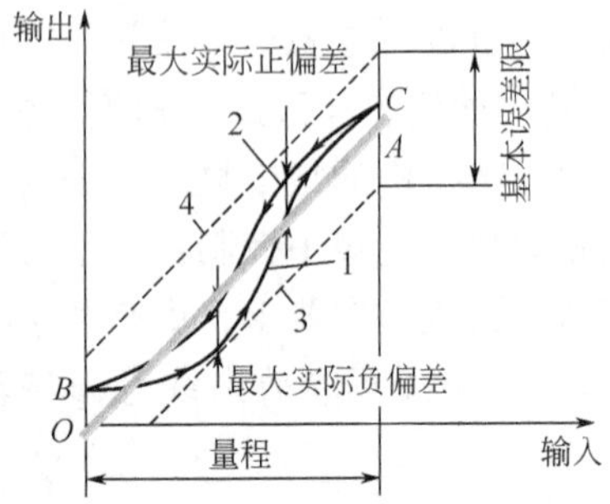

仪表的测量误差可用绝对误差 Δ 来表示。但仪表的绝对误差在测量范围内的各点都不可能相同。通常所说的"绝对误差"指绝对误差中的最大值 Δ_{max}。

如图 3.8 所示，3、4 为基本误差限直线，曲线 1 为实际测量上升曲线，曲线 2 为实际测量下降曲线，曲线 1、2 越接近真值直线 OA，则仪表精度等级越高。仪表的相对百分误差可用引用相对百分误差表达，可表示为

图 3.8 精度等级确定过程示意图

$$\delta = \frac{\Delta_{max}}{R_s} \times 100\% = \frac{最大绝对误差}{测量范围的上限-测量范围的下限} \times 100\% \tag{3.7}$$

仪表的测量范围上限与下限之差为该仪表的量程。

根据测量仪表使用要求，规定在正常情况下允许的最大误差称允许误差（即允许的最大引用误差）。一般用引用相对百分误差来表示：

$$\delta_{允} = \frac{\Delta_{仪表允许max}}{R_s} \times 100\% = \frac{仪表允许的最大绝对误差}{测量范围的上限-测量范围的下限} \times 100\% \tag{3.8}$$

仪表的 $\delta_{允}$ 越大，表示它的精确度越低；反之，仪表的 $\delta_{允}$ 越小，表示仪表的精确度越高。

按规定，仪表的精确度分成若干等级，简称精度等级。精度等级即仪表的引用相对百分误差去掉"±"号及"%"号后的数字，但必须与国家标准相一致。工业仪表常用精度等级有 0.005、0.02、0.05、0.1、0.2、0.4、0.5、1.0、1.5、2.5、4.0 等级别。例如 0.5 级仪表允许的最大相对误差为±0.5%。以此类推。

【例 3.2】某压力变送器测量范围为 0~400kPa，在校验该变送器时测得的最大绝对误差为-5kPa，请确定该仪表的精度等级。

解：先求最大相对误差 $\delta_{允} = \frac{-5}{400-0} \times 100\% = \pm 1.25\%$，去掉±和%为 1.25，因此该变送器精度等级为 1.5 级。

【例 3.3】根据工艺要求选择一测量范围为 0~40m³/h 的流量计，要求测量误差不超过±0.5m³/h，请确定该仪表的精度等级。

解：同样，先求最大相对误差 $\delta_{允} = \frac{\pm 0.5}{40-0} \times 100\% = \pm 1.25\%$，因此该流量计必须选择 1.0 级的流量计。

结论：工艺要求的允许误差 ≥ 仪表的允许误差 ≥ 检定校准所得到的相对百分误差。

仪表的精度等级是衡量仪表质量优劣的重要指标之一。精度等级数值越小，表示仪表的精确度越高。精确度等级数值≤0.05 的仪表通常用来作为标准表，而工业用表的精确度等

级一般≥0.5级。精度等级一般用一定的符号形式表示在仪表面板上,例如 ⑴.5 或 △1.0。

2. 变差

在外界条件不变的情况下,使用同一仪表对被测变量在全量程范围内进行正反行程(即逐渐由小到大和由大到小)测量时,对应于同一被测值的仪表输出可能不相等,二者之差的绝对值即为变差,如图3.9所示。变差的大小,常用同一被测值下,正、反行程中仪表输出的最大绝对误差(即示值之差的最大值)Δ_{max}和测量仪表量程之比的百分数来表示:

$$\delta_{变}=\frac{\Delta_{max}}{R_s}\times100\%=\frac{\Delta_{max}}{x_{max}-x_{min}}\times100\%=\frac{正反行程的最大绝对误差}{测量范围的上限-测量范围的下限}\times100\% \quad (3.9)$$

式中,$\delta_{变}$为变差;Δ_{max}为仪表正、反行程的最大绝对误差。

造成仪表变差的原因很多,如传动机构零件间隙、运动部件摩擦、弹性元件的弹性滞后等。变差说明仪表的正向(上升)特性与反向(下降)特性的不一致程度,其大小反映了仪表的精密度,因此要求仪表的变差不能超出仪表精度等级所限定的允许误差。

3. 线性度

线性度又称非线性误差,反映了测量仪表输出量与输入量的实际关系偏离直线的程度。它表征线性刻度仪表的输出量与输入量的实际测量曲线与理论直线的吻合程度,如图3.10所示。线性度通常用实际特性与理论特性间的最大偏差Δ'_{max}与仪表量程之比的百分数来表示,符号为δ_f,可表示为

$$\delta_f=\frac{\Delta'_{max}}{R_s}\times100\%=\frac{\Delta'_{max}}{x_{max}-x_{min}}\times100\% \quad (3.10)$$

通常希望测量仪表的输出与输入之间呈线性关系。因为在线性情况下,模拟式仪表的刻度可做成均匀刻度,而数字式仪表就可不必采取线性化措施。

4. 重复性和再现性

在同一工作条件下,同方向、连续多次对同一输入值进行测量所得的多个输出值之间相互一致的程度称仪表的重复性,它不包括滞环和死区。如图3.11中列出了在同一工作条件下测量仪表的3条实际上升曲线,重复性指这3条曲线在同一输入值处的离散程度。

实际上,某种仪表的重复性常选用上升曲线的最大离散程度和下降曲线的最大离散程度中的最大值来表示:

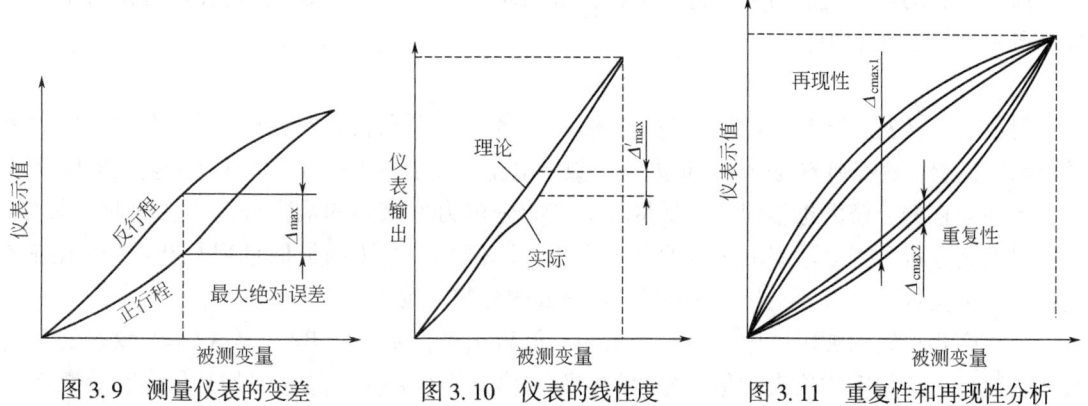

图3.9 测量仪表的变差　　图3.10 仪表的线性度　　图3.11 重复性和再现性分析

$$\delta_{\text{重复性}}^{\text{正行程}} = \frac{\Delta_{\text{cmax2}}}{\text{仪表量程}} \times 100\% \quad \text{或} \quad \delta_{\text{重复性}}^{\text{反行程}} = \frac{\Delta_{\text{cmax1}}}{\text{仪表量程}} \times 100\% \tag{3.11}$$

$$\delta_{\text{重复性}} = \max\left(\frac{\Delta_{\text{cmax2}}}{\text{仪表量程}} \times 100\%, \frac{\Delta_{\text{cmax1}}}{\text{仪表量程}} \times 100\%\right) \tag{3.12}$$

再现性包括滞环和死区，它表示仪表实际上升曲线和实际下降曲线之间的离散程度，常取两种曲线之间离散程度最大点的值来表示：

$$\delta_{\text{再现性}} = \frac{\max(\Delta_{\text{cmax2}}, \Delta_{\text{cmax1}})}{\text{仪表量程}} \times 100\% \tag{3.13}$$

重复性是衡量仪表不受随机因素影响的能力，再现性是仪表性能稳定的一种标志，因而在评价某种仪表的性能时常同时要求其重复性和再现性。重复性和再现性优良的仪表并不一定精度高，但精度高的优质仪表一定有很好的重复性和再现性。

5. 灵敏度、灵敏限和分辨力

开放性问题 4

1）灵敏度、灵敏限

仪表指针的线位移或角位移，与引起此位移的被测参数变化量之比值，称仪表的灵敏度，数值上等于单位被测参数变化量所引起的仪表指针移动的距离（或转角）：

$$S = \frac{\Delta \alpha}{\Delta x} \tag{3.14}$$

式中，S 为仪表的灵敏度；$\Delta \alpha$ 为指针的线位移或角位移；Δx 为引起 $\Delta \alpha$ 所需的被测参数变化量。对就地显示仪表而言，$\Delta \alpha$ 即仪表指针在刻度标尺上的移动量。

灵敏限指能引起仪表指针发生动作的被测参数的最小变化量。通常仪表灵敏限的数值应不大于仪表允许绝对误差的一半。

仪表灵敏度的大小反映了仪表对被测变量的变化幅值的敏感程度，线性刻度标尺仪表的灵敏度等于常数，而非线性刻度标尺仪表的灵敏度各处不同。提高仪表对信号的放大能力（放大系数 K），可提高灵敏度，但这样并不能提高精度，减少测量误差。所以一般规定仪表标尺的分格值不大于仪表的最大允许绝对误差。

表示仪表灵敏性能的指标，还有灵敏限与死区。死区指被测变量的变化不致引起仪表指示有所改变的最大区间。

值得注意的是，上述指标仅适用于指针式仪表。在数字式仪表中，往往用分辨力来表示仪表灵敏度（或灵敏限）的大小。

2）分辨力

对数字式仪表，分辨力指数字显示器的最末位数字间隔所代表的被测参数变化量，即数字式显示装置能有效辨别的最小的示值差，如数字电压表显示器末位数字所代表的输入电压值。

不同量程的分辨力也不同，最低量程对应的分辨力称该表的最高分辨力，也叫灵敏度。通常以最高分辨力作为数字电压表的分辨力指标。例如，某表的最低量程是 0~1V，显示 5 位数字，末位数字的等效电压为 10μV，则该表的分辨力为 10μV。

当数字式仪表的灵敏度用它与量程的相对值表示时，便是分辨率。分辨率与仪表的有效数字位数有关。数字式仪表能稳定显示的位数越多，则分辨率就越高。如某仪表有效数字位数为 3 位，则其分辨率为千分之一；又如 7 位数字电压表，若在最低量程时满度值为 1V，则该数字式电压表的分辨力为 0.1μV。

例如，最小测量范围为 0~999.9℃ 的数字温度显示仪表，最小显示 0.1℃（末位跳变 1 个字），最大显示 999.9℃，则分辨率为 0.01%；显然，分辨力为分辨率与最低量程的乘积，即该仪表的分辨力为 0.01%×999.9℃ = 0.1℃。

6. 动态特性

相对误差、非线性误差、变差都是静态误差。动态误差指检测系统受外扰动作用后，被测变量处于变动状态下，仪表示值与参数实际值之间的差异。

仪表动态特性指被测变量随时间迅速变化时，仪表指示值跟随被测变量随时间变化的特性。仪表动态特性反映了仪表对测量值的时间敏感性能。

仪表动态性能指标，一般用被测变量初始值为零，并作满量程阶跃变化时，仪表示值的时间反应参数来描述。被测变量作满量程阶跃变化时，仪表动态特性如图 3.12 所示。仪表指示值在稳定值上下振荡波动的特性称为欠阻尼特性，如图 3.12(a) 所示。仪表指示值慢慢增加，逐渐达到稳定值的特性称为过阻尼特性，如图 3.12(b) 所示。对欠阻尼特性，仪表动态特性用上升时间 t_{rs}、稳定时间 t_{st} 及过冲量 y_{os} 表示。图中 A 一般为 5% 或 10%，B 一般为 90% 或 95%，C 一般为 2%~5%。对过阻尼特性，仪表动态特性用时间常数 T_{tc} 表示。T_{tc} 等于被测变量作满量程阶跃变化时，仪表指示值达到满量程的 63.2% 时所需的时间。

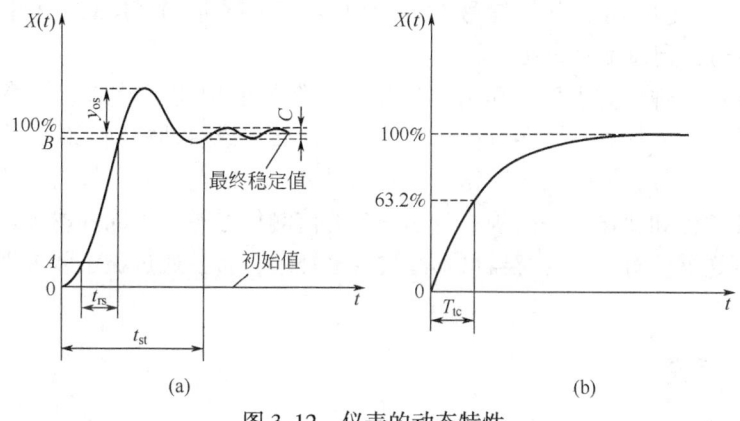

图 3.12　仪表的动态特性

7. 反应时间

当用仪表对被测变量进行测量时，在被测变量变化以后，仪表指示值总要经过一段时间后才能准确地显示出来。反应时间就是用来表示测量仪表能不能尽快反映出被测变量变化的性能指标。反应时间长，说明仪表需较长时间才能给出准确的指示，不宜用来测量变化频繁的变量。因为在这种情况下，当仪表尚未准确显示出被测变量时，参数本身却早已改变了，使仪表始终显示不出被测变量瞬时值的真实情况，将会导致显著的动态误差。所以，仪表的反应时间长短，实际上反映了仪表动态特性的好坏。

仪表的反应时间有不同的表示方法。当输入信号突然（阶跃）变化一个数值时，仪表的输出（即指示值）从一个稳态变化到一个新的稳态需要一定的时间，可用仪表的输出由开始变化到达到新稳态值的 63.2% 所用的时间来表示反应时间，也有用变化到新稳态值的 95% 所用的时间来表示反应时间的。

8. 可靠性

现代工业生产的自动化程度日益提高,仪表不仅要提供检测数据,还要以此为依据,直接参与生产过程的控制,因此仪表在生产过程中的地位越来越重要。仪表出现故障往往会导致严重的事故,为此必须加强仪表可靠性的研究,提高仪表的质量。

衡量仪表可靠性的综合指标是有效度,其定义为

$$有效度(有效率) = \frac{平均无故障工作时间}{平均无故障工作时间 + 平均修复时间} \quad (3.15)$$

对使用者来说,当然希望平均无故障工作时间尽可能长,同时又希望平均修复时间尽可能短,即有效度的数值越接近于1,仪表工作越可靠。

9. 长期稳定性

长期稳定性指仪表保持在规定时间（一般为较长时间）内不超过允许误差范围的能力。

3.3 信号传输、传感器与变送器

测量仪表是用来确定所感受的被测变量大小的技术工具的统称,用来将被测变量参数转换为一定的便于传送的信号（如电信号或气压信号）的仪表称传感器。当传感器的输出为单元组合仪表中规定的标准电气信号时（例如 4～20mA 或 0～10mA 直流电信号、20～100kPa 气压信号）,则通常称为变送器。

传感器把非电物理量如温度、压力等转换成电信号或把物理量如液位等直接送到变送器,变送器把传感器采集到的微弱电信号放大,以便转送或启动控制元件,或将传感器输入的非电量转换成电信号,同时放大以作为远方测量和控制的信号源,按需要还可将模拟量变换为数字量。传感器和变送器一同构成自动控制的监测信号源。不同的物理量需要不同的传感器和相应的变送器。有时,传感器可不经过变送环节,直接通过显示装置把被测变量显示出来。

3.3.1 信号传输

1. 信号制

信号制指在成套仪表系列中,各个仪表的输入输出直接采用哪种统一联络信号进行信号传输。自动化控制系统的各类仪表,只有采用统一的标准联络信号,才能将同一系列各类仪表的直接输入和输出数据进行相互连接,或通过转换器连接不同系列的仪表而构成系统,从而扩大仪表的使用范围。

测量控制仪表及装置常用以下几种联络信号:（1）气动控制仪表,国际上统一采用 20～100kPa 的模拟气压信号作为仪表间的标准联络信号;（2）电动控制仪表,国际电工委员会（IEC）将 0～10mA DC 的电流信号作为 DDZ-Ⅱ型仪表的统一标准联络信号,而将 4～20mA DC 的电流信号和 1～5V DC 的电压信号作为 DDZ-Ⅲ型仪表的统一标准联络信号。

电模拟信号有直流和交流两种,因直流信号不受线路中电感、电容及负载性质的影响,且不存在相移问题,所以将直流信号作为统一的联络信号。

从信号范围看,下限值可从零开始,也可从某一确定数值开始,上限值可高可低。确定仪表信号的取值范围,应从仪表的性能和经济性作出全面考虑。信号下限从零开始,便于模拟

的加、减、乘、除、开方等数学运算和使用通用刻度的指示、记录仪表;信号下限从某一确定值开始,即有一个活零点,电气零点和机械零点分开,便于判断检测信号传输线是否断线和仪表是否断电,并为现场变送器实现两线制提供了可能。电流信号的上限值大,产生的电磁平衡力大,有利于力平衡式变送器的设计制造;但从减小直流电流信号在传输线中的功率损耗、缩小仪表体积以及提高仪表的防爆性能来看,希望电流信号上限值小些。

2. 模拟电信号传输方式

信号传输指电流信号和电压信号的传输。电流信号传输时,仪表串联连接;电压信号传输时,仪表并联连接。在电动仪表控制系统中,进出控制室的传输信号一般用电流信号,控制室内部各仪表之间的联络信号一般用电压信号。

电压信号不适合远距离传输,电流信号适合于远距离传输;对要求电压输入的仪表,可通过标准电阻将电流信号转换为适当的电压信号,供给接收仪表,所以电动控制仪表采用电流传输、电压接收的方式,并且各接收仪表也以电压信号的方式接收。但电流信号传输也有不足之处。因各接收仪表串联工作,当一台仪表出现故障时,将影响其他仪表的正常工作;另外,各接收仪表一般都采用悬空工作,如要使各台接收仪表有各自的接地点,应该在仪表的输入、输出直接采取直流隔离措施,这在技术上对仪表的设计和应用提出了更高的要求。

3.3.2 传感器

1. 传感器的基本定义与原理

传感器指能感受规定的被测变量并按照一定的规律转换成可用信号的器件或装置,通常由敏感元件和转换元件组成。如图3.13所示,它是一种检测装置,又称检测元件或敏感元件,属控制系统中的检测单元,它直接响应被测变量,能感受被测变量的特定信息(物理、化学、生物等),并将检测感受到的信息,按一定规律经能量转换成一个与被测变量成对应关系、便于传送的可用电信号或其他所需形式的输出(如电压、电流、频率、位移、力等),以满足信息传输、存储、显示、记录和控制的要求。其功用为一感二传,即感受被测信息,并传送出去。它是实现自动检测和自动控制的首要环节。

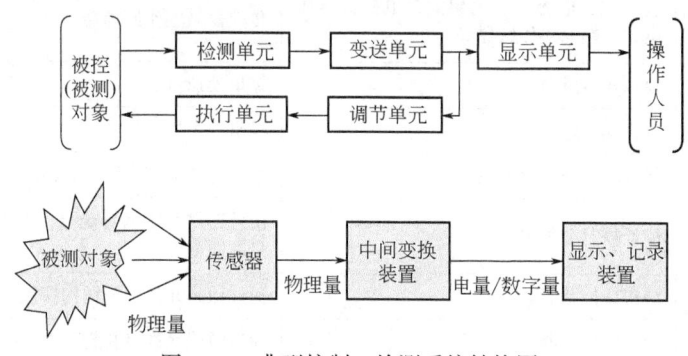

图3.13 典型控制、检测系统结构图

2. 传感器的基本构成与分类

1) 传感器的基本构成

如图3.14所示,传感器一般由敏感元件、转换元件、信号调节电路、辅助电路等组成。

学习拓展与
探究式研讨3

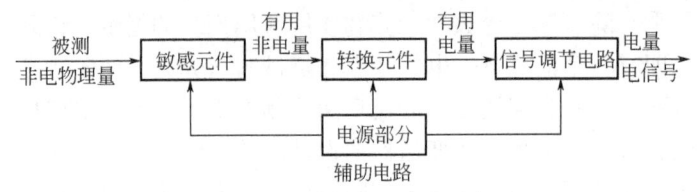

图 3.14　传感器的基本构成框图

敏感元件是指直接感受被测非电量，并按一定规律转换成与被测变量有确定关系的其他量的元件。

转换元件又称变换器，是能将敏感元件感受到的非电物理量直接转换成电量的器件。

信号调节电路则能把转换元件输出的电信号转换为便于显示、记录、处理和控制的有用信号，常用的有电桥、放大器、变阻器、振荡器等电路。

辅助电路通常包括电源、接口电路等。

2) 传感器的分类

人们常将传感器的功能与人类5大感觉器官相比拟，即光敏传感器——视觉；声敏传感器——听觉；气敏传感器——嗅觉；化学传感器——味觉；压敏、温敏、流体传感器——触觉。

传感器按敏感元件依据的效应分为3类：(1) 物理类，基于力、热、光、电、磁和声等物理效应；(2) 化学类，基于化学效应；(3) 生物类，基于酶、抗体和激素等生物效应。

详细的传感器分类如表3.2所示。

表 3.2　传感器的分类

分类方法	传感器的种类	说明
按依据的效应分类	物理传感器	基于物理效应（力、热、光、电、磁和声等）
	化学传感器	基于化学效应（吸附、选择性化学反应）
	生物传感器	基于生物效应（酶、抗体和激素等分子识别和选择功能）
按输入量分类	位移、速度、温度、压力、气体成分、浓度等传感器	传感器以被测变量命名
按工作原理分类	应变式、电容式、电感式、电磁式、压电式、热电式传感器等	传感器以工作原理命名
按输出信号分类	模拟式传感器	输出模拟量
	数字式传感器	输出数字量
按能量关系分类	能量转换型传感器	直接将被测变量转换为输出量的能量
	能量控制型传感器	由外部供给传感器能量，而由被测变量控制输出量的能量
按利用场的定律或物质的定律分类	结构型传感器	通过敏感元件几何结构参数的变化实现信息转换
	物性型传感器	通过敏感元件材料物理性质的变化实现信息转换
按是否靠外加能源分类	无源传感器	传感器工作无需外加电源
	有源传感器	传感器工作需外加电源
按使用的敏感材料分类	半导体、光纤、陶瓷、金属、高分子材料、复合材料传感器	传感器以使用的敏感材料命名

3.3.3 变送器

1. 变送器的构成与原理

变送器是将物理测量信号或普通电信号转换为标准电信号输出或能以通信协议方式输出的设备。变送器的作用是将温度、压力、流量、液位等各测量工艺参数转换成相应的统一标准信号。

各种变送器的具体结构千差万别,但基于负反馈原理工作的构成原理均如图 3.15 所示,通常由测量部分、放大器和反馈部分组成。图中 K 为放大器的放大系数,F 为反馈部分的反馈系数,D 为测量部分的转换系数,在 $KF \gg 1$ 的条件下,变送器的输入与输出间的关系取决于测量部分和反馈部分的特性,而与放大器的特性几乎无关。如反馈系数和转换系数均为常数,则变送器的输入输出具有良好的线性关系。

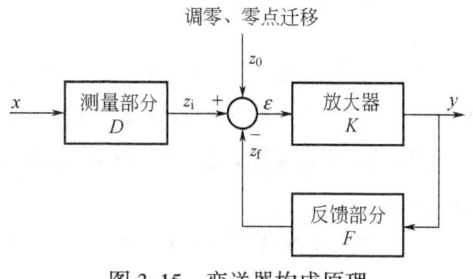

图 3.15 变送器构成原理

2. 变送器的分类

变送器也可以说是一种输出标准化信号的传感器,其分类与传感器类似,按结构形式有模拟式、智能式和数字智能式;按被测变输入量的类型分类,油气储运常用的变送器种类主要有温度变送器、压力变送器、差压变送器、液位变送器和流量变送器等。变送器在不同的工作点工作,其基本误差值各不相同,所以规定用全量程中可能出现的最大基本误差来表示变送器的准确度等级。

综上所述,目前随着软测量技术的兴起,检测系统由模拟式、数字式向智能化方向发展,以计算机为中心的检测系统逐步成为主流,可实现复杂对象或系统的多路、多参数检测,数据存储、传输、处理或复杂分析加工,故障诊断等多种功能。传感器也向高精度、小型化和集成化发展,其主要发展趋势为:

(1)集成化:微电子技术使多个同类型传感器可集成在同一芯片或阵列上,其特点是从点测量向平面/空间测量发展;多功能传感使不同功能的传感器集成化,其特点为一个传感器可同时测量不同种类的多个参数。

(2)一体化:将传感器和后续的处理电路集成一体,其特点是干扰减少,灵敏度提高,使用方便,可实现实时数据处理(传感器和数据处理电路的集成)。

(3)微型化:微米/纳米技术、MEMS 技术使其体积微小、重量更轻微。

传感器、变送器这样的分工来自早期像 DAS、DCS 此类的大型测控系统,目前很多半导体原理的传感器已逐步实现单芯片数字化方式,设计师也越来越不喜欢将模拟信号远传,一般都是就地进行数字化,并且大多数补偿和线性化都由计算机软件完成,所以从传感器来的信号大部分都是简单放大到合适的电平就直接经 A/D 转换进行数字化。传感器与变送器的区别仅从概念上说明,实际应用中的界限已趋于模糊。所以在工业现场,变送器这个术语有时与传感器通用。

3.4 油气储运检测仪表的要求与防爆措施

3.4.1 油气储运检测仪表的要求

（1）油气的成分复杂，有些成分具有腐蚀性，因此，要求所用仪表材质有相应的耐腐蚀性能。

（2）油气中或管线腐蚀等所形成的杂质，可能会堵塞仪表，因此，要求所用仪表或其附属部件有一定的抗堵和消除堵塞的功能。

（3）长输管道输送压力和排量都较大，要求所用仪表有较高的承压能力和较大的动态工作范围。

（4）油气是易燃易爆物，因此，储运仪表必须符合防爆等级的要求。

（5）许多储运系统的管线或场站通过气候和地理环境非常恶劣的地带，这些地方的仪表或场站很多是无人值守的，因此，要求仪表有很高的可靠性。

油气储运工艺上需要检测的过程变量主要有压力、温度、流量、液位和成分量（含水量、密度、各种成分的含量等）等，此外还有泵、压缩机、电动机（或柴油机、燃气轮机）的转速、振动量及电压、电流等。

3.4.2 仪表及系统的防爆措施

1. 仪表的防爆措施

自动化仪表属低压电气设备，因此在危险场所使用的自动化仪表要按电气设备防爆规程管理。规程规定：防爆电气设备可制成隔爆型、本质安全型等 10 种结构类型。设备的分类、分级、分组与爆炸性物质的分类、分级、分组方法相同，等级参数及符号也相同，其中温度等级是按最高表面温度确定，隔爆型指外壳表面温度，其余各个类型指可能与爆炸性混合物接触的表面的温度。

自动化仪表防爆结构主要有两种类型：

（1）隔爆型：标志"d"，在结构上把仪表电路和接线端子全部放在防爆表壳内，使表壳有足够的强度和良好的密封性；即使仪表内部产生火花，也不会引起仪表外部的爆炸性混合物爆炸。

（2）本质安全型：标志"i"，仪表在正常工作状态和事故状态下所产生的火花及达到的温度，均不足以引燃、引爆周围的危险混合物。

例如，汽油属于ⅡA级，温度组别属 T3 组，则安装在汽油泵房的仪表可选具有 ExdⅡAT3 及以上防爆性能的仪表或高于其防爆性能的仪表。Ex 为防爆标志。

2. 系统的防爆措施

安全防爆系统如图 3.16 所示。它不仅在危险场所要求使用本质安全型仪表，而且在控制室仪表与危险场所仪表之间设置了安全栅，这样构成的系统就实现了本质安全防爆的要求。

安全栅作为控制室非本质安全仪表与现场本质安全仪表之间的隔离设备，其作用为传输信号；同时控制流入危险场所的能量（电压、电流）在爆炸性混合物的点火能量以下，以确保系统的安全性能。

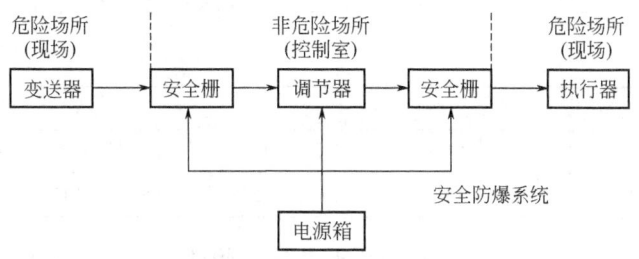

图 3.16 安全防爆系统

如果上述系统中不采用安全栅，而由分电盘代替，分电盘只能起到信号隔离作用，但不能限压、限流，故该系统已不再是本质安全型防爆系统。

习题与思考题

1. 什么叫测量误差？
2. 何为测量误差？测量误差的表示方法主要有哪些？各有什么意义？
3. 什么是仪表的相对误差和允许的相对误差？
4. 什么是仪表的精度等级？
5. 某标尺为 0~1000℃ 的温度计出厂前经校验，其刻度尺上的各点测量结果分别为：

被校表读数,℃	0	200	400	600	700	800	900	1000
标准表读数,℃	0	201	402	604	706	805	903	1001

（1）求出该温度计的最大绝对误差值；
（2）确定该温度计的精度等级。

6. 如有一台压力表，其测量范围为 0~10MPa，经校验得出下列数据：

被校表读数,MPa	0	2	4	6	8	10
标准表正行程读数,MPa	0	1.98	3.96	5.94	7.97	9.99
标准表反行程读数,MPa	0	2.02	4.03	6.08	8.03	10.01

（1）求出该压力表的变差；
（2）该压力表是否符合 1.0 级精度？

7. 某压力表的测量范围为 0~1MPa，精度等级为 1 级，此压力表允许的最大绝对误差是多少？若用标准压力计来校验该压力表，在校验点为 0.5MPa 时，标准压力计上读数为 0.508MPa，则被校压力表在这一点是否符合 1 级精度，为什么？

8. 为何测量仪表的测量范围要按测量值的大小来选取？选一量程很大的仪表来测很小的参数值有什么问题？

9. 如果某油气集输分离器最大压力为 0.8MPa，允许最大绝对误差为 0.01MPa，现用一台测量范围为 0~1.6MPa、精度为 1 级的压力表来进行测量，其能否符合工艺上的误差要求？若采用一台测量范围为 0~1.0MPa、精度为 1 级的压力表，它能符合误差要求吗？试说明其理由。

10. 现有一台测量范围为 0~1.6MPa、精度为 1.5 级的普通弹簧管压力表，校验后，其结果如下：

项目	上行程					下行程				
被校表读数，MPa	0	0.4	0.8	1.2	1.6	1.6	1.2	0.8	0.4	0
标准表读数，MPa	0.000	0.385	0.790	1.210	1.595	1.595	1.215	0.81	0.405	0.000

请分析这台压力表合格吗？它能否用于天然气储罐的压力测量（该罐工作压力为 0.8~1.0MPa，测量的绝对误差不允许大于 0.05MPa）？

复杂工程问题实践研讨 3

4 压力测量仪表

4.1 概述

压力是指由气体或液体均匀垂直地作用于单位面积上的力。在油气储运生产中,压力是重要的操作参数之一,尤其在油气集输、油气长输管道、城市燃气输配与加油加气站等生产过程中,经常会遇到压力和真空度的测量,其中包括比大气压力高很多的高压、超高压或比大气压力低很多的真空度测量。高压如天然气干线的高压输送、CNG 加气站的高压储存与加气。而油气集输的原油稳定或天然气轻烃处理等常用减压分离工艺,则要在低真空下进行。如果压力不符合要求,不仅会影响生产效率,降低产品质量,有时还会造成严重的生产事故。此外,压力测量的意义还不局限于它自身,有些其他参数的测量如物位、流量等常通过压力或差压来进行,即测出了压力或差压便可确定物位或流量。

4.1.1 压力及其测量单位

1. 压力的定义

在油气生产中,压力是指均匀垂直地作用在单位面积上的力,即由受力的面积和作用力的大小而决定:

$$p = \frac{F}{S} \tag{4.1}$$

式中,F 为垂直作用力,N;S 为受力面积,m^2;p 为压力,Pa。

2. 压力的单位及其换算

在国际单位制(SI)中,压力的单位为帕斯卡,简称帕(Pa),此外还有千帕(kPa)、兆帕(MPa)。我国规定压力的法定单位为帕斯卡,定义 1N 力垂直作用在 $1m^2$ 的面积上所形成的压力为 1 "帕斯卡"(Pascal):

$$1Pa = 1N/m^2 \tag{4.2}$$

帕表示的压力较小,工程上经常使用兆帕(MPa)。帕与兆帕之间的关系为

$$1MPa = 1 \times 10^6 Pa \tag{4.3}$$

除了上面的基本压力单位外,在工业上和科学实验中很久以来广泛使用着一些其他压力计量单位,短期内尚难完全统一。这些单位包括:

(1) 工程大气压(at):一个工程大气压等于 $1cm^2$ 的面积上均匀分布着 1kgf 作用时的压力,即 kgf/cm^2。它是生产中和科学技术上用得最广泛的一种压力单位。

(2) 物理大气压(atm):一个物理大气压等于 0℃时,水银密度为 $13.5951g/cm^2$、重力加速度为 $980.665cm/s^2$、高度为 760mm 的水银柱在海平面上所产生的压力。它是地球大气圈的大气柱在海平面上的压力,是一个随时间和地点而变化的量。

(3) 毫米汞柱(mmHg):1mmHg 等于在标准重力加速度为 $980.665cm/s^2$ 时,1mm 高

的水银柱在0℃时的密度所产生的压力。

（4）毫米水柱（mmH₂O）：1mmH₂O等于在标准重力加速度980.665cm/s² 下，1mm 水柱高在4℃时的压力。在4℃时，水的密度为1.0g/cm³。

除以上几种压力单位外，还有 mH₂O、lbf/in² 等压力单位。

过去使用的压力单位比较多，为了使大家了解国际单位制式的压力单位（Pa或MPa）与过去的单位之间的关系，表4.1 给出几种单位之间的换算关系。

表4.1 各种压力单位换算表

单位	帕 （Pa）	巴 （bar）	工程大气压 （kgf/cm²）	标准大气压 （atm）	毫米水柱 （mmH₂O）	毫米汞柱 （mmHg）	磅力/平方英寸 （lbf/in²）
帕(Pa)	1	1×10⁻⁵	1.019716×10⁻⁵	0.9869236×10⁻⁵	1.019716×10⁻¹	0.75006×10⁻²	1.4500442×10⁻⁴
巴(bar)	1×10⁵	1	1.019716	0.9869236	1.019716×10⁴	0.75006×10³	1.4500442×10
工程大气压 （kgf/cm²）	0.980665×10⁵	0.980665	1	0.96784	1×10⁴	0.73556×10³	1.4224×10
标准大气压 （atm）	1.01325×10⁵	1.01325	1.03323	1	1.03323×10⁴	0.76×10³	1.4696×10
毫米水柱 （mmH₂O）	0.980665×10	0.980665×10⁻⁴	1×10⁻⁴	0.96784×10⁻⁴	1	0.75006×10⁻¹	1.4224×10⁻³
毫米汞柱 （mmHg）	1.333224×10²	1.333224×10⁻³	1.35951×10⁻³	1.3158×10⁻³	1.35951×10	1	1.9338×10⁻²
磅力/平方英寸(lbf/in²)	0.68949×10⁴	0.68949×10⁻¹	0.70307×10⁻¹	0.6805×10⁻¹	0.70307×10³	0.51715×10²	1

4.1.2 压力的分类

在工程压力测量中，常有表压、绝对压力、负压或真空度之分，其关系见图4.1。

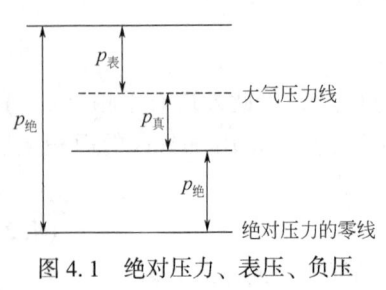

图4.1 绝对压力、表压、负压（真空度）的关系

绝对压力指以绝对真空为零点计算的压力，为介质的真实压力。工程上所用的压力指示值大多为表压（绝对压力计的指示值除外）。表压指用仪表测出的高于大气压的压力，即超出大气压力的那部分压力。一般压力表测到的压力，就是表压。

表压是绝对压力和大气压力之差：

$$p_{表} = p_{绝} - p_{气} \tag{4.4}$$

当被测压力低于大气压力时，表压为负值，其绝对值称为负压或真空度。它是大气压力与绝对压力之差：

$$p_{真} = p_{气} - p_{绝} \tag{4.5}$$

因为各种工艺设备和测量仪表通常是处于大气之中，本身就承受着大气压力，所以，工程上经常用表压或真空度来表示压力的大小。以后所提到的压力，除特别说明外，均指表压或真空度。

工程技术上应用的压力是多种多样的，有时也需要知道各种不同的压力量值。在一般情况下，有的需要知道绝对压力，有的则是表压或真空度，而在另一种情况下，则要找出相对于大气压力的压力量值，因为在很多自然现象中和许多问题中都与大气压有关。但在生产现场中使用比较多的压力计是压力表、真空表和压力—真空两用表,一般采用指针机械位移和数字形式显示。

4.1.3 压力测量仪表的分类

在油气储运过程中,根据工艺生产条件的不同,所测的压力范围各有不同,通常把压力测量范围按阶段分类,如表4.2所示。

表4.2 压力测量范围按阶段分类表

阶段名称	高真空	中真空	低真空	微压	低压	中压	高压
压力测量范围	10^{-1}Pa	$10^2 \sim 10^{-1}$Pa	$10^5 \sim 10^2$Pa	<5kPa	5kPa~1.6MPa	1.6~10MPa	>10MPa

为适应生产的需要,压力测量仪表的种类很多,分类方法也不同,通常按仪表转换原理不同,大致可分以下4类。

1. 液柱式压力计

它是根据流体静力学原理,将被测压力转换成液柱高度进行测量的。这类仪表包括U形管压力计、单管压力计、斜管压力计等。这类压力计结构简单、使用方便、反应灵敏、测量精确,但其精度受工作液的毛细管作用、密度及视差等因素的影响,测压范围较窄,在压力剧烈波动时,液柱不易稳定,而且对安装位置有严格要求。它一般用来测量较低压力、真空度或压力差,大多在实验室中使用。

2. 弹性式压力计

弹性式压力计是将被测压力转换成弹性元件变形的位移进行测量的,常见的有弹簧管压力计、波纹管压力计、膜片(或膜盒)式压力计。这类仪表结构简单,牢固耐用,价格便宜,工作可靠,测量范围宽,适用于低压、中压和高压等多种场合,是工业中应用最广泛的一类仪表;缺点是测量精度不是很高,且多采用机械指针输出,主要用于生产现场的就地指示,当信号需要远传时必须配上附加装置。

3. 电气式压力计

电气式压力计是通过机械和电气元件将被测压力转换成各种电量(如电压、电流、频率等)来进行测量的仪表,如各种压力传感器和压力变送器。按转换元件的不同,这类压力计可分为电阻式、电容式、电感式、压电式、霍尔片式等形式,其最大特点是输出信号易于远传,可方便地与各种显示、记录和调节仪表配套使用,从而为压力集中监测和控制创造条件。

4. 活塞式压力计

活塞式压力计是利用流体静力学中的液压传递原理,将被测压力转换成活塞上所加平衡砝码的重力来进行测量的。其测量精度很高,允许误差可达到0.02%~0.05%,一般作为标准型压力测量仪器,来校验和标定其他类型的压力表。

4.2 弹性式压力计

弹性式压力计是利用各种形状的弹性元件,在被测介质压力的作用下,弹性元件受压后产生弹性变形的原理而制成的测压仪表。这种仪表具有结构简单、使用可靠、读数清晰、牢固可靠、价格低廉、测量范围宽以及有足够的精度等优点。若增加附加装置，如记录机构、电气变换装置、控制元件等，则可以实现压力的记录、远传、信号报警、自动控制等。弹性式压力计可以用来测量几百帕到数千兆帕范围内的压力，因此在工业上是应用最为广泛的一种测压仪表。

弹性式压力计的组成包括几个主要环节，其组成及原理框图如图 4.2 所示。弹性元件是仪表的核心部分，其作用是感受压力并产生弹性变形；变换放大机构的作用是将弹性元件的变形进行变换和放大；指示机构（如指针与刻度标尺）用于给出压力示值；调整机构用于调整仪表的零点和量程。

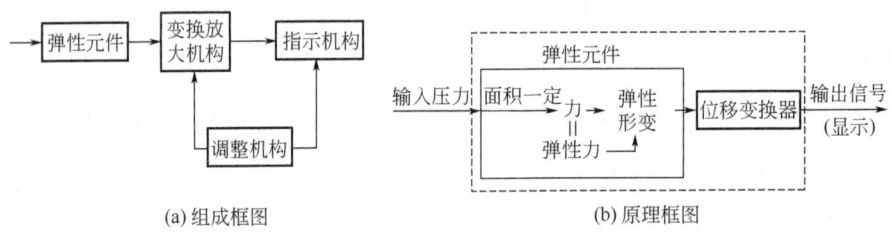

图 4.2 弹性式压力计的组成及原理框图

4.2.1 弹性元件

弹性元件是一种简易可靠的测压敏感元件，应用较广，不仅是弹性式压力计的敏感元件，也经常用来作为气动单元组合仪表的基本组成元件。当测压范围不同时，所用的弹性元件也不一样，常用的几种弹性元件的结构如图 4.3 所示。

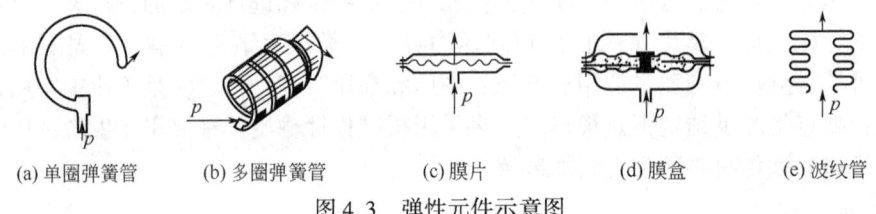

图 4.3 弹性元件示意图

1. 弹簧管式弹性元件

弹簧管式弹性元件的测压范围较宽，可测量高达 1000MPa 的压力。单圈弹簧管是弯成圆弧形的金属管子，它的截面做成扁圆形或椭圆形，如图 4.3(a) 所示。当通入压力 p 后，它的自由端就会产生位移。这种单圈弹簧管自由端位移较小，因此能测量较高的压力。为了增加自由端的位移，可以制成多圈弹簧管，如图 4.3(b) 所示。

2. 薄膜式弹性元件

薄膜式弹性元件根据其结构不同可分为膜片与膜盒等，其测压范围比弹簧管式低。图 4.3(c) 所示为膜片式弹性元件，它是由金属或非金属材料做成的具有弹性的一张膜片（有平膜片与波纹膜片两种形式），在压力作用下能产生变形。有时也可以由两张金属膜片沿周口对焊起来，成一薄壁盒子，内充液体（例如硅油），称为膜盒，如图 4.3(d) 所示。

3. 波纹管式弹性元件

波纹管式弹性元件是一个周围为波纹状的薄壁金属筒体，如图 4.3(e) 所示。这种弹性元件易于变形，而且位移很大，应用非常广泛，常用于微压与低压的测量（一般不超过 1MPa）。

根据弹性元件的各种不同形式，弹性式压力表可分为相应的各种类型。

4.2.2 弹簧管压力表

弹簧管压力表的测量范围极广，品种规格繁多。按使用的测压元件不同，可将其分为单圈弹簧管压力表与多圈弹簧管压力表。其中应用最多的是单圈弹簧管压力表。

按用途的不同，弹簧管压力表除普通型外，还有一些是只有特殊用途型的，例如耐腐蚀的氨用压力表、禁油的氧用压力表和钻机用的指重表等。它们的外形与结构、工作原理基本上是相同的，只是所用的材料有所不同。为了能表明具体适用何种特殊介质的压力测量，常在其表壳、衬圈或表盘上涂以规定的色标，并注有特殊介质的名称，使用时应予以注意。

1. 结构和动作原理

弹簧管压力表的结构原理如图4.4所示。弹簧管1是压力表的测量元件。图中为单圈弹簧管，它是一根弯成270°圆弧的椭圆截面的空心金属管。管的自由端B封闭，另一端固定在接头9上。当被测压力p由接头9输入后，由于椭圆形截面在压力p的作用下将趋于圆形，弯成圆弧形的弹簧管也随之产生向外挺直的扩张变形。变形使弹簧管的自由端B产生位移。输入压力p越大，产生的变形也越大。由于输入压力p与弹簧管自由端B的位移成正比，所以只要测得B点的位移量，就能反映压力p的大小，这就是弹簧管压力表的基本测量原理。

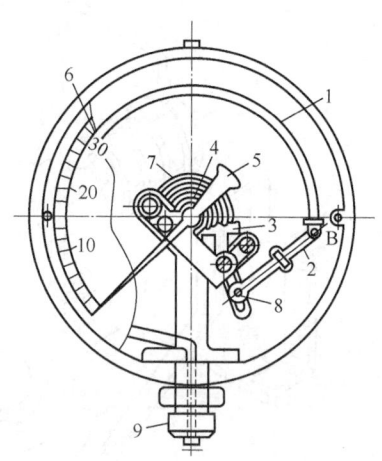

图4.4 弹簧管压力表的结构
1—弹簧管；2—拉杆；3—扇形齿轮；
4—中心齿轮；5—指针；6—面板；
7—游丝；8—螺钉；9—接头

弹簧管自由端B的位移量一般很小，直接显示有困难，所以必须通过放大机构才能指示出来。具体的放大过程如下：弹簧管自由端B的位移通过拉杆2（图4.4）使扇形齿轮3作逆时针偏转，于是指针5通过同轴的中心齿轮4的带动而作顺时针偏转，在面板6的刻度标尺上显示出被测压力p的数值。由于弹簧管自由端的位移与被测压力之间具有正比关系，因此弹簧管压力表的刻度标尺是线性的。

游丝7用来克服因扇形齿轮和中心齿轮间的传动间隙而产生的仪表变差。调整螺钉8的位置（即改变机械传动的放大系数），可以实现压力表量程的调节。

由上述可知，弹簧管自由端将随压力的增大而向外伸张。反之，若管内压力小于管外压力，则自由端将随负压的增大而向内弯曲。所以，利用弹簧管不仅可以制成压力表，而且还可制成真空表或压力真空表。

2. 多圈弹簧管压力表

单圈弹簧管在受压力作用时，由于自由端的位移和输出力都很小，故仅适用于作指示型仪表。而工业生产中有时需要记录型仪表记录压力的变化。为了能带动记录机构运动，需要弹簧管有较大的位移。最有效的手段就是采用多圈弹簧管，制成多圈弹簧管压力计。多圈弹簧管的圈数一般为2~9圈，自由端角位移可达50°左右。

图4.5是一种自动记录型多圈弹簧管压力表。图中，多圈弹簧管1的固定端固定在外壳

上，与被测介质相通，引入被测压力。而其自由端与连接片 2 固定，通过中心轴与杠杆 3 连接。当弹簧管受压时，其自由端产生一定的角位移 $\Delta\alpha$，通过杠杆 3，推动拉杆 4 使记录笔 5 绕轴摆动，并在记录纸上画出一段弧线，弧线的长度表示被测压力的大小。这种压力表测量精度一般为 1.5 级，量程可达 16MPa。

4.2.3 波纹管式压力表

波纹管式压力表常用于低压或负压测量。它采用带有弹簧的波纹管作为压力-位移转换元件。它可以构成各种形式的指示型或记录型压力表，在气动显示记录仪表中得到广泛应用。

图 4.6 是一种波纹管式压力指示仪示意图。被测压力 p 从引压接头引入波纹管内腔。在波纹管圆周，压力的作用是均匀对称的，不产生不平衡力。压力在波纹管底部有效面积 A_e 上的作用力 pA_e 会使波纹管伸长，并压缩弹簧。测量力被弹簧及波纹管的弹性反力所平衡，弹簧及波纹管所产生位移与被测压力成正比。此位移由推杆 4 输出，经杠杆 5、连杆 9、副杠杆 11 的传动放大，使指针摆动，指示出刻度标尺上被测压力的数值。

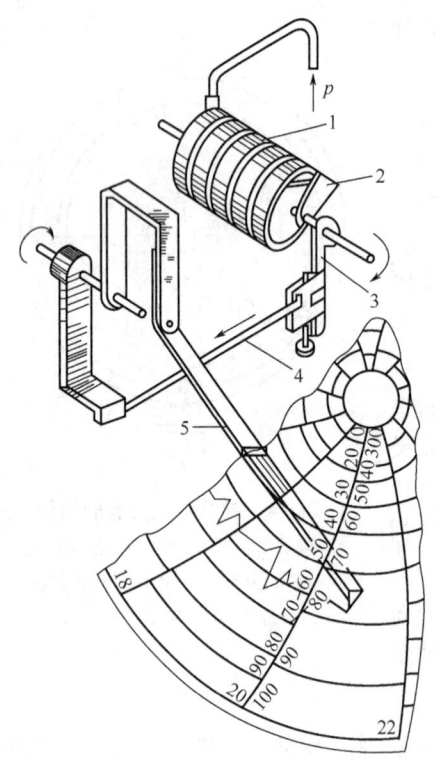
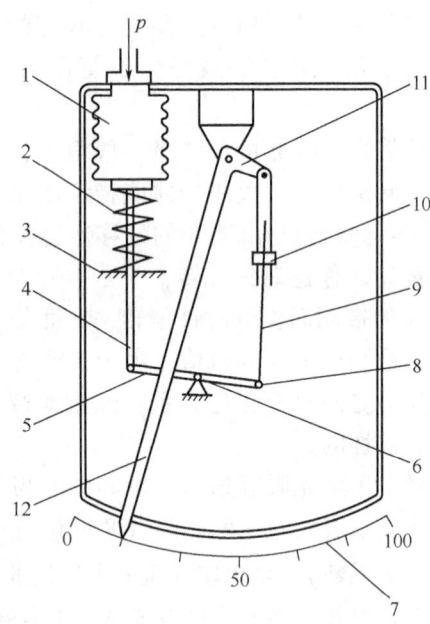

图 4.5　多圈弹簧管压力表
1—弹簧管；2—连接片；3—杠杆；
4—拉杆；5—记录笔

图 4.6　波纹管式压力表
1—波纹管；2—弹簧；3—弹簧座；4—推杆；5—杠杆；
6—固定轴；7—刻度标尺；8—轴销；9—连杆；
10—零点调整螺钉；11—副杠杆；12—指针

4.2.4 电接点压力表

在油气储运生产中，常常需要把压力控制在某一范围之内，即当压力低于或高于规定范围时，就会破坏正常工艺条件，甚至可能发生危险。利用电接点压力表就能简便地在压力偏离设定范围时及时发出信号，以提醒操作人员注意或通过中间继电器实现压力的自动控制。

图4.7、图4.8分别是电接点信号压力表的工作原理与结构示意图。它是在普通弹簧管压力表的基础上稍加改变而成的。如图4.7所示，压力表指针上有动触点2，表盘上另有2个可调的指针，上面分别有静触点1和4。当压力超过上限设定位（此数值由静触点4的指针位置确定）时，动触点2和静触点4接触，使有红灯5的电路接通并发出红光信号；当压力低到下限给定数值时，则动触点2与静触点1接触，使有绿灯3的电路接通并发出绿色信号。静触点1和4的位置可根据需要灵活调节。

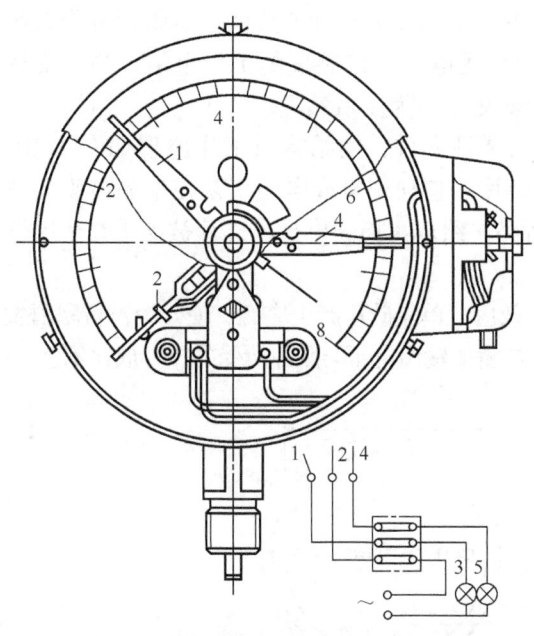

图4.7 电接点信号压力表工作原理图
1、4—静触点；2—动触点；
3—绿灯；5—红灯

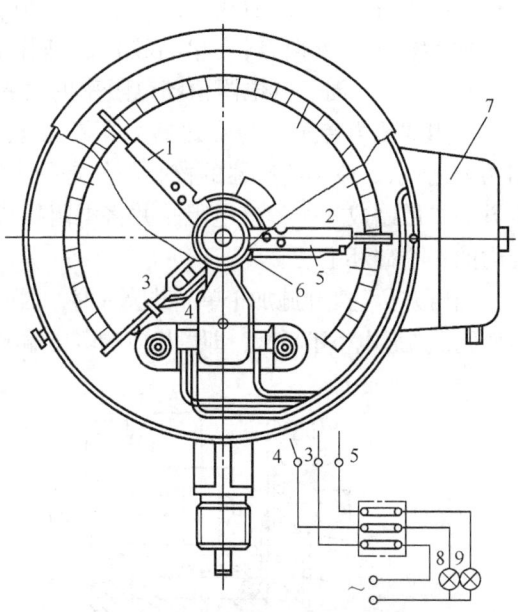

图4.8 电接点信号压力表构成图
1、2—上下限给定指针（可调）；3—动触点臂（指针）；
4、5—上下限触点臂；6—游丝；7—接线盒；8—低压力报警器（绿灯）；9—高压力报警器（红灯）

4.3 电气式压力计

电气式压力计是一种能将压力转换成电信号进行传输及显示的仪表。这种仪表的测量范围较广，分别可测 7×10^{-5} Pa 至 5×10^{2} MPa 的压力，允许误差可至0.2%。电气式压力计可以远距离传送信号，所以在工业生产过程中可以实现压力的自动控制和报警，并可与工业控制机联用。

电气式压力计一般由压力传感器、测量线路和信号处理装置组成。常用的信号处理装置有指示仪、记录仪以及控制器、微处理机等。电气式压力计的组成方框图，如图4.9所示。

压力传感器的作用是把压力信号检测出来，并转换成电信号输出。当输出的电信号通过测量线路被进一步变换为标准信号时，压力传感器又

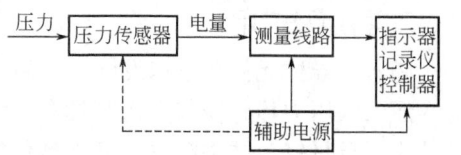

图4.9 电气式压力计组成方框图

称为压力变送器（视频1）。各种压力传感器和压力变送器可用来测量压力。近年来，随着电子技术的迅速发展，新型压力传感器因其体积小、重量轻、成本低、性能好、易集成等优点，而得到越来越广泛的应用。

下面将介绍几种比较常见的电气式压力计。

4.3.1 压阻式压力传感器与变送器

视频1 压力变送器

1. 结构原理

压阻式压力传感器是利用单晶硅的压阻效应而制成的。压阻元件指在半导体材料（单晶硅）的基片上用集成电路工艺制成的扩散电阻。当它受压时，其电阻值随电阻率的改变而变化，称为压阻效应。

压阻式压力传感器与变送器采用单晶硅片为弹性元件，其结构与工作原理如图4.10、图4.11所示。该类传感器的核心部件是一个硅膜片，它利用集成电路工艺在单晶硅膜的特定方向扩散制成4个等值电阻，并将电阻接成桥路，组成惠斯通电桥。硅片被支承在传感器腔内的一个硅环上。

当压力发生变化施加于单晶硅膜片时，因压阻效应，单晶硅片产生应变，使4个桥臂阻值发生变化，造成电桥不平衡，即得相应的电压输出。电桥的输出电压与膜片所受的压力成比例。

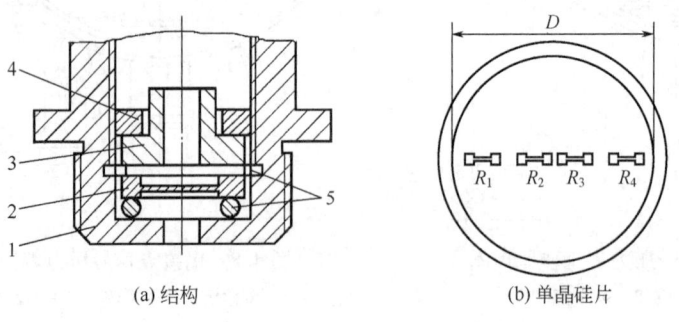

图4.10 压阻式压力传感器

1—基座；2—单晶硅片；3—导环；4—螺母；5—密封垫圈；6—等效电阻

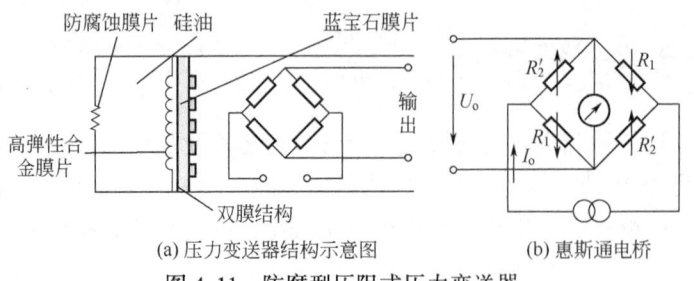

(a) 压力变送器结构示意图　　(b) 惠斯通电桥

图4.11 防腐型压阻式压力变送器

2. 特点及使用

随着半导体元件的迅速发展，压阻式压力变送器在国内外受到普遍重视。

压阻式压力传感器与变送器具有灵敏度高、精度高、工作可靠、频率响应高、迟滞小、尺寸小、重量轻、结构简单、可小型化等特点，可在恶劣的环境条件下工作，便于实现显示数字化，因此应用广泛，其精度可达±0.2%～±0.02%。

压阻式压力传感器与变送器不仅可用于静态、动态压力的测量，稍加改变，还可用来测量差压、高度、速度、加速度等参数。

4.3.2 电容式压力传感器与变送器

1. 结构原理

电容式压力传感器与变送器是将压力的变化转换为电容量的变化来进行测量的。

电容式压力传感器与变送器是一种开环检测仪表，在工业生产过程中，差压变送器的应用数量多于压力传感器与变送器，因此，以下按差压变送器介绍，其实两者的原理和结构基本上相同。

电容式差压变送器是先将压力的变化转换成电容量的变化，再通过测量线路将电容的变化量转换为电压，再经运算放大将电压转换为4~20mA标准电流信号输出。

该变送器工作原理如图4.12所示。图中，以测量膜片4作为电容器的可动电极，它与固定电极2、7组成可变电容器。当被测压力p_1和p_2分别加于左右两侧的隔离膜片时，通过硅油3将差压传递到测量膜片上，使测量膜片向压力小的一侧发生弯曲，并改变固定电极和动电极间的距离，引起电极极板间电容量的变化。然后根据相应的电容变化量，就可知被测差压值，并可将电容的变化量通过引线传至测量线路，经过检测和放大，转换为4~20mA直流电信号。

图4.12中的电容变送器为两室结构，感压元件是一个全焊接的差动电容膜盒。玻璃绝缘层内侧的凹球面形金属镀膜作为固定电极，中间被夹紧的弹性平膜片作为动电极，从而组成两个电容器。整个膜盒用隔离膜片密封，在其内部充满硅油。

图4.13所示的是工业用1151型电容式差压变送器，由测压部件和电子放大器两部分组成。

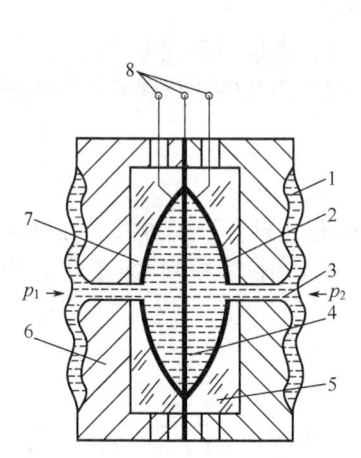

图4.12 电容式差压变送器原理图
1—隔离膜片；2、7—固定电极；3—硅油；4—测量膜片；5—玻璃层；6—底座；8—引线

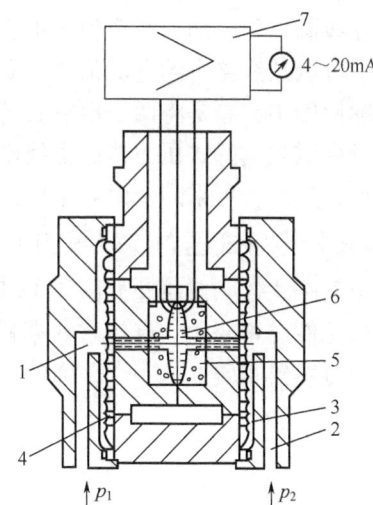

图4.13 1151型电容式差压变送器
1—负压室；2—正压室；3—正压室隔离膜片；4—负压室隔离膜片；5—硅油；6—测量膜片；7—电子放大电路

该电容式差压变送器工作过程是压力变送器的负压室1接大气压力p_1，正压室2接被测介质压力p_2。当被测介质压力p_2高于大气压力p_1时，压差作用于正、负压室的隔离膜片3和4上，经由硅油5传递到中心处的测量膜片6上，使测量膜片6产生位移，从而使测量膜片与两侧球形电极电容不再相等，电子放大电路7检测到电容差并进行调整放大，转换为

4~20mA 的直流输出信号。这一输出信号与输入压力（压差）一一对应。

2. 特点及使用

电容式压力变送器具有结构简单、过载能力强、可靠性好、测量精度高、体积小、重量轻、使用方便等优点，其精度等级可达 0.2 级，目前已成为工业上普遍使用的差压变送器。

电容式差压变送器的结构可有效地保护测量膜片，当差压过大并超过允许测量范围时，测量膜片将平滑地贴靠在玻璃凹球面上，因此不易损坏，过载后的恢复特性很好，从而大大提高了过载承受能力。因其结构完全没有机械传动机构，尺寸紧凑，故其结构性能比较耐震动和冲击，使其可靠性高、抗震性好、稳定性高。当测量膜盒的两侧通以不同的压力时，可用来测量压差、液位等参数。

4.3.3 电感式压力传感器

电感式传压力传感器是利用磁性材料和空气磁导率的不同，压力作用在膜片上时，靠膜片改变空气间隙大小，使固定线圈的电感发生改变，再通过测量电路将电感变化转换为相应的电压或电流输出，即将压力转换为电量来进行测量。

电感式压力传感器按磁路特性分为变磁阻和变磁导两种。它的特点是灵敏度高、输出较大、结构牢靠、对动态加速度干扰不敏感，但不适合高频动态测量，测量仪器较笨重。

1. 变磁阻电感式压力传感器的工作原理

变磁阻电感式压力传感器的工作原理如图 4.14 所示。铁芯、膜片以及其间的空气间隙组成了闭合的磁路，而气隙是该磁路中磁阻的主要组成部分。当压力 p 施之于膜片上后，膜片发生变形，气隙 δ 改变，即改变了磁路中的磁阻，这样铁芯上的线圈的电感 L 也就发生变化。如果在线圈的两端加以一个恒定的交流电压 U，则电感 L 的变化将反映为电流 I 值的变化。因此，可以从线路中的电流值 I 来度量膜片上所感受的压力 p。

在实际使用中，总是将两个电感式传感器组合在一起，组成差动式传感器。

如穿过变磁阻电感式压力传感器线圈的磁通密度很高，因此铁磁材料常常发生磁导率不恒定的缺点，为此，可采用变磁导电感式压力传感器。

2. 变磁导电感式压力传感器的工作原理

变磁导电感式传感器原理如图 4.15 所示。它没有铁芯，只有一个可沿轴向移动的小磁性元件，如元件位置变化，有效磁导率就会发生变化，在指示仪表中就可读出其读数。由图可见，这种传感器实质上是一个普通的调感线圈。

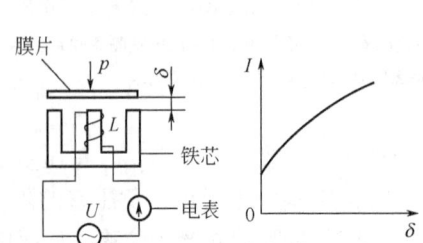

图 4.14 变磁阻电感式压力传感器工作原理

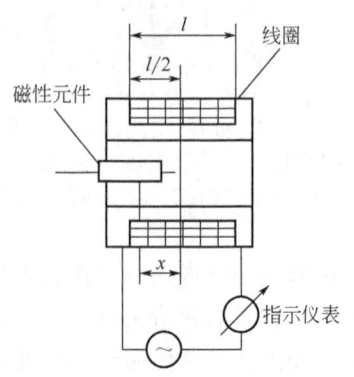

图 4.15 变磁导电感式传感器原理

4.3.4 应变片式压力传感器

如图 4.16 所示,应变片式压力传感器利用电阻应变原理制成。应变片有金属和半导体两类。被测压力使应变片产生应变,当应变片产生压缩应变时,其阻值减小;当应变片产生拉伸应变时,其阻值增加。再通过桥式电路获得相应的毫伏级电势输出,并用毫伏计或其他记录仪表显示出被测压力,从而组成了应变片式压力计。

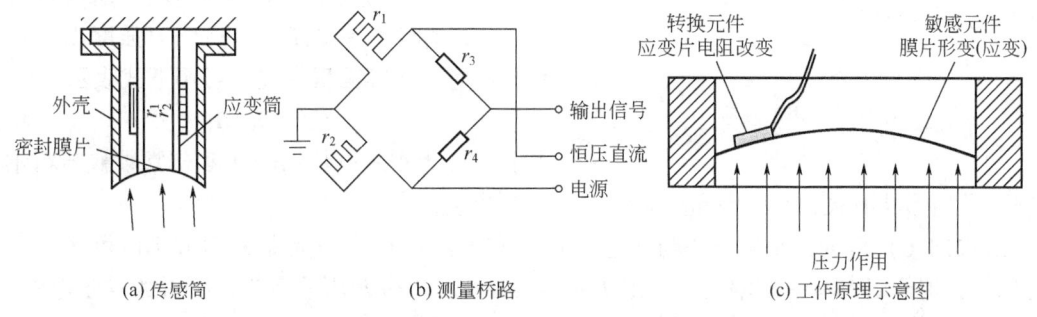

图 4.16 应变片式压力传感器示意图

如图 4.16 所示,将应变片通过特殊的黏合剂紧密地黏合在力学应变基体上,当基体受力发生应力变化时,电阻应变片也一起产生形变,使应变片的阻值发生改变,从而使加在电阻上的电压发生变化,并通过后续的仪表放大器进行放大,再传输给处理电路显示或执行机构。

图 4.16(a) 是应变片式压力传感器的结构原理图。应变筒的上端与外壳固定在一起,下端与不锈钢密封膜片紧密接触,两片康铜丝应变片 r_1 和 r_2 用特殊胶合剂(缩醛胶等)贴紧在应变筒的外壁。r_1 沿应变筒轴向贴放,作为测量片;r_2 沿径向贴放,作为温度补偿片。

应变片与筒体之间不发生相对滑动,并且保持电气绝缘。如图 4.16(c) 所示,当被测压力作用于膜片而使应变筒作轴向受压变形时,沿轴向贴放的应变片 r_1 也将产生轴向压缩应变 ε_1,于是 r_1 的阻值变小;而沿径向贴放的应变片 r_2 因本身受到横向压缩将引起纵向拉伸应变 ε_2,于是 r_2 阻值变大。但是因 ε_2 比 ε_1 要小,故实际上 r_1 的减少量将比 r_2 的增大量更大。

应变片 r_1 和 r_2 与两个固定电阻 r_3 和 r_4 组成桥式电路,如图 4.16(b) 所示。由于 r_1 和 r_2 的阻值变化而使桥路失去平衡,从而获得不平衡电压 ΔU 作为传感器的输出信号,在桥路供给直流稳压电源最大为 10V 时,可得最大 ΔU 为 5mV 的输出。传感器的被测压力可达 25MPa。由于传感器的固有频率在 25000Hz 以上,故有较好的动态性能,其适用于快速变化的压力测量。应变片式压力传感器的非线性及滞后误差小于额定压力的 1%。

4.3.5 霍尔片式压力传感器

霍尔片式压力传感器根据霍尔效应制成,其利用霍尔元件将由压力所引起的弹性元件的位移转换成霍尔电势,来实现压力的测量。

霍尔片为一半导体材料(如锗)制成的薄片。如图 4.17 所示,在霍尔片的 Z 轴方向加一磁感应强度为 B 的恒定磁场,在 y 轴方向加一外电场(接入直流稳压电源),便有恒定电

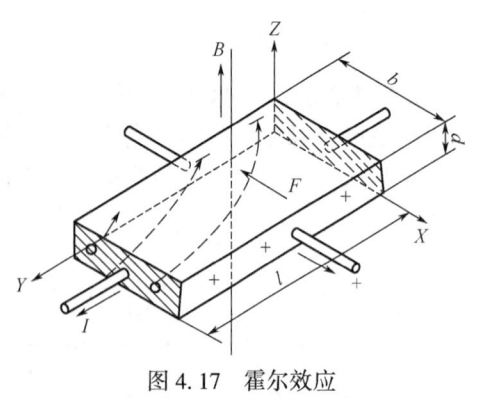

图 4.17 霍尔效应

流沿 Y 轴方向通过。电子在霍尔片中运动（电子逆 Y 轴方向运动）时，由于受电磁力的作用，运动轨道发生偏移，造成霍尔片的一个端面上有电子积累，另一个端面上正电荷过剩，于是在霍尔片的 X 轴方向上出现电位差，这一电位差称为霍尔电势，这种物理现象称"霍尔效应"。

霍尔电势的大小与半导体材料、所通过的电流（一般称为控制电流）、磁感应强度以及霍尔片的几何尺寸等因素有关，可用下式表示：

$$U_H = R_H BI \tag{4.6}$$

式中，U_H 为霍尔电势；R_H 为霍尔常数，与霍尔片材料、几何形状有关；B 为磁感应强度；I 为通过电流。

由式(4.6)可知，霍尔电势与磁感应强度和电流成正比。提高 B 值和 I 值可增大霍尔电势 U_H，但两者都有一定限度，一般 I 为 3~20mA，B 约为几千高斯，所得的霍尔电势 U_H 约为几十毫伏数量级。

必须指出，导体也有霍尔效应，不过它们的霍尔电势要比半导体的霍尔电势小得多。

如果选定了霍尔元件，并使电流保持恒定，则在非均匀磁场中，霍尔元件所处的位置不同，所受到的磁感应强度也将不同，这样就可得到与位移成比例的霍尔电势，实现位移-电势的线性转换。

霍尔片式压力传感器由霍尔元件与弹簧管配合组成，如图 4.18 所示。被测压力由弹簧管 1 的固定端引入，弹簧管的自由端与霍尔片 3 相连接，在霍尔片的上、下方垂直安放两对磁极，使霍尔片处于两对磁极形成的非均匀磁场中。霍尔片的 4 个端面引出 4 根导线，其中与磁钢 2 平行的 2 根导线和直流稳压电源相连接，另外 2 根导线用来输出信号。

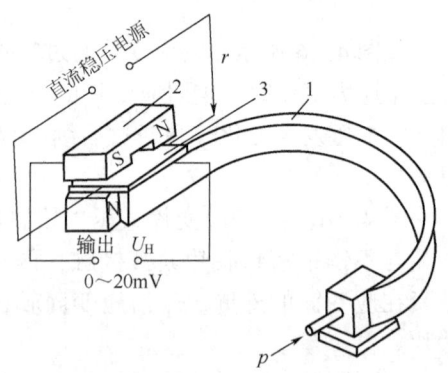

图 4.18 霍尔片式压力传感器
1—弹簧管；2—磁钢；3—霍尔片

被测压力引入后，在被测压力作用下，弹簧管自由端产生位移，从而改变了霍尔片在非均匀磁场中的位置，所产生的霍尔电势则与被测压力成比例。利用这一电势即可实现压力的远距离显示和自动监控。

4.3.6 压电式压力传感器

压电式压力传感器是基于压电效应工作的。由压电材料制成的压电元件受到压力作用时将产生电荷，电荷量与所受的压力成正比，当外力去除后电荷将消失，称为压电效应。

图 4.19 为一种压电式压力传感器的结构示意图。压电元件夹于两个弹性膜片之间，当压力作用于膜片时，使压电元件受力而产生电荷，电荷量经放大可转换成电压或电流输出，输出信号的大小与输入压力成正比关系。压电元件的一个侧面与膜片接触并接地，另一侧面通过金属箔和引线将电量引出。

压电式压力传感器的压电元件材料多为石英晶体和压电陶瓷，也可用高分子材料或复合材料的合成膜。放大器有电压放大器和电荷放大器两种。压电式压力传感器可通过更换压电元件来改变压力的测量范围，还可以用多个压电元件叠加的方式（串联或并联）来提高传感器的灵敏度。

压电式压力传感器有结构简单、工作可靠、线性度好、频率响应高、量程范围大等优点，精度为±1%、±0.2%、±0.06%等，但是由于在晶体边界上存在漏电现象，所以这类传感器在动态压力测量中应用广泛，但不适宜测量缓慢变化的压力和静态压力。

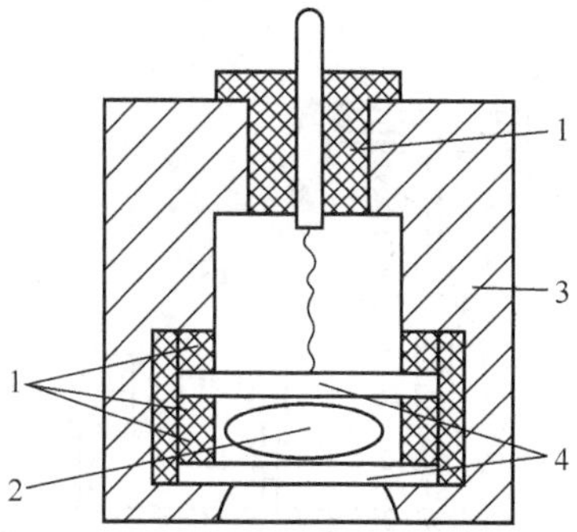

图 4.19 压电式压力传感器结构
1—绝缘体；2—压电元件；
3—壳体；4—膜片

4.3.7 压力传感器的主要性能参数

压力传感器的种类繁多，其性能也有较大的差异。在实际应用中，应根据具体的使用场合、条件和要求，选择较为适用的传感器，做到经济、合理。

（1）额定压力范围：指满足标准规定值的压力范围，也就是在最高和最低压力之间，传感器输出符合规定工作特性的压力范围。在实际应用时，传感器所测压力应在该范围之内。

（2）最大压力范围：指传感器能长时间承受的最大压力，且不引起输出特性永久性改变。特别是半导体压力传感器，为提高线性和温度特性，一般都大幅度减小额定压力范围。因此，即使在额定压力以上连续使用也不会被损坏。一般最大压力是额定压力最高值的 2~3 倍。

（3）损坏压力：指能够加在传感器上且不使传感器元件或传感器外壳损坏的最大压力。

（4）线性度：指在工作压力范围内，传感器输出与压力之间直线关系的最大偏离。

（5）压力迟滞：指在室温下及工作压力范围内，从最小工作压力或最大工作压力趋近某一压力时，传感器输出的滞后时间。

（6）温度范围：压力传感器的温度范围分为补偿温度范围和工作温度范围。补偿温度范围是由于施加了温度补偿，精度进入额定范围内的温度范围。工作温度范围是保证压力传感器能正常工作的温度范围。

4.4 活塞式压力计

活塞式压力计是核定压力表和压力传感器等的标准器之一，也是一种标准压力发生器。由于活塞式压力计具量程宽、精度高、技术性能稳定等优点，因此，在压力测量中具有重要的位置。

活塞式压力计作为国家标准器的精度为 0.005%，一等标准精度为 0.01%，二等标准为 0.05%，三等标准为 0.02%。常把二等和三等作为工厂实验室的压力标准器。

4.4.1 活塞式压力计的结构

活塞式压力计是由压力发生部分和测量部分组成，其结构原理如图 4.20 所示。

压力发生部分主要由螺旋压力发生器、油杯、进油阀、切断阀等构成。

工作液一般采用洁净的变压器油和蓖麻油等。测量部分主要由测量活塞、砝码、活塞柱等构成。测量活塞 1 插入活塞柱 3 内。

4.4.2 活塞式压力计的工作原理

活塞式压力计基于静压平衡原理工作。如图 4.20 所示,摇动手轮 7 使丝杠 8 左移时,将推动工作活塞 9 也左移,挤压工作液,传压给测量活塞 1。当测量活塞 1 及其上端的托盘和荷重砝码 2 的总重力与测量活塞 1 下端面因压力 p 作用产生向上作用的力相等时,活塞 1 将被顶起并稳定在活塞柱 3 内的任一平衡位置上,这时的力平衡关系为

$$p \cdot A = W + W_0 \quad (4.7)$$
$$p = (W + W_0)/A \quad (4.8)$$

式中,A 为测量活塞 1 的有效面积;p 为被测压力;W、W_0 为砝码和测量活塞(包括托盘)的重力。

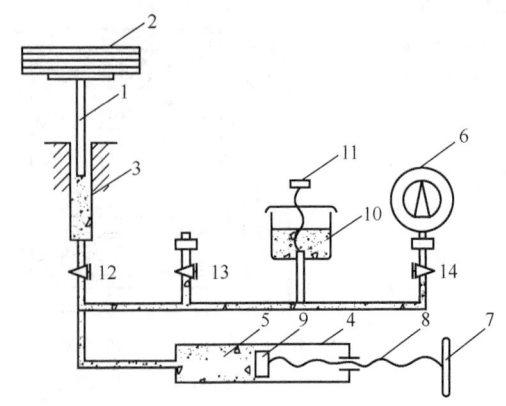

图 4.20 活塞式压力计
1—测量活塞;2—砝码;3—活塞柱;4—螺旋压力发生器;
5—工作液;6—压力表;7—手轮;8—丝杠;9—工作活塞;
10—油杯;11—进油阀;12、13、14—切断阀

一般取 $A = 1.0 \text{cm}^2$ 或 0.1cm^2。由式(4.8)可以十分方便而准确地由平衡时所加砝码和活塞本身重力 $W + W_0$ 求得被测压力 p(即压力发生器内的压力)的数值。

4.4.3 活塞式压力计的应用

活塞式压力计既是一种标准的压力测量仪器,又是一种压力发生器。作为标准压力测量仪器使用时,用来校验其他压力表,如图 4.20 所示,标准压力值由平衡时所加砝码等的重力确定;作为压力发生器使用时,则用阀 12 切断测量部分通路,在阀 13 上接上标准压力表(其精度为 0.05 级或更高),由压力发生器改变工作液压力,比较被校表和标准表上的指示值,进行校验。

使用时应注意下列各点:

(1) 活塞式压力计应放在坚固平稳无振动的工作台上。

(2) 应使活塞式压力计处于水平位置。可以由气泡式水平器检查水平程度,调节仪器 4 只脚高低来达到水平。

(3) 工作液由油杯 10 供给。使用前应先打开阀 12,通过螺旋压力发生器 4 的挤压,使工作液管路内可压缩的空气压出后,再关阀 12,打开进油阀 11,旋转手轮 7 使工作活塞 9 退出,吸入工作液,直到数量足够为止,关闭阀 11。然后才能投入使用。

(4) 校验时,一面摆动手轮 7,一面在托盘上加取砝码,使测量活塞 1 在受力平衡状态下,其插入活塞柱 3 内的深度约为总长的 2/3 为宜;同时两手轻轻拨转砝码,使测量活塞 1 以 30~60 r/min 的速度均匀转动,以保证由所加砝码重量来确定压力数值的准确性。

(5) 测量活塞 1 和活塞柱 3 不能受到磨损、冲击和弯曲。压力发生器的手轮 7 旋转时应不使丝杆 8 受到弯曲力矩的影响而产生变形。

4.5 智能型压力变送器

随着集成电路的广泛应用,性能的不断提高,成本的大幅度降低,使得微处理器在各个

领域中的应用十分普遍。智能型压力（或差压）变送器就是在普通压力（或差压）传感器的基础上增加微处理器电路而形成的智能检测仪表。例如带有温度补偿的电容传感器与微处理器相结合，构成了精度为 0.1 级的智能型压力（或差压）变送器，其量程范围为 100∶1，时间常数在 0~36s 间可调，通过手持通信器，可对 1500m 之内的现场变送器进行工作参数的设定、量程调整以及向变送器加入信息数据。

智能型压力变送器的特点有：

（1）性能稳定，可靠性好，测量精度高，相对误差仅为±0.1%。

（2）量程范围可达 100∶1，时间常数可在 0~36s 内调整，有较宽的零点迁移范围。

（3）具有温度、静压的自动补偿功能，在检测温度时，可对非线性进行自动校正。

（4）具有数字、模拟两种输出方式，能够实现双向数据通信，可与现场总线网络和上位计算机相连，与计算机、控制系统直接对话。

（5）利用手持通信器，可对现场变送器进行各种运行参数的选择和标定，其精确度高，使用与维护方便。

（6）通过编制各种程序，可进行远程通信。通过手持通信器，使变送器具有自修正、自补偿、自诊断及错误方式告警等多种功能，提高了变送器的精确度，简化了调整、校准与维护过程，使维护和使用都十分方便。

下面以美国费希尔—罗斯蒙特公司的 3051C 智能型差压变送器为例，对其工作原理作简单的介绍。3051C 智能型差压变送器包括变送器和 275 型手持通信器。

变送器由传感膜头和电子线路板组成，图 4.21 为其原理方框图。

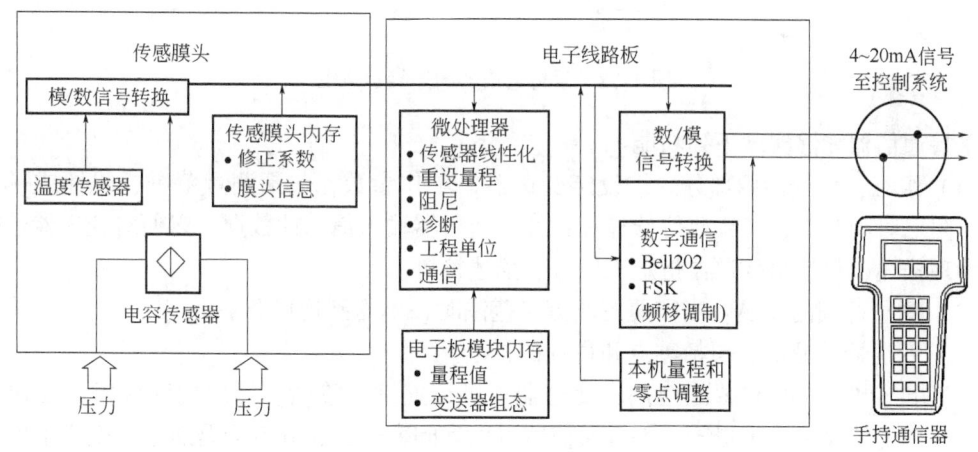

图 4.21　3051C 智能型差压变送器方框图

被测介质压力通过电容传感器转换为与之成正比的差动电容信号。传感膜头还同时进行温度的测量，用于补偿温度变化的影响。上述电容和温度信号通过模/数转换器转换为数字信号，输入到电子线路板模块。

在工厂的特性化过程中，所有传感器都经受了整个工作范围内的压力与温度循环测试。根据测试数据所得到的修正系数，都储存在传感膜头的内存中，从而可保证变送器在运行过程中能精确地进行信号修正。

电子线路板模块接收来自传感膜头的数字输入信号和修正系数，然后对信号加以修正与线性化。电子线路板模块的输出部分将数字信号转换成 4~20mA DC 电流信号，并与手持通信器进行通信。

在电子线路模板的永久性 EEPROM 存储器中存有变送器的动态数据，即使遇到意外停电，其中数据仍然保存，所以恢复供电之后，变送器能立即工作。

数字通信格式符合 HART 协议，该协议使用了工业标准 Bell 202 频移调制（FSK）技术。通过在 4~20mA DC 输出信号上叠加高频信号来完成远程通信。该公司采用这一技术，能在不影响回路完整性的情况下实现同时通信和输出。

3051C 智能型差压变送器所用的手持通信器为 275 型，带有键盘及液晶显示器。它可以接在现场变送器的信号端子上，就地设定或检测，也可以在远离现场的控制室中，接在某个变送器的信号线上进行远程设定及检测。为了便于通信，信号回路必须有不小于 250Ω 的负载电阻。其连接如图 4.22 所示。

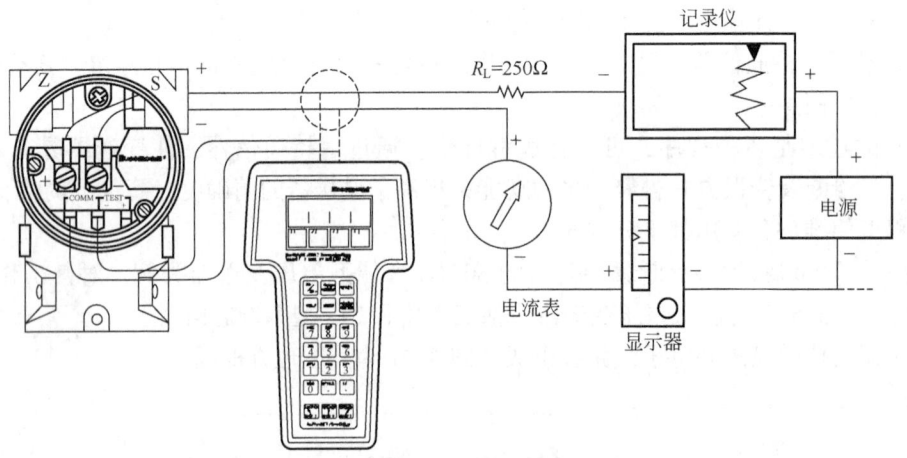

图 4.22 手持通信器的连接示意图

手持通信器能够实现下列功能：

（1）组态：可分为两部分。①设定变送器的工作参数，包括测量范围、线性或平方根输出、阻尼时间常数、工程单位选择等；②向变送器输入信息性数据，以便对变送器进行识别与物理描述，包括给变送器指定工位号、描述符等。

（2）测量范围的变更：当需要更改测量范围时，不需到现场调整。

（3）变送器的校准：包括零点和量程的校准。

（4）自诊断：3051C 智能型差压变送器可进行连续自诊断。当出现问题时，变送器将激活用户选定的模拟输出报警。手持通信器可以询问变送器，确定问题所在。变送器向手持通信器输出特定的信息，以识别问题，从而可以快速地进行维修。

智能型差压变送器有好的总体性能及长期稳定的工作能力，通常每 5 年才需校验一次。智能型差压变送器与手持通信器结合使用，可远离油气储运生产现场，尤其是危险或不易到达的地方，给变送器的运行和维护带来了极大的方便。

4.6 压力仪表的选用、安装与校验

为使油气储运过程中的压力测量和控制能经济、合理与有效，压力测量仪表的正确选用、校验及安装就十分重要。

4.6.1 压力仪表的选用

正确选用压力测量仪表,是保证测压仪表在储运生产过程中发挥应有作用的重要一环。

压力仪表的选用应根据工艺生产过程对压力测量的要求、被测介质的性质、现场环境条件等来考虑仪表的类型、量程和精度等级,并确定是否需要带有远传、报警等附加装置。这样才能经济合理并达到有效的目的。

主要压力仪表分类与特性如表 4.3 所示。

表 4.3 主要压力仪表分类与特性

类型	名称	测量范围,Pa	精度等级	优缺点	应用场合
弹性式压力表	弹簧管压力表 多圈弹簧管压力表 膜盒压力表 波纹管压力表 隔膜压力表	$-10^5 \sim 10^9$	0.2 0.25 0.35 0.5 一般 1.0, 1.5, 4.5	测量范围宽,结构简单,使用方便,价格便宜,可以制成电气远传式,广泛使用	用来测量压力和真空度,可就地指示,也可集中控制,具有记录、报警、远传性能
压力变送器	DDZ-Ⅲ、电容式、扩散硅式、振弦式、单晶硅谐振式等压力变送器	$7 \times 10^2 \sim 5 \times 10^6$	0.25~1.0	测量范围广,便于远传和集中控制	用于压力需要远传和集中控制的场合

1. 仪表类型的选用

压力测量仪表的选用应按油气储运生产过程对压力测量的要求,结合其他方面的情况,加以全面考虑和具体分析。在压力仪表的选择中,一般应考虑以下几个方面的问题。

1) 使用的环境

(1) 现场环境条件(如高温、防爆、腐蚀、潮湿、振动、电磁场等)对仪表类型有无特殊要求。

(2) 在大气腐蚀性较强、粉尘较多和易喷淋液体等环境恶劣的场合,应根据环境条件,选择合适的外壳材料及防护等级。

(3) 对爆炸性较强的环境,在使用电气式压力仪表时,应选择防爆型压力仪表。

(4) 对于温度特别高或特别低的环境,应选择温度系数小的敏感元件或变换元件。

(5) 在易燃易爆场合,如需电接点信号时应选用防爆压力控制器或防爆电接点压力仪表。

(6) 在机械震动较强的场合,应选用耐震压力仪表或船用压力仪表。

2) 测量介质的性质

(1) 腐蚀性较强的介质,应使用不锈钢之类的弹性元件或敏感元件。

(2) 氧气、乙炔等介质,应选用专用的压力仪表。例如,普通压力表的弹簧管材料多采用铜合金,高压的也有采用碳钢的,而氨用压力表的弹簧管材料都采用碳钢,不允许采用铜合金。因为氨气对铜的腐蚀极强,所以普通压力表用于氨气压力测量很快就会损坏。

(3) 一般介质的测量:

① 压力在 $-40 \sim +40$ kPa 时,宜选用膜盒压力表。

② 压力在 $+40$ kPa 以上时,一般选用弹簧管压力表或波纹管压力表。

③ 压力在 $-100 \sim +2400$ kPa 时,应选用压力真空表。

④ 压力在 $-100 \sim 0$ kPa 时,宜选用弹簧管真空表。

(4) 稀硝酸、醋酸及其他一般腐蚀性介质，应选用耐酸压力表或不锈钢膜片压力表。

(5) 重油类及类似的具有强腐蚀性、含固体颗粒及黏稠液等介质，应选用膜片压力表或隔膜压力表。膜片及隔膜的材质，必须根据测量介质的特性选择。

(6) 结晶、结疤及高黏度等介质，应选用法兰式隔膜压力表。

(7) 测量高、中压力或腐蚀性较强的介质的压力表，宜选择壳体具有超压释放设施的压力表。

3) 仪表输出信号的要求

(1) 对于只需要观察压力变化的情况，应选用弹簧管压力表等直接指示型的仪表。

(2) 如需将压力信号远传到控制室或其他电动仪表、自动记录或报警等，则可选用电气式压力仪表。

综上所述，仪表类型的选用必须满足生产过程的要求，同时还应考虑被测介质的物理化学性质、使用环境、对测量仪表提出的特殊要求等。总之，根据工艺要求正确选择仪表类型是保证仪表正常工作和安全生产的重要前提。

2. 仪表量程的选择

仪表的量程，即仪表刻度的上、下限值，是根据工艺操作中被测量参数的大小来确定的。

为保证敏感元件能在其安全的范围内可靠地工作，也考虑到被测对象可能发生的异常超压情况，对仪表的量程选择必须留有足够的余地，但仪表的量程也不宜选得过大。

在测量压力时，为避免压力仪表超负荷而遭到破坏，压力仪表的上限值应高于被测压力的最大值。

根据规定，在测量稳定压力时，最大工作压力不应超过测量上限的 2/3；测量脉动压力（如泵、压缩机和风机等出口处压力）时，最大工作压力不超过测量上限值的 1/2；测量高压力时，最大工作压力不应超过测量上限值的 3/5。

对于仪表下限值的要求，主要是为了保证测量精度，所测的压力值不能太接近仪表的下限值，即仪表的量程不能选得太大，通常被测压力的最小值不应低于满量程的 1/3。

根据储运的工艺特点，通常测量范围的选择如下：

(1) 测量稳定的压力时，正常操作压力值宜在仪表测量范围上限值的 1/3~2/3。

(2) 测量脉动压力时，正常操作压力值宜在仪表测量范围上限值的 1/3~1/2。

(3) 测量高、中压力时，正常操作压力值宜在仪表测量范围上限值的 1/3~3/5。

根据被测参数的最大值和最小值计算出仪表的上、下限后，还不能以此数值直接作为仪表的测量范围。因为仪表标尺的极限值不是任意取一个数字就可以的，它是由国家主管部门用规程或标准规定的。因此，选用仪表的标尺极限值时，只能采用相应的规程或标准中的数值（一般可在相应的产品目录中找到）。

3. 仪表精度等级的选择

一般测量用压力表、膜盒压力表和膜片压力表，应选用 1.5 级或 2.5 级；精密测量用压力表，应选用 0.5 级、0.25 级或 0.15 级。

压力测量仪表的精度主要根据生产允许的最大误差来确定，即要求实际被测压力允许的最大绝对误差应小于仪表的基本误差。一般地说，仪表越精密，测量结果越准确、可靠，但绝不能认为选用的仪表精度级越高越好，因为越精密的仪表一般价格越贵，操作和维修要求也越高。因此，应在满足生产工艺要求的前提下，本着节约的原则，正确选用仪表精度等级。只要测量精度能满足生产的要求,应尽可能选用精度较低、价廉耐用的仪表。

【例 4.1】 某台往复式压缩机的出口压力范围为 25~28MPa,测量误差不得大于 1MPa。工艺上要求就地观察,并能高低限报警,试正确选用一台压力表,指出型号、精度与测量范围。

解:由于往复式压缩机的出口压力脉动较大,所以选择仪表的上限值为
$$p_1 = p_{max} \times 2 = 28 \times 2 = 56(MPa)$$

根据就地观察及能进行高低限报警的要求,由压力表规格型号相关资料,可查得选用 YX-150 型电接点压力表,测量范围为 0~60MPa。

由于 $\frac{25}{60} > \frac{1}{3}$,故被测压力的最小值不低于满量程的 1/3,这是允许的。另外,根据测量误差的工艺要求,可算得允许误差为
$$\frac{1}{60} \times 100\% = 1.67\%$$

所以,精度等级为 1.5 级的仪表完全可以满足误差要求。至此,可以确定,选择的压力表为 YX-150 型电接点压力表,测量范围为 0~60MPa,精度等级为 1.5 级。

【例 4.2】 某油气分离器最大压力为 0.6MPa、允许最大绝对误差为 ±0.02MPa。现用一台测量范围为 0~1.6MPa,精确度为 1.5 级的压力表来进行测量,分析该表能否符合工艺上的误差要求?若采用一台测量范围为 0~1.0MPa、准确度为 1.5 级的压力表,它能符合误差要求吗?试说明其理由。

解:对于测量范围为 0~1.6MPa、精确度为 1.5 级的压力表,允许的最大绝对误差为
$$1.6 \times |\pm 1.5\%| = 0.024(MPa)$$
因为此数值超过了工艺上允许的最大绝对误差数值,所以是不合格的。

对测量范围为 0~1.0MPa、精确度为 1.5 级的压力表,允许的最大绝对误差为
$$1.0 \times |\pm 1.5\%| = 0.015(MPa)$$
因为此数值小于工艺上允许的最大绝对误差,故符合对测量准确度的要求,可以采用。

该例说明了选一台量程很大的仪表来测量很小的工艺参数值是不适宜的。

4. 外形尺寸的选择

(1) 在管道和设备上安装的压力表,表盘直径为 100mm 或 150mm。

(2) 在仪表气动管路及其辅助设备上安装的压力表,表盘直径为小于 60mm。

(3) 安装在照度较低、位置较高或示值不易观测场合的压力表,表盘直径应大于 150mm(或 200mm)。

5. 压力测量仪表的选型

压力测量仪表的选型可参照图 4.23 进行。

4.6.2 压力仪表的安装及使用

选用了合格的压力仪表后,安装是否正确直接影响到测量结果的准确性和压力仪表的使用寿命,甚至与能否在现场正常运行有关。它包含了测压点的选择、导压管的敷设和压力仪表本身的安装等内容。

1. 测压点的选择

选择测压点的原则是所选择的测压点应能反映被测压力的真实情况。为此,必须注意以

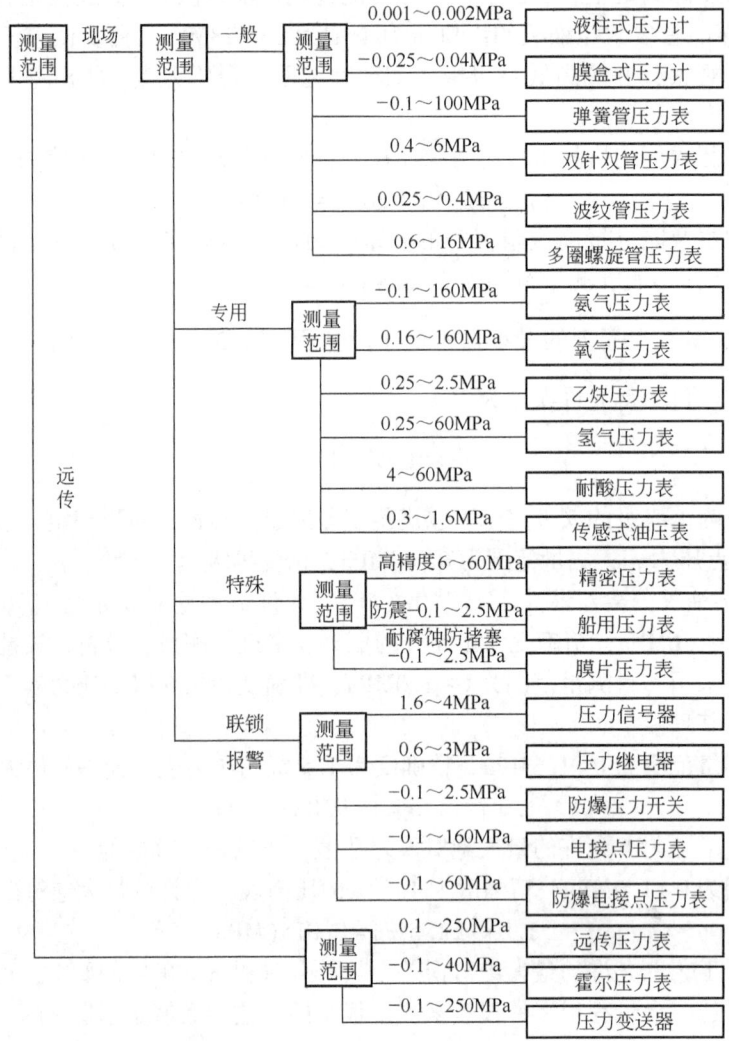

图 4.23 压力测量仪表的选型参照图

下几点：

（1）测压点要选在被测介质作直线流动的管段上，不可选在拐弯、分岔、死角或能形成旋涡的地方。

（2）测量流动介质的压力时，取压管应与介质流动方向垂直，取压管口内端面与生产设备连接处的器内壁应平齐，不应有凸出物或毛刺。

（3）测量液体压力时，取压点应在管道下部，使导压管内不积存气体；测量气体压力时，取压点应在管道上方，使导压管内不积存液体。

（4）测量差压时，两个取压点应在同一水平面上，以避免产生固定的系统误差。

（5）当管路中有突出物体（如测温元件）时，取压口应取在其前面。

（6）当必须在调节阀门附近取压时，若取压口在其前，则与阀门距离应不小于 2 倍管径；若取压口在其后，则与阀门距离应不小于 3 倍管径。

（7）对于宽广容器，取压口应处于流体流动平稳和无涡流的区域。

2. 导压管的敷设

（1）导压管的粗细要合适，一般内径为 6~10mm，长度应尽可能短，为保证测量精度，减少压力指示滞后，导压管应按最短路径敷设，长度一般不超过 15m。

（2）水平安装的导压管应保持有 1:10~1:20 的倾斜度，以利于积存于其中之液体（或气体）的排出。

① 当被测介质为气体时，导管应向取压口方向低倾；

② 当被测介质为液体时，导管则应向测压仪表方向倾斜。

（3）被测介质易冷凝或冻结时，应加装保温或伴热管。

3. 压力表的安装

（1）压力表应安装在易观察和检修的地方。安装地点应力求避免振动和高温影响。

（2）测量蒸汽压力时，应加装凝液管，以防高温蒸汽直接与测压元件接触，见图 4.24(a)；对于有腐蚀性介质的压力测量，应加装有中性介质的隔离罐，图 4.24(b) 表示被测介质密度 ρ_1 大于和小于隔离液密度 ρ_2 两种情况。总之，针对被测介质的不同性质（高温、低温、腐蚀、脏污、结晶、沉淀、黏稠等），要采取相应的防热、防腐、防冻、防堵等措施。

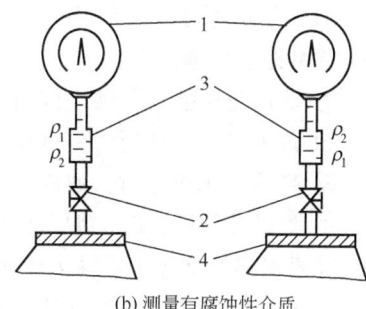

(a) 测量蒸汽　　(b) 测量有腐蚀性介质

图 4.24　压力表安装示意图

1—压力表；2—截止阀；3—回转冷凝器或隔离管；4—生产设备；ρ_1—被测介质密度；ρ_2—中性隔离液密度

（3）当被测压力较小，而压力表与取压口又不在同一高度时，对由此高度差而引起的测量误差要进行修正。

（4）压力表的连接处，应根据被测压力高低和介质性质，尤其是易燃易爆气体介质和有毒有害介质，应选择适当材料作为密封垫片，以防泄漏。

（5）取压口到压力表之间应装有阀门，以备检修压力表时能切断通路。阀门应装设在靠近取压口的地方。

（6）为安全起见，测量高压的仪表除选用表壳有通气孔的仪表之外，安装时表壳应面向墙壁或无人通过之处，以防发生意外。

（7）压力传感器常用的测量结构方式如图 4.25 所示。

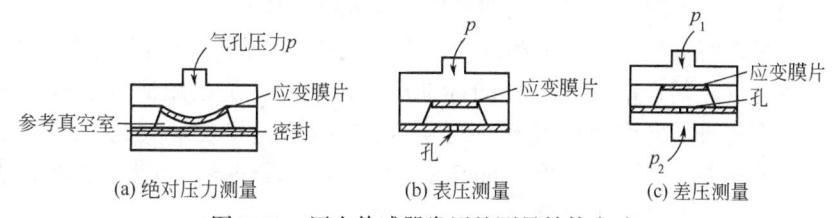

(a) 绝对压力测量　　(b) 表压测量　　(c) 差压测量

图 4.25　压力传感器常用的测量结构方式

4. 压力仪表的使用

（1）仪表在下列情况使用时应加附加装置，但不应产生附加误差，否则应考虑修正：

① 为保证仪表不受被测介质侵蚀或黏度太大、结晶的影响，应加装隔离装置。

② 为保证仪表不受被测介质的急剧变化或脉动压力的影响，尤其在压力剧增和压力陡降情况发生的工艺场合，应加装缓冲器，因为此时最容易使压力仪表损坏报废，甚至弹簧管崩裂，发生泄漏现象。

③ 为保证仪表不受震动的影响，压力仪表应加装减震装置及固定装置。

④ 为保证仪表不受被测介质高温的影响，应加装充满液体的弯管装置或散热装置如压力表翅片散热器或冷凝散热器，缓冲管（又称虹吸管）也有一定的散热作用。

(2) 专用的特殊仪表，严禁它用，也严禁在没有特殊可靠的装置上进行测量，更严禁用一般的压力仪表测量特殊介质的压力。

(3) 对于新购置的压力测量仪表，在安装使用之前，一定要进行计量检定，以防压力仪表运输途中震动、损坏或其他因素破坏精确度。

(4) 变送器在工艺管道上正确的安装位置与被测介质有关，为获得最佳的测量效果，应注意考虑下列情况：

① 防止变送器与腐蚀性或过热的介质接触。

② 防止渣滓在导压管内沉积。

③ 测量液体压力时，取压口应开在流程管道侧面，以避免沉淀积渣。

④ 测量气体压力时，取压口应开在流程管道顶端，并且变送器也应安装在流程管道上部，以便积累的液体容易注入流程管道中。

⑤ 导压管应安装在温度波动小的地方。

⑥ 测量蒸汽或其他高温介质时，需接加缓冲管（盘管）等冷凝器，不应使变送器的工作温度超过极限。

⑦ 冬季发生冰冻时，安装在室外的变送器必须采取防冻措施，避免引压口内的液体因结冰体积膨胀，导致传感器损坏。

⑧ 测量液体压力时，变送器安装位置应避免液体冲击（水锤现象等），以免传感器过压损坏。

⑨ 接线时，将电缆穿过防水接头（附件）或绕性管并拧紧密封螺帽，以防雨水等通过电缆渗漏进变送器壳体内。

4.6.3 压力仪表的校验

压力仪表经长期使用，会因弹簧管的弹性衰退而产生缓变误差，或是因弹性元件的弹性滞后和传动机构的磨损而产生变差，还会因为使用温度较高引起弹性模数下降而产生示值误差。所以，在使用一段时间后，必须定期对压力仪表进行校验。

所谓校验，就是将被校压力仪表和标准压力仪表通以相同的压力，比较它们的指示值，以校验、调校压力仪表的性能。所选择的标准压力仪表的示值是用来代表被测压力真实值的，标准压力仪表的最大允许绝对误差一般应小于被校压力仪表最大允许绝对误差的1/3，因而可以忽略它的误差。如果被校仪表对于标准仪表的读数误差，不大于被校仪表规定的最大允许绝对误差，且变差又小于精度，则认为被校仪表是合格的。

常用的校验仪器是活塞式压力计，其结构如图4.20所示，其校验工作过程如前所述。

习题与思考题

1. 什么叫压力？表压、绝对压力、负压力（真空度）之间有何关系？
2. 为什么一般工业上的压力表做成测表压或真空度的仪表，而不做成测绝对压力的形式？
3. 为什么弹簧管压力表测量的是表压？
4. 测压仪表有几类？各基于什么原理？
5. 感受压力的弹性元件有哪几种？各有何特点？
6. 弹簧管压力计的测压原理是什么？试述弹簧管压力计的主要组成及测压过程。
7. 应变片式与压阻式压力仪表各采用什么测压元件？
8. 电容式压力传感器的工作原理是什么，有何特点？
9. 电容式差压变送器的特点是什么？
10. 量程为 0~10MPa、精度为 1.0 级的压力表，当分别测量 1MPa 和 6MPa 时，其最大的相对误差为多少？通过计算能看出什么问题？
11. 如果有一台压力表，其测量范围为 0~10MPa，经校验其结果如下：

	正行程					反行程				
被校表读数，MPa	2	4	6	8	10	10	8	6	4	2
标准表读数，MPa	1.98	3.96	5.94	7.97	9.99	10.01	8.03	6.06	4.03	2.02

（1）求出该压力表的变差。
（2）该压力表是否符合 1.0 级精度要求？

12. 某台空压机的缓冲器工作压力范围为 1.1~1.6MPa，工艺要求就地指示其压力，并要求测量误差不得大于罐内压力的 ±5%。试选择一合适的压力表（类型、量程及精度等级），并说明理由。

13. 某压力表的测量范围为 0~1MPa，精度等级为 1.0 级，此压力表允许的最大绝对误差是多少？若用标准压力表来校验该压力表，在校验点为 0.5MPa 时，标准压力表读数为 0.508MPa，则被校压力表在这一点是否符合 1.0 级精度，为什么？

14. 某天然气管网压力控制指标为 14MPa，要求误差不超过 0.4MPa，试选择一台就地指示的压力表（给出类型、量程和精度，量程取 5 的整数倍）。

15. 某油气三相分离器工作压力为 4MPa，工艺要求就地指示其压力，测量误差不大于分离器压力的 ±1%。试选择一合适的测压仪表，说明其名称、量程及精度等级。

复杂工程问题实践研讨 4

5 温度测量仪表

温度是各种工业生产和科学实验中最普遍而重要的操作参数,在油气生产中也是一个关键性的参数,温度的测量与控制直接影响到产品质量、过程控制、生产安全等,尤其是在油气的分离与输送、天然气的净化处理、原油及其产品或天然气的销售场合更是如此。在这些油气分离、输送与净化的生产现场监测及油气的贸易计量中,为了把各种工况下的体积换算成标准温度状态下的体积,必须对温度作准确的测量。因此,温度的测量与控制是保证油气生产稳定与安全运行的重要环节。

开放性问题 5

5.1 温度及测量原理

温度是表示物体冷热程度的物理量。温度不能直接测量,只能借助于冷热程度不同物体之间的热交换,以及物体的某些物理性质随冷热程度不同而变化的特性来加以间接测量。

任意两个冷热程度不同的物体相接触,必然要发生热交换现象,热量从温度高的物体传给温度低的物体,直到两物体的温度达到热平衡状态为止。利用这一原理,就可以选择某一物体同被测物体相接触,并进行热交换,当两者达到热平衡状态时,选择物体与被测物体温度相等。通过测量选择物体的某一物理量(如热膨胀、电阻、热电势、热辐射强度和光的波长等),即可定量地给出被测物体的温度。以上就是接触式测温法。同样,利用热辐射原理等,也可进行非接触式测温。

温度测量仪表种类繁多,测量范围广。不同的测量范围,需用各种不同的测温方法和测温仪表。测温仪表按用途可分为基准式温度计和工业温度计;按工作原理可分为膨胀式、电阻式、热电式和辐射式温度计 4 类。根据测温元件与被测物体是否接触,温度测量可分为接触式测温和非接触式测温两大类。前者测温元件直接与被测介质接触,即测温元件需要与被测介质接触进行充分的热交换,来达到测温目的;后者通过热辐射等来测量温度。

接触式与非接触式测温仪表具体的特点比较如表 5.1 所示。

表 5.1 接触式与非接触式测温仪表特点比较

方式	接触式	非接触式
测量条件	感温元件要与被测对象良好接触;感温元件不改变对象的温度场;被测温度不超过感温元件能承受的上限温度;被测对象不对感温元件产生腐蚀	需准确知道被测对象表面发射率;被测对象的辐射能充分照射到检测元件上
精度	工业用表为 1.0 级、0.5 级、0.2 级、0.1 级,实验室用表可达 0.01 级	通常为 1.0 级、1.5 级、2.5 级
响应速度	慢,通常为几十秒到几分钟	快,通常为 2~3s
其他特点	测温系统结构简单、体积小、可靠、维护方便、价格低廉;仪表读数直接反映被测对象实际温度;可方便地组成多路集中测量与控制系统	测温系统结构复杂、体积大;调整烦琐、价格昂贵;仪表读数常反映被测物表面温度;不易组成温度测控一体化的控制装置

按测量方式分类的常用测温仪表的种类及特点见表 5.2，常用接触式测温仪表（温度计）的性能比较见表 5.3。

表 5.2 按测量方式分类的常用测温仪表种类及特点

测温方式	类别及测温原理		典型仪表	测温范围，℃	特点及应用场合
接触式测温	膨胀式	固体热膨胀	双金属温度计	−50~+600	结构简单、紧凑可靠、使用方便、坚固、耐震耐冲击、体积小，但精度低、量程和使用范围有限，广泛应用于有震动且精度要求不高的温度测量，并可直接测量气体、液体、蒸汽的温度
		液体热膨胀	玻璃液体温度计	−30~+600（水银） −100~+150（有机液体）	结构简单、使用方便、价格便宜、测量精准，但结构脆弱易损坏，测量上限和精度受玻璃质量的限制，易碎，不能远传和自动记录，适用于生产过程和实验中的各种介质温度就地测量
		气体热膨胀	压力式温度计	0~+500（液体型） 0~+200（蒸汽型）	机械强度高，不怕震动，输出信号可自动记录和控制，但热惯性大，维修困难，适合于测量对铜及铜合金不起腐蚀作用的各种介质温度
	热电阻	热阻效应	铜电阻、铂电阻	−200~+650（铂电阻） −50~+150（铜电阻） −60~+180（镍电阻）	测温范围宽、测量精度高、物理化学性质稳定，输出信号易于远传和自动记录，便于远距离、多点集中检测和自动控制，应用广泛，但不能测高温，适用于测量各种液体、气体、蒸汽介质温度
			锗、碳、金属氧化物热敏电阻	−90~+200	灵敏度高、体积小、结构简单、响应时间短、力学性能强、使用方便，但复现性与互换性较差，非线性严重，测量范围有一定限制，常用于温度补偿元件
	热电偶	热电效应	铂铑30—铂铑6	0~+1800	测量精度高、范围宽，信号易于远传和自动记录，结构简单，使用方便，便于远距离、多点集中检测和自动控制，但输出信号和温度示值呈非线性关系，下限灵敏度较低，需冷端温度补偿，尤其在低温段测量精度较低，广泛应用于液体、气体、蒸汽等介质的温度测量
			铂铑12—铂	−50~+1800	
			镍铬—镍硅	−270~+1380	
			镍铬—康铜	−270~+1000	
			铁—康铜	−200~+1300	
			铜—康铜	−270~+400	
		难熔金属热电偶	钨—铼、钨—钼	0~+2200	钨—铼、钨—钼系热电偶可用于超高温的测量，镍铬—金铁热电偶可用于超低温的测量，但未进行标准化，因而使用时需特别标定
			镍铬—金铁	−270~0	
	光纤类	利用光纤的温度特性	光纤温度传感器	−50~+400	可以接触式或非接触式测量，灵敏度高、电绝缘性好、体积小、重量轻、可弯曲，适用于强电磁干扰、强辐射环境
			光纤辐射温度计	+200~+4000	
	其他电学类	半导体器件温度效应	集成温度传感器	−50~+150	—
		晶体的固有频率随温度而变化	石英晶体温度计	−50~+120	—

续表

测温方式	类别及测温原理		典型仪表	测温范围,℃	特点及应用场合
非接触式测温	辐射	辐射法	辐射式高温计	+20~+2000	全辐射式温度计,结构简单、结实价廉、反应速度快,不破坏温度场,但测量误差较大,部分辐射式温度计结构复杂,测量精度及稳定性也较高,输出信号均可自动记录及远传,适宜测静止或运动中不宜安装热电偶的物体表面温度
		亮度法	光学高温计	+800~+2000	精度高,使用方便,测量结果容易引起人为主观误差。无法实现自动记录,广泛应用于金属熔炼、浇铸、热处理等不能直接测量的高温场合
		比色法	比色高温计	+50~+2000	仪表示值准确,不破坏温度场,测温范围大,响应快,但易受外界环境的影响,标定较困难

表5.3 常用接触式测温仪表(温度计)的性能比较

种类	方式	优点	缺点	使用范围,℃
玻璃液体		结构简单,使用方便,测量准确,价格低廉	测量上限和精度受玻璃质量的限制,易破损,读数麻烦,一般只能现场指示,不能记录与远传	−100~150(有机液体) −30~600(水银)
双金属	膨胀式	结构简单,机械强度大,价格低,能记录、报警与自动控制	精度低,不能离开测量点测量,量程与使用范围均有限	−50~600
压力式		结构简单,不怕震动,具有防爆性,价格低廉,能记录、报警与自动控制	精度低,测量距离较远时仪表的滞后性较大,一般离开测量点不超过10m	0~500(液体型) 0~200(蒸汽型)
热电阻	热阻效应	测量精度高,便于远距离、多点集中测量和自动控制,应用广泛	测量精度高,便于远距离、多点集中检测和自动控制,应用广泛;不能测高温	−200~650(铂电阻) −50~150(铜电阻)
		灵敏度高,体积小,结构简单,使用方便	互换性较差,测量范围有一定限制	−90~200(半导体热敏电阻)
热电偶	热电效应	测温范围广,精度高,便于远距离、多点集中测量和自动控制	需冷端温度补偿,在低温段测量精度较低	−270~1800

常用温度计中,机械式的大多只能就地指示,辐射式的精度较差,只有电测温度仪表精度高,且测温元件很容易与温度变送器(视频2)配用,转换成统一标准信号进行远传,以实现对温度的自动记录和自动调节。

视频2 温度变送器

对油气储运而言,除了低温液化天然气和利用天然气水合物储存天然气,以及某些加热与换热设备外,油气温度测量通常并不需要很宽的温度范围,几乎全部都在0~150℃范围之内。一般使用热电阻温度计来进行温度的测量较为适宜。利用热电偶进行测量不一定恰当,因为其感受温度的一次元件是热电偶,一般适用于测量500℃以上的较高温度,在500℃以下的中低温区,热电偶输出的热电势很小,这样小的热电势对电位差计的放大器和抗干扰措施要求都很高,否则就测不准,仪表维修也困难;其次,在较低的温度区域,冷端温度的变化和环境温度的变化所引起的相对误差就显得很突出,而且不易得到全补偿。

5.2 膨胀式温度计

膨胀式温度计利用固体或液体热胀冷缩的物体体积热膨胀特性来测量温度,包括液体膨胀式、固体膨胀式及压力式温度计。

5.2.1 液体膨胀式温度计

液体膨胀式温度计应用最为广泛的是玻璃管液体温度计,如图5.1所示。

它由装有液体的玻璃温包、毛细管、刻度标尺及玻璃管(外壳)组成。当玻璃温包插入被测介质中时,由于所测温度的变化,使温包中工作液体的体积膨胀或收缩,工作液在很细的毛细管里的液面明显地上升或下降,从而指示出刻度标尺上的温度数值。

液体膨胀式温度计通常采用水银或酒精作为工作液体,尤以水银应用最为广泛。虽然水银膨胀系数较小,但是水银不黏附玻璃,不易氧化,容易提纯,200℃以下膨胀线性度很好,液态范围大(常压下达-38~+356℃)。普通的玻璃水银温度计测温范围在-30~+300℃之间,如果在毛细管内充以加压氮气,提高水银沸点,测温上限可达600℃甚至更高。酒精或戊烷等有机液体的膨胀系数大、灵敏度高、凝点低,多用于低温测量,但有机液体黏附玻璃,膨胀线性不好,测量精度低。

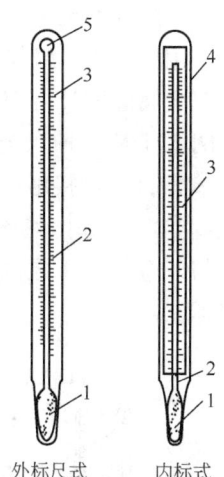

图5.1 玻璃管液体温度计
1—玻璃温包;2—毛细管;
3—刻度标尺;4—玻璃管
(外壳);5—安全泡

玻璃管液体温度计有棒式、内标尺式和外标尺式3种。棒式温度计的刻度直接刻在玻璃管外表面上;内标尺式温度计的刻度印在乳白色玻璃片上,与毛细管一起封装在玻璃管外壳中,读数方便;外标尺式温度计的标尺在温度计外,温度计用卡子固定在标尺板上,多用于测量室温。

工业用玻璃液体温度计一般采用内标尺式,为了适应不同安装位置的需要,局部有直型、90°角型和135°角型3种。为了避免温度计在使用中碰伤,外面通常罩以金属保护管。

5.2.2 固体膨胀式温度计

固体膨胀式温度计基于固体长度随温度变化的性质而制成,即利用两种不同材料膨胀系数的差异来测量温度。最常用的固体膨胀式温度计是双金属温度计,它利用双金属片的受热弯曲变形来测量温度,其感温元件用两片线膨胀系数不同的金属片叠焊在一起而制成。双金属片受热后,因两金属片的膨胀长度不同而产生弯曲,如图5.2(a)所示。温度越高,产生的线膨胀长度差就越大,所引起弯曲的角度也就越大,双金属温度计即基于这一原理而制成。它用双金属片制成螺旋形感温元件,外加金属保护套管,当温度变化时,螺旋的自由端便围绕着中心旋转,同时带动指针在刻度盘上指示出相应的温度数值。双金属温度计结构如图5.3所示。

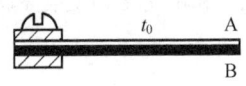
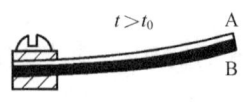

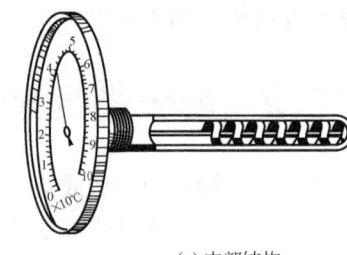

(a) 双金属片测量原理　　　　(b) 金属温度计外形　　　　(c) 内部结构

图 5.2　双金属温度计

双金属温度计结构简单，耐振动、耐冲击、使用方便、维护容易、价格低廉，适合震动较大场合的温度测量。目前国产双金属温度计的适用范围为 $-80\sim600$ ℃，可部分取代水银温度计，用于气体、液体及蒸汽的温度测量，但测量滞后较大。

双金属温度计可部分取代玻璃水银温度计，克服其汞害问题。

图 5.4 是一种双金属温度信号器的示意图。当温度变化时，双金属片 1 产生弯曲，且与调节螺钉 2 相接触，使电路接通，信号灯 4 便发亮。如以继电器代替信号灯，便可以用来控制热源（如电热丝）而成为两位式温度控制器。温度的控制范围可通过改变调节螺钉 2 与双金属片 1 之间的距离来调整。若以电铃代替信号灯，便可以作为双金属温度信号报警器。

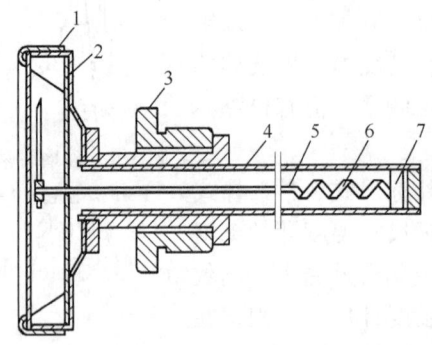
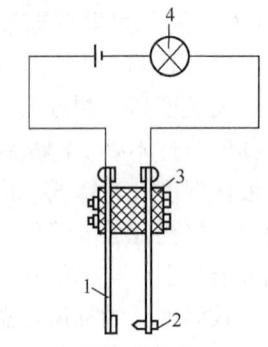

图 5.3　双金属温度计结构　　　　图 5.4　双金属温度信号器
1—表壳；2—可读盘；3—固定螺母；4—保护管；　　1—双金属片；2—调节螺钉；
5—指针轴；6—双金属螺旋；7—固定段　　　　　　3—绝缘子；4—信号灯

5.2.3　压力式温度计

压力式温度计利用压力随温度的变化特性来测温。它是根据在封闭系统中的液体、气体或低沸点液体的饱和蒸汽受热后体积膨胀或压力变化这一原理而制成的，并用压力表来测量这种变化，从而测得温度。

压力式温度计的构造如图 5.5 所示。它主要由以下 3 个部分组成。

(1) 温包：它是直接与被测介质相接触来感受温度变化的元件，因此要求它具有高的强度、小的膨胀系数、高的热导率以及抗腐蚀等性能。根据所充工作物质和被测介质的不同，温包可用铜合金、钢或不锈钢来制造。

（2）毛细管：它是用铜或钢等材料制成的无缝圆管，用来传递压力的变化。外径为1.2~5mm，内径为0.15~0.5mm，直径越细，长度越长，则传递压力的滞后现象越严重，即温度计对被测温度的反应越迟钝。但同样长度的毛细管越细，仪表精度就越高。毛细管易被破坏、折断，因此必须加以保护。对不经常弯曲的毛细管可用金属软管做保护套管。

（3）弹簧管（或盘簧管）：它是一般压力表用的弹性元件。

5.2.4 辐射式高温计

辐射式高温计是基于物体热辐射作用来测量温度的仪表，主要用来测量高于800℃的温度。

膨胀式温度计通常作为就地仪表或实验仪表使用。在油气储运生产中，使用最多的是利用热电阻或热电偶这两种感温元件来测量温度。

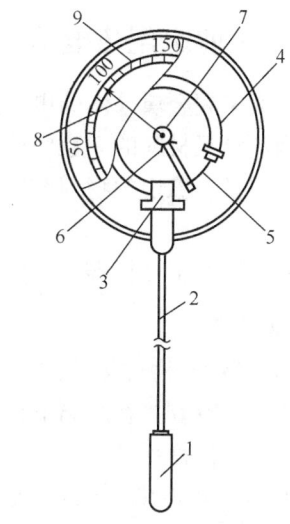

图5.5 压力式温度计结构原理图
1—温包；2—毛细管；3—基座；4—弹簧管；
5—拉杆；6—扇齿轮；7—柱齿轮；8—指针；
9—刻度值

5.3 热电阻温度计

热电阻温度计由热电阻（感温元件）、显示仪表（不平衡电桥或平衡电桥）和连接导线组成，如图5.6所示，图中连接导线采用三线制法。

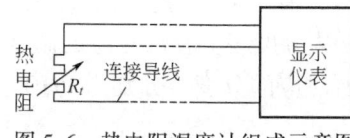

图5.6 热电阻温度计组成示意图

热电阻温度计是利用导体或半导体的电阻值随温度变化而变化的特性来测量温度的。一般把由金属导体铂、铜、镍等制成的测温元件称为热电阻，把由半导体材料制成的测温元件称为热敏电阻。

热电阻是中低温区最常用的温度测量元件，它具有性能稳定，测量精度高，在中、低温区输出信号大，信号可以远传等优点。

5.3.1 测温原理

对于呈线性特性的电阻来说，其热电阻阻值与温度变化的一般关系可表示为

$$R_t = R_0[1+\alpha(t-t_0)] \quad \text{或} \quad \Delta R_t = \alpha R_0 \cdot \Delta t \tag{5.1}$$

式中，R_t是温度为t℃时的电阻值；R_0为温度为t_0（通常是0℃）时的电阻值；α为电阻温度系数；Δt为温度的变化量；ΔR_t为电阻值的变化量。

由式(5.1)可见，温度的变化导致金属导体电阻的变化，且在一定温度范围内，金属电阻呈线性特性，这样只要测出电阻值的变化，就可达到温度测量的目的。

热电阻温度计适用于测量-200~+650℃范围内液体、气体、蒸汽及固体表面的温度。它与热电偶温度计一样，有远传、自动记录和实现多点测量等优点，而且热电阻的输出信号大，测量准确。

5.3.2 工业常用热电阻

虽然大多数金属导体的电阻值随温度的变化而变化，但并不是都能作为测温用的热电阻。作为热电阻材料的一般要求是：电阻温度系数、电阻率要大；热容量要小；在整个测温范围内，应具有稳定的物理、化学性质和良好的复制性；电阻值随温度的变化关系，最好呈线性。

目前常用的工业标准化热电阻有铂电阻、铜电阻和镍电阻。

1. 铂电阻

金属铂易于提纯，在氧化介质中，甚至在高温下其物理、化学性质都非常稳定，但在还原性介质中，特别是在高温下很容易被玷污，使铂丝变脆，并改变其电阻与温度间的关系，因此，要特别注意保护。

标准铂电阻Pt100与温度关系为

$$R_t = R_0 [1 + At + Bt^2 + C(t-100)t^3] \tag{5.2}$$

式中，A、B、C为DIN IEC751系数，如表5.4所示。

表5.4 Pt100 DIN IEC751系数表

温度	A	B	C
$-200 \sim 0℃$	3.90802×10^{-3} ($℃^{-1}$)	-5.80195×10^{-7} ($℃^{-2}$)	-4.27351×10^{-12} ($℃^{-3}$)
$0 \sim 850℃$			0

要确定R_t与t的关系，先要确定R_0的大小，不同的R_0，则R_t-t关系也不同，这种R_t-t的关系称为分度表，用分度号来表示。不同铂热电阻的分度号，有相应的分度表，即R_t-t关系表，这样在实际测量中，只要测得热电阻的阻值R_t，便可从分度表上查出对应的温度。目前我国规定工业用铂电热阻有$R_0 = 10\Omega$、100Ω两种，它们所对应的分度号分别为Pt10与Pt100，其中Pt100最为常用。

铂热电阻中的铂丝纯度用电阻比$W(100)$表示，即$W(100) = R_{100}/R_0$，其中R_{100}、R_0分别为铂热电阻在100℃与0℃时的电阻值，电阻比$W(100)$越大，其纯度越高。按ICE标准，工业用铂热电阻$W(100) \geq 1.3870$，目前技术水平可达到$W(100) = 1.3930$，其对应铂纯度为99.9995%。

2. 铜电阻

金属铜易加工提纯，价格便宜，复制性好，电阻温度系数很大，且电阻与温度呈线性关系。如测量精度要求不是很高，测量温度小于150℃时，可选用铜电阻。铜电阻的测温范围是$-50 \sim +150℃$，在测温范围内，线性度极好，其缺点是温度超过150℃后易被氧化，氧化后失去良好的线性特性；故只能用于+150℃以下的温度测量，范围较窄，所以适用于对测量精度和敏感元件尺寸要求不是很高的场合。

另外，因铜的电阻率小（一般为$0.017\Omega \cdot m$），为了要绕得一定的电阻值，铜电阻丝必须较细，长度也要较长，这样铜电阻体就较大，机械强度也降低。

在$-150 \sim +150℃$的温度范围内，铜电阻与温度变化为线性关系：

$$R_t = R_0 [1 + \alpha(t - t_0)] \tag{5.3}$$

式中，α为铜的电阻温度系数，取$4.25 \times 10^{-3}℃^{-1}$。

工业上常用的铜电阻有Cu100和Cu50两种，其R_0分别为100Ω和50Ω。

3. 镍电阻

镍电阻的测温范围为-60～+180℃。它的电阻温度系数较高，电阻率也较大，但它易氧化，化学稳定性差，不易提纯，复制性差，非线性较大，因此，目前应用不多。

目前铂和铜电阻都已标准化和系列化，工业用主要热电阻材料特性如表5.5所示。

表5.5 工业用主要热电阻材料特性

材料	电阻率ρ，Ω·m	测温范围，℃	电阻丝直径，mm	特性
铂	0.0981	-200～+650	0.03～0.07	近似线性，性能稳定，精度高，低温测量性能好，价格贵
铜	0.07	-50～+150	0.1	线性，易得到纯态，价格便宜，易氧化
镍	0.12	-60～+180	0.05	近似线性，提纯难，再现性差

5.3.3 热电阻的结构

热电阻的结构形式有普通热电阻、铠装热电阻和薄膜热电阻3种。

1. 普通热电阻

普通热电阻主要由电阻体、绝缘子、保护套管和接线盒等主要部件所组成。其中保护套管和接线盒与热电偶的基本相同。热电阻结构如图5.7所示。

电阻丝绕制（采用双线无感绕法）在具有一定形状的支架上，这个整体便称为电阻体。电阻体要求做得体积小，而且受热膨胀时，电阻丝应该不产生附加应力。

用来绕制电阻丝的支架一般有3种构造形式：平板形、圆柱形和螺旋形，如图5.8所示。通常，平板形支架作为铂电阻体的支架，圆柱形支架作为铜电阻体的支架，而螺旋形支架则作为标准或实验室用的铂电阻体的支架。

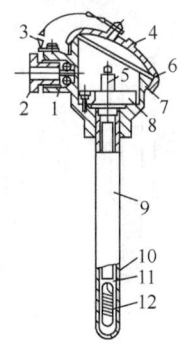

图5.7 普通热电阻的结构形式

1—引出线孔；2—引出线螺母；3—链条；4—盖；5—接线柱；
6—密封；7—接线盒；8—接线座；9—保护套管；
10—绝缘管；11—引出线；12—电阻体

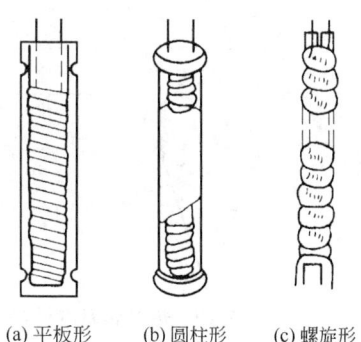

图5.8 热电阻的支架形状（已绕电阻丝）

2. 铠装热电阻

铠装热电阻将电阻体预先拉制成型并与绝缘材料和保护套管连成一体。这种热电阻体积小、抗震性强、可弯曲、热惯性小、使用寿命长，如图5.9所示。

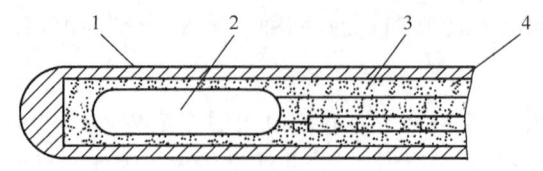

图 5.9 铠装热阻

1—不锈钢管；2—铠装电阻体；3—内引线；4—氧化镁绝缘粉末

3. 薄膜热电阻

它是将热电阻材料通过真空镀膜法直接蒸镀到绝缘基底上。这种热电阻的体积很小，热惯性也小，灵敏度高。

5.4 热电偶温度计

热电偶温度计是以热电效应为基础，将温度变化转换成热电势变化进行温度测量的仪表，其测量范围较广，结构简单，使用方便，测量准确可靠，便于信号远传、自动记录和集中控制，因而在工业生产和科研中应用十分广泛。

5.4.1 热电偶的组成

热电偶温度计由 3 部分组成：热电偶（感温元件），测量仪表（毫伏计或电位差计），连接热电偶和测量仪表的导线（补偿导线及铜导线）。最简单的热电偶温度计测温系统示意图，如图 5.10 所示。

热电偶是工业上最常用的一种测温元件（感温元件）。它由两种不同材料的导体 A 和 B 焊接而成，如图 5.11 所示，焊接的一端插入被测介质中，感受被测温度，称为热电偶的工作端或热端，另一端与导线连接，称为冷端或自由端。导体 A、B 称为热电极。

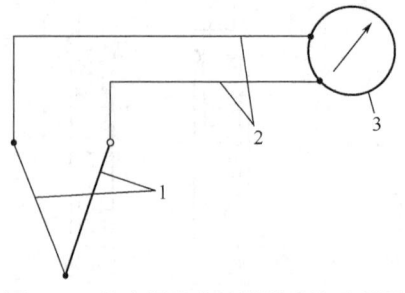
图 5.10 热电偶温度计测温系统示意图
1—热电偶；2—导线；3—测量仪表

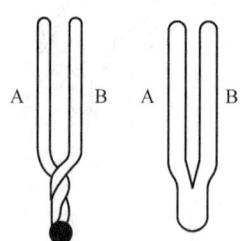
图 5.11 热电偶示意图

5.4.2 热电偶测温原理

热电偶测温的工作原理基于热电效应，也称赛贝克效应。所谓热电效应，是将两种不同材料的导体或半导体的 A 和 B 两端焊在一起，并在回路中串接直流毫伏计，组成如图 5.12 所示的闭合回路。当两个接触点 1、2 接触温度 t 和 t_0 不相同的热源时，回路中就产生电势，常称为热电势，如图 5.12(a) 所示，并有电流流通的现象，如图 5.12(b)、(c) 所示。

两种不同材料的导体或半导体连接在一起所组成的回路称"热电偶"，每根单独的导体

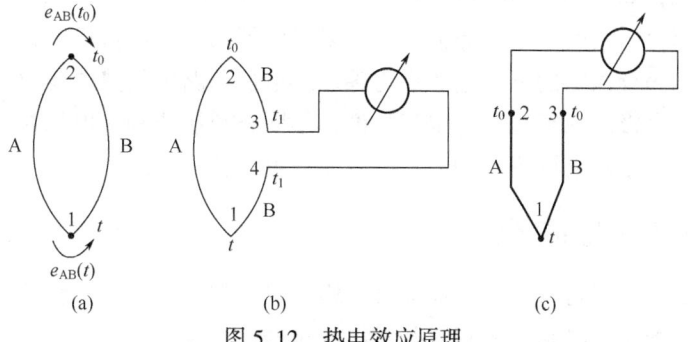

图 5.12　热电效应原理

或半导体称为"热电极",温度为 t 的接触点称测量端,温度为 t_0 的接点称自由端或冷端。

图 5.13 为热电偶的回路及电路图。在温度 t 和 t_0 不相同时,热电偶回路中电势由接触电势和温差电势两部分构成。接触电势即两导体(或半导体)接触点处产生的电势。接触电势是两种不同导体(或半导体)的自由电子密度不同而在接触处形成的。

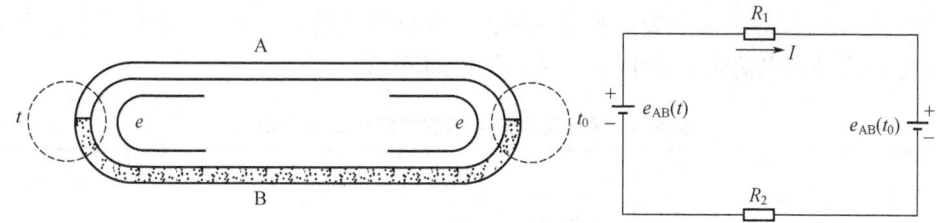

图 5.13　热电偶回路及电路图

温差电势则是沿单一匀质导体的温度梯度产生的电动势。它是由于同一导体(或半导体)高低温端的自由电子所具有的能量不同而产生的。由于温差电势远小于接触电势,因此常常把它忽略不计。这样由两种不同导体(或半导体)A、B 组成的热电偶(A 为正极,B 为负极),当两接触点温度分别为 t 和 t_0 时,所产生的总热电势为

$$e_{AB}(t,t_0)=e_{AB}(t)-e_{AB}(t_0) \tag{5.4}$$

其中

$$e_{AB}(t)=\frac{Kt}{e}\ln\frac{N_A}{N_B},\quad e_{AB}(t_0)=\frac{Kt_0}{e}\ln\frac{N_A}{N_B} \tag{5.5}$$

式中,e 为单位电荷;K 为玻耳兹曼常数;N_A、N_B 分别为导体 A 和 B 的自由电子密度,它们均为温度的函数。

由式(5.4)可见,热电偶回路的总热电势与两导体的自由电子密度以及两接触点处的温度有关。当两热电极 A 和 B 的材料一定时,则热电偶回路的总热电势 $e_{AB}(t,t_0)$ 是其两端温度 t 和 t_0 的函数差:

$$e_{AB}(t,t_0)=f(t)-f(t_0) \tag{5.6}$$

由式(5.5)可知,热电偶产生的热电势量 $e_{AB}(t,t_0)$ 只与组成热电偶的 2 种热电极材料 A 和 B 及两端接触点温度 t 和 t_0 有关,与热电极的长度和直径无关;当热电偶的 2 种热电极材料确定后,若使热电偶的冷端温度 t_0 保持恒定,即 $f(t_0)=C$,则

$$e_{AB}(t,t_0)=f(t)-C=\phi(t) \tag{5.7}$$

热电偶产生的热电势 $e_{AB}(t,t_0)$ 和被测温度 t 成单值函数关系。因而只要测出热电势 $e_{AB}(t,t_0)$,就可以确定相应的被测温度 t,这就是热电偶测温的基本原理。

需要注意的是，如果组成热电偶回路的 2 种导体材料相同（即 $N_A=N_B$），则无论两接触点温度如何，闭合回路的总热电势为零；如果热电偶两接触点温度相同（即 $t=t_0$），尽管两导体材料不同，闭合回路的总热电势也为零。热电偶回路中的热电势除了与两接触点处的温度有关，还与热电极的材料有关，也就是说，不同材料制成的热电偶在相同温度下产生的热电势是不同的，由于本书篇幅所限，相关内容详见相关书籍。

5.4.3 常用热电偶的种类

理论上任意 2 种金属材料或半导体都可以组成热电偶，但实际上为便于成批生产，并保证应用上的良好互换性，必须对材料进行严格的选择。

工业上热电偶电极材料应满足以下要求：(1) 温度每增加 1℃ 时所能产生的热电势要大，且热电势与温度应尽可能呈线性关系；(2) 物理稳定性要高，即在测温范围内其热电性质不随时间而变化，以保证与其配套使用的温度计测量的准确性；(3) 化学稳定性要高，即在高温下不被氧化和腐蚀；(4) 材料组织要均匀，要有韧性，便于加工成丝；(5) 复现性好（用同种成分材料制成的热电偶，其热电特性均相同的性质称复现性）。

国际上公认的较好的热电极材料仅几种，这些材料经过精选且已标准化。工业上常用的（已标准化）几种热电偶测量范围及特性如表 5.6 所示。

表 5.6 工业常用热电偶的测量范围及特性

热电偶名称	分度号	热电极材料		测温范围 ℃	$e(100,0)$ mV	主要特点
		正热电极	负热电极			
铂铑 30—铂铑 6	B	铂铑 30 合金	铂铑 6 合金	0～1800	0.033	测量上限高，性能稳定，精度高，100℃ 以下热电动势极小，可不考虑冷端温度补偿；价格高，热电势很小，线性差；适于高温测量
铂铑 13—铂	R	铂铑 13 合金	纯铂	−50～1800	0.647	测量上限高，性能稳定，精度高，复现性好；价格高，热电势较小，线性差；多用于精密测量
铂铑 10—铂	S	铂铑 10 合金	纯铂	−50～1800	0.646	优缺点同上；但性能不如 R 热电偶，曾长期作为国际温标的法定标准热电偶
镍铬—镍硅	K	镍铬合金	镍硅合金	−270～1380	4.096	热电动势大，线性好，稳定性好，价格低，但材质较硬，1000℃ 以上长期使用会引起热电势漂移；多用于工业测量
镍铬硅—镍硅	N	镍铬硅合金	镍硅合金	−270～1300	2.744	一种新型热电偶，各项性能比 K 热电偶好，用于工业测量
镍铬—铜镍（康铜）	E	镍铬合金	铜镍合金	−270～1000	6.317	热电势大，中低温稳定性好，价格低，广泛用于中低温工业测量
铁—铜镍（康铜）	J	铁	铜镍合金	−200～1300	5.269	价格低，热电势大；纯铁易被氧化；多用于工业测量
铜—铜镍（康铜）	T	铜	铜镍合金	−270～400	4.279	价格低，性能稳定，精度高；测温上限低，多用于低温测量。可作为 −200～0℃ 温域的计量标准

各种热电偶热电势与温度的一一对应关系都可从标准数据表中查到，这种表称为热电偶

的分度表,对于每一种热电偶,都制定了相应的"分度表"。所谓分度表,即热电偶冷端(自由端)温度为0℃时,热电偶热端(工作端)温度与输出热电势之间关系的表格。

5.4.4 热电偶的结构

热电偶广泛地应用于各种条件下的温度测量。热电偶的结构可根据它的用途和安装位置来确定。用途和安装位置不同,热电偶的外形也不同。

常用的结构是将两根热电极的一端焊在一起。两热电极之间用瓷管绝缘,以防短路,然后装入保护套管内,外部接线从接线盒引出,如图5.14所示。

保护套管套在热电极、绝缘子的外边,其作用是保护热电极不受化学腐蚀和机械损伤。

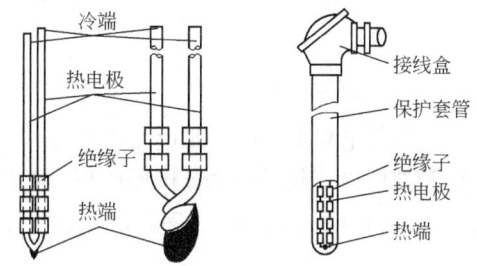

图 5.14 热电偶的结构

保护套管的材料一般根据测温范围、插入深度以及测温的时间常数等因素来选择。

对保护套管材料的要求是:耐高温,耐腐蚀,能承受温度的剧变,有良好的气密性,具有高的导热系数。常用保护套管材料见表5.7。其结构一般有螺纹式和法兰式两种。

绝缘套管(又称绝缘子)用于防止两根热电极(热偶丝)之间短路。常用的绝缘子材料见表5.8。

表5.7 常用保护套管

材料	工作温度,℃
无缝钢管	600
不锈钢管	1000
石英管	1200
瓷管	1400
Al_2O_3 陶瓷管	>1900

表5.8 常用绝缘子材料

材料	工作温度,℃
橡皮、绝缘层	80
玻璃管	600
石英管	1200
瓷管	1400
纯氧化铝管	1700

接线盒供热电极和补偿导线的连接之用,通常用铝合金制成,一般分普通式和密封式两种。为防止灰尘和有害气体进入热电偶保护套管内,接线盒的出线孔和盖子均用垫片和垫圈加以密封。接线盒内用于连接热电极和补偿导线的螺钉必须固紧,以免产生较大的接触电阻而影响测量的准确度。

热电偶按结构分为普通型热电偶、铠装热电偶、表面型热电偶、多点式热电偶、快速热电偶。

1. 普通型热电偶

这种热电偶主要由热电极、绝缘套管、保护套管和接线盒等主要部分组成,如图5.15所示。热电极是组成热电偶的两根热电偶丝,其直径由材料的价格、机械强度、电导率以及热电偶的用途和测量范围等决定。贵金属的热电极大多采用直径为0.3~0.65mm的细丝,普通金属热电偶丝的直径一般为0.5~3.2mm,其长度由安装条件及插入深度而定,一般为350~2000mm。

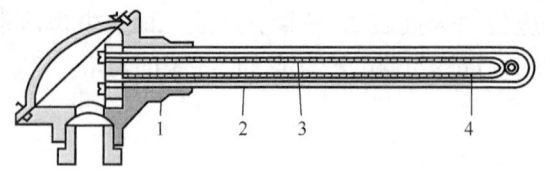

图 5.15 普通型热电偶结构

1—接线盒；2—保护套管；3—绝缘套管；4—热电偶丝

这种热电偶主要用于测量气体、蒸气和液体等介质温度。安装时可用螺纹或法兰方式。测量范围和环境气氛不同，可选用不同的热电偶。目前工程上常用的有铂铑$_{10}$-铂、镍铬-镍硅或镍铬-康铜热电偶等。它们都已系列化和标准化，选用非常方便。

2. 铠装热电偶

这种热电偶主要用于测量高压装置和狭窄管道的温度，由金属套管、绝缘材料（氧化镁粉）和热电极一起经过复合拉伸成型，然后将端部热电偶丝焊接成光滑球状结构，如图 5.16 所示；根据测量端的不同，有碰底型、不碰底型、露头型、帽型等几种形式，如图 5.17 所示。

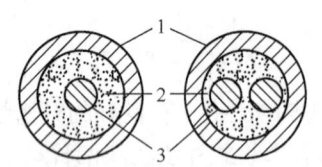

图 5.16 铠装热电偶断面结构示意图

1—金属套管；2—绝缘材料；3—热电极

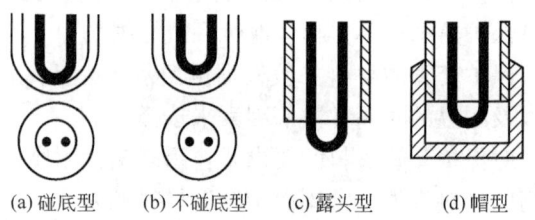

(a) 碰底型　(b) 不碰底型　(c) 露头型　(d) 帽型

图 5.17 铠装热电偶测量端的形式

铠装热电偶的种类很多，其长短可根据需要制作，最长可达 10m，也可制作得很细，其外径可从 0.25~12mm。因此，在热容量非常小的被测物体上也能准确地测出温度值，并且其寿命和对温度变化的反应速度比一般工业用热电偶要长得多、快得多。表 5.9 给出了铠装热电偶的代号、分度号和测量范围。铠装热电偶具有反应速度快、使用方便、可弯曲、气密性好、不怕震、耐高压等优点，是目前使用较多并正在推广的一种结构。

表 5.9 铠装热电偶的类型、代号、分度号和测量范围

热电偶名称	代号	分度号	测量范围，℃
铠装铂铑 10—铂热电偶	WRPK	S	−50~1800
铠装镍铬—镍硅热电偶 铠装镍铬—镍铝热电偶	WRNK	K	−270~1380 0~1100
铠装镍铬—康铜热电偶	WRKK	XK	−270~1000
铠装铜—康铜热电偶	WRCK	T	−270~+400

3. 表面型热电偶

表面型热电偶利用真空镀膜法，将两电极材料蒸镀在绝缘基底上，专门用来测量各种状态（静态、动态和带电物体）固体表面的温度，如测量轧辊、金属块、炉壁、橡胶筒和涡轮叶片等的表面温度，分为永久性安装的表面型热电偶和非永久性安装的表面型热电偶。其特点：反应速度极快、热惯性极小。

4. 多点式热电偶

在需要同时测量几个点或几十个点的温度时，如用普通型热电偶来测量，要安装许多

支,这样很不方便,有的场合也不允许,这时可采用多点式热电偶,其形状有多种,如棒状多点式热电偶、树枝状热电偶和梳状热电偶等,也可根据需要自制。

5. 快速热电偶

快速热电偶是测量高温物体的一种专用热电偶,整个热电偶元件尺寸很小,也称为消耗式热电偶。

综上所述,在热电偶选型时,要注意热电极材料、保护套管的结构、材料及耐压强度、保护套管的插入深度等。

5.4.5 补偿导线与冷端温度补偿

1. 补偿导线

由热电偶测温原理知道,只有当热电偶的冷端温度保持恒定时,热电势才是被测温度的单值函数。在实际应用时,因热电偶的冷端常常靠近设备或管道,故冷端温度不仅受环境温度的影响,而且受设备和管道中流体温度的影响,因而冷端温度难以保持恒定。

为准确地测量温度,就应设法把热电偶的冷端延伸至远离被测对象且温度又比较稳定的地方(如集中控制室)。最简单的方法是把热电极做得很长,但热电极多为贵金属材料,显然此方法很不经济。解决方法是采用一种专用导线,将热电偶的冷端延伸出来,如图 5.18 所示,这种专用导线称为"补偿导线"。它也是由两种不同性质的金属材料制成,在一定温度范围内(0~100℃)与所连接的热电偶具有相同的热电特性,其材料是廉价金属。不同热电偶所用的补偿导线也不同。

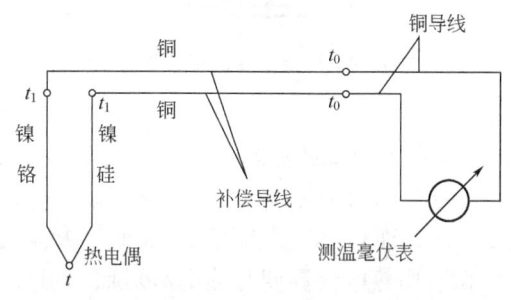

图 5.18 测温回路中补偿导线的连接

图 5.18 表示用铜—康铜作为补偿导线,来延伸镍铬—镍硅热电偶冷端的接线图,延伸后新冷端温度为 t_0。使用补偿导线时,要注意型号相配,即补偿导线必须与所用热电偶相匹配;补偿导线的正、负极必须与热电偶的正、负极各端对应相接;此外,正、负两极的接触点温度 t_1 应保持相同,且不能超过 100℃,延伸后的冷端温度 t_0 应比较恒定且比较低。工业上常用的热电偶补偿导线如表 5.10 所示。对镍铬—铜镍等一类用廉价金属制成的热电偶,则可用其本身材料制作补偿导线,将冷端延伸到环境温度较恒定的地方。

表 5.10 常用热电偶的补偿导线

热电偶名称	补偿导线				工作端为100℃、冷端为0℃时的标准热电势,mV
	正极		负极		
	材料	颜色	材料	颜色	
铂铑 10—铂	铜	红	铜镍	绿	0.645±0.037
镍铬—镍硅(镍铝)	铜	红	铜镍	蓝	4.095±0.105
镍铬—铜镍	镍铬	红	铜镍	棕	6.317±0.170
铜—铜镍	铜	红	铜镍	白	4.277±0.047

2. 热电偶的冷端温度补偿

热电偶补偿导线的作用只是把热电偶的冷端从温度较高和不稳定的测量现场，延伸到显示仪表所在的温度较低且较稳定的室内，但室内（冷端）冷端温度还不是0℃。而工业上常用的热电偶分度表是在冷端温度为0℃下得到的，热电偶所用的配套仪表也是以冷端为0℃进行刻度的，因此为保证测量的准确性，在应用热电偶测温时，只有将冷端温度保持为0℃，或进行一定的修正，才能得到准确的测量结果。

对热电偶冷端温度的处理称冷端补偿。热电偶冷端温度补偿主要有以下几种处理方法。

1) 冷端温度保持为0℃

保持冷端温度为0℃的方法（也称为冰点法），如图5.19所示。把热电偶的2个冷端放入装有冰水混合物的容器中，并保证彼此绝缘。这种方法常用在实验室中。

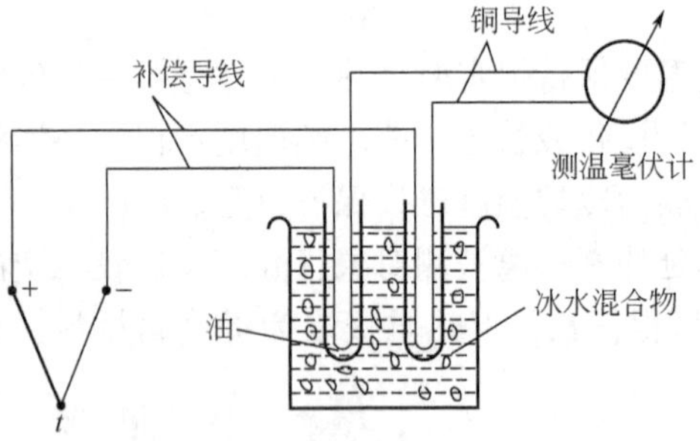

图5.19 冷端温度保持为0℃

2) 冷端温度修正方法

在实际应用中，冷端温度通常不是0℃，假如某一实际被测温度为t，热电偶冷端温度为t_1，则这时热电偶测得的热电势为$E(t,t_1)$。为求得实际温度t，可利用下式进行修正：

$$E(t,0)=E(t,t_1)+E(t_1,0) \qquad (5.8)$$

由此可知，冷端温度的修正方法是把测得的热电势$E(t,t_1)$，加上热端为室温t_1，冷端为0℃时的热电偶的热电势$E(t_1,0)$，从而得到实际温度下的热电势$E(t,0)$。

【例5.1】 用镍铬—镍硅热电偶测量某加热炉的温度。测得的热电势$E(t,t_1)$=33277μV，而自由端的温度t_1=20℃，求被测的实际温度。

解：由热电偶温度与热电势对照表可以查得$E(20,0)$=798μV，则$E(t,0)=E(t,20)+E(20,0)$=33277+798=34075(μV)。

再查热电偶温度与热电势对照表可得，34075μV对应的温度区在819~820℃，经线性插值可得温度为819.5℃。

由于热电偶所产生的热电势与温度之间的关系都是非线性的，因此，在冷端温度不为0℃时，将所测的热电势对应的温度值加上冷端温度，并不等于实际的被测温度。如在例5.1中，测得的热电势为33277μV，由热电偶温度与热电势对照表可查的对应温度为800℃，如再加上自由端温度20℃，则为820℃，这与实际被测温度误差为0.5℃。实际热电势与温度之间的非线性程度越严重，则误差就越大。

用计算的方法来修正冷端温度，是指冷端温度为恒定值时对测温的影响。该方法只适用于冷端温度为恒定值时的实验室或临时测温，在连续测量中显然不实用。

3) 校正仪表零点法

一般仪表未工作时指针应指在零位上（机械零点）。若采用测温元件为热电偶，要使测温时指示值不偏低，可预先将仪表指针调整到所在室温的数值上，热端温度等于室温时，热电势为零（将补偿导线一直引入到显示仪表的输入端，这时仪表输入接线端子所处的室温即该热电偶的冷端温度）。此法较简单，但因室温也在经常变化，故只能在测温要求不太高的场合下应用。

4) 补偿电桥法

补偿电桥法利用不平衡电桥产生的电势，来补偿热电偶因冷端温度变化而引起的热电势变化值。

如适当选择桥臂电阻和电流的数值，可使电桥产生的不平衡电压 U_{ab} 正好补偿因冷端温度变化而引起的热电势变化值，仪表即可指示出正确的温度。

需要注意：如补偿电桥在20℃平衡，用这种补偿电桥时须把仪表的"显示零位"预先调到20℃处；如设计补偿电桥在0℃时平衡，则仪表显示零位应调整在0℃。

5）补偿热电偶法

在实际生产中，常用多支热电偶，但仅配用一台测温仪表，为节省补偿导线和投资费用，可用补偿热电偶法，接线如图5.20(a) 所示。转换开关（切换开关）用来实现多点间歇测量，CD 是补偿热电偶。它的热电极材料可与测量热电偶相同，也可是测量热电偶的补偿导线。设置补偿热电偶是为了使多支热电偶的冷端温度保持恒定。方法是将一支补偿热电偶的工作端插入地下 2~3m 或放在其他恒温器中，使其温度恒定为 t_0，而它的冷端与多支热电偶的冷端都接在温度为 t_1 的同一个接线盒中。这时测温仪表的指示值则为 $E(t, t_0)$ 所对应的温度，而不受接线盒处温度 t_1 变化的影响。图5.20(b) 是测温等效电路，读者可自行推导回路热电势。

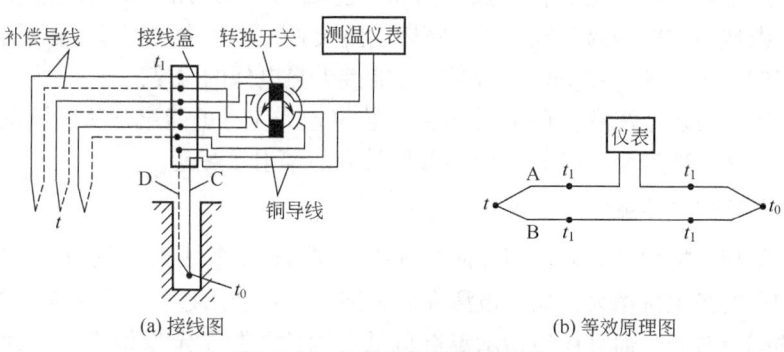

图 5.20 补偿热电偶测温电路

5.4.6 影响热电偶测温误差的主要因素

在现有测温系统中，最常用的温度传感器是热电偶，因其结构简单，往往被误认为"热电偶两根线，接上就完事"，其实并非如此。热电偶的结构虽然简单，但在使用中仍然会出现各种问题。例如，安装或使用方法不当，将会引起较大的测量误差，甚至检定合格的热电偶也会因为操作不当，在使用时不合格；在渗碳等还原性气氛中，如果不注意，F 型热电偶也会因选择性氧化而超差。影响热电偶测量误差的主要因素如下。

1. 插入深度的影响

（1）测温点的选择：热电偶的安装位置，即测温点的选择，是最重要的。测温点的位置，对于生产工艺过程而言，一定要具有典型性、代表性，否则将失去测量与控制的意义。

（2）插入深度：热电偶插入被测场所时，沿着传感器的长度方向将产生热流。当环境温度低时就会有热损失，致使热电偶与被测对象的温度不一致而产生测温误差。总之，由热传导而引起的误差，与插入深度有关，而插入深度又与保护管材质有关。金属保护管因其导热性能好，其插入深度应该深一些（约为直径的 15~20 倍）；陶瓷材料绝热性能好，可插入浅一些（约为直径的 10~15 倍）。对于工程测温，插入深度还与测量对象是静止或流动等状态有关；流动的液体或高速气流温度的测量，将不受上述限制，插入深度可以浅一些，具体数值应由实验确定。

2. 响应时间的影响

接触法测温的基本原理是测温元件要与被测对象达到热平衡。因此，在测温时需要保持一定时间，才能使两者达到热平衡。保持时间的长短，同测温元件的热响应时间有关。而热响应时间主要取决于传感器的结构及测量条件。对于气体介质，尤其是静止气体，至少应保持 30min 以上才能达到平衡；对于液体而言，最快也要在 5min 以上。

对于温度不断变化的被测场所，尤其是瞬间变化过程，全过程仅 1s 左右，则要求传感器的响应时间在毫秒级。因此，普通的温度传感器不仅跟不上被测对象的温度变化速度而出现滞后，而且也会因达不到热平衡而产生测量误差，所以最好选择响应快的传感器。对热电偶而言，除保护管影响外，热电偶的测量端直径也是其主要因素，即偶丝越细，测量端直径越小，其热响应时间越短。

3. 热辐射的影响

加热炉内用于测温的热电偶，将被高温物体发出的热辐射加热。假定炉内气体是透明的，而且，热电偶与炉壁的温差较大时，将因能量交换而产生测温误差。因此，为了减少热辐射误差，应增大热传导，并使炉壁温度尽可能接近热电偶的温度。

另外，在安装时还应注意：(1) 热电偶安装位置，应尽可能避开从固体发出的热辐射，使其不能辐射到热电偶表面；(2) 热电偶最好带有热辐射遮蔽套。

4. 热阻抗增加的影响

在高温下使用热电偶，如果被测介质为气态，那么保护管表面沉积的灰尘等被烧熔在表面上，使保护管的热阻抗增大；如果被测介质是熔体，在使用过程中将有炉渣沉积，不仅增加了热电偶的响应时间，而且还使指示温度偏低。因此，除了定期检定外，为了减少误差，经常抽检也是必要的。例如，进口铜熔炼炉不仅安装有连续测温热电偶，还配备消耗型热电偶测温装置，用于及时校准连续测温热电偶的准确度。

5.5 光纤温度传感器

光纤温度传感器是采用光纤作为敏感元件或能量传输介质而构成的，有接触式和非接触式等多种形式。光纤温度传感器在许多领域得到应用。

与传统的温度传感器相比，光纤温度传感器具有灵敏度高、体积小、质量轻、易弯曲、电绝缘性能好、不产生电磁干扰、不受电磁干扰、抗腐蚀性好等优点，可适用于易燃、易爆，空间狭窄，具有强腐蚀性的气体、液体，以及存在强烈电磁干扰、强辐射等的苛刻环境下的温度测量。

5.5.1 光纤传感器结构原理

以电为基础的传统传感器是一种把测量的状态转变为可测的电信号的装置，其电源、敏感元件、信号接收和处理系统以及信息传输均用金属导线连接。光纤传感器则是一种把被测量的状态转变为可测的光信号的装置，由光发送器、光源、光纤（含敏感元件）、光接收器、信号处理系统和各种连接件构成，如图 5.21 所示。

由光发送器发出的光经过光纤引导到敏感元件，在这里，光的某一性质受到被测量的调制，已调光经过并由接收光纤耦合到光接收器，使光信号转变为电信号，最后经信号处理系统得到被测量的信号。

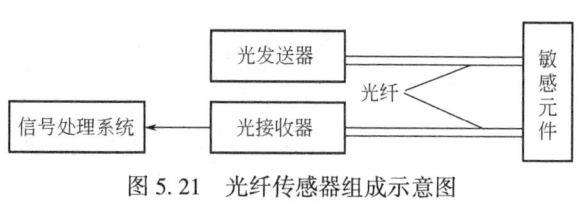

图 5.21 光纤传感器组成示意图

可见，只要使光的强度、偏振态、频率和相位等参量的其中之一随被测量状态的变化而变化，或受被测量的调制，则通过对光的强度调制、偏振调制、频率调制或相位调制等的其中之一进行解调，就可获得所需要的被测量的信息。

5.5.2 光纤温度传感器分类

光纤温度传感器可分为功能型和非功能型传感器。功能型传感器是利用光线的各种特性，由光纤本身感受被测量的变化，光纤既是传输介质，又是敏感元件；非功能型传感器又称传光型，是由其他敏感元件感受被测量的变化，光纤仅作为光信号的传输介质。

非功能型光纤温度传感器在实际测温中得到较多的应用，并有多种类型，已实用化的有液晶光纤温度传感器、荧光光纤温度传感器、半导体光纤温度传感器和光纤辐射温度计等。

目前光纤辐射温度计在储运火灾探测中已得以应用，其工作原理和分类与普通的辐射测温仪表类似，它可以接近或接触目标进行测温。因受光纤传输能力的限制，其工作波长一般为短波，采用亮度法或比色法测量。

光纤辐射温度计的光纤可直接延伸为敏感探头，也可以经过耦合器，用刚性光导棒延伸。光纤敏感探头有多种类型，如直型、楔型、带透镜型和黑体型等。

典型光纤辐射温度计的测温范围 200～4000℃，分辨力可达 0.01℃，在高温时测量精确度可优于±0.2% 的读数值，其探头耐温一般可达 300℃，进行冷却后可达 500℃。

5.6 温度变送器

5.6.1 电动温度变送器

温度（温差）变送器与各种类型的热电偶、热电阻配套使用，将温度或两点间的温差转化成 4～20mA 和 1～5V 的统一标准信号；然后，它和显示单元、控制单元配合，实现对温度或温差参数的显示或控制。温度变送器是安装在控制室内的一种架装式仪表，有热电偶温度变送器、热电阻温度变送器和直流毫伏变送器 3 类。在油气储运生产中，热电阻与热电偶温度变送器使用最多。

1. 热电偶温度变送器

热电偶温度变送器和热电偶配套使用，将温度转化成 4～20mA 和 1～5V 的统一标准信号。然后与显示仪表或控制仪表配合，实现对温度的显示或控制。

热电偶温度变送器的组成大体可分为输入电桥、放大电路及反馈电路 3 部分，如图 5.22 所示。

2. 热电阻温度变送器

热电阻温度变送器与热电阻配套使用，将温度转化成 4～20mA 和 1～5V 的统一标准信

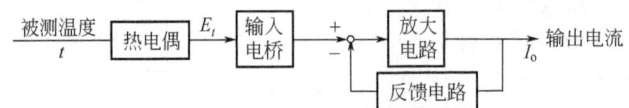

图 5.22 热电偶温度变送器的结构

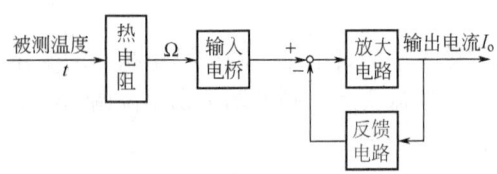

图 5.23 热电阻温度变送器的结构框图

号，然后与显示仪表或控制仪表配合，实现对温度的显示或控制。热电阻温度送器的结构如图 5.23 所示。

5.6.2　一体化温度变送器

一体化温度变送器也叫整体式温度变送器。它将变送器模块安装在测量元件接线盒或专用接线盒内，使变送器模块和测量元件形成一个整体，直接安装在被测工艺设备上，输出为统一标准信号。这种变送器具有体积小、质量轻、现场安装方便等优点，因而在工业生产中得到广泛应用。

一体化温度变送器由测量元件和变送器模块两部分构成，其组成结构见图 5.24。

测量元件（热电偶或热电阻）将被测温度转换为热电势或电阻值的变化（E_t 或 R_t），变送器模块把测量元件的输出信号 E_t 或 R_t 转换成统一标准信号 4~20mA 的直流电流信号。

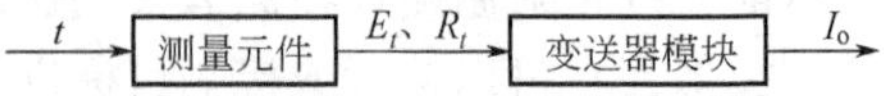

图 5.24　一体化温度变送器组成结构框图

因一体化温度变送器直接安装在现场，通常变送器内部集成电路的正常工作温度为 $-20 \sim +80$℃。超出这一范围，电子器件的性能会发生改变，变送器将不能正常工作，因此，在使用中应特别注意变送器模块所处的环境温度。

一体化温度变送器的主要特点如下：

（1）体积紧凑，质量轻。它通常为直径几十毫米的扁圆柱体，直接安装在热电偶或热电阻的保护配管的接线盒中，不必占有额外空间，也不需要热电偶补偿导线或延长线。

（2）直接采用两线制传输，其连接导线中为较强的信号（4~20mA DC），比传递微弱的热电势具有明显的抗干扰能力。

（3）不需要调整维护，整个仪表采用硅橡胶或树脂密封结构，适应恶劣的现场环境，但损坏后只能整体更换。

（4）精度高，功耗低，使用环境温度范围宽，工作稳定可靠。

5.6.3　智能式温度变送器

智能式温度变送器有采用 HART 协议通信方式，也有用现场总线的通信方式，前者技术较成熟，产品种类也较多；后者产品近几年才问世，国内尚处于研究开发阶段。

下面以 SMART 公司的 TT302 温度变送器为例加以介绍。

TT302 温度变送器是一种符合 FF 通信协议的现场总线智能仪表，它可与各种热电偶或热电阻配合使用测量温度，具有量程范围宽、精度高、环境温度和震动影响小、抗干扰能力强、质量轻和安装维护方便等优点。

TT302 温度变送器主要由硬件部分和软件部分两部分构成。

1. TT302温度变送器的硬件构成

T302温度变送器的硬件构成原理如图5.25所示,其结构由输入板、主电路板和液晶显示器组成。

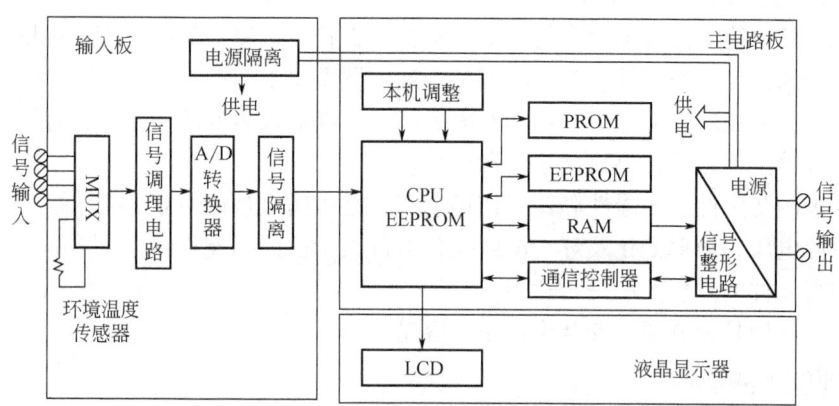

图 5.25 TT302 温度变送器硬件构成原理图

输入板包括 MUX、信号调理电路、A/D 转换器和隔离（电源隔离、信号隔离）部分,其作用是将输入信号转化为二进制的数字信号,传送给 CPU,并实现输入板与主电路板的隔离。

输入板上的环境温度传感器用于热电偶的冷端温度补偿。

主电路板是变送器的核心部件,包括微处理系统（CPL1、EEPROM 等）、通信控制器、信号整形电路和电源。

液晶显示器可显示四位半数字和五位字母,用于接收 CPU 的数据并加以显示。

2. TT302温度变送器的软件构成

TT302 温度变送器的软件分为系统程序和功能模块两大部分。

系统程序使变送器各硬件电路能正常工作并实现所规定的功能,同时完成各组成部分之间的管理。

功能模块提供了各种功能,用户可选择所需要的功能模块,以实现用户所要求的功能。

TT302 等这类智能式温度变送器还有许多其他功能,用户可通过上位管理计算机或挂接在现场总线通信电缆上的手持式组态器,对变送器进行远程组态,调用或删除功能模块。对于带有液晶显示的变送器,也可使用磁性编程工具对变送器进行本地调整。

TT302 温度变送器还具有控制功能,其软件中提供了多种与控制功能有关的功能模块,用户通过组态,可以实现所要求的控制策略。

5.7 测温仪表的选用及安装

从工程应用的角度来说,测温仪表（温度测量仪表）的合理选用和正确安装十分重要,其通常按如下程序完成：

（1）依据使用的对象和环境,合理选择相应测温仪表的类型。

（2）依据工艺要求确定仪表的精度等级和量程。

（3）按照规则和仪表说明书进行正确安装,它是保证测量准确性的前提。

5.7.1 温度测量仪表的选用

首先要分析被测对象的特点及状态，然后根据现有温度计的特点及技术指标确定选用的类型。一般应考虑以下几个方面：

(1) 仪表的可能测温范围及常用测温范围，是否符合被测对象温度变化范围的要求。
(2) 仪表的精度、稳定性、响应时间是否适应测温要求。
(3) 根据测量场所有无冲击、震动及电磁场，来考虑仪表的防震是否良好。
(4) 仪表输出信号是否要自动记录和远传。
(5) 仪表的防腐性、防爆性和连续使用期限，是否满足被测对象的要求。
(6) 电源电压、频率变化及环境温度变化对仪表示值的影响程度。
(7) 测温元件的体积大小是否适当。
(8) 仪表使用是否方便，安装维护是否容易。

1. 就地仪表的选用

1) 精确度等级

(1) 一般工业用温度计，选用1.5级或1级。
(2) 精密测量用温度计，选用0.5级或0.25级。

2) 测量范围

(1) 测量最大值≤仪表测量范围上限值的90%，测量正常值为仪表范围上限值的1/2左右。
(2) 压力式温度计测量值应在仪表测量范围上限值的1/2~3/4之间。
(3) 双金属温度计：在满足测量范围、工作压力和精确度要求时，应优先选用于就地显示。
(4) 压力式温度计：适用于80℃以下低温、无法近距离观察、有震动及精确度要求不高的就地显示。
(5) 玻璃温度计：仅用于测量精确度较高、震动较小、无机械损伤、观察方便的特殊场合，不得使用玻璃水银温度计。

2. 远传温度测量元件的选用

(1) 按温度测量范围，参照表5.2或图5.26选用相应分度号的热电偶、热电阻或热敏热电阻。
(2) 铠装式热电偶适用于一般场合；铠装式热电阻适用于无震动场合；热敏热电阻适用于测量反应速度快的场合。

3. 特殊场合适用的热电偶、热电阻

(1) 设备、管道外壁和转体表面温度，选用端（表面）式、压簧固定式或铠装热电偶与热电阻。
(2) 含坚硬固体颗粒介质，选用耐磨热电偶。
(3) 高炉、热风炉温度测量，应选用高炉、热风炉专用热电偶。
(4) 在同一测量元件保护管中，要求多点测量时，选用多支热电偶。
(5) 为节省特殊保护管材料，提高相应速度或要求测量元件弯曲安装时可选用铠装热电偶或热电阻。

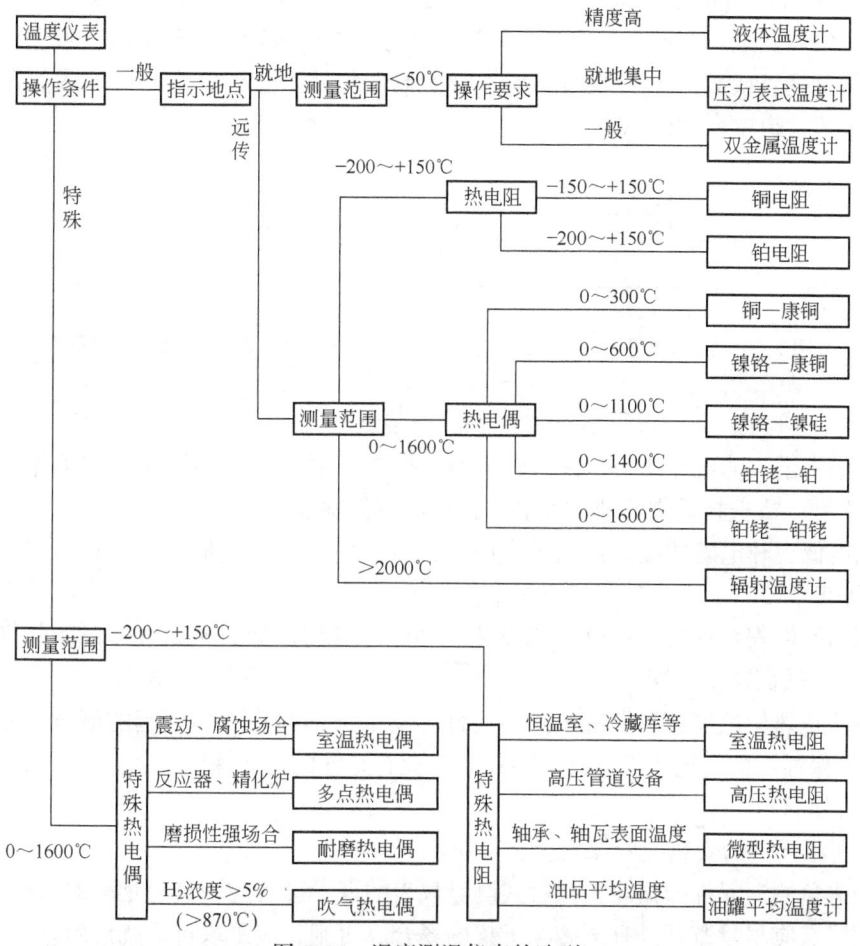

图 5.26 温度测温仪表的选型

5.7.2 温度测量仪表的安装

在正确选择测温元件和二次仪表后,如何保证测温元件能感受到被测物体的真实温度是很重要的问题。如前述的热电偶、热电阻等,直接安装在设备上感受被测温度的变化,并转换成电信号。这个转换信号的准确度与测温元件的安装是否正确关系很大。如不注意温度测量仪表的正确安装,则测量精度将得不到保证。

下面就测温仪表的安装要求简单介绍如下。

1. 温度测量仪表的安装要求

(1) 测量元件的安装应选择有代表性的安装位置,以确保测量的准确性。

① 在测量管道温度时,测温点应具有代表性,不应该把测温元件插入介质的死角区域,应保证测温元件与流体充分接触,确保能进行充分的热交换,以减少测量误差。因此,要求安装时测温元件应迎着被测介质流向插入,至少须与被测介质正交(成90°),切勿与被测介质形成顺流。非不得已时,切勿与被测介质顺流安装,否则易产生测量误差,如图5.27所示。

② 测温元件的感温点工作端应处于管道中流速最大处。一般来说,热电偶、铂电阻、铜电阻保护套管的末端应分别越过流束中心线 5~10mm、50~70mm、25~30mm。

③ 测温元件应有足够的插入深度，以便感温元件能够充分地感受到被测介质的实际温度，并且应斜插安装或在弯头处安装，以减小测量误差。如图 5.28 所示，当保护套管与工艺管道的管壁垂直或成 45℃ 安装时，保护管的端部应处于管道的中心区域内。保护管的端部应对着工艺管道中介质的流向。

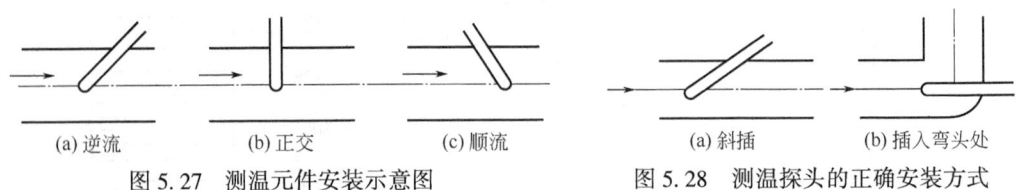

图 5.27 测温元件安装示意图　　图 5.28 测温探头的正确安装方式

④ 若工艺管道过小（直径小于 80mm），安装测温元件处应接装扩大管。

⑤ 在细管道（直径小于 80mm）内测温，往往因插入深度不够而引起测量误差，安装时应接扩大管，或选择适宜的地方安装，以减小或消除误差。

⑥ 热电偶、热电阻的接线盒面盖应向上，以避免雨水或其他液体、脏物进入接线盒中影响测量精度。

⑦ 测温元件安装在负压管道（或设备）中时，必须保证其密封性，以防外界冷空气进入，使读数降低而降低精度。

⑧ 为防止热量散失，尽量避免测温元件外露部分的热损失而引起的测量误差。测温元件应插在有保温层的管道或设备处，不仅要保证有足够的插入深度，而且对外露部分要加装保温层进行保温。

(2) 测温元件的安装应确保安全、可靠。

① 为避免测温元件的损坏，接触式测量仪表的保护套管应该具有足够的机械强度。

② 测温点应尽量避开具有电磁场干扰的场合，否则，应采取抗干扰措施。

③ 在使用时，可以根据现场的工作压力、温度、腐蚀性等特性，合理地选择保护套管的材质、壁厚。

④ 当介质压力超过 10MPa 时，必须安装保护外套，确保安全。

⑤ 为减小测量的滞后，可在保护套管内部加装传热良好的填充物，如硅油、石英砂等。

⑥ 接线盒出线孔应该朝下，以免因密封不良使水汽、灰尘等进入而降低测量精度。

⑦ 如果被测物体很小，在安装时应注意不要改变原来的热传导及对流条件。

⑧ 保护管露在设备外的部分应尽可能短，最好加保温层，以减少热损失。

⑨ 用热电偶测量炉膛温度时，应避免热电偶与火焰直接接触，否则必然会使测量值偏高。同时，应避免把热电偶装在炉门旁或与加热物体过近处，其接线盒不应靠到炉壁，以免使热电偶的冷端温度过高。

(3) 测温元件的安装应综合考虑仪表维修与校验的方便。

2. 布线要求

(1) 按照规定的型号配用热电偶的补偿导线，注意热电偶的正、负极与补偿导线的正、负极相连接，不要接错。

(2) 热电阻的线路电阻一定要符合所配二次仪表的要求。

(3) 为了保护连接导线与补偿导线不受外来的机械损伤，应把连接导线或补偿导线穿入钢管内或走槽板。

（4）导线应尽量避免有接头，应有良好的绝缘。禁止与交流输电线合用一根穿线管，以免引起感应。

（5）导线应尽量避开交流动力电线。补偿导线不应有中间接头，导线电缆等在穿管前应检查其有无断头和绝缘性能是否达到要求。管内导线不得有接头，否则应加接线盒。另外，测温仪表的导线最好与其他导线（如动力导线）分开敷设。

习题与思考题

1. 什么是温标？常用的温标有哪几种？它们之间的关系如何？
2. 按测温方式，测温仪表分成哪几类？常用温度测量仪表有哪些？
3. 热电偶的测温原理和热电偶测温的基本条件是什么？
4. 工业常用热电偶有哪几种？试简要说明各自的特点。
5. 现有 K、S、T 三种分度号的热电偶，在下列 3 种情况下，应分别选用哪种？
（1）测温范围在 600~1100℃，要求测量精度高；
（2）测量范围在 200~400℃，要求在还原性介质中测量；
（3）测量范围在 600~800℃，要求线性度较好，且价格便宜。
6. 什么是热电效应？热电偶的热电势是如何产生的？
7. 热电阻的测温原理是什么？与热电偶相比，它有何优点？
8. 用热电偶测量时，为什么要进行冷端补偿？补偿的方法有哪几种？
9. 用热电偶测量时，为什么要使用补偿导线？使用时应注意哪些问题？
10. 试述金属热电阻测量原理。常用热电阻的种类有哪些？
11. 用分度号 Pt100 铂电阻测温，与显示仪表匹配时错设为 Cu100，当显示温度为 140℃时，实际温度为多少？
12. 试述接触式测温中，温度变送器的安装和布线要求。
13. 热电偶温度计、热电阻温度计各包括哪些元件和仪表？输入、输出信号各是什么？
14. 热电偶的结构和热电阻的结构有什么异同之处？
15. 说明热电偶温度变送器、热电阻温度变送器的组成及主要异同点。
16. 什么是一体化温度变送器？它有什么特点？
17. 试简述 TT302 温度变送器的主要特点及其基本组成。
18. 常用热电偶和热电阻的分度号有哪几种？各有何特点？

复杂工程问题实践研讨 5

6 流量测量仪表

6.1 流量的基本概念

油气储运生产过程中输送的介质为流体，它们通过动力设备如压缩机、泵等在管道中输送。流量不仅是油气储运生产过程中监控设备工况的重要参数，也是物料流动工况的特征参数之一，所以流量不仅是衡量设备效率和经济性的重要指标，也是确保安全生产操作、控制的依据，是储运企业经济核算的基本依据，尤其在能源计量方面更起着举足轻重的作用，是能源管理及贸易结算的必备工具。

6.1.1 流量的计量单位

一般所讲的流量大小是指单位时间内（如秒、分、小时）所流过管道或设备某一横截面的流体数量的大小，即瞬时流量。流体是液体和气体的总称。而在某一段时间内流过管道某截面的流体流量的总和，即瞬时流量在某一段时间内的累计值，称为总量。

流量和总量，可用质量表示，也可用体积表示。单位时间内流过的流体以质量表示的称为质量流量，常用符号 M 表示；以体积表示的称为体积流量，常用符号 Q 表示。若流体的密度是 ρ，则体积流量与质量流量之间的关系是

$$M = Q\rho \quad \text{或} \quad Q = \frac{M}{\rho} \tag{6.1}$$

如以 t 表示时间，则流量和总量之间的关系为

$$Q_{总} = \int_0^t Q \mathrm{d}t, M_{总} = \int_0^t M \mathrm{d}t \tag{6.2}$$

测量流体流量的仪表一般叫流量计；测量流体总量的仪表则称总量表，在流量计上配以累积机构，也可读出总量。常用的计量单位有如下3种。

1. 体积流量

单位时间内流过管道或设备某一横截面的流体体积数量称体积流量，常用符号 Q 表示。如设备或管道某处的横截面积为 A，该处流体的平均流速为 v，则有

$$Q = Av \tag{6.3}$$

工程上常用的体积流量单位有：米^3/秒（m^3/s）、米^3/小时（m^3/h）、升/小时（L/h）、升/小时（L/min）等。

气体密度 ρ 是随温度、压力等状态参数变化的。气体的流量，通常以温度为20℃、压力为760mmHg（1mmHg=133.322Pa）下气体的体积（如标准立方米）来表示。

2. 质量流量

单位时间内流过管道或设备某一横截面的流体质量数量称质量流量，常用符号 M 表示。设流体密度为 ρ，则有

$$M = Q\rho \tag{6.4}$$

工程常用的质量流量单位有吨/小时（t/h）、吨/天（t/d）、千克/小时（kg/h）、千克/秒（kg/s）等。

3. 流体总量

某一段时间内流过管道或设备某一横截面的流体总体积或总质量称总量，其计量单位常用吨（t）、立方米（m³）表示。总量为瞬时平均流量对时间的积累（或叫积分），是一个累积流量，表示为

$$M_{总}=\overline{M}\cdot t \quad 或 \quad Q_{总}=\overline{Q}\cdot t \tag{6.5}$$

式中，$M_{总}$、$Q_{总}$ 为流体总质量、总体积；$\overline{M}$ 为在累积时间 t 内的平均质量流量；$\overline{Q}$ 为在累积时间 t 内的平均体积流量；t 为累积时间。

以上3种流量中，体积流量与质量流量反映出来的流量值均为瞬时流量，是流量测量和控制的主要依据。如希望得到流体总量作为流量计量的依据时，则需要测量总流量。

6.1.2 流量的测量方法

流量测量的方法很多，测量原理和所用仪表结构形式也各不相同。在油气储运生产过程中，流体的输送通常都在管道中进行，因此，本书仅介绍用于储运管道中流体的流量测量分类法，并按测量原理分类。

1. 体积流量的测量

体积流量的测量方法分为容积法（又称直接法）和速度法（又称间接法）。

容积法是在单位时间内以标准固定体积对流动介质连续不断地进行度量，以排出流体的固定容积数来计算流量。这种测量方法受流体流动状态的影响较小，适用于高黏度、低雷诺数的流体。基于容积法的流量测量仪表主要有椭圆齿轮流量计、刮板流量计等。

速度法是先测量出管道内的平均速度，再乘以管道截面积来求取流体的体积流量。这种测量方法有很宽泛的使用条件，但速度法通常是利用管道内的平均流速来计算流量的，因此受管路条件影响较大，流动产生的涡流、截面上流速分布不均匀等因素都会给测量带来误差。工业上常用的基于速度法的流量测量仪表主要有节流式(又称差压式) 流量计、转子流量计、电磁流量计、涡轮流量计、涡街流量计、超声波流量计等。

2. 质量流量的测量

质量流量的测量分为直接法和间接法（也称推导式）。

直接法是利用测量元件直接测量流体的质量流量，例如热式质量流量计、角动量式质量流量计、陀螺式质量流量计和科里奥利质量流量计等。

间接法是用两个测量元件分别测量出两个相应的参数，通过运算间接获取质量流量，例如用密度与容积流量经过运算求得质量流量。动能元件（ρQ_V^2）和密度计（ρ）的组合、体积流量计（Q_V）和密度计（ρ）的组合、动能测量元件（ρQ_V^2）与体积流量计 Q_V 的组合都可以计算出流体的质量流量。

质量流量计具有测量精度不受流体温度、压力、黏度等因素变化影响的优点，是一种应用日益广泛的流量测量仪表。

6.1.3 流量仪表的种类

流量仪表种类繁多，其分类如表6.1所示。各类仪表的性能如表6.2所示，它们各有其

特点,以满足不同的测量要求,油气核算与贸易计量常用的流量仪表有容积式流量计、涡轮流量计、质量流量计、超声波流量计等。下面介绍储运常用的流量计,并简述几种其他类型的流量计。

表6.1 流量计的分类

类别		仪表名称
体积流量计	容积式流量计	椭圆齿轮流量计、腰轮流量计、活塞式流量计等
	差压式流量计	节流式流量计、均速管流量计、弯管流量计、靶式流量计、浮子流量计等
	速度式流量计	涡轮流量计、节流式流量计、涡街流量计、超声波流量计、电磁流量计
质量流量计	推导式质量流量计	体积流量经密度补偿或温度、压力补偿求得质量流量等
	直接式质量流量计	科里奥利质量流量计、热式质量流量计、冲量式质量流量计等

表6.2 几种主要类型流量计及性能

仪表名称	测量精度	主要应用场合	说明
差压式流量计	1.5	可测液体、蒸汽和气体的流量	应用范围广,适应性强,性能稳定可靠,安装要求较高,需一定直管段
椭圆齿轮流量计	0.2~1.5	可测量黏度液体的流量和总量	计量精度高,范围宽,结构复杂,一般不适于高低温场合
腰轮流量计	0.2~0.5	可测液体和气体的流量和总量	精度高,无需配套的管道
浮子流量计	1.5~2.5	可测液体、气体的流量	适于小管径、低流速、无上游直管道要求的场合,压力损失较小,使用流体与工厂标定流体不同时,要进行流量示值修正
涡轮流量计	0.2~1.5	可测基本洁净的液体、气体的流量和总量	线性工作范围宽,输出电脉冲信号,易实现数字化显示,抗干扰能力强,可靠性受磨损的制约,弯道型不适于测量高黏度液体
电磁流量计	0.5~2.5	可测各种导电液体和液固两相流体介质的流量	不产生压力损失,不受流体密度、黏度、温度、压力变化的影响,测量范围度大,可用于各种腐蚀性流体及含固体颗粒或纤维的液体,输出线性,不能测气体、蒸汽和含气泡的液体及电导率很低的液体流量,不能用于高温和低温流体的测量
涡街流量计	0.5~2	可测各种液体、气体、蒸汽的流量	可靠性高,应用范围广,输出与流量成正比的脉冲信号,无零点漂移,安装费用较低,测量气体时,上限流速受介质可压缩性变化的限制,下限流速受雷诺数和传感器灵敏度限制
超声波流量计	0.5~1.5	可用于测量导声流体的流量	可测非导电性介质,是对非接触式测量的电磁流量计的一种补充,可用于特大型圆管和矩形管道,价格较高
质量流量计	0.5~1	可测液体、气体、浆体的质量流量	热式质量流量计使用性能相对可靠,响应慢;科里奥利质量流量计具有较高的测量精度

6.2 容积式流量计

容积式流量计(视频3)利用运动元件的往复次数(或转速)与流体的连续排出量成比例的原理,来对被测流体进行连续检测,从而直接测量流体的总量。

容积式流量计可计量各种液体或气体的累积流量,因其可精密测量体积量而被广泛应用于石油和天然气的核算管理和贸易计量。

容积式流量计由测量室、运动部件、传动和显示部件组成。其测量主体为具有固定标准容积的测量室，测量室由流量计内部的运动部件与壳体构成。在流体进、出口压力差的作用下，运动部件不断地将充满在测量室中的流体从入口排向出口。如测量室的固定容积为 V_0，某一时间间隔内经过流量计排出流体的固定容积数为 n，则被测流体体积总量 Q_V 即可测知。容积式流量计流量方程式可表示为

视频3 容积式流量计

$$Q_V = nV_0 \quad (6.6)$$

式中，n 为计数器通过传动机构测出的运动部件转数。

容积式流量计的运动部件有往复运动式和旋转运动式两种。往复运动式有家用煤气表、活塞式油量表等；旋转运动式有旋转活塞式流量计、椭圆齿轮流量计、腰轮流量计、刮板流量计和双转子流量计等。

不同类型的流量计适用于不同的场合。但用此方法测量较小流量时，要考虑泄漏量的影响，仪表通常有最小流量的测量限制。

常用的容积式流量计有椭圆齿轮流量计、腰轮流量计、刮板流量计、双转子流量计等。

6.2.1 椭圆齿轮流量计

1. 工作原理

椭圆齿轮流量计属旋转运动式容积流量计，又称齿轮或排量流量计。它对被测流体的黏度变化不敏感，但有黏度要求。黏度大，则泄漏误差小，测量精度高，故特别适合于高黏度流体（如重油、原油等）的流量测量。

椭圆齿轮流量计的测量部分由两个相互啮合的椭圆形齿轮 A 和 B、轴及壳体组成。椭圆齿轮与壳体之间形成测量室（半月形容积 V_0），其原理结构如图 6.1 所示。

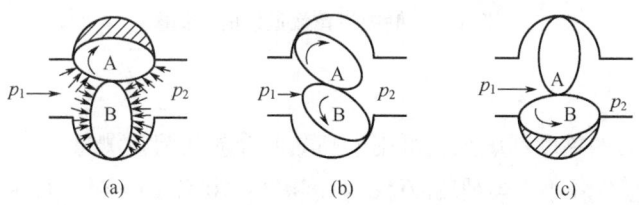

图 6.1 椭圆齿轮流量计结构及工作原理

当流体流过椭圆齿轮流量计时，为克服齿轮所引起的阻力损失，通常进口侧压力 p_1 大于出口侧压力 p_2，此压力差所产生的作用力矩使椭圆齿轮连续转动。如在图 6.1(a) 所示的位置，因 $p_1 > p_2$，在 p_1 与 p_2 作用下所产生的合力矩使 A 轮顺时针方向转动，这时 A 为主动轮，B 为从动轮。在图 6.1(b) 所示的中间位置时，由力的分析可知，此时 A 轮与 B 轮均为主动轮。当继续转至图 6.1(c) 所示的位置时，p_1 与 p_2 作用在 A 轮上的合力矩为零，作用在 B 轮上的合力矩使 B 轮作逆时针方向转动，并把已吸入半月形容积内的介质排出出口，此时 B 轮为主动轮，A 轮为从动轮，与图 6.1(a) 所示的情况刚好相反。如此往复循环，A 轮和 B 轮互相交替地由一个带动另一个的转动，并把被测介质以半月形容积为单位一次一次地由进口排至出口。但如图 6.1(a) 至 (c) 所示的过程，仅仅表示椭圆齿轮转动了 1/4 周的情况，其所排出的流体为一个半月形容积。所以两个齿轮每转动一圈，流量计将排出 4

个已知半月形容积的流体。通过椭圆齿轮流量计的流体总量可表示为

$$Q_V = 4nV_0 \tag{6.7}$$

式中，n 为椭圆齿轮的旋转速度（转速）；V_0 为半月形容积，两个半月形容积相等且恒定。

由式(6.7) 可知，在椭圆齿轮流量计的半月形容积 V_0 已定的条件下，只要测出椭圆齿轮的转速 n 便可知道被测介质的流量。

椭圆齿轮流量计的齿轮的转数（流量信号即转速 n）有就地显示和远传显示两种，通过变速机构就可直接驱动机械计数器来显示总流量，也可通过电磁转换装置转换成相应的脉动信号，并对其计数就可记录或显示总流量的大小。其测量框图与实例如图 6.2、图 6.3 所示。

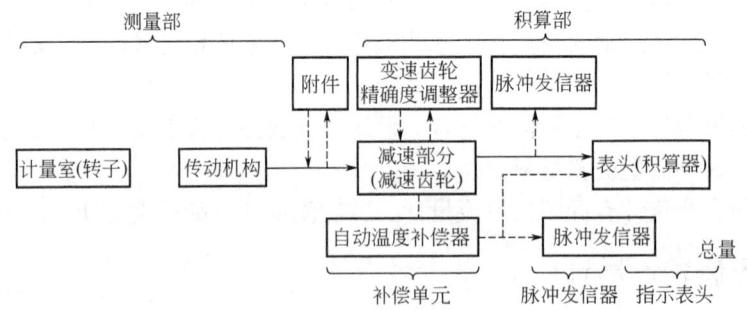

图 6.2　椭圆齿轮流量计测量框图

图 6.3　椭圆齿轮流量计的实例图

2. 使用特点

（1）对被测介质的黏度不敏感，可用于高黏度介质的流量测量。

（2）测量压力损失较小。当被测液体的黏度 $\leqslant 30 \times 10^{-3}$ Pa·s 时，其压力损失 $\leqslant 0.04$ MPa。

（3）流量计前后无需装直管段或整流器，可水平安装，也可垂直安装。管路安装条件对计量精度无影响。

（4）精度较高，范围度宽，一般可达为 0.2～0.5 级；量程比一般为 10∶1，可用于汽煤柴油、重油等石油制品和工业液体的工业和商业交易计量。但被测介质的种类、口径、介质工作状态局限性较大，适用于 10～150mm 中小口径的管道测量。大口径流量计在较大流量时，噪声较大，在超负荷工作时，流量计寿命将显著减少。

（5）为防止齿轮磨损、腐蚀、卡死与损坏，对介质清洁度要求较高，要求不含固体颗粒，更不能夹杂机械物，否则会引起齿轮磨损、卡死以至损坏。通常在流量计前加装过滤器。

（6）使用温度有一定范围，不适用于高、低温场合，工作温度要小于 120℃。温度过高，有使齿轮卡死的可能。

（7）安装使用方便，便于维修与维护，但产生振动与噪声；结构复杂，加工制造较为

困难，成本较高。因使用不当或使用时间过久，如发生齿轮间隙间的泄漏现象，就会引起较大的测量误差。

6.2.2 腰轮流量计

1. 结构与工作原理

腰轮流量计又称为罗茨流量计。腰轮流量计由 2 个（或 4 个）摆线型腰轮与壳体形成计量室进行流量测量，其原理结构如图 6.4 所示。腰轮流量计工作原理与椭圆齿轮流量计相同，结构也相似，只是一对测量转子是两个不带齿的腰形轮（罗茨）。腰形轮的形状保证在转动过程中，两轮外缘保持良好的面接触，并依次排出定量流体；而两个腰轮的驱动是由套在壳体外的与腰轮同轴的啮合齿轮来完成，如图 6.5(d) 所示。

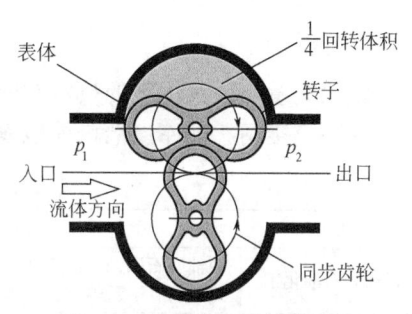

图 6.4 腰轮流量计结构原理

转子在流体入口及出口间的压差（$\Delta p = p_1 - p_2$）推动下，每转一周就有 4 个已知计量室容积 V_0 的流体被推出，如图 6.5 所示的 (a)→(b)→(c)→(d)→(a) 的过程。气体罗茨流量计结构与工作原理基本类似。

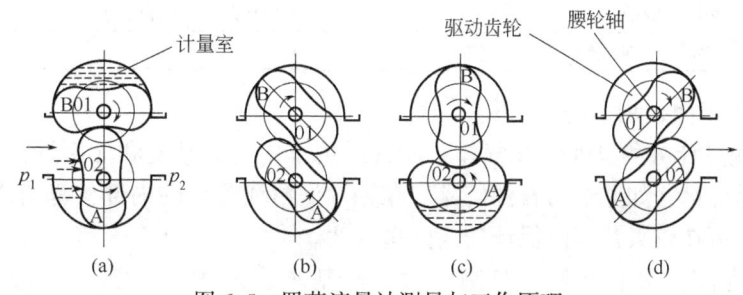

图 6.5 罗茨流量计测量与工作原理

因腰轮无齿，不易被流体中夹杂的杂质卡死，同时腰轮转子的磨损也较椭圆齿轮轻一些，因此它较椭圆齿轮流量计的明显优点是能保持长期稳定性。它的使用寿命长，准确度高，可作标准表使用。

2. 分类

腰轮流量计按测量介质不同分为气体腰轮流量计和液体腰轮流量计两类，按压力大小可分单壳体和双壳体两种结构，按腰轮所处的位置可分为立式结构和卧式结构。立式结构中的腰轮轴为竖直安装，使腰轮组的重量对轴承的偏心磨损大大降低，提高了使用寿命，大中型口径常用此结构；卧式结构中的腰轮轴为水平安装，为中小口径常用结构，如轻质油腰轮流量计。

腰轮流量计按公称通径或流量大小可分为单组腰轮和双组腰轮、直腰轮和螺旋腰轮等结构形式。

（1）公称通径小（一般<50mm）的腰轮流量计常采用单组腰轮结构，即一根腰轮主轴上安装一个腰轮转子，壳体内腔无中隔板隔开。这种结构适用于流量小的场合，具有结构简单、泄流量小、精度易保证等优点。

（2）公称通径大（一般>80mm）的腰轮流量计常用双组腰轮结构，即一根腰轮主轴上安装2个互成45°的腰轮，中间用中隔板分开。这样可使流体对2个腰轮主轴的旋转力矩进行平衡，大大减小了大流量下流体对腰轮的冲击而带来的震动，相当于把2台流量计并联，共用壳体和主轴。

对一个腰轮来说，如流体对其产生的旋转驱动力矩为旋转角的某一函数（如正弦函数）时，则腰轮的旋转运动为周期变速稳定运转，给流量计带来了振动和噪声。而在同一根轴上增加一个成45°角的腰轮，其相应的驱动力矩也滞后45°，则对该腰轮组而言，合成后的驱动力矩将变得平稳，运动变得稳定，震动和噪声就会大大减小。

3. 使用特点

腰轮流量计因其优良的技术性能，在石油、化工等行业广泛应用，特别是采油厂、炼油厂、油品交接站、油库、港口等地方用得较多，其液体类常用用途如表6.3所示。

表 6.3 腰轮流量计液体类常用用途

工业	液体	用途
石油和石油化工	原油、石脑油、汽煤柴油、重油、润滑油、石蜡、沥青、乙烯类、乙醇、丙酮、苯、甲苯等	计量站、中转站、外输计量、装车船、售油计量、过程控制、定量发货、飞机加油等
化学	甲醇、酒精、粘胶	过程控制、介质装运、原料进出口计量
药品和漆	葡萄糖、表面活性剂、糖浆、清漆等	混合比例、质量控制、液体装运
食品	糖蜜、酒精、植物油、松节油	原料混合、装罐、装桶
炼钢和造船	重油、轻油、汽轮机油、冷却油	燃料消耗
造纸	黑液、绿液	原料配比、稀释、进出计量
供电	原油、重油、石脑油	燃料消耗

腰轮流量计的主要使用特点如下：

（1）腰轮流量计可测量液体和气体，通常适用于中、高黏度和无腐蚀性的流体，尤其适用于油品贸易计量，如原油与石油制品（柴油、润滑油等）的内部核算与终端贸易计量，对低黏度液体也可在较大范围内保证较高的精确度。

（2）准确度高，重复性好，范围度大，其基本误差为±0.2%～±0.5%，量程比为10∶1，工作温度120℃以下，压力损失小于0.02MPa；公称压力2.5MPa以上流量计用双壳体结构。计量腔内外处于等压状态，消除了金属受压变形对计量室容积的影响，并保证流量计精确度与工作压力高低无关。

（3）计量精确度不受流体流动状态的影响，流量计前后可不设直管段，流体黏度变化对其精度影响较小。

（4）无接触旋转，重复性好。摆线型腰轮运转时互相不接触，避免了互相磨损；即使更换轴承和其他零件，也不会改变腰轮间的间隙值，保证了流量计有良好的重复性。

（5）振动和噪声小。DN在50mm以上的流量计，用45°组合摆线型腰轮构成双转子结构，工作震动噪声小。DN在250mm以上的流量计，则用螺旋形腰轮，运转平衡，排量均匀，震动和噪声大大减小。

（6）组部件互换性强，维修简便，运行可靠，就地显示累计流量，并可远传，与相应的光电脉冲转换器和流量积算仪配套，可进行远程测量、显示与控制。

6.2.3 刮板流量计

刮板流量计的结构原理如图6.6所示。当被测流体由流量计的入口流入流量计时，在流量计的入口和出口间产生一个压差,该压差推动刮板和转子转动。转子每转一圈,就排出一定量的流体。通过检测转子的转动频率或转数,就可得到瞬时流量或累计流量。刮板流量计的工作原理如图 6.7 所示。

刮板流量计适用于管道中液体的流量计量,与椭圆齿轮流量计和腰轮流量计相比较,其主要特点是适用范围广(能在介质中含颗粒杂质的工况下使用而不卡死),运行时震动和噪声较小,计量准确度高,一般可达 0.2 级或更高;可按需要配备各种计数器和发信器,实现就地指示或将电信号远传;可用于对原油、汽煤柴油和化工、食品等无腐蚀性液体的工业和商贸计量。

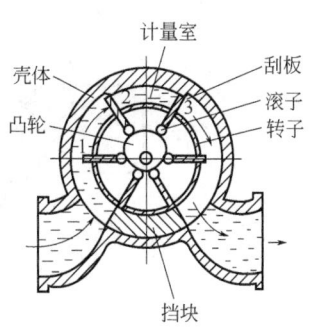

图 6.6 刮板流量计结构图
1~3 为刮板序号

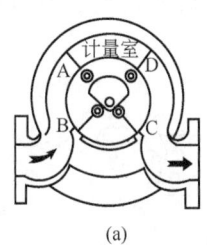 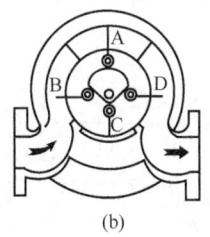 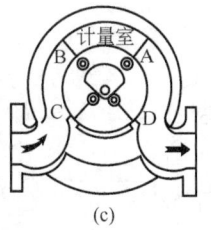 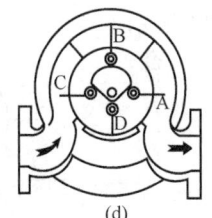

(a) (b) (c) (d)

图 6.7 刮板流量计工作原理图
A~D 为刮板序号

6.2.4 双转子流量计

1. 工作原理

双转子流量计是一种新型容积式流量计,可用于管道中液体流量的测量和控制。

双转子流量计工作原理如图 6.8 所示。安装在壳体计量腔内的一对独特的螺旋转子(图 6.9)与壳体、盖板之间组成了若干个已知体积的螺旋状空腔(图 6.10)。在被测介质的压力作用下,靠流量计进出口的微压差推动两个几何尺寸相同、旋向相反的螺旋转子啮合转动,不停地将液体从进口处送到出口处。流经流量计的流量与螺旋转子的转数成正比,通过计数转换机构的换算,可直接在计数器上读出流经流量计的累积体积流量。

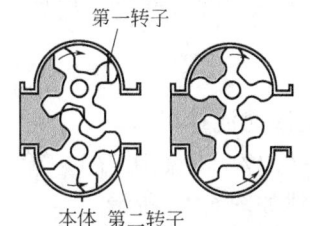 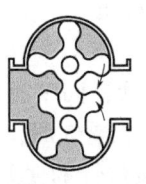  

图 6.8 双转子流量计工作原理   图 6.9 螺旋转子

双转子流量计的测量单元由两个螺旋转子组成,如图 6.10 所示。它们的配合由一组精确的齿轮控制。两个转子各自作等速、等转矩旋转,排量均衡无脉动。螺旋转子每转一周可输出 8 倍空腔的容积,故转子的累计转数与流体的累积流量成正比,转子的转速与流体的瞬

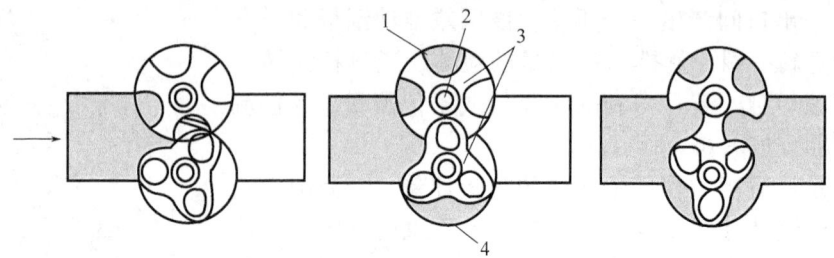

图 6.10 双转子流量计结构示意图
1—计量室 1；2—同步驱动齿轮；3—螺旋转子；4—计量室 2

时流量成正比。转子的转数通过磁性联轴器传到表头计数器，显示出流过流量计（流过管道）的流量。

螺旋转子在结构上可分为标准型（径向型）双转子和轴向型双转子两类，其工作原理如图 6.11 所示。

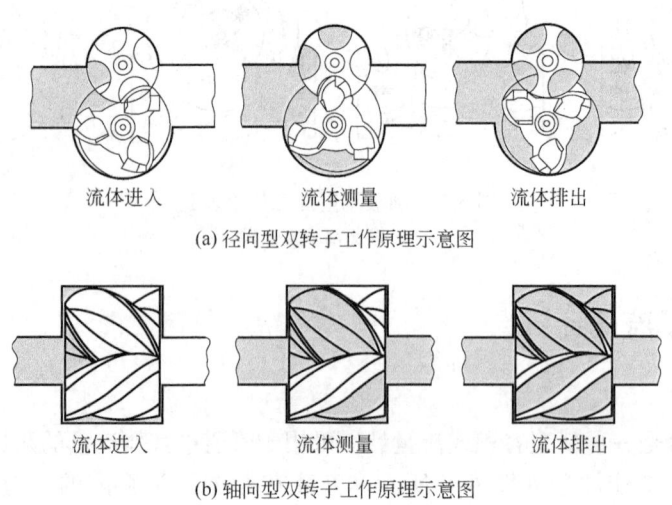

(a) 径向型双转子工作原理示意图

(b) 轴向型双转子工作原理示意图

图 6.11 双转子工作原理图

2. 使用特点

双转子流量计广泛应用于石油、化工、船舶、油库、码头、槽罐车等部门，特别适用于原油、精炼油、轻烃等工业液体的计量，储运行业主要用于汽煤柴油、原油、重油、渣油等石油制品和工业液体的工业与商业贸易计量。

双转子流量计的主要性能特点如下：

（1）运行平稳，流量无脉动，噪声低，同一流量点任一时刻的瞬时流量相同。

（2）精度高，量程宽，在量程比大于 1∶5 时，其精度可达到±0.2%；量程比为 1∶10～1∶20 时，其精度可达±0.5%。双转子流量计的误差与压力损失曲线如图 6.12 所示。

（3）压损小，管道安装条件对流量计的精度影响小，受压力波动影响小，安装简单，前后不需要直管段。

（4）精度保持性好，准确度与可靠性高，寿命长，维修与维护方便、容易。

（5）与其他同种口径流量计相比，流量大而体积小，可测量高黏度和含有微小颗粒的液体流量，性能则比其他流量计更优越。

（6）适用于稀油、轻质油、稠油、含砂量大、含水量大的原油，被测量液体的黏度范围大。

（7）可现场指示，直接读数并可配发信器，输出电脉冲信号，远传到二次仪表或计算机，组成自动控制、自动检测和数据处理等系统。

（8）只能适用于洁净的单相流体，价格高，大口径不具备优势。

（9）需要同步齿轮才能保证两转子正确啮合。

（10）流量计必须水平安装，不能垂直安装。

双转子流量计的误差与压力损失曲线如图6.12所示。

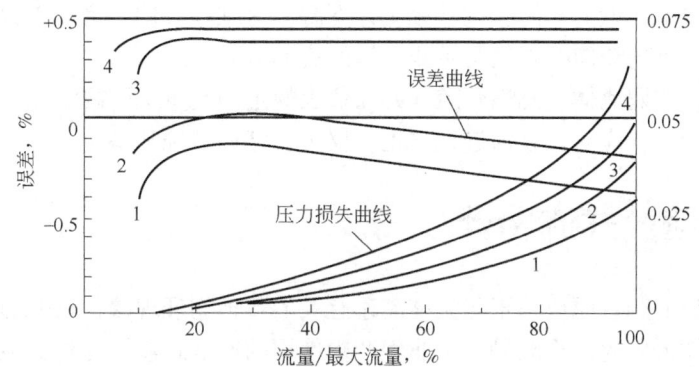

图6.12 双转子流量计误差曲线与压力损失曲线
1—航空汽油（0.7mPa·s）；2—水（1mPa·s）；3—轻柴油（5mPa·s）；4—变压器油（20mPa·s）

6.2.5 容积式流量计的安装与使用

1. 容积式流量计的适用范围

容积式流量计的适用范围如表6.4所示。

表6.4 容积式流量计的适用范围

流量计名称	流体分类								
	液化石油气	汽油、灯油	轻油	重油、原油	高黏度油	水与工业液体	化工液体	中压气体	高压气体
	黏度范围，mPa·s								
	0.1~0.5	0.5~2	2~5	5~50	>50				
腰轮	√	√	√	√	√	√	√	√	
椭圆齿轮	√	√	√	√	√	√	√	×	×
刮板			√	√				×	×
旋转活塞		√	√			√	√		
往复活塞		√	√	√	√			×	×
燃油加油机		√						×	×
螺杆		√	√	√	√			×	×
双转子	√	√	√	√	√	√	√	×	×
圆盘		√	√			√		×	×
旋叶	×	×	×	×	×	×	×	√	√
皮膜式	×	×	×	×	×	×	×		√
湿式	×	×	×	×	×	×	×		√

注："√"表示适用；"×"表示不适用；空格表示不确定。

2. 使用安装注意点

容积式流量计适用于油、酸、碱等液体流量的测量，也适用于气体流量（大流量）的测量。其精度一般为 0.5 级或更高；工作温度范围为 -10~80℃；工作压力可达 1.6MPa，压力损失较小；适用的液体动力黏度范围为 0.6~500mPa·s。

容积式流量计型号和规格的正确选择，需考虑被测介质的物性参数和工作状态，如黏度、密度、压力、温度、流量范围等因素。流量计的安装地点应满足技术性能规定的条件，仪表在安装前必须进行检定。多数容积式流量计可水平安装，也可垂直安装。在流量计上游要加装过滤器，调节流量的阀门应位于流量计下游。为维护方便，需设置旁通管路。安装时要注意流量计外壳上的流向标志应与被测流体的流动方向一致。

使用过程中，被测流体应充满管道，并在仪表规定的流量范围内工作；当黏度、温度等参数超过规定范围时，应对流量值进行修正；仪表要定期清洗和检定。

6.3 速度式流量计

速度式流量计的测量原理基于与流体流速有关的各种物理现象，仪表的输出与流速有确定的关系，即可知流体的体积流量。工业生产中使用的速度式流量计种类很多，新的品种也不断开发，它们各有特点和适用范围。

油气领域常用的速度式流量计的适用性能如表 6.5 所示。本书仅介绍几种应用较普遍、有代表性的流量计。

表 6.5 常用的速度式流量计适用性能

流量计	适用流体	测量范围	压力损失	管道要求	精确度
电磁流量计	高电导率流体（水）	较宽（10:1）	极小	管道使用广泛	高
涡街流量计	洁净介质	宽（30:1）	小	管道使用广泛	高
靶式流量计	高黏度、高脏污介质	窄（3:1）	大	管径小，15~200mm	一般
涡轮流量计	洁净流体	较宽（10:1）	一般	管道使用广泛	高
孔板流量计	广泛	窄（3:1）	大	较长的大直径直管段	一般

6.3.1 差压式流量计

1. 差压式流量计概述

差压式流量计简称差压计，又称节流式流量计。是目前最成熟、最常用的流量测量仪表之一。

差压式流量计基于流体流动的节流原理，它利用流体流经节流元件时产生的压力差与流量间的对应关系，通过测量压差来实现对流量的测量。其可用于测量液体、气体或蒸汽的流量。在单元组合仪表中，由节流装置产生的压差信号，常通过差压变送器转换成相应的标准信号（电的或气的），以供显示、记录或控制用。

2. 差压式流量计的组成

如图 6.13 所示，差压式流量计由节流装置、引压导管、差压变送器和显示仪表组成。最常用的差压式流量计由节流装置、引压导管（导压管）和差压计（差压变送器）组

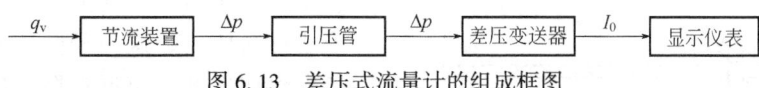

图 6.13 差压式流量计的组成框图

成,如图 6.14 所示。

节流装置是使流体产生局部收缩的节流元件、节流元件前后的取压装置及符合要求的前后直管段(测量管)的总称,它用于将流体流量的大小转化为压力差。

节流元件是能使管道中的流体产生局部收缩的元件。国内外已将孔板、喷嘴等最常用的节流装置进行了标准化,称为标准节流装置。标准节流元件有孔板、喷嘴、文丘里管等,如图 6.15 所示。采用标准节流装置的差压式流量计,按统一标准设计(包括节流装置的结

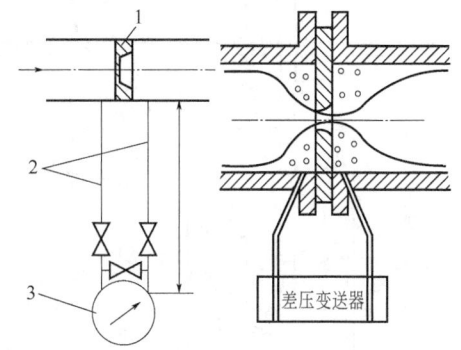

图 6.14 差压式流量计组成示意图
1—节流装置;2—引压导管;3—差压计

构、尺寸、加工要求、取压方法、使用条件等),不必进行单个实验标定,即可直接投入使用。

因孔板形状简单、易于加工,其应用最为广泛,但与喷嘴、文丘里管相比,它的测量精度较低、阻力损失较大。储运油气田集输计量中就常用标准孔板。

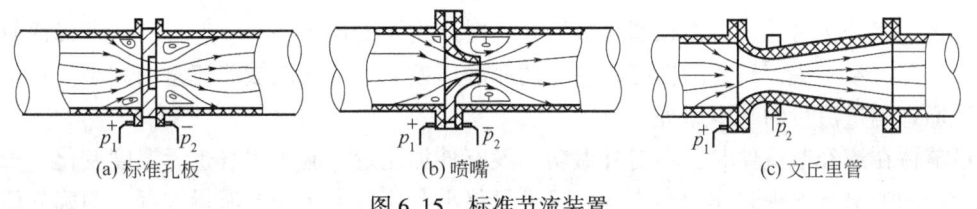

(a) 标准孔板 (b) 喷嘴 (c) 文丘里管

图 6.15 标准节流装置

导压管是连接节流装置与差压计的管线,它是传输差压信号的通道。导压管上通常安装有平衡阀组及其他附属器件。

差压计用来测量压差信号,并把此压差转换成流量指示记录下来。差压计有很多种形式,如就地指示型的 U 形管差压计、双波纹管差压计、膜盒式差压计等。常用的差压计有双波纹管差压计与差压变送器等。

工业生产过程中的流量测量及控制一般采用差压变送器,它将差压信号转换为统一的标准信号,以利于远传,并与单元组合仪表中的其他单元相连接,以便于集中显示及控制。差压变送器的结构和工作原理与压力变送器基本相同。

下面以孔板节流装置为例,讨论差压式流量计的测量原理。

3. 差压式流量计的测量原理

图 6.16 所示为孔板前后流体的速度与压力的分布情况。节流装置前的流体压力较高,称正压,常以"+"标志;节流装置后的流体压力较低,称负压,常以"−"标志。在管道截面 1 前,流体未受节流元件的影响,以轴向平均流速 v_1 流动,静压力为 p_1;接近节流装置时受到孔板的阻挡,其中近管壁处的流体受到节流装置的阻挡作用最大,使一部分动能转化为静压能,孔板入口端面靠近管壁处流体的静压力升高(由 p_1 增至最大 $p_{1\max}$),并大于

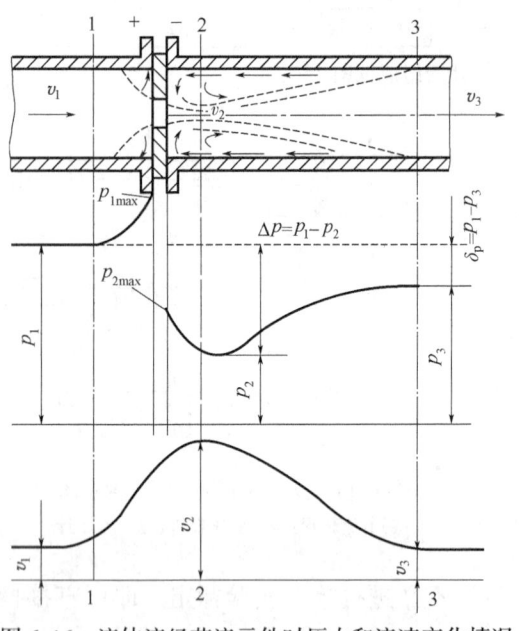

图 6.16 流体流经节流元件时压力和流速变化情况

管中心的压力,即在节流装置入口端面处形成径向压差。这一径向压差使流体产生径向附加速度,使近管壁处的流体质点流向向管道中心倾斜,形成了流束的收缩运动,导致流体流经孔板时,流束截面收缩,流体流速增大,此时管中心处的流速增加,静压力减小;因惯性作用,流束最小截面并不在孔板的孔处,而是经节流孔板后仍继续收缩,到截面 2 处达到最小,此时流速最大为 v_2,静压力 p_2 最小;随后流体流束又逐渐扩大直至充满全管,同时流速逐渐减小,静压力逐渐增加,至截面 3 后完全复原,流速恢复降低到原来的数值 v_1,即 $v_3=v_1$。但流体经过孔板时,因流体流束的局部收缩导致流速变化,流通截面的突然缩小与扩大所产生的局部涡流与扰动,以及流体流经节流孔时需要克服的摩擦力,都导致了流体能量的损失,使流体的静压力不能回复到原来的数值 p_1 而产生永久的压力损失 $\delta_p = p_1 - p_3$。

通过上述分析可见,流体在通过节流孔板时产生了静压差 $\Delta p = p_1 - p_2$,节流装置前后压差的大小与流量有关,只要测出孔板前后两侧静压差,即可求出被测流量的大小。这就是利用节流原理测量流量的基本原理。

设流体在流经节流件时,不对外做功,没有外加能量,流体本身也无温度变化,根据流体力学中的伯努利方程和连续性方程,可推导得出节流式流量计的流量方程,明确静压差与流量之间的定量关系式,即差压式流量计的流量基本方程式:

$$Q = \alpha \varepsilon A_0 \sqrt{\frac{2}{\rho} \Delta p} \tag{6.8}$$

$$M = \alpha \varepsilon A_0 \sqrt{2\rho \Delta p} \tag{6.9}$$

式中,Q 为工作状态下的体积流量,m^3/s;M 为质量流量,kg/s;α 为流量系数,由实验确定;ε 为膨胀校正系数,对不可压缩液体来说,常取 $\varepsilon = 1$;A_0 为工作温度下的节流装置开孔截面积,m^2;Δp 为节流装置前后实际测得的压力差,Pa;ρ 为工作状态下节流装置前的流体密度,kg/m^3。

流量基本方程中,流量系数 α 是一个影响因素复杂的综合性参数,与节流元件的形式尺寸、取压方式、测量管壁粗糙度、直径比(管道直径/孔板开孔直径)、流体性质、工作状态以及流体的流态(雷诺数 Re)有关。它是差压式流量计能否准确测量流量的关键所在。对标准节流装置,可根据节流元件形式、取压方式、直径比、管道粗糙度、孔板入口锐利程度及雷诺数查阅有关手册得到。对非标准节流装置,其值通常由实验确定。但在进行节流装置的设计计算时,则是针对特定条件,选择一个 α 值来计算的。计算的结果只能应用在一定条件下。一旦条件改变(例如节流装置形式、尺寸、取压方式、工艺条件等因素的改变），就不能随意套用，必须另行计算，否则会引起很大的测量误差。

可膨胀性系数 ε 用来校正流体的可压缩性，它与节流元件前后压力的相对变化量、流体的等熵指数等因素有关，其取值范围小于等于 1。对不可压缩性流体，$\varepsilon=1$；对可压缩性流体（如空气、蒸汽、煤气等），则 $\varepsilon<1$。应用时可查阅有关手册得到。

4. 差压流量计的特点、安装和使用

1）差压式流量计特点

差压式流量计结构简单，无可动部件，可靠性较高，复现性能好，适应性较广，适用于各种工况下的单相流体，适用管道直径范围宽，可配用通用差压计，装置可标准化；其主要缺点是安装要求严格，流量计前后要求较长的直管段，测量范围窄，一般范围度为 3∶1，压力损失较大，对较小直径的管道测量较困难，通常要求被测管道直径 $D>50\text{mm}$，精确度不够高（$\pm 1\% \sim \pm 12\%$）等。

差压式流量计虽应用广泛，但在现场实际应用时，如安装和使用不当，就会出现很大的测量误差，有时甚至高达 10%~20%。因此，不仅需要合理的选型、准确的设计计算和加工制造，更要注意正确的安装、维护和合理的使用条件，才能保证差压式流量计有足够的实际测量精度。

2）节流装置的安装与使用

节流装置的流量系数都是在一定条件下，通过严格的实验取得的，因此对管道的选择、流量计的安装和使用条件均有严格的规定。在设计、制造与使用时应满足基本规定条件，否则难以保证测量准确性。

（1）节流式流量计适用于测量 DN≥50mm、雷诺数 $>10^4 \sim 10^5$ 的流体，而且流体应当清洁，充满管道，不发生相变。

（2）实际使用中，必须保证节流装置的使用条件与设计条件一致，当被测流体的工作状态发生变化，如被测流体的工作状态（温度、压力、湿度等）及相应的流体密度、黏度、雷诺数等参数与设计值不同时，必须按照新的工艺条件重新进行设计计算，或将所测结果加以必要的修正。

（3）测量具有腐蚀性或易凝介质的流量时，必须采取隔离措施。最常用的方法是用某种与被测介质不互溶且不起化学变化的中性液体作为隔离液，同时起传递压力的作用，当隔离液的密度 ρ_1' 大于或小于被测介质密度 ρ_1 时，隔离罐有如图 6.17 所示的两种形式。

（4）安装节流装置时，特别要注意节流装置的安装方向。标有"+"的一侧，应是流体的入口方向。如是孔板，则应使流体从孔板 90°锐口的一侧进入。

（5）为保证流体在节流装置前后保持稳定的流动状态，在节流装置上、下游必须配置一定长度的直管段（直管段长度与管路上安装的弯头等阻流件的结构和数量有关，可查阅相关手册），并按国家标准的规定安装。

（6）节流装置应安装在圆形直管段、内壁洁净，其表面粗糙度应符合标准规定；节流元件的开孔与管道的轴线应同心，节流件的端面则与管道的轴线垂直；孔板不可反装，尖

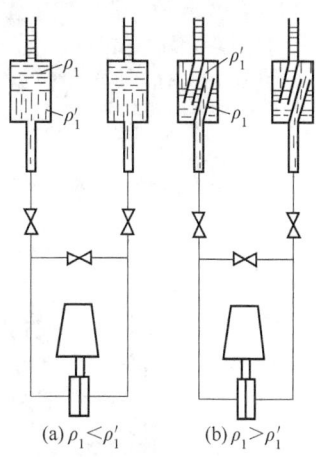

图 6.17 隔离罐的两种形式

锐一侧应迎着流向为入口侧，喇叭形一侧为出口侧；在节流装置附近，不得安装测温元件或开设其他测压口；流体应充满管道并连续、稳定地流动等，总之，节流装置的安装必须符合国家标准的规定要求。

（7）节流装置在使用中要保持清洁。如节流装置处有沉淀、结焦、堵塞等现象时，必须及时清洗，否则会引起较大的测量误差。

（8）节流装置长时间使用，会因物理磨损或者化学腐蚀等因素造成几何形状和尺寸的变化，从而引起测量误差，因此需要及时检查和维修，必要时更换新的节流装置。尤其是储运常用的孔板流量计，其入口边缘尖锐度常受冲击、磨损和腐蚀等因素的影响而变钝，因此所导致的磨损问题应重点予以关注。

（9）当测量液体、气体、蒸汽流量时，取压口的位置可参见压力测量仪表中的压力表安装部分。

（10）由流量的基本方程可知，流量与节流元件前后差压的开方成正比，因此被测流量不应接近于仪表的下限值，否则差压变送器输出的小信号经开方会产生很大的测量误差。

综上所述，节流装置的安装与使用必须符合国家标准的规定要求，否则难以保证测量精度与准确度。

差压流量计的结构简单、使用方便、寿命长、适应性广，对各种工况下的单体流体、管径（50~1000mm 范围内）几乎均可使用。但对差压流量计达不到所需精度、流体非单向流动、流量变化幅度大、高黏度或强腐蚀流体介质等情况，应考虑选用其他方法。

差压流量计使用历史悠久，已形成了一套完整的实验标准、设计资料，在工程上设计选择时只要根据不同的被测介质与要求，查阅有关设计手册和资料即可。

目前，新颖的差压变送器可同时测量差压、静压和温度，并经计算单元作流体压力、温度修正或测流体质量流量。它具有减少独立传感器数量、简化管线工程、降低安装费用、减少管线开孔、降低潜在泄漏点和提高整体可靠性等综合性优点。

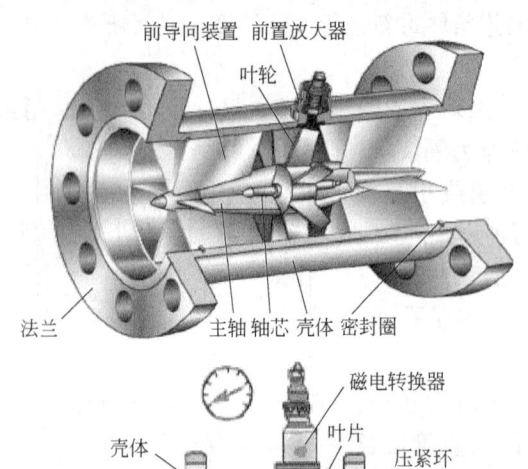

图 6.18 涡轮流量计结构剖面图

6.3.2 涡轮流量计

1. 涡轮流量计的结构

如图 6.18 所示，涡轮流量计主要由壳体、涡轮和磁电转换器组成。涡轮是测量元件，由磁导率较高的不锈钢材料制成。轴芯上装有数片呈螺旋形或直形的叶片，流体作用于叶片，使涡轮转动。壳体和前后导向装置由非导磁的不锈钢材料制成，导向装置对流体起导直作用。在导向装置上装有滚动轴承或滑动轴承，用来支撑转动的涡轮。

2. 工作原理

涡轮流量计利用动量矩守恒原理，靠流体推动可自由转动的叶轮旋转，来感受流体的速度变化，通过测量叶轮的转动次数来确定流体的流量。

涡轮流量计的工作原理如图 6.19 所示，流体通过涡轮流量计时推动涡轮转动，涡轮叶片周期性地扫过磁钢，使磁路磁阻发生周期性变化，线圈两端感应出脉冲信号。该信号经前置放大器放大整形后，和压力传感器、温度传感器的信号同时输入流量积算仪进行处理，直接显示体积流量和累计流量。

线圈感应产生的交流电信号频率与涡轮转速成正比，即与流速成正比。

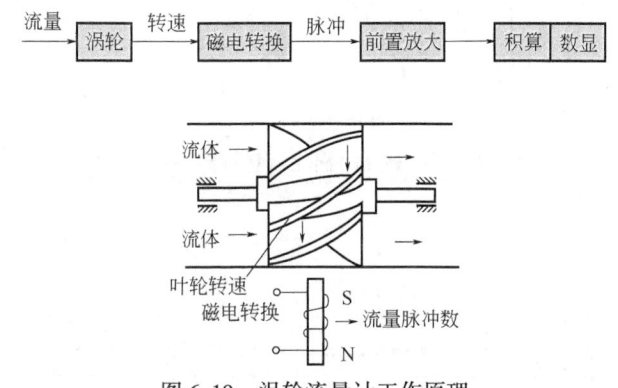

图 6.19 涡轮流量计工作原理

涡轮流量计流量方程式为

$$q_V = \frac{f}{\xi} \tag{6.10}$$

式中，q_V 为体积流量；f 为信号脉冲频率；ξ 为仪表常数。

仪表常数 ξ 与流量计的涡轮结构等因素有关。在流量较小时，ξ 值随流量增加而增大，只有流量达到一定值后才近似为常数。在流量计的使用范围内，ξ 值应保持为常数，使流量与转速接近线性关系。

涡轮流量计显示仪表是一个脉冲频率测量和计数仪表，按单位时间的脉冲数和某一段时间的脉冲数计数，分别显示瞬时流量和累积流量。

3. 计量特性

涡轮流量计适合于中低黏度液体与高压气体的计量，但要求被测介质洁净，不适用于黏度大的液体测量。国内外液化石油气、成品油和轻质原油等转运站与集输站、大型原油输送管线首末站都大量采用涡轮流量计进行计量核算与贸易结算，也可用作天然气的核算与贸易仪表，压力从 0.8MPa 到 6.5MPa 的气体涡轮流量计（视频4），已成为优良的天然气流量计。

图 6.20、图 6.21 分别为涡轮流量计的不同黏度典型特性与误差曲线。

视频 4 气体涡轮流量计

涡轮流量计的计量特性如下：
（1）线性段约为工作段的三分之二，其特性与传感器结构尺寸及流体黏性有关。
（2）在非线性段，特性受轴承摩擦力、流体黏性阻力影响较大。
（3）当流量低于传感器流量下限时，仪表系数随着流量迅速变化，压力损失与流量近似为平方关系。
（4）当流量超过流量上限时，要注意防止空穴现象。

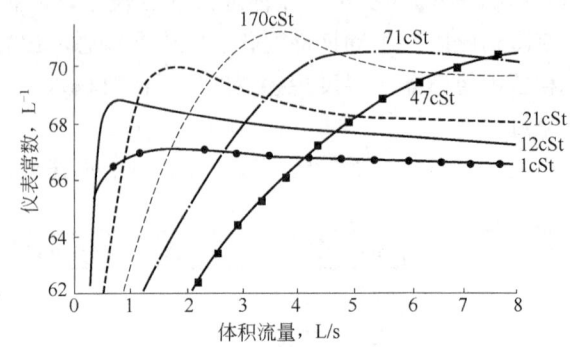

图 6.20　不同黏度时涡轮流量计典型特性曲线

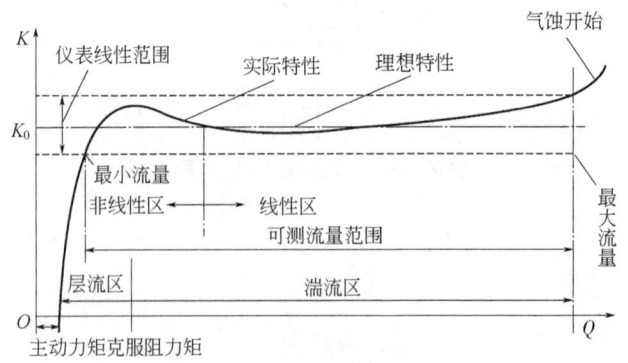

图 6.21　涡轮流量计典型误差曲线

（5）结构相似的涡轮流量计特性曲线形状相似，仅在系统误差水平方面有所不同。

4. 涡轮流量计的特点及使用

通常，涡轮流量计主要用于测量精度要求高、流量变化快的场合，还用作标定其他流量的标准仪表。

1) 涡轮流量计的特点

（1）优点：

① 安装方便；磁电转换器与叶片间不需密封和齿轮传动机构，故测量精度高；复现性和稳定性均好；准确度高；对气体准确度为 1%～1.5%，对液体准确度为 0.25%～0.5%。高质量涡轮流量计可用作标准流量计使用。

② 主要用于中小口径的流量测量，流通能力大，耐高压，量程范围宽，工作温度范围宽（-200～400℃），测量范围可达 15∶1～40∶1。在高压输气场合，流量范围还可扩展。

③ 适应介质广泛，适用于测量高压气体、中低黏度液体的流量。除天然气外，涡轮流量计还可用于煤气、轻质原油、有机液体等的介质计量。

④ 有的流量计采用特殊耐磨轴承，设计为全密封状态，使脏污杂质很难进入流量计的运转部位，使用受命可达 8～15 年。

⑤ 对流量变化反应迅速，可测脉动流量；抗干扰能力强，信号便于远传及与计算机相连。

（2）缺点：

① 不适用于多相流和剧烈脉动流。

② 大部分涡轮流量计对测量流体的清洁度要求较高。脏污介质造成的轴承磨损和卡轴问题是影响涡轮流量计大量使用的重要原因，加装过滤器则增加了维护工作量，同时增加了压力损失。

③ 流量计需要直管段甚至整流器，以消除旋涡流和速度分布畸形的影响。

④ 受流体密度、黏度影响较大，高黏度流体影响其使用计量精度。

⑤ 流量计的转换系数一般是在常温下用水标定的，当介质的密度和温度发生变化时需重新标定或进行补偿。

⑥ 制造困难，成本高。

⑦ 涡轮高速转动，轴承易磨损，降低了长期运行的稳定性，影响使用寿命与计量精度。

2）安装

（1）一般应水平安装，避免垂直安装，并保证其前后有一定的直管段，以使流态比较稳定，即要求仪表前直管段长度≥10D，后直管段长度≥5D。

（2）气体涡轮流量计推荐上游至少 10DN 的前直管段长度。当有整流器时，整流器出口到涡轮流量计入口端面至少为 5DN 的直管段（分别从流量计的上、下游端面算起），其内径与流量计公称通径 DN 之差，一般应不超过 DN 的±1%，并不超过 5mm。

（3）用于静压补偿的取压孔应位于气体涡轮流量计叶片相对应的位置处。

（4）测温元件应安装在流量计下游，在叶轮下游的 5D 内，尽可能靠近流量计。

（5）为保证被测介质洁净，仪表前应装过滤装置。如被测液体易气化或含有气体时，要在仪表前装消气器。

（6）变送器应安装在不受外界电磁场影响的地方，否则在变送器的磁电感应转换上应加设屏蔽罩。

（7）涡轮流量变送器与二次仪表都应良好地接地，连接电缆应采用屏蔽电缆。

3）使用注意事项

（1）投表操作步骤：打开旁路截止阀；打开流量计上游截止阀；缓慢打开流量计下游截止阀；缓慢关闭旁路截止阀。

（2）停表操作步骤：打开旁路截止阀；关闭流量计下游截止阀；关闭流量计上游截止阀。

（3）新安装或修理后的管路必须进行吹扫。吹扫计量管路时，必须拆下流量计，用相应短节代替流量计进行吹扫。

（4）流量计管路投产时，应缓慢升压，逐步增加流速。停产时，应缓慢降压。

（5）运行中，检查涡轮流量计运转的声音或壳体振动来判断涡轮叶片及轴承是否工作正常。低流速下应关注其声音变化情况，高流速下观察其壳体振动的变化。

6.3.3 转子流量计

管径 D≤50mm 的节流装置还未实现标准化，对小流量或较小管径的流量测量，可选用转子流量计。转子流量计可测量多种介质流量，更适用于中小管径、中小流量和较低雷诺数的流量测量，如特别适宜于测量 DN 在 50mm 以下的管道流量。

转子流量计的主要特点是结构简单，反应灵敏，量程较宽，压力损失小且恒定，使用维护方便，对仪表的前后直管段长度要求不高，刻度为线性，测量精确度为±2%左右，量程调整比可达 10∶1。但仪表测量值易受被测介质的密度、黏度、温度、压力、纯净度及安装位置等因素的影响。

1. 测量原理及结构

差压式流量计是在节流面积不变的条件下，根据差压的变化测量流量。而转子流量计则是压降保持不变，利用改变节流截面的方法来测量流量。它由一段上宽下窄的垂直锥形管和放置于锥形管内可上下自由浮动的浮子（因测量时浮子不停转动，又称转子）组成，如图6.22所示。

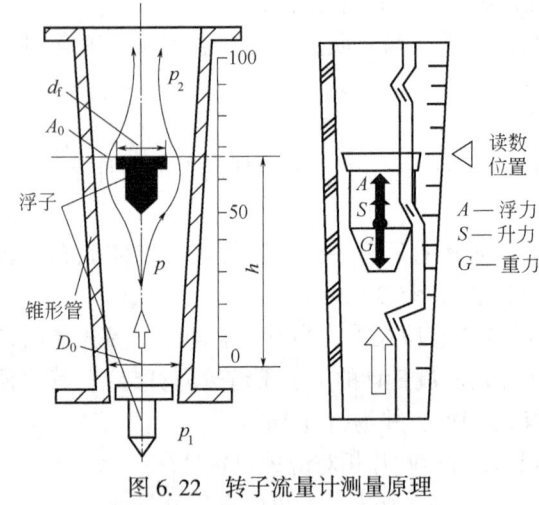

图6.22 转子流量计测量原理

被测流体自下而上流经锥形管时，因节流作用，在转子上下端面产生差压，形成作用于浮子的上升力，转子受到流体冲击作用向上运动，随着转子的上移，转子与锥形管间环隙增大（即流通面积增大）。流速减小，冲击作用减弱，直到转子在流体中的重力与作用在转子上的推力相等时转子就维持力平衡，稳定在锥形管中的某一平衡位置上（即转子在锥形管中的平衡位置高低 h 与被测流体流量大小相对应）。当流体流量增大或减少时，转子将上移或下移至新位置，继续保持力平衡。如在锥形管外沿高度刻上对应的流量值，根据转子平衡位置的高低就可直接读出流量的大小，这就是转子流量计测量流量的基本原理。

转子流量计中转子的平衡条件是

$$\Delta p \cdot A_f = (p_1 - p_2) A_f = V_f \cdot (\rho_f - \rho_t) \cdot g \tag{6.11}$$

$$\Delta p = p_1 - p_2 = \frac{V_f \cdot (\rho_f - \rho_t) \cdot g}{A_f} \tag{6.12}$$

式中，A_f、V_f 分别为转子的横截面积和体积；ρ_f、ρ_t 分别为转子材料和被测流体的密度；p_1、p_2 分别为转子前后流体的压力；g 为重力加速度。

由式(6.11)可看出，V_f、V_t、ρ_f、A_f、g 均为常数，所以 Δp 为常数时，流过转子流量计的流体流量与转子和锥形管间环隙面积 A_0 有关。因锥形管由下往上逐渐扩大，所以 A_0 与转子浮起的高度有关。所以根据转子的高度就可判断被测介质的流量大小，可用下式表示：

$$Q = \phi h \sqrt{\frac{2\Delta p}{\rho_t}} = \phi h \sqrt{\frac{2gV_f(\rho_f - \rho_t)}{\rho_t A_f}} \tag{6.13}$$

或

$$M = \phi h \sqrt{2\rho_t \Delta p} = \phi h \sqrt{\frac{2gV_f(\rho_f - \rho_t)\rho_t}{A_f}} \tag{6.14}$$

式中，ϕ 为仪表常数；h 为转子浮起的高度。

2. 转子流量计种类

转子流量计按锥形管材料的不同分为透明锥形管转子流量计和金属管转子流量计两种。

1) 透明锥形管转子流量计

透明锥形管多由硼硅玻璃制成，因此透明锥形管转子流量计习惯上称为玻璃转子流量计。它主要由透明锥形管、转子和支承结构组成。常用结构如图6.23所示，除转子与锥形管外，还装有支柱或护板等保护性零部件。为使转子不致卡死在锥形管内，常在下部设有转子座，上部无限制器，与被测流量入口端相连接的形式有法兰、螺纹和软管连接三种。

因锥形管用玻璃制成，所以工作压力和温度不能过高（工作压力一般在0.25~1.6MPa，温度一般在-20~120℃）。精度等级为1.5~2.5级。玻璃转子流量计虽结构简单，价格便宜，使用方便，但玻璃强度低、耐压低、易碎，故多用于常温、常压、透明流体的就地指示，不宜制成电远传式，电远传式一般采用金属锥形管。

2）金属锥形管（远传式）转子流量计

图6.24为远传式转子流量计，能将反映流量大小的转子高度转换为电信号，可远传显示或记录，并可带报警装置。信号远传方式有电动和气动两种类型，测量转换机构将转子的位移转换为电信号或气信号进行远传及显示，其工作原理如图6.25所示。

转换机构为差动变压器组件，用于测量转子的位移。流体流量变化引起转子的移动，转子同时带动差动变压器中的铁芯作上、下运动，差动变压器的输出电压将随之改变，通过信号放大后输出与流量呈线性关系的电信号。

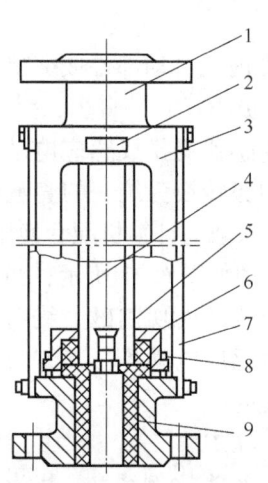
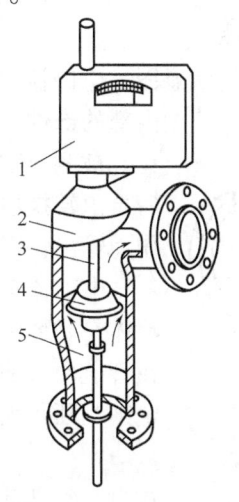
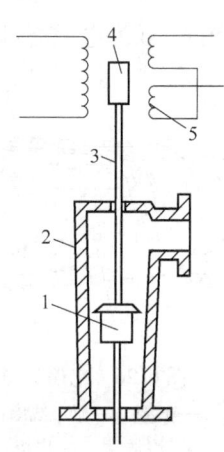

图6.23 法兰连接玻璃转子流量计结构图
1—基底；2—标牌；3—防护罩；4—透明锥形管；5—转子；6—压盖；7—支承板；8—螺钉；9—衬套

图6.24 远传式转子流量计结构图
1—转换部分；2—传感器部分；3—导杆；4—转子；5—锥形管部分

图6.25 远传转子流量计工作原理示意图
1—转子；2—锥形管；3—连杆；4—铁芯；5—差动线圈

3）转子流量计的安装

（1）在安装使用前必须核对所用转子流量计的测量范围、工作压力、介质温度是否与选用的规格要求相符。

（2）转子流量计垂直安装于管道上时，流体必须是由下而上地通过流量计。

（3）流量计前后应安装截断阀，并安装旁通阀，以便于投运和维修。流量计投入运行时，其前后阀门要缓慢开启，投运后，关闭旁通阀。

4）使用注意事项

（1）转子流量计的压力损失比差压式流量计小，转子位移随被测介质的反应也较快。转子流量计要垂直安装，不能倾斜，而且被测介质由下而上通过，不能接反。

（2）开启仪表前截断阀时，不要一下子用力过猛、过急，以免损坏锥形管和转子等零件。

（3）当被测流体不清洁、有污垢时，会使转子质量环隙流通面积变化，从而造成较大的测量误差，使用时需要定期清洗。

(4) 在检修或新安装流量计时，应先将转子顶住再搬动，以免将锥形管碰碎。

(5) 最佳测量范围为测量上限的 1/3~2/3 刻度内。凡是百分刻度的转子流量计，制造厂在出厂时每台仪表包装中都附有图表，要妥善保存，以便使用时查阅。

(6) 转子流量计是一种非标准化仪表，出厂时需单个标定刻度。测量液体的转子流量计用常温水标定；测量其他介质的转子流量计则用常温常压（20℃，0.10133MPa）的空气标定。在实际测量时，如被测介质不是水或空气，则流量计的指示值与实际流量值之间存在差别，要对其进行刻度换算修正。修正公式可查阅相关工程设计手册。

6.3.4 电磁流量计

电磁流量计是根据法拉第电磁感应原理来测量流量的，主要用于测量具有一定电导率的液体（如工业污水及各种酸、碱、盐溶液）、腐蚀性液体、含有固体颗粒（例如泥浆、矿浆、纸浆及含杂污水等）或纤维的液体流量，不能测量气体、蒸汽和非导电液体的流量。

1. 电磁流量计的结构原理

图 6.26 为电磁流量计的结构示意图。电磁流量计的测量管内无可动部件或突出于管道内部的部件，故压力损失极小。

被测介质的流量经传感器变换成感应电动势，然后再由转换器将感应电动势转换为统一的直流电信号作为输出，以便指示、记录或与计算机配套使用。

电磁流量计的测量原理如图 6.27 所示，当导电的流体在磁场中以垂直方向流动而切割磁力线时，就会在管道两边的电极上产生感应电动势，其方向由右手定则判断，大小由下式决定：

$$E_x = KBDv \tag{6.15}$$

式中，E_x 为感应电动势；K 为比例系数；B 为磁场强度；D 为管道直径；v 为垂直于磁力线的介质流动速度。

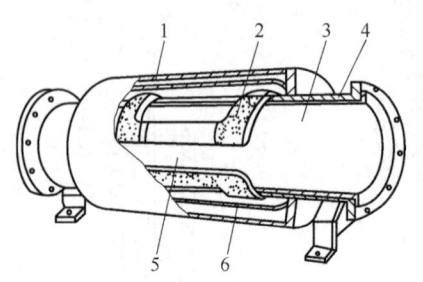

图 6.26 电磁流量计结构
1—外壳；2—励磁线圈；3—衬里；4—测量管；5—电极；6—铁芯

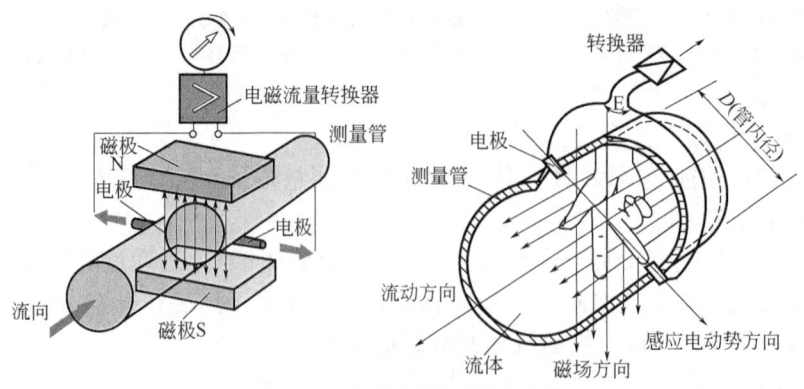

图 6.27 电磁流量计测量原理

当仪表结构参数确定后，即管道直径 D 已确定，磁场强度 B 维持不变时，感应电动势与流速成对应关系，可得出流体的体积流量与磁感应电势呈线性关系：

$$Q = \frac{1}{4}\pi D^2 v = \frac{\pi D}{4KB}E_x = \frac{E_x}{K'} \tag{6.16}$$

式中，K'为仪表常数，对固定电磁流量计而言，K'为定值。

因此，在管道两侧各插入一根电极，便可引出感应电动势，由仪表指示出流量的大小。

2. 电磁流量计的特点及应用

1）电磁流量计的特点

（1）测量管内无可动部件或突出于管道内部的部件，因而压力损失很小，运行能耗低。

（2）只能用来测量导电液体的流量，且电导率要求不小于水的电导率，不能测量气体、蒸汽及石油制品等的流量。

（3）被测流体可含有颗粒、悬浮物等，也可是酸、碱、盐等腐蚀性介质，有宽广的适用范围。

（4）流量计的输出与体积流量呈线性关系，且不受液体的温度、压力、密度、黏度等参数的影响。

（5）因衬里材料的限制，不能测量高温液体，一般不超过120℃，因电极嵌装在测量管上，最高工作压力受到限制，一般为2.5MPa；易受外界电磁干扰的影响。

（6）量程比一般为10∶1，有的量程比可达100∶1。满量程流速范围为0.3~12m/s；测准确度一般优于0.5%。

（7）电磁流量计无机械惯性，反应迅速，可测量瞬时脉动流量。

（8）测量口径范围大（可从1mm到2m以上），零点稳定，工作可靠。

2）电磁流量计的安装注意事项

（1）电磁流量计可垂直或水平安装，垂直安装时流体应自下而上流动，水平安装时两电极应取水平位置，并保持管内充满流体。

（2）电磁流体流动的方向应与流量计上箭头所指的方向一致。

（3）电磁流量计安装现场要远离外部磁场，应避免能产生强大交流磁场的场合，以减小外部干扰。

（4）必须保证流量计前后有足够的直管段，进口端5D以上，出口端3D以上（D为流量计测量管的内径）。

（5）因电磁流量计前后管道有时会带有较大的杂散电流，为防止影响测量精度，一般要把流量计前后1~1.5m处和流量计外壳相连接在一起，共同接地，且接地电阻应小于10Ω。

（6）应及时清除电磁流量计测量管内的附着结垢层。因电磁流量计常用来测量脏污流体，运行一段时间后，常在传感器的内壁积聚附着层而产生故障。这些故障常是因附着层电导率太大或太小所致。若附着物为绝缘层，则电极回路将出现断路；若附着层电导率显著高于流体的电导率，则电极回路将出现短路。这两种情况下仪表都不能正常工作。

（7）为防止电极与管道间的绝缘破坏，安装时要远离一切磁源，不能有振动。

6.3.5 涡街流量计

涡街流量计属旋涡流量计类型，其基于流体力学中的卡门涡街原理，利用流体振荡的特性来进行流量测量。它可用来测量各种管道中的液体、气体和蒸汽的流量，是目前工业控制、能源计量及节能管理中常用的流量仪表。

1. 涡街流量计的原理及流量方程式

涡街流量计是利用有规则的旋涡剥离现象来测量流体流量的仪表，其测量主体旋涡发生体,是垂直插入流体中的一个非流线型的柱状物(圆柱或三角柱),如图 6.28 所示。因表面的阻流作用,雷诺数达到一定数值时,会在柱状物下游处产生如图所示的两列平行状,并上下交替出现的旋涡,称为"卡门涡街"。当两列旋涡间的距离 h 和同列的两旋涡之间的距离 l 之比能满足 h/l = 0.281 时,则所产生的涡街是稳定的。

由圆柱体形成的卡门旋涡,其单侧旋涡产生的频率为

$$f = St \frac{v}{d} \tag{6.17}$$

式中,f 为单侧旋涡产生的频率,Hz;v 为流体的平均流速,m/s;d 为圆柱体直径,m;St 为斯特劳哈尔数(当雷诺数 $Re = 5 \times 10^2 \sim 15 \times 10^4$ 时,$St = 0.2$)。

由式(6.17)可知,当 St 近似为常数时,管直径 D、旋涡发生体的形状和尺寸确定(即 d 为定值)后,旋涡产生的频率 f 与流体的平均流速 v 成正比,测得 f 即可求得体积流量 Q,这就是涡街流量计的测量原理。

图 6.29 为圆柱体涡街原理示意图,其流量方程式为

$$Q = \frac{f}{K} \tag{6.18}$$

式中,K 为仪表系数,一般通过实验测得。

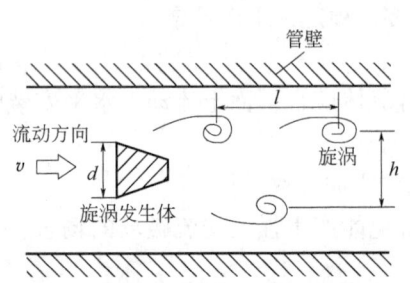

图 6.28 卡门旋涡形成原理示意图

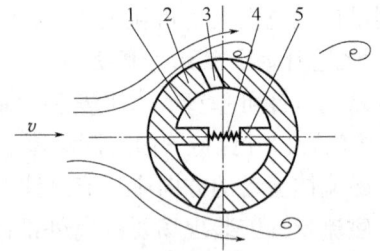

图 6.29 圆柱体涡街原理示意图
1—空腔;2—圆柱棒;3—导压孔;4—铂电阻丝;5—隔墙

涡街流量计的基本组成与结构如图 6.30 所示。

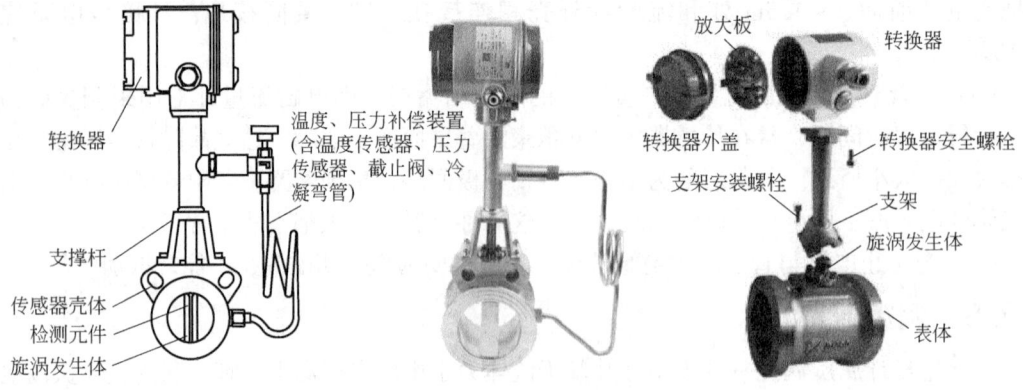

图 6.30 涡街流量计组成结构

目前应用流体振荡原理的涡街流量仪表,有应用自然振荡的卡门旋涡流量计和应用强迫振荡的旋进式旋涡流量计两种,图 6.31 为旋进式旋涡流量计的结构原理。

2. 涡街流量计的特点及使用

1) 涡街流量计的特点

（1）涡街流量计适用于气体、液体和蒸汽介质的流量测量，其测量几乎不受流体参数（温度、压力、密度、黏度）变化的影响。

（2）涡街流量计的输出信号（频率）不受流体物性和组分变化的影响，仅与旋涡发生体形状和尺寸以及流体的雷诺数有关。

（3）仪表内部无可动部件，使用寿命长，压力损失小，输出为频率信号，有较宽的范围度（30∶1），测量精度也比较高，可达0.5级或1级。

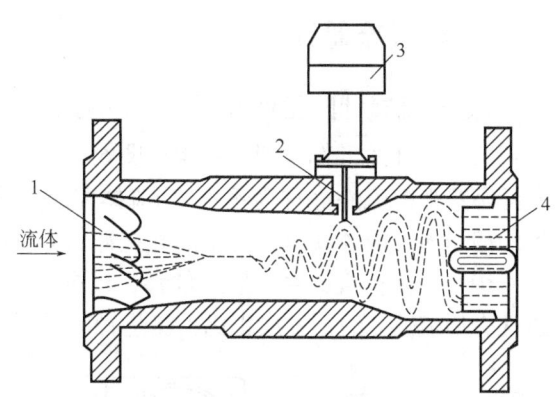

图6.31　旋进式旋涡流量计原理结构图
1—旋涡发生器；2—传感元件；
3—检测放大器；4—旋涡消除器

涡街流量计的不足之处主要有：

（1）流体流速分布情况和脉动情况会影响测量的准确度，旋涡发生体被沾污时也会引起误差。

（2）涡街流量计不适用于低雷诺数的情况，对高黏度、低流速、小口径的使用有限制。

2) 涡街流量计的安装

（1）涡街流量计属于对管道流速分布畸变、旋转流和流动脉动等敏感的流量计，安装时要考虑流量计的定位、液体流向、上下游直管段长度、配管直径、环境影响（温度、电磁辐射、腐蚀）、振动、阀门安装、管道支撑等因素，对现场管道安装条件应充分遵照使用说明书的要求执行。

（2）涡街流量计一般要求流量口径和配管直径一致且同心，可水平安装，也可垂直安装。上游直管段的长度通常取决于上游阻力件（缩管、扩管、弯头、阀门）的形式，一般上游直管段长度要大于等于$20D$，下游大于等于$5D$（D为管直径）。当上游阻力件为阀门或截止阀时，上游直管段长度大于等于$40D$。

（3）流量计的安装地点要避开高温、腐蚀、电磁辐射、振源，当振动强烈时还应考虑加支撑，以减少振幅的影响。用于控制回路测量时，推荐把涡街流量计装在调节阀的下游。

（4）测量液体和气体流量时，为防止气泡和液滴的干扰，安装位置要注意；如需断流检查与清洗传感器，则应设置旁通管道。

（5）传感器的安装场所应尽量注意避开振动源或杜绝振动。为避免振动，在流量计的上游可安装节流圈、膨胀段等，以部分吸收流体的振动和冲击。在控制回路中，如预知某一方向的振动后，应避免涡街流量计安装在旋涡升力方向与振动方向一致的地方。在小口径管中可考虑用弹性软管连接，其有效减振方法是加装管道支撑物。

（6）电气安装应注意传感器与转换器之间采用屏蔽电缆或低噪声电缆连接，布线时应远离强功率电源线，尽量用单独金属套管保护。应遵循"一点接地"原则，接地电阻应小于10Ω。

6.3.6 靶式流量计

1. 靶式流量计的工作原理

靶式流量计的工作原理及结构如图 6.32、图 6.33 所示,在管流中安装一个垂直于流动方向的圆盘形阻流件(称为靶)。当流体在测量管环状通道中流动时,因节流作用在靶前后产生的静压差、流体动压力对靶的直接冲击力和流体黏性对靶的黏滞摩擦力,对靶板产生综合的作用力,使靶板产生微量的位移,根据伯努利方程,靶上所受的综合作用力 F 与环状管道处介质流速 v 的平方成正比,测量靶所受的作用力 F,即可求出流体的流量 Q。

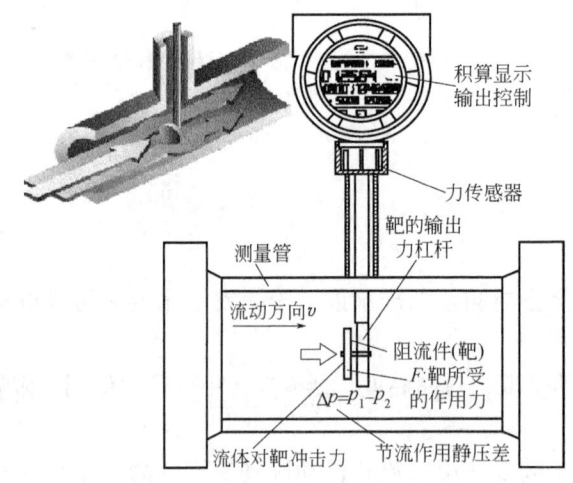

图 6.32 靶式流量计工作原理图

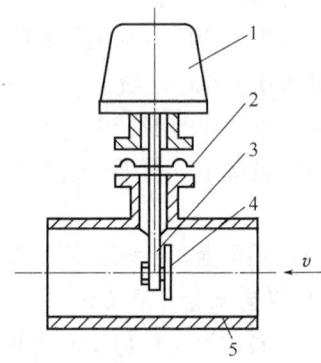

图 6.33 靶式流量计结构原理图
1—力平衡转换器;2—密封膜片;
3—杠杆;4—靶;5—测量导管

若管内径为 D,靶直径为 d,则环状流通通道面积为

$$A = \frac{(D^2 - d^2)\pi}{4} \tag{6.19}$$

靶板所受的作用合力,主要由靶对流体的节流作用和流体对靶的冲击作用所造成。靶上所受作用合力 F 与环状管道处介质流速 v 的关系为

$$F = C_d A_B \frac{\rho v^2}{2} = C_d \pi d^2 \frac{\rho v^2}{8} \tag{6.20}$$

体积流量 Q 与靶上受力 F 的关系为

$$Q = Av = \sqrt{\frac{1}{C_d}} \frac{D^2 - d^2}{d} \sqrt{\frac{\pi}{2}} \sqrt{\frac{F}{\rho}} \tag{6.21}$$

令 $\alpha = \sqrt{\dfrac{1}{C_d}}$,$\beta = \dfrac{d}{D}$,则式(6.21)可改写为

$$Q = \alpha D \left(\frac{1}{\beta} - \beta\right) \sqrt{\frac{\pi}{2}} \sqrt{\frac{F}{\rho}} \tag{6.22}$$

式中,F 为阻流件(靶板)所受的作用力,kgf;v 为介质在测量管中环形流通截面的平均流

速，m/s；A_B 为阻流件对测量管轴向的投影面积（靶板面积），mm^2；α 为靶式流量计的流量系数，由实验确定；D 为测量管内径，mm；d 为靶板最大直径，mm；ρ 为工况下介质密度，kg/m^3；C_d 为物体阻尼系数；β 为鞍马径比。

从上述过程可知，在被测流体密度 ρ、管道直径 D、靶径 d 和流量系数 α 已知情况下，只要测出靶上受到的力，即可求得流体的流量。

在工业上，靶式流量计的测量方法与差压变送器类似，通过杠杆机构将靶上所受的力引出，按照力矩平衡方式，通过转换器将此力信号转换为相应的电信号或气信号进行测量显示、记录和远传。靶式流量计典型应用及实体如图 6.34 所示。

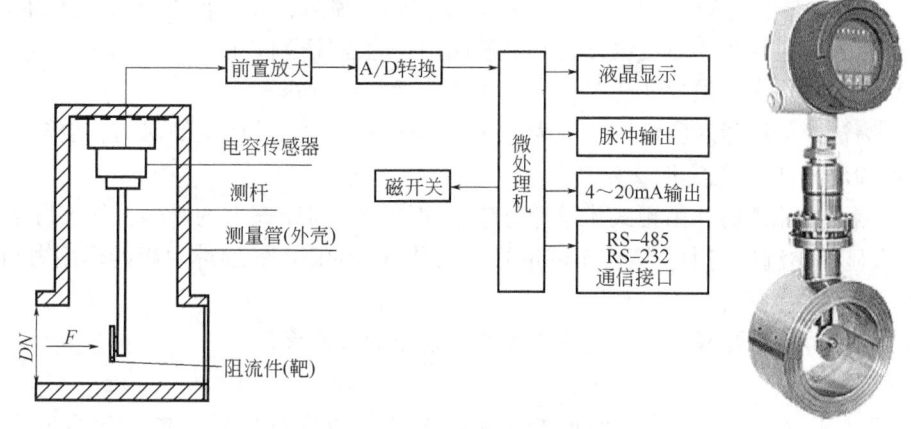

图 6.34　靶式流量计典型应用及实体图

靶式流量计可用砝码挂重的方法代替靶上所受的作用力，用于校验靶上受力与仪表输出信号间的对应关系，并可调整仪表的零点和满量程。这种挂重校验称干校。

靶式流量计应用于工业流量测量，主要用于解决高黏度、低雷诺数流体的流量测量，其先后经历了气动表和电动表两个发展阶段。靶式流量计的测量和敏感传递元件在原有应变片式（或电容式）测量原理的基础上，改用了新型力感应式传感器，结合数字智能化处理技术已发展为一体化的智能流量计。

2. 靶式流量计的使用和安装

1）使用特点

（1）靶式流量计结构简单，基本误差为±1%，总量误差可达±0.2%；测量下限低，量程比为3∶1；靶材可选用多种防腐及耐高低温材质；重复性好，一般为0.05%~0.08%，测量快速；其压力损失仅约为标准孔板的一半，但仍较大。

（2）仪表价格适中，性能价格比很高，结构牢固简单；无需安装引压管等辅件，安装维护方便，不易堵塞；具有一体化温度、压力补偿，直接输出标准体积；有多种安装方式供用户选择；可小信号切除、非线性修正，滤波时间可选择。

（3）应用范围和适应性很广泛，一般工业过程中的流体介质，包括液、气和蒸汽，各种工作状态［低高温（-196~450℃），常压、高压（10MPa）］皆可应用，其应用范围可与孔板流量计相媲美。

（4）对介质要求不高，抗杂质能力强；可解决困难的流量测量问题，如测量含有杂质（微粒）类的脏污流体、原油、污水、高温渣油、浆液、烧碱液、沥青等，特别适合于测量管道中的低雷诺数与高黏度流体流量，及高脏污、含适量悬浮固体颗粒和有腐蚀性的介质流量。

(5) 口径范围 15~200mm，可用于大口径（最大可达 1500mm）、大流量测量，也可用于小口径（DN15~DN50）、低雷诺数（$1~5\times10^3$）的流体测量，弥补了标准节流装置难以应用的场合，如小口径蒸汽流量测量等；可测量液体热量，显示热焓值。

(6) 灵敏度高，能测量微小流量，流速可低至 0.08m/s。

(7) 测量范围宽（4∶1~15∶1），最大可达 1∶30；可按实际需要更换靶片而改变量程。

(8) 可就地干校，单键操作可完成标定，给用户周期校验带来了方便。

(9) 抗上游阻流件的干扰能力强，上游直管段长度>10D，下游直管段长度>5D；抗震动性强，一定范围内可测脉动流；可测双向流动流体的流量，并可正负向累计分别计量。

(10) 靶式流量计投用时应缓慢打开上游阀门，直至完全打开。

(11) 介质密度参数发生变化时，应对靶式流量计进行修正。

(12) 高流速的测量对象慎用。因为高流速冲击靶板时，其产生的涡街，会输出信号使发生振荡，影响信号的稳定性。

(13) 测高黏流体时，因靶式流量计忽略了靶周边黏滞摩擦力的影响，使实际的靶受力增加，仪表显示的流量偏大；测较小流量时，因黏滞力的影响，流体对靶的作用力与流体速度的平方不呈线性关系。

(14) 仪表尚未标准化，需个别标定才能保证仪表准确度。

2) 安装要求

(1) 靶式流量计应安装在订货时指定的位号上，以保证订货参数与仪表使用的参数一致。

(2) 必须注意靶式流量计的介质流向标记，保证介质流向正确。

(3) 靶式流量计安装在不允许停产的管路上时，应开设旁路或选择可在线插拔型。

(4) 安装时靶板应与测量管同心，其偏心误差≤测量管直径的 0.3%。

6.3.7 超声波流量计

1. 超声波流量计工作原理

超声波流量计是根据超声波在静止流体中的传播速度和在流动流体中的传播速度不同这一原理来工作的。

超声波在流体中传播，将受到流体速度的影响，检测接收超声波信号即可测知流速，从而求得流体流量。超声波流量计按检测方式可分为传播速度差法（时差法、频差法、相位差法）、多普勒法、波束偏移法、噪声法及相关法等不同类型。

因时差法、频差法和相位差法的基本原理都是通过测量超声波脉冲顺流与逆流传播时的速度之差来反映流体流速，故又统称为传播速度差法。其中频差法和时差法克服了声速随流体温度变化而带来的误差，准确度较高，所以在工业应用中以传播速度法最为普遍。

20 世纪末，时差法超声波流量测量技术开始完善。随着电子信号处理技术的发展和多声道流量测量技术的引入，其测量准确度大为提高，开始具备非纯净流体的精确测量能力，并在大流量气体计量中广泛应用，国内在西气东输工程中就大量使用；五声道液体超声波流量计同期进入市场，开始应用于液态烃的贸易计量，先在欧洲得到认可，后逐渐推广到大型炼厂、输油管道、装卸油码头和海上平台等。经多年工业应用和实践检验，超声波流量计已广泛应用于液态烃与天然气的内部核算和贸易结算计量，同时国内外都制定了相关超声波流量计的标准与规范。超声波流量计现已可制成不同声道的标准型、高温型、防爆型、湿式仪表,以适应不同介质、场合和管道条件的流量测量。

传播速度差法利用超声波在流体中顺流传播与逆流传播的速度变化来测量流体流量。本节主要介绍传播速度差法中的时间差法(简称时差法)。

时差法原理如图 6.35 所示,管壁上下游安装两个超声波换能器 T、R,两个换能器在发射状态下交替工作,当 T 发射、R 接收时称顺流发射状态;反之,R 发射、T 接收时称逆流发射状态。设顺流发射时超声波脉冲的传播时间为 t_1,而逆流发射时为 t_2,流体流动时顺流和逆流声速不同,则有 $t_2 > t_1$。

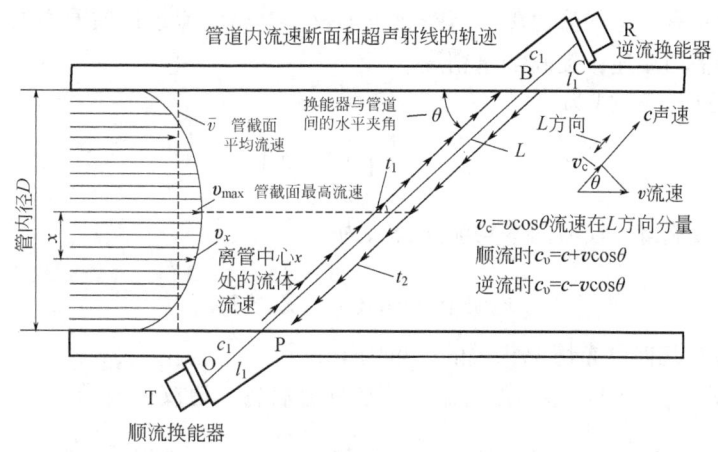

图 6.35 传播速度差法(时差法)原理

l_1—声楔(OP 或 BC)长度;L—超声波发送器和接收器间的距离 PB;c—超声波在静止流体中传播速度;c_1—超声波在管壁中的传播速度;$\bar{v}$—流体通过超声波传感器(即换能器)T、R 之间声道上的平均流速

两个传播时间与流速间的关系为

$$\left. \begin{array}{l} 顺流时 \quad t_1 = \dfrac{L}{c+v\cos\theta} + \tau \\ 逆流时 \quad t_2 = \dfrac{L}{c-v\cos\theta} + \tau \end{array} \right\} \tag{6.23}$$

则

$$\Delta t = t_2 - t_1 = \frac{2Lv}{c^2 - v^2 \cos^2\theta} \tag{6.24}$$

其中

$$\tau = 2\frac{l_1}{c_1} + \tau_c$$

式中,c 为超声波在静止流体中传播速度;c_1 为超声波在管壁中的传播速度;v 为流体通过超声波传感器(即换能器)T、R 之间声道上的平均流速;L 为超声波发送器和接收器间的距离;l_1 为声楔(OP 或 BC)长度;$\dfrac{l_1}{c_1}$ 为超声波通过声楔的时间;τ_c 为电路延迟时间。

超声波的液体传播速度 $c > 1000 \text{m/s}$,而一般工业管道中液体流速 v 仅每秒几米,则 $c^2 \gg v^2$,因此按式(6.24)可得流速的计算公式:

$$\Delta t = t_2 - t_1 \approx \frac{2Lv}{c^2} \quad , \quad v = \frac{2L}{\Delta t \cdot c^2} \tag{6.25}$$

可见,当声速 c 和传播距离 L 已知时,只要测出声波的传播时间差 Δt,就可求出流体的流速 v,进而可求得流量。

在工业流体测量与贸易结算中,因管道流体在不同流态下的流场分布不同,及外界环境的干扰和自身因素的影响,使得单通道超声波流量计测量结果中常有较多的噪声干扰,从而影响了流量计的计量精度和稳定性,其解决办法是对管内流场进行划分,采用多通道超声波流量计。本节以常用的四通道超声波流量计为例进行简要介绍。

如图 6.36 所示,多通道超声波流量计按管内流速分布情况对管内流场分布进行区域划分,通常分中心流、中心环流、边界环流三个区域,以不同通道相对应地测量不同区域的流体流速,然后将所有声道的流速测量值按权重加权计算得到流量计横截面的平均流速,以得到更切合实际的平均流速,提高测量精度。

某 i 单声道的流速公式为

$$v_i \approx \frac{2L_i}{c^2}\left(\frac{1}{t_{i1}} - \frac{1}{t_{i2}}\right) \tag{6.26}$$

多通道超声波流量计横截面平均流速公式为

$$\bar{v}_{\text{多通道流量计横截面}} = \sum_{1}^{n} w_i v_i \tag{6.27}$$

式中,w_i 为与探头几何分布情况相关的权重因子。

如图 6.37 所示,四声道超声波流量计流场划分后各声道权重因子为

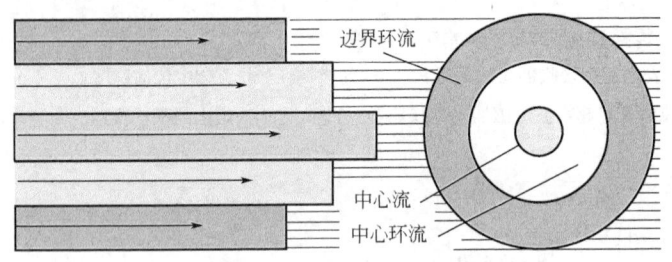

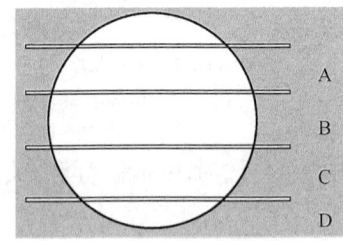

图 6.36 多通道超声波流量计流场划分示意图　　图 6.37 四通道流场划分示意图

$$W_A = 0.1382, W_B = 0.3618, W_C = 0.3618, W_D = 0.1382$$

所有声道流速取不同权重后的累加值,即流量计横剖面的平均流速,则为

$$\bar{v}_{\text{四声道流量计横截面}} = \sum_{1}^{4} w_i v_i = 0.1382v_A + 0.3618v_B + 0.3618v_C + 0.1382v_D$$

流场的细化划分、多声道的采用对保证超声波流量计的测量精度非常重要。单声道精度 $0.5\% \sim 1.0\%$,而多声道通过对管道截面的均衡,精度可达 $0.2\% \sim 0.5\%$。

当采用频差法时,频率与流速的关系式为

$$f_1 = \frac{1}{t_1} = \frac{c+v\cos\theta}{L}, f_2 = \frac{1}{t_2} = \frac{c-v\cos\theta}{L} \tag{6.28}$$

则频率差与流速的关系为

$$\Delta f = f_1 - f_2 = \frac{2v\cos\theta}{L} = \frac{v\sin 2\theta}{D} \tag{6.29}$$

2. 超声波流量计的结构

超声波流量计的具体结构如图 6.38 所示。

超声波发射换能器将电能转换为超声波能量,并将其发射到被测流体中;接收换能器接收到的超声波信号,经电子线路放大,并转换为代表流量的电信号供给显示和积算仪表进行显示和积算,这样就实现了流量的测量和显示。

超声波换能器通常由压电材料制成。流量计电子线路包括发射、接收电路和控制测量电路,可显示瞬时流量和累积流量。

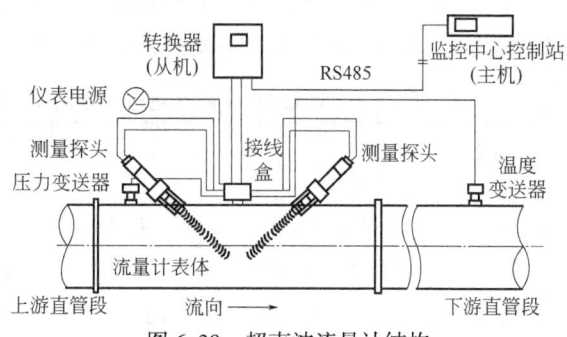

图 6.38　超声波流量计结构

超声波流量计换能器一般都斜置在管壁外侧,不用破坏管道,不会对管道内流体流动产生影响;仪表阻力损失极小,还可做成便携式,安装方便,通用性好。

3. 超声波流量计的使用与安装

1) 超声波流量计的使用

超声波流量计是近二十年来随着集成电路技术的迅速发展而发展起来的一种非接触式仪表,适合于测量不易接触和观察的流体以及大管径流量,可测量多类液体与气体的流量,包括腐蚀性、高黏度、非导电性流体等,按应用流体的类型分为气体与液体超声波流量计两类,在油气储运领域多用于液态烃与天然气的内部核算和贸易结算计量。超声波流量计应用系统如图 6.39 所示。

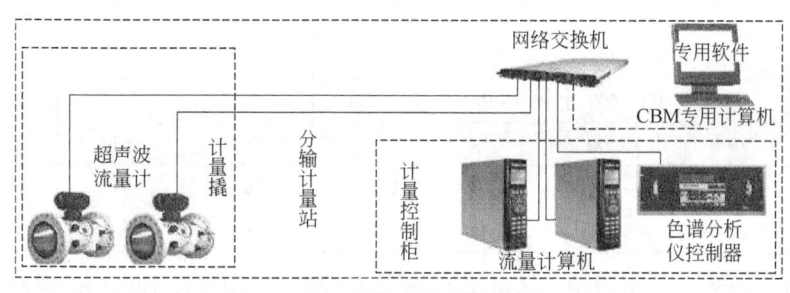

(a) 天然气分输计量站

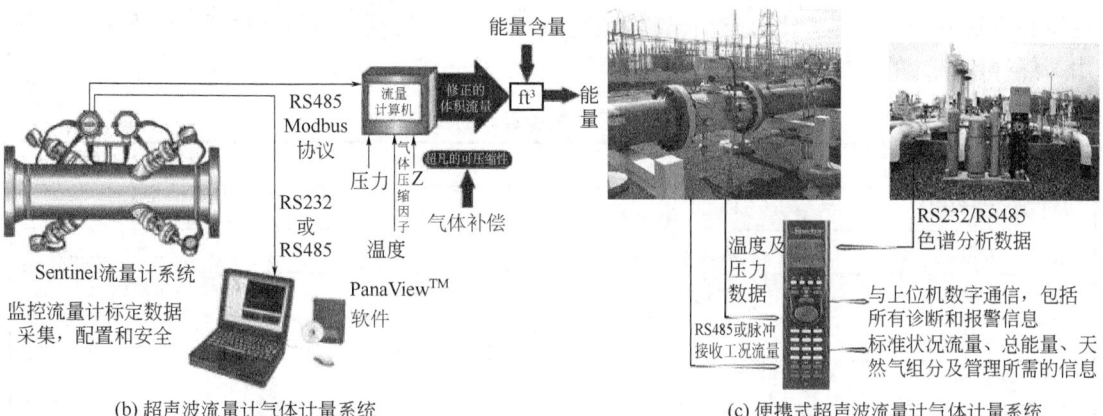

(b) 超声波流量计气体计量系统　　　　(c) 便携式超声波流量计气体计量系统

图 6.39　超声波流量计应用系统

超声波流量计与其他气体流量计的应用性能比较如表6.6、表6.7所示,可用于液态烃贸易计量的部分超声波流量计基本性能见表6.8。

表6.6 天然气超声波流量计与其他气体流量计的比较

计量设备	精确度 %	量程比	管径范围 mm	压力损失	过滤器	对流场敏感性	测双向流	性能价格比
节流装置	±1.5	3:1	50~800	很大	不需要	很敏感	不能	一般
涡轮流量计	±1.0	20:1	25~600	较小	需要	很敏感	不能	较高
插入式流量计	±2.5	20:1	150~1600	很小	不需要	很敏感	不能	较高
超声波流量计	±0.5	300:1	100~1600	无	不需要	不敏感	能	高

表6.7 储运常用的天然气流量计比较

流量计类型	量程比	压损	对涡流敏感度	对流速分布敏感度	测脉动流	测双向流	测湿气体	清洗管路
孔板流量计	1:3（4）	很大	很敏感	很敏感	不适合	不能	不能	不能
涡街流量计	1:40	较小	很敏感	很敏感	不适合	不能	不能	不能
涡轮流量计	1:50	较小	敏感	敏感	不适合	不能	不能	不能
超声波流量计	1:40~1:100	无	不敏感	不敏感	适合	可以	可以	可以

表6.8 可用于液态烃贸易计量的部分超声波流量计

厂家	声道数	口径,mm	流速,m/s	适应黏度,cSt	准确度,%	重复性,%	超声反射路径	计量方向
Korohn	5	100~1000	0~20	0.1~400	±0.15	0.02	Z形	双向
Faure-Herman	18	100~600	0.1~10	0.2~500	±0.15	0.05	Z形	双向
Control-otron	2~4	50~1500	±30		±0.15	0.05	V形	双向
Daniel	4	100~300	1.2~12.2	<150	±0.15	0.02	Z形	双向
昌民	5	150~1000	2~20		±0.15	0.025	Z形	双向

气体类超声波流量计主要用于天然气计量。高等级气体类超声波流量计则常用于长输管线、集气系统、海洋天然气、压气站、气体处理厂、高压管线、输配管网等场合,普通类常使用在非贸易交接场合、比对与储气罐测量、海洋天然气测量、原料天然气测量等领域。常用天然气流量计的性能比较参见表6.9。

表6.9 常用天然气流量计的性能比较

流量计类型	气体涡轮流量计	气体罗茨流量计	气体超声波流量计
最大量程比	1:20	1:120	1:500
压力损失	较大	大	无
过滤器	需要	需要	不需要
双向计量	无	无	有
检漏功能	无	无	有
机械磨损	有	有	无

续表

流量计类型	气体涡轮流量计	气体罗茨流量计	气体超声波流量计
测量精度	0.5~1.5级	0.5~1.5级	0.5~1.5级
体积重量	较大	大	小
正常维护	定期加润滑油	定期加润滑油	无需任何润滑
超量程精度偏差	下偏差	下偏差	上偏差
有无转动部件	有	有	无

现将超声波流量计的主要使用性能特点简要介绍如下：

（1）节能：测量无需过滤器，压损小，内部无活动部件，不干扰流场，不产生附加阻力，无磨损和卡堵等问题，仪表安装及检修均可不影响生产管线的运行。

（2）时差法比多普勒法有较高的测量精确度，其中小口径液体管段式超声波流量传感器通常用水做实验校验，具有±0.5%R（示值相对误差）的高精度。液体基本误差为±0.5%R~±5%FS（满量程相对误差），重复性为0.1%R~0.3%R；气体基本误差为±0.5%R~±3%FS，重复性为0.2%FS~0.4%FS，高精度仪表均为多声道仪表。

（3）适用于各种管径的流量准确测量，及难测介质、不易接触和观察的流体、大管道与大流量测量，尤其适合大型圆形管道和矩形管道的大管径、大流量测量，管径和流量越大，准确度越高；原理上不受管径限制，其造价基本上与管径无关。多普勒法多适于测量脏污流、混相流等难测介质。

（4）时差法只能用于洁净介质及精度要求高的场合。多普勒法测量精度不高，只能用于测量含有定量悬浮颗粒和气泡的液体。外夹装换能器的超声波流量计不能用于衬里或结垢太厚的管道，不能用于衬里（或锈层）与内管壁剥离（若夹层夹有气体会严重衰减超声波信号）或锈蚀严重（改变超声波传播路径）的管道。

（5）属非接触式仪表，测量准确度几乎不受被测流体温度、压力、黏度、密度等参数的影响，又可制成非接触及便携式测量仪表，除用于测量水、石油等一般介质外，可解决其他类型仪表所难以测量的强腐蚀性、非导电性、放射性及易燃易爆介质的流量测量问题。

（6）维修方便，性价比高；测量元件维修更换方便，不需要断流进行（内装式除外）；其他流量计随口径增加，造价增加，而超声波流量计造价与管道尺寸无关，口径越大，优势越明显。

（7）超声波流量计可把探头安装在管道外边，做到无接触测量；在测量流量过程中不妨碍管道内介质的流动状态，可测高黏度的液体、非导电介质及气体流量；测量准确度中等，一般为1.0~1.5级左右。

（8）探头及耦合剂均不耐高温，目前只能用于测量200℃以下的流体；测量线路较复杂，对中小管道而言价格偏高。

（9）流量计最高流速≤30m/s。

2）超声波流量计的安装

（1）安装时选择流体流场分布均匀的部分，要保证足够的直管段长度要求，以形成稳定的速度分布。紧邻超声波流量计的上下游需安装一定长度的直管段，上游条件较理想时，要求上游直管段长度为10D（D为管道直径），下游直管段长度为5D（推荐上游直管段20D，下游直管段5D）。双向流动时，上下游直管段长度均应≥10D。要尽量远离泵和阀门，泵则应该距离测量管段上游50D以上，阀门应该距离测量管段上游30D以上。

（2）各厂家的安装要求各不相同，一般要求表体水平安装。安装时应留有足够的检修空间。探头安装在倾斜和水平管道上时，应选用水平位置安装，即一般应使换能器探头与水平面成45°角的范围内。因为管道中气泡和杂质会反射或衰减超声波信号，给测量带来较大误差，水平位置安装方式可使被测流体中的气泡聚集在管道上方，杂质则沿管道底部流动；安装部位应保证一定的背压，并使管道内充满流体、无气泡或气泡较少，以使对超声波在流体中传播的影响减少到最小程度，达到测量准确度的最大化。

（3）突入物：超声波流量计内径、连接法兰及其紧邻的上下游直管段应具有相同的管内径，其偏差<±1%管径。

（4）内表面：与超声波流量计匹配的直管段，其内壁应无锈蚀及其他机械损伤，组装前，应除去超声波流量计及其连接管道内的防锈油或沙石、灰尘等附属物，使用中也应保持介质流通通道的干净与光滑。

（5）温度与压力传感器插孔：应将插孔设在超声波流量计的下游距法兰端面（2~5）DN之间；对双向流测量，插孔应设在距超声波流量计法兰端面至少3DN的位置。

（6）其他影响因素：要选择均匀密致的管道材质、适于超声波传播的直管段；选择震动小、方便安装和维护的位置；安装换能器探头的部位要去漆、除锈、砂平；选用合适的耦合剂，并在安装时均匀涂抹在探头安装部位；选择准确的流体类型和仪表类型，准确测量换能器探头的安装距离；选择配套的探头类型，保证换能器探头部位的温度在可工作的范围内。

（7）工艺管线特别是旧管线上安装使用超声波流量计时，一定要得到准确的工艺管道参数，如管道外径、壁厚、材质、衬里等。对较脏污的管线，还要把结垢考虑为衬里，以便得到更准确的测量结果。

3）使用中的维护和检修

实际使用中，因换能器探头部位的管线震动与温度变化，管道内结垢情况的变化，以及超声波流量计电路工作点的漂移等因素，都可能造成测量的不准确，因此需要定期对超声波流量计进行日常检查和维护，具体如下：

（1）接线检查：对照厂家提供的系统接线图，检查所有接线，确认无误。

（2）流量计在启用前要求进行零流量测试，现场不具备条件时应进行工况条件下的零流量测试（即关闭超声波流量计的上下游阀门，使流过流量计的流体速度为零，等管道内流体温度、压力等参数稳定后，读取零流速读数，每个声道的流体流速至少记录30s，要求零流速读数<12mm/s）。

（3）应定期检查信号处理单元、声道有无故障，零流量测量是否准确，超声波换能器表面是否有沉积物等。定期收集流量监测系统运行数据，并分析比较，以确定流量计是否存在故障。

（4）超声波流量计运行时应注意声道的效率，如未达100%，须检查声道。

（5）长时间不使用超声波流量计时应关闭其流量计算机电源。

（6）如超声波流量计长期未运行，启动前应仔细检查接线与各连接点有无漏气现象，对天然气计量用超声波流量计，此方面尤为重要。

4）投运

（1）投用前应按国家标准或规程进行检定或实流校准。

（2）检查各种信号线、电源线是否连接完好。

（3）先打开旁通阀，给管道充满流体，然后缓慢打开进口截止阀（至少持续1min），以避免流量计过高压差或过高流速，给管道缓慢加压直至流量计运行压力。注意：压力剧烈震荡或不当高速加压会损坏流量计。

（4）检查所有法兰连接处和引压接头及温度传感器插入接头处是否有泄漏。

6.4 质量流量计

在储运的流体传热传质与热平衡过程、仓储物流与销售环节等生产过程中，都需要知道介质的质量流量，所以，常要将已测出的体积流量乘以介质密度，换算成质量流量。因介质密度受温度、压力、黏度等诸多因素的影响，在流体状态参数变化时，往往给计量结果带来较大的误差。因此，许多要求测量精度很高的重要场合，如工业管理、经济核算、贸易计量、过程控制及以质量单位进行交接计量的石油及其产品等方面，都需要对流体的质量流量进行直接测量。而质量流量计能直接得到质量流量，从根本上减少了测量环节，提高了测量准确度，省去了繁琐的换算和修正。

质量流量测量仪表通常可分为两大类：一是直接式质量流量计，即直接测量流体的质量流量；二是间接式（或推导式）质量流量计，此类流量计通过体积流量计和密度计的组合来测量质量流量。

6.4.1 直接式质量流量计

直接式质量流量计的形式很多，有量热式、角动量式、差压式及科里奥利质量流量计等。下面介绍储运常用的科里奥利（Coriolis）质量流量计，简称科氏力流量计。

1. 科里奥利质量流量计测量原理

科里奥利质量流量计的测量原理是：流体在振动管中流动时，将产生与质量流量成正比的科里奥利力，以直接或间接法测量科里奥利力就可得到流体的质量流量。

图6.40是U形管式科氏力流量计的测量原理图，图中传感器测量主体为一根两个开口端固定、流体由此流入和流出的U形管，顶端装有电磁装置，激发以O—O为轴的U形管按固有的频率振动，振动方向垂直于U形管所在平面。U形管中的流体在沿管道流动的同时又随管道作垂直运动，此时流体将产生科里奥利加速度，并以科里奥利力反作用于U形管。因流体在U形管两侧的流动方向相反，故作用于U形管两侧的科氏力大小相等、方向相反，从而形成了一个作用力矩。U形管在此力矩作用下将发生扭曲，扭曲的角度与通过U形管的流体质量流量成正比。如在U形管两侧中心平面处安装两个电磁传感器测出U形管

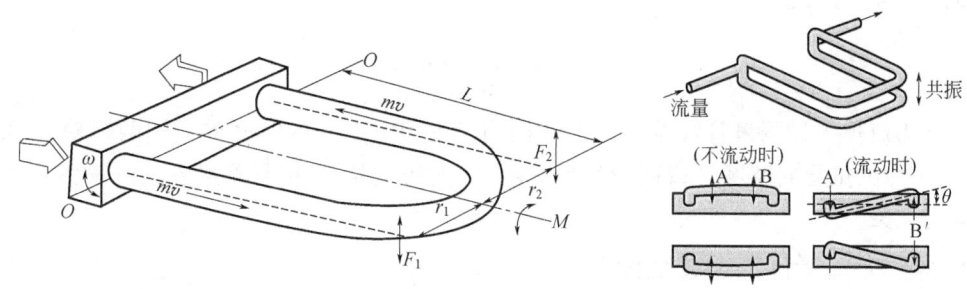

图6.40 科氏力流量计测量原理

扭转量（扭转角度）的大小，就可得到所测的质量流量 M，其关系式为

$$M = \frac{K_S \theta}{4\omega r} \tag{6.30}$$

式中，θ 为扭转角；K_S 为扭转弹性系数；ω 为振动角速度；r 为 U 形管跨度半径。

如图 6.41 所示，也可由传感器测出测量管两侧通过中心平面的振动信号的时间差 Δt（即相位差法）来测量流体的质量流量，其测量原理是：测量管两端各安装一个可检测测量管振动电磁信号的传感器；无流体流过时，测量管由电磁线圈驱动旋转；当流体自左至右流入时，测量管在其共振频率下，因科里奥利力（科氏力）的产生而发生扭曲振动［图中显示测量管向上扭曲移动。从图中可看出，在入口侧，流体将抵抗流量管的运动并对流量管施加一个向下的作用力；在出口侧，则情况刚好相反，流体的流动将增加因向上作用力而引起的流量运动。这两个作用力大小相等、方向相反（即科氏力）］，这时，测量管因产生科里奥利力所导致的扭曲振动，将使安装在测量管两端的两个振动电磁信号传感器上，产生振动信号正弦波的不同步现象。

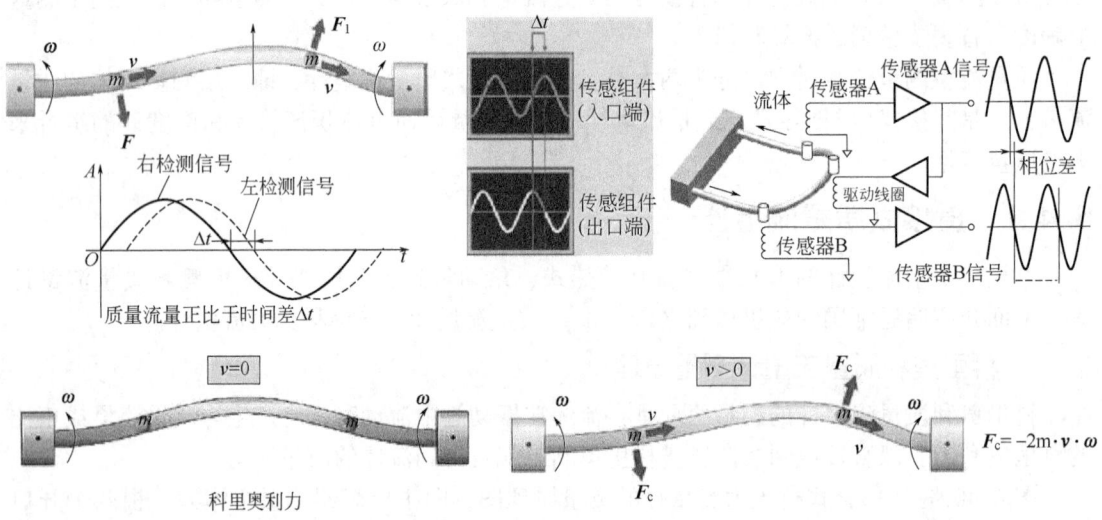

图 6.41　科里奥利质量流量计-相位差法测量原理
m—质点；ω—角速度；v—径向速度；F_c—科里奥利力

两个振动信号的正弦波时间差 Δt 称相位差，单位为微秒，因 Δt 与质量流量 M 成正比，故测出安装在测量管两端的两个传感器上的振动信号正弦波的相位差（时间差 Δt），就可得出质量流量 M。其关系式为

$$M = \frac{K_S}{8r^2} \Delta t \tag{6.31}$$

式中，Δt 为流体流过测量管两端两个振动检测传感器时产生的时间差，即两组检测信号的相位差；r 为测量管的宽度（或回弯管半宽度），所得测量值 M 与测量管的振动频率 f 及角速度 ω 均无关。

2. 科氏力流量计的组成结构

图 6.42 为科氏力流量计及其传感器的结构图。

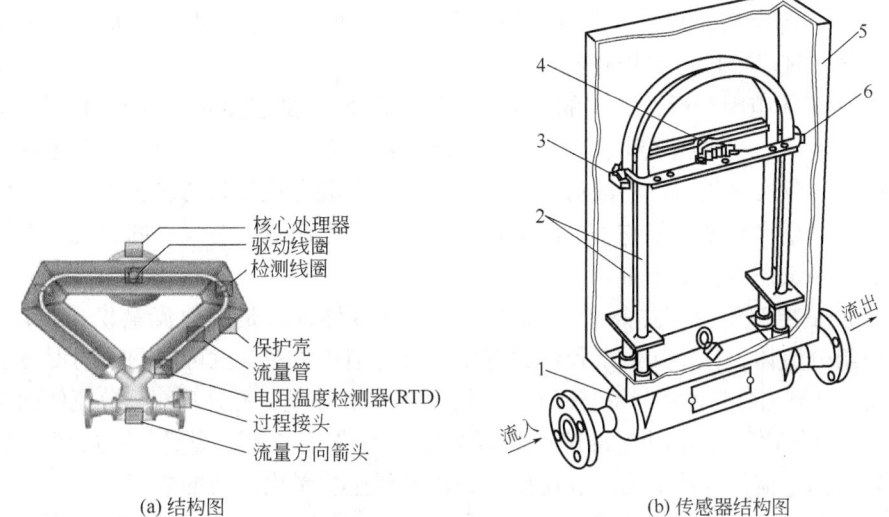

(a) 结构图　　　　　　　　　　　　　　　(b) 传感器结构图

图 6.42　科氏力流量计结构及实物图

1—支撑管；2—测量管；3、6—位置检测器；4—电磁驱动器；5—外壳

科氏力流量计的振动管形状有 U 形管、平行直管、Ω 形管或环形管等，具体可分为直管型、弯管型、单管型和多管型（一般为双管型）四类。采用何种形状要根据被测流体的情况及允许阻力损失等因素，综合考虑后进行选择。

科里奥利质量流量计的典型系统组成及框图如图 6.43 所示。它由流量传感器和流量变送器组成。流量传感器用于流量信号的测量，流量变送器用于流量显示与信号输出。

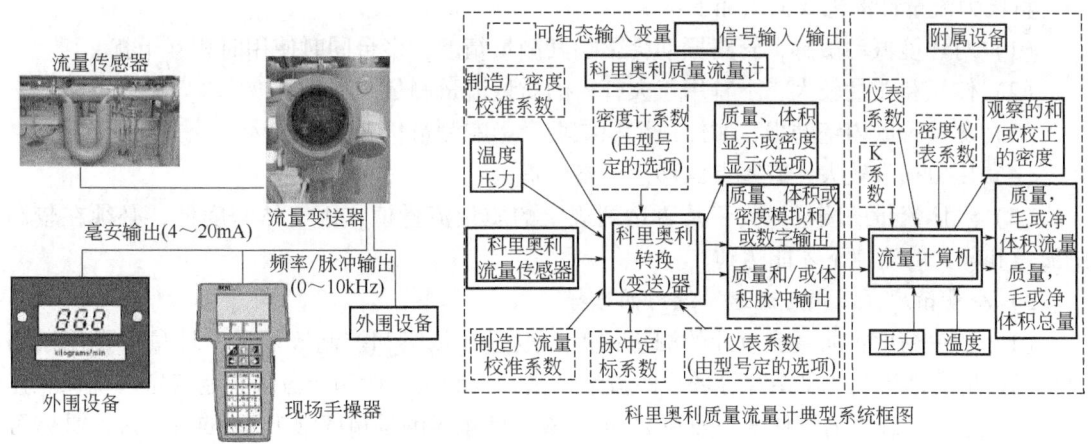

图 6.43　科里奥利质量流量计的典型系统组成及框图

3. 科氏力流量计的使用与安装

1) 科氏力流量计的使用性能特点

目前，科氏力流量计在油气田、石油化工、加油加气站及油库等终端销售、内部核算和贸易结算等储运领域中已得到广泛应用，尤其在天然气终端销售计量中，科里奥利质量流量计（CMF）对常温中高压气相（CNG）与低温液相（LNG）计量都很理想，计量精度可达 ±0.10%，CMF 已是 LNG 计量的优选流量计，而低温气相的计量精度仅为 ±0.35%，对城市

燃气中的低压气体则精度较差。现将 CMF 的使用性能特点简述如下：

（1）测量准确度高，测量范围宽，测量误差小，重复性好，可在较大量程比范围内对流体质量流量实现高准确度直接测量。

（2）测量流体范围广泛，适应的流体介质面宽，除一般黏度的均匀流体外，还可测量高黏度的各种液体、非牛顿流体、含有固形物的浆液、含微量气体的液体、有足够密度的中高压气体等；不仅可测量单一溶液流体参数，还可测量混合较均匀的多相流；介质层流或紊流都不影响其测量准确度，但它不能测量低密度流体质量流量，对气—固、气—液的双相流体的质量流量测量还有技术困难。

（3）能测量出双组分流中每种已知各自组分的液体，这是其他流量仪表难以实现的。例如油水双组分流体，只要知道水和油的密度—温度函数关系，就可从测出的混合质量流量的混合密度中计算出各自的质量流量；也可用于推算体积流量，并计算双组分流体的成分比。

（4）计量准确度高，其测量准确度达 0.2 级；可进行多参数测量，除质量流量外，还可准确地直接测量流体介质的密度和温度，并由此派生测量出溶液的浓度。

（5）对流场、流速分布不敏感，不受介质流动状态的影响，对仪表上下游直管段无要求。

（6）可用于双向流的测量，能指出流向和质量流量等物理参数。

（7）防腐性能好，能适用各种常见的腐蚀性流体介质。

（8）测量值对流体黏度不敏感，流体密度变化对测量值影响微小，特别适合应用于大黏度流体测量。

（9）测量管路内流体通道无阻碍件和活动件，测量管振幅较小，无可动部件，使用寿命长。

（10）可提供多种参数的显示和控制功能，是一种集多功能为一体的流量测控仪表。

科氏力流量计的主要缺点如下：

（1）对环境振动敏感，管路振动会影响其测量精度，多台同时使用时相互干扰。

（2）体积和质量较大，不宜用于大管径的质量流量测量。

（3）测量管的内壁磨损、腐蚀或沉积结垢会影响测量精确度。

（4）压力损失较大，有零点漂移，价格昂贵。

（5）气体流量的测量取决于是否达到规定的质量流量值，因气体密度低，必须在较高的压力和较大的流速下才能达到。

2）测量精度、压损与流速、选材的选择

（1）测量精度：质量流量计的测量精度一般分计量级和控制级两种，计量级常用于需要精确计量的销售及贸易结算等场合的流量计量，控制级一般用于流量控制稳定以确保工艺过程的稳定。控制级测量精度一般在 2‰或 5‰，计量级测量精度常为 1‰或 1.5‰，具体可按工艺要求的实际情况确定。计量级 CMF 价格比控制级高 30%~50%左右，并且测量管尺寸大于 4in 时，一般只有计量级流量计。

（2）压损与流速：质量流量计的测量精度只有在合适的流速下才能达到要求，当管径过大、测量流量较小时，需选用缩径的流量计以保证流速和测量精度，但缩径不宜太多，以免流量计前后压差太大，乃至超过工艺要求的最大允许压差，不满足工艺要求。但流速也不宜过大，否则不仅压损过大，还会对流量计的冲刷能量过大，影响流量计的测量精度与使用寿命。一般流速不超过 10m/s。选用流量计时必须先兼顾测量精度与允许压差这两项要求，再按流量计的口径和流量要求，来计算最大流量时的压损与流速。

(3) 选材：质量流量计的选材主要按流体介质、设计温度、设计压力等参数来确定。质量流量计与管道用法兰连接，一般按管道材质选定，测量管的材质要求应高于连接法兰的材质，至少与其一致。对常规流体及非强腐蚀性流体，质量流量计阀体一般选用 304L 或 316L 不锈钢；对强腐蚀性流体，宜选用哈氏合金、钛、钽、铂铑等材料。

3) 仪表及变送器的安装

(1) 安置场所的选择：

① 系统压力：当测量易气化的液体（如 LNG/LPG）或热熔剂及有析出气体趋向的介质（如汽油、轻烃等）时，必须保证安装在管线中的传感器有足够的背压，以防止产生气蚀，并使介质充满传感器测量管，避免产生半管而导致测量不准。背压指传感器下游端出口处流体的压力，一般在距传感器下游端口 $3L$（L 为传感器长度）之内的管道处测量。

② 必须做防振固定或振动信号隔离。因外界振动对质量流量计的正常工作产生影响，影响测量精度；当外部振动频率接近测量管振荡频率时，对流量计影响会相对较大，必须做振动信号隔离。

(2) 变送器的安装形式：质量流量计变送器的安装形式一般有一体式和分体式两种，一体式主要用于常温流体的流量测量，分体式常用于高温或超低温流体的流量测量。某品牌质量流量计变送器的安装形式如下：

① $-100℃<t<220℃$ 时选用一体式安装形式。

② $350℃≥t≥200℃$ 或 $t<-100℃$ 时选用分体式安装形式。

③ $t≥350℃$ 时不宜用质量流量计。

(3) 流量计的安装要求：

① 传感器和变送器出厂前经配套标定，安装时必须一一对应。如更换了变送器，必须重新配套标定，否则可能产生一定的系统误差。

② 传感器、变送器及电缆安装应尽量避免电磁干扰，如远离大型电动机、继电器等。

③ 振动管内应保证充满被测介质，液体流量测量时应尽量避免夹气（如流量计前安装消气器、提高出口背压等）。针对不同性质的被测介质，可按介质特性选择 T 型、倒 T 型或旗式等合适的安装方式。

④ 为保证流体均匀、均质地通过振动管，传感器应安装在节流装置、阻流元件之前，或是安装在一定长度的直管段之后。

⑤ 传感器法兰前后 $6D$~$10D$ 处，必须加装具有足够刚度和质量的支撑，且支撑必须可靠牢固，以避免管道的振动干扰，引起测量误差。

⑥ 安装时传感器与管道要同轴对准，轴向与径向都应尽量做到无应力安装。

6.4.2 间接式质量流量计

这类仪表由测量体积流量的仪表与测量密度的仪表配合，再用运算器将两表的测量结果加以适当的运算，间接得出质量流量。

1. 体积流量 Q 测量仪表与密度计的组合

如图 6.44 所示，利用容积式流量计或速度式体积流量计测量流体的体积流量，再配以密度计测量流体的密度，将体积流量与密度相乘即为质量流量。

图中体积流量计可用容积式流量计、涡轮流量计、电磁流量计和旋涡流量计等。这类流量计的输出信号与密度计的输出信号组合运算，即可求出质量流量：

$$M = K\rho Q \tag{6.32}$$

式中，K 为系数。

2. 测量 ρQ^2 的仪表与密度计的组合

能测量 ρQ^2 的仪表有差压式流量计、靶式流量计和动压测量管等。

当图 6.45 的体积流量计为差压式流量计时，因差压式流量计的输出信号 Δp 与 ρQ^2 成正比，配上密度计输出信号 ρ，两信号通过运算器相乘再开方，即得质量流量：

$$M = K\sqrt{\rho Q^2 \rho} = K\rho Q \tag{6.33}$$

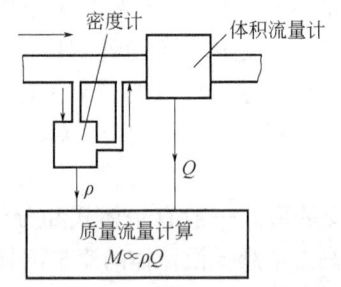

图 6.44　体积流量计与密度计组合

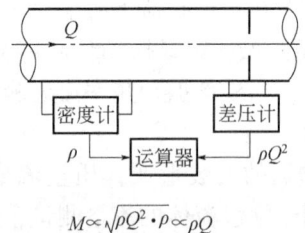

图 6.45　差压式流量计与密度计组合

3. 测量 ρQ^2 的仪表与测量 Q 的仪表组合

如图 6.46 所示，因差压式流量计的输出信号与 ρQ^2 成正比，体积流量计的输出信号与 Q 成正比，将两个信号相除也可得到质量流量：

$$M \propto \rho Q \tag{6.34}$$

图中线性体积流量计可用涡轮流量计等。

4. 温度、压力补偿式质量流量计

前述间接式质量流量的测量需测量流体密度，实际使用时，连续测量温度、压力比连续测量密度更容易、成本更低。因为流体密度为温度、压力的函数，所以，通过测量流体的温度和压力，与体积流量测量组合即可求出流体的质量流量，如图 6.47 所示。

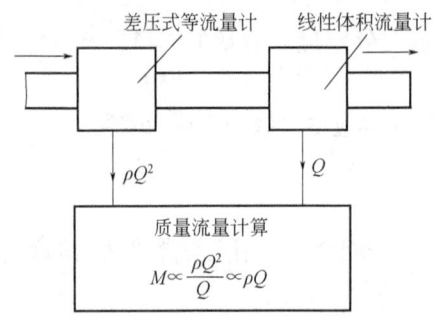

图 6.46　差压式流量计与体积 Q 流量计组合

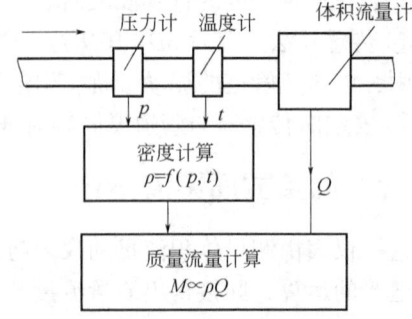

图 6.47　温度、压力补偿式质量流量计

对不可压缩液体，流体密度主要与温度有关，在温度变化不大的情况下，其数学模型为

$$\rho_t = \rho_{t_0}[1+\beta(t-t_0)] = \rho_{20}[1+\beta(t-20)] \tag{6.35}$$

式中，t_0 为计量标准状态温度，ρ_{t_0} 为温度 t_0 时流体的密度；β 为被测流体温度 t_0 附近的体积

膨胀系数。因国内石油行业的石油天然气计量标准状态为20℃，101.325kPa，故 $t_0=20℃$。

对可压缩气体，气体密度公式为

$$\rho_t = Z\rho_0 \frac{pt_0}{p_0 t} = Z\rho_{20}\frac{pt_0}{p_0 t} \tag{6.36}$$

式中，ρ_{20} 为石油天然气计量标准状态 t_0、p_0 下气体的密度；t、p 分别为工作状态下的热力学温度和绝对压力；Z 为该气体的压缩系数。

可计算得出质量流量：

$$M = K\rho Q_t = KZ\rho_{20}\frac{pt_0}{p_0 t}Q_t \tag{6.37}$$

式中，ρ_{20}、t_0、p_0 为计量标准状态下的常数；t、p、Q_t 由温度变送器、压力变送器、体积变送器三种仪表获得，Q_t 为工作状态下的体积流量，经仪表换算后的计量标准状态值。

总而言之，间接式质量流量计构成复杂，包括了其他参数的仪表误差和函数误差等，其系统误差通常低于体积流量计。目前，已有多种智能化仪表可实现有关计算功能，故应用仍较普遍。

综上所述，流量计的种类繁多，除以上介绍的流量计外，还有许多类型的流量计。随着工业生产自动化水平的提高和计量技术的进步，许多新的流量测量方法也日益被人们重视和采用，油气流量仪表正向专业化、系列化、专用化、新型化和智能化方向发展。如输油管道中原油的容积式流量计、集输中的靶式流量计、液态轻烃的超声流量计、成品油和加油加气站的科氏力流量计、天然气管道的超声流量计与涡轮流量计等都体现了这种趋势。

6.5 流量仪表的选型

流量仪表的选型对仪表能否成功使用往往起着很重要的作用。不同类型的流量仪表，其性能和特点各异。选型的目的就是在众多的品种中扬长避短，选择对被测流体最合适的仪表。

6.5.1 流量仪表选型必须考虑的因素

流量仪表的分类方法很多，一般选型可从如下5个方面进行综合考虑：

（1）仪表性能：精确度、重复性、线性度、范围度、上下限流量、信号输出特性、响应时间、压力损失等。

（2）流体特性：温度、压力、密度、黏度、化学性质、磨蚀性、磨损、结垢、脏污、堵塞、混相、相变、多相流、脉动流、电导率、热导率、导热系数、比热容、气体压缩系数、等熵指数等。

（3）安装条件：管道布置方向、流动方向、测量元件上下游直管段长度、管道口径、维修空间、管道振动、防爆、接地、电源与气源、辅助设备（过滤器、消气器）等。

（4）环境条件：温度、湿度、电磁干扰、安全性、防爆、维护空间等。

（5）经济因素：购置费、安装费、校验费、运行费（能耗）、维修费、使用寿命、备品备件等。

6.5.2 流量仪表选型过程与步骤

正确而有效地选择流量计，必须熟悉储运生产中的工艺过程和被测流体的各种特性及将要采用的测量方法，同时还要考虑其他一些相关影响因素，如流量计的性能指标等，再按具体情况具体分析、统筹兼顾、精心设计及合理选型。

流量仪表的选型过程与步骤如下：

（1）确定必须安装流量仪表后，要正确和有效地选择流量测量方法和仪表，必须先熟悉被测对象流体特性和仪表两方面的情况，先按照流体特性采取排除法在初选表上舍去不能和不宜采用的方法，然后选几种测量方案，再做第二步的深入考虑和分析。

（2）依据流体种类及 5 个方面的考虑因素初选可用的仪表类型（要有几种类型以便进行选择）。

（3）对初选类型进行资料及价格信息的收集，为深入的分析比较准备条件。

（4）用淘汰法逐步集中到 1~2 种类型，对 5 个方面因素要反复比较分析，并最终确定预选目标。

（5）当确定好流量计类型后，要进行流量计的设计计算：按产品说明书提供的流量计参数，结合实际生产中给出的工艺条件，准确计算出所需流量计的管径。在流量方程中，物性参数是主要参数之一，要使设计计算准确可靠，基本数据不可缺少。

6.5.3 流量仪表的选型

任何一种测量方式或流量计都不可能对各种流体及流动情况都能适应。不同的工艺和环境、不同的测量方式和结构，要求不同的测量操作、使用方法和使用条件。当确定好流量计的类型后，要根据工业生产中的工艺条件和流体参数进行流量计的设计和准确计算，全面分析、统筹兼顾各种影响因素，科学有效地分析研究，最终做出适于生产要求、既安全可靠又经济耐用的选择。

初步方案的确定可参照图 6.48 及表 6.10 进行。

复杂工程问题实践研讨 6

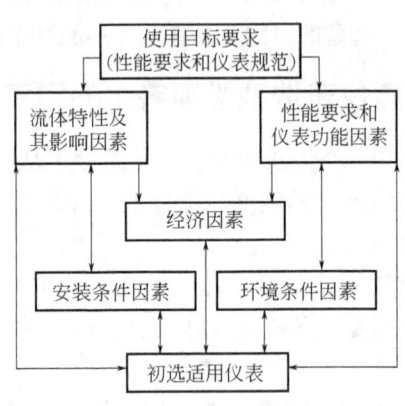
图 6.48　5 个方面因素的相互关系

（1）确定是否需要安装流量计：如只想知道管道中的流体是否流动、观察一般流程，则可使用流量窗口或流量指示器以较低成本实现；如测量要求很高，则需安装流量计。

（2）分析因素：收集各种仪器样品、技术数据和选型手册等，充分了解各种仪器规格的性能；再按性能要求和仪器规格、流体特性、安装现场要求、环境条件和经济应用这 5 个因素，逐一分析并与列表进行比较，以确定适用流量计的选型方案。

表 6.10 流量测量方法和仪表初选参考表

流量计类型	流量计名称	流体特性和工艺过程条件															测量性能							安装条件	
		流体特性				液体				工艺过程				气体											
		清洁	脏污	含颗粒纤维浆	腐蚀性	非牛顿流体	黏性	液液混合	液气混合	高温(8)	低温	小流量	大流量	脉动流	一般	小流量	大流量	腐蚀性	高温(8)	蒸汽	精确度	最低雷诺数	范围度	压力损失	输出特性	高精度流量适用性	高精度总量适用性	公称通径范围 mm	传感器安装方位和流动方向	上游直管段长度要求
差压式流量计	孔板	√	√(1)	×	△	?	√(3)	△	△	√	√	△	√	?	√	△	△	△	√	√	中	$2×10^4$	小	中—大	SR	×	×	50~1000	任意	短—长
	喷嘴	√	?	×	△	?	△	△	△	√	√	×	√(4)	?	√	△	△	△	√	√	中	$1×10^4$	小	小—中	SR	?	×	50~500	任意	短—长
	文丘里管	√	△	×	△	?	△	△	△	√	?	△	√	?	√	△	△	△	√	√	中	$7.5×10^4$	小	小	SR	?	×	50~1200	任意	很短—中
	弯管	√	△	△	△	×	×	×	?	?	?	×	√	?	√	△	△	△	?	?	低	$1×10^4$	小	中	SR	×	×	>50	任意	很短—中
	楔形管	√	√	△	△	△	△	△	△	△	△	×	×	?	×	△	△	△	×	×	低	$5×10^2$	小—中	小	SR	×	×	25~300	任意	短—中
	均速管	√	×	×	△	×	×	×	×	√	√	×	√	×	√	△	△	△	√	√	低	10^4	小	中	SR	?	×	>25	任意	短—中
转子流量计	玻璃锥管	√	×	×	△	×	△	×	×	×	×	√	×	×	√	√	△	△	×	低—中		10^4	中	中	L	×	×	1.5~100	垂直从下向上	无
	金属锥管	√	△	×	△	×	△	×	×	?	×	√	×	×	√	√	△	△	×	×	中	10^4	中	中	L	?	×	10~150	垂直从下向上	无
容积式流量计	椭圆齿轮	√	×	×	△	×	√	×	×	△	△	×	×	×	×	√	×	×	×	×	中—高	10^2	中	大	L	×	√	6~250	水平或垂直	无
	腰轮	√	×	×	△	×	√	×	×	△	△	×	√(4)	×	√	√	△	×	×	×	中—高	10^2	中	大	L	×	√	15~500	水平或垂直	无
	刮板	√	×	×	△	×	△	×	×	×	×	×	×	×	×	√	×	×	×	×	中—高	10^3	中	大—很大	L	×	√	15~100	水平	无
	膜式	×	×	×	×	×	×	×	×	×	×	×	×	×	×	√	×	×	×	×	中	$2.5×10^2$	大	小	L	×	√	15~100	水平	无
涡轮流量计		√	△	×	△	?	△	△	△	△	√	×	√(4)	×	√	△	△	△	×	×	中—高	10^4	小—中	中	L	√	√	10~500	任意	短—中

· 147 ·

续表

流量计类型名称	流体特性和工艺过程条件															测量性能							安装条件	
	液体						工艺过程				气体				蒸汽	精确度	最低雷诺数	范围度	压力损失	输出特性	高精度流量适用性	高精度总量适用性	公称通径范围 mm	传感器安装方位和流动方向	上游直管段长度要求
	流体特性													高温(8)										
	清洁	脏污	含颗粒纤维浆	腐蚀性	黏性	非牛顿流体	液液混合	液气混合	高温(8)	低温	小流量	大流量	脉动流	一般	小流量	大流量	腐蚀性	高温(8)										
电磁式	√	√	√	√	√	√	√	?	×	?	√	√	√	×	×	×	×	×	中—高	无限制	中—大	无	L	√	√	6~3000	任意	无—中
涡街	√	△	△	√	×	×	△	×	√	√	?	△	×	√	√	√(6)	×	√	√	中	2×10⁴	小—大	小—中	L	?	×	50~300	任意	很短—中
旋进	√	×	×	×	×	×	×	×	?	×	×	×	×	√	?	×	×	×	×	中	1×10⁴	中—大	中	L	?	×	50~150	任意	很短
超声流量计 传播速度差法	√	√	√	√	△	?	△	×	?	?	?	√	√	?	?	?	?	?	×	中	5×10³	中—大	无	L	?	×	>100 (25)	任意	短—长
多普勒法	×	√	√	√	√	?	√	√	×	?	△	△	?	×	×	×	×	×	×	低	5×10¹	小—中	无	L	?	×	>25	任意	短
靶式流量计	√	√	×	√	√	?	△	?	?	?	×	×	×	√	√	×	×	×	×	低—中	2×10¹	小	中	SR	×	×	15~200	任意	短—中
热式流量计	×	×	×	×	×	×	×	×	×	×	×	×	×	√	?	?	?(5)	×	×	中	10¹	中	小	L	?	×	6~30	任意	无
科氏力流量计	√	△	×	√	√	√	△	?	?	?	×	×	?	√	?(5)	×	?(5)	×	×	高	—	中—大	中—大	L	√	△	6~150	水平或任意(7)	无
插入式流量计 (涡轮、电磁、涡街)	√	(2)	(2)	(2)	(2)	(2)	(2)	(2)	(2)	(2)	(2)	√	√(2)	√	×	√	×	×	×	低	—	(2)	小	L	×	×	>100	(2)	中—长

符号说明: √代表适用; △代表通常适用; ?代表在一定条件下适用; ×代表不适用。输出特性: SR代表平方根; L代表线性。
注: (1) 圆缺孔板; (2) 取决于测量头类型; (3) 四分之一圆孔板; (4) 500mm管径以下; (5) 只适用于高压气体; (6) 250mm以下管径; (7) 取决于传感器结构; (8) >200℃。

以某油气田工艺生产中凝析油处理系统的流量计选型为例，其工况参数为：流量测定的介质为凝析油；黏度为 0.88mPa·s；管径为 2in；正常流量为 0.516m^3/h，最大流量为 2.5m^3/h；承受的工作压力为 4700~6700kPa，承受的最大压力为 7400kPa；工作温度范围为 40~66℃。

根据工况参数，对流量仪表的选型分析如下：（1）管道介质为凝析油，工况参数中介质的正常流量值很小，可排除小流量反应迟钝或者存在小流量死区的流量计。从流量计的类型考虑，不应选取涡轮流量计、旋涡流量计、超声流量计、科氏力流量计和热式质量流量计等。（2）从流体介质的导电性考虑，因为凝析油不具有导电性，所以，不宜选用电磁流量计。（3）根据相关分析可知，差压式流量计、转子流量计、容积式流量计可以满足上述要求。按照现场仪表的安装方式，差压式流量计的取压元件前后均要求有较大的直管段（前后直管段之和达到管径的 15 倍以上），对安装空间要求苛刻，不经济。（4）从满足测量精度方面考虑，可选的是转子流量计和容积式流量计，都能达到工艺要求。两者比较，转子流量计的测量精度稍差，但其价格比容积式流量计低许多。综合考虑技术经济性，转子流量计更适合本方案的流量测量。（5）转子流量计适用于小管径，且其具有小流量和低流速的特点，现场安装需要的空间较小，因此，最终选取转子流量计。

习题与思考题

1. 体积流量、质量流量、瞬时流量、累积流量的含义各是什么？什么是容积式流量计和速度式流量计？

2. 差压式流量计测量流量的理论根据是什么？简述差压式流量计测量流量的基本原理。

3. 为什么孔板式流量计、电磁流量计等很多流量计的安装点前后都有直管段的要求？

4. 某控制系统根据工艺设计要求，需要选择一个量程为 0~100m^3/h 的流量计，流量测量误差小于±0.5m^3/h，选择何种精度等级的流量计才能满足要求？

5. 有一台用水标定的转子流量计，转子由密度为 7900kg/m^3 的不锈钢制成，用它来测量密度为 790kg/m^3 的某液体介质，当仪表读数为 5m^3/h 时，被测介质的实际流量为多少？如果转子由密度为 2750kg/m^3 的铝制成，其他条件不变，则被测介质的实际流量又为多少？

6. 用转子流量计来测量压力为 0.65MPa、温度为 40℃的 CO_2 气体流量，若读数为 50m^3/h，求 CO_2 的实际流量（已知在标准状态下 CO_2 和空气的密度分别为 1.977kg/m^3 和 1.293kg/m^3）。

7. 电磁流量计的工作原理是什么，在使用时需要注意哪些问题？

8. 椭圆齿轮流量计的基本工作原理及特点是什么，在使用时需要注意哪些问题？

9. 流体的质量流量有哪些测量方法？

10. 在工程上，差压流量计的选择、安装和使用需注意哪些主要问题，它适用于哪些场合？

7 物位测量仪表

7.1 物位测量的基本概念与方法

物位测量在油气储运生产中具有特殊的地位,随着现代工业生产的规模化和集中管理,物位的测量和控制显得更为重要。

7.1.1 物位测量的基本概念

物位指容器中液体介质的液位、固体的料位或颗粒物的料位和两种不同流体介质分界面的总称。通过物位测量,可正确获知容器设备中所储物质的体积或质量,监视或控制容器内的介质物位,使它保持在一定工艺要求的高度,或对它的上、下限位置进行报警,以及根据物位来连续监视或调节容器中流入与流出物料的平衡。测量物位的目的有两种:一是对物位测量的绝对值要求非常准确,以确定容器或储存设备中物料的数量,如储油罐油位的测量;二是对物位测量的相对值要求非常准确,要能迅速正确出反映某一特定基准面上的物料相对变化是否正常,以便控制生产,用以可靠地连续控制生产工艺过程,即利用物位仪表进行监视和控制。

一般常把生产过程中的储罐等储存容器所存在的液体高度或表面的位置称为液位。用来对液位进行测量、报警、控制的自动化仪表,总称液位测量仪表;测量容器中液体介质高低的仪表称液位计;测量容器中固体或颗粒状物质堆积高度的仪表称料位计;测量两种不溶流体介质分界面高低的仪表为界面计。

在油气生产中,物位测量对安全生产至关重要。例如油罐液位测量控制不好,会出现抽空或溢油"冒顶"事故;油气三相分离器的液位或界位偏高或偏低,会出现"跑油""窜气"事故,会严重影响后续设备的生产和安全;电脱水器中的油水界面过高会破坏电场,过低会使放水中带油,影响生产。这些都需要准确、迅速、可靠地对液面、界面高度等进行有效的测量。

7.1.2 物位测量的方法及其分类

物位测量是利用物位传感器将非电量的物位参数转换成可测量的电信号,通过对电信号进行计算和处理,从而确定物位的高低。常见的物位计如图7.1所示。

工业生产中对物位仪表的要求多种多样,主要有精度、量程、经济和安全可靠等,其中首要的是安全可靠。物位测量与被测介质的物理、化学性质以及工作条件等关系极大,针对不同的测量对象,应选择不同的物位测量仪表。

物位测量仪表按测量方式可分为连续测量和定点测量。油气储存与生产中较常用的物位测量仪表,按工作原理大致可分为以下几类。

(1)直读式:主要有玻璃管式液位计、玻璃板式液位计等。

(2)静压式:分为压力式物位仪表和差压式物位仪表,利用液柱或物料堆积对某定点产生压力的原理来测量物位。

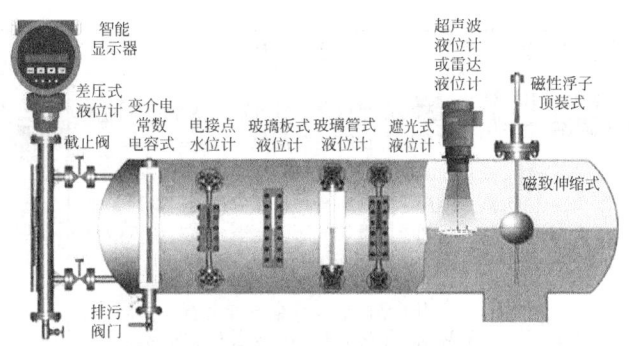

图 7.1 常见的物位计

（3）浮力式：利用浮子（或沉筒）高度随液位变化而改变或液体对浸沉于液体中的浮子的浮力随液位高度而变化的原理来测量物位。其可分为浮子带钢丝绳或钢带、浮球带杠杆和沉筒式等。

（4）电磁式：使物位变化转换为一些电量的变化，通过测出这些电量的变化来测知物位，可分为电阻式(即电极式)、电容式和电感式物位仪表等，还有利用压磁效应工作的物位仪表。

（5）辐射式：利用辐射透过物料时其强度随物质层的厚度而变化的原理来测量物位。

（6）声波式：物位变化引起声阻抗变化、声波遮断或声波反射距离的不同等，测出这些变化就可测知物位。声波式物位仪表按工作原理可分为声波遮断式、反射式和阻尼式。

（7）光学式：利用物位对光波的遮断和反射原理工作，利用光源有普通白炽灯光或激光等。

此外还有微波式、机械接触式等，以适应各种不同的物位测量要求。常见的物位计特性见表 7.1，其适用性能的比较见表 7.2。

表 7.1 常见的物位计特性及应用说明

仪表名称		测量范围，m	主要应用场合	说明
直读式	玻璃管式液位计	<2	主要用于直接指示密闭及开口容器中的液位	就地指示
	玻璃板式液位计	<6.5		
浮力式	浮球式液位计	<10	用于开口或承压容器液位的连续测量	可直接指示液位，也可输出 4~20mA 信号
	浮筒式液位计	<6	用于液位和相界面的连续测量、在高温高压条件下的工业生产过程的液位、界位测量和限位越位报警联锁	
	磁翻板液位计	0.2~15	适用于各种储罐的液位指示报警，特别适用于危险介质的液位测量	有显示醒目现场指示，远传装置输出 4~20mA 标准信号及报警器等多功能为一体；可与 DDZ-Ⅲ 型组合仪表及计算机配套使用
	磁浮子液位计	15~60	用于常压、承压容器内液位、界位的测量，特别适用于大型储罐腐蚀性介质的测量	
静压式	压力式液位计	0~200	可测较黏稠、有气雾、露等液体	主要用于开口容器的液位测量
	差压式液位计	20	应用于各种液体的液位测量	主要用于密闭容器的液位测量
电磁式	电导式液位计	<20	适用于一切导电液体（水、污水、啤酒等）	
	电容式液位计	10	用于各种储罐容器的液位连续测量及控制报警	不适合测高黏度液体

续表

	仪表名称	测量范围，m	主要应用场合	说明
其他形式	声波式液位计	液体：10~34 固体：5~60 盲区：0.3~1	被测介质可以是腐蚀性液体或粉状的固体物料的非接触连续测量	测量结果受温度影响
	辐射式物位计	0~2	适用于各种料仓与容器内高温、高压、强腐蚀、剧毒的固态、液态介质料位或液位的非接触式连续测量	放射线对人体有害
	微波式物位计	0~35	适用于罐内或反应器内具有高温、高压、湍动、惰性、气体覆盖层及尘雾或蒸汽的液位，浆状、糊状或块状固体的物位测量，适用于恶劣工况和易爆、危险的场合	安装于容器外壁
	雷达式液位计	2~20	应用于工业生产过程中各种敞口或承压容器的液位控制和测量	测量结果不受温度、压力的影响
	激光式物位计		适用于不透明的液体粉末的非接触式测量	测量结果不受高温、真空压力、蒸汽等影响
	机电式物位计	可达几十米	适用于恶劣环境下储料仓内固体及容器内液体的测量	

表7.2 储运常见液位计适用性能比较

液位计类型	适用测量范围 m	与测量介质接触	有可动部件	高维护工作量	受介质密度黏度影响	可靠性	液位精度
计量级雷达式液位计	0~40	无	无	无	无	高	高
过程级雷达式液位计	0~100	无	无	无	无	高	中
超声波式液位计	0~20	无	无	无	高	中	低
浮筒式液位计	0~15	有	有	有	高	低	低
伺服式液位计	0~30	有	有	有	高	中	高
磁致伸缩式液位计	0~10	有	有	有	高	中	中
法兰压力变送器式液位计	0~10	有	无	无	中	中	中
电容式液位计	0~15	有	无	无	中	低	低

下面重点介绍储运常用的液位计，并简单介绍几种其他类型的物位测量仪表。

7.2 直读式液位计

7.2.1 玻璃液位计

最为简单、直观的测量方法是直接测量。玻璃液位计是使用最早和最简单的直读式液位计，分玻璃管式和玻璃板式两种。

1. 玻璃管式液位计

如图7.2所示，玻璃管式液位计利用连通器原理，将容器中液体引入带有标尺的观察管中，通过标尺读出液位的高度。开口和闭口容器中的液位测量分别如图7.2(a)、(b)所示,闭口容器液位计的上端必须与容器的上部气相空间连通。

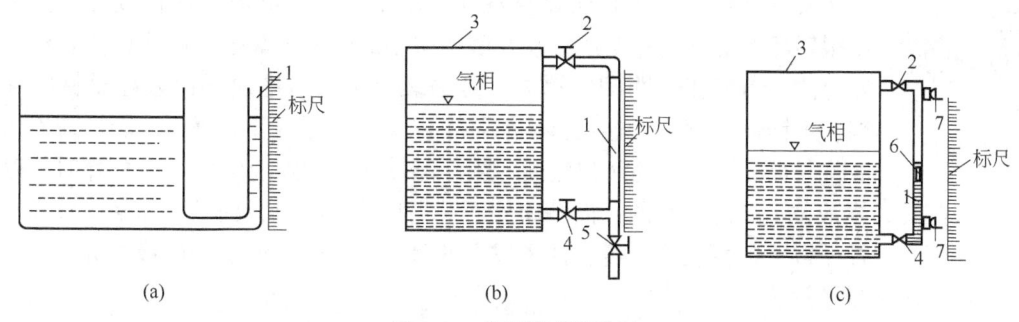

图 7.2 玻璃管式液位计
1—玻璃管;2、4、5—阀门;3—容器;6—浮力磁铁;7—干簧继电器

玻璃管式液位计的结构如图 7.2(b) 所示。玻璃管 1 安装在金属管接头中,内有填料,以防介质溢出。将它们固定在容器外壁上。玻璃管内的显示液位基于连通管原理,和容器内的液位高度一致,便可从玻璃管上通过标尺读出液位高度。使用时在容器连通管上装有阀门 2 和 4,以备在必要时(如玻璃管损坏)可将玻璃管 1 和容器 3 切断,进行检查或维修。阀门 5 通常用于取样或清洗玻璃管。

如玻璃管内安装浮力磁铁 6 [图 7.2(c)],并在其外面的上下端各装一个干簧继电器 7,就变成了上下限液面报警结构。液面的升高或降低使浮力磁铁接触或断开干簧继电器,并使其产生开关动作,从而实现了对液面的上、下限报警和控制。

玻璃管式液位计可用来测量各种非黏性介质的液位,它结构简单,价格低廉,一般用在工作压力不大、温度不太高的场合就地指示容器液位的高低。

2. 玻璃板式液位计

玻璃板式液位计的工作压力和工作温度都大于玻璃管式液位计,它是将一块特制的玻璃板装进金属框中,框上下两端同样借助管道和阀门与容器连接,并可从玻璃板上观察液面的变化。它分为透光式、反射式、照明式、反射式带蒸汽夹套及透光式带蒸汽夹套等多种形式。

玻璃液位计构造简单,安装简便,可不需要外接能源,故适用于无能源要求或防爆的场合,虽具有读数不便、易碎等缺点,但使用仍很广泛,它可测量多种介质的液位,如水、各种油品、丙酮、苯、异丙醇等。当需测量较大量程的液位(如 3~4m)时,可把几段玻璃板连接起来,组成既有较大量程、又能耐受较高压力的玻璃板式液位计。为防止玻璃碰碎时被测介质从容器中外流,通常在玻璃液面计与容器相连的上下阀门内装配有钢球,当玻璃碰碎时,钢球在容器内压力的作用下能阻塞通道,这样容器便自动密封,阻止了介质的外流。

综上所述,为提高使用测量精度,玻璃液位计应使容器和液位计中的介质具有相同的温度,否则会因介质密度的不同而引起示值误差;管径不宜太小,否则毛细现象也会引起示值误差;此外,还应减小连通管上的流动阻力,改善液位计的动态特性,在液位快速变化时能及时反映。阀门不能省略,这样当进行维修、维护与调试更换等操作时可方便地截断连通管。

7.2.2 磁翻板液位计

磁翻板液位计(视频 5)又称磁性液位计、磁翻转液位计、磁浮子液位计。如图 7.3(a)、(b) 所示,磁翻板液位计利用与工艺容器相连的筒体内浮子随液面(或界面)的变

视频5 磁翻板液位计

化而上下移动,由浮子内的磁钢利用磁耦合原理来驱动磁性翻板指示器,用红蓝两色(液红气蓝)明显直观地指示出工艺容器内的液位或界位。翻板用很轻薄的磁化钢片制成,装在摩擦很小的轴上。翻板两侧涂以醒目红、白颜色漆,封装在透明塑料罩内,旁边装有标尺。连通器由非导磁材料(如铜、不锈钢)制成,连通器内有一个浮漂,浮漂内装有磁钢。因连通器内的液位与被测液罐内的液位相同。当浮漂带动磁钢随液位变化而升降时,磁钢吸引翻板翻转。当液位上升时,红的一面翻向外面;当液位下降时,白的一面翻向外面。从指示器正面看,浮子以下的翻板为红色,浮子以上的翻板为白色,容器中的液位分界十分醒目,液位数值一目了然。

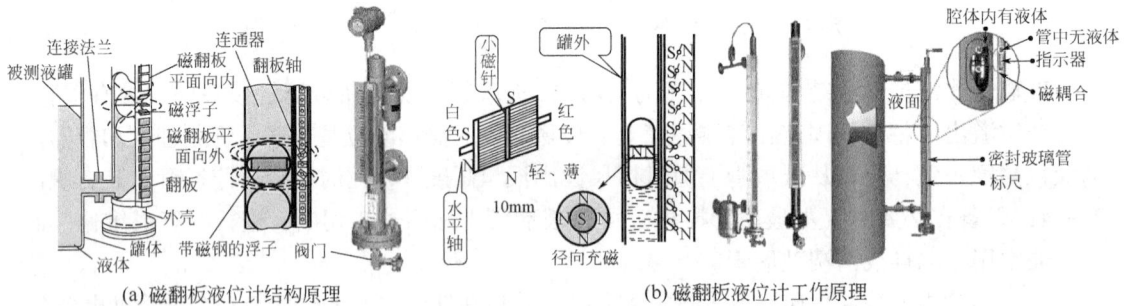

图 7.3 磁翻板液位计原理

有的磁翻板液位计的翻板用红白指示球代替,球内装有小磁铁,由磁性浮漂带动翻转。

磁翻板液位计的翻板数量随测量的范围及精度而定,使用时应垂直安装,并应定期清洗。若翻板翻转不正常时,可用磁铁校正。配上液位报警或控制开关,可实现液位或界位的上、下限越位报警、控制或联锁,当浮子越限后,保持报警状态直到液位恢复正常为止;配上静压式液位变送器或干簧—电阻式液位变送器,可将液位、界位信号转换成二线制 4~20mA DC 标准信号,实现远距离的指示、测量、记录与控制。远传功能由传感和转换两部分组成。传感部分由一组与介质隔离的电阻和干簧管组成,利用浮子的磁性耦合,随液位的变化使干簧管通或断,同时改变传感部分的电阻,并经转换部分变换为 4~20mA 的标准电流信号进行远传。

磁翻板液位计结构牢固、安全可靠、显示醒目。它弥补了玻璃板(管)式液位计指示不清晰、易破碎的缺点,且不受温度剧变的影响;因被测液体被完全密封,并使用磁耦合传动,因而可测量高温、高压、有毒有害与强腐蚀性介质及高黏度、不透明的黏性液体的液位与界位,如油气集输中的原油、污水等。缺点是经长期使用后,磁钢磁性退化、翻板轴磨损等因素易造成指示误差,所以应定期检查与校正。

7.2.3 人工检尺液位测量

人工检尺液位测量是对各种储罐内的液体进行体积和质量测定的一种基本方法,具有操作简单、计量准确、无须辅助设备的特点,目前仍是各油田原油集输及各类油库生产过程中的一种主要计量方法。检尺测量时,先对罐内的液位高度进行测定,再根据罐的横截面积或大罐容积表,计算罐内液体的体积和质量。

检尺测量工具是特制的钢卷尺,其下端带有铜质重锤。为方便量油操作,在罐顶设有量油口。量油口下装有为减小罐内液面波动对量油影响的量油管,量油管底端钻有孔眼与储罐内的液体连通。

人工检尺量油时，从罐顶量油口将钢卷尺下入罐中，并使量油尺末端没入油中，记下量油尺下入深度 h'，提出量油尺，根据量油尺上油迹，观察尺端没入深度 Δh，即可求得罐内空高 h_0 及液面高度 H：

$$h_0 = h' - \Delta h \tag{7.1}$$
$$H = H_0 - h_0 \tag{7.2}$$

式中，h_0 为罐内空高；h' 为卷尺下入深度；Δh 为尺端没入深度；H_0 为罐总高度；H 为液位高度。

如测量介质为水，则要在尺端涂上感水膏。依据感水膏颜色变化，确定尺端投入深度。根据液位高度，可查大罐标定容积表来查出罐内的液体体积，或根据罐直径或横截面积计算出液体体积值 V_t。

在确定油库库存时，通常要把实际温度下的油体积 V_t 换算成标准温度 20℃下的体积值 V_{20}，换算公式为

$$V_{20} = V_t [1 - \beta(t - 20)] \tag{7.3}$$

式中，V_{20} 为标准温度 20℃下的体积值，m³；V_t 为实际温度 t 下的体积，m³；β 为体积膨胀系数，1/℃；t 为量油时的实测罐内温度，℃。

有时，将实际体积值扣除所含水的体积，得到纯油量，并用质量值来表示，即

$$M = V_{20}(100 - W)\rho_{20} \tag{7.4}$$

式中，M 为罐内纯油量，kg；V_{20} 为标准温度下的含水油体积，m³；W 为罐内油体积的含水率，%；ρ_{20} 为 20℃下的油密度，kg/m³。

7.3 静压式液位计

静压式液位计基于流体静力学中液体在容器内液位与液柱高度产生的静压力成正比这一原理进行液位测量，即依据液体静力学原理，把液位的测量转换为压力或压差的测量，如图 7.4 所示。

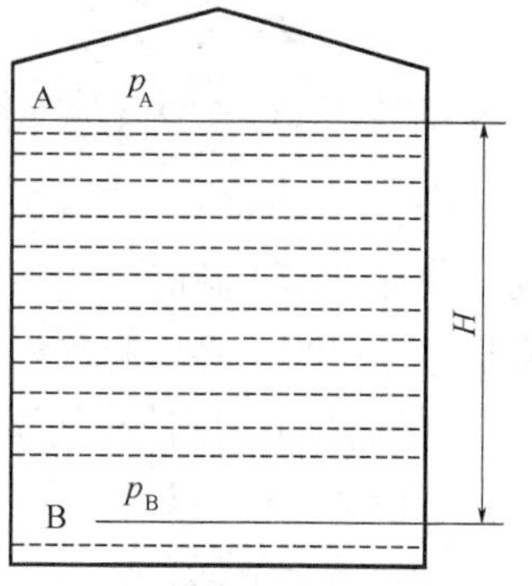

按流体静力学原理可知：

$$\Delta p = p_B - p_A = H\rho g \tag{7.5}$$

若图 7.4 为敞口容器，则 p_A 为大气压，式(7.5) 可改写为

$$p = H\rho g \tag{7.6}$$

式中，p 为 B 点表压力；ρ 为被测介质密度；g 为重力加速度。

当被测介质的密度不变时，测量压差值 Δp 或液位零点位置的压力 p，可知液位高度 H，即可把液位测量转化为压力或压差的测量。因这种液位测量方法较简单，各种压力和压差测量仪表，只要量程合适，都可用来测量液位，故在油气生产中应用广泛。

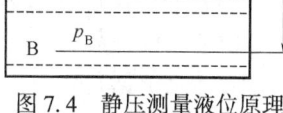

图 7.4 静压测量液位原理

7.3.1 压力式液位计

图 7.5 为利用压力计的液位测量法，在容器底部或侧面液位零点处引出压力信号，由

压力计测出的示值,即可知液位高度。如需远传,则可用压力传感器或变送器。被测液体的密度在测量中为非定值时,则会引起一定的测量误差;同时应注意:此类压力计测压的基准点必须与被测液位的零位处在同一水平面位置,否则必须按液位的高度差进行修正。

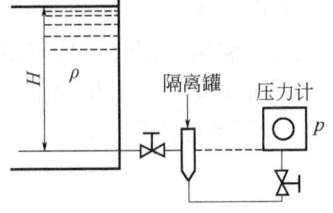

图 7.5 压力计测量液位的原理

7.3.2 差压式液位计

1. 工作原理

差压式液位计利用容器内液位改变时,由液柱产生的静压也相应变化的原理进行工作。如图 7.6 所示,将差压变送器的一端接液相,另一端接气相。设容器上部空间为干燥气体,其压力为 $p_气$,因为 $p_1 = p_气 + \rho g H$,$p_2 = p_气$,则

$$\Delta p = p_1 - p_2 = H \rho g \tag{7.7}$$

式中,H 为液位高度;ρ 为介质密度;g 为重力加速度;p_1,p_2 分别为差压变送器正、负压室的压力;Δp 为液柱的差压。

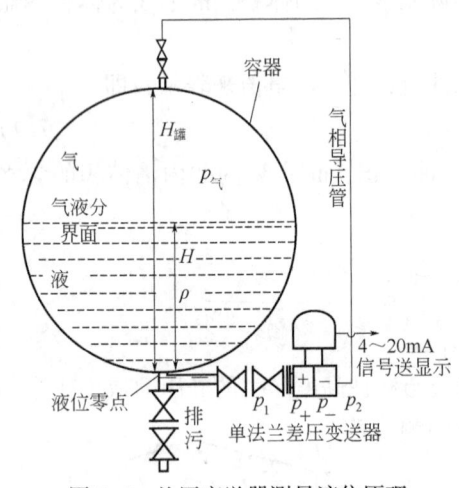

图 7.6 差压变送器测量液位原理

通常,被测介质密度已知。因差压变送器测得的差压 Δp 与液位高度 H 成正比,则液位测量转换为差压测量问题。

当被测容器是敞口的,气相压力为大气压时,只需将差压变送器的负压室通大气即可,即差压变送器的负压室通大气,正压室通过导压管和阀门与容器的取压点连接。若不需远传信号,也可在容器底部安装压力表,如图 7.5 所示,按压力 p 与液位 H 成正比的关系,可直接在压力表上按液位进行刻度。

由测量原理可知,凡是能测量差压的仪表都可用于密闭容器的液位测量。而在实际液位测量中,气动和电动差压变送器应用较广泛,但应用时应注意如下情况:(1) 差压式液位计的测压基准点与取压基准点不一致时,应考虑附加液柱的影响,且需进行修正;(2) 气相空间有挥发蒸汽或凝雾存在时,易引起气相凝雾的附加液柱影响,需进行修正。目前储运的易挥发类汽油、LNG 储罐等的差压计测量误差就受此影响。储运用差压式液位计主要有差压变送器型(智能、高精度、远传与就地均可),也有弹性式差压式液位计(精度不高,只适合就地显示,不能作为计量依据)。

2. 零点迁移问题

差压变送器测量液位时,其压力差 Δp 与液位高度 H 之间通常有如下关系:

$$\Delta p = \rho g H \tag{7.8}$$

其适用条件为:(1) 差压变送器高压室的取压口与起始液面在同一水平面上;(2) 低压室的导压管中无任何气体的冷凝液存在;(3) 被测介质的密度保持不变。此时变送器处于理想条件下的零点"无迁移"情况,如图 7.7(a) 与图 7.8 曲线 a 所示,即 $H = 0$ 时,正、负

压室的压力相等。

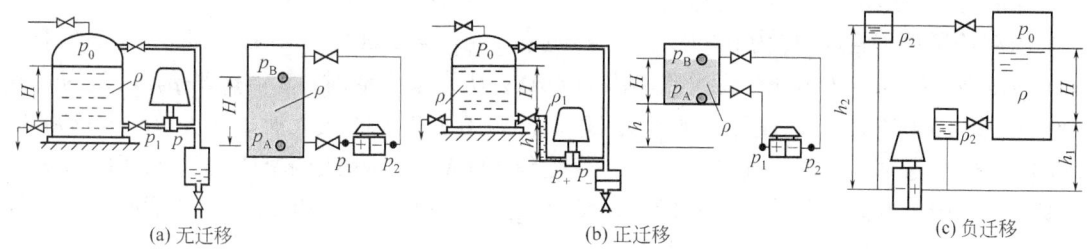

(a) 无迁移　　　　　　　　(b) 正迁移　　　　　　　　(c) 负迁移

图 7.7　液位测量的零点迁移示意图

但实际液位测量中，H 与 Δp 间的对应关系并非如此，如图 7.7(c) 所示，为防止容器内腐蚀性液体和气体进入变送器腐蚀或堵塞管线，并为保证负压室的液柱高度恒定，常在变送器的正、负压室与取压点之间分别装有充以隔离液的隔离罐。若被测介质密度为 ρ，隔离液密度为 ρ_2（通常 $\rho<\rho_2$），这时正、负压室的压力分别为

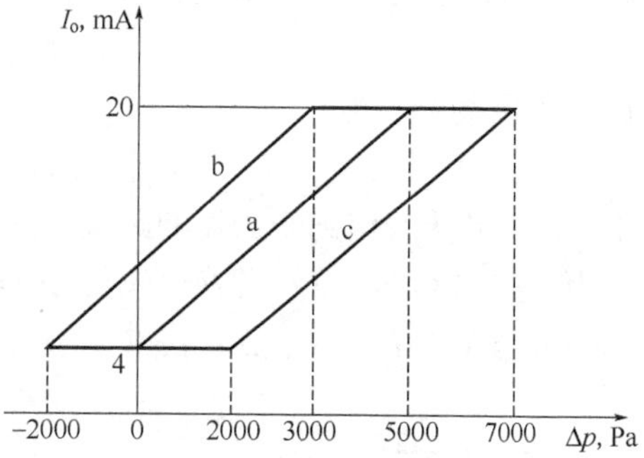

$$p_1 = p_0 + \rho g H + \rho_2 g h_1 \quad (7.9)$$

$$p_2 = p_0 + \rho_2 g h_2 \quad (7.10)$$

正、负压室间的压力差为

$$\Delta p = p_1 - p_2 = \rho g H + \rho_2 g h_1 - \rho_2 g h_2 = \rho g H - \rho_2 g (h_2 - h_1) \quad (7.11)$$

式中，Δp 为变送器正、负压室的压力差；H 为被测液位的高度；h_1 为正压室隔离罐液位到变送器的高度；h_2 为负压室隔离罐液位到变送器的高度。

图 7.8　正负迁移示意图

比较式(7.11)与式(7.8)可知，此时压差减少了 $\rho_2 g(h_2-h_1)$ 一项，即 $H=0$，$\Delta p = \rho_2 g(h_1-h_2)$，对比无迁移情况，相当于负压室多了一项固定值为 $\rho_2 g(h_2-h_1)$ 的压力。如用 DDZ-Ⅲ型电动差压变送器，其输出范围为 4~20mA 电流信号，在无迁移时，$H=0$，$\Delta P = 0$，变送器输出为 4mA；$H=H_{max}$，$\Delta p_{max} = \rho g H_{max}$，变送器输出为 20mA。但有迁移时，由式(7.11)可知，因固定差压的存在，$H=0$ 时，变送器输入<0，其输出必定<4mA；当 $H=H_{max}$ 时，变送器的输入<Δp_{max}，其输出必定<20mA，这样就破坏了变送器输出 Δp 与液位 H 间的正常对应关系。为使仪表的输出能正确地反映出液位的数值，使液位的零值与满量程能与变送器输出的上、下限值相对应，必须设法抵消固定差压 $\rho_2 g(h_2-h_1)$ 的作用，使得当 $H=0$，$H=H_{max}$ 时，变送器输出仍分别为 4mA、20mA。为此可采用零点迁移的方法来解决此问题，即调节仪表上的迁移弹簧，来抵消固定压差的作用。对电动型差压变送器，可通过调节电位器，改变相关电路的参数来实现。

为正确使用仪表，一般的差压变送器都有调整零点位置的机构，即可对感压元件预加一个作用力，将仪表的零点迁移到与液位零点相重合，这就是零点迁移。

迁移弹簧或调节电位器的实质是改变变送器的零点。迁移和调零都是使变送器输出的起始值与被测量液位的起始点相对应，只不过零点调整量通常较小，而零点迁移量则比较大。

迁移同时改变了测量范围的上、下限，相当于测量范围的平移，它不改变量程的大小。在差压变送器规格中，一般需注明是否带正、负迁移功能，型号后面加"A"为正迁移，加"B"为负迁移，无"A"或"B"的为无迁移。

例如，某差压变送器测量范围为 0~5000Pa，当压差由 0 变化到 5000Pa 时，变送器输出将由 4mA 变化到 20mA，即无迁移情况，如图 7.8 中曲线 a 所示。

当有迁移时，假定 P_0 为 0，固定差压 $\rho_2 g(h_2-h_1)=2000$Pa，则 $H=0$ 时，按式(7.11)，$\Delta p=-\rho_2 g(h_2-h_1)=-2000$Pa，变送器输出为 4mA；$H$ 为最大值时，$\Delta p=\rho g H-\rho_2 g(h_2-h_1)=5000-2000=3000$Pa，此时变送器输出为 20mA，如图 7.8 中曲线 b 所示，即 Δp 从 -2000Pa 到 +3000Pa 变化时，变送器输出应从 4mA 变化到 20mA。它维持原来的量程（5000Pa）大小不变，只是向负方向迁移了一个固定差压值 $[\rho_2 g(h_2-h_1)=2000$Pa$]$，此类情况称为负迁移，如图 7.7(c) 与图 7.8 曲线 b 所示。

因工作条件不同，有时会出现正迁移情况。如图 7.7(b) 所示，差压变送器安装在最低液面以下 h，这时正、负压室压力分别为

$$p_1=p_0+\rho g H+\rho g h; p_2=p_0 \tag{7.12}$$

故正、负压室压差为

$$\Delta p=p_1-p_2=\rho g H+\rho g h \tag{7.13}$$

式中，h 为最低液位到变送器的距离；p_0 为被测容器的气相压力。

由式(7.13) 可知，当 $H=0$ 时，$\Delta p=\rho g h$，即正压室多了一项附加应力 $\rho g h$，变送器输出 4mA；当 $H=H_{max}$ 时，$\Delta p=\rho g H_{max}+\rho g h$，变送器输出为 20mA。如用前述差压变送器同样的测量范围：(0~5000Pa)∝(4~20mA) 与固定差压 $\rho g h=2000$Pa，则比较可知：$H=0$ 时，$\Delta p=\rho g h=2000$Pa，变送器输出 4mA；H 最大时，$\Delta p=\rho g H+\rho g h=5000+2000=7000$Pa，如图 7.8 曲线 a 所示，其量程未变，只是向右迁移了一个固定差压（$\rho g h=2000$Pa），这种迁移称正迁移。

3. 法兰式差压变送器测量液位

当被测介质腐蚀性很强或含有结晶颗粒、黏度大、易凝固或气液相转换温度低时，就可能使引压管线被腐蚀或被堵，此时可采用在导压管入口处加隔离膜盒的法兰式差压变送器。法兰式差压变送器与普通差压变送器原理相同，气动转换部分完全一样，不同的只是测量部分的结构。如图 7.9 所示，作为敏感元件的测量头（金属膜盒），经毛细管与

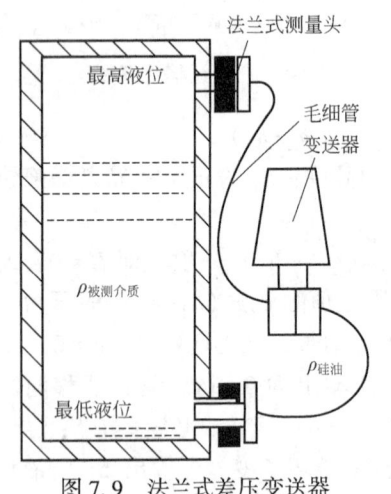

图 7.9 法兰式差压变送器液位测量示意图

变送器的测量室相通。在膜盒、毛细管和测量室所组成的封闭系统内充有硅油，作为传压介质，使被测介质不进入毛细管与变送器，以免堵塞或腐蚀。

法兰式差压变送器分单法兰式与双法兰式两种，法兰结构形式有平法兰和插入式法兰。用一个法兰与管路接通的称单法兰式差压变送器；而对上端和大气隔绝的闭口容器，因上部空间与大气压力多半不等，必须用两个法兰分别将液相和气相压力导至差压变送器，故称双法兰式差压变送器。

早期静压变送器测量精度低，受环境温度影响较大，所以并不被广泛采用，近些年因变送器和计算机技术的发展，受到了一定程度的欢迎。其使用特点如下：安装简单，无可动部件，工作可靠，日常使用维护量小；液位测量精度一般，有大风时所引起的气压变化将会影响其测量精度；不能用于测量介质分层的储罐，尤其适用于需远传的液位信号和监控。但储

运储罐（如汽油、LNG 储罐）的气相空间如有挥发蒸汽或凝雾存在时，易引起气相凝雾附加液柱误差影响的问题仍未得到解决。

目前，差压变送器型常选用智能差压变送器（如 ABB 差压变送器）。

7.4 浮力式液位计

浮力式液位计也是使用最早的一种液位计，其结构简单，造价低廉，维护方便，随着变送方法的改进，至今仍广泛应用在工业生产中。按测量原理不同，浮力式液位计分如下两种结构：（1）恒浮力式，即维持浮力不变，利用浮子高度随液位的变化而改变的原理来测量液位，如常用的浮子液位计和浮球液位计；（2）变浮力式，即浮力变化，利用浮子在液体中所受的浮力随液位高度的变化而不同来测量液位，如浮筒式液位计。

7.4.1 恒浮力式液位计

如图 7.10 所示，恒浮力式液位计测量液位时，浮力维持不变，浮子永远漂浮在液面上，浮子位置随液面高低而变化。测量浮子的高度位移变化，即可测出液位的高度，如浮球液位计、磁翻转式液位计、直读式浮标液位计、浮子钢带式液位计、伺服式液位计等。

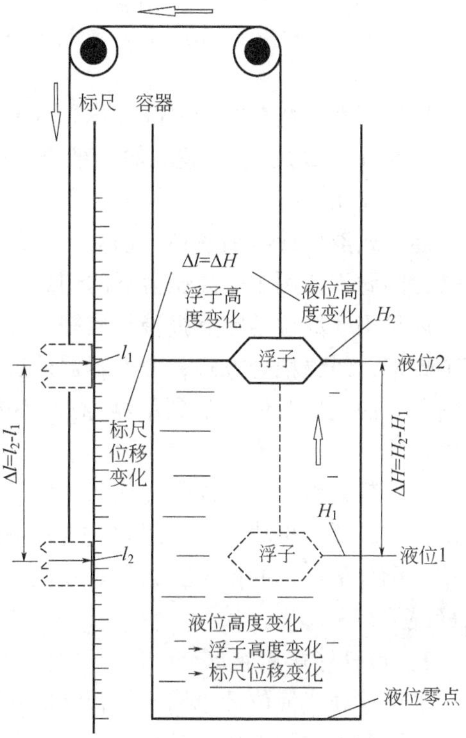

1. 浮球式液位计

浮球式液位计按结构原理，可分为机械杠杆式和磁性浮球式两种，其中机械杠杆式又分为内置式与外置式两类（图 7.11）。

图 7.10 恒浮力式液位计原理示意图

1）机械杠杆式浮球液位计

对温度与黏度较高而压力不太高的密闭容器的液位测量，一般可用机械杠杆式浮球液位计。

如图 7.11 所示，机械杠杆式按浮球设置结构形式分内置式与外置式两种。

机械杠杆式浮球液位计是一种机械杠杆系统结构，属力矩平衡式仪表。其工作原理如图 7.12 所示，连杆一端连接不锈钢制成的空心浮球，另一端与转轴相连。转轴另一端与容器外侧杠杆相连。杠杆上加一个平衡锤，组成以转动轴为支点的杠杆系统。浮球随容器内的液面变化而上下移动，通过杠杆支点，在另一端（即平衡锤一端）产生反方移动。连杆推动转轴转动，使指针旋转。在转轴外端安装指针和刻度盘，即可从已标定好的刻度盘上读出液位高度，或用气动转换或电动转换的方法将信号进行远传或液位控制。为使得液位高度和指针旋转角度之间具有比较好的线性关系，通常连杆和水平面间的角度<30°。该类仪表适应多类介质的温度、工作压力与黏度等条件，但受机械杠杆长度的限制，测量范围较小。

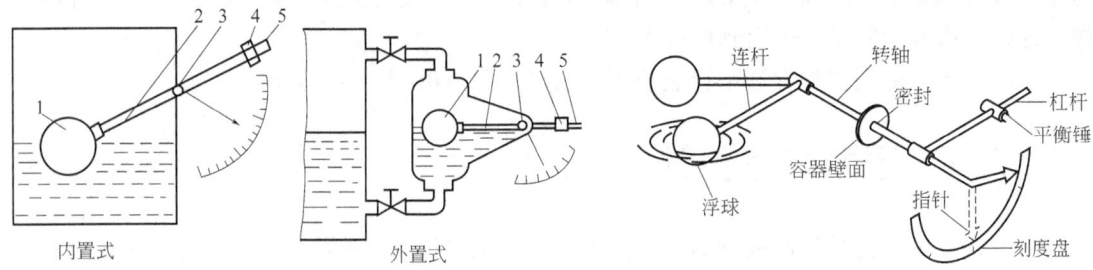

图 7.11 机械杠杆式浮球液位计
1—浮球；2—连杆；3—转轴；4—平衡锤；5—杠杆

图 7.12 机械杠杆式浮球液位计工作原理

浮球可直接装在容器内部（内置式），容器直径很小时也可在容器外侧做一浮球室与容器相连通（外置式）。外置式便于维修，但不适用于黏稠或易结晶、易凝固的液体，内置式特点则与此相反。

浮球式液位计必须用轴、轴套、密封填料等结构，才能保持既密封又能将浮球位移传送出来，因此不适用于较高压力下的测量，其测量范围也受到角位移的限制而不能太大。

如只用于液位的定点报警与控制，可不用密封输出轴，只需在与浮球相连的杠杆末端加一个磁钢，经磁耦合方式，带动容器外磁钢，驱动电接点闭合或断开，就构成了浮球式液位发信器。油气田及炼厂常利用浮球式液位发信器对油水罐及其他设备进行液位的上、下限报警。

在安装检修时，必须十分注意浮球、连杆与转轴等部件的连接是否结实牢固，以免浮球脱落，造成严重事故。在使用时，遇到液体中含有沉淀物或凝结的物质附着在浮球表面时，要重新调整平衡锤的位置，调整好零位。一经调好，就不能随便移动平衡重物，否则会引起测量误差。

2) 磁性浮球式液位计

磁性浮球式液位计也称干簧管浮球式液位计，根据连通器原理，基于浮力和静磁场的磁性耦合原理来测量液位，其结构原理如图 7.13 所示。

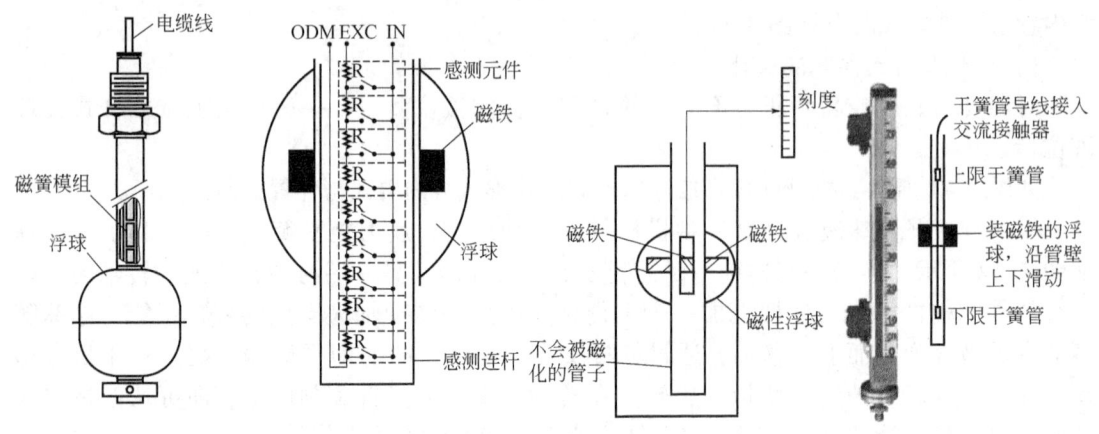

图 7.13 磁性浮球式液位计结构原理示意

这种液位计以磁浮球为测量元件，内置磁钢的磁性浮球套在透磁管外，传感器检测管内装有一组干簧管和精密电阻，当管外磁性浮球随液位的变化而上下浮动时，浮球中的磁钢因磁耦合作用而吸合检测管内位于液面处相应位置上的干簧管，使干簧依次接通，传感器的电阻值则发生相应变化，从而将液位转换成相应的电阻输出，再由接线盒内的转换电路模块将变化后的电阻信号转换成 4~20mA 的电流信号输出，即磁性浮球位置的变化引起电学量的的变化，通过检测电学量的变化来反映容器内液位的变化情况。

磁性浮球式液位计对液位可进行就地显示、远传测量和控制；在显示仪上可设定上、下限报警，实现对液位的位式控制，或由其他调节器构成恒液位调节系统。

磁性浮球式液位计与机械杠杆式浮球式液位计相比，对温度、黏度、压力等无特殊要求，测量范围基本无限制，故其适用范围远大于机械杠杆式浮球式液位计，常用于储运油气田等领域的液位、界位的测量或控制，但因其精度不高，不能作为贸易计量的交接仪表使用。

2. 磁翻转式液位计

磁翻转式液位计原理与磁性浮球式液位计相似，可替代玻璃板（或玻璃管）式液位计，用来测量有压容器或敞口容器内的液位，可就地指示，还可附加液位越限报警及信号远传功能，实现远距离的液位报警和监控。工作原理、结构等详见本章 7.2.2 磁翻板液位计部分。

3. 直读式浮标液位计

这种液位计结构原理如图 7.14 所示。在容器中放入浮标，它浮于液面上。通过绳索、滑轮与罐外的指示件、平衡锤相连。当液面变化时，浮标位置随液面的高低而变化，其位移通过重锤上的指示件在标尺上指示出来。这种液位计简单直观，适用于开口容器的液位测量。

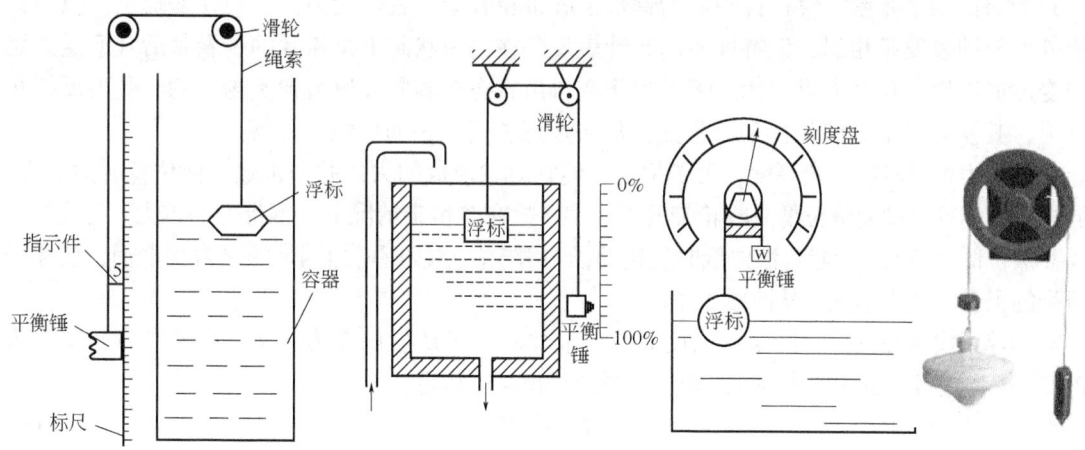

图 7.14 直读式浮标液位计结构原理

4. 浮子钢带式液位计

浮子钢带式液位计采用力平衡原理，但对浮子本身而言仍属恒浮力原理。浮子吊在钢带的一端，钢带对浮子施以拉力（约 3.5N）。钢带可自由伸缩，当浮子在测量范围内变化时，钢带对浮子的拉力基本不变。为防止浮子受被测液体流动影响而偏离垂直位置，使测量精度受到影响，可增加一个导向机构。导向机构由悬挂的两根钢丝组成，靠下端的重锤进行定位，浮子沿导向钢丝随液位的变化而上下移动。如罐内的液体表面流速不大，则可省略导向系统。

如图 7.15 所示，浮子经过钢带和滑轮将浮子的位置变化传到钉轮上。钉轮周边的钉状齿与钢带上的孔啮合，将钢带的直线运动变为转动，并由指针和计数器指示液位。在钉轮轴上再安装转角传感器或变送器，就可实现液位信号的远传。

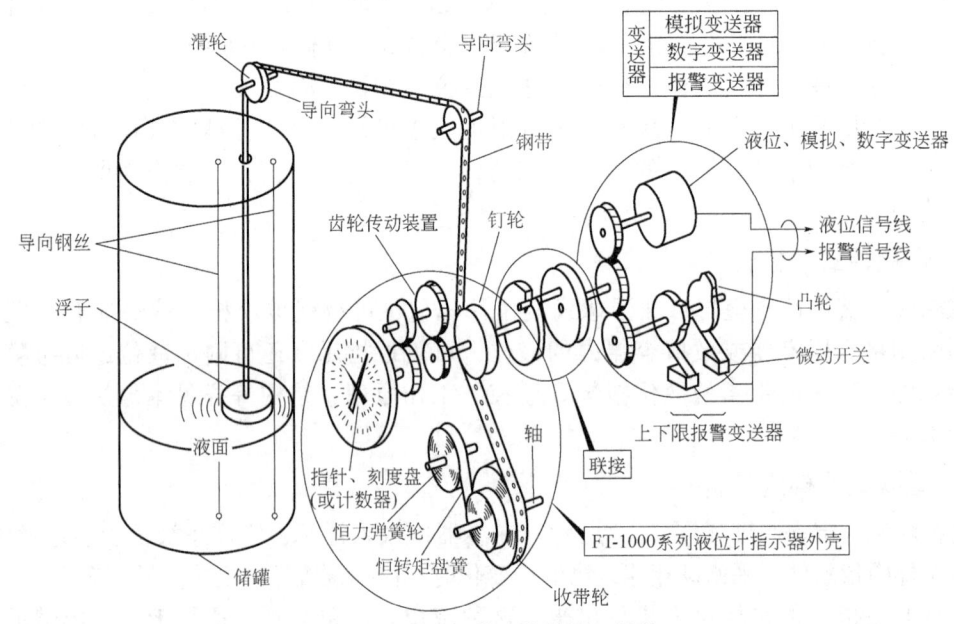

图 7.15 浮子钢带液位计原理结构

为保证钢带张紧，绕过钉轮后的钢带由收带轮收紧，其收紧力由恒力弹簧提供。恒力弹簧外形与钟表发条相似，但特性不同。钟表发条在自由状态下是松弛的，卷紧后其回送力矩与变形成正比，符合胡克定律。恒力弹簧在自由状态是卷紧在恒力弹簧轮上的，受力反绕在轴上，其恢复力 T 始终保持某一常数，从头至尾相同，因而称恒力弹簧。

因恒力弹簧具有一定厚度，虽 T 恒定，但它对轴形成的力矩并非常数，液位低时力矩大。同样，因钢带厚度使液位低时收轮带的直径小，故在 T 恒定情况下，钢带上的拉力 f 与液位有关。液位低时 f 大，恰好与液位低时连接浮子与滑轮的这段所增加钢带的重力相抵消，使浮子所受的提升力几乎不变，从而减少了误差。

当浮子浸没在液体中的某一高度时，若液体对浮子产生的浮力为 F，浮子本身的重力为 W，恒力弹簧对浮子的拉力为 T，则整个系统平衡时应满足：

$$T = W - F \tag{7.14}$$

如液位升高，则在瞬间会使浮力 F 增加，恒力弹簧会通过钢带将浮子向上拉升，带上的小孔和轮上的钉状齿啮合，从而使钢带的线位移变为钉轮的角位移。当拉力 T 恒定，钉轮的周长、钉状齿间距及钢带的孔间距均制造得很精确时，就可以得到较高的测量精度。这种传动方式的密封较困难，不适用于有压容器，因此通常多用于常压储罐的液位测量。

5. 伺服式液位计

伺服式液位计属多功能仪表，既可测量液位，也可测量界面、密度等参数，被广泛用于储运储罐液位的高精度测量。其液位检测利用伺服平衡原理，即通过对测量线的张力检测来寻找液位，并最终确定液位高度。

1) 伺服式液位计的工作原理与构成

该液位计基于浮力平衡原理，如图 7.16 所示，由力传感器检测浮子上浮力的变化。浮子由缠绕在带有槽的测量磁鼓上的测量钢丝吊着。磁鼓通过磁耦合与步进电动机相连接。浮子的实际重量由力传感器来测量。力传感器测得浮子的重量，并与预先设定的浮子重量相比较。如测得值和给定值有偏差，软件控制模块就会调整伺服电动机，使浮子向下或向上移动，最终在力达到平衡时，伺服电动机停止转动。

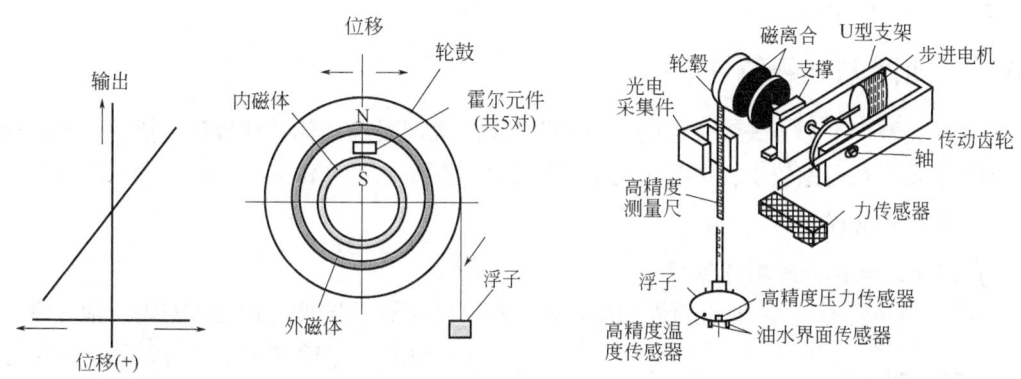

图 7.16 浮力式伺服液位计测量原理

伺服式液位计的工作过程如下：液位计工作时，浮子作用于测量钢丝上的重力在外轮鼓的磁铁上产生力矩，引起磁通量的变化。轮鼓组件间的磁通量变化导致内轮鼓上的电磁传感器（霍尔元件）的输出电压信号发生变化，其电压值与储存于 CPU 中的参考电压相比较。当浮子位置平衡时，其差值为零。当被测介质的液位变化时，浮子浮力发生改变，导致磁耦力矩被改变，使得带有温度补偿的霍尔元件的输出电压发生变化。该电压值与 CPU 中预存参考电压的差值驱动伺服电动机转动，并调整浮子上下移动而重新达到新的平衡点。这样整个系统就构成了一个闭环反馈回路，其精确度可达±0.7mm，且其自身带有的补偿功能，能补偿因钢丝或浮子上附着被测介质所导致的钢丝张力的改变。

伺服式液位计的结构如图 7.17 所示。

2) 伺服式液位计的特点

（1）对被测介质进行液位、界位与密度的常规精确测量与信号传递，并具有温度补偿与传递等功能，罐底沉积物和液体表面泡沫不影

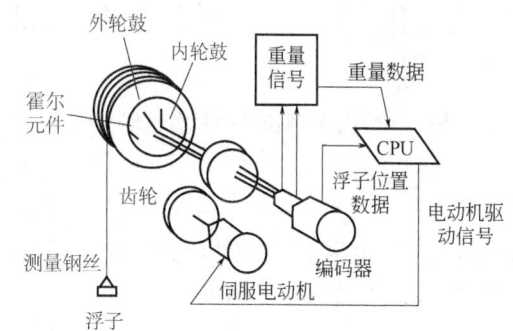

图 7.17 伺服式液位计的结构

响测量精度；可满足储罐的存量管理、损耗控制和安全操作等要求；可广泛应用于多种易燃易爆场所。

（2）因不存在滑轮、齿轮的摩擦力，测量精度比较有保证（±0.7mm）。

（3）因几乎没有传动机械部件，可靠性高，同时故障率较低。

（4）能与计算机联网，具有很强的数据处理能力，经运算处理可给出油罐计量所需要的各种参数，如液位、界位、体积、密度、水尺、质量等。

(5) 有预诊断功能，能提示进行仪表的维护，如更换已老化的测量钢丝，电气、机电部分出现故障等。

(6) 具有浮子重量自动补偿与测量钢丝自动补偿功能。

(7) 可拓展性：

① 单台伺服式液位计可实现罐的实时液位或界位测量的就地显示与远传显示。

② 伺服式液位计加配多点温度计，可实现现场罐的液位、界位与不同高度点位的温度测量。

③ 加配多点温度计、罐旁显示仪，可实现现场油罐各个高度不同点位的液位、界位与温度测量并现场显示。

7.4.2 变浮力式液位计

在液位检测中变浮力式液位计的浮力发生变化，常见的有浮筒式液位计、扭力管式液位计等。因其液位测量范围较小，主要应用于液位变化范围不大的液位或两相流体的界位测量。

1. 浮筒式液位计

1) 浮筒式液位计的测量原理

浮筒式液位计是变浮力式液位计的典型仪表，它克服了浮球式液位计需要转轴、密封结构的缺点。浮筒式液位计基于阿基米德定律，利用浮筒被液体浸没高度不同引起的浮力变化，及其与液面位置的关系来测量液位，即通过检测浮筒所受的浮力变化，便可知液位变化，可用于敞口或压力容器的液位和界位测量。

浮筒式液位计一般由浮筒、弹簧、磁钢室和指示器四部分组成，其基本原理如图7.18所示。圆筒形金属浮筒的横截面相同，浮筒所受的向下重力 G 与向上浮力 $F_浮$ 的合力被弹簧弹力 $F_弹$ 所平衡，浮筒呈动平衡状态时，其动平衡关系如下：

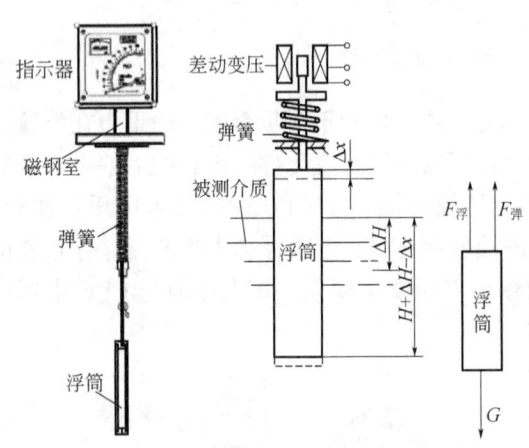

图7.18 浮筒液位计的基本原理与构成

$$cx_0 = mg - AH\rho g$$
$$F_弹 = G - F_浮 \tag{7.15}$$

液位变化时，因浮筒所受的浮力变化，浮筒位置也随之变化。如液位升高 ΔH，则浮筒要向上移动 Δx，则新的力平衡关系式为

$$c(x_0 - \Delta x) = mg - A(H + \Delta H - \Delta x)\rho g \tag{7.16}$$

将式(7.15) 与式(7.16) 相减得

$$\Delta H = \left(1 + \frac{c}{A\rho g}\right)\Delta x \tag{7.17}$$

式中，c 为弹簧的刚度；Δx 为弹簧的压缩位移量；A 为浮筒横截面积；H 为浮筒浸没液体的深度，即工艺控制设定的液面高度或界位；x_0 是与 H 相对应的弹簧初始长度；ρ 为液体密度；g 为重力加速度，公式单位采用国际单位制。

由式(7.17) 知，液位变化 ΔH 使浮筒产生位移 Δx，并使弹簧伸缩产生相同的变形量 Δx，即液位的高度变化 ΔH 与弹簧的变形量 Δx 成正比关系。弹簧的伸缩使与其刚性连接的磁钢产生相同的位移,并通过输出指示器内的磁感应元件和传动装置或变换输出装置,使其指示出液位变化或输出与液位变化相对应的电信号。

2) 浮筒式液位计的结构及工作过程

图 7.19 为电远传浮筒式液位计的结构原理,它由发送部分和显示部分组成。当浮筒被液体所浸没的体积不同时,其所受的浮力也不同,测出浮筒所受的浮力大小,便可知液位的高低。图中的被测介质里,有一个横截面相同、重量一定的圆筒形金属浮筒,浮于容器中的液面上,其重量与弹簧的弹力平衡。当容器内的介质液位高于浮筒下端时,浮筒就受到液体的浮力,按阿基米德原理,力平衡时,此浮力的大小等于被浮筒所排出液体的重量。液体液位的上升,使浮力增加,力平衡被破坏,同时使浮筒产生向上的位移,并压缩弹簧,带动浮筒连杆上的铁芯移动,通过差动变压器的测量系统,便可输出相应的电信号,指示出液位的变化。

浮筒式液位计适宜于各种密封容器内的液面或气液界面的定点液面变化测量、记录与控制。此外,也可将图 7.19 中浮筒所受的浮力变化转换成机械角位移,即为扭力管式液位计。

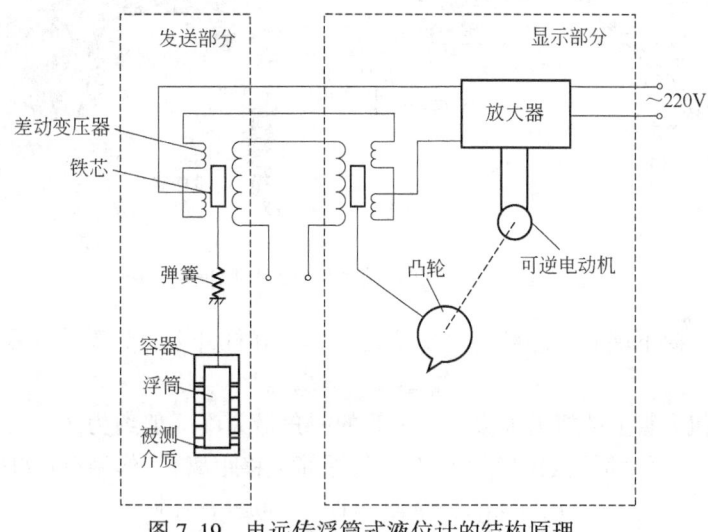

图 7.19 电远传浮筒式液位计的结构原理

3) 浮筒式液位计的使用安装特点

浮筒式液位计在浮筒连杆上装指针可直接就地指示液位,也可用变换器(差动变压器或电动伺服平衡机构)变换成电信号远传测量与控制。浮筒式液位变送器的量程取决于浮筒的长度。国产液位变送器量程范围为 300mm、500mm、800mm、1200mm、1600mm、2000mm,适用密度范围为 $0.5 \sim 1.5 \text{g/cm}^3$。变送器的输出信号除与液位变化高度有关外,还与被测液体密度有关,密度发生变化时,必须进行密度修正。

浮筒式液位计有内置式和侧装外置式两种安装方式,外置式更适用于温度较高的场合。

浮筒式液位计的特点是:精度高,低漂移,抗干扰能力强;可对测量过程的温度与密度进行自动补偿;同时可调整量程范围。

浮筒式液位计适用于高温、低温、高压、负压介质的液位或界位的测量与控制;因其精度高,可测量液位变化较小的场合;不宜用于测量黏度大的介质或反应变化较慢的介质。

2. 扭力管式液位计

扭力管式液位计以浮筒为敏感元件,应用变浮力原理进行液位的测量,其通常由浮筒室、浮筒、扭力管系统及电子测量系统等组成，可用来测量定点液位与界位的变化或密度。

1) 扭力管式液位计的测量原理

如图 7.20 所示，浸在液体中的浮筒受到向下重力、向上浮力和向上扭力管弹力的合力作用。当三力平衡时，浮筒静止在某一位置。液位的变化引起浮筒所受的浮力也发生变化，力的平衡状态被打破，使浮筒的位置发生变化。该变化被传递到扭力管组件上，引起扭力管弹力的变化，使扭力管与芯轴同步扭动，并由扭力管带动固定在扭力管芯轴上的磁铁发生旋转角位移，使由霍尔效应传感器检测的磁场发生改变。该传感检测信号经信号处理电路，将磁场信号转换为随液位变化的电信号，直至达到新的力平衡。这样就把液位的变化转换成扭力管的扭力矩变化，并经芯轴同步旋转转换为扭转角位移，再经传动及变换装置（霍尔效应传感器）将角位移转换为电信号远传、显示、记录或控制。

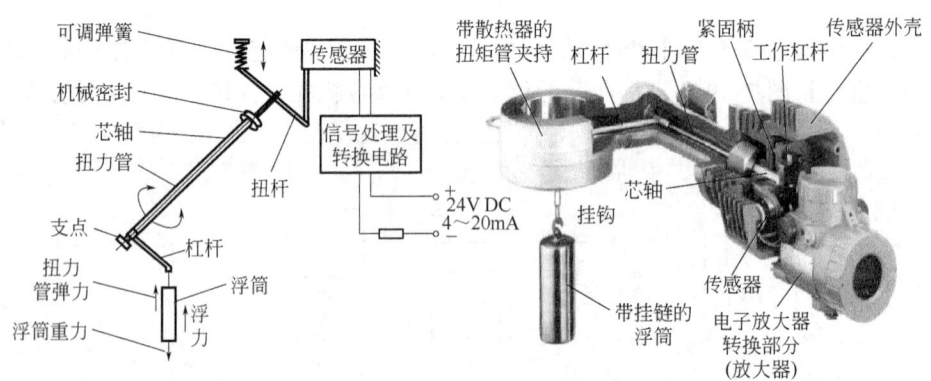

图 7.20　扭力管式浮筒液位计测量原理及构成

当液位低于浮筒下端时，浮筒（全部重力）作用在杠杆上力为浮筒的重力，即

$$F_{扭力管弹力0} = G_{浮筒} \tag{7.18}$$

此时作用在扭力管上的扭力最大，扭力管的扭角最大（一般约为7°）。

当液位为 H 时，浮筒浸没深度为 $H-x$（x 为浮筒上移距离），作用在杠杆上的力为

$$F_{扭力管弹力x} = F_{浮筒} = G_{浮筒} - A\rho g(H-x) \tag{7.19}$$

因 x 正比于 H，即 $x=kH$，故浮筒所受浮力的变化量为

$$F_{扭力管弹力x} = F_{浮筒} = G_{浮筒} - A\rho g(1-K)H \tag{7.20}$$

由式(7.20)可见，液位 H 与 $F_{浮筒}$ 呈反向线性关系，当液位 H 升高时，浮力增加，作用在杠杆上力 $F_{扭力管弹力x}$ 减小，扭力管扭角也减少。

扭角角位移量由芯轴输出，并通过机械传动放大机构带动指针，便可就地指示出液位的变化值，也可通过转换元件将此角位移转换为气动或电动信号，以适应远传和控制的需要。

2) 扭力管式液位计结构组成及其信号处理

扭力管式液位计一般由浮筒、扭力管系统及变送测量系统等组成，其结构如图 7.20 所示。

目前主要使用智能型浮筒变送器，图 7.21 为其原理框图，其采用微控制器与相关的电子线路测量过程变量，并提供电流输出，驱动 LCD 显示及 HART 通信。

3) 扭力管式液位计的使用特点

扭力管式液位计的使用安装特点与浮筒式液位计基本类似，它广泛适用于储运生产过程中多种压力、高温或低温液体的液位、界位及密度的测量或控制。目前变浮力式液位计随着

智能变送器的应用,其功能日益智能化、一体化。

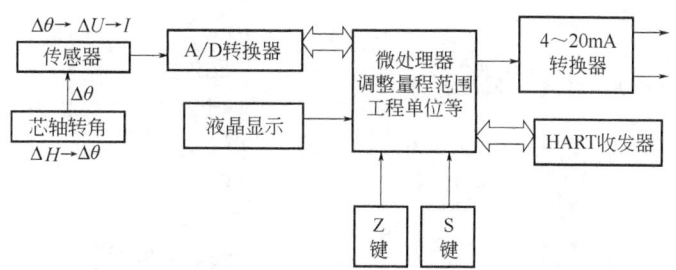

图 7.21 扭力管式液位计智能变送器原理框图

7.5 电气型液位计

电气型液位计包括超声波液位计、雷达液位计、磁致伸缩液位计、电容式液位计、光纤式液位计等。

7.5.1 超声波液位计

超声波液位计利用超声波的各种特征来进行液位测量,可构成适合于罐外液位测量的透射式和适合于罐内液位测量的反射式两类方法,常用于对铁路罐车、汽车罐车及储罐等的液位测量。无论透射式还是反射式,产生超声波和发射超声波的探头(换能器)都由压电元件构成,发射和接收超声波的两种探头结构基本相同,并且都利用压电效应原理工作,仅工作任务不同。

1. 超声波液位计的测量原理

透射式超声波液位计用超声波在罐外穿透罐壁及液体的方法,通过接收液体表面的回波信号,来测出液面高度。这种液位计采用 712MHz 晶振和专制晶闸管,发射功率大,接收灵敏度较高,能接收到 2 次穿透金属罐壁与液体后反射回的超声波信号。

反射式超声波液位计通过测量发射波和反射波的时间差,来计算出液位的高度,它分气介式和液介式两种。气介式即超声波探头安装在液面以上的气体介质中,垂直向下发射和接收;液介式则将超声波探头安装在液体的最低位置,探头发出的超声波在液体中传至液面再反射回来。储运常用气介反射式。

如图 7.22、图 7.23 所示,气介反射式超声波液位计利用声波在空气中传播速度不变的原理,通过检测声波发射、反射和接收全过程的时间间隔来计算出液体界面到探头的距离,从而得到液位的高低。气介反射式换能器到液面的高度 h_1 可用下式来表示:

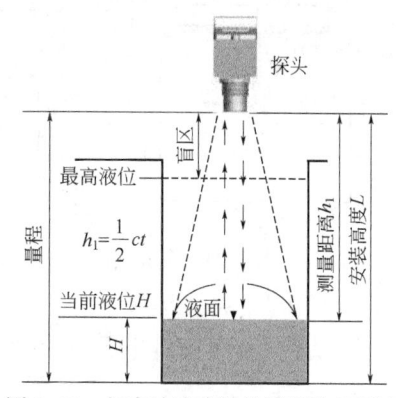

图 7.22 超声波液位计的测量方法原理

$$h_1 = \frac{1}{2}ct \quad (7.21)$$

式中,c 为超声波在被测介质液面上部空间中的传播速度(即声速),m/s;t 为超声波从探头到液面的往返时间,s。

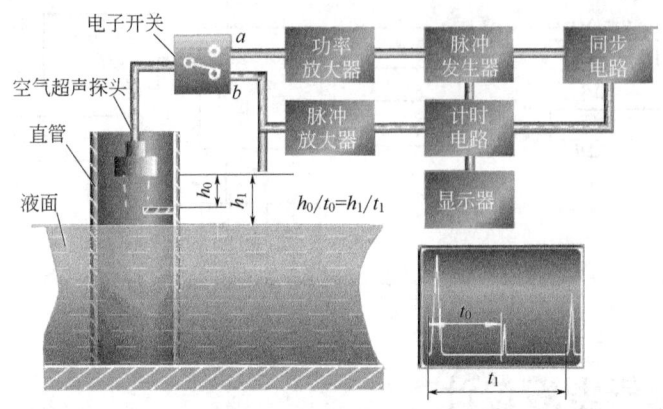

图 7.23 超声波液位计的测量原理

对空气介质,c 已知,故只要测得时间 t,即可确定被测空高 h_1,则液位高度为

$$H = L - h_1 \tag{7.22}$$

式中,L 为罐零基准面到换能器的高度,m。

气介式液位测量的声速受温度、压力的影响较大,因此需采取相应的修正补偿措施,以避免声速变化所引起的测量误差。

2. 超声波液位计的构成原理与结构

气介反射式超声波液位计的构成原理如图 7.24 所示,超声波液位计的外结构见图 7.25。

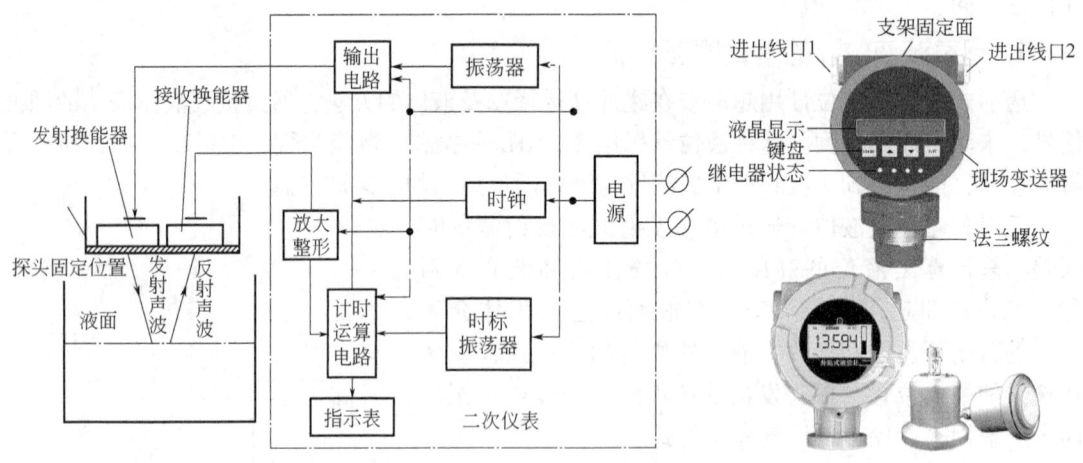

图 7.24 气介式超声波液位计构成原理图　　图 7.25 超声波液位计结构图

3. 超声波液位计的使用特点

1) 优点

(1) 与介质不接触,无可动部件,电子元件只以声频振动,振幅小,仪器寿命长;安装维修方便;超声波是机械波,传播衰减小,界面反射信号强,且发射和接收电路简单,故应用较为广泛。

(2) 超声波传播速度较稳定,光线、介质黏度、湿度、介电常数、电导率、热导率等对检测几乎无影响,它适用于有毒、腐蚀性或高黏度、密闭容器等特殊场合的液位测量。

(3) 防震、防腐、防雷、防爆性能良好,防电磁干扰,具有液位超上限和低于下限的报警功能;可进行非接触式连续测量和定点测量,还能方便地提供遥测或遥控信号。

(4) 能测量高速运动、振动或运输中有倾斜晃动的液体液位,如汽车、飞机、轮船中容器的液位测量。

2) 缺点

(1) 结构复杂,价格相对昂贵。

(2) 当超声波传播介质的温度或密度发生变化时,声速也将发生变化,对此超声波液位计应有相应的补偿措施,否则会严重影响测量精度。

(3) 超声波的传播速度受介质密度、浓度、温度、压力等因素的影响,常需补偿。

(4) 液体的蒸发汽化会改变超声波的传播速度,并引起超声波的液位测量误差。

7.5.2 雷达液位计

雷达液位计的工作原理类似于气介反射式超声波液位计的测量方法,它使用电磁波(微波),换能器是雷达天线。在测量精度上,雷达液位计大大高于超声波液位计。

雷达液位计目前有两大类:一是微波脉冲式——发射频率固定不变,通过测量发射波和反射波的运行时间 Δt 并经智能化信号处理器,测出被测液位的高度;二是连续调频波式——频率可调,通过测量发射波与反射波的频率差,并将这一频率差转换为与被测液位成比例的电信号来测量液位。

1. 雷达液位计的工作原理及组成

1) 微波脉冲式雷达液位计

微波脉冲式雷达液位计采用发射→反射→接收的工作模式,其测量原理(也称时域反射原理,TDR)如图 7.26 所示。雷达液位计天线发射出微波,这些波经被测对象表面反射后,再被天线接收,微波从发射到接收的时间 Δt 与天线到液面的距离 h 成正比,关系式如下:

$$h = \frac{1}{2} \Delta t \cdot c \quad (7.23)$$

$$H = L - h = L - \frac{c \cdot \Delta t}{2} \quad (7.24)$$

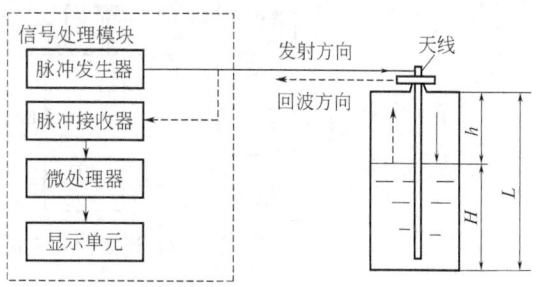

图 7.26 微波脉冲式雷达液位测量原理

式中,h 为被测液面到天线的距离(空高),m;L 为容器零点液面到天线的距离(安装高度),m;c 为电磁波的传输速度,km/s;Δt 为雷达波往返的时间,s;H 为液位高度,m。

由式(7.24)可知,微波的传输速度 c 为常数,只要测出微波往返的时间 Δt,就可计算出液位高度 H。

微波脉冲式雷达液位计通常由发射和接收装置、信号处理器、天线、操作面板、显示、故障报警等部分组成。

2) 连续调频波式

基于时间方式的雷达液位计无法做到近距离的精确测量。目前，雷达液位计多用频率差和相位差的方法来求解延迟时间。储运应用常用频率差法。

调频连续波雷达在一个周期（如50ms）内不断地向固定方向发射线性调频（频率与时间呈线性关系）连续波信号，又通过另一天线连续地接收来自该方向的反射回波，并且任何时刻的回波频率和同时刻的反射波频率之差始终正比于目标物与雷达站的距离，这样可得到正比于延迟时间 Δt（或空高 h）的发射信号频率与反射返回信号频率间的频差（频率差）Δf，该频差信号经数据处理，可获得空高 h，容器零点液面到天线的距离与空高值之差即为液位高度值。该原理也称调频连续波原理。

设在某一固定 t_0 时间，由发射单元发射一串脉冲（9.5~10.5GHz），因 $\Delta f = K_m \cdot \Delta t$，$h = c \cdot \dfrac{\Delta t}{2}$，则有

$$h = \frac{c}{2K_m}\Delta f, H = L - h = L - \frac{c}{2K_m}\Delta f \tag{7.25}$$

式中，K_m 为线性调频频率，Hz/s，即线性调频信号（频率与时间成线性关系）的线性直线斜率。

由式(7.25)可见，空高 h 与频率差 Δf 之间成正比关系，通过测量频率差就可得到液位高度。

图 7.27 为连续调频波式雷达液位计的原理框图，其主要由探测器和显示器组成（以 BL-30 型为例），探测器安装在设备顶部，由电子部件、波导连接器、安装法兰及喇叭形天线组成。电子部件包括振荡器、调制器、混频电路、放大器、A/D 转换器等。

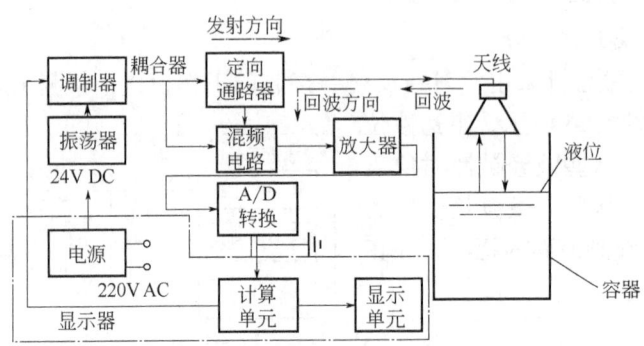

图 7.27 连续调频波式雷达液位计原理框图

显示器为盘装型，由计算单元、显示单元及电源部分组成。

探测器与显示器间用一根多芯屏蔽专用电缆连接，其作用是向探测器提供 24V DC 电源，并将 A/D 转换信号送至显示器。振荡器产生的 10GHz 高频振荡波，经线性调制电压调制后，以等幅振荡形式，通过耦合器及定向通路器，由喇叭形天线向被测液面发射电磁波，经液面反射回后又被天线接收。回波通过定向通路器送入混频电路。混频电路接收到反射波信号后产生差频信号。差频信号通过差频放大，经 A/D 转换后送到计算单元进行频谱分析，通过频差和时差就可计算出液位高度，并由显示器显示出来。

综上所述，上述两种雷达液位计测量原理不同，测量精度也不同，连续调频波式要比微波脉冲式的测量精度高，但电子线路复杂，功耗大。

2. 雷达液位计的特点及适用范围

雷达液位计属智能型测量仪表，采用了模块化结构和现场总线技术，实现了全数字化处理（DSP），具有良好的兼容性和开放性，并且具有自校正能力和自诊断能力；其精度可达0.25级，工作温度范围为 $-20 \sim 230℃$，工作压力 $\leqslant 40MPa$，测量范围 $0 \sim 35m$，采用不同的安装方式可满足不同型式储罐的测量要求。其使用特点如下：

（1）液位计与介质不接触，无可动部件，可靠性高，故障率低，使用寿命较长，安装维护方便。

（2）测量范围大，最大范围可达 $0 \sim 35m$；测量精度高，稳定可靠，适应范围广，几乎能用于所有液体的测量，适用于高温与高压场合，高黏度、易凝结或结晶、腐蚀性及易爆易燃介质的液位测量，尤其适合高黏度、高腐蚀性介质的液位测量；特别适用于大型立罐和球罐等储运设备的液位测量，也可用于界位测量。

（3）对介电常数的要求比较高，重油一般只需考虑罐内油气及安装位置的影响即可，轻油则需着重考虑介质的介电常数。

（4）功能丰富，参数设定方便，但价格普遍偏高。

3. 雷达液位计的安装

对储运而言，雷达液位计与超声波液位计相似，能否正确测量，依赖于反射波的信号。如在所选择安装的位置，液面不能将电磁波反射回雷达天线，或在微波范围内有干扰物干扰反射波回到雷达液位计，则都不能正确地反映出实际液位。因此，合理选择安装位置对雷达液位计十分重要，通常在安装时应注意如下：

（1）雷达液位计天线的形状选择：雷达液位计的天线外形决定了微波的聚焦和灵敏度，按形状可将天线分为喇叭形和导波型两类。因天线发射的属微弱辐射能信号（约1mV），在传播过程中常会有能量衰减，自液面反射的信号强度（振幅）与液体的介电常数有关，介电常数低的非导电介质反射回来的信号非常小；这种被微弱信号在返回安装于储罐顶部的接收天线的途中，能量会被进一步削弱；当液面出现波动和泡沫时，会使信号散射脱离传播途径或被吸收部分能量，致使返回到接收天线的信号更加微弱。另外当储罐中有混合搅拌器、管道、梯子等障碍物时，也会反射电磁波信号，从而产生虚假液位。喇叭形天线主要用于波动小、介质泡沫小、介电常数高的液位测量；导波型则在喇叭形的基础上增加了一根导波管，可使电磁波沿导波管传播，减小了障碍物及液位波动或泡沫对电磁波的散射影响，常用于波动较大、介电常数低的非导电介质（如烃类液体）的液位测量。

（2）雷达液位计天线的轴线应与液位的反射表面垂直。

（3）信号波束内应避免安装任何装置，如限位开关、温度传感器等。如在雷达液位计的信号范围内，就会产生干扰的反射波，影响液位测量。

（4）对液位波动较大的容器液位测量，可采用附带旁通管的液位计，以减少液位波动的影响。

（5）喇叭形天线必须伸出接管，否则应使用天线延长管。若天线需倾斜或垂直于罐壁安装，可使用45°或90°的延伸管。

目前的雷达液位计与超声波液位计安装，储运常采用罐顶安装方式，长期使用后，它们的测量精度，还受到储罐变形所致的位置偏移影响，所以，在使用维护中，应注意后期的测量调整或精度修正。

7.5.3 磁致伸缩液位计

1. 磁致伸缩液位计的测量原理

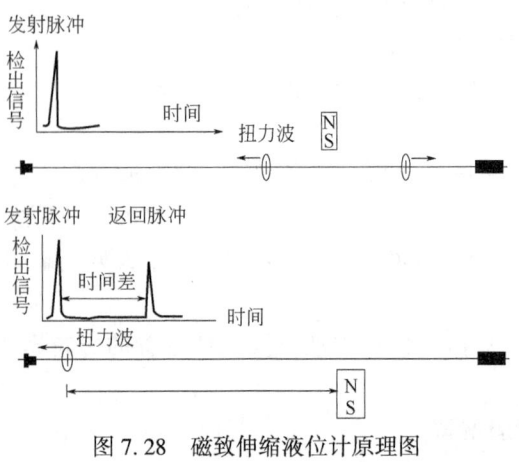

图 7.28 磁致伸缩液位计原理图

如图 7.28 所示，磁致伸缩液位计利用磁致伸缩原理，通过两个不同磁场相交所产生的一个应变脉冲信号来准确地测量浮子的位置。因这个应变机械波脉冲信号在波导管内的传输时间和浮子活动磁环与电子室之间的距离成正比，通过测量时间，就可高度精确地确定这个距离。测量时，电路单元产生电流脉冲，该脉冲沿着磁致伸缩线向下传输，并产生一个环形的磁场。在探测杆外配有浮子，浮子沿探测杆随液位的变化而上下移动。因浮子内装有一组永磁铁，故浮子同时也产生一个磁场。当电流磁场与浮子磁场相遇时，会产生一个"扭转波"（也称扭力波）脉冲，或称返回脉冲。将返回脉冲与电流脉冲的时间差转换成脉冲信号，就可计算出浮子的实际位置而测得液位。

2. 磁致伸缩液位计的结构组成与工作过程

磁致伸缩液位计工作时，在一根非磁性传感器内装有一根磁致伸缩线（波导丝，见图 7.29），其一端装有一个压磁传感器，该传感器电路部分将在波导丝上激励出脉冲电流，该电流沿波导丝传播时会在波导丝的周围产生脉冲电流磁场。在传感器测杆外配有一个浮子，此浮子可沿测杆随液位的变化而上下移动，在浮子内部有一组磁环，当脉冲电流磁场与浮子产生的磁环磁场相遇时，两磁场产生相互作用，使浮子周围的磁场发生改变，从而使得由磁致伸缩材料做成的波导丝在浮子所在的位置产生一个扭转波脉冲应力波。该波以已知的速度从浮子位置沿波导丝向两端传送，直到压磁传感器（检出机构）检出这个扭转应力波为止。压磁传感器可测量出起始脉冲和返回扭转应力波间的时间间隔。因浮子总悬浮在液面上，且浮子的位置（时间间隔大小即液面的高低变化）随时间的变化而变化，这样，通过测量脉冲电流与扭转波的时间差即可确定浮子所在的位置，即液面的位置，再通过智能化电子装置将时间间隔信号转化成与被测液位成比例的 4~20mA 信号输出，就可实现液位的测量。

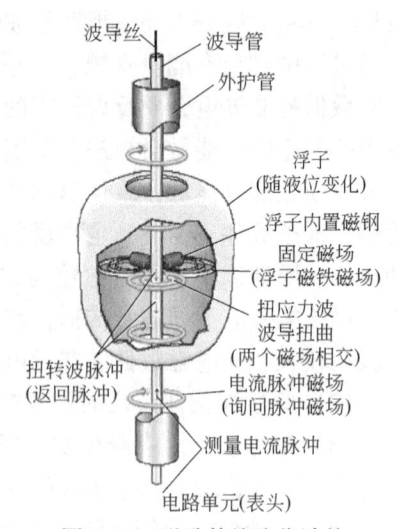

图 7.29 磁致伸缩液位计的结构组成

3. 磁致伸缩液位计的特点

目前智能化的磁致伸缩液位计有如下特点：

（1）多功能：可同时测量液位、界位、温度、平均温度、容积、质量与报警等功能。

(2) 高精度，可控制在 1mm 以下；高分辨率，分辨率优于满量程的 0.01%。

(3) 可靠性强，免定期维护：无机械可动与易损部件，故无摩擦、无磨损。整个液位计封闭在不锈钢管内，和测量介质不接触，传感器工作可靠，寿命长，不用定期维护。

(4) 免定期标定：不存在信号漂移或变值的情况，无须定期标定。

(5) 安全性好：磁致伸缩液位计的防爆性能高，本安防爆，使用安全，特别适合对易燃液体的测量。测量时无需开启罐盖，避免了人工测量存在的不安全性。

(6) 易于安装，维护简单：磁致伸缩液位计一般通过罐顶已有管口进行安装，特别适用于地下储罐和已投运储罐的安装，并可在安装过程中不影响正常的生产。

(7) 便于系统自动化工作：磁致伸缩液位计的二次仪表采用标准输出信号，便于微机对信号进行处理，易实现联网工作，提高了整个测量系统的自动化程度。

(8) 低功耗、故障率、产品结构模组化。

(9) 精度较高，适用于油类液体，可测液位与油水分界面，但其测量方式和较高的安装、维护要求，限制了其使用市场。

4. 磁致伸缩液位计的应用安装

(1) 磁致伸缩液位计通常为顶部垂直安装，安装斜度不得大于 5°，环境温度在 -40~120℃ 间。

(2) 安装在远离振动、腐蚀性空气及可造成机械破坏的场合。为方便调试，应安装在有操作平台或类似平台的地方。安装区域要求有避雷装置。

(3) 测杆安装处不能有干扰，如搅拌器、入料口等。测杆不能弯曲受力，不允许受较大的冲击或振动。测杆上的磁浮子应能自由上下滑动，不能被其他物体挡住。

(4) 安装时必须保证传感器的浮球与容器壁（或安装管）互不接触，且浮球上下活动灵活，安装螺纹与容器连接牢固，电气接触良好。对大量程或有搅拌的场合，传感器需要支撑或地锚固定，并保持探头垂直。

(5) 在易燃易爆、有腐蚀性的蒸汽和液体等场合使用时，必须有防护措施给予保护。液位计连接电缆线必须避开大功率电源、射频信号源和其他有噪声的传输线等。

7.5.4 电容式液位计

1. 电容式液位计的工作原理

在电容传感器的极板间，充以不同介质时，电容量的大小也有所不同。因此，可通过测量电容量的变化来检测液位和两种不同液体的分界面。

如图 7.30 所示，电容传感器由两个同轴圆筒状的极板组成，如两圆筒间充以介电常数为 ε 的介质时，则圆筒传感器的电容量 C 可用下式表达：

$$C = \frac{2\pi\varepsilon H}{\ln\dfrac{D}{d}} \tag{7.26}$$

式中，H 为内外电极板相互遮盖部分的长度；ε 为中间介质的介电常数；d、D 分别为圆筒形内电极与外电极的外径，单位均为国际单位制。

由式 (7.26) 可知，当 d 和 D 一定时，电容量 C 的大小与极板的长度 H 和中间介质的介电常数 ε 的乘积成比例，这样，将电容传感器插入被测介质中时，电极侵入物料的深度就随物位的高低变化而变化，则必然会引起电容量的变化，利用此原理就可以测得物位。

电容式液位计利用液位的高低变化影响电容器电容量大小的原理来进行液位测量。其对导电介质和非导电介质都能测量，此外还能测量有倾斜晃动与高速运动容器的液位或界位。它不仅可做液位控制器，还能用于连续测量，在储运领域中常用于 LNG 储罐与罐车的液位控制和连续测量。

测量非导电介质液位（如成品油、原油等）的电容传感器原理如图 7.31 所示。它由内电极和一个与它相绝缘的同轴金属圆筒制成的外电极所组成，外电极上开有孔和槽，以便被测液体自由地流进或流出。内、外电极之间采用绝缘套进行绝缘固定。

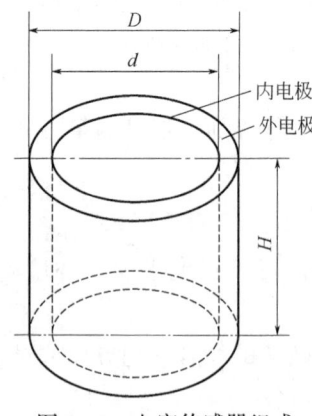

图 7.30 电容传感器组成

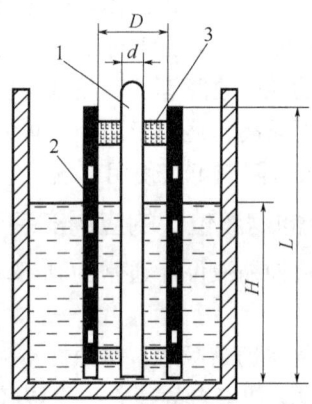

图 7.31 非导电液体液位测量
1—内电极；2—外电极；3—绝缘套

当液位为零时，仪表调整零点（或某一起始液位调零为零点），如传感器中间所充介质为介电常数为 ε_0 的气体，则其零点电容为

$$C_0 = \frac{\pi \varepsilon_0 L}{\ln \dfrac{D}{d}} \tag{7.27}$$

当被测液位为某一高度 H 时，电容器可视为两部分电容的并联组合，电容量变化为

$$C_x = \frac{2\pi \varepsilon H}{\ln \dfrac{D}{d}} + \frac{2\pi \varepsilon_0 (L-H)}{\ln \dfrac{D}{d}} \tag{7.28}$$

则液位变化引起的电容量的变化为

$$\Delta C = C_x - C_0 = \frac{2\pi(\varepsilon - \varepsilon_0)}{\ln \dfrac{D}{d}} H = K_i H \tag{7.29}$$

式中，H 为电极被液体浸没的高度；ε 为被测液位介质的介电常数；ε_0 为气相介质的介电常数。

由此可见，电容量的变化与液位高度 H 成正比，测出电容量的变化即可知液位的高度。

K_i 为比例系数，K_i 中含 $\varepsilon - \varepsilon_0$，即说明此方法是利用被测介质介电系数 ε 与气相介质的介电系数 ε_0 不等的原理来工作的，$\varepsilon - \varepsilon_0$ 值越大，仪表越灵敏；D/d 与传感器两极间的距离有关，D 与 d 越接近，即两极间距离越小，仪表灵敏度越高。

上述电容式液位计在结构上稍加改变后，也可用来测量导电介质的液位。

2. 电容式液位计的使用特点

电容式液位计可将各种液位介质的高度变化转换成标准电流信号，远传至操作控制室供二次仪表或计算机装置进行集中显示、报警或自动控制，其使用特点如下：

（1）电容式液位计一般不受真空、压力、温度等环境条件的影响，安装方便，结构牢固，易维修，价格较低。

（2）电容式液位计适用范围广泛，对介质本身性质的要求不像其他方法那样严格，对导电介质和非导电介质都能测量，此外还能测量有倾斜晃动与高速运动容器的液位或界位。它常用于储运油类液体的液位与界位的测量和控制，其低温线性好，常用于LNG储罐的液位测量。

（3）在介质的介电常数随温度等影响而变化、介质在电极上有沉积或附着、介质中有气泡产生等情况下，电容式液位计则不适用。

3. 电容式液位计的安装使用

（1）传感器应该与液面保持垂直状态。
（2）传感器与罐体的连接必须可靠，并使传感器外壳和罐外壳有效连通（接地）。
（3）传感器焊接好后要保证焊接点干净，确保传感器中无残留焊渣。
（4）拉出传感器引线时应小心，防止引线包层被刃口划破。
（5）传感器到连接插座的引线长度必须严格按照产品推荐的长度。
（6）传感器连接插座处必须要密封处理，避免液体溢出。
（7）传感器连接插座处应该处于较干燥的位置，避免出口结冰对信号的影响。
（8）安装时要注意保护好探极线的外绝缘层，一旦损伤，将导致使用寿命缩短或安装失败。
（9）探极线安装结束后，使其全部浸入液体时，探极线与液体（或金属容器外壁）的绝缘电阻应大于20Ω。测量绝缘电阻时，应将探极线与变送器的连接暂时断开。

7.5.5 光纤式液位计

随着光纤传感技术的不断发展，其应用范围也日益广泛。光纤传感技术在液位测量中，因其高度灵敏、优异的电磁绝缘性能和防爆性能，为易燃易爆介质的液位测量提供了安全的检测手段。光纤式液位计分全反射型和浮沉式两类。

全反射型光纤液位计由液位敏感元件、传输光信号的光纤、光源和光检测元件等组成。全反射型为调制型光学法，与微波法类似，仅是用相位或频率调制的光信号代替微波信号，但因不能探测污浊液体及会黏附在探测头表面的黏稠物质，同时光信号受水蒸气、油蒸气的影响较大，并对液面波动很敏感，且须用不易受污染的光学镜头，故在储运领域应用较少。

浮沉式光纤液位计属复合型液位测量仪表，由普通浮沉式液位传感器和光信号检测系统组成，主要包括机械转换部分、光纤光路部分和电子电路部分，其工作原理及检测系统如图7.32所示。

机械转换部分由浮子、重锤、钢索及计数齿盘组成，其作用是将浮子随液位上下变动的位移转换成计数齿盘的转动齿数。液位上升时，浮子上升而重锤下降，经钢索带动计数齿盘顺时针方向转动相应的齿数；反之，若液位下降，则计数齿盘逆时针方向转动相应的齿数。一般将这种对应关系设计成液位变化一个单位高度（如1cm和1mm）时，齿盘转过一个齿。

光纤光路部分由光源（激光器或发光二极管）、等强度分束器、两组光纤光路和两个相应的光电元件（光电二极管）等组成。两组光纤分别安装在齿盘上下两边，每当齿盘转过一个

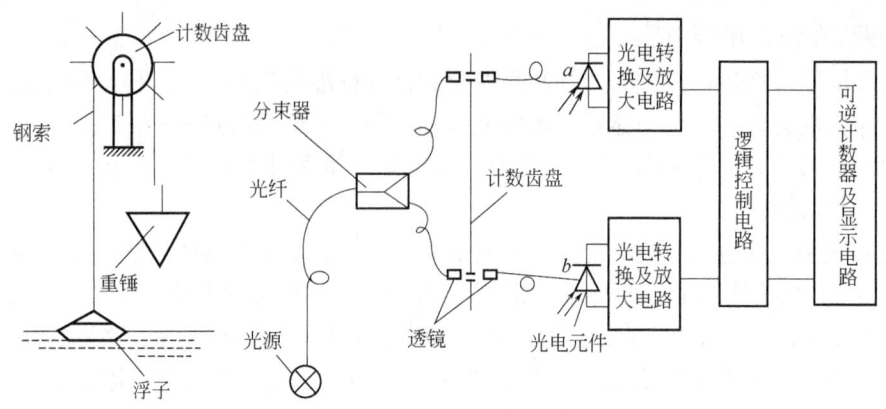

图 7.32　浮沉式光纤液位计工作原理

齿,上下光纤光路就被切断一次,各自产生一个相应的光脉冲信号。因为两组光纤的相对位置经过特别的安排,因此两组光纤光路产生的光脉冲信号在时间上有一很小的相位差。通常,先导的脉冲信号用作可逆计数器的加、减指令信号,而另一光纤光路的脉冲信号用作计数信号。

如图 7.32 所示,当液位上升时,齿盘顺时针转动,如上面一组光纤光路先导通,即该光路上的光电元件先接收到一个光脉冲信号,则该信号经放大和逻辑电路判断后,就提供给可逆计数器作为加法指令（高电位）;紧接着导通的下一组光纤光路也输出一个脉冲信号,该信号同样经放大和逻辑电路判断后,提供给可逆计数器作为计数运算,使计数器加 1。相反,当液位下降时,计数齿盘逆时针转动,这时先导通的是下面一组光纤光路,该光路输出的脉冲信号经放大和逻辑电路判断后提供给可逆计数器作减法指令（低电位）,而另一光路的脉冲信号作为计数信号,使计数器减 1。这样,每当计数齿盘顺时针转动一个齿,计数器就加 1;计数齿盘逆时针转动一个齿,计数器就减 1,从而实现了计数齿盘转动齿数与光电脉冲信号之间的转换。

电子电路部分由光电转换与放大电路、逻辑控制电路、可逆计数器及显示电路等组成。光电转换与放大电路主要是将光脉冲信号转换为电脉冲信号,再对信号加以放大。逻辑控制电路则是对两路脉冲信号进行判别,将先输入的一路脉冲信号转换成相应的"高电位"或"低电位",并输出至可逆计数器的加减法控制端,同时将另一路脉冲信号转换成计数器的计数脉冲。每当可逆计数器加 1（或减 1）,显示电路则显示液位升高（或降低）1 个单位(1cm 或 1mm) 高度。

浮沉式光纤液位计可用于液位的连续测量,且能做到液体储存现场的无电源、无电信号传送,所以特别适用于易燃易爆介质的液位测量与控制,属本质安全型测量仪表。

智能浮沉式光纤液位计精度高、灵敏、可靠,可用于各种类型储罐及介质的测量,除具有液位或界面的测量、显示及容积与质量计算功能外,还有高低液位设定、自动报警和报表打印等功能,可实现液位或界面的全天候长期连续自动检测。其应用系统如图 7.33 所示,为浮力式检测器与光纤变送器的组合,由浮球、光纤传感器、光电变换器、光纤等组成。在力平衡机构的作用下,浮球把检测到的液位变化量通过钢丝绳传递给测量装置内的磁耦合器,在磁耦合器的作用下使隔离的光纤传感器感受到位移的变化量,并通过光纤送出光信号,经光电变换器变换成电信号后,送至智能式数字显示仪表显示液位。该液位计主机与传感器为隔离式,模块化部件可离线检修,在线安装维护较方便;因用光缆传输液位信号,电源不进现场,可实现无电检测;光缆传输信号抗干扰能力强,有良好的稳定性。

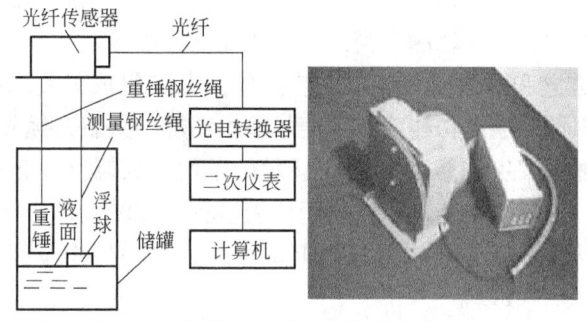

图 7.33 智能浮沉式光纤液位计应用示例

7.6 液位计的选型与安装

油罐等容器是油气田、油库、油品码头、炼油厂及石化企业等储运生产单位普遍使用的储存设备。储运油罐通常分中间罐和贸易罐两大类。中间罐仅对液位、温度和压力（带压储罐）等参数进行监测与控制，以防止油罐发生冒顶、抽真空等事故，无需交接监控计量；贸易罐内介质的液位、温度、密度、体积、质量则要求实时高精度的监测和计量。不同大小和种类的油罐，所用的液位计性能特点也不一样，因此，应按实际的需要及投资要求，合理地选用液位计，以达到最合理的性价比。

7.6.1 液位测量仪表的选型

液位计在设计阶段，一般由设计单位按工艺需要及使用条件等进行基础选型。基础选型时，设计单位会向用户提供产品规格书或材料表。用户在进行招标前，会组织第二次选型，对不同厂家、不同品牌、不同规格性能的同类仪表进行比较筛选，并最后选定液位测量仪表。

1. 液位计选用考虑的基本因素

（1）技术的先进性：产品的材质、加工质量与测量精度要符合实际使用的需要；产品性能要达到或超过设计要求，并留有适当余地；生产企业具有较好的适应产品更新换代、新材料与新工艺的应用与开发能力；操作的自动化程度高，可以降低劳动者的劳动强度。

（2）配套性：主要指液位计与自动化控制管理系统和辅助设备的配套性能。

（3）可靠性：主要指在规定的时间内液位计的无故障运行概率，与此同时，还应注意液位计部件的可靠性、使用的安全性等因素。

（4）维修性：结构合理，零件通用化、标准化、互换性强，设计有可供人操作或使用工具的空间，便于检查维修；设计有零件维修方式等。

（5）经济性：投资少，寿命长，能耗低，维修和管理费用低。

（6）安全性：防爆与防护性能符合有关规范要求。

（7）其他因素：产品质量好，售后服务好，交货期满足要求，价格合理。

2. 液位测量仪表的一般选型原则

（1）液面和界面测量应选用差压式仪表、浮子式仪表。当不满足要求时，可选用电容式、声波式、磁致伸缩式等仪表。

（2）仪表的结构形式及材质，应根据被测介质的特性来选择，主要考虑因素为压力、温度、腐蚀性、导电性；是否存在聚合、黏稠、沉淀、结晶、结膜、汽化、起泡等现象；密度和黏度的变化；液体中含悬浮物的多少；液面扰动的程度等。

（3）仪表的显示方式和功能，应根据工艺操作及系统组成的要求确定。当要求信号远传时，可选择具有模拟信号输出功能或数字信号输出功能的仪表，优先考虑智能型。

（4）仪表量程应根据工艺对象实际需要显示的范围或实际变化范围来确定。除供容积计量用的物位仪表外，一般应使正常物位处于仪表量程的50%左右。

（5）仪表的精确度应按工艺要求选择，但供容积计量用的物位仪表的精确度应不低于±1mm，精度等级应在0.5级以上。

（6）用于可燃性气体、蒸汽及可燃性粉尘等爆炸危险场所的电子式物位仪表，应根据所确定的危险场所类别以及被测介质的危险程度，选择合适的防爆结构形式或采取其他的防爆措施。

（7）仪表计量单位采用m和mm时，显示方式为直读物位高度值的方式；显示单位为%时，显示方式为0%～100%的线性相对满量程高度形式。

物位测量仪表选型推荐表如表7.3所示。

表7.3 物位测量仪表选型推荐表

测量对象 仪表名称	液体		液/液 界面		泡沫 液体		脏污 液体		粉状 固体		粒装 固体		块状 物体		黏湿性 固体	
	位式	连续	位式	连续	位式	连续	位式	连续	位式	连续	位式	连续	位式	连续	位式	连续
差压式	可	好	可	可	—	—	可	可	—	—	—	—	—	—	—	—
浮筒式	好	好	可	可	—	差	可	—	—	—	—	—	—	—	—	—
浮子开关式	好	—	可	—	—	差	—	—	—	—	—	—	—	—	—	—
带式浮子式	差	好					差		—	—	—	—	—	—	—	—
伺服式	—	好					差		—	—	—	—	—	—	—	—
光导式		好	—	—			—		—	—	—	—	—	—	—	—
磁性浮子式	好	好			差	差	差	差	—	—	—	—	—	—	—	—
磁致伸缩式	—	好	—	好		差		差	—	—	—	—	—	—	—	—
电容式	好	好	好	好	好	差	好	好	可	可	好	好	好	可	好	可
射频导纳式	好	好	好	好	好	可	好	差	好	好	好	好	好	可	好	好
电阻式（电接触式）	好		差	—	好		好		—	差	—	差	—	—	—	—
静压式		好				可		可	—	—	—	—	—	—	—	—
声波式	好	好	差	差	—	好	好	—	差	好	好	好	好	可		
微波式	—	好					好		好	—	好		好		好	
辐射式	好	好	—	—	好	好	好	好	好		好		好			
吹气式		好					差	可	—	—	—	—	—	—	—	—
阻旋式	—	—					差		可		好		差		好	
隔膜式	好	好	好				可	可	好		好		好		可	
重锤式	—	—					好		好	—	好		好	—	好	

3. 储运液位测量仪表需考虑的特殊性因素

液位计选型除应考虑上述各方面的因素外，还应根据储运的生产工艺特点对不同方案进行比较后，再选择确定，通常需考虑如下几点。

（1）油罐容积：大型储罐（10000~100000m³）及较大的液化气罐可选用性能较高的液位计，中小罐可选用一般液位计。使用接触式测量仪表时，油罐测量高度 $H>22m$ 时，宜选用伺服式液位计；$H<22m$ 时可选磁致伸缩式液位计或伺服式液位计；卧式罐和500m³以下的立式油罐选用硬杆磁致伸缩式液位计。储运常用油罐的液位测量方式和性能比较如表7.4所示，可供选型参考。

表7.4 储运常用油罐液位测量方式和性能的比较

	钢带式	伺服式	磁致伸缩式	静压式	雷达式	超声波式	磁翻板式	浮球式
工作原理	浮力	浮力	浮力	压力	电磁波	声波	浮力	浮力
介质特性	密度	密度	密度	密度	介电常数	密度	密度	密度
精度	一般	高，可达±0.4mm	高，可达±0.5mm	较高，但误差大	高，可达±1mm	高，可达±1.5mm	一般，≤±10mm	
温度影响	较小，取决于密度变化	有，需考虑	有影响	有影响，需补偿	较小，取决于密度变化			
压力影响	很小	很小	很小	很大	可忽略	有影响	很小	很小
挥发性蒸气影响	可忽略	可忽略	可忽略	可忽略	可忽略	有影响	可忽略	可忽略
液位测量	误差小	精度高	精度高	误差小	精度高	精度高	一般	
温度测量	重要	重要	重要	不重要	重要	不重要	重要	重要
密度测量	无法测量	误差大	无法测量	误差小	无法测量	无法测量	无法测量	无法测量
界位测量	无法测量	误差小	精度高	无法测量	无法测量	无法测量	一般	
体积测量	误差小	误差小	误差小	误差大	误差小	误差小	误差大，取决于温度	
质量测量	取决于温度、密度							
安装情况	复杂	简单	复杂	复杂	简单	复杂	简单	简单
维护量	大	较大	较大	极大	低	低	一般	一般
价格费用	低	较高	高	较高	高	高	低	低

（2）油罐用途：贸易罐应选用高精度液位计，中间罐可用一般液位计。

（3）介质特性：①储存黏度大的介质（如重油）时，应尽量用非接触式或轻微接触型液位计，如雷达液位计、超声波液位计和磁致伸缩液位计，轻油可用一般液位计；②易挥发的产品，使用接触式测量仪表，如浮子液位计、磁致伸缩液位计、伺服式液位计。储运常用液位计对不同介质的适用情况如表7.5所示，可供选型参考。

表7.5 储运常用液位计对不同介质的适用情况

液位计	轻油	原油	重油	沥青	液化气	腐蚀性介质	其他液体
浮子钢带式	好	好	好	差	差	差	好
伺服式	好	好	一般	差	好	差	好
雷达式	好	好	好	好	好	好	好

续表

液位计	轻油	原油	重油	沥青	液化气	腐蚀性介质	其他液体
静压式	好	好	一般	差	一般	好	好
磁致伸缩式	好	好	好	差	好	好	好
声波式	好	好	好	好	好	好	好
磁翻板式	一般	一般	一般	差	不能	一般	非常好
浮球式	一般	一般	一般	差	不能	好	非常好

（4）实际需要：如要求计量精度高，并且投资限制少，则可用性能好的液位计，一般情况下，老罐区改造或更新可结合原有液位计的使用维护情况考虑选型，并尽量统一选型。

7.6.2 液位计的安装

液位计的安装应按油罐的具体情况实施，拱顶罐、内浮顶罐一般安装于罐顶，一般的基本原则如下：

（1）对运行中的老罐，应考虑利用光孔盖安装液位计，以免在罐上动火；因罐顶和罐壁的静水压变形，使测量基准点产生了偏移的储罐，则必须在液位计中加以自动修正。

（2）对新建油罐，应尽量考虑安装稳液管，以避免因罐顶和罐壁的静水压变形，造成测量基准点的偏移。

（3）液位计安装位置应避开进出油口，尽可能地接近量油孔。

7.6.3 液位计应用的注意事项

（1）液位计是用人工检尺得到的高度进行标定的，其误差较大，实际标定需考虑用更先进的标定方法。

（2）浮子接触式液位计，其浮子浸入液体深度的基准点要考虑密度的影响；测空高的液位计还要考虑温度和静压等因素的影响。

（3）要重视液位计的安装、使用和维护。一次计量仪表选型固然重要，但仪表的安装、使用和维护不能轻视。实践证明，很多计量仪表因安装原因，导致仪表的计量误差大、性能不稳定与可靠性差，有的甚至无法测量。

（4）对接触式液位计，与液面接触的部件要尽量稳固，并处于相对静止状态，尽量避开收发油时液体流态对液位计的冲击影响，如伺服式液位计的浮子和钢丝绳、磁致伸缩液位计的浮子和测杆。液位计的安装要符合规范要求。

（5）要正确理解液位计的测量原理。如伺服式液位计用于测量油水界面，要求两种液体的密度差不小于 $0.1kg/cm^3$，密度差越大，测量越准确。如测量界面有乳化层，测量精度自然不准。又如混合法中采用液位计和高精度压力变送器组成的计量方法，因压力变送器自身的物理因素原因，即液位低于 3.5m 时，压力测量不准，从而影响密度测量的准确性。通常当液位低于 3.5m 时，不再取用实时测量密度，而用液位在 3.5m 以上的实测密度代替。

（6）加大职工培训力度。加大职工液位计基础理论和应用知识方面的培训，提高其技术素质，是推广自动化计量设备的前提和基础。不同产品有不同的工作原理，不同生产厂家有不同的产品结构形式和使用要求，故正确地理解和使用液位计是自动化计量系统应用的关键。

习题与思考题

1. 试述液位测量的意义。
2. 按工作原理不同,液位测量仪表有哪些主要类型?它们的工作原理各是什么?
3. 差压式液位计的工作原理是什么?当测量有压容器中的液位时,差压计的负压室为什么一定要与容器的气相空间相连接?
4. 什么是液位测量时的零点迁移问题?怎样进行迁移?其实质是什么?
5. 生产中欲连续测量液体的密度,根据已学过的测量压力及液位的原理,试考虑一种利用差压原理来连续测量液体密度的方案。
6. 法兰式压差变送器零点迁移量是多少?压差变送器安装高度与零点迁移量有无关系?为什么?
7. 试说明浮筒式液位计的工作原理。
8. 恒浮力式液位计与变浮力式液位计的测量原理有什么异同点?
9. 反射式超声波液位计测量精度的影响因素有哪些?
10. 试述超声波液位计的工作原理及其适用的场合。
11. 磁致伸缩液位计能否测量油水界面?试述其工作原理。
12. 试述电容式液位计的工作原理。何时需要考虑虚假液位的影响?如何消除?
13. 电容式液位计能否测量导电性液体的液位?试推导其液位与电容变化量的关系式。
14. 电容式液位计测量导电及非导电介质液位时,其测量原理有何不同?
15. 油水界面的测量目的是什么?
16. 在下述检测液位的仪表中,被测液位受密度影响的有哪几种?说明原因。
(1) 玻璃液位计;(2) 浮力液位计;(3) 压差式液位计;(4) 电容式液位计;(5) 超声波液位计;(6) 射线式液位计;(7) 磁致伸缩液位计;(8) 雷达液位计。
17. 立式拱顶圆筒形钢油罐的液位计安装位置对液位测量精确度的影响因素有哪些?

8 常用在线分析仪表与显示仪表

在油气生产过程中,从油井中采出的原油是油、水、气和其他杂质成分的流体。因工艺状况的限制,经油气分离或脱水后的原油中仍含有不同程度的水和溶解气或轻质成分,而原油中的含水率、密度等是衡量原油质量的主要指标,又是油田、管道公司、炼油厂之间进行油品贸易、外输过程中净油量结算的重要依据。用定时取样化验原油含水率、密度和容积式流量计进行交接计量的方式,不能反映储运生产过程中原油含水量与含气量的瞬时变化,因此而得出的一些统计数据(如平均含水率、含气率、产量等)均不代表实际生产状况,也无法解决原油含水率、含气率、密度等因素的波动造成原油交接计量误差大的问题,故常造成原油交接计量纠纷及人、财、物的浪费。

目前,原油含水率与密度测量等仍大量存在人工取样、蒸馏化验原油含水率、以玻璃浮子密度计人工测量密度等方法的现场应用。因受到人工取样的离散性及主观因素的影响,测量结果连续性差、误差较大,已远远不能满足油气生产的需要。因此,原油含水率、密度等参数的在线自动测量应用逐步成为行业计量的发展趋势。

8.1 在线原油含水分析仪

原油中含水率的测量方法有人工分析法和在线分析法两种。其中人工分析法通过人工取样、蒸馏化验的方法来测取原油中的含水率,因受到人工取样的离散性及主观因素的影响,测量结果连续性差、误差较大,已远远不能满足工业测量的需要。在线分析法则利用自动分析仪表对原油进行在线含水率检测。根据测量原理的不同,可将原油含水自动测量仪表分为电导式、电容式、超声波式、辐射式、微波式和光子吸收式等。本节按行业应用情况介绍电容式、微波式与辐射式在线原油含水分析仪。

8.1.1 电容式原油含水分析仪

1. 基本测量原理

电容式原油含水分析仪又称射频导纳式含水分析仪,是根据原油和水的介电常数有较大差别的性质原理,来测量原油中的微量水含量。一般无水原油的相对介电常数约为 1.8~2.3,而水的相对介电常数为 81。因介电常数的不同,会使不同含水率原油的等效介电常数发生很大的变化,从而引起电极尺寸和形状一定的电容器的电容量发生变化,这就是电容法测量原油含水率的基本原理。

电容式含水分析仪在安装后,其探头与输油管道形成了一个同心圆电容,一个极是探头,另一个极是管壁,其同轴圆柱形电容器如图 8.1 所示。在理论上该电容与原油的介电常数存在一个线性关系。经测电容得到介电常数的变化情况,就可由曲线求得原油实际的实时水含率。

当内外电极间充满介电常数为 ε 的不导电介质时,电容器的电容量为

$$C = \frac{2\pi\varepsilon H}{\ln\frac{R}{r}} = K\varepsilon \tag{8.1}$$

式中，C 为电容器的电容量；K 为系数；H 为圆柱形电容器的高度；R 为圆柱形电容器外电极的内半径；r 为圆柱形电容器内电极的外半径；ε 为电容器中所充介质的介电常数，公式采用国际单位制。

由式(8.1)可知，电容器的电容量与介电常数 ε 成正比。当原油中的含水量增加时，等效介电常数 ε 增加，电容 C 随之增大。所以只要测出电容量 C，就可得到原油的含水率。

2. 结构类型

目前，电容式原油含水分析仪有插入式和通过式两种类型，其结构外形如图8.2所示，该仪表直接将含水原油引入测量电容的内外电极之间，并实现在线连续检测。为了保证测量精度，在仪表中使用微处理器。同时将影响测量精度的温度、油品性质等参数置入微处理器中处理，与多种校正曲线比较后进行补偿，从而保证了仪表的稳定性和测量精度。为了适应不同场合的测量需求，含水分析仪有低量程（0%~20%）、高量程（80%~100%）、全量程（0%~100%）等不同规格。在较小的量程范围内，其可以比较容易地实现补偿，并达到较高的测量精度。

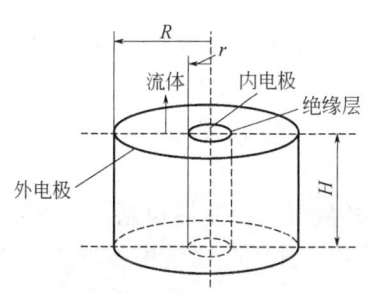

图8.1　同轴圆柱形电容器原油含水率测量

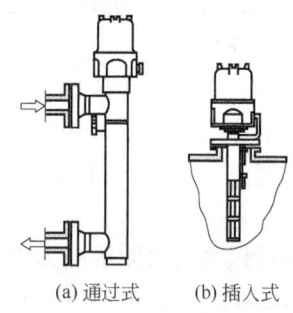

图8.2　电容式原油含水分析仪

电容式含水分析仪适用于含水率低于60%的中低含水原油。该种仪表性能较稳定，能防挂料，不结蜡，不受管道中温度与压力的影响，不受水的矿化度影响。特别是低含水分析仪所测的数据与人工取样蒸馏法所测的数据基本吻合。

3. 蒸馏电容式低含水分析仪的测量原理及结构类型

原油的介电常数与原油的物理性质有关，因各油田原油的介电常数均不相同，采用上述测量方法需要单独对每一台仪表进行单个标定，并且当油井产出层位、区块、产量的变化造成原油性质与介电常数的改变时，需要重新对仪表进行标定。这在实际生产过程中比较困难。为克服这个困难，原油低含水分析仪采用蒸馏电容法，即进入电容器的油品不是原油的全部，而是将原油蒸馏后，保留蒸馏点在240℃以下的轻馏分和水。因蒸馏点在240℃以下的轻馏分的介电常数近似为常数，所以，电容器的电容量仅与含水率有关，而与原油的物理性质无关，此类仪表一般用于含水率10%以下的低含水原油的测量。

YSG型蒸馏电容式原油低含水分析仪属于在线含水分析仪，其组成框图如图8.3所示。由取样泵从管道中取一定量的油样，送到蒸发室进行蒸馏，蒸发室的温度控制在240℃

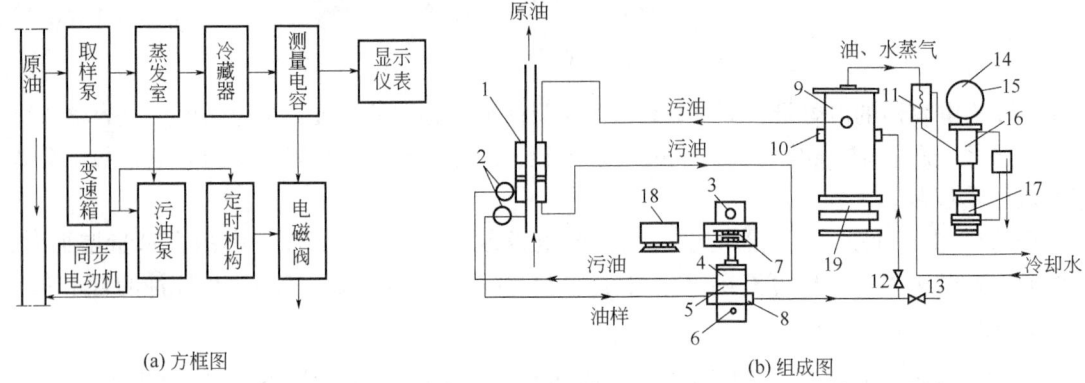

图 8.3 YSG 型蒸馏电容式原油低含水分析仪
1—液压自封管；2—过滤器；3—电磁发信器；4—污油泵；5—取样泵；6—泵体加热器；7—变速箱；
8—泵体温控元件；9—蒸发室；10—蒸发室温控元件；11—冷凝器；12、13—阀；14—电容/频率
转换器；15—信号输出插座；16—测量电容；17—电磁阀；18—电动机；19—加热器

（水分在180℃左右即可完全蒸发）。蒸馏点低于240℃的轻质馏分和水变成蒸气进入冷凝器，冷凝后的液体进入测量电容，把 ε 的变化转换成 ΔC 的变化，再经电容/频率转换器把 ΔC 变成与含水率有关的交流信号 Δf，送到显示仪表。经过数据处理后，可直接显示出含水原油中水的百分含量。

测量完成后，测量电容下部的电磁阀打开，将电容器中的轻馏分及水放掉。同时，污油泵将蒸发室中蒸馏过的无水原油排回输油管道中。

采样、蒸发、测量、排水、排污等工作均在同步电动机带动下，由驱动定时机构控制。

含水分析仪所用的计量泵为齿轮计量泵，取样量可由控制器控制。蒸发室分为上下两层，下层为240℃恒温油浴，内有螺旋盘管及加热器。油样在盘管中被加热至240℃后进入上层蒸发室。水分和蒸馏点在240℃的轻馏分被蒸发，无水原油则排到液压自封管后被污油泵排回到输油管道。

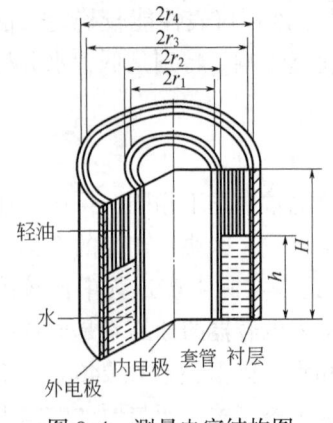

图 8.4 测量电容结构图
r_1—内电极外半径；r_2—套管内半径；
r_3—衬管外半径；r_4—外电极内半径；
h—水层高度；H—油水层的总高度

冷凝器盘管是用不锈钢绕成的。蒸发室蒸发出的蒸气在盘管中得到冷却水的冷却，冷凝成液体后流入测量电容。当仪器完成一个测量周期后，由减速机构带动电磁发信器控制电磁阀打开，将测量电容中的水与轻质油放掉，准备下一次测量。

在测量电容中，所蒸馏出的水与轻馏分呈分层状态，为了防止水将内外电极短路，并保证排水后的电极表面不挂残留的水滴，内外电极表面均有憎水型衬层，内电极外表面涂有聚三氟氯乙烯层，外电极内壁衬有聚四氟乙烯套，如图 8.4 所示。

测量电容中，水层、轻质油层所形成的电容分别为

$$C_1 = k_1 h \tag{8.2}$$

$$C_2 = k_2(H-h) \tag{8.3}$$

其中
$$k_1 = \frac{2\pi h}{\ln \frac{r_4}{r_1}}, k_2 = \frac{2\pi(H-h)}{\ln \frac{r_4}{r_1}}$$

电容器总电容为 C_1、C_2 的并联，即

$$C = C_1 + C_2 = k_2 H + (k_1 - k_2)h = C_0 + \Delta C \tag{8.4}$$

因蒸馏温度较高，所馏出的轻质油能够充满整个电容（多余的溢出排掉）。又由于所蒸馏出的水分及轻馏分的成分单一，温度恒定，介电常数变化较小，因此可认为 k_1、k_2 为常数。测量电容的电容量与油样的含水率呈精确的线性关系，故能取得较高的测量精度。

将 h 换算成含水体积，就可以求得含水率为

$$w = \frac{hA_0}{V_0} \times 100\% = \frac{\Delta C A_0}{(k_1 - k_2) V_0} \times 100\% \tag{8.5}$$

式中，w 为油样含水率，%；A_0 为测量电容环形截面积；V_0 为油样取样体积。

可见，电容量 ΔC 与含水率 w 呈线性关系。这样，就完成了含水率—电容的转换。

电容/频率转换器的作用是把测量电容器的电容量的变化转换为频率的变化。输出信号频率 f 与 ΔC 之间不是线性关系，但在一定范围内，可以按折线方式进行线性化处理，由显示仪表直接显示出水的百分含量。

蒸馏电容法原油低含水分析仪具有测量精度高（可达 0.1%）、稳定性好、适用范围广等优点，可用于各种原油含水率的测量，一般无需进行个别校正。但它在原油取样、蒸馏排污与放水过程中，有电动机、齿轮泵、电磁阀等可动部件，结构复杂，可靠性差，不便于维护，不能测量高含水原油，并且测量过程是间断的，测量周期长（4~8min），测量结果不能连续显示。

8.1.2 微波式原油含水分析仪

1. 基本测量原理

微波式原油含水分析仪利用微波通过油样时会产生微波的强度衰减、相位变化或频率变化等性质现象的原理进行工作。以下主要对衰减法微波原油含水分析仪进行简要介绍。

微波频率范围为约 1~1000MHz 的一种高频电磁波，在通过某些介质时，会使介质分子极化、振动与摩擦，并被吸收掉一部分能量。而当微波到达一种介质与另一种介质的界面时，会产生折射与反射。当微波垂直于两种介质的分界面时，反射波与入射波的功率之比与两种介质的波阻抗有关，可表示为

$$|\gamma| = \frac{Z_1 - Z_2}{Z_1 + Z_2} \tag{8.6}$$

式中，γ 为反射波与入射波的功率之比，又称功率反射系数；Z_1 为入射介质的波阻抗；Z_2 为出射介质的波阻抗。微波的波阻抗等于所通过介质的磁导率 μ 与介电常数 ε 之比的平方根，即 $Z = \sqrt{\mu/\varepsilon}$。

不同的介质，其波阻抗也不同。例如，水的波阻抗约为 47Ω，某种原油的波阻抗为 266Ω，空气的波阻抗约为 377Ω。原油的波阻抗则明显地比水的波阻抗要大得多。微波在含水原油内的传播过程中，遇见水滴时会产生强烈的反射。原油中含水率越高，对微波的反射作用越强。在入射波强度不变的情况下，含水率的高低直接影响反射波强度的大小。它们之间的关系如表 8.1 所示。通过测量原油中反射波的强弱，就可以测出原油的含水率。

表 8.1　原油含水量与微波反射强度之间的关系

含水率,%	0	10	20	30	40	50	60	70	80	90	100
介电常数 ε，F/m	2.000	2.602	2.338	4.259	5.444	7.027	9.247	12.585	18.174	29.443	64.000
波阻抗 Z，Ω	266.0	233.7	206.3	182.7	161.6	142.2	124.0	106.3	88.43	69.48	47.13
功率反射系数 γ	0.173	0.235	0.293	0.347	0.400	0.452	0.505	0.560	0.620	0.689	0.778

2. 结构类型

微波式原油含水分析仪由变送器和显示器两部分组成。

变送器的作用是将含水率转换为电信号，并且送往显示部分，其结构如图 8.5 所示。各部分作用如下：

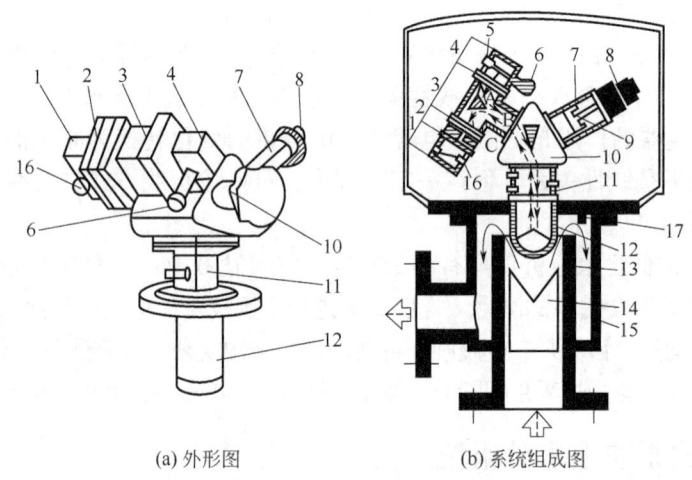

(a) 外形图　　　　(b) 系统组成图

图 8.5　变送器结构示意图

1—检波器；2—隔离器；3—环形器；4—固态微波源；5—体效应二极管；6—调谐棒；
7—监视臂；8—旋钮；9—活塞；10—换向开关；11—调配器；12—天线探头；
13—吸收筒；14—吸收片；15—量油筒；16—检波管；17—补偿电极

（1）微波源是能产生微波的微波波导腔振荡器。振荡源为体效应二极管。当体效应二极管外加 11V 直流偏置电压时，其内部产生浪涌振荡，在波导腔中形成微波电磁场，由耦合窗口发射到环形器上去。

（2）环形器是能对微波信号进行引导的器件。当微波信号从微波源进入 A 口时，可以从 B 口发射到换向器进入量油筒，而不能从 A 口直接射到 C 口而射向检波器，因传播期间的能量损失很小。此方向隔离能很好地使从量油筒射出的反射波无损耗地从 B 口进入 C 口，再进入检波器检波。

（3）调配器是阻抗变换元件，其作用是实现天线探头的特性阻抗与传输微波的波导管的阻抗相匹配。

（4）检波器的主要作用是检测原油对微波的反射强弱，并将检测结果转换成相应的直流电压信号。

（5）隔离器的作用是利用波导管中的铁氧体元件将从检波器中泄漏出来的辐射微波全部吸收掉，以防止反射波窜入微波源，影响正常测量，但铁氧体元件的特殊形状和位置对从天线来的油品反射波无阻碍作用，并使之能顺利进入检波器检波。

(6) 监视臂是一个阻抗可调的微波元件，可以部分地吸收微波辐射，产生与已知含水率的标准油样相同的反射波，等效于已知含水率的油样，以校正仪表的显示。

(7) 换向开关的主要作用是使监视臂快速接入测量系统中，以便观测仪表的显示值是否等于一致的标准值，便于对仪表进行校正。

(8) 补偿电极的主要作用是检测原油的电阻率，以利用水在原油中的分布状态对电阻率的影响，在电路中实现分布状态的自动补偿。

油水的混合状态有油包水型和水包油型两种。理论和实践都证明，在含水率相同的条件下，水包油型对微波的反射要比油包水型强，电导率也要高。仪表利用电导率的变化来自动补偿因反射波变化而引起的含水指示值的变化，从而消除了由于油水相变所造成的误差。

(9) 显示器有三个作用：①向变送器提供11V电源供电供微波源使用；②将检波管输出的电压信号加以放大，并转换成含水率指示出来；③将含水率转换成标准信号输出，以供二次仪表显示或控制。

微波式原油含水分析仪各部分的工作过程可归纳为：变送器一般装在输油管道上，测量时，微波源产生一定强度的微波，经过环形器、换向开关进入调配器，达到阻抗匹配，再经天线探头射入量油筒中。在量油筒内产生反射波和透射波，反射波沿相反的路径进入环形器，再经环形器导向进入隔离器，最后进入检波器，由检波二极管将反射波的强弱变成相应的电压信号输出；未被反射回来的透射波则进入微波吸收器被完全吸收。

3. 安装与应用

微波式原油含水分析仪的变送器与量油筒安装在输油管道上（图8.6）。被测原油从量油筒底端进入，先流过混合器，使原油与水混合均匀，再流过微波吸收筒到达天线探头附近，然后流过补偿电极，并从微波吸收筒顶端向四周溢出，最后经量油筒侧面的出口流出。

微波式原油含水分析仪一般安装在两相计量分离器之后出口管线的旁通管路上，这样可以避免由于被测原油含有大量气体而引起的读数波动。变送器出口端安装取样阀，便于取样化验与仪表对比测量结果。为了保证取样的真实性，取样阀应尽量靠近变送器的出口端。

微波式原油含水分析仪的特点：具有较好的适应性，其测量精度不受油品性质、水的矿化度和机械杂质含量等因素的影响。微波式原油含水分析仪只有一个天线探头与原油接触，无任何可动元件，结构简单，可连续测量，使用安全可靠，维护工作量小，可测量高、低含水率，应用范围比较广。

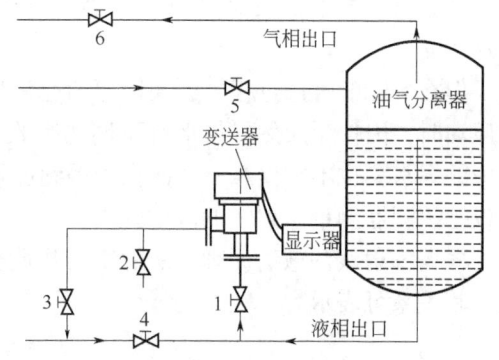

图8.6 微波式原油含水分析仪的安装示意图
1—进口阀；2—取样阀；3—出口阀；4—液相出口阀；
5—气液相进口阀；6—排气阀

8.1.3 辐射式原油含水分析仪

1. 工作原理

辐射式原油含水分析仪基于油和水对γ射线的吸收不同的现象进行工作，即利用不同介质对低能γ射线吸收不同的性质原理，通过检测γ射线穿过油、水混合物后的透射强度，来实现对原油含水率的测量。

放射性同位素放出的低能γ射线，当它穿过介质时，其强度会衰减，且衰减的大小随介质的不同而不同，即取决于介质对γ射线的质量吸收系数和介质的密度。多相介质对γ射线的吸收而带来的γ射线强度的变化除与介质的种类有关外，还与组成介质的各种组分所占的比例有关。因此通过测量穿过介质的γ射线的强度变化信息，经对这些信息的科学合理分析、处理与计算，便可得到组成介质的各种组分的含量。

当一定能量的γ射线穿过一定厚度的某种介质时，其透射后的强度符合指数衰减规律，即

$$I_x = I_0 e^{-\mu l} \tag{8.7}$$

式中，I_0 为γ射线辐射源的强度；I_x 为γ射线透射后的强度；l 为射线穿过的介质厚度；μ 为介质对γ射线的吸收系数，与介质的密度有关。

设原油对γ射线的吸收系数为 μ_1，水对γ射线的吸收系数为 μ_2，则当射线穿过油、水混合物时，透射后的射线的强度可以表述为

$$I_x = I_0 e^{-[\mu_1 w + \mu_2(1-w)]l} \tag{8.8}$$

式中，w 为原油的含水率（体积分数）。

令 $a = \dfrac{1}{(\mu_2 - \mu_1)l}$，$b = \dfrac{\ln I_0 - \mu_2 l}{(\mu_2 - \mu_1)l}$，则式(8.8)可整理为

$$w = a\ln I_x + b \tag{8.9}$$

经分析，式中 a、b 均为常数。因此当测得透射强度 I_x 时，根据上式可以很容易计算出含水率 w。

但在实际的生产过程中，油田原油通常是以油、气、水三相混合的形式出现。当射线通过原油时，因伴生天然气与水有不同的吸收系数，式(8.9)就不能再继续单独地使用。原油中的含水率也不能仅靠一个探测器得到透射强度，然后通过计算得到。此时需要在 θ 方向另设一探测器测量γ射线的散射强度。

根据γ射线的散射原理，γ射线与物质作用后在一定角度的散射强度与物质的密度有关，其关系可表示为

$$I'_x = I_0 k e^{-f(\theta)\rho l} \tag{8.10}$$

式中，ρ 为被测物质的密度；l 为介质的厚度；k 为与γ源初始能量有关的一个常数；$f(\theta)$ 为夹角修正值；θ 为探测器和辐射源的夹角。

设混合物中油、水、气的密度分别为 ρ_1、ρ_2、ρ_3，则混合物的密度为

$$\rho = [\rho_1 w + \rho_2(1-w)](1-\lambda) + \rho_3 \lambda \tag{8.11}$$

式中，w 和 λ 分别表示混合物中含水率和含气率。

测出透射强度 I_x 和散射强度 I'_x，代入式(8.10)和式(8.11)，在式中常数固定不变的情况下，解方程即可求出含水率 w 和含气率 λ。

2. 结构类型

辐射式原油含水分析仪由测量管道、检测部分和微机数据处理系统三大部分组成。一次仪表包括测量管道、探测器和放射源。测量管道由优质钢材加工而成，两端焊有标准法兰（图8.7）。探测器采用高性能闪烁γ探测器。探测器与原油介质用高分子的耐温、耐压材料

隔离，并用高强度法兰固定密封。探测器封装在一密闭的钢质外套之内，两端装有防护套，电源和信号线通过防爆引线端子引出。辐射源采用长半衰期的低能 γ 射线源，它被密闭在具有良好防护措施的源室内，保证了测量管道外的射线剂量远远低于国家剂量标准（约为本底剂量），对环境和工作人员无任何不良影响。二次仪表由数字信号处理单元、模拟信号处理单元、计算机数据采集系统及有关外部设备组成。二次仪表所有部件全部上架安装在标准工业机柜内，整机布局合理，美观大方。

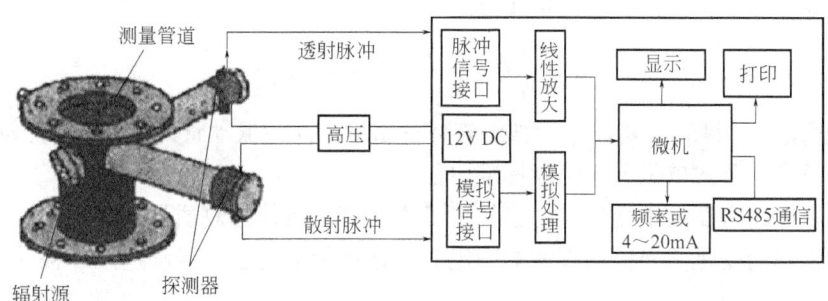

图 8.7 辐射式原油含水分析仪结构示意图

3. 主要特点

辐射式原油含水分析仪实现了原油含水率和含气率的在线连续测量，消除了因气体的存在对含水率测量带来的误差；测量精度稳定，不受原油流态的影响；采用非接触式的测量方法，故避免了因原油结垢对测量带来的影响。该仪表采用严密的辐射屏蔽措施，消除了泄漏，仪表周围射线剂量低于国家安全标准。但辐射源在使用的过程中必须严格保护，防止拆卸和丢失。辐射式原油含水含气分析仪与其他的含水含气测量方法相比较，技术特点明显。具体如下：

（1）技术先进：采用最先进的核物理技术、核电子学技术和计算机技术，是核机电一体化的高科技产品。

（2）是一种非接触自动在线测量仪表，自动化程度高，测量对象多。采用了计算机技术，测量参数随时间的变化一目了然。

（3）测量精度高。因 γ 射线和物质相互作用的机理是 γ 射线直接作用于介质的分子，故 γ 射线穿过原油介质的径向密度和成分比例的分布差异并不影响其测量精度。

8.2 在线密度计

原油及其液态产品的密度同样是原油处理、储运输送过程中进行质量监测的主要指标，也是作为油品贸易、外输过程中净油量结算的依据。在储运生产过程中，为确保生产过程的正常进行或对产品质量进行检测，都需要对介质的密度进行测量。

在线密度计是一种用于工业生产过程中与生产工艺主管路（线）或容器（罐）连接，进行流体（含气体与液体）密度连续测量的密度计。密度计的种类很多，如振动式密度计、射线式密度计、浮子式密度计、静压式密度计等，其中振动式密度计具有结构简单、性能稳定、准确度高、测量密度范围宽且样品种类广等优点，往往被优先采用。本节仅就振动式密度计中最常用的振动管式密度计的工作原理、结构、校准及其应用等加以叙述。

8.2.1 测量原理

振动管式密度计利用振动系统的固有振动频率随其内流动的被测介质密度的变化而变化的关系进行测量。

有实验证明，两端固定的棒状弹性物体的横向自由振动频率与其质量有关。

当管子振动时，管内流体一起振动，故可把充满流体的管横向自由振动看作是棒状弹性体的自由振动。棒状弹性体的总质量 M 为

$$M = \frac{\pi}{4}l[(D^2 - d^2)\rho + d^2\rho_x] \tag{8.12}$$

式中，ρ 为振动管材料的密度；ρ_x 为被测液体的密度；D 为振动管外径；d 为振动管内径；l 为振动管的长度。公式单位采用国际标准单位。

当管内流体的密度发生变化时，会使得管道及其内流体的总质量发生变化，而引起其横向自由振动频率的变化。当振动管两端固定时，振动管横向自由振动周期与被测介质密度关系的基本理论公式为

$$\rho_x = \left(\frac{D^2}{d^2} - 1\right)\left(\frac{T_x^2}{T_0^2} - 1\right)\rho \tag{8.13}$$

式中，T_x 为振动管内介质密度为 ρ_x 时的振动周期；T_0 为振动管真空状态下 $\rho_x = 0$ 时的振动周期。

由式(8.13)可见，被测流体密度 ρ_x 与振动周期 T_x 之间具有单值函数关系。若流体密度增大，则振动频率将减小；反之亦然。故测定振动管振动频率的变化，可间接地测定被测液体的密度。

实际上，振动管并非完全理想的弹性体，而且在流体参与振动的状态下，振动体系也并非连续、均匀，故与实际情况有差异。人们依据长期的工作经验，常用下式来描述 ρ_x-T 关系曲线即

$$\rho_x = k_0 + k_1 T_x + k_2 T_x^2 \tag{8.14}$$

式中，k_0、k_1、k_2 为密度计常数。

图 8.8 为 ρ_x-T_x 关系曲线。振动管密度变送器输出的脉冲信号反映了流体密度和振动周期的关系。ρ_x 与 T_x 呈二次曲线函数。实际应用时，都是在较小的密度范围内，将二次曲线进行拟合处理，即可用式(8.14)方程代替式(8.13)，大多数情况下，如被测流体的密度变化范围不大，用这种拟合化处理所导致的误差非常微小。

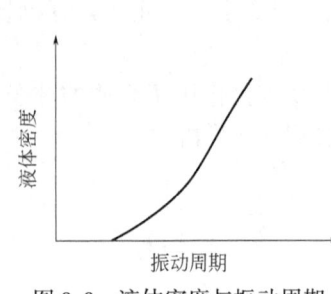

图 8.8 液体密度与振动周期关系曲线图

实际应用中，如用两种已知密度的标准流体分别送入变送器，然后精确测出相应的周期，代入式(8.14)，即可解出 k_1、k_2。振动管密度变送器具有结构简单、密度较高、可在线连接测量、数字信号输出等特点，非常适用于原油及成品油等流体的在线密度测量。

8.2.2 结构类型

振动管式流体密度计按其用途有振动管气体密度计和振动管液体密度计之分，类型较多，但按其振动元件的形式主要分为单管、双管和 U 形管式结构。这类密度计结构简单，

主要由检测部与维持放大器组成。检测部主要有振动元件、检测和驱动线圈等,其核心是振动元件即传感元件;维持放大器部分主要有电子元件和电子线路,其作用是向振动元件提供所需的能量,维持振动体系连续不断地稳定振动。检测部与维持放大器系磁性耦合。

传感振动元件(管)对密度变化的灵敏度依赖于气体或液体的振动质量与传感元件的有效质量之比。对气体介质,因密度小,需要一个薄的小质量传感元件;而对液体介质,因密度较大,则采用一个质量较大的传感元件更适宜。另外,材质的选择也很重要,管材必须具有较佳的机械品质因素和较低的频率温度系数。国际产品中常见的材料有镍铁合金钢、不锈钢和耐蚀镍基合金等。国内生产的产品主要用3J58牌号的恒弹性合金钢。

在各种结构的振动管式流体密度计中,单直通道的结构最简单,故得到较快发展,而且品种较多。它主要由振动管和信号放大器组成,有单管振动式密度计和双管振动式密度计两种,下面进行分别介绍。

1. 单管振动式密度计

单管振动式密度计一般用于液体或气体的密度测量,由传感器、二次仪表组成,如图8.9至图8.11所示。

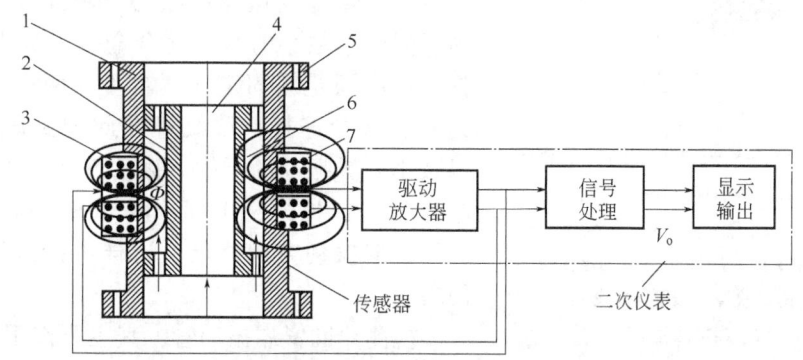

图8.9 单管振动式密度计结构示意图

1—外管;2—振动管;3—驱动线圈;4—内通道;5—安装法兰;6—外通道;7—检测线圈

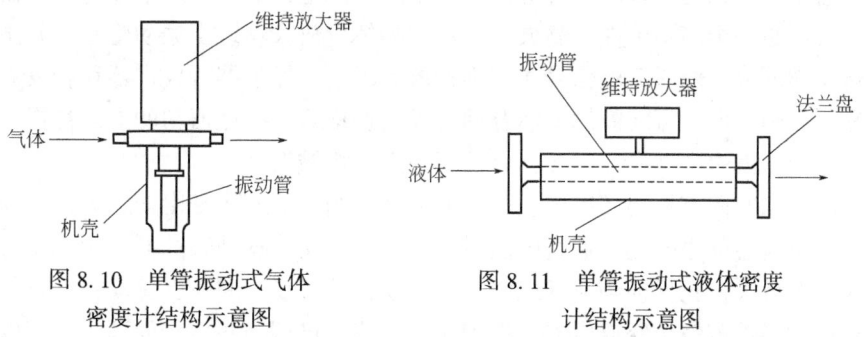

图8.10 单管振动式气体密度计结构示意图　　图8.11 单管振动式液体密度计结构示意图

安装于生产现场的传感器由内管与外管所构成的两层短管组成。内管就是振动管,其两端固定在外管之内。外管就是传感器的外壳,两端安装法兰,以便与测量管道连接。内、外管之间的连接部分上开有通孔,被测流体由振动管的内、外侧流过。振动管是用镍合金制成的磁性体,所以驱动线圈断续的磁场对振动管产生的磁吸力,可驱动其振动。外管由不导磁的不锈钢材料制成,两侧分别安装检测线圈和驱动线圈。因外管不导磁,所以驱动线圈的磁场可透过外管,对磁性的振动管产生作用力。另外,磁性振动管振动时,其径向位置变化,改变了检测线圈上磁通量的大小,检测线圈即有与振动管振动频率相同的交变信号输出。

单管振动式密度计测量精度高,灵敏度高,反应时间短,能连续在线测量。测量范围为 $0 \sim 3 \text{g/cm}^3$,测量精度可达 $1 \times 10^{-4} \text{g/cm}^3$。这种密度计的最大特点是被测流体从振动管内、外侧流过,几乎不受压力效应的影响。振动管镍合金材料的弹性模量 E 随温度的变化很小,有利于减少工作温度变化带来的测量误差。

液体类单管振动式密度计必须垂直安装,以便于液体全部充满振动管,消除含气的影响。垂直安装有助于振动管的自清洗,防止积砂积垢。

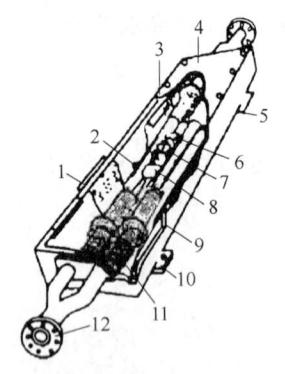

图 8.12 双管振动式密度计结构示意图
1—接线盒;2—振动管;3—维持放大器;
4—盖板;5—外壳;6,8—检测线圈;
7—激振线圈;9—吸声板;10—固定支架;
11—不锈钢软管(包覆橡胶套);
12—连接法兰

2. 双管振动式密度计

双管振动式密度计(图 8.12)由振动管密度变送器和数字显示部分组成。振动管密度变送器由振动管、检测线圈、激振线圈、维持放大器、减振器等组成。

振动管是变送器的核心,由弹性好、磁导率高、温度系数小的恒弹性合金钢 3J48 制成。振动管两端用固定座固定在底台上,两边分别与不锈钢波纹软管连接,波纹管在此起到减振的作用,以减小外界振动的干扰。振动管外径约 24mm,壁厚为 1mm,长约 510mm,两管固有振动频率完全相同,但振动方向相反,这样可抵消管端的反作用力。

检测线圈紧靠振动管,其主要作用是感应出振动管的振动频率。检测线圈中通有一个恒定直流电流,电流在线圈内的铁芯上产生磁场。当振动管振动时,改变了两管与铁芯间的间隙,引起铁芯中的磁通变化,在检测线圈中感应出同频率的交流电信号,并送给维持放大器。

维持放大器是一个高稳定性、高放大倍数的晶体管放大器。当振动管有一微小振动,经检测线圈转换成同频率的交流电信号送到维持放大器后,经过维持放大器移相放大,信号电流又送入激振线圈,使激振线圈的铁芯合拍地吸动振动管,补充振动的能量耗损。两个振动管受到磁力作用,就像音叉一样,按其自然频率产生机械振动。

振动管起初以其固有振动频率产生微小的振动。当被测液体密度变化时,充满液体的振动管的振动频率就会随之变化。通过电磁感应,检测线圈将振动管的振动频率变为电信号输送给维持放大器放大,正反馈到驱动线圈,产生断续的磁场,并吸引振动管,以使振动管继续维持自有振动。检测信号经放大器传送到输出电路,进行频率信号处理,直接以数字显示液体密度,或转换成 4~20mA 的标准信号输出。

3. 测定天然气密度的振动式密度计

密度与相对密度是天然气重要的物理参数,它与天然气的输送、燃烧、计量等工艺过程密切相关。天然气的密度测定有两类方法:(1)先测定天然气的组成,再以组成分析数据计算出天然气的密度(间接方法),国标《天然气》(GB 17820—2018)也规定可以此类方法计算天然气的密度，而计算则按 GB/T 11062—2020 的规定；（2）用仪器直接测定，此类方法我国尚未发布标准，但国际标准化组织天然气技术委员会（ISO/TC193）已于 2000 年 3 月完成了国际标准草案。

国际标准草案推荐用密度天平和振动式密度计两种仪器测定天然气密度。前者一般应用于非在线测定，后者则主要应用于在线或离线测定。目前欧美国家的天然气交接计量常用能量计量法，在采用此类计量方式的大型计量站中，天然气的密度往往要同时采用上述两类方法进行测定，并相互核对。在此类工况条件下采用振动式密度计较为方便。因我国也将逐步开展能量计量的工作，天然气密度的直接测定将是其中一个重要的组成部分。

8.3 色谱分析仪

气相色谱分析仪是一种多组分分析仪器。它对被分析的多组分混合物采取先分离，后检测的方法进行定性、定量分析，具有选择性强、灵敏度高、分析速度快、应用范围广等特点，广泛应用在石油、石化行业，一般用来分析原油、天然气和成品油的成分，控制产品质量。

气相色谱分析仪的工作流程如图 8.13 所示，主要包括分离和分析两个技术环节。载气由高压载气瓶供给，经减压阀，通过流量计提供恒定的载气流量。载气流经汽化室将已进入汽化室的被分析组分样品带入色谱柱进行分离。再由检测器对分离后的各组分进行检测，以确定各组分的成分和含量。这种仪表可以一次完成对混合试样中几十种组分的定量分析。

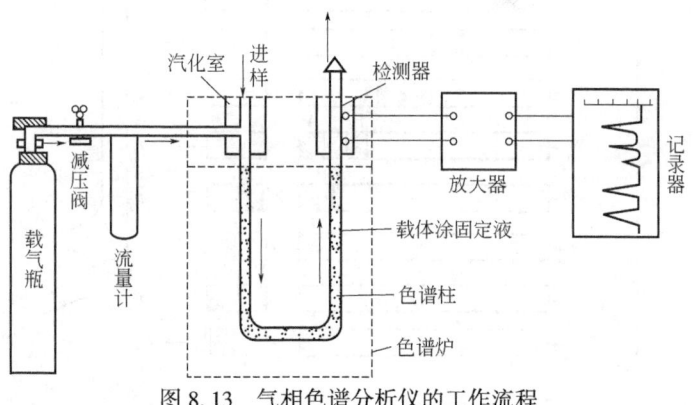

图 8.13 气相色谱分析仪的工作流程

8.3.1 分离原理

气相色谱分析仪是根据不同物质在被称为"色谱柱"的元件中具有不同的分配系数而进行分离的。色谱柱有两大类：一类是填充色谱柱，是将固体颗粒吸附剂或黏附有固定液的固体颗粒，填充在较粗的玻璃管或金属管内而构成的；另一类是空心色谱柱或空心毛细管色谱柱，是将固定液附着在细长管的内壁上而构成的。填充色谱柱内径约为 4~6mm。毛细管色谱柱的内径只有 0.1~0.5mm。柱长根据分离要求而定。

被分析的试样是由某种惰性气体带入色谱柱的，携带试样的气体称为"载气"。色谱柱中的吸附颗粒或固体称为"固定相"，被分析的试样和携带试样的流体称"流动相"。本节仅讨论目前被广泛应用在工业过程分析中，以气体为流动相，以液体为固定相的工业气相色谱仪。

载气在固定相中的吸附或溶解能力要比样品组分弱得多，可以忽略不计，而试样中各组分在固定相中的溶解能力各不相同。试样在通过色谱柱时，会不断被固定液溶解、挥发、再溶解、再挥发……由于溶解度大的组分较难挥发，向前移动的速度慢，停留在柱中的时间就长些；而溶解度小的组分易挥发，向前移动的速度快，停留在柱中的时间就短些。不溶解的组分随载气首先流出色谱柱。由于各组分流出色谱柱的先后次序不同，这样就可实现各组分的分离。

图 8.14 是 A、B 两组混合物在色谱柱中的分离过程。设 B 组分的溶解度大于 A 组分的溶解度。两种组分 A 和 B 的混合物在载气 D 带动下，经过一定长度的色谱柱时，溶解度大的 B 组分容易溶解到固定相中。在载气推动剩余组分向前移动的过程中，经载气稀释，B 组分较难挥发，故 B 组分停留在固定相中的时间长，其蒸气段会逐渐落在后面。而溶解度小的 A 组分不容易溶解到固定相中，且经载气稀释后的浓度降落后，因 A 组分容易挥发，就较早地随载气流动到前面。A、B 组分在不同的时间先后流出色谱柱而逐渐分离，并先后进入检测器。检测器输出检测结果，由记录仪绘出色谱图。在色谱图中两种组分各对应一个色谱峰。图中随时间变化的曲线表示各个组分及其浓度，称色谱流出曲线。

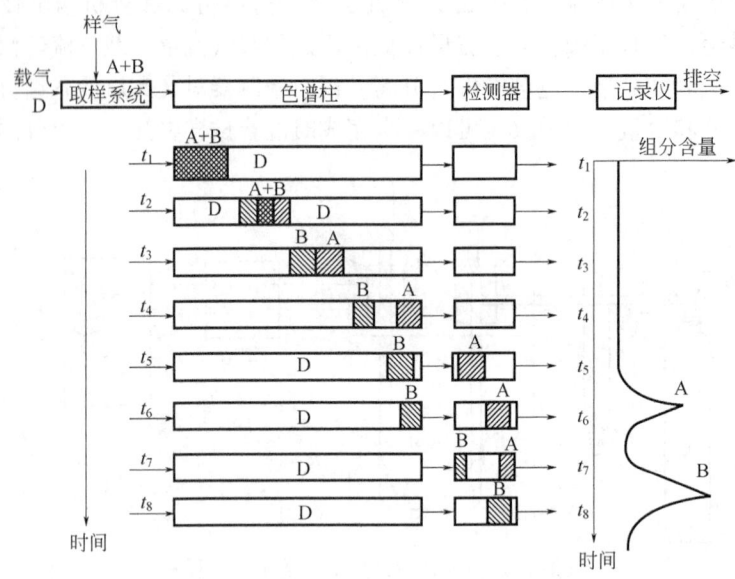

图 8.14　A、B 两组混合物在色谱柱中的分离过程

8.3.2　分析原理

1. 定性分析

各组分从色谱柱流出的顺序与色谱柱固定相成分有关。从进样到某组分流出的时间，与色谱柱长度、温度、载气流速等有关。在保持相同条件的情况下，对各组分的流出时间标定以后，可根据色谱峰出现的不同时间进行定性分析，并为组分定量分析提供必要条件。

2. 定量分析

气相色谱分析后获得色谱峰，每个色谱峰的高度或面积可以代表相应组分在样品中的含量，用已知浓度试样进行标定后，可以进行定量分析。

8.3.3 检测器

气相色谱分析仪常用的检测器有热导池检测器、氢焰离子检测器、电子捕获剂火焰光度检测器等。工业气相色谱分析仪主要用热导池检测器和氢焰离子检测器。

热导池检测器检测极限约为 10^{-6} 的样品浓度。它属于浓度型检测器，其响应值正比于组分的浓度，使用广泛。氢焰离子检测器基于物质的电离特性，属于质量型检测器，其响应值正比于单位时间内进入检测器的组分的质量。并且只能检测有机碳氢化合物等在火焰中可以电离的组分，其检测极限对碳原子可达 10^{-12} 的量级。

8.3.4 工业气相色谱分析仪简介

气相色谱分析仪按使用场合可以分为实验室用气相色谱分析仪和工业气相色分析谱仪两种。实验室气相色谱分析仪主要用于实验室的离线分析，注样需人工操作。工业气相色谱分析仪是一种直接装在生产线上的在线成分分析仪表，能连续、自动地分析流程中气体各组分的含量，监控生产过程。工业气相色谱分析仪对分析的精度要求不高，但对其稳定性和可靠性却有很高的要求。工业气相色谱分析仪的分析对象是已知的，气路流程和分离条件是固定的。分析仪本身装有多点自动切换装置，可以很方便地实现顺吹测量与反吹清洗切换等功能。

1. 基本组成

图 8.15 为典型工业气相色谱分析仪的系统框图，包括样气预处理器、载气预处理器、分析器、控制器及显示记录仪表等部分。

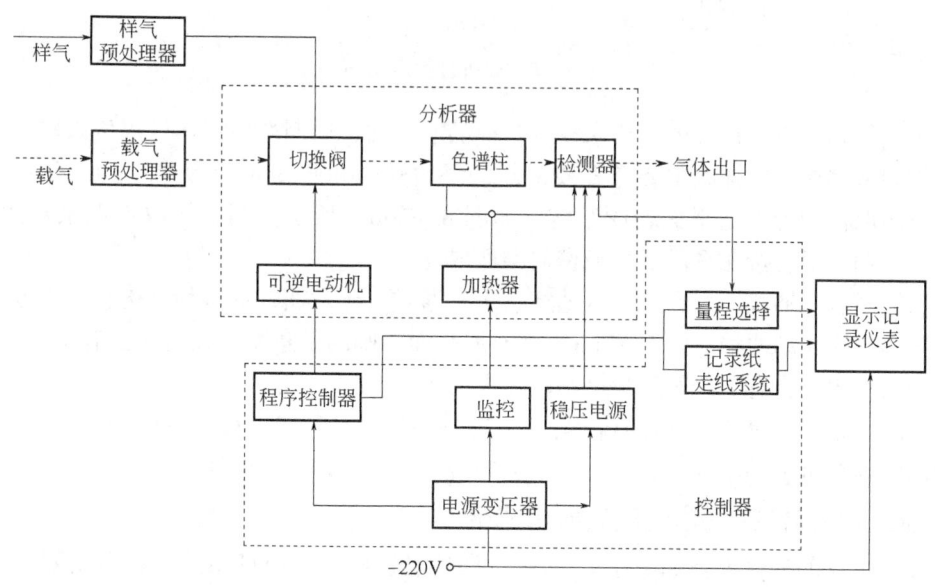

图 8.15 工业气相色谱分析仪系统框图

分析器部分由切换阀、色谱柱、检测器、加热器等组成，均装在隔爆、通风充气型的箱体中。电源控制器部分的作用是控制分析仪自动进样、流路切换、组分识别等时序动作，由稳压电源、程序控制器等组成。显示记录仪表接收从分析器来的信号,通过记录仪或打印机给出色谱图及有关数据。

通过取样装置得到的工艺试样经预处理系统的稳压、除尘、净化、干燥和恒流处理,进入取样切换阀。而载气经净化、减压、恒流处理,以稳定的压力、恒定的流速,通过切换阀携带样气进入色谱柱。在程序控制器的控制下,气样随载气在色谱柱中分离,分离后的组分随载气依次进入检测器。检测器将各组分的浓度变化转化为电信号,经放大后,由记录仪记录下来,获得色谱图。

色谱仪气体流程如图 8.16 所示。

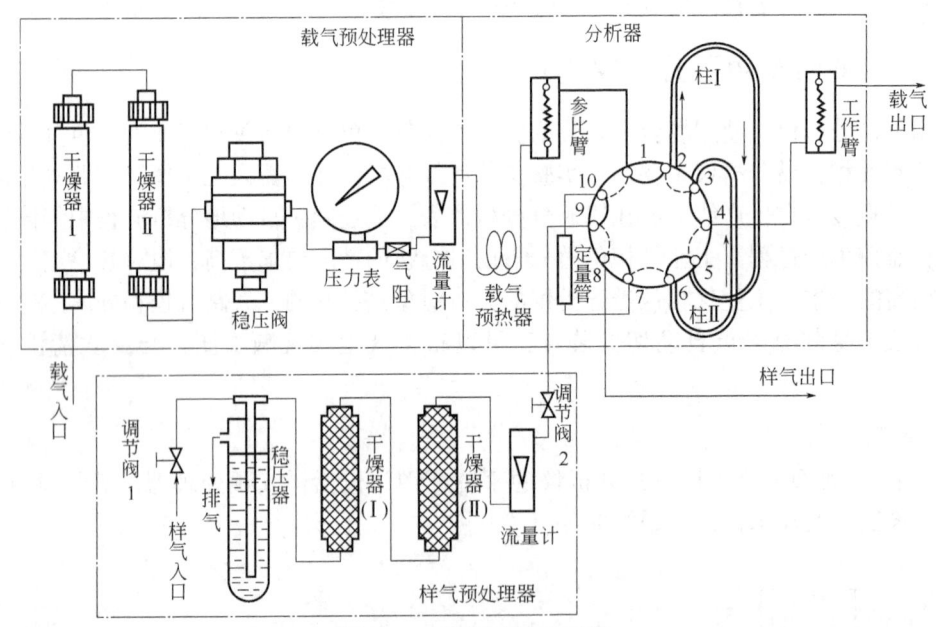

图 8.16　分析过程示意图

在工业气相色谱分析仪中,要求待分析样品能自动、周期性地定量送入色谱柱,这个任务由取样阀来完成。取样阀主要有直线滑阀、平面转阀和膜片阀等形式。SQG 系列工业气相色谱仪的取样阀为十通平面转阀结构,如图 8.17(a) 所示。阀盖用改性四氟乙烯制成,阀座为不锈钢,两者接触平面经过精密研磨而成。

平面转阀有四通式、六通式、八通式、十二通式、十六通式等多种结构,驱动方式有电动机拖动和气压驱动两种。图 8.17(b) 为十通平面转阀的示意图,在阀体上有 10 个小孔与外气路相通,阀盖上有 5 个圆弧形槽与阀体上的 10 个小孔对应。

进样时,走图中实线所示的流程,1—2、3—4、5—6、7—8、9—10 分别接通。分析时,走图中虚线所示的流程,2—3、4—5、6—7、8—9、10—1 分别接通。

2. SQG 色谱仪的气体流程与显示记录

SQG 色谱仪的气体流程如图 8.16 所示,样气经过样气预处理系统送往分析器系统。载气经过预处理系统后,为了减小环境温度对仪表的影响,在通往分析器前还要经过载气预热器再送入分析系统。

分析器的气体流程,根据平面转阀"实线"和"虚线"的两个不同位置有两种气体流程。

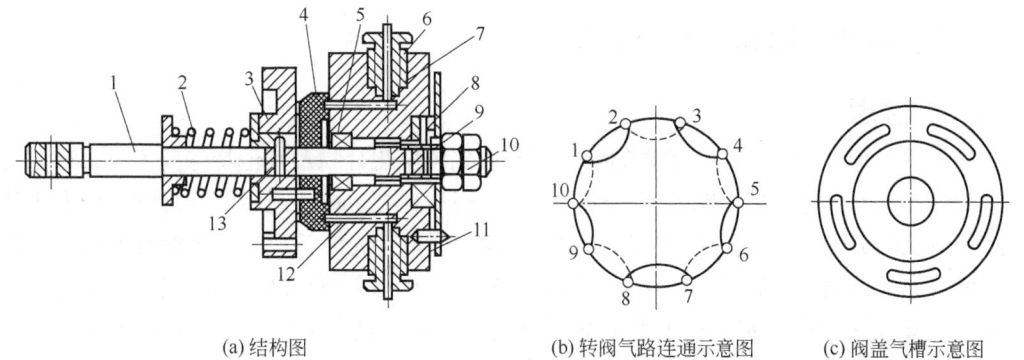

(a) 结构图　　　　(b) 转阀气路连通示意图　　(c) 阀盖气槽示意图

图 8.17　十通平面转阀结构示意图
1—阀杆；2—弹簧；3—压圈；4—阀盖；5—轴承；6—螺纹套；7—紫铜密封垫圈；
8—轴承；9—定位套；10—螺母；11—阀体；12—销；13—圆柱销

进样流程：当转阀处于"实线"位置时，样气经过转阀的 9—10 气孔冲洗定量管（定量取样），经 7—8 后排空。载气经过预加热管、参比室后，分别依次经过转阀 1—2、色谱柱Ⅰ、转阀 5—6、色谱柱Ⅱ、转阀 3—4 气孔，经热导池工作室后排空，载气反冲洗色谱柱。这种气路流程称为进样流程（或走基线流程）。

分析流程：当转阀处于"虚线"位置时，样气只经过平面转阀的 9—8 气孔后排空。而载气流过预加热管、参比室后经转阀的 1—10、定量管、7—6 气孔，将定量管中定量的样气吹入色谱柱Ⅱ，经 3—2 气孔到色谱柱Ⅰ中进行分离，分离出来的组分依次流过转阀的 5—4 气孔，经热导池工作室后排空。这种气路流程称为分析流程。

显示记录：SQG-101 色谱仪按峰高定量，为此仪表在"全自动"运行记录带谱图形（棒形谱峰）时，就要求走纸电动机在仪表出峰时停止转动，以便记下直线条带谱图形。当一个组分出完峰后，记录纸能很快移动一段距离，在样气中被测各组分全部出完峰后，记录仪能移动两倍距离，表示仪表第二次进样分析开始。

制造厂通常在二次仪表记录纸上留有出厂调试时所选用的载气流速、进样时间（转阀切换时间），以及在此条件下所得到的色谱图，图上还标有各组分色谱峰的保留时间，可供第一次开机使用时参考。

8.4　含油污水分析仪

油气集输的分离含油污水不仅含油浓度高，且含有大量的固体悬浮物和其他污染物，并普遍经过污水处理后作为注水采油的回注水，少数外排，同时在后续的储运生产中也有含油污水产生。污水水质检测关系到污水是否达到回注或排放标准，有巨大的经济、环境和社会效益。故对污水中所含油分、杂质及其他有害物质的检测与显示在储运过程中十分重要。

储运污水中含油量的检测方法主要有重量法、非色散红外法、紫外分光光度法、紫外荧光光度法、比浊度法等。前 3 种方法都要用硫酸对水样酸化、石油醚萃取、脱水、定容后测定，不易实现在线实时测量。适合工业生产连续检测需要的含油污水分析检测方法主要为后 2 种。

8.4.1 紫外荧光含油污水分析仪

1. 测量原理

由物理学原理可知，当能量较高的紫外线照射到碳氢化合物及其他特殊分子时，这些物质的分子吸收了紫外线能量后，跃迁至高能态；当它们从高能态再跃迁回低能态时，便发出比紫外光波长更长的荧光。这种现象叫受激发射。受激发射的荧光波长取决于入射紫外线的波长和受激发射的分子结构。不同种类和结构特性的碳氢化合物都有与它结构相对应的荧光光谱。

紫外荧光技术是用特定波长的紫外光照射到污水中，当水中化合物被紫外光激励时，包括石油成分的芳香族碳氢化合物就会有荧光反应。通过测量从水中散射回来的某一波长范围内荧光的强度，即可确定污水中碳氢化合物的浓度。被接收的水样荧光强度和水样中含油的浓度相对应，根据碳氢化合物的荧光特性有选择地用光过滤系统，把无关的干扰光线屏蔽掉，就能识别出特定的碳氢化合物的浓度。

污水中石油产生的荧光强度 F 与吸光强度 εbc、荧光量子产率 φ、荧光物质浓度 c 的关系为

$$F = \varphi I_0 (1 - e^{-\varepsilon bc}) = \varphi I_0 \left[\varepsilon bc - \frac{(\varepsilon bc)^2}{2!} + \frac{(\varepsilon bc)^3}{6!} - \cdots \right] \tag{8.15}$$

式中，φ 为荧光量子产率，又称荧光效率，表示所发出荧光的光子数与所吸收激发光的光子数的比值；I_0 为激发光强度；ε 为吸光系数；b 为液层厚度；c 为荧光物质浓度；F 为水中油产生的荧光强度。

如溶液很稀，$\varepsilon bc = A \leqslant 0.05$，括号内的第二项及以后项可忽略不计，则有

$$F = \varphi I_0 \varepsilon bc \tag{8.16}$$

式 (8.16) 说明：当 I_0 为常数，在很稀的溶液和固定的液层厚度情况下，荧光强度和荧光物质的浓度成正比，据此可进行荧光物质的定量分析。当溶液由两种以上组分构成时，在一定波长下总吸收度为各组分吸收度之和：

$$A = \sum_{i=1}^{n} A_i = \sum_{i=1}^{n} (\varepsilon_i b c_i) \tag{8.17}$$

荧光强度与溶液浓度呈线性关系仅限于稀溶液。当浓度增大到 $c_{max} \geqslant 0.05/(\varepsilon b)$ 时，则不再满足线性关系，但荧光强度 F 仍遵循：

$$F = \varphi I_0 (1 - e^{-\varepsilon bc}) \tag{8.18}$$

则矿物质油浓度 c 与荧光强度 F 的关系为：

$$c = B - C \lg(D - F) \tag{8.19}$$

式中，$B = \frac{2.3}{\varepsilon b} \lg(\varphi I_0)$，$C = \frac{2.3}{\varepsilon b}$，$D = \varphi I_0$。当油的种类和测量仪器确定后，$B$、$C$、$D$ 为常数。

用来激活化合物的紫外光，是通过窄带滤光装置将波长限制为 254nm 左右的紫外线。在所有荧光化合物中，只有一部分会对这个波长有所反应。芳香族化合物散射出的荧光波长大约是 350nm 左右。滤光系统把 350nm 波长之外的光予以屏蔽，因此只有芳香族化合物散射出的荧光才能被接收器拾取。在石油化工产品中，因芳香族化合物在整个碳氢化合物总量中所占有比例一般都比较稳定，其含量的多少可表示出污水中石油含量的大小。

2. HS-2410 的测量流程与性能

紫外荧光在线含油污水分析仪的测量流程示意和外型结构。如图 8.18 所示。水样连续

不断地被导入采样室，均匀流过一片特殊玻璃片，光源几乎可以照射到所有流过玻璃片的油分子上。水样流过玻璃片后，靠自身压力流出样品池。

(a) 水中油在HS-2410中的测量流程示意图　　(b) 外形结构

图 8.18　HS-2410 含油污水荧光分析仪

紫外线光源安装在样品池的上方。接收装置安装的角度，可确保能完全接收水样发出的荧光。紫外线发射和接收装置都配备有精确的滤光系统，用于控制紫外线的发射波长和选择吸收水样散射回来的特定波长的荧光。

HS-2410 的技术范围：测量范围为 0~2000ppm（即 10^{-6}）；仪器精度为±0.1ppm，分辨率为 0.1ppm，信号输出为 4~20mA，环境温度为 0~50℃。

3. 影响因素及解决措施

1) 油的种类

不同种类的油由不同的化合物组成，其荧光强度也就有区别。例如不同油井里开采出来的原油不同，其组分结构也不同。因此在实际应用时，必须采用实际水样进行标定。

2) 水中其他物质

如果污水中的有些化合物也会发出相应波长的荧光，则分析仪对它们也将有所响应，并影响测量精度。如果水中这些化合物的浓度始终保持不变，这些干扰通过标定可以被清除掉，因此，标定时必须使用生产现场去除其中碳氢化合物的"本底水"进行标定。如果这些背景化合物的浓度变化较大，干扰正常测量，则要对水样添加化学药品，滤出主要干扰成分。

3) 悬浮颗粒

水中的悬浮颗粒和浑浊物会阻挡紫外光线，使得碳氢化合物无法接收到紫外光线的照射，那么接收器也将无法收到荧光反射。如果使用"本底水"，固体浑浊物的补偿就会被考虑进去，相应的影响就会减少。

8.4.2　浊度仪

1. 测量原理

液体中的油滴及固体颗粒都对光有散射作用，测量散射光的强度就能测出浊度（单位体积液体中的油滴颗粒数）。

根据雷莱公式，在一定条件下的散射光强度与浊度成正比，即

$$I = C \cdot \eta \tag{8.20}$$

式中，I 为散射光强度；C 为常数；η 为浊度。

散射式浊度仪工作原理图如图 8.19 所示。

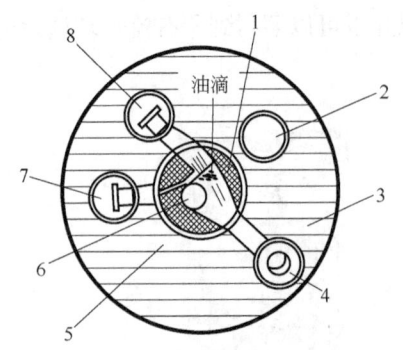

图 8.19 散射式浊度仪结构原理示意图
1—玻璃体；2—测温热电阻；3—基座（断面）；
4—红外光源；5—样品池；6—石英棒；
7—散射光接收器；8—吸收光接收器

测量散射光时，光源强度的波动对测量误差有较大的影响，因此这里设置了两个光接收器。吸收光接收器用来补偿光源的强度变化。光源发出的红外光在水中碰到油滴等小颗粒后被散射到接收器上，得到的散射光强经过光接收器的光电转换，变成电信号输出。信号大小正比于浊度值，它与污水中的微量油滴的体积分数（浓度）有关。

因污水对投射光的吸收很小，特别是浊度值较小的时候，所以接收器吸收的光强与光源的光强相差无几。吸收光接收器的反映光源光强的变化，将散射与吸收接收器的输出之差进行信号处理，可消除因光源老化、污水染色所带来的影响。

2. 使用注意事项

(1) 当污水中带可溶性的有颜色物质时，会过滤光波而改变光强。波长为 860nm±30nm 的红外光则不会受其影响，所以浊度仪一般采用这种波长的光源。

(2) 水样中的气泡对光的传播有影响，要求在使用中消除气泡，探头要远离器壁。

(3) 在低流速的情况下，固体颗粒会附着在接收器的窗口上改变透光率，故应定期清洗探头。

8.5 在线露点分析仪

8.5.1 天然气中过量水分的危害

不论在长输管道还是储气罐中，天然气中含有过量的水分都可能会产生危害，准确地测定天然气中的水含量是保证正常管输和向用户提供合格商品气的重要前提。

8.5.2 AMETEK 露点分析仪

湿度测量从测量原理上划分有二三十种之多，适用于在线连续湿度测量的方法主要有冷镜露点法、氯化锂露点法、电阻法、电容法、涂膜压电法和光谱吸收法。下面介绍在大型主干管道或重要的用户门站上应用较多的 AMETEK 露点分析仪。

1. 工作原理

AMETEK3050-OLV 露点分析仪具有高测量精度，它采用 AMETEK 公司研制的石英晶体微量天平传感器和独特的采样系统两个核心技术。

如图 8.20 所示，石英晶体微平衡（QCM）水分传感器简单来说就是石英晶体振荡器，其中的石英晶体表面涂有吸湿涂层。该涂层可选择性地可逆吸收样品气流中的水分。当该晶体暴露于含气态水分的气流中时，吸湿涂层会吸收气流中的水分，从而使涂层的质量发生改变。质量的改变通过传感器固有振动频率的改变而检测出来。石英晶体传感器使用抽取式采样系统，样气的温度、压力和流量都得到了控制，并通过控制影响传感器精度的变量（温度、压力和流量）来保证水分测量的准确度。

AMETEK3050-OLV 分析仪广泛适用于非腐蚀性气体的水分测量（如惰性气体，碳氢化合物和特殊气体等）。适用性指对于某些气体无需使用特殊的传感器并且可快速和简单地变换被测气体。背景气体对 AMETEK 分析仪使用的石英晶体传感器没有干扰。

2. 主要特点

因内置标准水分发生器，独有的石英晶体水分检测技术提供了可信度极高的可靠读数；双校正检测器则可延长检测器的寿命，该分析仪为用户提供了两种定时工作模式，可在线进行仪器的性能检查；其响应迅速，实时性强，能在水分上升几秒后作出正确响应，当水分从 1000mg/kg 突然下降到 10mg/kg 时，分析与读数可在 1min 内达到 90% 的稳定状态；耐腐蚀、抗干扰能力强，氢和氧不会对它产生影响；量程宽，可测量 0.1～2500mg/kg 的范围；输出信号为 4～20mA 的软件可调直流信号，并带有 RS 232/485 串行接口；同时具有系统报警和二路浓度报警功能。该分析仪内部 NIST 可跟踪式水分发生器可满足用户随时在线校验气体水分的分析效果，既可手动也可设定时间运行，无"植物人"现象，界面友好，反应灵敏，完全能够符合控制过程中的水分在线监控要求。

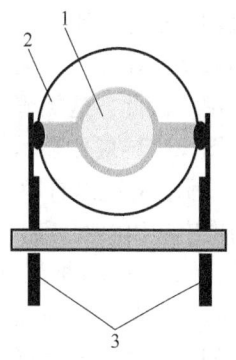

图 8.20　AMETEK3050-OLV
露点分析系统检测传感器
1—涂有吸湿聚合体的区域；
2—石英晶体；3——对电极

3. 应用

测量天然气中的水分常受到乙二醇和压缩机机油的干扰影响，选用 AMETEK3050-OLV 可解决上述问题。它的长寿命模式减少了检测器在污染物中的暴露程度，并且内部过滤器、污染物吸收器可去除挥发性污染物，能准确地提供在线校验测试水分读数。它广泛地应用于天然气场站、石油精炼、石化产品等领域，满足了工业天然气的测量要求。

在线分析仪表还有危险气体检测报警仪，如可燃气体和有毒性气体等的在线分析仪表，它们都属于安全仪表范畴。

8.6　显示仪表

凡能将生产过程中的各种参数进行指示、记录或累积的仪表统称为显示仪表（或称二次仪表）。早期检测仪表把测量和显示功能合为一体，后来则逐步将工业自动化仪表的测量和显示功能分开，并把显示与记录仪表集中在控制室的仪表屏上，而将传感器获取的测量信号通过一定的传输方式远传给显示仪表，以集中监测与控制。

显示仪表一般装在控制室的仪表盘上。它和各种测量元件或变送单元配套使用，连续地显示或记录生产过程中各类参数的变化情况。它又能与控制单元配套使用，对生产过程中的各种参数进行自动控制和显示。

显示仪表按照显示方式可分为模拟式、数字式和图像（屏幕）显示三种。

模拟式显示仪表以仪表指针（或记录笔）的线性位移或角位移来模拟显示被测参数的连续变化。这类仪表免不了要使用磁电偏转机构或机电式伺服机构，因此，测量速度较慢，精度较低，读数易造成多值性。但它结构简单、工作可靠、价廉且又能反映出被测值的变化趋势。虽然模拟式显示仪表用得越来越少，但仍然在许多场合（如就地显示仪表等）广泛应用。

数字式显示仪表直接以数字形式显示被测参数值的大小。这类仪表因避免了使用磁电偏转机构或机电伺服机构,因而测量速度快、精度高、读数直观,对被测参数便于进行数值控制和数字打印记录,尤其是它能将模拟信号转换为数字量,便于与数字计算机或其他数字装置联用。因此,这类仪表发展迅速。

图像(屏幕)显示仪表则是把工艺参数用图形、曲线、字符和数字等方式直接在屏幕上进行显示,并配以打印、记录装置,可按需要对各种工艺参数进行打印、记录。它是随着计算机的推广应用而发展起来的一种新型显示仪器,已成为计算机控制系统的一个组成部分。它利用计算机的快速存取能力和巨大存储容量,几乎可同一瞬间在屏幕上显示出系列的数据信息及其构成的曲线或图像,功能强大、显示集中且清晰,在计算机集散控制系统(DCS)应用广泛。

如上所述,显示仪表的种类繁多,并且发展迅速。本节主要介绍动圈式显示仪表以及数字式显示仪表。

8.6.1 动圈式显示仪表

在工业自动化领域,动圈式显示仪表发展较早,是工业生产中常用的一种模拟式显示仪表,其特点是体积小、重量轻、结构简单、造价低,既能单独用作显示仪表,又兼有显示、调节、报警的功能。动圈式显示仪表可以和热电偶、热电阻相配合来显示温度,也可与压力变送器相配合显示压力等参数。温度、压力等被测参数首先由传感器转化成电参数,然后由测量电路转换成流过动圈的电流,该电流的大小则由与动圈连在一起的指针的偏转角度指示出来。

1. 动圈式显示仪表的组成与工作原理

动圈式显示仪表的组成如图 8.21 所示,其由测量线路和测量机构两部分组成。测量机构是核心。测量线路把被测量(热电势或热电阻等)转换为测量机构可以直接接收的毫伏信号,转换方法因被测量而异。对不同型号,测量机构相同,但测量线路不同。

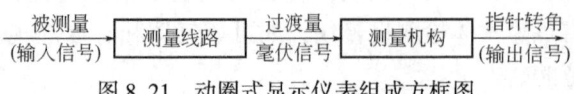

图 8.21 动圈式显示仪表组成方框图

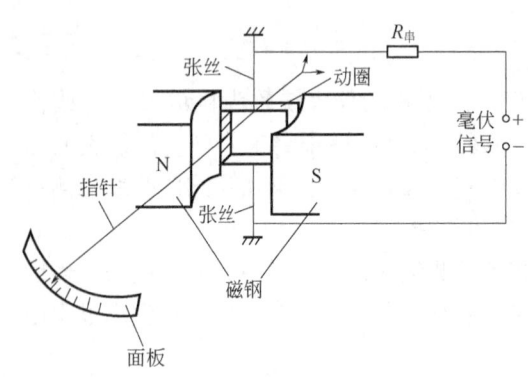

图 8.22 动圈式显示仪表的工作原理

动圈式显示仪表测量机构的核心部件是一个磁电式毫伏计,其中的动圈是用具有绝缘层的细铜线(漆包线)绕成的矩形框,如图 8.22 所示。用张丝把它吊置在永久磁钢的空间磁场中。当测量信号(即直流毫伏信号)通过张丝加在动圈上时,便有电流流过动圈。此时载流线圈将受磁场力作用而转动;动圈的支承是张丝,动圈的转动使张丝扭转,此时,张丝就产生反抗动圈转动的力矩,这个反力矩随着张丝扭转角的增大而增大。当两力矩平衡时,动圈就停留在某个位置上,因此动圈的位置(或转角)与输入毫伏信号相对应。当面板直接刻成被测量标尺时,装在动圈上的指针就指示出被测量的数值。

2. 动圈式显示仪表的型号命名

动圈式显示仪表型号各节与各位的代号及其所表示的意义如表 8.2 所示。

表 8.2 动圈式显示仪表型号各节、各位的代号及其所表示的意义

第一节					第二节			第三节	
第一位		第二位		第三位		第一位		第二位		第三位	
代号	意义	代号	意义	代号	意义	代号	意义	代号	意义	代号	意义
X 显示仪表		C	动圈式磁电系	Z	指示仪	1	单标尺	0	表示报警功能 代号 意义 1 单限报警 2 双限报警	1	配接热电偶
				T	指示调节仪				表示调节功能 代号 意义 0 二位调节 1 三位调节(窄中间带) 2 三位调节(宽中间带) 3 时间比例调节(脉冲式) 4 时间比例调节 5 时间比例加二位调节 6 比例积分微分(连续输出式)加二位调节 7 比例调节(连续输出式) 8 比例积分微分(连续输出式)	2	配接热电阻
		F	带放大器	Z	指示仪	代号 意义 1 高频振动固定参数 2 高频振动可变参数 3 时间程序式高频振动固定参数	表示设计序列或种类			3	毫伏输入式 (配接霍尔变送器)
										4	电阻输入式 (配送压力变送器)
										5	电流输入式
D 电动单元组合仪表		X	显示单元	Z	指示仪	1	单标尺	1	单针	1	上限报警
				B	指示报警仪	1	单标尺	2	双针	2	下限报警
								1	单针	3	上、下限报警

· 203 ·

8.6.2 数字式显示仪表

1. 数字式显示仪表的特点与分类

数字式显示仪表简称数显仪表,是把与被测参数呈一定函数关系、连续变化的模拟量变换为断续数字量或直接将数字量进行显示的仪表。这种仪表直接用数字量来显示测量值或偏差值,清晰直观,读数方便,不会产生视差,响应速度快,易于和计算机联机进行数据处理。

数显仪表普遍采用中、大规模集成电路,线路简单、可靠性好、耐振性好、功耗低、体小量轻。采用模块化设计方法的数显仪表,由为数不多、功能分离的模块化电路组合而成,外围电路少,配接灵活,因此有利于制造、调试和维修,及降低生产成本。

如图 8.23 所示,数显仪表按输入信号形式分为电压型和频率型两类,电压型的输入信号为电压或电流,频率型的输入信号是频率、脉冲或开关信号;按被测信号的点数又可分单点和多点两种,在单点和多点中,按仪表所具有的功能又分为数字显示仪、数字显示报警仪、数字显示输出仪、数字显示记录仪和具有复合功能的数字显示报警输出记录仪等。

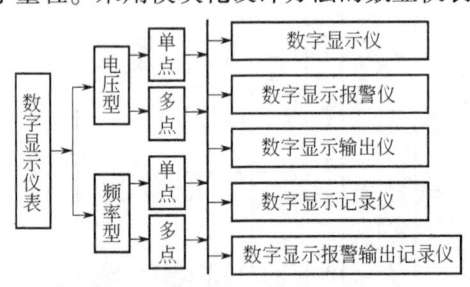

图 8.23 数字式显示仪表分类图

2. 数字式显示仪表的组成与原理

尽管数显仪表的品种繁多,结构也各不相同,但组成基本相似。数显仪表通常包括信号变换、前置放大、非线性校正或开方运算、模/数(A/D)转换、标度变换、数字显示、电压/电流(V/I)转换及各种控制电路等部分,其结构组成如图 8.24 所示。

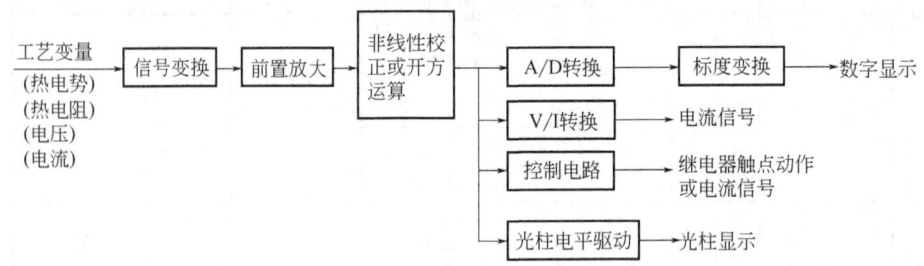

图 8.24 数字式显示仪表组成结构原理

如图 8.24、图 8.25 所示,数显仪表直接用数字量显示被测值或偏差值,但实际生产过程中的大量工艺参数(如压力、流量、物位及温度等),经变送器变换后,多数转换成相应的模拟电信号,所以先要把连续变化的模拟量变换成断续变化的数字量,完成此功能的装置称模/数转换器。如输入信号是数字量,则直接进行计数显示。同样,实际测量中的大多数被测参数与显示值间呈非线性关系,如热电偶。这种非线性关系,对指针式仪表,只需将标尺刻度按对应的非线性进行划分即可,但在数显仪表中,因

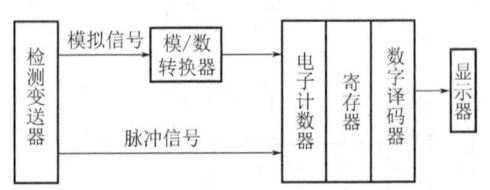

图 8.25 数字式显示仪表原理方框图

经模/数转换后直接显示被测变量数值,为消除非线性误差,须在仪表中加入线性化器进行非线性补偿。与此类似,数显仪表还须设置标度变换环节,才能将数字式显示仪表的显示值和被测原始参数值统一起来进行显示。

由此可见,一台数显仪表主要由模/数转换、非线性补偿、标度变换及数字显示4个主要部分组成。对数显仪表所要求的模/数转换装置,一般都以电压信号为其输入量,故数显仪表实际上是以数字式电压表为主体组成的仪表。

图8.24、图8.25为一般数显仪表的结构组成。对具体仪表,其组成部分可是上述电路模块的全部或部分组合,且有些位置可互换。正因为如此,才组成了功能、型号各不相同、种类繁多的数显仪表。有些数显仪表,除了一般的数字显示和控制功能外,还有笔式和打点式模拟记录、数字量打印记录、多路显示、越限报警等功能。

3. 数字式显示仪表举例

国产数字式显示仪表很多,现以热电偶的数字显示仪表为例进行说明。如图8.26所示,它能接受各种热电偶所给出的热电势;直接以四位或五位数字显示出相应的温度值来,还可以给出所示温度的1mV/℃的模拟电压供温度调节仪用。下面简述各部分的作用。

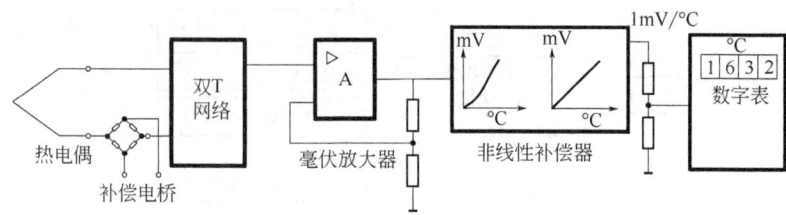

图8.26 数字式温度显示仪表的基本组成

(1) 补偿电桥:用以补偿热电偶冷端温度不在0℃时所造成的误差,它使用了铜电阻电桥电路自动补偿方法。

(2) 双T网络:热电势经补偿电桥补偿后,在进入毫伏放大器之前,先经双T网络进行滤波,以抑制信号电势上的干扰。

(3) 毫伏放大器:毫伏放大器是一个高灵敏度的调制型直流放大器,其闭环增益为几十倍。

(4) 非线性补偿器:由十几个线性集成运算放大器组成,在一定测温范围内,用8段直线来逼近热电势的特性曲线,从而获得输出电压与温度之间的线性关系。

(5) 数字表:经线性补偿电路线性化后的信号可达1mV/℃的电平,故温度数显仪表其数字显示部分实际上相当于一台数字式电压表。输入的毫伏信号经模/数变换器,将模拟量变为数字量后,由电子计数器进行计数,最后在显示器上以数字直接显示出被测温度的高低。

8.6.3 新型显示记录仪表

随着现代化工业控制领域和新技术领域的飞速发展,以CPU为核心的新型显示记录仪表已被越来越广泛地应用到油气储运、石油化工等各行各业中。

1. 无笔、无纸记录仪

以CPU为核心采用液晶显示的记录仪,完全摒弃传统记录仪的机械传动、纸张和笔,直接把记录信号转化成数字信号后,送到随机存储器加以保存,并在大屏液晶显示屏上加以显示。因记录信号由工业专用微型处理器 CPU 来进行转化保存显示,故记录信号可随意放大、缩小地显示在显示屏上,为观察记录信号状态带来了极大的方便,必要时可把记录曲线或数据送往打印机进行打印或送往个人计算机加以保存和进一步处理。

该仪表的输入信号多样化,可与热电偶、热电阻、辐射感温器或其他产生直流电压或直流电流的变送器配合使用,对温度、压力、流量、液位等工艺参数进行数字显示与数字记录,对输入信号可以通过组态或编程直观地显示实时测量值,并有报警功能。

1) 无笔、无纸记录仪的原理和组成

该记录仪采用工业专用微处理器,可实现全数字采样、存储和显示等,其原理如图 8.27 所示。图中 CPU 为工业专用微处理器,用来进行对各种数据的采集处理,并对其进行放大与缩小,还可送至液晶显示屏上显示,也可送至随机存储器(RAM)存储,并可与设定的上、下限信号比较,如越限即发出报警信号。总之,CPU 为该记录仪的核心,一切有关数据计算与逻辑处理的功能均由它来承担。

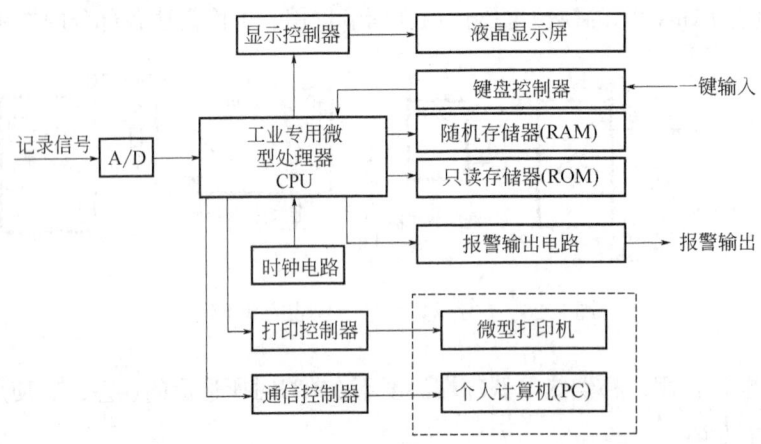

图 8.27 无笔、无纸记录仪原理方框图

A/D 转换器将来自被记录信号的模拟量转换为数字量,以便 CPU 进行运算处理,该记录仪可接收 1~8 路模拟量。

只读存储量(ROM)用来固化程序。该程序是用来指挥 CPU 完成各种功能操作的软件。只要该记录仪供上电源,ROM 的程序就让 CPU 开始工作。

随机存储器(RAM)用来存储 CPU 处理后的历史数据,按采样时间不同,可保存定期的时间数据。记录仪掉电时由备用电池供电,保证所有记录数据和组态信号不会因掉电而丢失。

显示控制器用来将 CPU 内的数据显示在点阵液晶显示屏上。

液晶显示屏可显示 160×128 点阵。

键盘控制器:操作人员操作按键的信号,通过键盘控制器输入至 CPU,使 CPU 按照按键的要求工作。

报警输出电路:当被记录的数据越限(越过上限或低于下限)时,CPU 就及时发出信号给报警电路,产生报警输出。

时钟电路:该记录仪的记录时间间隔、时标或日期均由时钟电路产生,送给 CPU。

该记录仪内另配有打印控制器和通信控制器,CPU 内的数据可通过它们与外接的微型打印机、个人计算机（PC）连接，实现数据的打印和通信。

2）无笔、无纸记录仪的使用

该记录仪的显示界面有实时单通道显示与界面组态两类功能。

图 8.28 为实时单通道液晶显示界面，周围已标明各显示区的功能。

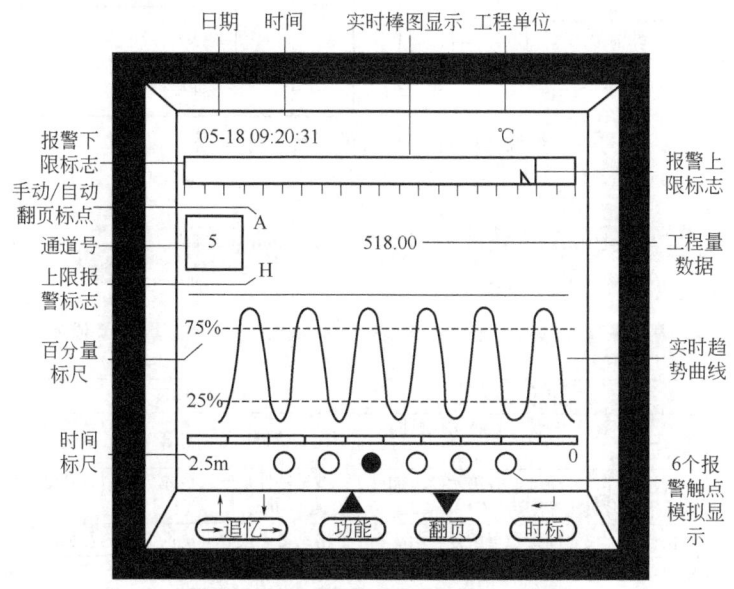

图 8.28　无笔、无纸记录仪显示界面

该记录仪备有组态界面，取代了编程，操作简易，它有如下 6 种组态方式。

① 时间及通道的组态：用于组态（或修改）日期、时钟、记录点数和采样周期。

② 页面及记录间隔的组态：用于页面、记录间隔的设置以及背光的打开/关闭设置。

③ 各个通道信息的组态：各个通道量程上下限、报警上下限、滤波时间常数以及开方与否的设置。对于流量信号，还可作开方、流量累积，以及流量、温度、压力补偿。输入信号的工程单位繁多，可通过组态选择合适的工程单位。如果想带有 PID 控制模块，可实现 4 个 PID 控制回路。

④ 通信信息的组态：用于本机通信地址和通信方式的设置。

⑤ 显示画面选择的组态：记录仪共可显示 9 个画面，可通过组态选择最需要显示的画面。

⑥ 报警信息的组态：每个通道的上上限、上限、下限和上下限报警触点的设置。

2. 虚拟仪表及虚拟显示仪表

虚拟仪表的系统工作流程如图 8.29 所示。虚拟显示仪表利用计算机强大的功能来完成显示仪表所有的工作。虚拟显示仪表硬件结构简单，仅需原有意义上的采样、模数转换电路通过输入通道插卡插入计算机即可。虚拟显示仪表的显著特点是在计算机屏幕上完全模仿实际使用中的各种仪表，如仪表面盘、操作盘、接线端子等。用户通过计算机键盘、鼠标或触摸屏进行各种操作。

如图 8.30 所示，因显示仪表完全被计算机所取代，除受输入通道插卡性能的限制外，其他各种性能如计算速度、计算的复杂性、精确度、稳定性、可靠性等都大大增强。此外，一台计算机中可同时实现多台虚拟仪表，可集中运行和显示。

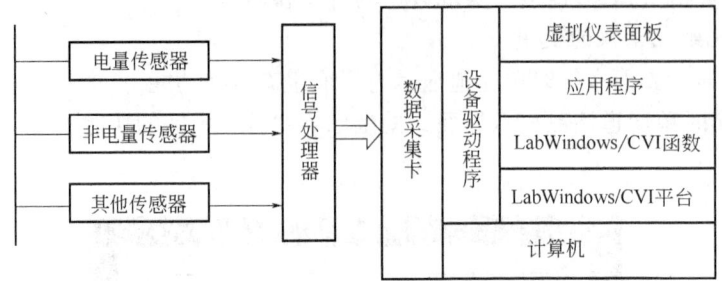

图 8.29　虚拟仪表的系统工作流程

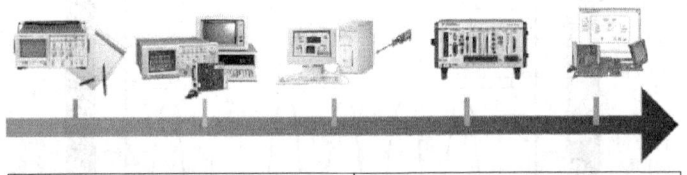

虚拟仪表	传统仪表
开放、灵活，可与计算机技术保持同步发展	封闭，仪器间配合较差
关键是软件，系统性能升级方便，通过网络下载升级程序即可	关键是硬件，升级成本较高，且升级必须上门服务
价格低廉，仪表间资源可重复利用率高	价格昂贵，仪表间一般无法相互利用
用户可定义仪表功能	只有厂家能定义仪表功能
可以与网络及周边设备方便连接	功能单一，只能连接有限的独立设备
开发与维护费用降至最低	开发与维护费用高
技术更新周期短(1～2年)	技术更新周期长(5～10年)

图 8.30　虚拟仪表与传统仪表的比较

习题与思考题

1. 简述电容式原油含水分析仪的基本原理及组成。
2. 简述辐射式原油含水分析仪的基本原理及组成。
3. 简述微波式原油含水分析仪的基本原理及组成。
4. 储运振动式天然气在线密度计的安装与取样有何要求？
5. 色谱分析仪在储运领域有何应用？
6. 简述紫外荧光含油污水分析仪的基本测量原理。
7. 紫外荧光含油污水分析仪的影响因素有哪些？实际测量分析中有何解决措施？
8. 适用于天然气在线连续测量湿度的方法有哪些？大型主干管道或重要的用户门站上通常是如何在线测量天然气露点的？
9. 数字式显示仪表主要由哪几部分组成？
10. 在无笔、无纸记录仪原理方框中，试述每个方框的作用。
11. 简述虚拟显示仪表的特点。

9 安全仪表系统

安全仪表系统是能实现一个或多个安全仪表功能的系统。它是由国际电工委员会（IEC）标准 IEC 61508 及 IEC 61511 定义的专门用于工业过程的安全控制系统，用于对设备可能出现的故障进行动作，使生产装置按照规定的条件或程序退出运行，从而使危险降低到最低程度，以保证人员与设备的安全，或避免污染工厂的周边环境。

9.1 安全仪表系统及配置原则

用于安全目的的系统称安全相关系统（safety related system，SRS）。安全相关系统的作用是监视生产过程的状态，在出现危险条件时采取相应措施，防止危险的发生或减轻危险造成的后果，避免潜在风险对人身、设备与环境造成损害。

安全相关系统在工业生产和日常生活中随处可见，如安全帽、安全阀、紧急停车系统、汽车的安全气囊等，安全相关系统中具有安全仪表功能的仪表自动化系统总称为安全仪表系统。按目前的最新规范规定，储运安全仪表系统已独立设置、成为由国家规范强制单列的安全自控系统，属优先执行级。

安全仪表系统（safely instrumented system，SIS）是实现一个或多个安全仪表功能的仪表系统。安全仪表功能（safety instrumented function，SIF）则是为防止、减少危险事件发生或保持过程安全状态，用测量仪表、逻辑控制器、最终元件及相关软件等实现的安全保护功能或安全控制功能。

9.1.1 有关安全的相关基本概念及定义

问题 2

1. 风险、安全

风险：预期可能发生的特定危险事件和后果。

安全：简单地说，可以接受的风险就是安全。

2. 安全完整性、安全完整性等级

安全完整性：在规定的条件与时间内，SIS 完成 SIF 的平均概率。

安全完整性等级（SIL）：安全功能的等级，由低到高分为 SIL1~SIL4。

安全完整性等级指在一定的时间和条件下，安全系统能成功地执行其安全功能的概率。它是对风险降低能力和期望故障率的度量，是对系统可靠程度的一种衡量。国际电工委员会将过程安全完整性等级定义为 4 级（SIL1~SIL4，其中 SIL4 用于核工业）。

（1）SIL1 级：装置可能很少发生事故。如发生事故对装置和产品有轻微的影响；不会立即造成环境污染和人员伤亡，经济损失不大。低要求操作模式下，SIL1 平均每年失效的概率为 $10^{-1} \sim 10^{-2}$。

（2）SIL2 级：装置可能偶尔发生事故。如发生事故对装置和产品有较大的影响，并有可能造成环境污染和人员伤亡；经济损失较大。低要求操作模式下，SIL2 平均每年失效的

概率为 $10^{-2} \sim 10^{-3}$。

（3）SIL3 级：装置可能经常发生事故。如发生事故对装置和产品将造成严重的影响，并造成严重的环境污染和人员伤亡，经济损失严重。低要求操作模式下，SIL3 平均每年失效的概率为 $10^{-3} \sim 10^{-4}$。

储运及石油化工生产装置的安全完整性等级一般都低于 SIL3 级，采用 SIL2 级的安全仪表系统基本上都能满足多数生产装置的安全需求。储运相关规范要求在安全功能分配时，安全完整性的最高等级为 SIL3。

3. SIL 评估内容

SIL 评估内容有：确定每个 SIF 的 SIL；确定诊断、维护和测试要求，包括测试间隔时间。

4. 保护层及安全生命周期

保护层是通过预防、控制、减缓等手段降低风险的措施。SIS 在保护层中的位置如表 9.1 所示。

表 9.1 保护层模型（洋葱模型）安全仪表系统在保护层中的位置

层次	名称	说明
第一层	过程设计	过程设计中实现本质安全工厂
第二层	基本过程控制系统（BPCS）	如 DCS 以正常运行的监控为目的
第三层	区别于 BPCS 的重要报警	操作员介入需要有一定的必要余度时
第四层	安全仪表系统（SIS）	系统自动地使工厂安全停车
第五层	物理防护层（一）	安全阀泄压、过压保护系统
第六层	物理防护层（二）	将泄漏液体局限在局部区域的防护堤
第七层	工厂内部紧急应对计划	工厂内部的应急计划
第八层	周边区域防灾计划	周边居民、公共设施的应急计划

安全生命周期是从工程方案的设计开始到所有安全仪表功能停止使用的全部过程。它分如下 3 个实施阶段：（1）工程设计阶段，从方案设计到详细工程设计完，自动化控制专业从收到 SIL 评估及审查前的过程为参与者，后为主导者；（2）集成调试验收测试阶段，集成商为主；（3）操作维护阶段，业主的自动化控制专业应用为主。

9.1.2 安全仪表系统

1. 安全仪表系统的组成与结构

1）安全仪表系统的组成

SIS 是实现一个或多个安全仪表功能的仪表系统，由测量仪表、逻辑控制器、最终元件及相关软件等构成，作为系统还有通信接口、人机接口。系统特征为故障安全型。

安全仪表系统是用仪表的构成来实现安全功能的系统，具体主要由传感器、逻辑运算器、最终执行元件及相应软件组成。当生产过程出现变量越限、机械设备故障、SIS 系统本身故障或能源中断时，安全仪表系统必须能自动（必要时可手动）完成预先设定的动作，保证操作人员、生产装置转入安全状态。安全仪表系统的 SIL 由传感器、逻辑运算器、最终执行元件等各组成部件的 SIL 共同决定。其中根据 SIL 不同，逻辑运算器可采用不同结构。如 $1_{oo}2D$（1 out of 2 with diagnostic），二取一带故障自诊断，当一个 CPU 被检测出故障时，该 CPU 被切除，另一个 CPU 继续工作；若第二个 CPU 再被检测出故障，则系统停车。$2_{oo}3$

（2 out of 3），三取二表决方式，即 3 个 CPU 中若一个与其他两个不同，该 CPU 故障，其余两个继续工作；若再有一个 CPU 故障，则剩下的那个继续工作；直到 3 个都故障，则系统停车。$2_{oo}4D$（2 out of 4 with diagnostic），双重化二取一带自诊断方式，系统中二个控制模块共有二个 CPU，当一个控制模块中 CPU 被检测出故障时，该 CPU 被切除，另一个控制模块开始以 $1_{oo}2D$ 方式工作；若这个模块中再有一个 CPU 被检测出故障，则系统停车。其中第二和第三种方式在实际中应用较多。

在工程设计中，逻辑运算器的 SIL 一般选得都比较高，可达到 SIL3 级，但传感器和最终执行元件的 SIL 通常都在 SIL2 级以下。因此，整个系统的 SIL 等级一般都不会高于 SIL2 级。

安全仪表系统是静态的、被动的，不需要人为干预。SIS 在危险情况出现时必须能由静变动，正确地完成其功能。安全仪表系统的设计目标是正确的功能和良好的可靠性。基本过程控制系统（Basic Process Control System，BPCS）即响应过程测量以及其他设备、其他仪表、控制系统或操作员的输入信号，按过程控制规律、算法、方式，产生输出信号实现过程控制及其相关设备运行的系统。BPCS 基于 DCS、PLC 监控系统、SCADA 或常规仪表控制系统，是活动的、动态的，需要人工频繁干预，以使生产过程的温度、压力、液位、流量等工艺参数维持在规定的范围之内，以保证产品的产量与质量。BPCS 是 SIS 以外的控制系统、不执行安全仪表功能（SIF）的系统。

2）安全仪表系统结构

目前安全仪表系统主要有继电器系统结构、PLC 系统结构、三重化（TMR）系统结构等。不同的结构用于不同的场合。

继电器系统结构的安全仪表系统在工程控制中已经使用数十年，证明"失效安全"型的继电器系统具有良好的安全性能。由继电器线路构成的安全仪表系统虽然价格便宜，但存在系统庞大、维护困难、可靠性不高、不能与 DCS 系统通信、无自诊断功能等缺点，正被逐渐淘汰。

PLC 系统结构的安全仪表系统灵活性好，体积小，可以编程和扩展，修改方便，可靠性高，能实现与 DCS 通信，具备自诊断功能。但只有取得安全证书的 PLC 才能作为油气行业与石油化工生产装置的安全仪表系统逻辑部件。PLC 系统结构的安全仪表系统，安全等级在 SIL2~SIL3 之间，可以覆盖大多数的油气及石油化工装置，价格适中。

一些专业的安全仪表系统（如 TRICONEX）大都采用 TMR（三重化模块冗余）系统：主处理器、I/O 模块与电源采用三重化冗余配置，任何一个模块发生故障都不会影响其他两个模块的正常工作，并可实现在线更换；同时采用容错技术进行三取二表决，将安全系统的显性故障率和隐性故障率大为降低，可适合于所有的工业过程，是目前最为先进的安全仪表系统，其不足之处是价格比较昂贵。

2. 安全仪表的作用与功能特点

安全仪表的作用是监视生产过程的状态，在出现危险条件时，自动执行其规定的安全仪表功能，防止危险事件发生，或减轻危险事件造成的影响。

安全仪表功能是为防止、减少危险事件发生或保持过程安全状态，用测量仪表、逻辑控制器、最终元件及相关软件等实现的安全保护功能或安全控制功能，其特点如下：

（1）每个 SIF 针对特定的风险；
（2）每套 SIS 可执行多个 SIF；
（3）兼有安全功能和安全仪表功能；

(4) 危险出现时，要求 SIS 正确执行对应的 SIF。

3. 安全仪表系统的集成设计与配置原则

1) 安全仪表系统的集成设计原则

(1) 独立设置原则。

安全仪表系统应独立于过程控制系统，以降低控制功能和安全功能同时失效的概率，使其不依附于过程控制系统就能独立地完成自动保护联锁的安全功能；同时，按照需要配置相应的通信接口，使过程控制系统能够监视安全仪表系统的运行状况。原则上，要求安全仪表系统独立设置的部分要有检测元件、执行元件、逻辑运算器和通信设备。复杂的安全仪表系统应该合理地分解为若干个子系统，各子系统应该相对独立，分组设置后备手动功能。

通常安全仪表系统的安全等级要高于过程控制系统的安全等级，独立设置有利于采用高级系统而不至于大幅度地增加企业投资。对不可能将安全仪表系统与过程控制系统分开的特殊情况（如某些控制系统包括了控制和安全功能），可将二者合二为一，但该系统的安全等级应按安全仪表系统的安全等级来考虑。为控制投资，安全仪表系统所包含的过程控制系统应尽可能地缩小。

(2) 安全仪表系统的结构分类及选用原则。

安全仪表系统可采用电气、电子或者可编程技术，也可采用由它们组合的混合技术。安全仪表系统采用电气、电子技术方案时，主要用继电器线路来完成其逻辑联锁功能，难以完成复杂系统的安全方面的要求，有其局限性。尤其在安全生产日益受到重视的今天，PES（可编程控制器、分散控制系统控制器或专用的独立微处理器）技术已发展成熟，采用 PES 技术实现安全仪表系统的安全联锁功能已是各专业安全仪表系统供应厂商的首选。

下列情况不可采用继电器：高负荷周期性频繁改变的状态；定时器或锁定功能；复杂的逻辑应用。固态继电器适用于高负荷的应用，但选用时应恰当地处理好非故障安全模式。不推荐固态逻辑用于安全仪表系统。因为当固态逻辑用于安全仪表系统时，通常要用 PES 作为其诊断测试工具。

下列情况必须采用 PES 技术：有大量的输入/输出或许多模拟信号；逻辑要求复杂或者包括计算功能；要求外部数据与过程控制系统进行通信；对不同的操作有不同的设定点。

(3) 安全仪表系统的冗余原则。

对安全仪表系统，不管硬件还是软件，一般都采用冗余结构，但冗余结构元件必须可靠，以防止降低系统的可靠性。系统常采用的冗余方法有：①在知道参数间有一定关系的情况下，可使用不同的测量方法；②对同一变量采用不同的测量技术；③对冗余结构的每一个通道，采用不同类型的可编程控制器；④采用不同的地址。

选用安全仪表系统的结构时，有以下方面的内容必须确认：选择励磁停车或非励磁停车设计方式；选择同类还是不同类的冗余检测元件、逻辑运算器和最终控制元件；选择什么样的冗余能源和系统电源；选择好操作员接口部件以及它们连接到系统的方法；选择好安全仪表系统与其他子系统（如 DCS）的通信接口和通信方式；考虑系统元件的故障率；考虑诊断覆盖率；考虑好测试间隔。

(4) 安全故障型原则。

安全仪表系统应该是安全故障型的。安全仪表系统的检测元件以及最终执行元件在系统正常时应该是励磁的，在系统不正常时应该是非励磁的，即非励磁停车设计。理想的安全仪表系统应该具有 100% 的可用性。但由于系统内部的故障概率不可能等于零，因此不可能得到可用性为100%的安全仪表系统。安全仪表系统的设计目标应该为：当出现故障时，系统能自动转入安全状态，即故障安全系统，从而可避免由于安全仪表系统自身故障或因停电、停气而使生产装置处于危险状态。

(5) 中间环节最少原则。

安全仪表系统的中间环节应该是最少的。中间环节多，发生故障的概率就会增加，系统可用性也就会降低。安全仪表系统设计切忌华而不实，应当用最为简捷的方式实现其功能。

2) 安全仪表系统的配置原则

(1) 测量仪表。

测量仪表包括模拟量和开关量两种类型的仪表。

① 一般规定：

(a) 测量仪表宜采用4~20mA、带HART协议的智能变送器。

(b) 爆炸危险场所优先使用隔爆型仪表。

(c) 现场安装测量仪表防护等级不应低于IP65。

(d) 测量仪表及取源点宜独立设置。

(e) 小心采用现场总线或其他通信方式作为SIS的输入信号。

② 测量仪表的独立设置和冗余设置原则：

(a) SIL1的SIF：测量仪表与BPCS共用，应采用单一测量仪表。

(b) SIL2的SIF：测量仪表可与BPCS分开，宜采用冗余测量仪表。

(c) 完成SIL3的SIF：测量仪表应与BPCS分开，应采用冗余测量仪表。

③ 冗余方式：

(a) 当系统要求高安全性时，应采用"或"逻辑结构；

(b) 当系统要求高可用性时，应采用"与"逻辑结构；

(c) 当系统要求兼顾高安全性和高可用性时，应采用三取二逻辑结构。

(2) 最终元件。

最终元件包括控制阀（调节阀、切断阀）、电磁阀、电动机等执行设备。

① 一般规定：

(a) 最终元件宜采用气动控制阀，不宜采用电动控制阀。

(b) 气动控制阀执行安全仪表功能时，SIS应优先动作，即调节阀带的电磁阀应安装在定位器和执行机构之间，切断阀带的电磁阀应安装在执行机构上。

(c) 电磁阀电源应由SIS提供。

(d) 气动控制阀宜采用弹簧复位单气缸执行机构，当采用双气缸执行机构时，宜配空气储罐或专用仪表气源管线。

(e) 爆炸危险场所优先使用隔爆型电磁阀、阀位开关。

(f) 现场安装的电磁阀与阀位开关的防护等级不应低于IP65。

② 控制阀的独立设置和冗余设置原则：

(a) SIL1的SIF：控制阀可与BPCS共用，但SIS应优先动作，可采用单一控制阀。

(b) SIL2的SIF：控制阀宜与BPCS分开，宜采用冗余控制阀。

(c) 完成SIL3的SIF：控制阀应与BPCS分开，应采用冗余控制阀。

③ 冗余方式：

(a) 控制阀冗余可采用一个调节阀和一个切断阀，也可采用两个切断阀。

(b) 当系统要求高安全性时，冗余电磁阀宜采用"或"逻辑结构。
(c) 当系统要求高可用性时，冗余电磁阀宜采用"与"逻辑结构。
(3) 逻辑控制器。

逻辑控制器宜采用可编程电子系统，简单场合可采用继电器系统，或由可编程电子系统、继电器系统混合构成。

① 一般规定：
(a) 逻辑控制器总响应时间宜为 100~300ms，总响应时间指信号从进逻辑控制器到出逻辑控制器所需的全部时间；
(b) 逻辑控制器的中央处理单元负荷不应超过 50%；
(c) 逻辑控制器的内部通信负荷不应超过 50%，若采用以太网则负荷不应超过 20%。

② 逻辑控制器的独立设置和冗余设置原则：
(a) SIL1 的 SIF：逻辑控制器宜与 BPCS 分开，可采用冗余逻辑控制器。
(b) SIL2 的 SIF：逻辑控制器应与 BPCS 分开，宜采用冗余逻辑控制器。
(c) SIL3 的 SIF：逻辑控制器应与 BPCS 分开，应采用冗余逻辑控制器。

③ 逻辑控制器的配置原则：
(a) 逻辑控制器符合 SIL 要求，应独立完成 SIF；
(b) 逻辑控制器的软硬件版本应是正式发布的；
(c) 逻辑控制器的中央处理单元、I/O 单元、电源单元、通信单元等应是独立的单元，应允许在线更换单元而不影响逻辑控制器的正常运行；
(d) 逻辑控制器应有软件和硬件诊断和测试功能，诊断和测试信息应在工程师站和/或操作站显示、记录；
(e) 逻辑控制器的系统故障宜在 SIS 的操作站报警，也可在 BPCS 的操作站报警。

④ 逻辑控制器的接口配置原则：
(a) I/O 卡信号通道应带光电或电磁隔离，I/O 卡不应采用现场总线数字信号；
(b) 检测同一过程变量的多台测量仪表信号直接到不同输入卡件；
(c) 冗余的最终元件应接到不同的输出卡件，每一个输出信号通道应只接一个最终元件。

4. 安全仪表系统中的传感器设计原则

安全仪表系统的设计包括传感器的设计、执行机构的设计和逻辑运算器的设计。这里主要介绍一下安全仪表系统中传感器的设计。

1) 传感器的独立设置原则

不同安全级别的安全仪表系统，选择不同的传感器个数和不同的连接方式。一般来说，SIL1 级安全仪表系统可用单一的传感器，并可以和过程控制系统共用。SIL2 级及以上的安全仪表系统应采用冗余的传感器，且应与过程控制系统分开连接。

2) 传感器的冗余设置原则

SIL1 级安全仪表系统，可采用单一的传感器；SIL2 级及以上的安全仪表系统，宜采用冗余的传感器。

3) 传感器的冗余方式选用

重点考虑系统的安全性时，传感器的输出应采用"或"逻辑结构；重点考虑系统的可用性时，传感器的输出应采用"与"逻辑结构；在系统的安全性和可用性均需保障时，传感器的输出宜采用三取二逻辑结构。

4) 传感器的设计

从安全角度考虑,安全仪表系统的传感器宜采用隔爆型。

具体来说,传感器的设计主要有以下几条:

(1) 传感器采用隔爆型(减少故障点),宜与过程控制系统分开,独立设置。

(2) 传感器的输出采用开关量或 4~20mA DC 模拟信号,不采用现场总线、HART 或其他串行通信信号。

(3) 为了提高系统的安全性和可用性,采用单个传感器时,传感器的输出信号不能直接作为启动安全仪表系统的自动联锁条件。

(4) 当传感器的输出作为启动安全仪表系统的自动联锁条件时,应采用两个或两个以上的传感器。重点考虑系统的安全性时,传感器配置采用二取一"或"逻辑结构;重点考虑系统的可用性时,传感器配置采用二取二"与"逻辑结构;系统的安全性和可用性均需保障时,传感器配置采用三取二逻辑结构。

9.2 安全仪表系统的功能安全及其标准

9.2.1 功能安全标准

(1) IEC 61508 *Functional safety of electrical/electronic/programmable*; *electronic safety related systems*。

(2) GB/T 20438—2017《电气/电子/可编程电子安全相关系统的功能安全》。

(3) IEC 61511 *Functional safety*: *safety instrumented systems for the process industry sector*。

(4) GB/T 21109《过程工业领域安全仪表系统的功能安全》。

IEC 61508 和 IEC 61511 的应用范围:

(1) IEC 61508 为功能安全的通用标准,面向制造商和设备供货方。

(2) IEC 61511 为面向应用的过程工业领域的功能安全标准,面向 SIS 设计人员、集成商和最终用户。

(3) IEC 61508 是针对过程工业领域的补充,考虑过程工业领域的整体安全生命周期。

9.2.2 标准定义

关键词:安全功能、传感器、逻辑运算器、执行元件。

(1) ANSI/ISA S84.01—1996 *Application of safety in strumented systems for the process industries*:由传感器、逻辑控制器及终端元件组成的系统,其目的是出现故障时,使过程处于安全状态。

(2) SH/T 3018—2019《石油化工安全仪表系统设计规范》:用仪表实现安全功能的系统。系统包括传感器、逻辑运算器、最终执行元件及相应软件等。

(3) IEC 61511 *Functional safety*: *safety instrumented systems for the process industry sector*。

9.2.3 储运安全仪表系统标准

(1) SH/T 3018—2019《石油化工安全仪表系统设计规范》。

(2) GB/T 32202—2015《油气管道安全仪表系统的功能安全评估规范》。
(3) GB/T 32203—2015《油气管道安全仪表系统的功能安全验收规范》。
(4) SY/T 7351—2016《油气田工程安全仪表系统设计规范》。
(5) SH/T 3184—2017《石油化工罐区自动化系统设计规范》。
(6) SY/T 4205—2019《石油天然气建设工程施工质量验收规范自动化仪表工程》。
(7) CJJ/T 259—2016《城镇燃气自动化系统技术规范》。
(8) SY/T 4129—2014《输油输气管道自动化仪表工程施工技术规范》。
(9) GB/T 50892—2013《油气田及管道工程仪表控制系统设计规范》。
(10) SH/T 3104—2013《石油化工仪表安装设计规范》。

9.2.4 功能安全含义与特点

功能安全是以基于风险的方法，用安全系统功能的可靠执行来保证安全功能。

安全技术标准研究的对象是安全系统。功能安全则是通过合适的技术与管理措施，把安全系统的整体风险控制在要求的目标之内。功能安全是安全科学与工程、控制科学与工程的交叉学科。

IEC 61508 标准解决了困扰多年的对复杂安全系统功能安全保障的理论与实践问题，使安全系统对随机硬件失效、规范错误、设计和实施失效、安装和开车错误、操作和维护错误、更改错误等具有防范作用。

IEC 61508 及 IEC 61511 标准的思路特点是：(1) 采用基于危险和风险分析的方法，确定电气、电子、可编程电子安全系统的"安全功能"和"功能安全"的要求和量化指标；(2) 采用安全生命周期的架构，使各组织机构、部门、人员以及各阶段的工作纳入完整的、无缝衔接的统一体系，把功能安全管理纳入安全生命周期，最大限度地避免系统性失效造成的整体安全性降低。

标准中的两个重要概念如下：

1. 安全完整性等级

安全完整性等级（safety integrity level，SIL）指在规定的条件下、规定的时间内，安全相关系统成功完成所要求的安全功能的可能性，即在要求安全系统动作时其功能失效概率的倒数。安全完整性等级 SIL 如表 9.2 所示。

表 9.2 安全完整性等级 SIL

安全完整性 等级（SIL）	低要求操作模式 执行其设计功能要求的平均失效概率（PFD）	安全有效性 （safety availability）	目标风险降低 RRF
4	$\geqslant 10^{-5}$ 且 $<10^{-4}$	99.99~99.999	10000~100000
3	$\geqslant 10^{-4}$ 且 $<10^{-3}$	99.9~99.99	1000~10000
2	$\geqslant 10^{-3}$ 且 $<10^{-2}$	99~99.9	100~1000
1	$\geqslant 10^{-2}$ 且 $<10^{-1}$	90~99	10~100

注：PFD=probability of failure on demand。

安全功能动作的频率低于每年一次的称低要求操作模式；对安全功能的要求动作频率高于每年一次的称高要求（连续）操作模式。低要求操作模式是化工与储运行业中最普遍的模式；高要求操作模式则在制造加工业和航空工业中较普遍。

SIL 代表安全仪表系统使过程风险降低的数量级。

风险概率=危险事件发生概率×安全系统要求其动作时功能失效概率，可见风险概率低于危险事件发生概率，故要求其动作时，功能失效概率可反映安全系统带来的整体风险概率降低的程度。风险是风险概率和后果严重程度的组合，所以风险概率下降程度即风险下降的程度。因此，安全完整性等级反映了整体风险水平的降低。

SIL 是安全系统的核心，安全系统的设计、安装、检验评估、维护都围绕 SIL 进行。SIL 目前已成为行业领域内合同的必备条款。

安全要求包括安全功能（安全仪表功能）SIF 和安全完整性等级 SIL。

功能安全技术标准指在整个安全生命周期内，通过一系列的技术措施和管理措施保证达到所要求的安全完整性等级。

2. 安全生命周期

安全系统整体的安全生命周期（safety life cycle，SLC）指从其概念提出开始，经历若干中间阶段，一直到安全系统停用，包括了为达到安全完整性而进行的一切活动。

安全生命周期是 IEC 61508 的重要基础，是用系统的方式建立的一个框架，用以指导安全系统的设计和评价。整体安全生命周期包括了系统的分析、设计、安装、确认、操作、维护、停用等诸多方面，关于每一方面的标准都要求建立相应的文档及安全规范。系统还要求根据实际中的应用效果来进行修改，甚至是从头开始。

安全生命周期通常包括如下 3 个过程阶段：

（1）分析阶段（SIL 要求）：风险分析、SIF 确认、SIL 选择。

（2）实现阶段（SIL 实现）：设计、安装、调试。

（3）运行阶段（SIL 保持）：运行、维护、修改。

整体安全生命周期是功能安全管理中的一个重要框架，为功能安全管理提供一个系统方法。安全完整性等级则贯穿于安全系统开发的始终。安全完整性等级不仅是安全系统安全性能的度量标准，而且是安全系统生命周期中的主线。

9.2.5　安全仪表功能的 SIL 等级确定方法

1. 保护层分析法

保护层分析法（LOPA）利用危险和可操作性分析（HAZOP）辨识的数据，量化原因和后果的等级，通过风险图计算危险。这样就能确定风险降低的总量以及是否需要进一步降低所分析的风险。如需附加的风险降低则以一个安全仪表功能（SIF）的形式提供，LOPA 可确定所需的安全完整性等级。

2. 风险矩阵法

风险矩阵是基于分类的方法，先为风险的后果和可能性制定分类，后果可分为较轻、严重和最大，可能性则分为低、中等和高。后果和可能性再分别构成矩阵的一个坐标（行、列），每一个矩阵元素则为一个安全完整性等级。

3. 风险图

风险图方法也是基于分类的定量分析方法。风险的允许水平蕴含在风险图的结构中，风险图分析使用 4 个参数（后果 C、处于危险区域的时间 F、避开危险的概率 P 和要求率 W）来确定安全完整性等级。

9.2.6 安全完整性等级 SIL 评估技术

(1) 概率计算法：利用工业产品可靠性数据库获得设备、仪器仪表的失效概率，依据联锁回路中的设备和仪表，对系统发生失效的概率进行计算，从而获得 SIF 的安全完整性等级 SIL。

(2) 事故树分析法：采用自上而下的方法识别系统故障，借助概率计算法来获得系统的失效概率。

(3) 马尔科夫过程分析法：利用马尔科夫过程分析安全仪表系统的安全性随时间的发展关系，判断安全仪表系统的可靠性及寿命。

综上所述，安全仪表系统（SIS）是装置或某系统最重要的保护层，一旦失效，会造成不可估量的损失。SIS 设计的目标既要保证安全仪表系统执行正确的功能（SIF），又要具有良好的可靠性（SIL）。安全完整性等级是安全仪表系统可靠性能的衡量标准，是整个安全仪表系统生命周期的主线，其选择应该恰到好处，过高会造成成本损失，过低则会使风险不可接受。

9.3 储运安全仪表系统

9.3.1 储运的安全仪表系统

储运的安全仪表系统，通常有紧急停车系统（ESD）、气体泄漏及火灾检测系统（FGS）、安全联锁系统（SIS）、燃烧炉控制系统（BMS）、高压保护系统（HIPPS）等。

油气储运过程中的主要危险来自石油与天然气等易燃易爆物的泄漏所引发的火灾或有毒物质的泄漏扩散安全，因此必须在油气生产与工艺系统中设置大量的火灾检测仪器与有毒气体检测仪器，它能及时、准确地探测早期火灾与可燃气泄漏，通过逻辑分析、处理，实现报警、关断、消防，以消除事故，保护工作人员及生产设施的安全。所以储运的气体泄漏及火灾检测系统（FGS）就尤为重要，本节将重点予以介绍。

设置气体泄漏及火灾检测系统（简称 FGS），是为了及时地探测和报告可燃气体和毒性气体的泄漏和火情，以便及时地采取相应的措施甚至联锁停机。FGS 系统一般包括火灾自动报警与控制、可燃气体检测报警与联锁、有毒气体检测报警与联锁等内容。

9.3.2 过程控制系统的设计原则

控制系统对生产过程的监视与控制应满足下列要求：
(1) 实现主要工艺过程及设备的启停。
(2) 正常运行工况下，实现对生产过程的监视和调控。
(3) 在异常工况时，实现异常部位的报警。
(4) 过程控制系统设计宜与其他储运区域的控制系统相互兼顾、协调一致。如油气田内部的集输与净化、天然气外输的控制系统就必须互相兼顾和协调。
(5) 具有独立操作运行功能的成套工艺装置和设备，宜设置独立的数据检测和控制装置，且通道数据和信息的连接接受全厂控制系统的监视。
(6) 控制系统的供电属于有特殊供电要求的用电负荷，应通过不间断电源装置 UPS 供电。

（7）控制系统及现场电子设备的供电及信息接口，应根据当地的雷暴频率和强度，合理设置防电涌保护装置。保护装置的设置应符合有关规定的要求。

（8）应根据场站等的处理规模、工艺特点及生产要求，合理确定自动化水平，尽量减少现场的手工操作。

（9）检测和控制设备的选型应统筹考虑，合理安排，保持设计项目整体的协调性和一致性。

（10）主要工艺装置、辅助生产装置及公用工程的生产过程，宜在一个中央控制室集中监控；对操作独立性强且安排有现场操作值班室人员的装置，可设置分控制室。根据企业爆炸危险环境区域的划分，现场自动控制设备应具有相应等级的防爆结构。

9.3.3 安全仪表系统的设计原则

以油气田天然气处理厂为例，通常天然气处理厂宜设置的安全仪表系统有紧急停车系统（ESD）、气体泄漏及火灾检测系统（FGS）。

ESD 与 FGS 应与全厂控制系统有效连接，统一监控。

根据天然气处理厂的处理规模、工艺特点及生产的要求，ESD 和 FGS 可设计在一起，也可分别单独设置。但需注意：正常情况下，ESD 是励磁的，FSG 是非励磁的。

1. ESD 设计应遵循的原则

（1）ESD 控制器宜独立设置。

（2）检测仪表与执行器宜独立设置。

（3）中间环节最少。

（4）系统应是故障安全型。

（5）应根据 SIL 合理设置。

（6）ESD 外部负载电源应是 UPS 电源，系统内部电源应是带电池后备的冗余电源。

（7）ESD 的安全级别应根据工艺过程的特点和安全要求确定。

2. 气体泄漏及火灾检测系统 FGS 设计应遵循的原则

（1）在可燃气体可能泄漏并可能达到爆炸下限的场所，应设置可燃气体检测报警装置。可燃气体检测报警装置的设置应符合有关规定的要求。

（2）在有毒气体可能泄漏并可能达到最高允许浓度的场所，应设置有毒气体检测报警装置。有毒气体检测报警装置的设置应符合有关规定的要求。

（3）按工程实际，工艺装置区可设置火焰探测设备和电视监控设备作为火灾检测手段。

（4）火灾检测报警和消防联动控制应根据全厂消防系统的要求统一考虑。

3. 火灾报警系统的设计原则

（1）根据天然气处理厂的安全要求，在综合楼及生活区宜设火灾报警系统。

（2）火灾自动报警系统由探测器、报警器和警报器等构成，以完成火情检测并及时报警。

（3）火灾自动报警系统的工作原理：安装在保护区的探测器不断地向所监视的现场发出遥测信号，监视现场的烟雾浓度、温度等，并不断反馈给报警控制器；控制器将接收的信号与内存的正常整定值比较、判断确定是否发生火灾。

（4）当火灾发生时，发出声光报警，显示烟雾的浓度等指标，显示火灾区域或建筑物楼层房号的地址编码，并打印报警时间、地址等，同时向火灾现场发出警铃报警，在火灾发生楼层的上下相邻层或火灾区域的相邻区域也同时发出报警信号，以显示火灾区域。各应急疏散指示灯亮，指明疏散方向。

9.3.4 油气储运行业功能安全现状简析

虽然储运绝大多数装置与系统大都采用了安全仪表系统，但在设计、集成、施工、维护、管理等环节却存在很大的问题，具体体现在：

(1) 危险辨识和风险评估模糊，大多为经验或抄袭。
(2) 既缺少 SIL 的确定，也缺乏 SIL 验证。
(3) 安全仪表系统及其功能安全概念模糊。
(4) 从业人员缺乏功能安全理念，资质不足。
(5) 重控制器，轻传感器和执行机构及其他设备，缺乏安全完整性概念。
(6) 集成和施工缺乏相关资质要求，缺乏相应的规范认识或执行力度欠缺，因此无法或不能完全保证所提供产品和服务达到相关 SIL 的要求。近期一些主要集成商已开始重视规范的学习与实践及人员的认证。
(7) 从业人员不清楚联锁回路目标 SIL，更不清楚实际的 SIL。
(8) 安全仪表检验周期不明，混同于一般仪表的处理。
(9) 缺乏专门的检查、维护及维修规程；停用与投用有些随意。

总之，功能安全理念不清，从设计到维护的各个环节都缺乏科学有效的技术方法和管理，安全仪表系统目标、设计依据、实际状况、如何维护等的掌握存在不足，致使安全仪表系统不能保证全生命周期的安全完整性等级，达不到可接受风险水平，反而使因安全仪表系统所导致的非计划停车明显增多，造成了不应有的经济损失，产生了一系列的安全问题。

9.4 气体泄漏及火灾检测系统

目前健康、安全、环保的 HSE 理念深入人心，企业必须重视安全与环保管理，及火灾与可燃气体的检测，将事故消灭在萌芽状态，以确保企业区域和工作人员的安全。为完成这一目标，储运企业大多设置了气体泄漏及火灾、检测系统（FGS），以通过监控手段来保障生产过程安全。

9.4.1 FGS 组成

FGS 作为一种安全动态管理工具，对预防和减轻油气的火灾、可燃油气的泄漏风险，减少危险事故的发生具有重要意义。

FGS 由火灾检测系统（FS）和气体泄漏检测系统（GS）组成，可有效地避免与预防危险事件，降低风险。

实际应用中，FGS 会自动动作，以防止危险事件或减轻危险事件所带来的危害，并随后使生产过程进入安全状态。FGS 基本检测类型和检测方法如图 9.1 所示。

1. 气体泄漏检测系统

气体泄漏检测系统（GS）用于检测泄漏的可燃气体或有毒气体的浓度并及时报警，以预防火灾与爆炸及人身事故的发生，从而保障储运企业的生产安全和人身安全。

对储运而言，油气储存设备最易泄漏，如储油罐、储气设备（如 LNG 罐、CNG 储气罐

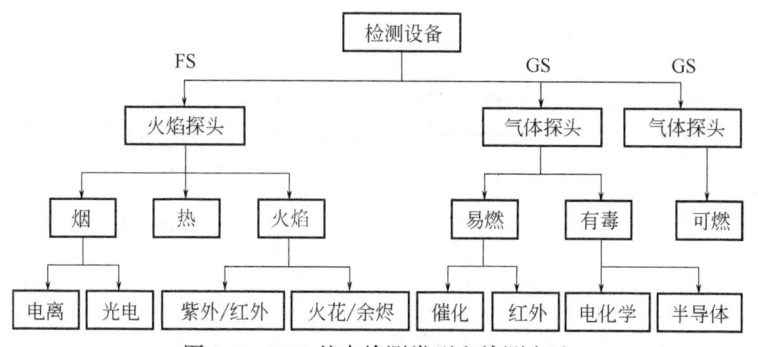

图 9.1 FGS 基本检测类型和检测方法

与储气井等），其他如油气管道系统也易发生泄漏。相关规范对 GS 必须设置的场所等都有明确的规定，而它们都是储运 GS 的监控对象。

储运气体泄漏检测系统（GS）的适用规范如下：

(1) GB 50493—2019《石油化工可燃气体和有毒气体检测报警设计标准》。
(2) SY/T 6503—2016《石油天然气工程可燃气体检测报警系统安全规范》。
(3) GB 15322—2019《可燃气体探测器》（系列标准）。

2. 火灾检测系统（FS）

火灾检测系统（FS）也称火灾自动探测预警系统，不仅能快速地探测到火情，还能很好地指导灭火。例如发现火灾时，可通过 FS 启动消防系统、提供灭火方案等，为灭火提供服务。

FS 基于火灾发生后火光、烟雾与热能的变化，以探测物质燃烧过程中所产生的各种物理现象为机理，用电子传感器捕捉火灾信息，反馈给值班人员，并发出警报，来实现早期发现火灾这一目的。火灾的早期发现是充分利用灭火措施、减少火灾损失、保护生命财产的重要保证。

储运火灾检测系统（FS）的适用规范是 GB 50116—2013《火灾自动报警系统设计规范》。

火灾自动报警系统是火灾探测报警与消防联动控制系统的简称，以实现火灾的早期探测和报警，并向各类消防设备发出控制信号并接收设备反馈信号，进而实现预定消防功能为基本任务的一种自动消防设施。储运行业常将 FGS 与消防联动控制系统集成为综合化的消防监控与信息化管理系统。

火灾自动报警系统按保护对象及设立的消防安全目标不同，分为区域报警系统、集中报警系统、控制中心报警系统 3 类。

例如控制中心报警系统由火灾探测器、手动报警按钮、火灾声光警报器、广播模块、报警电话、火灾报警控制器等组成，且包含两个及两个以上的集中报警系统。控制中心报警系统的组成如图 9.2 所示。

火灾自动报警系统的常用图例见表 9.3。

9.4.2 FGS 设计功能要求

FGS 通常应具有如下功能：

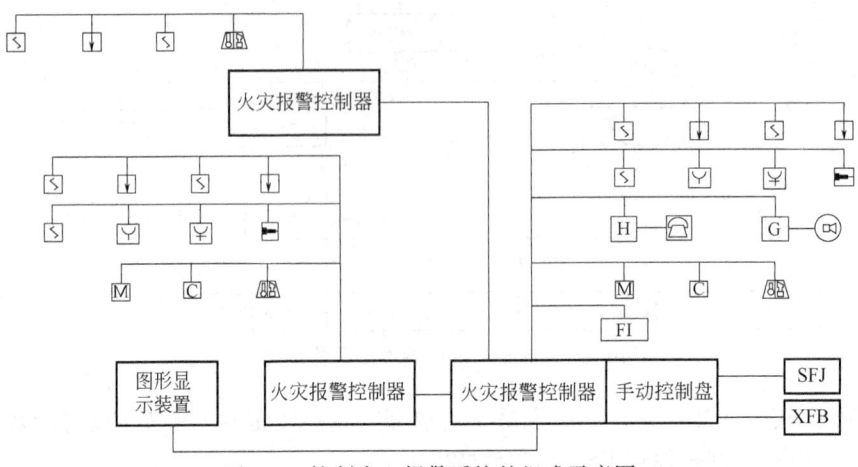

图 9.2 控制中心报警系统的组成示意图

表 9.3 火灾自动报警系统常用图例

序号	图例	名称	备注	序号	图例	名称	备注
1	S	感烟火灾探测器		10	FI	火灾显示盘	
2		感温火灾探测器		11	SFJ	送风机	
3		感温复合探测器		12	XFB	消防泵	
4		火灾声光警报器		13		可燃气体探测器	
5		线型光束探测器		14	M	输入模块	GST-LD-8300
6	Y	手动报警按钮		15	C	控制模块	GST-LD-8301
7	Y	消火栓报警按钮		16	H	电话模块	GST-LD-8304
8		报警电话		17	G	广播模块	GST-LD-8305
9		吸顶式音箱					

（1）实现在线动态的连续检测，检测可燃气体、火焰等，以尽早发现安全隐患。

（2）将数据传至消防中心，并连接自动和手动灭火系统，以及时扑灭火源。

（3）设有声光报警信号，能通过声音和颜色报警，使工作人员了解发生的危险等级及位置与区域。

（4）能传送相关仪表设备的泄漏信号、火灾检测报警信号与 I/O 状态信号到中控室的 DCS 或 SCADA 操作站上显示与报警，并提供事件顺序记录报告。

9.4.3 FGS 的设计要求及其与消防监控系统在设计中需解决的问题

1. FGS 的设计要求

（1）FGS 应独立于 DCS、SCADA 等系统，单独设置。

（2）FGS 要达到 IECSIL3/TUVAK6 认证要求，重要设备（如控制器输入输出卡件）应能在线更换。

（3）FGS 要求具有自诊断功能，不仅可对系统本身的故障进行诊断和报警，还应具有信号电路检测功能，可对现场设备的开路/短路进行实时报警控制。

（4）FGS 要求具有 24 小时不间断冗余电源供给能力，可以保证系统在事故情况下的可靠供电。

2. FGS 与消防监控系统在设计中需协同解决的问题

（1）充分考虑生产过程中的工艺安全复杂因素、被保护对象的火灾特殊性、火灾蔓延和连锁反应问题，并实现消防安全与生产工艺相结合。

（2）通过计算机通信、控制与信息的有机结合，实现不同消防安全单元或区域、不同消防安全监控设备的信息交互。

（3）进行消防安全的信息化管理，实现数据库的图形化及可透视性、消防安全信息的共享和消防安全事故的分析诊断。

9.4.4 FGS 设计原则、系统架构及仪表设计

1. FGS 设计原则及架构

（1）通常应以生产装置或生产单元系统为单位，独立设置 FGS。

（2）各系统设两条通信网络及接口，一条经以太网连接到中心控制室的工程师站（进行组态及维护）与企业消防控制中心的主监视系统（FGS），并连接自动灭火系统；另一条连接到各自相关装置的 DCS 或系统控制站。

（3）在中心控制室内设置专用的 DCS 等操作站，用于 FGS 的显示、报警。

（4）FGS 分为工艺生产装置 FGS 和建筑物所使用的可寻址 FGS。

① 工艺生产装置 FGS 由自动化控制专业设计实施，建筑物所使用的可寻址 FGS 由电信专业设计实施。

② 工艺生产装置 FGS 是现场的火灾检测仪表和可燃、有毒气体检测仪表等连接到设在现场机柜间内的 FGS 机柜内，经逻辑运算，通过以太网一条连接到中心控制室的工程师站（进行组态及维护）与企业消防控制中心的主监视系统（FGS），并连接自动灭火系统，以便于其在第一时间内采取恰当消防措施。另一条连接到各自相关装置的 DCS 等系统控制站。

③ 建筑物所使用的 FGS 是火灾检测仪表（如感烟探测器、感温探测器、火焰探测器和手动报警按钮等）通过模块箱（或直接）与火灾报警控制盘连接。这些信号经火灾报警控制盘处理后，直接进行火灾声光报警和相应建筑物消防联动，同时输出到企业消防控制中心的主监视系统 FGS，以实现企业全区域范围内的火灾与气体检测的集成。

2. FGS 中的仪表设计

1) 火灾检测仪表设计

火灾检测仪表应满足 GB 50116—2013《火灾自动报警系统设计规范》的规定要求；在火灾初期，产生大量的烟和少量的热，基本没有火焰辐射的场所，使用感烟探测器；产生大量烟和热及火焰辐射的场所，将感温探测器、感烟探测器和火焰探测器组合起来使用；火灾一旦产生发展速度快且产生大量的火焰辐射、少量烟和热的场所，选用火焰探测器；有特殊要求的场所，采用红外光束感烟探测器。另外，因工作环境温度的上升可能引发火灾的场合，采用感温探测器。总而言之，火灾检测仪表的选型应结合现场生产环境及火灾危险区域的实际情况来确定。

2) 可燃气体检测仪表设计

可燃气体检测仪表的选型应满足 GB/T 50493—2019《石油化工可燃气体和有毒气体检测报警设计标准》中的有关规定。在生产或是有可燃、有毒气体的装置中分别设置可燃气体检测器和有毒气体检测器；气体密度大于 $0.97kg/m^3$（标准状态下）的即认为比空气重；气体密度

小于 0.97kg/m³（标准状态下）的即认为比空气轻。检测比空气轻的气体，其安装高度宜高出释放源 0.5~2m，检测比空气重的气体，其安装高度应距地坪（或楼地板）0.3~0.6m。

当可燃气体和有毒气体发生泄漏，其浓度达到 25% 的 LEL（爆炸下限）时，采用一级报警；浓度达到 50% 的 LEL 时，采用二级报警。同一级别报警中，有毒气体的报警优先。

当需要联锁保护时，应采用一级报警和二级报警结合方式。

3. 仪表布置

火灾探测器和可燃气体探测器的设置数量和布置应根据有关规定来确定。

点型火灾探测器布置时，应在保护区域内的每个危险场所中至少设置一个火灾探测器，探测区域内所需设置的探测器数量不应小于下式的计算值：

$$N = S/(KA) \tag{9.1}$$

式中，N 为探测器数量；S 为探测区域面积，m^2；A 为探测器的保护面积，m^2；K 为修正系数。

线型火灾探测器布置时，当探测区域为储存易燃易爆物料的封闭或半封闭仓库时，应采用红外光束感烟探测器，探测器的光束轴线离顶棚的垂直距离应在 0.3~1.0m 之间，距离地面则不宜超过 20m，两个相邻的探测器水平间距应≤14m，探测器的发射器与接收器之间的距离应在 100m 以内。

气体检测器位于释放源的全年最小频率风向的上风侧时，可燃气检测点与释放源的距离不宜大于 15m，有毒气体检测点与释放源的距离不宜大于 2m。

气体检测器位于释放源的全年最小频率风向的下风侧时，可燃气检测点与释放源的距离不宜大于 5m，有毒气体检测点与释放源的距离不宜大于 1m。

4. 报警系统设计

每个建筑物、泵房、压缩机厂房、装置等储运生产或辅助设施，按分区域设置若干个就地危险报警灯和喇叭与 FGS 相连，当系统判断有危险时，报警灯和喇叭会发出报警，以告知该区域相关人员存在火灾危险、可燃气体或有毒气体泄漏，有助于快速处理紧急突发事故和减少事故危害。

设置火灾声光报警系统和可燃、有毒气体检测报警，可使相关工作人员第一时间了解到火灾或泄漏信息，并立即启动相应的火灾或泄漏应急处理预案，最大限度地降低火灾或泄漏损失。

在生产装置或设施的每一个区域和建筑的通道处应设置手动报警按钮，以便巡视人员在现场巡视发现火灾风险时能及时报警。

综上所述，FGS 将火灾检测与气体检测结合起来，实现火灾危险和可燃气体泄漏报警集成化。通过检测系统的集成化设计，将 FGS 与 DCS 等控制系统，及 SIS、消防中心等连接起来，实现网络连接，构建了一个防火、灭火的消防安全监控系统，在火灾或泄漏发生初期，使各系统能在第一时间做出响应，立即启动应急处理预案，将火灾或泄漏事故损失降到最低，并保障职工的生命安全。

统筹全局、完善配置、协调各方关系的总体集成化设计，对优化 FGS 检测系统具有重要意义，是企业安全管理信息化的重要组成部分。

习题与思考题

1. 安全相关系统有何作用？

2. 安全仪表系统中安全仪表分为几个等级？各适用于哪些场合？
3. 安全仪表系统及安全仪表功能的区别是什么？
4. 简述安全完整性、安全完整性等级的基本定义。
5. 安全仪表系统由什么组成？
6. 简述安全仪表系统与基本过程控制系统的区别。
7. 简述安全仪表的作用与功能特点。
8. 储运安全仪表系统标准有哪些？
9. 功能安全含义与特点是什么？
10. 安全生命周期三个过程阶段是什么？
11. 储运安全仪表系统通常有哪些？
12. 简述油气储运行业功能安全现状简析。
13. 简述气体泄漏及火灾检测系统（FGS）的组成。
14. 储运气体泄漏检测系统（GS）的适用规范有哪些？

学习拓展与探究式研讨 5

10 执行器

10.1 概述

执行仪表，简称执行器，是自动控制系统中必不可少的组成部分。执行器的作用是根据控制器的命令，直接操纵能量或流体等介质的输送量，使被控变量维持在生产工艺所要求的数值上或一定的范围内。

执行器按其能源形式分为气动、电动、液动三类，其性能对比如表 10.1 所示。

表 10.1　气动、电动、液动执行器性能对比

比较项目	结构	体积	推力	配管配线	动作滞后	频率响应	维护检修	使用场合	温度影响	成本
气动执行器	简单	中	中	较复杂	大	狭	简单	防火防爆	较小	低
电动执行器	复杂	小	小	简单	小	宽	复杂	隔爆型、防火防爆	较大	高
液动执行器	简单	大	大	复杂	小	狭	简单	要注意火花	较大	高

它们各具特点，适用于不同的场合。气动执行器以压缩空气为能源，其特点是结构简单、动作可靠平稳、输出推力较大、维修方便、价格较低，同时防火防爆，尤其适用于易燃、易爆的生产过程，它可方便地与气动仪表配套使用。即使采用电动仪表或计算机控制时，只要通过电—气转换器或电—气阀门定位器等将电信号转换为 0.02~0.1MPa 的标准气压信号，仍可用气动执行器。电动执行器的优点为能源取用方便，信号传输速度快，传输距离远，具有较高的灵敏度和精度，便于与计算机配合使用；缺点是结构复杂、推力小、价格贵，适用于防爆要求不太高与缺乏气源的场所。目前随着防爆性能的改善，电动执行器在油库等储运领域得以广泛应用。液动执行器推力最大，但较笨重，储运很少使用。

如图 10.1 所示，按结构而言，执行器由执行机构和控制（或调节）机构两部分构成。执行机构是执行器的推动装置。它按照控制器所给信号的大小，产生推力或位移，推动控制机构动作。它是将控制信号转换为阀杆位移的装置。控制机构即控制（或调节）阀，是执行器的控制（或调节）部分。它直接与被控介质接触，受执行机构操纵，以改变阀芯与阀座间流通面积的方式来控制流体的流量。它是将阀杆位移转换为控制流体流量的装置。图 10.2 为常用气动薄膜阀的结构示意图。气压信号由上部引入，作用在薄膜上，推动阀杆产生位移，就改变了阀芯和阀座之间的流通截面积，从而达到控制流体流量的目的。图中上半部为执行机构，下半部为控制机构。

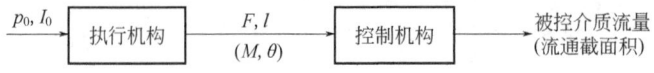

图 10.1　执行器的结构示意图

气动执行器与电动执行器的执行机构不同，但控制阀相同。如图 10.3 所示，在工业生产自动化过程中，为适应不同系统的需要，往往采用电—气复合控制系统，这时可通过各种

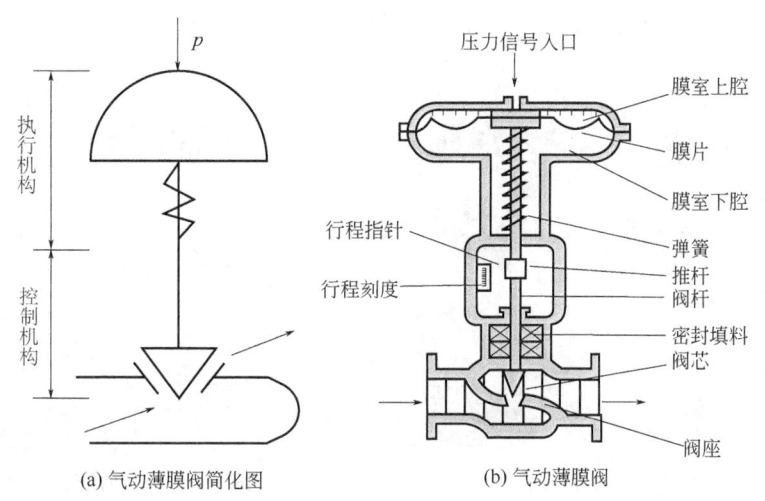

图 10.2 气动薄膜阀的结构

转换器或阀门定位器等进行电或气的转换。其中"电动控制仪表+电气阀门定位器+气动执行器"组合最为普遍。

执行器安装在生产现场,使用条件一般较差,其选择和使用将直接影响自动化系统的安全性和可靠性。气动执行器在工业控制中应用最普遍。除电动和气动执行器外,各种电磁阀作为开与关控制也被大量使用。本章只讨论储运常用的电动和气动执行器。

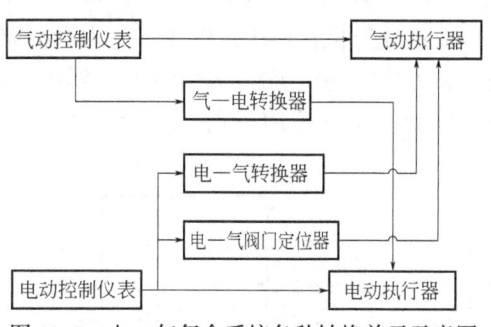

图 10.3 电—气复合系统各种转换单元示意图

10.2 电动执行器

电动执行器是电动控制系统的一个重要部分。它把来自控制仪表的输出电信号(或控制信号)用电动执行机构转换成为适当的力或力矩(角位移或直行程位移),来推动各种类型的控制机构(或调节阀),以连续调节生产过程中有关管路内的流体流量,或简单地开启或关闭阀门以控制流体的通断。电动执行器也可调节生产过程中的物料与能源(如电力)等。

与气动执行器相比,电动执行器具有动作灵敏、能源取用方便、信号传输迅速和传输距离远等优点。其不足是只能做到隔爆型结构,适用于防爆要求不太高的场所,但国内现在已解决了电动执行器的防火防爆问题,目前已广泛应用于油库等储运领域。

10.2.1 电动执行器的组成分类与特点

如图 10.4 所示,电动执行器由电动执行机构和控制(调节)机构两部分组成。将控制信号转换成力或力矩的部分称电动执行机构,而各种类型的调节阀或其他类似作用的调节设备则统称为控制(或调节)机构。

(1) 执行机构是执行器的推动装置,它将输入信号转换成相应的动力,带动控制机构动作,其分类如图 10.5 所示。

（2）阀门是调节阀的控制机构，与气动调节阀的阀门通用。

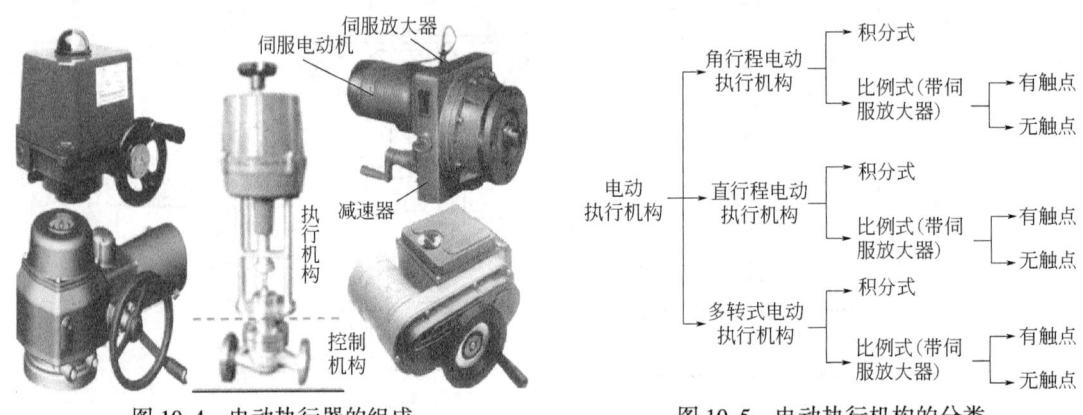

图 10.4 电动执行器的组成　　　　图 10.5 电动执行机构的分类

1. 电动执行器的组成及电动执行机构

电动执行机构使用范围较广，它与控制机构连接应用于各种生产设备，以完成各种控制任务，即用电动机等来启闭控制阀或调节控制阀（或调节阀）的开度。电动执行器执行机构系统的组成如图 10.6 所示。

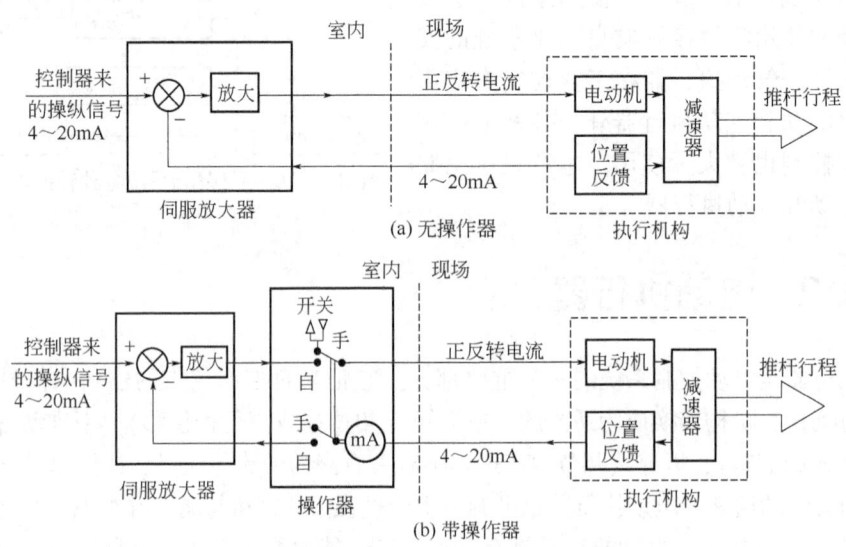

图 10.6 电动执行机构系统的组成

电动执行机构按其输出位移的不同可分为直行程、角行程和多转式电动执行机构。角行程式执行机构以电动机为动力元件，将输入的直流电流信号转换为相应的角位移（0°~90°），适用于操纵蝶阀、挡板之类的旋转式控制阀。如蝶阀阀板和感应调压器的可动铁芯即为角位移。直行程式执行机构接收输入直流电流信号后，使电动机转动，经减速器减速并转换为直线位移输出，去操纵单、双座与三通等控制阀和其他直线式控制机构。如电磁切断控制阀的阀芯从全开到全关时的动作方式即为直线位移。多转式执行机构主要用来开启或关闭闸阀、截止阀等阀杆为多转动动作的多转式阀门，因其电动机功率较大，一般多用作就地操作和遥控。

按输入信号的不同，电动执行机构又可分为积分式和比例式。积分式执行机构能直接接收控制器输出的三位继电信号，去驱动伺服电动机；比例式执行机构则需经伺服放大器后，再去驱动伺服电动机。通常比例式电动执行机构将附带的伺服放大器去掉后，都可作为积分式电动执行机构使用。

电动执行机构按不同的使用要求，有简有繁，最简单的是电磁阀上的电磁铁，除此之外，都用电动机作为动力元件推动控制机构。各类电动执行机构电气原理基本相同，仅减速器不一样。电子式电动执行机构的原理框图如图10.7所示。

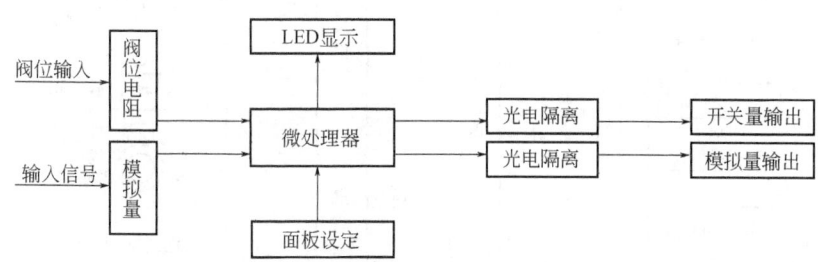

图10.7　电子式电动执行机构原理框图

电动执行机构按不同的使用要求常有两种组合方式：（1）对动作频繁、使用要求较高的场合，选用无触点控制方式，各部分由体积小、重量轻、效率高、无触点的各种部件组成，如各种比例式无触点执行机构；（2）对一般使用要求的场合，选用有触点控制方式，各部分由结构简单、加工方便、成本低的各种部件组成，如各种比例式有触点电动执行机构、积分式和多转式电动执行机构等。

构成以上各种类型和动作方式的电动执行机构，其主要部件有伺服电动机、减速器、位置发信器和伺服放大器等，所不同的是各个部件的结构形式和工作原理不同。

随着自动化程度的不断提高，对电动执行机构的要求更高，如要求能直接与计算机连接、有自保持作用和不需数模转换的数字输入式电动执行机构。伺服电动机采用低速电动机，有利于简化电动执行机构的结构，提高性能。本节只讨论角行程电动执行机构。

2. 电动执行器的控制机构

调节控制机构中的调节阀使用最普遍，它与气动执行器用的调节阀完全相同。

常见电动执行器与各种电动控制仪表的连接关系如图10.8所示。

3. 电动执行器的特点

与气动执行器相比较，电动执行器有下列特点：

（1）因工频电源取用方便，不需增添专门装置，更为适宜于执行器应用数量不太多的油库等单位。

（2）动作灵敏、精度较高、信号传输速度快、传输距离远，便于集中控制。

（3）在电源中断时，电动执行器能保持原位不动，不影响主设备的安全。

（4）与电动控制仪表配合方便，安装接线简单。

（5）成本较高、结构复杂、维修麻烦，且只能应用于防爆要求不太高的场合。但随着国内电动执行器防火防爆问题的解决，目前已广泛应用于油库等储运领域。

10.2.2　角行程电动执行机构

角行程电动执行机构以交流电为动力，接受控制器的输出信号，并转变为转角位移（如

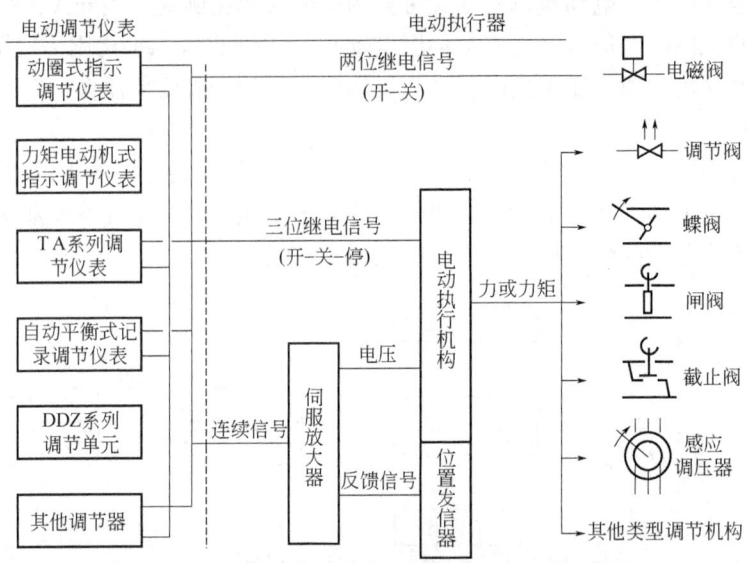

图 10.8　电动执行器与各种电动调节仪表的连接关系

0°~90°),以一定的机械转矩和旋转速度自动操纵挡板、阀门等控制机构,完成调节任务。

1. 角行程电动执行机构的构成

如图 10.9 所示,角行程电动执行机构主要由伺服放大器、伺服电动机、减速器、位置发送器和操纵器组成。该执行机构适用于操纵蝶阀、球阀等转角式控制机构。

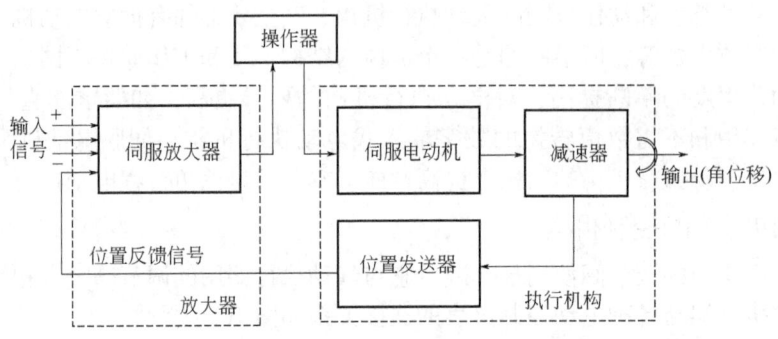

图 10.9　角行程电动执行机构构成

（1）减速器：把伺服电动机高转速、小力矩的输出功率转换成执行机构输出轴的低转速、大力矩的输出功率,从而推动调节机构。减速器通常有平齿轮减速器、蜗轮蜗杆减速器、行星齿轮减速器等,其中平齿轮减速器加工简单,传动效率高,但体积大;蜗轮蜗杆减速器体积小,加工也较简单,但传动效率低;行星齿轮减速器加工较复杂,但体积小,传动效率高。

（2）位置发送器：将执行机构输出轴的位移线性地转换成 0~10mA DC 或 4~20mA DC 反馈信号,并作为位置反馈信号反馈到伺服放大器的输入端。角行程与直行程的区别在于减速器部分,如输入信号为 0~10mA 或 4~20mA 时,则区别在于位置发送器。

（3）伺服电动机：将伺服放大器输出的电功率转换成机械转矩,当伺服放大器无输出时,伺服电动机能可靠地制动。伺服电动机通常有交流鼠笼式转子电动机和低速电动机等。前者结构简单，但输出转速较高，为获得低速输出，所需减速器的速比要大，造成减速器的结构复杂。后者输出转速低，减速器的速比较小，减速器结构较简单，但制造复杂，效率较低。

2. 工作原理

角行程电动执行机构的工作原理如图 10.10（a）所示，其工作过程大致如下：伺服放大器将由控制器来的输入信号与位置反馈信号进行比较，当无信号输入时，因位置反馈信号也为零，伺服放大器无输出，电动机不转。如有信号输入，且与反馈信号比较后产生偏差，则使伺服放大器有足够的输出功率，驱动伺服电动机，经减速后使减速器的输出轴转动，若差值为正，伺服电动机正转，输出轴转角增大；当差值为负时，伺服电动机反转，输出轴转角减小。直到与输出轴相连的位置发送器的输出电流与输入信号相等为止。此时输出轴就稳定在与该输入信号相对应的转角位置上，实现了输入电流信号与输出转角的转换，如图 10.10（b）所示，输出轴的转角和输入信号成正比，故电动执行机构可看成一个比例环节。

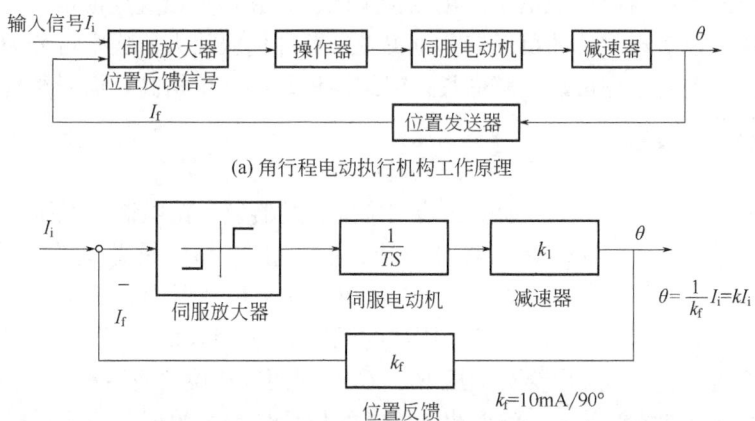

(a) 角行程电动执行机构工作原理

(b) 电动执行机构各环节的特性及信号传递原理方框图

图 10.10　角行程电动执行机构原理框图

TS—伺服电动机总阻转矩；k_1—减速器载荷系数；k—输出转角和输入信号间的比例系数，$k=9°/mA$；
θ—输出轴转角；k_f—输入信号 I_i 与输出轴转角 θ 间的比例系数

3. 伺服放大器

伺服放大器与两相电动机配合工作的原理如图 10.11 所示。伺服放大器主要由前置放大器和可控硅驱动电路两部分组成。前置放大器是一个增益很高的放大器，根据输入信号与反馈信号相减后偏差的正负，在 A、B 两点产生正或负的输出电压，控制两个可控硅触发器中一个工作、一个截止。例如，当前置放大器输出电压的极性为 A(+)、B(-) 时，触发器 2

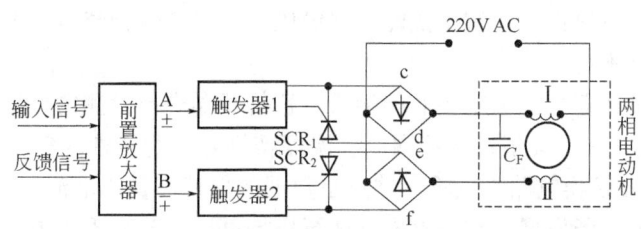

图 10.11　伺服放大器原理示意图

被截止，可控硅 SCR_2 不通，由触发器 1 连续地发出一系列触发脉冲，使可控硅 SCR_1 完全导通。因 SCR_1 接在二极管桥式整流器的直流端，它的导通使桥式整流器的 c、d 两端近于短接，故 220V 的交流电压直接接到两相伺服电动机的绕组 I，同时经分相电容 C_F 加到绕组 II 上。这样绕组 II 中的电流相位比绕组 I 超前 90°，形成旋转磁场，使电动机朝一个方向转动。

反之，如前置放大器的输出电压极性和上述相反，即 A(-)、B(+)，则电动机朝相反的方向转动。因前置放大器的增益很高，只要偏差信号大于不灵敏区，触发器便可使可控硅导通，电机以全速转动，这里可控硅起无触点开关的作用。当输入信号与反馈信号的偏差为零时，SCR_1 和 SCR_2 都不导电，伺服电动机停止转动。

4. 位置发送器

位置发送器（发信器）是能将执行机构输出轴的位移转变为 0~10mA DC（或 4~20mA DC）反馈信号的装置，其作用是将电动执行机构输出轴的转角（0°~90°）线性地转换成 0~10mA 或 4~20mA 的直流电流信号，用以指示阀位，并作为位置反馈信号 I_f，反馈到伺服放大器的输入端，以实现整机的负反馈。位置发送器和伺服放大器通常可分为无触点和有触点两种控制方式。前者工作可靠、寿命长，但结构较复杂、价格高。后者结构简单、价格便宜，但寿命不如前者长。

1) 差动变压器式

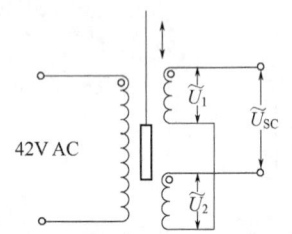

图 10.12 差动变压器原理图

差动变压器式位置发送器包括铁磁谐振稳压器、差动变压器及整流电路等组成部分，主要部分是差动变压器，其原理如图 10.12 所示，与互感式压力传感器中的差动变压器类似。

在差动变压器的原边加一交流稳压电源后，其副边分别会感应出交流电压 U_1、U_2，因两副边绕组匝数相等，故感应电压 U_{SC} 的大小将取决于铁芯的位置。铁芯的位置与执行机构输出轴的位置相对应。当铁芯在中间位置时，因两副边绕组的磁路对称，故在任一瞬间穿过两副边绕组的磁通都相等，感应电压 $U_1 = U_2$，但因两绕组反向串联，它们所产生的电压互相抵消，因而输出电压 $U_{SC} = U_1 - U_2 = 0$；当铁芯自中间位置向上位移时，使磁路对两绕组不对称，上边绕组中交变磁通的幅值将大于下面绕组中交变磁通的幅值，两绕组中的感应电压 $U_1 > U_2$，因而有输出电压 $U_{SC} = U_1 - U_2$ 产生；反之，当铁芯下移时，两电压的关系将是 $U_2 > U_1$，此时输出电压的相位与上述相反。信号 U_{SC} 经过整流、滤波电路可得到直流电流信号，其大小与执行机构的输出位移相对应。这个信号还被反馈到伺服放大器的输入端，与输入信号相比较。

2) 新型位置发送器

导电塑料电位器式位置发送器采用精度高、寿命长的精密导电塑料电位器作为角度传感元件，具有功耗小、可靠性高、抗干扰能力强等优点，目前较为流行，但其有触点，因而寿命不很长，且精确度不高。

非接触式位置发送器是一种采用非接触式位移传感器进行检测的位置发送器，具有寿命长（无触点）、精确度高、无线性区段限制、温度特性好、稳定性高等优点，在智能式仪表中使用还可省去 D/A 转换电路，其唯一缺点是数据的保持需备用电池。

随着电子技术的不断发展，在以上电动执行机构基础上又出现了电子式一体化电动执行机构。它内置伺服模块和阀门反馈组件，无需另外配置伺服放大器，实现了电动执行机构各组成部分的一体化,输入控制信号及电源即可控制运转,连线简单。相对于一般电动执行机构,它具有体积小、重量轻、控制精度好和性能高等优点。

5. 伺服电动机、行程定位器、力矩控制器

伺服电动机的作用是将伺服放大器输出的电功率转换成机械转矩,并且当伺服放大器无输出时又能可靠地制动(消除输出轴因电动机惯性而转动),抵制负载对电动机的反作用力。如图 10.13 所示,电动机后盖上有手动旋钮 7,转动手动旋钮到手动位置,可使制动轮和制动盘脱开,以便就地手动操作执行机构。

行程定位器(又称行程控制器)可设定阀门开关对应的上下限位置,以及中间点对应的阀门开度。阀门开度到达这些位置时,相应有一对常开和常闭触点动作。它与阀门控制系统连接可实现阀门行程控制。

力矩控制器在阀门开向和关向时动作。当阀门达到预先调定的转矩值时,力矩开关会自动切断电源,从而达到控制输出力矩保护电动阀门的目的。

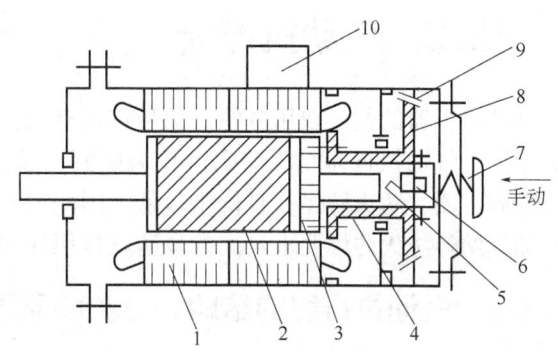

图 10.13 两相伺服电机结构及电动机示意图
1—定子;2—转子;3—衔铁;4—套轴;5—压缩弹簧;6—调节螺钉;7—手动旋钮;8—制动轮;9—制动盘;10—出线盒

综上所述,可看出角行程电动执行机构以电动机为动力元件,然后经减速器输出角位移(0°~90°)。这种执行机构适用于操纵蝶阀、挡板之类的旋转式控制机构。例如,DKJ 型角行程电动执行机构,相当于伺服放大器+电动执行器,其结构与外形如图 10.14 所示。

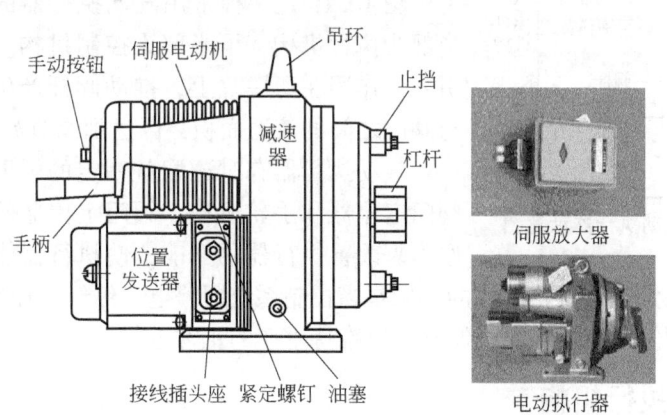

图 10.14 DKJ 型角行程电动执行机构的结构与外形图

10.2.3 直行程电动执行机构

直行程电动执行机构是以控制器的指令作为输入信号,使电动机动作,经减速器减速并转换为直线位移输出,去操作单座、双座等各种控制阀和其他直线式控制机构,以实现自动调节的目的。

综上所述,角行程和直行程电动执行机构都将输入的直流电流信号线性地转换成位移量。这两种执行机构都是以两相交流电动机为动力的位置伺服机构。直行程电动执行机构与角行程电动执行机构的结构与原理基本相同，仅减速器不一样。多转式电动执行机构，则主要用来开启或关闭闸阀、截止阀等多转式阀门。因多转式电动执行机构的电动机功率较大，最大的有几十千瓦，它一般多用作就地操作与遥控场合。

电动执行机构可与控制器配合实现自动调节，还可通过操作器实现控制系统的自动调节和手动调节的相互切换。当操作器切换开关放到手动操作位置时，由正、反操作按钮直接控制电动机的电源，以实现执行机构输出轴的正转或反转，进行遥控手动操作。

10.3 气动执行器

电动执行器的能源取用方便，信号传递迅速，但它结构复杂，防爆性能稍低。与电动执行器相比，气动执行器用压缩空气作为能源，其结构简单，动作可靠、平稳，输出推力较大，维修方便，防火防爆，且价格较低，因此比电动执行器应用更为广泛。如油气田、炼油厂、加气站等防火防爆要求较高的场所就常用气动执行器。

10.3.1 气动执行器的结构、分类和原理

气动执行器由气动执行机构和控制机构两部分组成。

（1）气动执行机构是执行器的推动装置，它按控制信号压力的大小产生相应的推力，推动控制机构动作，将信号压力的大小转换为阀杆的位移。

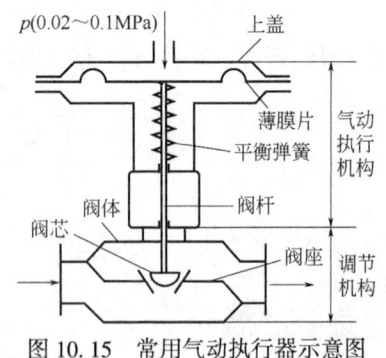

图 10.15 常用气动执行器示意图

（2）控制（调节）机构是执行器的控制部分（即阀门），它直接与被控介质接触，控制流体的流量。它是将阀杆的位移转换为流过阀流量调节的装置。

图 10.15 是一种常用气动执行器的示意图。图中上半部为执行机构，下半部为控制机构。气压信号由上部引入，作用在薄膜片上，推动阀杆产生位移，改变阀芯与阀座之间的流通面积，以达到调节流量的目的。

气动执行器有时还配备一定的辅助装置。常用的有阀门定位器和手轮机构。阀门定位器的作用是利用反馈原理来改善执行器的性能，使执行器能按控制器的控制信号，实现准确的定位。手轮机构的作用是当控制系统因停电、停气、控制器无输出或执行机构失灵时，利用它可直接操纵控制阀，以维持生产的正常进行。

10.3.2 气动执行机构

气动执行机构接受气动控制仪表或电—气阀门定位器输出的气压信号，并将其转换为相应的推杆直线位移，以推动调节机构工作。

气动执行机构分为薄膜式和活塞式两种，其中气动薄膜式执行机构最为常用。它可用作一般控制阀的推动装置，组成气动薄膜式执行器，习惯上称气动薄膜调节阀（图 10.16），其结构简单、价格便宜、维修方便、应用广泛。

1. 气动薄膜式执行机构

气动薄膜式执行机构有正作用和反作用两种形式。当来自控制器或阀门定位器的信号压

力增大时，阀杆向下动作的称为正作用执行机构（ZMA型）；当信号压力增大时，阀杆向上动作的称为反作用执行机构（ZMB型）。正作用执行机构的信号压力通入薄膜片上方的薄膜气室；反作用执行机构的信号压力通入薄膜片下方的薄膜气室。通过更换个别零件，两者便能互相改装。

根据有无弹簧，气动薄膜式执行机构可分有弹簧及无弹簧两类，有弹簧的气动薄膜式执行机构最为常用，无弹簧的气动薄膜式执行机构则常用于双位式控制。

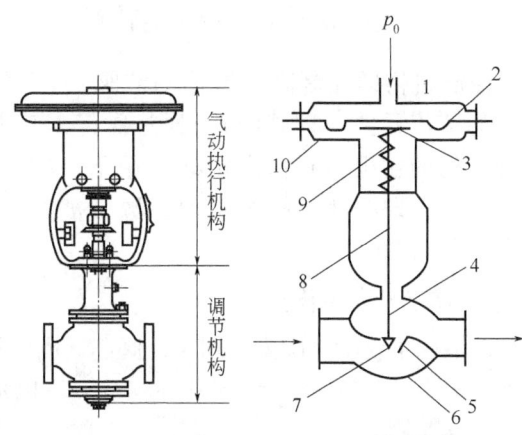

图10.16 气动薄膜调节阀外形与内部结构示意图
1—上盖；2—薄膜片；3—托板；4—阀杆；5—阀座；
6—阀体；7—阀芯；8—推杆；9—平衡弹簧；10—下盖

有弹簧的气动薄膜式执行机构的输出位移与输入气压信号成比例关系。当信号压力通入薄膜气室时，在薄膜片上产生一个推力，使阀杆移动并压缩弹簧，直至弹簧的反作用力与推力相平衡，推杆稳定在一个新的位置。信号压力越大，阀杆的位移量也越大。阀杆的位移即为执行机构的直线输出位移，也称行程。

现以常用的有弹簧正作用式的执行机构为例说明其工作原理：如图10.16所示，当信号压力通入上盖1和薄膜片2组成的气室时，产生一个推力，使推杆8下移并压缩弹簧9。当弹簧的作用力与信号压力在薄膜片上产生的推力相平衡时，推杆稳定在一个对应的位置上，推杆的位移即执行机构的输出（行程）。

气动薄膜式执行机构的行程规格有10mm、16mm、25mm、60mm、100mm等。薄膜片的有效面积有200cm²、280cm²、400cm²、630cm²、1000cm²、1600cm²等6种规格，有效面积越大，执行机构的推力越大。

2. 气动活塞式执行机构

气动活塞式执行机构分有弹簧与无弹簧两种。现以图10.17为例阐述无弹簧活塞式执行机构的工作原理，其主要部件——气缸内活塞随气缸两侧压差的变化而移动。活塞的两侧分别输入固定信号（含通大气）和可变信号，或两侧都输入可变信号，输出特性有比例式及两位式两种。两位式是根据输入活塞两侧操作压力的大小，活塞从高压侧被推向低压侧，使推杆从一个位置移到另一极端位置。比例式是在两位式基础上加阀门定位器，使推杆位移和信号压力成比例关系。

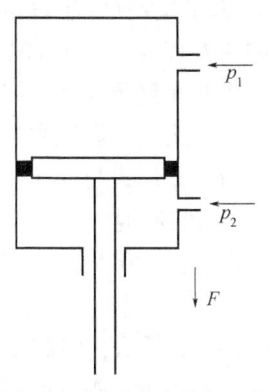

图10.17 活塞式执行机构
p_1、p_2—气缸两侧压力；
F—执行机构输出力

气动活塞式执行机构的推力较大，主要适用于大口径、高压降控制阀或蝶阀的推动装置。

除薄膜式和活塞式气动执行机构之外，还有长行程执行机构，其结构原理与气动活塞式执行机构基本相同，其行程长、转矩大，输出直线位移为40~200mm，转角位移为90°，适用于输出角位移（0°~90°）和大力矩的场合，如用于蝶阀或风门的推动装置。

10.3.3 气动执行器的控制机构

控制机构即控制阀（或称调节阀），实际上它和普通阀门一样，是一个局部阻力可改变的节流元件（即阀门）。通过阀杆，其上部与执行机构相连，下部与阀芯相连。在执行机构的输出力和输出位移作用下，阀芯在阀体内移动，改变了阀芯与阀座之间的流通面积，即改变了阀的阻力系数，被控介质的流量也相应地改变，从而达到控制工艺参数的目的。

1. 调节阀的结构

调节阀主要由：阀体、阀座、阀芯、和阀杆（或转轴）构成，如图10.18所示。

以常用的直通单座调节阀为例，它由上阀盖、下阀盖、阀体、阀座、阀芯、阀杆、填料和压板等零部件组成（图10.19）。上、下阀盖都装有衬套，为阀芯的移动起导向作用；由于上、下都有导向，称为双导向。阀盖上的斜孔使阀盖内腔和阀后内腔互相连通。阀芯移动时，阀盖内腔的介质很容易经斜孔流入阀后，但不影响阀芯的移动。

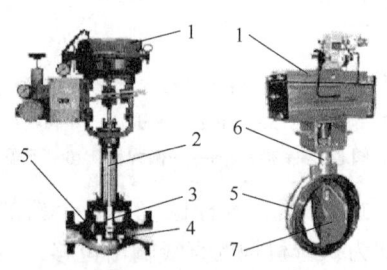

图10.18 控制机构的组成结构与实体
1—执行机构；2—阀杆；3—阀芯；4—阀座；
5—阀体；6—转轴；7—阀板

2. 调节阀的分类

根据不同的使用要求，调节阀的结构形式很多，如直通单座调节阀、直通双座调节阀、角形调节阀、三通调节阀、隔膜调节阀、球阀等。主要有如下几种。

直通单座调节阀的阀体内只有一个阀芯与阀座，如图10.19所示，其特点是结构简单、泄漏量小，易于保证关闭，甚至完全切断。它的泄漏量为0.01%，是直通双座调节阀的十分之一。但压差大时，流体在阀座的前后存在压力差，对阀芯上下作用的不平衡力较大，这种不平衡力会影响阀芯的移动。它一般适用于低压差、对泄漏量要求较严格的小口径场合，用在高压差时应配用阀门定位器。

直通双座调节阀的阀体内有两个阀座和两个阀芯，如图10.20所示。它的流通能力比同口径的直通单座调节阀大。因流体流过时作用在上、下阀芯上的推力方向相反而大小近似相等，故可互相抵消，因此介质对阀芯造成的不平衡力小，允许使用的压差较大，应用也比较普遍。但由于加工的限制，上下两个阀芯与阀座不易保证同时密闭，因此泄漏量较大。同时因阀体内流路复杂，用于高压差时对阀体的冲蚀损伤较严重，所以，不宜用在高黏度和含悬浮颗粒或纤维介质的场合。根据阀芯与阀座的相对位置，这种阀可分为正作用式与反作用式（或称正装与反装）两种形式。当阀体直立、阀杆下移时，阀芯与阀座间的流通面积减小的称正作用式，正作用式时的情况如图10.20所示。如将阀芯倒装，则当阀杆下移时，阀芯与阀座间的流通面积增大，此时称为反作用式。

角形调节阀的两个接管呈直角形，流向一般是底进侧出，如图10.21所示；但高压差下，为减少流体对阀芯的损伤，也可侧进底出。这种阀的流路简单、阻力较小，阀体内不易积存污物，不易堵塞，适用于现场管道要求直角连接，介质为高黏度、高压差或含有少量悬浮物与固体颗粒状物质的流体场合。

三通调节阀共有三个出入口与工艺管道连接，其流通方式有合流（两种介质混合成一路）型和分流（一种介质分成两路）型两种，分别如图 10.22(a)、(b) 所示。这种阀可用来代替两个直通阀，适用于配比控制与旁路控制。与直通阀相比，组成同样的系统时，它可省掉一个二通阀和一个三通接管。

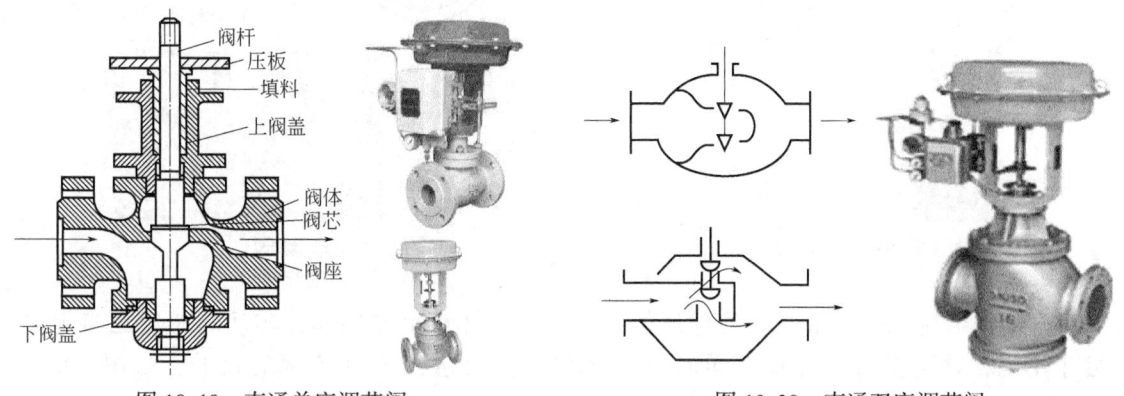

图 10.19　直通单座调节阀　　　　　　　　图 10.20　直通双座调节阀

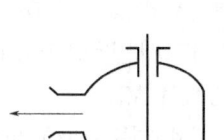

图 10.21　角形调节阀

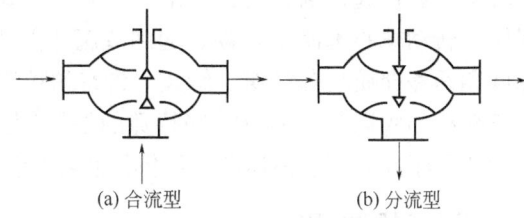

(a) 合流型　　　　(b) 分流型

图 10.22　三通调节阀

隔膜调节阀采用耐腐蚀衬里的阀体和隔膜代替阀组件，如图 10.23 所示。当阀杆移动时，带动隔膜上下动作，从而改变它与阀体堰面间的流通面积。隔膜调节阀结构简单、流阻小、流通能力比同口径的其他种类的阀要大。由于流动介质用隔膜与外界隔离，故无填料密封，介质不会外漏。这种阀耐腐蚀性强，适用于强酸、强碱、强腐蚀性介质的调节，也能用于高黏度与含悬浮颗粒状的物质流体调节。

选用隔膜调节阀时，应注意执行机构必须有足够的推力，以克服介质压力的影响。一般隔膜调节阀直径>100mm 时，应采用活塞式执行机构。由于隔膜材

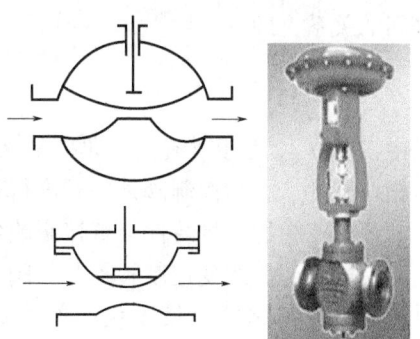

图 10.23　隔膜调节阀

料通常为氯丁橡胶、聚四氟乙烯等，受衬里材料性质的限制，使用温度宜在 150℃ 以下，压力在 1MPa 以下。

蝶阀又名翻板阀，如图 10.24 所示。它通过杠杆带动挡板轴旋转并使挡板偏转，以改变流通面积，达到改变流量的目的。蝶阀具有结构简单、重量轻、价格便宜、流阻极小的优点，但泄漏量大，其适用于大口径、大流量、低压差场合，也可用于含少量纤维或含悬浮颗粒状介质的流体调节。

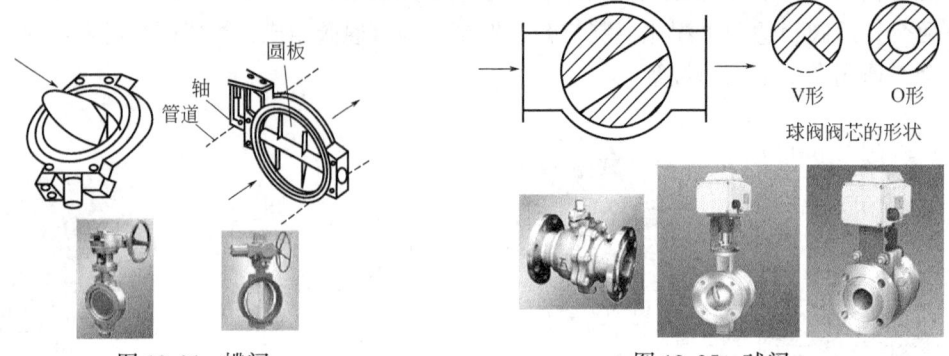

图 10.24 蝶阀　　　　　图 10.25 球阀

球阀的节流元件是带圆孔的球形体，阀芯与阀体都呈球形体，转动阀芯使之与阀体处于不同相对位置时，就有不同的流通面积，从而达到流量控制的目的，如图 10.25 所示。

球阀阀芯有 V 形和 O 形两种开口形式，如图 10.25 所示。O 形球阀的节流元件是带圆孔的球形体，转动球体可起控制和切断的作用，常用于双位式控制。V 形球阀的节流元件是 V 形缺口球形体，转动球心可使 V 形缺口起到节流和剪切的作用，其特性近似于等百分比型，适用于高黏度和污秽介质（如纤维、纸浆、含有颗粒等介质）的流体控制。

除以上所介绍的阀以外，还有一些特殊的控制阀。如小流量阀适用于小流量的精密控制，超高压阀适用于高静压、高压差的流体控制场合。

10.3.4 控制阀的流量特性

控制阀的流量特性指被控介质流过阀门的相对流量与阀门相对开度（阀杆的相对位移）之间的关系，即

$$\frac{Q}{Q_{max}}=f\left(\frac{l}{L}\right) \tag{10.1}$$

式中，Q/Q_{max} 为相对流量，即控制阀在某一开度时的流量 Q 与全开流量 Q_{max} 的比值；l/L 为相对开度，它为控制阀某一开度行程 l 与全开行程 L 之比。

显然，阀的流量特性会直接影响到自动控制系统的控制质量和稳定性，必须合理选用。

一般来说，改变控制阀阀芯与阀座间的流通截面积，便可控制流量。但实际上接入管道时，流过控制阀的流量不仅与阀的结构和开度有关，还与阀门前后的压差（管道阻力）有关。

为便于分析，先假定阀门前后压差固定，然后再对阀门在管路中的特性进行分析。控制阀的流量特性分为理想流量特性和工作流量特性。通常把阀前后压差恒定时的流量特性称理想流量特性；阀前后压差随阀的开度变化而变化的流量特性称工作流量特性。控制阀出厂时所提供的流量特性指理想流量特性。

1. 控制阀的理想流量特性

不考虑控制阀前后压差变化（即压差固定不变）时得到的流量特性称理想流量特性。理想流量特性是控制阀所固有的特性，又称固有流量特性。它取决于阀芯的形状（图 10.26），其主要有直线、等百分比（对数）、抛物线及快开等几种流量特性。

1) 直线流量特性

该特性指控制阀的相对流量与相对开度呈直线关系,即单位位移变化所引起的流量变化是常数。其数学表达式为

$$\frac{\mathrm{d}\left(\dfrac{Q}{Q_{\max}}\right)}{\mathrm{d}\left(\dfrac{l}{L}\right)}=K \tag{10.2}$$

式中,K 为控制阀的放大系数。

将式(10.2)积分可得

$$\frac{Q}{Q_{\max}}=K\frac{l}{L}+C \tag{10.3}$$

式中,C 为积分常数。边界条件为:$l=0$,$Q=Q_{\min}$($Q_{\min}$ 为控制阀能控制的最小流量);$l=L$,$Q=Q_{\max}$,把边界条件代入式(10.3),可分别得

$$R=\frac{Q_{\max}}{Q_{\min}},C=\frac{Q_{\min}}{Q_{\max}}=\frac{1}{R},K=1-C=1-\frac{1}{R} \tag{10.4}$$

式中,R 为控制阀的可调范围或可调比,即控制阀所能控制的最大流量 $Q_{\max}$ 与最小流量 $Q_{\min}$ 的比值;$Q_{\min}$ 并非控制阀全关时的泄漏量,而是阀门能平稳控制的最小流量,一般它是 $Q_{\max}$ 的 2%~4%。

将式(10.4)代入式(10.3),可得

$$\frac{Q}{Q_{\max}}=\frac{1}{R}\left[1+(R-1)\frac{l}{L}\right] \tag{10.5}$$

式(10.5)表明,$Q/Q_{\max}$ 与 l/L 间呈线性关系,如图 10.27 中的直线 2 所示,但可调比 R 不同时,特性曲线在纵坐标上的起点不同。即阀芯相对开度变化所引起的流量变化相等,但其流量相对变化量不同。

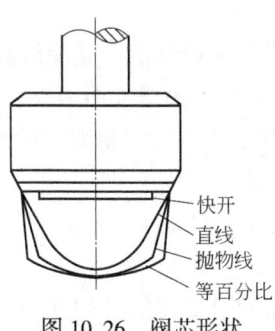

图 10.26 阀芯形状

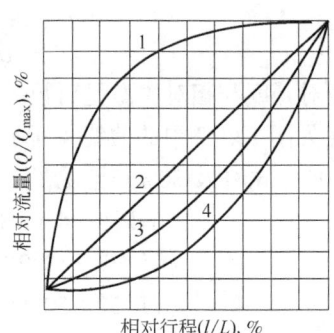

图 10.27 控制阀的典型流量特性
1—快开;2—直线;3—抛物线;4—等百分比

如以行程的 10%、50% 及 80% 三点为例,在不同的开度上,再分别增加 10% 的开度(位移变化量),则:

在 10% 时,流量变化的相对值为 $\dfrac{20\%-10\%}{10\%}\times100\%=100\%$

在 50%时，流量变化的相对值为 $\dfrac{60\%-50\%}{50\%}\times100\%=20\%$

在 80%时，流量变化的相对值为 $\dfrac{90\%-80\%}{80\%}\times100\%=12.5\%$

可见，位移变化量都为 10%所引起的流量变化总是 10%，但流量变化的相对值却不同，即直线阀的流量放大系数 K 在任何一点上都相同，但其对流量的控制作用却不同。

综上所述，直线流量特性在流量小（阀门小开度）时，流量变化的相对变化量大；在流量大（阀门大开度）时，流量变化的相对变化量小。所以，直线流量特性的控制阀在小开度时，控制性能不好，灵敏度高，控制作用强，易引起振荡；在大开度时，灵敏度低，控制作用弱，控制缓慢，这都不利于控制系统的正常运行。

从控制系统的角度讲，当系统处于小负荷时（原始流量较小），如需要克服外界干扰的影响，则希望控制阀动作所引起的流量变化量不要太大，以免控制作用太强而产生超调，甚至发生振荡；当系统处于大负荷时，如需要克服外界干扰的影响，又希望控制阀动作引起的流量变化量要大一些，以免控制作用微弱而使控制不够灵敏。显然，直线流量特性不能满足这些要求。

2）等百分比（对数）流量特性

该特性指单位相对行程变化所引起的相对流量变化与该点的相对流量呈正比关系，即控制阀的放大系数随相对流量的增加而增大。其数学表达式为

$$\frac{\mathrm{d}\left(\dfrac{Q}{Q_{\max}}\right)}{\mathrm{d}\left(\dfrac{l}{L}\right)}=K\frac{Q}{Q_{\max}} \tag{10.6}$$

将式(10.6)积分得 $\ln\dfrac{Q}{Q_{\max}}=K\dfrac{l}{L}+C$，将前述边界条件代入可得 $C=\ln\dfrac{Q_{\min}}{Q_{\max}}=\ln\dfrac{1}{R}=-\ln R$，$K=\ln R$，最后得

$$\frac{Q}{Q_{\max}}=R^{l/L-1} \tag{10.7}$$

显然，相对开度与相对流量呈对数关系，故它又称对数流量特性。其曲线斜率随流量的增大而增大（如图 10.27 中的曲线 4 所示），即放大系数随行程的增大而增大。

同样以 10%、50%及 80%三点为例，分别增加 10%开度，相对流量变化的比值为

10%处： $(6.58\%-4.68\%)/4.68\%\times100\%\approx41\%$
50%处： $(25.7\%-18.2\%)/18.2\%\times100\%\approx41\%$
80%处： $(71.2\%-50.6\%)/50.6\%\times100\%\approx41\%$

可见，在同样的行程变化值下，相对行程变化引起的流量相对变化值是相等的。

综上所述：具有对数流量特性的控制阀在小开度（流量小）时，放大系数较小，流量变化小，控制平稳缓和；在大开度（流量大）时，放大系数较大，流量变化大，控制灵敏，及时有效。

3）抛物线流量特性

该特性的相对流量与相对位移（即 $Q/Q_{\max}$ 与 l/L）之间呈抛物线流量特性关系，其特性为一条介于直线及对数曲线间的抛物线，实际应用中很少使用。其数学表达式为

$$\frac{\mathrm{d}\left(\dfrac{Q}{Q_{\max}}\right)}{\mathrm{d}\left(\dfrac{l}{L}\right)}=K\left(\dfrac{Q_{\max}}{Q_{\min}}\right)^{\frac{1}{2}}, \dfrac{Q}{Q_{\max}}=\dfrac{1}{R}\left[1+(\sqrt{R}-1)\dfrac{l}{L}\right]^{2} \qquad (10.8)$$

4) 快开流量特性

该特性指单位相对开度变化所引起的相对流量变化与该点的相对流量值呈反比,其流量特性在开度较小时就有较大的流量变化,随开度增大,流量很快就达到最大,故称快开流量特性。

快开流量特性的阀芯形式是平板形的,适用于迅速启闭的切断阀、双位控制系统或程序控制系统。数学表达式为

$$\frac{\mathrm{d}\left(\dfrac{Q}{Q_{\max}}\right)}{\mathrm{d}\left(\dfrac{l}{L}\right)}=K\left(\dfrac{Q}{Q_{\max}}\right)^{-1}=K\left(\dfrac{Q_{\max}}{Q}\right) \qquad (10.9)$$

2. 控制阀的工作流量特性

在实际应用中,控制阀与其他设备串联或并联安装在管道中,其前后的压差总是变化的,此时的流量特性称工作流量特性。理想流量特性会因控制阀前后的压差遭受阻力损失而畸变成工作流量特性。下面分别分析串联管道和并联管道时的工作流量特性。

1) 串联管道的工作流量特性

以图 10.28 所示的控制阀与其他设备的串联为例,系统总压差 Δp 等于管路系统(除控制阀外的全部设备和管道的阻力之和)的压差 Δp_G 与控制阀的压差 Δp_V 之和,即

$$\Delta p = \Delta p_\mathrm{G} + \Delta p_\mathrm{V} \qquad (10.10)$$

从图 10.29 中串联管道中控制阀两端压差 Δp_V 的变化曲线可看出,调节阀全关时,阀上的压力最大 $\Delta p_{\mathrm{V}\max}$ 基本等于管道的系统总压力;调节阀全开时,阀上的压力降至最小 $\Delta p_{\mathrm{V}\min}$。为表示调节阀两端压差 Δp_V 的变化范围,以阀权度 s(或称阀阻压降比)表示调节阀全开时,阀前后最小压差 $\Delta p_{\mathrm{V}\min}$ 与总压力 Δp 之比。$s=\dfrac{\Delta p_{\mathrm{V}\min}}{\Delta p}$,$R$ 为可调比,$R=\dfrac{Q_{\max}}{Q_{\min}}$,实际可调比 $R_\mathrm{r}=R\sqrt{s}$。

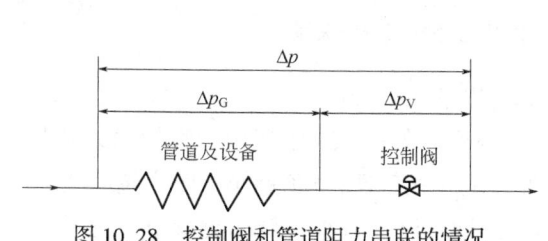

图 10.28 控制阀和管道阻力串联的情况　　图 10.29 串联时控制阀压差变化情况

以 $Q_{\max}$ 表示串联管道阻力为零时(即 $s=1$,阀全开时)系统达到的最大流量,此时控制阀上的压差为系统总压差。可得串联管道在不同 s 值时,以 $Q_{\max}$ 作参比值的工作流量特性,如图 10.30 所示。

当 $s=1$ 时,管道阻力损失为零,系统总压差全降在控制阀上,工作特性与理想特性一致。随着 s 值的减小,管道阻力损失也逐渐增加,这样不仅当控制阀全开时的流量减小,且

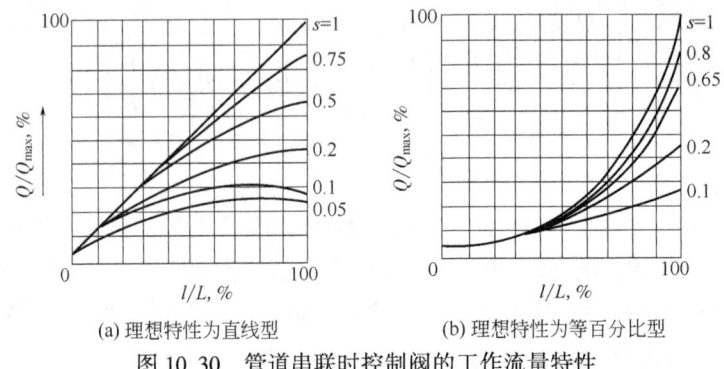

(a) 理想特性为直线型　　　(b) 理想特性为等百分比型

图 10.30　管道串联时控制阀的工作流量特性

流量特性曲线也发生了很大的畸变，直线特性渐渐趋近于快开特性；等百分比特性则渐渐趋近于直线特性。当 $s<1$ 时，因受串联管道阻力的影响，理想流量特性将产生两个变化：（1）阀全开时流量减小，即阀的可调范围变小；（2）阀在大开度时的控制灵敏度降低。如图 10.30(a) 中的直线阀理想流量特性，其工作流量特性将趋向于变成快开特性。图 10.30(b) 中的对数理想特性将趋向于直线特性。

如图 10.31 所示，畸变程度与阀阻压降比 s 有关。s 值越小，理想流量特性的变形程度越大，即随着可调比的减小，工作特性与理想特性的偏离程度将越来越大，并造成小开度时的放大系数增大与控制的不稳定；大开度时则放大系数减小，控制迟钝，控制质量下降。所以，实际使用中，一般希望 s 值不低于 $0.3\sim 0.5$。

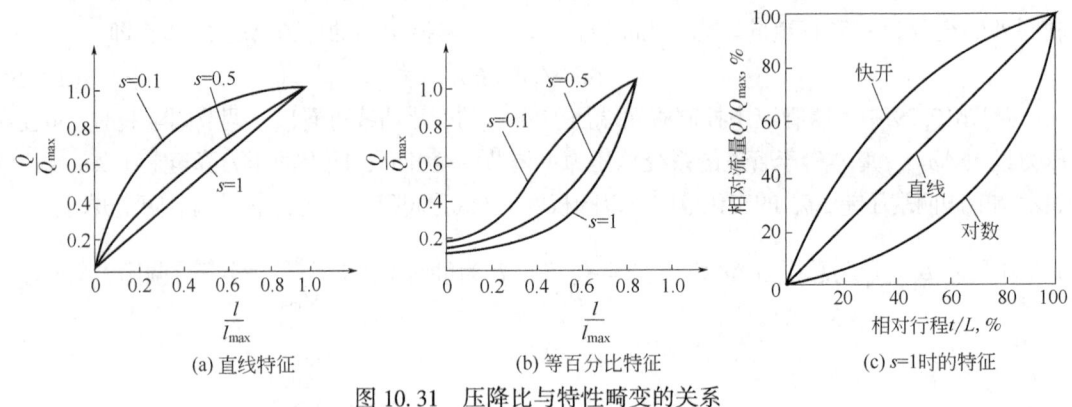

(a) 直线特征　　　(b) 等百分比特征　　　(c) $s=1$ 时的特征

图 10.31　压降比与特性畸变的关系

串联管道工作的流量特性畸变趋势，具有以下几个特点：

（1）串联管道使控制阀的流量特性发生畸变。如图 10.31 所示，特性曲线总是向左上方畸变，直线特性接近快开特性，对数特性接近直线特性；s 值越小，畸变越严重。

（2）畸变后控制阀的流量可调范围降低，最大流量减小，最小流量 Q_{min} 上升，控制阀所能控制的最大流量 Q_{max} 与最小流量 Q_{min} 之比（可调比）下降。

（3）串联管道使控制阀的放大系数减小，调节能力降低，s 值低于 0.3 时，调节阀能力基本丧失。

在现场使用中，如控制阀选得过大或生产在低负荷状态，则控制阀将工作在小开度状态。有时为使控制阀有一定的开度而把工艺阀门关小些以增加管道阻力，这样，就会使流过控制阀的流量降低，控制阀的 s 值下降，并使流量特性发生畸变，控制质量恶化。

2) 并联管道的工作流量特性

控制阀一般都装有旁路,以便手动操作和维护。当生产量提高或控制阀选小了时,只好将旁路阀打开一些,此时控制阀的理想流量特性就会改变为工作特性。

图 10.32 表示了控制阀与管道并联时的情况。由图可知,控制阀流量 Q_1 与旁路流量 Q_2 之和为管路的总流量 Q,即 $Q=Q_1+Q_2$;若以 x 代表并联管道控制阀全开时的流量 $Q_{1\max}$ 与总管最大流量 $Q_{\max}$ 的比值,即

$$x=\frac{调节阀全开时的流量}{总管最大流量}=\frac{Q_{1\max}}{Q_{\max}}, R_{实际}=\frac{1}{1-x}=\frac{1}{1-\frac{Q_{1\max}}{Q_{\max}}}=\frac{Q_{\max}}{Q_2} \qquad (10.11)$$

如图 10.33 所示,可得到在压差 ΔP 一定而 x 为不同数值时的工作流量特性。图中的纵坐标流量以总管最大流量 $Q_{\max}$ 为参比值。当 $x=1$,即旁路阀关闭、$Q_2=0$ 时,控制阀的工作流量特性与其理想流量特性相同。但随着 x 值的减小,即旁路阀逐渐打开,虽控制阀本身的流量特性变化不大,但大大降低了可调范围。控制阀关死(即 $l/L=0$)时,则 $Q_{\min}$ 远大于控制阀本身的 $Q_{1\min}$,同时,在实际生产中总存在管道阻力的影响,控制阀上的压差还会随着流量的增加而降低,使可调范围下降得更多,控制阀在工作过程中所能控制的流量范围更小,甚至几乎不起作用。所以,用打开旁路阀的控制方案并不好。一般认为旁路流量最多只能是总流量的百分之十几,即 x 值最小不低于 0.8。

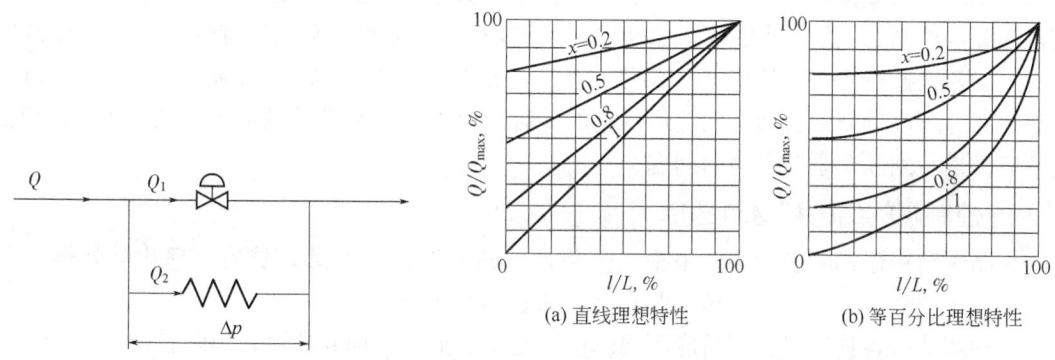

图 10.32 并联管道的情况　　图 10.33 并联管道的工作流量特性

综合上述串、并联管道的情况,可得出如下结论:

(1) 串、并联管道都会使控制阀的理想流量特性发生畸变,串联管道的畸变程度更大。
(2) 串、并联管道都会使控制阀的可调范围(可调比)下降,并联管道更为严重。
(3) 串联管道使系统的总流量减少,并联管道使系统的总流量增加。
(4) 串、并联管道都会使控制阀的放大系数减小,即输入信号变化引起的流量变化值减少。串联管道时控制阀若处于大开度状态,则 s 值的降低对放大系数的影响更为严重;并联管道时控制阀若处于小开度状态,则 x 值的降低对放大系数的影响更为严重。

在实际工作中,要保持控制系统在整个工作范围内都有较好品质,应使系统的总放大系数尽可能地保持恒定。变送器、控制器和执行机构的放大系数通常都为常数,但被控对象特性常呈非线性,其放大系数常随工作点变化。因此选择控制阀时,希望以如图 10.34 所示的控制阀的非线性补偿来调节对象的非线性。例如,实际生产中,很多对象的放大系数随负荷的加大而减小,这时如能选用放大倍数随负荷加大而增加的控制阀,就能使两者互相补偿,从而保证控

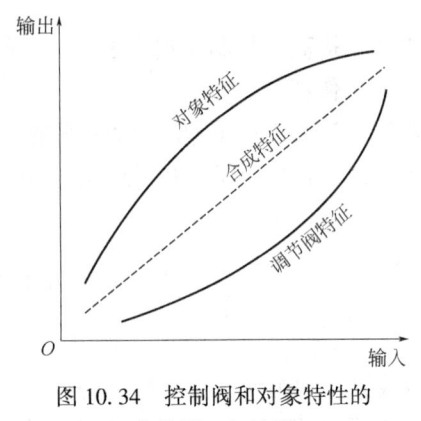

图 10.34 控制阀和对象特性的非线性互相补偿

制阀在整个工作范围内都有较好的控制质量。因对数型控制阀具有这类特性，所以得到广泛的应用。

若被控对象的特性呈线性，则应选用具有直线流量特性的控制阀，以保证系统的总放大系数保持恒定。对快开特性阀，则因其小开度时放大系数高，易使系统振荡，大开度时控制不灵敏，故在连续控制系统中很少使用，它一般只用于两位式控制的场合。

必须说明，按上述原则选择的控制阀特性是实际需要的工作流量特性。在确定控制阀时，必须具体地考虑管道、设备的连接情况以及泵的特性等，并由工作流量特性推导出所需要的理想流量特性。例如，在一个其他环节都呈线性特性的系统中，按上述非线性互相补偿的原则，应选择工作流量特性为线性的控制阀，但如管道阻力状况 $s = 0.3$，则由图 10.30、图 10.31 可知，此时理想流量特性为对数特性的控制阀，其工作特性会变形为直线特性，因此应选用理想特性为对数特性的控制阀。

10.3.5 控制阀的选择

控制阀是组成控制系统的一个重要环节，控制阀选用得正确与否十分重要。控制阀的选用包括确定控制阀的类型与结构、口径、作用形式、流通能力及流量特性等。选用控制阀时，一般要根据被控介质的特点（温度、压力、腐蚀性、黏度等）、控制要求、工艺条件、安装地点与环境等因素，参考制造厂供货的各种控制阀的特点来合理选用。在具体选用时，通常应考虑下列几个主要方面的问题。

1. 控制阀的结构和材料选择

控制阀结构形式的确定主要根据工艺条件，如温度、压力及介质的物理化学特性（如悬浮物、腐蚀性、黏度等）和流动特点等，来进行合理选择。

各种调节阀各具特点，可适应不同的使用要求。如强腐蚀介质可采用隔膜调节阀，高温介质可选用带翅形散热片的结构形式。具体可参见表 10.2。

表 10.2 不同结构形式调节阀主要特点及适用场合

阀结构形式	主要特点及使用场合
直通单座调节阀	结构简单，装配方便，泄漏量小，但受流体冲击的不平衡力影响大，阀前后的压降低，适用于要求泄漏量小、小口径管道等场合
直通双座调节阀	受流体冲击的不平衡力影响小，但关不严，泄漏量较大，阀前后的压降大，适用于允许较大泄漏量，大口径管道场合
角形阀调节阀	阀体受流体的冲蚀小，体内不易结污，适用于高压降、高黏度、含悬浮物或颗粒状物质的场合，输入与输出管道成直角形安装
三通调节阀	适用于分流或合流控制的场合
蝶调节阀	流阻小，适用于含有固体悬浮物的流体，低压差、大流量的气体或允许较大泄漏量的场合
隔膜调节阀	用能耐腐蚀材料的隔膜代替阀芯或阀体可拆卸，便于衬压和喷涂耐腐蚀衬里及清洗，适用于强腐蚀性及高黏度、带悬浮物或纤维物的介质场合，但不耐高温和高压
球阀	适用于高黏度的流体场合

2. 控制阀流量特性（即阀芯的形状）的选择

控制阀流量特性的选择主要考虑因素如下：

（1）流体性质，如流体种类、黏度、毒性、腐蚀性、是否含悬浮颗粒等。

（2）工艺条件，如温度、压力、流量、压差、泄漏量等。

（3）过程控制要求，如调节系统精度、可调比、噪声等。

控制阀流量特性实际上是指如何选择直线和等百分比流量特性。一般考虑如下：

（1）按控制系统的要求与特点来选择确定阀的工作流量特性，即根据系统的特点，从控制系统的过程特性的控制品质（静态稳定运行准则）来考虑选择控制阀的工作流量特性。

控制阀工作流量特性选择原则：从系统的调节质量分析，控制对象的放大系数×控制阀的放大系数＝常数，可使整个广义对象具有线性特性，即保持控制系统的总放大系数在工作范围内尽可能恒定。

（2）考虑工艺要求和工艺配管情况来选择相应的理想流量特性，即根据配管情况（s值大小），从所需的工作流量特性出发，推断确定相应的理想流量特性。以使控制阀安装在具体的管道系统中时，其畸变后的工作流量特性能满足控制系统对它的要求。

实际应用中的控制阀与工艺设备串联连接，控制阀在串联管道中的工作流量特性与s值的大小有关，即与工艺配管情况有关。可用系统压降比s来确定理想流量特性。经验选择法如表10.3。

表10.3　根据压降比s确定调节阀理想流量特性

压降比s	$s>0.6$			$0.3\leq s\leq 0.6$			$s<0.3$
所需工作流量特性	直线	等百分比	快开	直线	等百分比	快开	宜用低s调节阀
应选理想流量特性	直线	等百分比	快开	等百分比	等百分比	直线	

压降比$s>0.6$时，选择的理想流量特性与工作流量特性相同；压降比在0.3～0.6范围内时，因工作流量特性的畸变较严重，工作流量特性需线性时，理想流量特性应选择等百分比流量特性，依此类推；当压降比$s<0.3$时，因畸变已相当严重，不宜用普通控制阀，可采用低压降比控制阀。

3. 考虑负荷变化的情况

（1）直线特性控制阀在小开度时流量相对变化值大，控制过于灵敏，易引起振荡，且阀芯、阀座也易受到破坏，因此在s值小、负荷变化大的场合，不宜采用。

（2）等百分比特性控制阀的放大系数随调节阀行程的增加而增大，但流量相对变化值是恒定不变的，因此它对负荷变化有较强的适应性。

常用的控制阀流量特性为直线和等百分比型，生产过程自动控制中，等百分比型被广泛采用，也可参考表10.4来根据系统的特点选择理想流量特性。

在设计过程中，当流量特性难以确定时，优先选用等百分比特性，其适应性更强。

4. 控制阀上阀盖的型式和所用填料的选择

当使用工作温度为-20～$+250$℃时只需用普通型结构；当工作温度为-60～$+450$℃时应采用阀盖上有多层散热片的散热型结构；波纹密封型阀盖，其阀杆可动部分采用波纹管将阀内介质与外界隔绝，适用于有剧毒、易挥发、易渗透或贵重的介质场合。

表 10.4 理想流量特性选择参考表

被控参数	有关情况	选用理想特性
液位	Δp_V 恒定	线性
	$\Delta p_V Q_{max} < 0.2 \Delta p_V Q_{min}$	对数
	$\Delta p_V Q_{max} > 2 \Delta p_V Q_{min}$	快开
压力	快过程	对数
	慢过程,Δp_V 恒定	线性
	$\Delta p_V Q_{max} < 0.2 \Delta p_V Q_{min}$	对数
流量 (变送器输出信号与 Q 成正比时)	设定值变化	线性
	负荷变化	对数
流量 (变送器输出信号与 Q^2 成正比时)	串级,设定值变化	线性
	串级,负荷变化	对数
	旁路连接	对数
温度		对数

调节阀常用密封填料有聚四氟乙烯填料和石墨石棉绳填料等。前者比后者昂贵,但密封性能要好得多,目前已逐渐取代石墨石棉绳填料。

5. 控制阀作用方式的选择

1) 气动执行器的作用形式

(1) 气动执行机构的正、反作用。

当气动执行机构的输入气压增加时,若推杆向下运动,称正作用;相反,当输入气压增加时,若推杆向上运动,称反作用(图 10.35)。

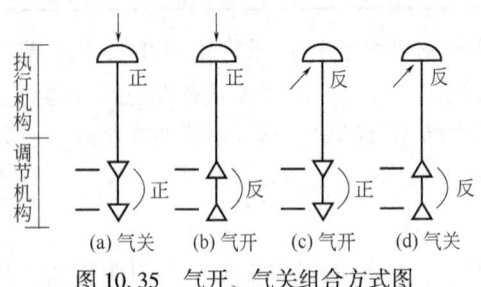

图 10.35 气开、气关组合方式图

(2) 控制机构的正装和反装。

阀芯有正装和反装两种形式。阀芯下移时,阀芯与阀座间的流通截面积减小的称正装阀;相反,阀芯下移时,流通截面积增加的称反装阀。对双导向正装阀,只要将阀杆与阀芯下端相接,即为反装阀。公称直径 DN<25mm 的阀,一般为单导向式,只有正装阀。

(3) 气动执行器的作用形式。

气动执行器有气开式和气关式两种形式。

有压力信号时阀关,无压力信号时阀开,信号压力增大,流通截面积减小,阀开度减小的称为气关式执行器;反之,则为气开式。因执行机构有正、反作用,控制阀(具有双导向阀芯)也有正、反作用,因此气动执行器的气开或气关即由此组合而成,如图 10.35、表 10.5 所示。

对小口径控制阀,通常用改变执行机构的正、反作用来实现气开或气关;对大口径调节阀,则常用改变控制阀的正、反作用来实现气开或气关。

2) 控制阀作用方式的选择

气开、气关的选择主要是考虑在不同生产工艺条件下的安全生产要求。

表 10.5　组合方式表

序号	执行机构	控制阀	气动执行器
(a)	正	正	气关(正)
(b)	正	反	气开(反)
(c)	反	正	气开(反)
(d)	反	反	气关(正)

考虑的原则是：信号压力中断时，应保证设备和工作人员的安全。如阀门处于打开位置时危害性小，则应选气关式，以使气源系统发生故障、气源中断时，阀门能自动打开，保证安全；反之，选择气开式，如加热炉的燃料气或燃料油应采用气开式控制阀，即当信号中断时应切断进炉燃料，以免炉温过高造成事故。又如控制易燃气体进入设备的控制阀，应选用气开式，以防爆炸；若介质为易结晶物料，则选用气关式，以防堵塞。

6. 控制阀口径的选择

控制阀口径选择得合适与否将会直接影响控制效果。在正常工况下，阀门开度处于 15%~85% 之间。

为保证工艺操作的正常进行，必须根据工艺要求，准确地计算控制阀的流通能力，合理地选择控制阀的尺寸。

如口径选择得过小，会使流经控制阀的介质达不到所需要的最大流量，当经受较大扰动时，阀门很可能运行到全开时的饱和非线性工作状态，系统会因介质流量（即操纵变量的数值）的不足而失控，使控制效果变差，此时若企图通过开大旁路阀来弥补介质流量的不足，则会使控制阀的流量特性产生畸变；若口径选择得过大，不仅浪费设备投资，而且会使控制阀经常处于小开度工作状态，流体对阀芯、阀座的冲蚀就会加剧，阀芯因受不平衡力的作用，易产生震荡现象，就更加重了对阀芯和阀座的损坏，甚至造成控制失灵，控制性能也会变差，并且容易使控制系统变得不稳定。

控制阀口径的选择是由控制阀的流量系数 K_V 值决定的。流量系数 K_V 的定义为：当阀两端压差为 100kPa，流体密度为 1g/cm³，阀全开时，流经控制阀的流体流量（以 m³/h 表示）。如某控制阀在全开时，当阀两端压差为 100kPa，如阀全开时流经阀的水流量为 40m³/h，则该控制阀的流量系数 K_V 值为 40。

控制阀的流量系数 K_V 表示控制阀通过流体能力的大小，是表示控制阀流通能力的参数。因此，控制阀流量系数 K_V 也称控制阀的流通能力，其直接反映了流体通过阀门的能力，是控制阀的一个重要参数。在控制阀手册上，对不同口径和结构型式的阀门，分别给出了流通能力的数值，以供用户选用。

对不可压缩流体，且阀前后压差 p_1-p_2 不太大（即流体为非阻塞流）时，其流量系数 K_V 的计算公式为

$$K_V = \frac{10Q\sqrt{\rho}}{\sqrt{\Delta p}} = 10Q\sqrt{\frac{\rho}{p_1-p_2}} \tag{10.12}$$

式中，ρ 为流体密度，g/cm³；p_1-p_2 为阀前后压差，kPa；Q 为流经阀的流量，m³/h。

从式（10-12）可看出，如控制阀前后的压差 p_1-p_2 保持为 100kPa，阀全开时流经阀的水（$\rho=1$g/cm³）流量 Q 即为该阀的 K_V 值。因此，控制阀口径的选择本质为根据特定的工

艺条件（即给定的介质流量、阀前后的压差及介质的物性参数等）进行 K_V 值的计算，然后按控制阀生产厂家的产品目录，选出相应的控制阀口径，使得通过控制阀的流量满足工艺要求的最大流量且留有一定的裕量，但裕量不宜过大。

K_V 值的计算与介质的特性、流动的状态等因素有关，当流体是气体、蒸汽或两相流时，上面公式必须进行相应的修正。具体计算时，请参考有关计算手册或应用相应的计算机软件。

10.4 电—气转换器及电—气阀门定位器

在实际系统中，电与气两种信号常混合使用，这样可取长补短。因而有各种电—气转换器及气—电转换器把电信号（0~10mA DC 或 4~20mA DC）与气信号（0.02~0.1MPa）进行转换。电气转换器可把电动变送器来的电信号变为气信号，送到气动控制器或气动显示仪表；也可把电动控制器的输出信号变为气信号去驱动气动控制阀，此时常用电—气阀门定位器，它具有电—气转换器和气动阀门定位器的两种作用。

10.4.1 电—气转换器

电—气转换器将电动仪表输出的 4~20mA 直流电流信号转换成可被气动仪表接受的 20~100kPa 标准气压信号，以实现电动仪表和气动仪表的联用，构成复合控制系统，发挥电气仪表各自的优点。

1. 电—气转换器结构组成及工作过程

电—气转换器基于力矩平衡原理工作，其结构形式有多种，现以具有正负两个反馈波纹管的电—气转换器为例来讨论其工作原理，其结构、原理如图 10.36 所示，转换器由电流—位移转换部分、位移—气压转换部分、气动功率放大器和反馈部件组成；电流—位移转换部分包括测量线圈、磁钢系统、杠杆和支承；位移—气压转换部分包括杠杆系统及喷嘴、挡板；气动功率放大器将喷嘴的背压进行功率放大后输出气压 $p_{出}$，反馈部件为正、负反馈波纹管。

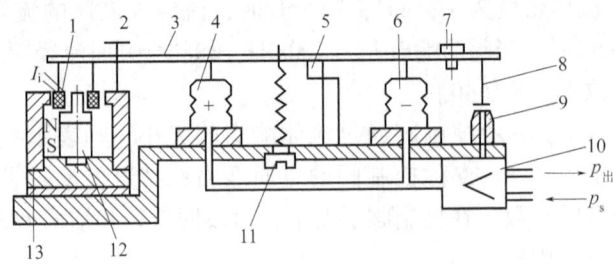

图 10.36 电—气转换器结构示意图

1—测量线圈；2—限位螺钉；3—杠杆；4—正反馈波纹管；5—十字簧片支承；6—负反馈波纹管；7—平衡锤；8—挡板；9—喷嘴；10—气动放大器；11—调零弹簧；12—铁芯；13—磁钢；I_i—输出电流；$p_{出}$—输出的气压信号；p_s—输入的标准气压信号

2. 电—气转换器的工作过程

如图 10.36 所示，当输入电流 I_i 进入动圈后，产生的磁通与永久磁钢在空气隙中的磁通相互作用，而产生向上的电磁力，带动杠杆 3 绕十字簧片支承 5 转动，安装在杠杆右端的挡板 8 靠近喷嘴 9，使其背压升高，并经气动放大器的进行功率放大后，输出压力 $p_出$，$p_出$ 送给负反馈波纹管 6 产生向上的负反馈力；$p_出$ 同时送给正反馈波纹管产生向上的正反馈力，以抵消一部分负反馈的影响。平衡锤 7 用以平衡整个活动系统的重量，使转换器在倾斜位置上仍能正常工作，同时也可提高其抗震性能。

3. 电—气转换器工作原理

当直流电流信号通入置于恒定磁场里的测量线圈中时，所产生的磁通与磁钢在空气隙中的磁通相互作用而产生一个向上的电磁力（即测量力）。由于线圈固定在杠杆上，使杠杆绕十字簧片偏转，于是装在杠杆另一端的挡板靠近喷嘴，使其背压升高，并经过放大器的功率放大后，一方面输出，一方面反馈到正、负两个波纹管，建立起与测量力矩相平衡的反馈力矩。于是输出信号（0.02~0.1MPa）就与线圈电流形成一一对应的关系。

因负反馈力矩比线圈产生的测量力矩大得多，因而设置了正反馈波纹管，负反馈力矩减去正反馈力矩后的差就是反馈力矩。调零弹簧用来调节输出气压的初始值。如输出气压变化的范围不对，则可调节永久磁钢的分磁螺钉。

10.4.2 阀门定位器

1. 阀门定位器的分类

阀门定位器按结构形式可分为电—气阀门定位器、气动阀门定位器、智能式阀门定位器。

按驱动能源形式，阀门定位器有气动和电动两大类。气动阀门定位器是气动执行器的主要附件，与气动调节阀配套使用。阀门定位器接收控制器的输出信号，然后将控制器的输出信号成比例地输出到执行机构；当阀杆移动后，其位移量又通过机械装置负反馈作用于阀门定位器。它与执行机构组成了一个闭环系统。

目前电动控制器使用居多，而实际应用中，常把电—气转换器和阀门定位器结合成一体，组成电—气阀门定位器。这里主要介绍电—气阀门定位器。

2. 阀门定位器的作用

阀门定位器能增加执行机构的输出功率，减少控制信号的传递滞后，加快阀杆的移动速度，并提高信号与阀位间的线性度，克服阀杆的摩擦力，消除不平衡力的影响，从而保证控制阀的正确定位，改善控制阀的性能，其作用具体如下：

（1）增加执行机构的推力，提高阀杆位置的线性度。通过提高定位器的气源压力来增大执行机构的输出力，可克服介质对阀芯的不平衡力，也可克服阀杆与填料间较大的摩擦力或介质对阀杆移动产生的较大阻力，消除被控介质压力变化与高压差对阀位的影响，使阀门位置能按控制信号实现正确定位。因此，阀门定位器能用于高压差、大口径、高压、高温、低温及介质中含有固体悬浮物或黏性流体的场合。

（2）加快执行机构的动作速度。控制器与执行机构距离较远时，为克服信号的传递滞后，加快执行机构的动作速度，改善控制系统的动态特性，必须使用定位器，一般用于两者相距 60m 以上的场合。

（3）实现分程控制。分程控制时，两台阀门定位器由一个控制器来操纵，每台定位器的工作区间由分程点决定。假定分程点为 50%，则控制器 0~50% 输出时，第一台定位器输出 0~100%，第二台定位器输出为 0；控制器输出 50%~100% 时，第二台定位器输出

0~100%，第一台定位器的输出则一直保持在100%。

（4）改善控制阀的流量特性，并可实现反作用动作。通过改变反馈凸轮的几何形状，可改变控制阀的流量特性，因反馈凸轮形状的变化，改变了执行机构对定位器的反馈量变化规律，使定位器的输出特性发生变化，从而改变了定位器输入信号与执行机构输出位移间的关系，即修正了流量特性。

除上述作用外，定位器还能使执行机构由两位动作变成比例动作，能改变控制阀的作用形式，或用于需要电—气转换的复合控制中。

3. 结构与工作原理

电—气阀门定位器既有电—气转换器的作用，可用电动控制器输出的0~10mA DC或4~20mA DC信号去操纵气动执行机构，还有气动阀门定位器的作用，可使阀门位置按控制器送来的信号准确定位（即输入信号与阀门位置呈一一对应关系）。同时，改变图10.37中反馈凸轮的形状或安装位置，还可改变控制阀的流量特性，实现正、反作用（即输出信号可以随输入信号的增加而增加，也可随输入信号的增加而减少）。

图10.37为配有薄膜执行机构的电—气阀门定位器的结构组成与原理示意图，它按力矩平衡原理工作。力矩马达组件由永久磁钢1、导磁体2、线圈、衔铁（即主杠杆3）和工作气隙构成，它是电流变为力（力矩）的转换元件；导磁体和衔铁用高导磁性能的皮膜合金制成，永久磁钢呈U形，其端部N、S两极罩在导磁体上。当信号电流通过线圈时，因电磁场和永久磁钢的相互作用，使主杠杆3受到一个向左的力，于是它绕主杠杆支点16偏转，使挡板14靠近喷嘴15，喷嘴背压经放大器17放大后，送入薄膜执行机构9使阀杆向下移动，并带动反馈杆10绕反馈凸轮支点5转动，使连接在同一轴上的反馈凸轮6也向逆时针方向转动，并通过滚轮11使副杠杆7绕副杠杆支点8转动，同时拉伸反馈弹簧12。反馈弹簧12

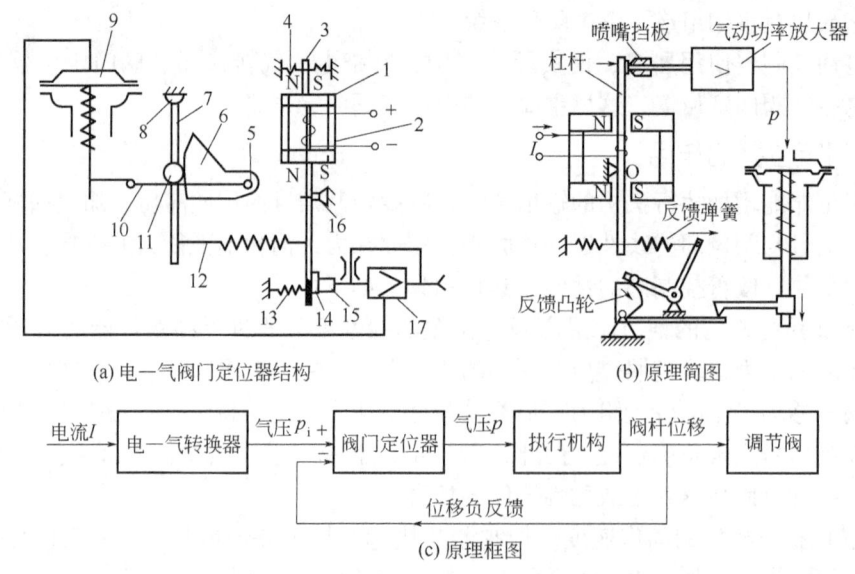

(a) 电—气阀门定位器结构　　(b) 原理简图

(c) 原理框图

图10.37　电—气阀门定位器结构组成与原理示意
1—永久磁钢；2—导磁体；3—主杠杆（衔铁）；4—平衡弹簧；5—反馈凸轮支点；6—反馈凸轮；
7—副杠杆；8—副杠杆支点；9—薄膜执行机构；10—反馈杆；11—滚轮；12—反馈弹簧；
13—调零弹簧；14—挡板；15—喷嘴；16—主杠杆支点；17—放大器

对主杠杆的拉力力矩与力矩马达作用在主杠杆上的力矩平衡时,仪表便达到平衡状态。此时,一定的信号电流就被转换为一定的气压信号,并与阀门的位置成精确的对应关系。调零弹簧 13 用于调整零位。改变反馈凸轮 6 的形状,可改变输入电流信号与输出阀杆位移的对应关系。

电—气阀门定位器的简要工作原理示意图如图 10.38 所示。

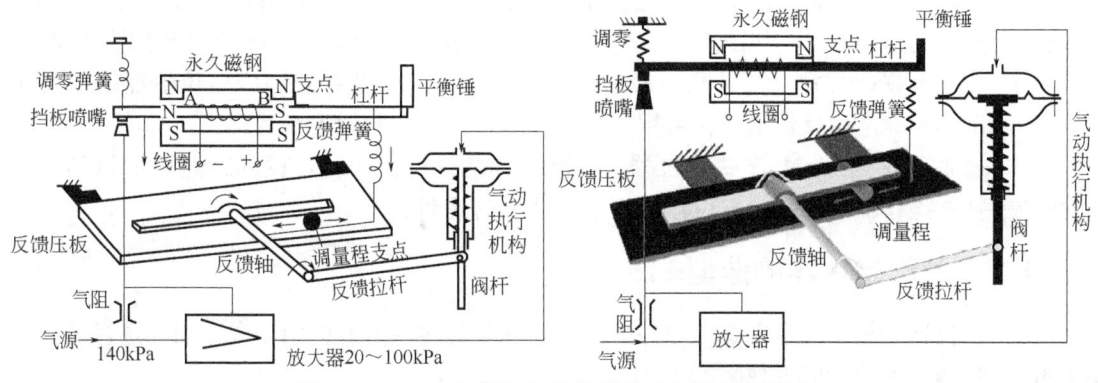

图 10.38 电—气阀门定位器简要工作原理示意图

4. 数字式阀门定位器(智能式阀门定位器)

数字式阀门定位器以 CPU 为核心,其原理和其他两种阀门定位器(气动式、电气式)很相似。数字式阀门定位器与传统定位器在控制规律上基本相同,都是将输入信号与位置反馈信号进行比较后,对输出的压力信号进行调节,但在执行元件上与传统定位器完全不同,数字式阀门定位器以微处理器为核心,利用新型压电阀代替传统定位器中的喷嘴、挡板调压系统来实现对输出压力的调节。数字式阀门定位器具有许多模拟式阀门定位器所无法比拟的优点。

数字式阀门定位器的硬件构成与基本原理见图 10.39、图 10.40。

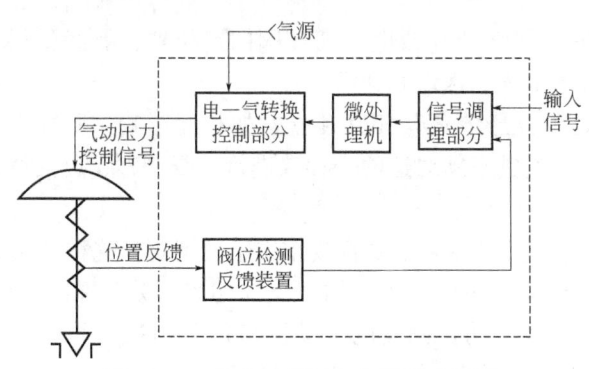

图 10.39 数字式阀门定位器构成框图

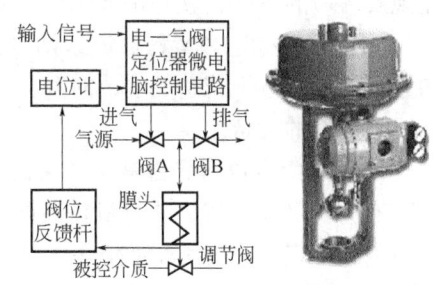

图 10.40 数字式阀门定位器原理及实体图

1) 数字式阀门定位器的软件部分

(1) 监控程序:使阀门定位器的各电路能正常工作,并实现所规定的功能。

(2) 功能模块:提供各种功能组态。

2) 数字式阀门定位器特点

(1) 定位精度和可靠性高:数字式阀门定位器的机械可动部件少,输入信号、反馈信号的比较是数字比较,不易受环境因素的影响,工作稳定性好,不存在机械误差造成的死区影响，因此具有更高的精度和可靠性。

（2）流量特性修改方便：数字式阀门定位器一般都包含有常用的直线、等百分比和快开特性等功能模块，可以通过按钮或上位机、手持式数据设定器直接设定。

（3）零点、量程调整简单：零点调整与量程调整互不影响，因此调整过程简单快捷。许多品种的数字式阀门定位器不但可以自动地进行零点与量程的调整，而且能自动识别所配装的执行机构规格，如气室容积、作用型式等，并自动地进行调整，从而使调节阀处于最佳的工作状态。

（4）具有诊断和监测功能：除一般的自诊断功能之外，数字式阀门定位器能输出与调节阀实际动作相对应的反馈信号，可用于远距离地监控调节阀的工作状态。

（5）接收数字信号的数字式定位器，具有双向的通信能力，可就地或远距离地利用上位机或手持式操作器进行阀门定位器的组态、调试与诊断。

10.4.3 阀门定位器的选型

阀门定位器是控制阀最重要的附件之一，尤其对某些特定的应用场合，如要选择最适用的阀门定位器，则应考虑下列因素：

（1）阀门定位器能否实现"分程"？实现"分程"是否容易、方便？具备"分程"功能即意味着阀门定位器只对输入信号的某个范围（如 9~12mA 或 0.02~0.06MPa）有响应。

如能"分程"就可根据实际的需要，只用一个输入信号就可实现先后控制两台或多台控制阀。

（2）零点和量程的调校是否容易、方便？是不是无需打开盒盖就可完成零点和量程的调校？

（3）零点和量程的稳定性如何？如零点和量程易随温度、振动、时间或输入压力的变化而产生漂移，那么阀门定位器就需要经常重新调校，以确保控制阀的行程动作准确无误。

（4）阀门定位器的精度如何？理想情况下，对应某一个输入信号，控制阀的内件（包括阀芯、阀杆、阀座等）每次都应准确地定位在所要求的位置，而不管行程的方向或调节阀的内件承受多大的负载。

（5）阀门定位器对空气质量的要求如何？如气动（或电—气）阀门定位器，要经受得住现实环境的考验，就必须能承受一定数量的尘埃、水汽和油污。

（6）零点标定和量程标定这两者之间是相互影响还是相互独立？如相互影响，则零点和量程的调校就需花费更多的时间，因为调校人员必须对这两个参数进行反复调整，以便逐步达到准确的设定。

（7）阀门定位器是否具备"旁路"，是否可允许输入信号直接作用于控制阀？这种"旁路"有时可简化或省去执行机构装配设定的校验，如执行机构的"支座组件设定"和"弹簧座负载设定"。这是因为在许多情况下，一些气动控制器的气动输出信号与执行机构的"支座组件设定"完全吻合匹配，无需对其再进行设定。另外，具备"旁路"时，有时也可允许在线地对阀门定位器进行有限度的调校或维修维护。

（8）阀门定位器的作用是否快速？空气流量越大，控制系统对设定点和负载变化的响应就越快。因为阀门定位器不断地比较输入信号和阀位信号，并根据它们之间的偏差，来控制其本身的输出。如阀门定位器对这种偏差的响应快速，那么单位时间里空气的流动量就大。这意味着系统的误差（滞后）就越小，控制品质也就越佳。

（9）阀门定位器的频率特性（或称频率响应）怎么样？一般来说，频率特性越高（即对频率响应的灵敏度越高），控制性能就越好。

(10) 阀门定位器的最大额定供气压力是多少？有些阀门定位器的最大额定供气压力只标定为 61865kPa，如执行机构的额定操作压力高于 61865kPa，那么阀门定位器就成了执行机构输出推动力的制约因素。

(11) 当调节阀与阀门定位器装配组合后，它们的定位分辨率如何？这对控制系统的控制品质有非常明显的作用，因为分辨率越高，控制阀的定位就越接近理想值，因控制阀过控而造成的波动变化就可得到扼制，从而最终达到限制被控制变量周期性变化的目的。

(12) 阀门定位器的正反作用转换是否可行？转换是否容易？有时这个功能是必要的。例如，要把一个"信号增加—阀门关"的方式改为"信号增加—阀门开"的方式，就需要使用阀门定位器的正反作用转换功能。

(13) 阀门定位器的内部操作和维护的复杂程度如何？通常，部件越多，内部操作结构越复杂，对维护（修）人员的培训就越多，而且库存的备品备件就越多。

(14) 阀门定位器的稳态耗气量是多少？对某些工厂装置，这个参数很关键，而且它可能是一个限制因素。

当然，在评价和选用阀门定位器时，其他因素也应考虑。例如，阀门定位器的反馈连杆机构要能真实的反映阀芯的位置；另外，阀门定位器必须坚固耐用，具备防腐能力，而且安装连接要简易方便。

10.5 智能执行器

随着微电子技术和计算机控制系统的迅速发展，以及控制仪表中微处理器的引入，变送器、控制阀等仪表出现了智能化、功能多样化的趋势。为了能够直接接收数字信号，执行器出现了与之适应的新品种，智能执行器和智能控制阀也应运而生。

智能执行器有电动、气动两类，每类品种众多。一般智能执行器的基本功能是信号驱动和执行，内含控制阀的输出特性补偿、PID 控制与运算、阀门特性自检验和自诊断等功能。同时，智能执行器备有微机通信接口，它可与上位控制器、变送器、记录仪等智能化仪表一起联网构成控制系统。

智能电动执行器、数字阀和智能控制阀即为其中的主要类型，下面简单介绍一下它们的功能与特点。

10.5.1 智能电动执行器

1. 智能电动执行器的特点

智能电动执行器按控制电源分为单相和三相两类，与传统的电动执行器相比主要有以下特点：

（1）主要技术指标先进，工作死区、基本误差、回差等指标已达到很高的水平。

（2）采用了微处理器技术和数字显示技术，以智能伺服放大器取代了传统的伺服放大器，以数字式操作器取代了原有的模拟指针式操作器，功能强，使用方便，具有自诊断、自调整和 PI 控制功能。

（3）增加了流量特性软件修正，使一种固有特性的控制阀可拥有多种输出特性，使不能进行阀芯形状修正的阀（如蝶阀）也可改变流量特性，可使非标准特性修正为标准特性。该功能改变了长期以来仅靠阀芯加工修正特性的现状。

(4) 控制中采用了电制动技术和断续控制技术，对具有自锁功能的执行机构可取消机械摩擦制动器，大大提高了整机的可靠性。

2. 智能电动执行器的主要技术指标

(1) 输入信号：4~20mA 或 0~10mA DC 电流信号，或 0~5V 或 1~5V DC 电压信号，或脉冲开关量≥150ms 的信号，或 Profibus-DP、HART 等信号。

(2) 位置发送信号：4~0mA 或 0~10mA DC 电流信号，或 0~5V 或 1~5V DC 电压信号，或 Profibus-DP、HART 等信号。

(3) 输入通道：2 个（电隔离）。

(4) 基本误差：≤±1%（单相），≤±2.5%（三相），死区≤0.5%。

(5) 特性修正：固有特性→标准直线；固有特性→等百分比。

(6) 主要功能：工作方式选择、故障诊断与报警、电制动、PI 控制。

3. 单相智能电动执行器工作原理

单相智能电动执行器的结构框图如图 10.41 所示。

来自上位控制器或变送器的模拟量信号，经处理后进入智能伺服放大器。智能伺服放大器中的微处理器定时检测该输入信号和位置反馈信号。当接收上位控制器的信号且不进行修正时，微处理器比较两个信号。一旦信号不平衡，偏差超出要求值，即发出控制信号。经放大隔离后驱动智能伺服放大器中的功率晶闸管，使其导通并带动电动机转动，进而控制阀门的开度。同时，微处理器也将表示阀门开度的位置信号转换成相应的脉冲量发往数字式操作器的显示器。

当接收变送器的信号进入 PI 控制工作方式时，微处理器将变送器信号与给定值进行比较，并按预先设置好的变量进行 PI 计算，并发出控制信号控制阀门，直至两个信号达到平衡。

当进入特性修正工作方式时，微处理器将不再是仅比较两种信号是否相等，而是对信号按预先设置的特性变量进行计算，以使输入信号与阀门的位移呈要求的非线性关系。这样就使得改变控制阀的流量特性变得很方便，从而为改善系统的稳定性提供了新的方法。

10.5.2 数字阀

数字阀是一种位式的数字执行器，由一系列并联安装而且按二进制排列的阀门所组成。

图 10.42 表示一个 8 位数字阀的控制原理。数字阀体内有一系列开闭式的流孔，它们按二进制的顺序排列。例如对这个数字阀，每个流孔的流量按 2^0、2^1、2^2、2^3、2^4、2^5、2^6、2^7 来设计，如所有流孔关闭，则流量为 0；如流孔全部开启，则流量为 255 个流量单位，分辨率为 1 流量单位。因此数字阀能在很大的范围内（如 8 位数字阀调节范围为 1~255）精密控制流量。数字阀的开度按步进式变化，每步大小随位数的增加而减小。

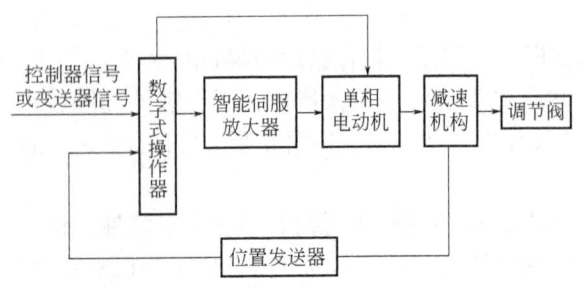

图 10.41 单相智能电动执行器结构框图

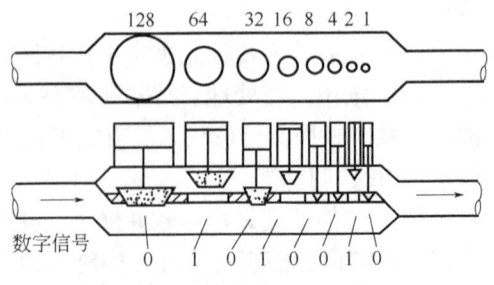

图 10.42 8 位数字阀原理图

数字阀主要由流孔、阀体和执行机构三部分组成。每一个流孔都有自己的阀芯和阀座。执行机构可用电磁线圈，也可用装有弹簧的活塞执行机构。

数字阀有以下特点：

(1) 分辨率：数字阀位数越高，分辨率越高。8位、10位的分辨率比模拟式控制阀高得多。

(2) 高精度：每个流孔都装有预先校正流量特性的喷管或文丘里管，精度很高，尤其适合小流量控制。

(3) 反应速度快，关闭特性好。

(4) 直接与计算机相连。数字阀能直接接收计算机的并行二进制数码信号，有直接将数字信号转换成阀开度的功能。因此数字阀能用于直接由计算机控制的系统中。

(5) 无滞后、线性好、噪声小。

但数字阀结构复杂、部件多、价格贵；此外因过于敏感，导致输送给数字阀的控制信号稍有错误，就会造成控制错误，使被控流量大大高于或低于所要求的量。

10.5.3 智能控制阀

智能控制阀是近年来迅速发展的执行器，集常规仪表的检测、控制、执行等作用于一身，具有智能化的控制、显示、诊断、保护和通信功能，它是以控制阀为主体，将许多部件组装在一起的一体化结构。

1. 智能控制阀的结构

智能控制阀的结构主要包括以下几部分：(1) 带有微处理器及智能控制软件的控制器；(2) 用于提供反馈信号和诊断信号的传感器；(3) 信号变换器；(4) I/O 及通信接口；(5) 执行机构；(6) 阀体。这些部件组装在一起，并集常规仪表检测、控制等功能于一体，形成完整的智能仪表结构。智能控制阀的结构原理及实物如图 10.43 所示。

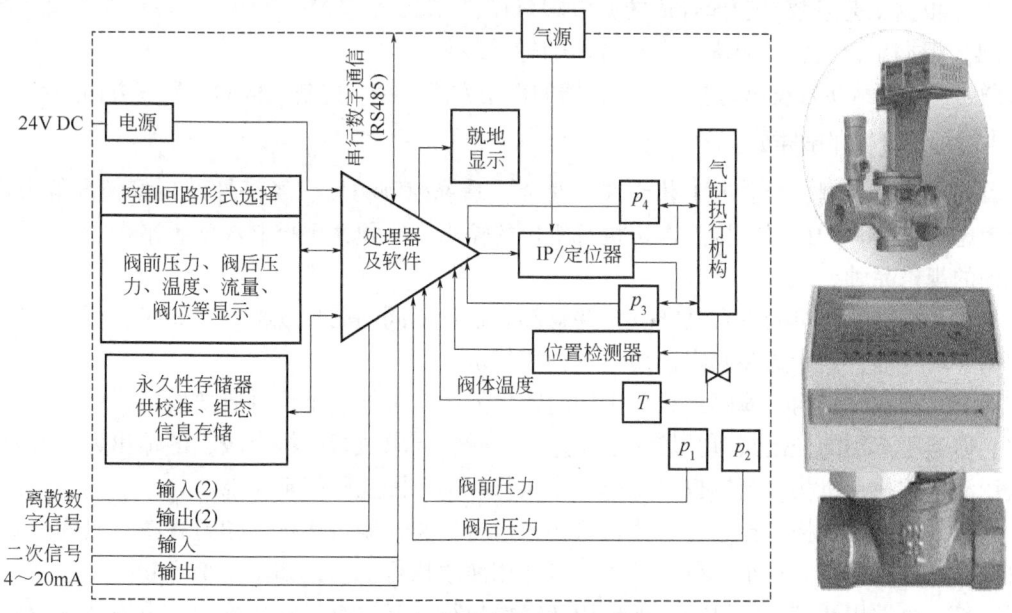

图 10.43 智能控制阀原理及实物图

2. 智能控制阀的特点

（1）具有智能控制功能，可按给定值自动进行 PID 控制，控制流量、压力、差压和温度等多种过程变量，还可支持串级控制方式等；（2）具有保护功能；（3）具有通信功能；（4）具有诊断功能；（5）具有一体化结构。

智能控制阀的智能主要体现在以下几个方面。

（1）控制智能：除了一般的执行器控制功能外，还可按照一定的控制规律动作。此外还配有压力、温度和位置参数的传感器，可对流量、压力、温度、位置等参数进行控制。

（2）通信智能：智能控制阀采用数字通信方式与主控制室保持联络，主计算机可直接对执行器发出动作指令。智能控制阀还允许远程检测、整定、修改参数或算法等。

（3）诊断智能：智能控制阀安装在现场，但都有自诊断功能，能根据所配合使用的各种传感器通过微机分析判断故障情况，及时采取措施并报警。

（4）目前智能控制阀已用于现场总线控制系统中。

10.6　执行器的选择、安装和维护

10.6.1　执行器的选择

执行器的选用是否得当，将直接影响自动控制系统的控制质量、安全性和可靠性，因此，必须根据工况特点、生产工艺及控制系统的要求等多方面的因素，综合考虑，正确地选用。执行器的选择应考虑如下的主要因素：

（1）根据工艺条件，选择合适的执行器结构与材质；

（2）根据工艺对象的特点，选择合适的流量特性；

（3）根据工艺参数，选择合适的调节阀口径；

（4）根据工艺过程的要求，选择合适的辅助装置。

通常，主要从执行机构的选择、执行器的作用方式选择、控制机构的选择三方面来考虑。

1. 执行机构的选择

首先从能源类型、介质的工艺要求、安全、系统控制精度、经济性及现场情况等方面，综合考虑选用哪一种执行机构。再按执行机构的输出力必须大于控制阀的不平衡力来确定执行机构的规格品种。

气动和电动执行机构各有其特点，并且都有各种不同的品种规格。选择时，可根据实际的使用要求，综合地考虑并确定选用哪一种执行机构。

对于气动执行机构，薄膜式执行机构的输出力通常都能满足控制阀的要求，所以大多选用它。但当所选用的控制阀口径较大或压差较高时，要求执行机构有较大的输出力，就要考虑选用活塞式执行机构，当然也可用薄膜式执行机构再配上阀门定位器。

直行程类控制机构选择直行程执行机构；角行程类控制机构选择角行程执行机构。如控制机构产生的不平衡力较小，行程较短，可选用薄膜执行机构；如不平衡力较大，大管径要求行程长，可选用活塞执行机构。如选用薄膜式执行器又要有足够的推力，可安装阀门定位器；对活塞式执行机构，除作为两位式控制使用外，一般都要配装阀门定位器。

2. 执行器的作用方式选择

在用气动执行机构时,还必须确定整个气动执行器的作用方式。有信号压力时阀关,无信号压力时阀开的为气关式执行器(气关阀),反之为气开式执行器(气开阀)。

气开、气关的选择要从工艺生产上的安全要求出发。考虑原则详见前述控制阀作用方式的选择部分。

3. 控制机构的选择

1) 结构的选择

控制阀的结构主要按阀形、阀盖、密封填料等,根据介质的性质、黏度、压力、散热情况、密封要求等选用,并参照各种控制机构的特点及其适用场合,同时兼顾经济性,来选择满足工艺要求的控制机构及其结构。

2) 流量特性的选择

控制阀的流量特性直接影响到系统的控制质量和稳定性,必须正确地选择控制阀的流量特性。

制造厂商提供的控制阀,其流量特性是理想流量特性,而在实际使用时,控制阀安装在工艺管路系统中,控制阀前后的压差随管路系统的阻力改变而变化。因此,选择控制阀的流量特性时,不但要依据对象特性,还应结合系统的配管情况来考虑。

依据被控对象的特性来选择控制阀的流量特性时,二者相补偿,以使得被控对象和控制阀所构成的广义对象具有好的线性。例如变送器特性为线性,对象特性也是线性时,应选工作特性为线性的控制阀;若变送器特性为线性,而对象特性的放大系数 K 随操纵变量的增加而减小时,则应选择工作特性为对数型的控制阀。

依据工艺配管情况确定配管系数 s 值后,可从所选的工作特性出发,确定理想特性。当 $s=0.6\sim1$ 时,理想特性与工作特性几乎相同;当 $s=0.3\sim0.6$ 时,无论是线性还是对数工作特性,都宜选对数理想特性;当 $s<0.3$ 时,一般不适宜控制,但也可根据低 s 值来选择理想特性。详见本章控制阀的选择部分。

3) 控制阀口径大小的选择

控制阀口径指入口法兰处的管内径。额定流量系数(K_{vg})与口径有关。口径选得过小,K_{vg} 就小,就不能满足生产要求的流通能力;口径选择过大,则价格高,且正常流量下处于小开度时不稳定,易振荡。选择口径前应先计算出生产所需的 K_{vg},按该系数可参考控制阀的规格表10.6,以得到合适的口径。

表10.6 单、双座控制阀规格

口径,mm			20	25	32	40	50	65	80	100	125	150	200	250	300
阀座直径,mm		10	12	25	32	40	50	65	80	100	125	150	200	250	300
		15	20													
流量系数 K_V	单座阀	1.2	2.0	8	12	20	32	50	80	120	200	280	450	700	1100
		3.2	5.0													
	双座阀			10	16	25	40	63	100	160	250	400	630	1000	1600

控制阀口径计算的一般步骤如下:

(1) 确定最大计算流量 q_{max}。

(2) 确定最大流量的阀前后压差 Δp_{min}。这需要了解管道的阻力配置情况,并算出 s 值。

(3) 计算出最大开度下的流量系数 K_V 值,依据选定的阀形查表选取 K_{vg},选取的 $K_{vg} \geq$ 计算值 K_V,以确保流过的最大流量。

(4) 验算可调比。工艺上的最大流量与最小流量之比要比全开全关时的流量范围要小,一般取 $R=10$,按实际可调比看是否能满足需要。如 $s>0.3$,则 $R_z=10\sqrt{0.3}>5$,完全满足工艺需要,此时可不验算可调比。

(5) 按 K_{vg} 查表 10.6 得到口径 D_g。

10.6.2 执行器与控制阀的安装和维护

1. 执行器的安装

执行器能否在控制系统中起到良好作用,不仅与控制阀的结构类型、流量特性及口径的选择是否正确有关;还与控制阀的安装有关,一般应注意下列几个问题:

(1) 为便于维护检修,执行器或控制阀应尽量安装在靠近地面或楼板的地方。在其上下方应留有足够的空间,以便人员能进行维修和操作,必要时应设置平台。当装有阀门定位器或手轮机构时,更应保证观察、调整和操作的方便。手轮机构的作用是:在开停车或事故情况下,可用它来直接人工操作控制阀,而不用驱动控制系统。

(2) 执行器或控制阀应安装在环境温度不高于 $+60$℃ 且不低于 -40℃ 的地方,尤其气动执行机构应远离振动较大的设备与腐蚀严重的场所,以避免膜片受热老化,控制阀上的膜盖与载热管道或设备间的距离应大于 200mm。

(3) 阀的公称通径与管道公称通径不同时,两者之间应加一段异径管。

(4) 执行器或控制阀应该正立、垂直安装于水平管道上。特殊情况下需水平或倾斜安装时,除小口径阀外,一般应加支撑。公称通径 DN≥50mm 的控制阀,其阀的前后管道上最好有永久性支架。另外,当阀的自重较大和有振动场合时,即使正立垂直安装,也应加支撑。

(5) 执行器或控制阀安装到管道上时,应使流体的流动方向与控制阀的箭头方向一致,不能装反。

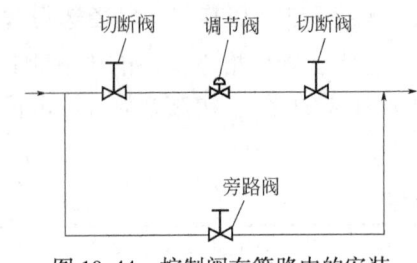

图 10.44 控制阀在管路中的安装

(6) 执行器或控制阀的前后一般要各装一个切断阀,以便修理时拆下控制阀。考虑到控制阀发生故障或维修时,为了不影响工艺生产的正常进行,一般应装如图 10.44 所示的旁路阀。

(7) 控制阀安装前,应对管路进行清洗,排去焊渣和其他污物。安装后还应再次对管路和阀门进行清洗,并检查阀门与管道连接处的密封性能。当初次通入介质时,应使阀门处于全开位置以免杂质卡住。

(8) 在日常使用中,要对控制阀经常维护和定期检修。应注意填料的密封情况和阀杆上下移动的情况是否良好、气路接头及膜片有否漏气等。检修时的重点检查部位有阀体内壁、阀座、阀芯、膜片及密封圈、密封填料等。

2. 控制阀的现场维护与检测

1) 控制阀的检测和调校

控制阀的性能指标很多,以下项目应进行重点检测和调校:

(1) 基本误差：将 20~100kPa 的信号以平稳地增大或减小的方式输入气室（或定位器）内，并测量各点所对应的行程值，计算出"信号—行程"关系与理论值之间的各点误差，其最大值即为基本误差。实验点应按信号范围的 0%，25%，50%，75%，100% 个点进行，测量仪表基本误差应限于被测试阀门基本误差限的 1/4。

(2) 回差：实验方法同上。在同一输入信号上测得的正反行程的最大差值即回差。

(3) 始终点偏差：实验方法同上。信号上限（始点）处的基本误差即为始点偏差；信号下限（终点）处的基本误差即终点偏差。

(4) 泄漏实验：实验介质通常为常温水。当阀的压差小于 350kPa 时，实验压力按 350kPa 做；当阀的工作压差大于 350kPa 时按允许压差做。实验介质应按规定流向进入阀内，阀出口可直接连通大气或连接出口通大气的低压头测量装置，在确认阀和下游各连接管完全充满介质后，方可测取泄漏量。对主要阀门，还要做强压实验。

(5) 对配套定位器的阀，在安装、投运前，均应现场调试。

2）控制阀的现场维护

控制阀因直接与工艺介质接触，其性能直接影响到系统质量和环境，所以控制阀必须进行经常维护和定期检修，尤其对使用条件恶劣和重要场合的控制阀更应重视其维修工作。重点检查维护部位如下：

(1) 对使用在高压差和腐蚀性介质场合的控制阀，阀体内壁、隔膜经常受到介质的冲击和腐蚀，应重点检查耐压与耐腐情况。

(2) 固定阀座用的螺纹，内表面易受腐蚀而使阀座松动，应重点检查此部位；对高压差下工作的阀，还应检查阀座密封面是否被冲蚀与汽蚀。

(3) 阀芯受介质的冲刷、腐蚀最为严重，检修时要认真检查是否被腐蚀、磨损，特别是在高压差的情况下，阀芯因汽蚀的磨损更为严重。

(4) 检查膜片、O 形圈和其他密封垫是否裂化或老化。

(5) 应注意聚四氟乙烯填料、密封润滑油脂是否老化，配合面是否损坏，必要时应更换。

3）控制常见故障及现场处理

控制阀现场的常见问题有关不死、打不开、回差大、泄漏大、振动、振荡等，处理方法如下。

(1) 阀芯关不死：对气关阀的解决办法是增大气源压力或调松弹簧预紧力（即降低气室外起点压力）。对气开阀的解决方法是增大弹簧预紧力，同时增大气源压力。

(2) 推杆动作迟钝或不动：检验膜片、滚动膜片、垫片是否存在老化或破裂引起的漏气。

(3) 回差大：推杆是否弯曲、填料压盖是否压得太紧，尤其是石墨填料、阀芯导向是否有伤。解决办法是换阀杆、换填料、增大导向间隙、换强力执行机构。

(4) 阀的全行程不够：松开阀杆连接螺母，将阀杆向外旋或向内伸，使全行程偏差值超过允许值，再将螺母并紧。

(5) 阀小开度时的稳定性差：现场首先检查是否流向装反，或阀选得太大。解决办法是缩小阀芯尺寸或改成介质流开型控制阀。

(6) 阀的动作不稳定：定位器故障、输出管线漏气、执行机构刚度太小使流体压力变化造成推力不足。解决办法是维修定位器和管线，改用刚度大的执行机构。

（7）泄漏量大：首先检查密封面是否有伤、阀座与阀杆的连接螺纹是否松动、阀关闭时的压差是否大于执行机构的输出力。解决办法是更换密封面、并紧阀座、更换高输出力的执行机构。

（8）振荡现象：是由阀处于小开度工作或流向为流闭型所致。解决办法是避免小开度工作，改为流开型工作。

习题与思考题

1. 电动执行器由哪几部分组成？试简述其工作原理。
2. 简述电动执行器中伺服放大器的作用及原理。
3. 电动执行器的反馈电流信号是如何得到的？如果不加反馈，结果如何？
4. 气动执行器主要由哪两部分组成？各起什么作用？
5. 气动薄膜式、气动活塞式执行机构的基本结构是什么？
6. 什么是气动执行器的气开式和气关式？选择原则是什么？
7. 试说明不同结构的调节阀的使用场合。
8. 为什么说双座阀产生的不平衡力比单座阀的小？
9. 什么叫控制阀的工作流量特性？
10. 什么叫控制阀的流量特性和理想流量特性？常用的控制阀理想流量特性有哪些？
11. 为什么说等百分比特性又叫对数特性？与线性特性比较，它有什么优点？
12. 等百分比特性与直线特性比较有什么优点？
13. 如果控制阀的旁路流量较大，会出现什么情况？
14. 什么叫控制阀的可调范围？在串、并联管道中可调范围为什么会变化？
15. 什么是串联管道中的阻力比 s？s 值的变化为什么会使理想流量特性发生畸变？
16. 什么是并联管道中的分流比 x？试说明 x 值对控制阀流量特性的影响。
17. 控制阀的结构有哪些主要类型？各用于什么场合？
18. 试阐述电—气转换器的工作原理。
19. 为什么要使用阀门定位器？它的作用是什么？
20. 试述电—气阀门定位器的基本原理与工作过程。
21. 哪些场合下应采用阀门定位器？

11 自动控制仪表

11.1 概述

控制仪表（常称控制器）是实现油气储运自动化的重要技术工具，在储运生产过程中，对生产过程中的压力、流量、液位、温度等参数常要求维持在一定的数值上或按一定的规律变化，以满足生产要求。如是人工控制，操作者根据参数的测量值和规定的参数值（给定值）相比较的结果，来决定开大或关小某个阀门以维持参数在规定的数值上。如是自动控制，则可在检测的基础上，再应用控制仪表和执行器来代替人工操作。所以，当生产过程中的被控变量偏离设定要求后，必须依靠控制仪表的作用去控制执行器，改变操纵变量，并使被控变量的变化符合生产要求，从而实现对被控变量的自动控制。所以，在自动控制系统中，控制仪表是核心，它在闭环控制系统中的作用是根据设定的目标和测量信息作出比较、判断后发出决策命令，并控制执行器的动作。控制仪表的使用是否得当，直接影响控制质量。

控制仪表的种类繁多，一般可按结构型式、能源形式和信号类型等进行分类。

11.1.1 按结构型式的分类

控制仪表的发展，大体上经历了基地式控制仪表、单元组合式仪表以及数字式控制器三个发展阶段。控制仪表按结构型式可分为以下三类。

1. 基地式控制仪表

基地式控制仪表将检测装置、控制机构与显示装置组成一体，同时具有检测、控制与显示的功能，其结构简单、价格低廉、使用方便。但因其通用性差、信号不易传递，仅适合于一些简单控制系统或现场控制。

2. 单元组合式仪表

单元组合式仪表将仪表按其功能的不同分成若干单元（如变送、显示、定值、控制、计算、转换等单元），每个单元只完成其中的一种功能。各单元间以统一的标准信号相互联系。将这些单元进行不同的组合，可构成多种多样的、复杂程度各异的自动检测和控制系统。单元组合式仪表中的控制单元能接受测量值与给定值信号，然后根据它们的偏差发出与之有一定关系的控制作用信号。目前国产电动控制仪表，如 DDZ-Ⅱ型采用 0~10mA 信号，DDZ-Ⅲ型采用 4~20mA 信号。

3. 以微处理器为核心的控制装置

以微处理器为核心的数字式调节器自 20 世纪 70 年代初出现以来，以其灵敏、可靠、低成本，丰富的运算功能，灵活的编程组态方式和方便的通信联网能力，很快在自动控制领域得以广泛应用。以微处理器为基元的控制装置，其控制功能丰富、操作方便，很容易构成各种复杂控制系统。目前，在自动控制系统中应用的以微处理器为基元的控制装置主要有总体分散控制装置、单回路数字控制器（DDC）、可编程数字控制器（PLC）和计算机控制系统等。

11.1.2 按能源形式分类

控制仪表按能源形式，可分为直接作用式和间接作用式两类。

1. 直接作用式

直接作用式控制器也称自力式调节器，它不需外加能源，利用被控介质作为能源而工作。例如，蒸气压力控制可选用自力式压力控制器，其多用于调压、稳流等要求不高的就地控制系统。它的结构简单、价格便宜，稳压精度在 10%~20%。

用于气源装置中的稳压器或定值器，是自力式控制器的一种简单形式。其利用输出气体所形成的力与预先调整好的弹簧力相平衡，来稳定输出气体的压力。

2. 间接作用式

间接作用式控制器需外加能源。按外加能源的不同，可分气动、电动、液动等三类。工业上通常使用气动控制仪表和电动控制仪表。

（1）气动控制仪表：特点是结构简单、性能稳定、可靠性较高、价格便宜。在本质上安全防爆，因此广泛应用于石油、化工等有爆炸危险的场所。

（2）电动控制仪表：相对于气动控制仪表，电动控制仪表在信号的传输、放大及变换处理方面更加容易，又便于实现远距离的监视和操作，易于与计算机控制系统等现代化技术工具联用。

电动控制仪表又称模拟式控制器，已经历Ⅰ型、Ⅱ型、Ⅲ型三个发展阶段，近年来，DDZ-Ⅲ型以线性集成电路为核心器件，其精度高，稳定性和可靠性都提高。经不断改进，其性能已日臻完善。目前，电动控制仪表普遍采用安全火花防爆技术，解决了防爆问题，已同样能适用于易燃易爆的危险场所，使其逐步在储运领域（如油库等）得到更为广泛的应用。

11.1.3 按信号类型分类

1. 模拟式控制仪表

模拟式控制仪表的传输信号为连续变化的模拟量，其线路较为简单，操作方便。长期以来广泛应用于各工业部门。

2. 数字式控制仪表

数字式控制仪表的传输信号为断续变化的数字量，以微型计算机为核心，其功能完善，性能优越，能解决模拟式控制仪表难以解决的问题。21世纪以来，随微电子技术、计算机技术和信息技术的发展，数字式控制仪表的各类新品种不断出现，并广泛应用于工业生产过程自动化中，有效地提高了工业自动化的控制质量。

11.2 基本控制规律及其对系统过渡过程的影响

控制器按人们事先规定好的某种规律来动作，虽然有不同的工作原理和各种各样的结构，如有不用外加能源的（自力式的），有需用外加能源的（电动或气动），但从控制规律来看，基本控制规律仅有限的几种，它们都是长期生产实践经验的总结。

研究控制器的控制规律时是把控制器和系统断开的，即只在开环时单独研究控制器本身的特性。控制规律指控制器的输出信号与输入信号之间的关系。

如图 11.1 所示，控制器的输入信号是经比较机构后的偏差信号 e，它是被控变量的给定值信号 x 与变送器送来的测量值信号 z 之间差值。在分析自动化系统时，偏差采用 $e=x-z$，但在单独分析控制仪表时，习惯上采用测量值减去给定值作

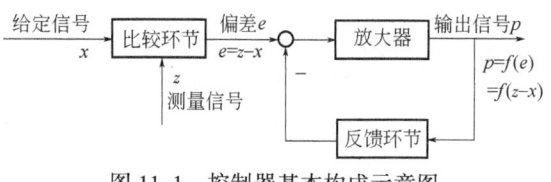

图 11.1　控制器基本构成示意图

为偏差（即 $e=z-x$）。控制器的输出信号是送往执行器（常用气动执行器）的控制命令信号 p。因此，分析控制器的特性，即分析控制器的输出信号随着输入信号变化的规律，所谓控制器的控制规律即指 p 与 e 之间的函数关系，即

$$p=f(e)=f(z-x) \tag{11.1}$$

目前控制器的基本控制规律有位式控制（以双位控制较常用）、比例控制（P）、积分控制（I）、微分控制（D）以及它们的组合，如比例积分控制（PI）、比例微分控制（PD）和比例积分微分控制（PID）。这些控制规律为适应不同的生产要求而设计。只有了解、掌握了各种控制规律的特点和适用条件，根据过渡过程的品质指标要求，并结合具体对象的特性和生产要求，才能选择合适正确的控制规律与控制器，以便获得满意的控制效果。否则，如选用不当，不但不能起到好的控制作用，反而会造成控制过程的恶化与剧烈振荡，甚至形成发散振荡而造成严重的生产事故。

11.2.1　位式控制

位式控制分双位和多位控制两类，其中，双位控制是最简单的位式控制形式。

双位控制的动作规律是当测量值大于给定值时，控制器的输出为最大（或最小），而当测量值小于给定值时，则输出为最小（或最大）。也就是说双位控制只有两个输出值，相应的控制机构仅开和关两个极限位置，故又称开关控制。理想的双位控制器其输出 u 与输入偏差 e 之间的关系为

$$p = \begin{cases} p_{\max}, e>0(\text{或} e<0) \\ p_{\min}, e<0(\text{或} e>0) \end{cases} \tag{11.2}$$

理想的双位控制特性如图 11.2 所示。

图 11.3 是一个典型的双位液位控制系统，其利用电极式液位计来控制储罐的液位。罐内装有一根电极，作为测量液位的装置；电极的一端与继电器的线圈 J 相接，另一端处于液位的设定位置。流体为导电介质，储罐外壳接地。流体经装有电磁阀 V 的管路流入储罐，从出料阀流出。当液位低于给定值 H_0 时，流体与电极未接触，继电器处于断路状态，此时电磁阀全开，液体经电磁阀流入储罐，使罐液位上升。

待液位上升至稍大于设定值时，流体与电极接触，于是继电器接通，从而使电磁阀全关，流体不再进入，而罐内流体仍在继续向外流出，使液位下降。当液位下降至小于给定值时，流体又与电极脱离，于是电磁阀 V 又开启。如此反复循环，使液位维持在给定值附近的很小范围内上下波动。也就是说双位控制仅两种极限控制状态，对象中的流体或能量总处于严重的不平衡状态，使被控变量始终处于振荡过程。控制机构的动作非常频繁，很容易使系统中的运动部件（如继电器、电磁阀等）因动作频繁而很快损坏。故实际应用的双位控制器都有一个中间区。

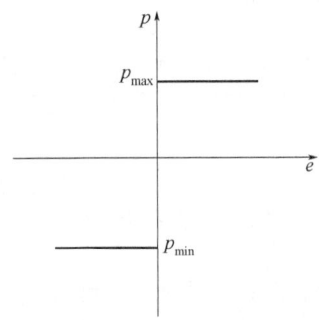

图 11.2 理想的双位控制特性

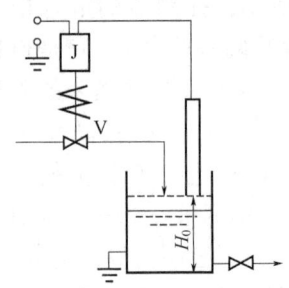

图 11.3 双位液位控制示例

实际双位控制器的控制规律如图 11.4 所示，偏差在中间区内时，控制机构不动作。当被控变量的测量值上升到高于给定值的某一数值（即偏差大于某一数值）后，控制器输出变为最大 p_{max}，控制机构处于开（或关）位置；当被控变量的测量值下降到低于给定值的某一数值（即偏差小于某一数值）后，控制器的出变为最小 p_{min}，控制机构处于关（或开）的位置。上例中的测量装置及继电器线路稍加改变，便可成为一个具有中间区的双位控制器。因设置了中间区，当偏差在中间区内变化时，控制机构不会动作，因此可使控制机构的开关频繁程度大为降低，从而延长了控制器中运动部件的使用寿命。

具有中间区的双位控制过程如图 11.5 所示。当液位 h 低于下限值 h_L 时，电磁阀开，流体流入储罐，因流入量大于流出量，故液位上升。当升至上限值 h_H 时，阀关闭，流体停止流入，因此时流体只出不入，故液位下降。直到液位值下降至下限值 h_L 时，电磁阀重新开启，液位又开始上升。图中上面的曲线表示控制机构阀位与时间的关系，下面的曲线为被控变量（液位）在中间区内随时间变化的曲线，它是在被控变量上限值与下限值之间的一个等幅振荡过程。

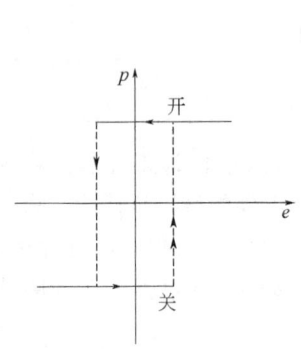

图 11.4 实际的双位控制特性

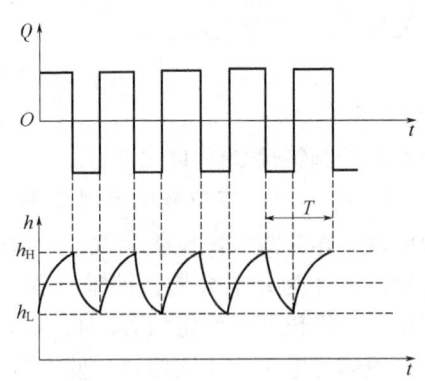

图 11.5 具有中间区的双位控制过程

对于双位控制过程，不采用连续控制作用下的衰减振荡过程所提的那些品质指标，一般采用振幅与周期为品质指标。如图 11.5 中的振幅为 h_H-h_L，周期为 T。

对同一双位控制系统，过渡过程的振幅与周期是矛盾的：若要求振幅小，则周期必然短，若要求周期长，则振幅必然大。通过合理地选择中间区，可使两者得以兼顾。如工艺生产允许被控变量在一个较宽的范围内波动，控制器的中间区就可宽一些，这样振荡周期较长,可使可动部件的动作次数减少,从而减少了磨损,也减少了维修工作量,因而只要被控变量波动的上、下限在允许范围内,使周期长些比较有利。也就是说在设计双位控制系统时,应使振幅在允许的范围内,并尽可能地使周期延长。

双位控制器结构简单、成本较低、易于实现,故应用很普遍,如仪表用压缩空气储罐的压力控制,恒温炉、管式炉的温度控制等。除双位控制外,为改善控制特性,可用三位(即具有一个中间位置)或更多位的控制方式,包括双位在内,这一类控制统称为位式控制,其原理与双位控制基本相同。

11.2.2 比例控制

1. 比例控制规律(P)及比例度

双位控制系统中,被控变量不可避免地会产生持续的等幅振荡过程。为避免这种情况,可使控制阀的开度(即控制器的输出值)与被控变量的偏差成比例变化,按偏差的大小,使控制阀处于不同的位置,如此就可能获得与对象负荷相适应的操纵变量(控制参数),使被控变量趋于稳定,达到平衡状态。

图 11.6 所示的液位控制系统,被控变量是罐液位,由浮球测量,并通过杠杆控制进液的阀开度。当液位高于给定值时,通过浮球和杠

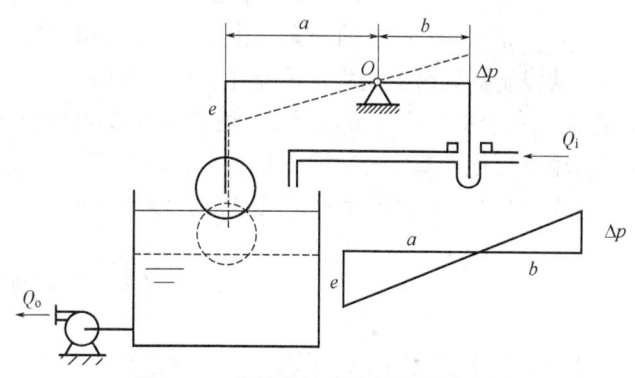

图 11.6 简单的液位比例控制示意图

杆的作用使阀芯下移,控制阀就关小,开度减小,以减少流入量,液位越高,阀关得越小;当液位低于给定值时,使阀芯上移,控制阀开大,开度增加,以增加流入量,液位越低,阀开得越大。它相当于把位式控制的位数增加到无穷多位,于是变成了连续控制系统。图中浮球是测量元件,杠杆就是一个最简单的控制器。

图 11.6 中实线表示杠杆在液位变化前的位置,虚线表示液位变化后的位置。

根据相似三角形原理,则有

$$\Delta p = \frac{b}{a} e \tag{11.3}$$

式中 e——杠杆左端的位移,即液位的变化量(控制器的输入变化量);

Δp——杠杆右端的位移,即阀杆的位移量(阀门的开度变化量,即控制器的输出变化量);

a、b——杠杆支点分别与两端的距离。

由式(11.3)可见,在该控制系统中,阀门开度的改变量与被控变量(液位)的偏差值成比例,这就是比例控制规律。

具有比例控制规律的控制器称比例控制器,其输出信号(指变化量)Δp 与输入信号(指偏差,当给定值不变时,偏差即被控变量测量值的变化量)e 之间成比例关系,即

$$\Delta p = K_p e \tag{11.4}$$

式中,K_p 是一个可调的放大倍数(比例增益),称比例放大倍数。对照式(11.3)可知,

图 11.6 中比例控制器的 $K_p = \dfrac{b}{a}$，改变杠杆支点的位置，便可改变 K_p 的数值。

可见，比例控制器输出的控制信号与偏差的大小成比例，在时间上没延迟。K_p 是衡量比例控制作用强弱的参数，K_p 越大，比例控制作用越强。在工业实际所用的比例控制器中，习惯用比例度 δ 代替 K_p，来表示比例作用的强弱。

所谓比例度指控制器输入的变化相对值与相应的输出变化相对值之比的百分数，其表达式为

$$\delta = \frac{e/(x_{max}-x_{min})}{\Delta p/(p_{max}-p_{min})} \times 100\% \tag{11.5}$$

式中　e——控制器的输入变化量；

Δp——相应的控制器输出变化量；

$x_{max}-x_{min}$——输入的最大变化量，即仪表的量程；

$p_{max}-p_{min}$——输出的最大变化量，即控制器输出的工作范围。

可从控制器表盘上的指示值变化看出，比例度 δ 其实就是使控制器的输出变化满刻度时（即控制阀从全关到全开或相反），相应的仪表测量值变化占仪表测量范围的百分数；或使控制器输出变化满刻度时，输入偏差变化对应于指示刻度的百分数。

将式(11.4)的关系代入式(11.5)，整理后可得

$$\delta = \frac{1}{K_p} \times \frac{p_{max}-p_{min}}{x_{max}-x_{min}} \times 100\% \tag{11.6}$$

对一个具体的控制器，仪表的量程和控制器输出的工作范围都已固定。可见，比例度 δ 与放大倍数 K_p 成反比，即控制器的比例度 δ 越大，则放大倍数 K_p 就越小，它将偏差（控制器输入）放大的能力越弱，比例控制作用就越弱。反之亦然。因此比例度 δ 与放大倍数 K_p 都能表示比例控制器控制作用的强弱。只不过 K_p 越大，表示控制作用越强，而 δ 越大，表示控制作用越弱。

单元组合仪表中，$x_{max}-x_{min} = p_{max}-p_{min}$，此时比例度为

$$\delta = \frac{1}{K_p} \times 100\% \tag{11.7}$$

例如 DDZ-Ⅲ型比例作用控制，温度刻度范围为 400~800℃，控制器输出工作范围是 4~20mA。当指示指针从 600℃ 移到 700℃，此时控制器相应的输出从 6mA 变为 14mA，其比例度的值为

$$\delta = \left(\frac{700-600}{800-400} \div \frac{14-6}{20-4}\right) \times 100\% = 50\%$$

这说明对于该控制器，温度变化全量程的 50%（相当于 200℃），控制器的输出就能从最小变为最大，在此区间内，e 和 Δp 成比例。其比例度的示意如图 11.7 所示，当比例度为 50%、100%、200% 时，只要偏差 e 变化分别占仪表全量程的 50%、100%、200% 时，控制器的输出就可从最小 p_{min} 变为最大 p_{max}。

图 11.7 所示的液位比例控制系统的过渡过程，如图 11.8 所示。如系统原处平衡状态，液位恒定于某值，当 $t=t_0$ 时系统受到干扰，即流出量 Q_2 有一阶跃增加时［图 11.8(a)］，被控变量 h 开始下降［图 11.8(b)］，浮球也跟着下降，通过杠杆的作用使进液阀杆上升，

阀开大，即作用在控制阀上的信号 Δp [图 11.8(c)]，使流入量 Q_1 增大 [图 11.8(d)]，液位下降速度减缓，直到 $Q_1=Q_2$，建立起新的平衡为止，液位稳定在一个新值上。但此时液位的新稳态值将低于给定值，它们之间的差称为余差。如设偏差 e 为测量值减去给定值，则 e 的变化曲线见图 11.8(e)。

从图 11.6 与图 11.8 可见，在扰动（如负荷）及给定值变化时有余差存在，这是比例控制规律的必然结果，由比例控制规律本身的特性所决定。即比例控制器的输出变化，必须依赖于输入（偏差）变化；要使执行器动作，被控变量就必然存在偏差。

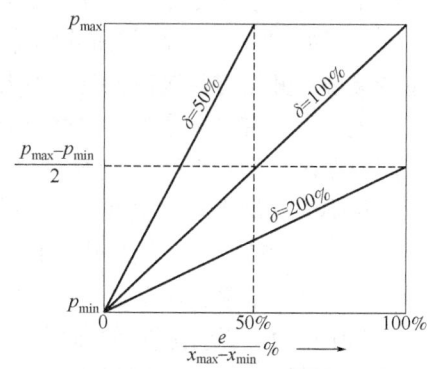

图 11.7 比例度示意图

因为一旦过程的流体或能量平衡关系因负荷变化或给定值变化而遭到破坏时，只有改变进入到过程中的流体或能量的数量，才能建立起新的平衡关系。这就要求调节阀必须有一个新的开度，即控制器必须有一个输出量 Δp，而比例控制器的输出 Δp 又正比于输入 e，因而这时控制器的输入信号 e 必然不会是零。可见，比例控制系统的余差是由比例控制器的特性所决定的。在 δ 较小时，对应于同样的 Δp 变化量的 e 较小，故余差小。同样，在负荷变化小的时候建立起新的平衡所需的 Δp 变化量也较小，e 或余差也较小。

比例控制的优点是反应快，控制及时。有偏差信号输入时，其输出立刻与它成比例地变化，偏差越大，输出的控制作用越强。缺点是存在余差。

2. 比例度 δ 对过渡过程的影响

为减小余差，就要增大 K_p（即减小比例度 δ），但会使系统的稳定性变差。比例度对过渡过程的影响如图 11.9 所示。由图可见，比例度越大过渡过程曲线越平稳，但余差也越大。比例度越小，则过渡过程曲线越振荡。比例度过小时就可能出现发散振荡。

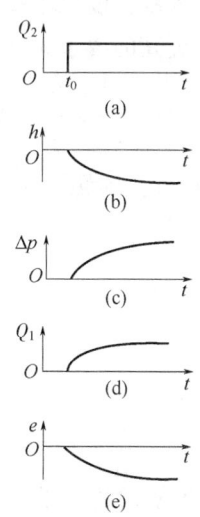

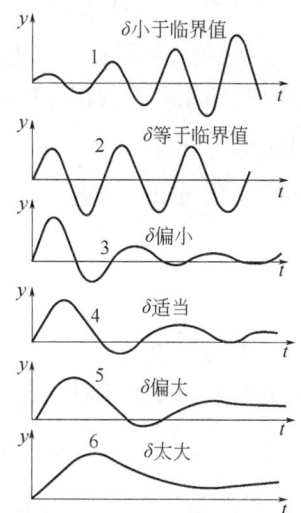

图 11.8 比例控制系统过渡过程　　图 11.9 比例度对过渡过程的影响

这是因为，当比例度大时（即放大倍数 K_p 小），在干扰产生后，控制器的输出变化较小，控制阀的开度改变较小，被控变量的变化就很缓慢（曲线6）；当比例度减小时，K_p增大，在同样的偏差下，控制器的输出较大，执行器控制阀的开度改变就越大，被控变量的变化也较灵敏，开始有些振荡，余差不大（曲线5和曲线4）。比例度再减小，控制阀的开度改变更大，大到有些过分时，被控变量也跟着过分地变化，再拉回来时又拉过头，结果会出现激烈的振荡（曲线3）。当比例度继续减小到某一数值时，系统会出现等幅振荡，这时的比例度称临界比例度δ_k（曲线2）。一般除反应很快的流量及管道压力等系统外，这种情况大多出现在$\delta_k<20\%$时。当比例度小于δ_k时，系统在干扰产生后将出现不稳定的发散振荡（曲线1），这很危险，甚至会造成重大事故。

工艺生产通常要求比较平稳而余差又不太大的控制过程，如曲线4。所以比例度调节必须结合被控对象特性进行，若对象的滞后较小、时间常数较大、放大倍数较小时，控制器的比例度可以选得小一些，以提高整个系统的灵敏度，使反应加快。反之，若对象的滞后较大、时间常数较小、放大倍数较大时，比例度就必须选得大些以保证稳定，否则就达不到稳定的要求。

总之，比例控制规律是最基本、最主要也是应用最普遍的控制规律，它比较简单，控制比较及时，一旦偏差出现，马上就有相应的控制作用，能较为迅速地克服扰动的影响，使系统很快地稳定下来。

比例控制规律通常适用于扰动幅度较小（即干扰较小）、负荷变化不大、对象的滞后较小或控制要求不高的场合。这是因为负荷变化越大，则余差越大，如负荷变化小，余差就不太显著；对象滞后越大，则振荡越厉害，如比例度δ过大，余差也就越大；如滞后较小，δ可小一些，余差也就相应减小。控制要求不高、允许有余差存在的场合，当然可用比例控制，如在液位控制中，通常仅要求液位稳定在一定的范围内，并无严格要求。仅当比例控制系统的控制指标不能满足工艺生产的要求时，才需要在比例控制的基础上适当引入积分或微分控制作用。

11.2.3 积分控制

比例控制不能使被控变量恢复到给定值而且存在余差，控制精度也不高。所以仅限在负荷变化不大和允许余差存在的情况下适用。当对控制质量有更高的要求时，就需要在比例控制的基础上，再加上能消除余差的积分控制作用。

1. 积分控制规律（Ⅰ）

当控制器的输出变化量Δp与输入偏差e的积分成比例时，即积分控制规律，其关系式为

$$\Delta p = K_I \int e dt \tag{11.8}$$

式中，K_I为控制器的积分速度。

控制器的输入偏差e为常数A时，式(11.8)可写成

$$\Delta p = K_I \int e dt = K_I A t \tag{11.9}$$

由式(11.8)可见，积分控制作用的输出信号大小取决于偏差的大小及其存在的时间长短。只要偏差存在，输出信号都将随时间变化，偏差存在的时间越长，输出信号就越大。只有当偏差消除（即$e=0$）时，输出信号才停止变化而稳定在某一值上，控制阀才停止工作，即积分控制作用在最后达到稳定时，可消除余差。因而用积分控制器组成的控制系统可达到

无余差。实际控制器中,常用积分时间 T_I 代替积分速度 K_I 来表示积分作用的强弱:

$$T_I = 1/K_I, \Delta p = \frac{1}{T_I}\int e dt \tag{11.10}$$

积分时间 T_I 和积分速度 K_I 成反比。积分时间 T_I 越短,积分速度 K_I 越大,积分作用越强。反之,积分作用越弱。

如图 11.10 所示。式(11.9)所表达的控制器输出特性为一条斜率不变的直线,直到控制器的输出达到最大值或最小值而无法再进行积分为止。积分控制器输出信号的变化速度即斜率,它与 e 和 K_I 成正比,而其控制作用随时间的积累才逐渐增强,所以控制动作缓慢,会出现控制的不及时。当对象惯性较大时,被控变量将出现大的超调量,过渡时间也将延长,控制作用也较慢,即在偏差已出现的瞬间,并无控制作用。因这一特点,积分作用虽能消除余差,但积分控制规律在工业生产上很少单独使用,因其控制作用总是滞后于偏差的存在,动作过程较缓慢,不能及时有效地克服扰动的影响,难以使控制系统稳定下来,故生产上都是将比例作用与积分作用组合成比例积分控制规律来使用。

2. 比例积分控制规律(PI)

前面谈过,比例控制规律的输出变化与输入偏差成比例,故作用快,但有余差;而积分控制规律能消除余差但作用较慢。因此常把比例与积分组合起来,这样控制既及时,又能消除余差,比例积分控制规律(常用 PI 表示)汲取了两者的优点,其数学表达式为

$$\Delta p = K_p\left(e + K_I\int e dt\right) = K_p\left(e + \frac{1}{T_I}\int e dt\right) \tag{11.11}$$

当输入偏差为一幅值 A 的阶跃干扰时,式(11.11)可写成

$$\Delta p = K_p A + \frac{K_p}{T_I}At \tag{11.12}$$

由式(11.12)可见,比例积分作用是比例作用与积分作用的叠加,其输出特性如图 11.11 所示。

当输入偏差是一阶跃变化时,比例积分控制器的输出一开始是比例作用所造成的垂直上升部分 $K_p A$ 阶跃变化,然后随时间逐渐上升的部分 $\frac{K_p}{T_I}At$ 是积分作用所致。$t=0$ 时,因比例作用,控制器的输出立即突变至 $K_p A$,而后积分起作用,使输出随时间等速变化;$t=T_I$ 时,输出为 $2K_p A$。在比例增益 K_p 及干扰幅值 A 确定的情况下,输出变化的速度取决于积分时间 T_I。积分时间 T_I 越小,表示积分速度越大,积分特性曲线的斜率越大,即积分作用越强;反之,T_I 越大,积分速度越小,积分作用越弱,当 $T_I \to \infty$ 则积分作用消失,控制器成为纯比例控制器。

3. 积分时间 T_I 对过渡过程的影响

图 11.12 表示同样比例度时积分时间 T_I 对过渡过程的影响。从图中可见,T_I 过大,积分作用不明显,余差消除很慢(曲线3);T_I 过小,易消除余差,但系统振荡加剧,过渡过程振荡太剧烈,稳定程度降低(曲线1);曲线2适宜,系统调节质量最好。

因比例积分控制器兼具比例和积分的优点,并且比例度和积分时间两个参数均可调整,故多数系统都可采用。当对象滞后很大,可能控制时间较长、最大偏差也较大;或负荷变化过于剧烈时,因积分作用动作缓慢,使控制作用不及时,这时可再增加微分作用。

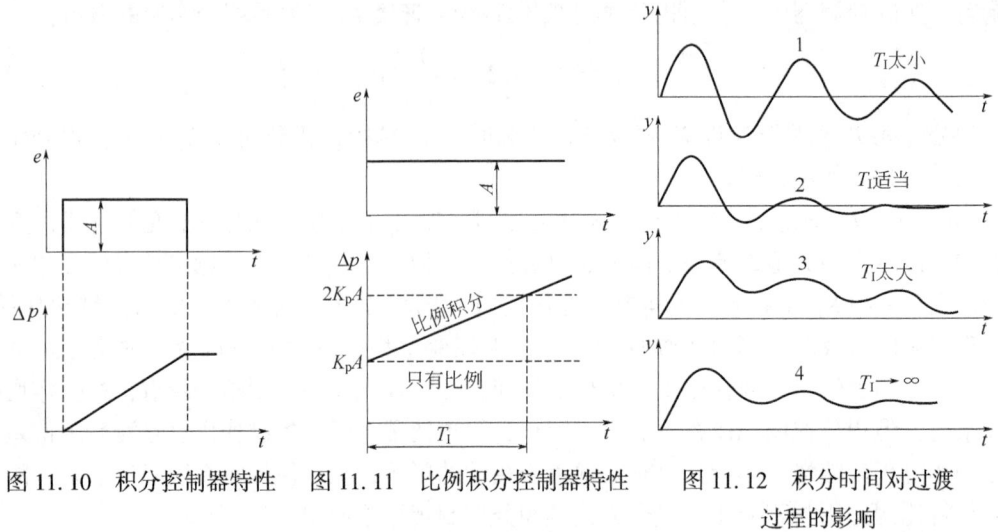

图 11.10 积分控制器特性　　图 11.11 比例积分控制器特性　　图 11.12 积分时间对过渡过程的影响

11.2.4 微分控制

在实际生产中，对惯性较大的对象，为使控制作用及时，常希望能根据被控变量变化的快慢来控制。人工控制时，虽然偏差可能还小，但看到参数的变化（偏差变化速度）很快，估计到很快就会有更大偏差，此时就会先过量地改变阀门的开度以克服干扰影响，即按偏差的变化速度而提前采取的超前控制作用。在自动控制系统中则通过微分控制规律来实现这一超前控制作用。

1. 微分控制规律（D）

微分控制作用主要用来克服被控变量的容量滞后（或称过渡滞后）。微分控制规律指控制器的输出变化量与偏差信号的变化速度成正比关系，即

$$\Delta p = T_D \frac{de}{dt} \tag{11.13}$$

式中，T_D 为微分时间；$\frac{de}{dt}$ 为偏差信号的变化速度。式(11.13)表示理想微分控制器的特性，如 $t=t_0$ 时控制器输入一个阶跃变化信号，则 $t=t_0$ 时控制器输出将为无穷大，其余时间输出为零（图 11.13）。也就是说输入变化的瞬间，输出趋于无穷大，此后因输入不再变化，输出又立刻降到零。

此类控制作用既难于实现，又无实用价值，故称理想微分作用。这种控制器用在控制系统中，其优点为：即使偏差很小，只要出现变化趋势，马上就进行控制，故有超前控制之称，但其输出不能反映偏差的大小，如偏差固定，即使数值很大，微分作用也无输出。因控制结果不能消除偏差，且对恒定不变的偏差无克服能力，故通常不能单独使用微分控制器，它常与比例作用或比例积分作用组合使用。

2. 比例微分控制规律（PD）

比例微分控制规律（图 11.14）为

$$\Delta p = K_p \left(e + T_D \frac{de}{dt} \right) \tag{11.14}$$

式中，T_D 为微分时间，用来衡量微分作用的强弱。

由图 11.14 可知微分作用按偏差的变化速度进行控制，其作用比比例作用快，因而对惯性大的对象用比例微分可改善控制质量，减小最大偏差，节省控制时间。同时因微分作用总是力图抑制被控变量的变化，有抑制振荡、减少被控变量的波动幅度、提高控制系统稳定性的作用。例如在比例作用的基础上适当加入微分作用，则可采用更小的比例度，不仅减小了余差，且提高了振荡频率，缩短了过渡时间。但如加得过大，因控制作用过强，不仅不能提高系统的稳定性，反而会引起被控变量大幅度的振荡。

微分作用不能消除余差。一般比例微分控制规律主要用于一些被控变量变化比较平稳，对象时间常数较大，控制精度要求又不是很高的场合。如控制精度要求较高，则可采用比例积分微分控制规律。

视频 6　PID 控制

3. 比例积分微分控制（PID）

比例积分微分控制又称 PID 控制（视频 6），其由比例、积分、微分三种控制作用组合而成，可由下式表示：

$$\Delta p = K_p \left(e + \frac{1}{T_I} \int e \, dt + T_D \frac{de}{dt} \right) \tag{11.15}$$

当有阶跃偏差信号输入时，PID 控制器的输出信号为比例、积分和微分三部分输出之和，所得到的比例积分微分控制特性曲线如图 11.15 所示。

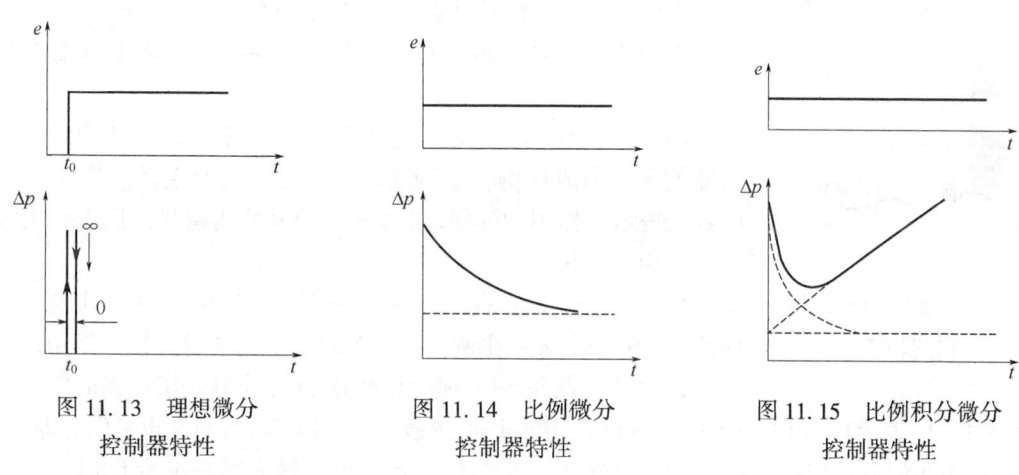

图 11.13　理想微分控制器特性　　图 11.14　比例微分控制器特性　　图 11.15　比例积分微分控制器特性

从图 11.15 中可看出，在偏差跳变的瞬间（即偏差刚一出现时），微分作用立即变化，其输出变化最大，使控制器的总输出突然大幅度地增加，产生一个较强的超前控制作用，以抑制偏差的进一步增大。随后微分作用逐渐下降，迅速消失；接着随着时间的累积，积分作用越来越大，逐渐起主导作用，以便慢慢地将余差消除，若偏差不消除，则积分作用可使输出变到最大（或最小）值；而在整个控制过程中，比例控制作用始终与偏差相对应，它对保持系统的稳定起着关键作用。PID 控制器有三个控制参数：比例度 δ、积分时间 T_I 和微分时间 T_D，适当选取这三个参数的值，就能快速地进行控制，又能消除余差，并具有较好的控制性能。

在实际的 PID 控制作用过程中，开始微分作用是主要的，当偏差恒定下来后，微分作用逐渐减弱，随后积分作用逐渐累积加强；此间比例作用始终存在。比例作用在克服干扰中起主要作用，积分作用用于消除余差，微分作用则用于超前控制。PID 控制适合于对象比较复杂、要求无余差的场合。

把 PID 控制器的微分时间调到零（即微分作用为零），就成了 PI 控制器。如把 PID 控制器的积分时间放到最大（即积分作用为零），就成了一个 PD（比例微分）控制器。它动作迅速，动偏差小，控制过程短，但仍有余差，适用于大容量、滞后时间长的对象。目前生产中的连续控制，都是这三种控制作用的组合。但并不是说 PID 三作用控制规律是最好的控制策略。自动控制系统的控制质量不仅与控制规律有关，还与对象特性有关。只有依据对象特性来选择控制规律才可能得到最佳的控制效果。

4. 微分时间对过渡过程的影响

在负荷变化剧烈、扰动幅度较大或过程容量滞后较大的系统中，适当引入微分作用，可在一定程度上提高系统的控制质量。但如引入的微分作用太强，即 T_D 太大，反而会引起控制系统的剧烈振荡。当测量中有显著噪声时，如流量的测量信息就常带有不规则的高频干扰信号，则不宜引入微分作用，有时甚至需要引入反微分作用。

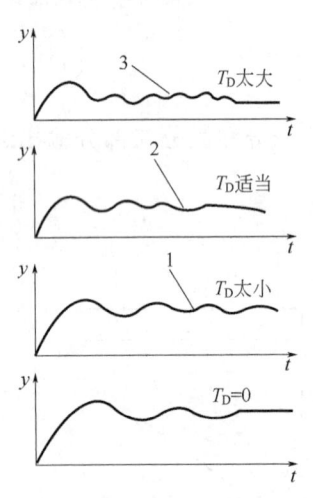

图 11.16　微分时间对过渡过程的影响

微分时间 T_D 的大小对系统过渡过程的影响，如图 11.16 所示。从图中可见，若取 T_D 太小，则对系统的控制指标无影响或影响甚微（曲线 1）；若 T_D 选取适当，系统的控制指标将得到全面改善（曲线 2）；但若 T_D 取得过大，即引入的微分作用太强，则控制的输出将会剧烈变化，不仅稳定性得不到提高，反而会引起被控变量的快速振荡（曲线 3）。

综上所述，对比例、积分、微分三种控制规律进行简单的小结：

（1）比例控制：根据"偏差的大小"来动作。其输出与输入偏差的大小成比例，控制及时、有力，但有余差。它用比例度 δ 来表示其作用的强弱。δ 越小，控制作用越强，比例作用太强时会引起振荡。

（2）积分控制：根据"偏差是否存在"来动作，其输出与偏差对时间的积分成比例，仅当余差完全消失时，积分作用才停止，其实质是消除余差。但积分作用缓慢，延长了控制时间。它用积分时间 T_I 表示其作用的强弱，T_I 越小，积分作用越强。积分作用太强时，也易引起振荡。

（3）微分控制：根据"偏差的变化速度"来动作。其输出与输入偏差的变化速度成比例，其效果是阻止被控变量的一切变化，有超前控制的作用。对滞后大的对象有很好的效果。它用微分时间 T_D 表示其作用的强弱，T_D 大，作用强。但 T_D 太大，会引起振荡。

I、P、PI、PD、PID 调节图形比较如图 11.17 所示。

储运常见对象的特点及其常用的控制器类型如下：

（1）液位：滞后不大，一般控制要求不高，常用 P 或 PI 控制器。

（2）流量：滞后很小，响应快，测量信号有脉动信号，常用 PI 控制器（一般不能加 D）。

（3）压力：液体介质，滞后小；气体介质，滞

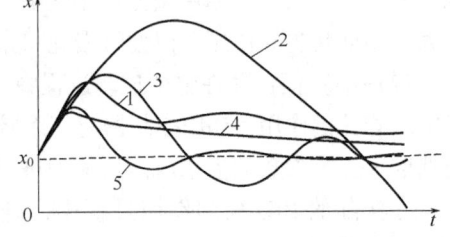

图 11.17　I、P、PI、PD、PID 调节图形比较
1—P；2—I；3—PI；4—PP；5—PID

后适中；常用 P 或 PI 控制器，有时可用位式控制。

（4）温度：滞后较大，响应较慢，常用 PID 控制器。

11.3 数字式控制器

控制器的作用是将被控变量与给定值进行比较，然后对比较后得到的偏差进行比例、积分、微分等运算，并将运算结果以一定的信号形式送给执行器，以实现对被控变量的自动控制。根据信号形式，控制器可分为模拟式控制器和数字式控制器。模拟式控制器以运算放大器等模拟电子器件为基本构成部件；而数字式控制器传送的是离散的数字信号，它采用数字技术，以微处理器为核心部件。

以数字技术为基础的数字式控制器具有丰富的控制功能、灵活而方便的操作与调试手段，形象而又直观的图形或数字显示以及高度的安全可靠性等特点，比模拟式控制器更能有效地控制和管理生产过程。目前的控制系统中大多用数字式控制器。

11.3.1 数字式控制器的类型和特点

数字式控制器与模拟式控制器的构成原理和工作方式有根本的差别，但从仪表总的功能和输入输出关系来看，因数字式控制器备有模—数（A/D）和数—模（D/A）器件，两者并无外在的明显差异。数字式控制器在外观、体积、信号制上都与 DDZ-Ⅲ型控制器相似或一致，也可装在仪表盘上使用，且数字式控制器经常只用来控制一个回路（包括复杂控制回路），故数字式控制器常称为单回路数字控制器。

1. 数字式控制器的类型

（1）定程序控制器（单回路数字控制器）：为适应 DDZ 系列单元模式而设计的简易计算机控制系统。

（2）可编程控制器 PLC：具有大量 I/O 接口的专用计算机系统，通常使用专门的编程语言。

（3）混合控制器与批量控制器：基于高性能商用 CPU 的计算机系统，可使用多种高级语言，具有普通商用计算机的全部功能。

2. 数字式控制器的特点

与模拟式控制器比较，数字式控制器在构成与工作方式上都有不同，其有如下特点：

（1）实现了模拟仪表与计算机的一体化。将微处理机引入控制器，充分发挥了计算机的优越性，使控制器的电路简化，功能得到增强，提高了性能价格比。数字式控制器在外形结构、面板布置等方面保留了模拟式控制器的特征。使用操作方式也与模拟式控制器相似。

（2）具有丰富的运算、控制功能。数字式控制器具有比模拟式控制器更丰富的运算、控制模块及功能，用户按需要选用部分的模块进行组态，可实现各种运算处理和复杂控制。其既可实现模拟式控制器的 PID 运算等一切控制功能，还可实现复杂运算、复杂控制；既可进行连续控制，也可进行采样控制、选择控制和批量控制。除实现控制中的逻辑判断、自适应控制参数及专家自整定等高级功能外，还可实现自诊断和自检测功能，以满足不同控制系统的需求。

（3）通过软件实现所需的功能，使用灵活方便，通用性强。数字式控制器在外形设计上，采用模拟仪表的外形结构、操作和安装方法。照顾了模拟式控制器的操作习惯。其模拟量输入输出均采用国际统一的标准信号（4～20mA 直流电流，1～5V 直流电压），可方便地与 DDZ-Ⅲ型仪表相连，同时还有数字量的输入输出，可进行开关量控制。其运算控制功能通过软件实现，用户程序采用"面向过程语言（POL）"编写，易学易用；程序编好后，如不满足要求，可以"擦去"，再次编程，应用相当灵活。

（4）具有通讯功能，便于系统扩展。数字式控制器除用于代替模拟控制器构成独立的控制系统外，通过数字式控制器的标准通信接口，可挂在数据通道上与其他计算机、操作站等进行通信，也可以作为集散控制系统的过程控制单元。

（5）可靠性高，维护方便。

11.3.2 数字式控制器基本构成

硬件方面，数字式控制器使用元件少，且高度集成化，减少了硬件连接，可靠性高；软件方面，其具有较完备的自诊断功能，对系统和过程故障能及时报警或处理；另外复杂回路采用模块软件的组态来实现，使硬件电路简化。

模拟式控制器仅由模拟元器件构成，其功能完全由硬件的构成形式决定，功能较单一；数字式控制器由硬件电路和软件两部分组成，控制功能主要由软件所决定。通过 A/D 与 D/A 转换，可实现模拟量与数字量之间的相互转化。其基本原理如图 11.18 所示。

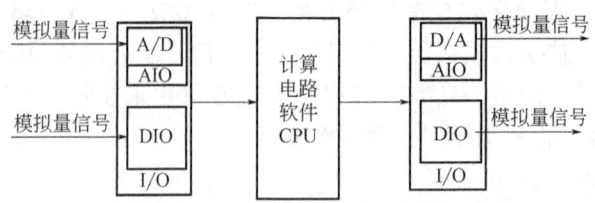

图 11.18 数字式控制器基本原理

1. 数字式控制器的硬件电路

数字式控制器的硬件电路由主机电路、过程输入通道、过程输出通道、人机联系部件以及通信接口电路等部分组成，其构成框图如图 11.19 所示。

1）主机电路

数字式控制器的核心是主机电路，用于实现仪表数据的运算处理及各组成部分之间的管理。

主机电路由微处理器（CPU）、只读存储器（ROM、EPROM）、随机存储器（RAM）、定时/计数器（CTC）以及输入/输出接口（I/O 接口）等组成。

CPU（中央处理单元）是数字式控制器的核心，通常采用 8 位微处理器，完成接受指令、数据传送、运算处理和控制等功能。它通过总线与其他部分连在一起而构成一个系统。

ROM 用来存放系统程序。EPROM 中存放用户编制的程序。RAM 用来存放控制器的输入数据、显示数据、运算的中间值和结果等。在系统掉电时，ROM 中的程序是不会丢失的，而 RAM 中的内容会丢失。因此通常选用低功耗的 CMOS-RAM，并备有微型电池做后备电源。有的数字式控制器采用 EEPRQM 芯片存放重要参数，它同 RAM 一样具有读写功能，且在掉电时不会丢失数据。

定时/计数器具有定时/计数功能。定时功能用来确定控制器的采样周期，产生串行通信接口所需的时钟脉冲；计数功能主要对外部事件进行计数。

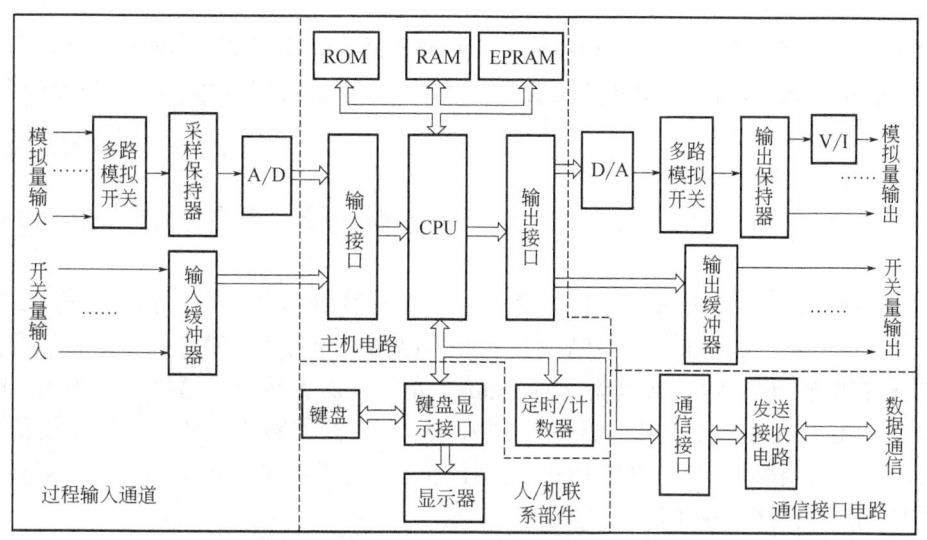

图 11.19　数字式控制器硬件结构框图

输入输出接口是 CPU 与输入输出通道及其他外设进行数据交换的部件，它有并行接口和串行接口两种。并行接口具有数据输入、输出、双向传送和位传送功能，用来连接输入输出通道，或直接输入、输出的开关量信号。串行接口具有异步或同步传送串行数据的功能，用来连接可接收或发送串行数据的外部设备。

2) 过程输入通道

过程输入通道包括模拟量输入通道和开关量输入通道，模拟量输入通道用于连接模拟量输入信号，开关量输入通道用于连接开关量输入信号。通常，数字式控制器都可接收几个模拟量输入信号和几个开关量输入信号。

（1）模拟量输入通道。模拟量输入通道将多个模拟量输入信号分别转换为 CPU 所能接受的数字信号，它由多路模拟开关、采样/保持器和数字量 A/D 转换器构成。

模拟量输入信号在 CPU 的控制下经多路模拟开关采入，经过采样/保持器后，输入 A/D 转换电路，转换成数字量信号并送往主机电路。

多路模拟开关将多个模拟量输入信号逐个连接到采样/保持器，采样/保持器暂时存储模拟输入信号，并把该值保持一段时间，以供 A/D 转换器转换。

A/D 转换器的作用是将模拟信号转换为相应的数字量。常用的 A/D 转换器有逐位比较型、双积分型和 V/F 转换型等几种。逐位比较型 A/D 转换器的转换速度最快，一般在 10^4 次/s 以上，缺点是抗干扰能力差；其余两种 A/D 转换器的转换速度较慢，通常在 100 次/s 以下，但它们的抗干扰能力较强。

（2）开关量输入通道。开关量指在控制系统中电接点的通与断，或逻辑电平为"1"与"0"这类状态的信号。例如各种按钮开关、接近开关、液（料）位开关、继电器触点的接通与断开，及逻辑部件输出的高电平与低电平等。

开关量输入通道接受控制系统中的开关信号（"接通"或"断开"）及逻辑部件输出的高、低电平，并将这些信号转换成能被计算机识别的数字信号，通过输入缓冲电路或直接经过输入接口送往主机电路。为抑制来自现场的干扰，开关量输入通道常用光电耦合器件为输入电路，以进行隔离传输。

3) 过程输出通道

过程输出通道包括模拟量输出通道和开关量输出通道，模拟量输出通道用于输出模拟量信号，开关量输出通道用于输出开关量信号。通常，数字式控制器都可具有几个模拟量输出信号和几个开关量输出信号。

(1) 模拟量输出通道。

模拟量输出通道由数/模转换器（D/A）、多路模拟开关、输出保持电路和 V/I 转换器等构成。

模拟量输出通道依次将来自主机电路、经多个运算处理后的数字信号进行数/模转换（D/A），转换成直流电压信号（1~5V）后，经多路模拟开关送入输出保持电路暂存，以便分别输出模拟电压（1~5V）或电流（4~20mA）信号。D/A 转换器起数/模转换作用，D/A 转换芯片有 8 位、10 位、12 位等品种可供选用。V/I 转换器将 1~5V 的模拟电压信号转换成 4~20mA 的电流信号，其作用与 DDZ-Ⅲ型控制器或运算器的输出电路类似，多路模拟开关与模拟量输入通道中的相同。

(2) 开关量输出通道。

开关量输出通道通过锁存器输出开关量（包括数字、脉冲量）信号，以便控制继电器触点和无触点开关的接通与释放，也可控制步进电机的运转。开关量输出通道也常采用光电耦合器件作为输出电路，以进行隔离传输。

4) 人机联系部件

通常在数字式控制器的正面和侧面放置人机联系部件。正面板的布置类似于模拟式控制器，有测量值和给定值显示器，输出电流显示器，运行状态（自动/串级/手动）切换按钮，给定值增/减按钮、手动操作按钮及一些状态显示灯。侧面板有设置和指示各种参数的键盘、显示器。

在有些控制器中附带后备手操器。当控制器发生故障时，可用手操器来改变输出电流，进行遥控操作。

5) 通信部件（通信接口电路）

控制器通信部件有通信接口、发送与接收电路等。通信接口将欲发送的数据转换成标准通信格式的数字信号，由发送电路送往外部通信线路（数据通道），同时通过接收电路接收来自通信线路的数字信号，将其转换成能被计算机接收的数据。通信接口有并行和串行两种，数字式控制器大多用串行传送方式。

2. 数字式控制器的软件

数字式控制器的软件包括系统程序和用户程序两大部分。

1) 系统程序

系统程序是控制器软件的主体部分，通常由监控程序和功能模块两部分组成。

(1) 监控程序使控制器的各硬件电路能正常工作并实现所规定的功能，同时完成各组成部分之间的管理。监控程序主要完成系统初始化、按键及显示器的管理、中断管理、自诊断管理及运行状态控制等工作。

(2) 功能模块提供了各种功能，用户可选择所需要的功能模块以构成用户程序，使控制器实现用户所规定的功能。通常主要有数据采集、数据滤波、标度变换、算数和逻辑运算、控制运算及数据输出等。

2) 用户程序

用户程序是用户根据控制系统的要求，在系统程序中选择所需要的功能模块，并将它们按一定的规则连接起来的结果，其作用是"连接"系统程序中的各功能模块，使控制器完成预定的控制与运算功能任务。使用者编制的程序实际上是完成功能模块的连接，也即组态工作。此外，用户程序还规定了一些基本参数（如使用的控制算法）及工作参数（如 PID 控制参数等）。

用户程序的编程常用面向过程的 POL 语言，这是一种为了定义和解决某些问题而设计的专用程序语言，程序设计简单，操作方便，容易掌握和调试。通常有组态式和空栏式两种语言，组态式又有表格式和助记符式之分。控制器的编程工作通过专用的编程器进行，有"在线"和"离线"两种编程方法。

这类控制器的控制规律可根据需要由用户自己编程，且可擦去改写，故实际上是一台可编程序的数字控制器，习惯上称这种控制器为可编程序调节器，下面介绍一种采用表格式语言和离线编程方法的 KMM 型可编程序调节器。

11.3.3　单回路数字控制器（KMM 型可编程序调节器）

KMM 型可编程序调节器是一种采用表格式语言和离线编程方法的单回路数字控制器。它是 DK 系列中的一重要品种，而 DK 系列仪表又是集散控制系统 TDC-3000 的一部分，它是为了把集散系统中的控制回路彻底分散到每一个回路而研制的。KMM 型可编程序调节器可接收 5 个模拟输入信号（1~5V）、4 个数字输入信号，输出 3 个模拟信号（1~5V），其中一个可为 4~20mA，输出 3 个数字信号。这种控制器的功能强大，它是在比例积分微分运算的功能上，再加上好几个辅助运算的功能，并将它们都装到一台仪表中去的小型面板式控制仪表。它能用于单回路的简单控制系统与复杂的串级控制系统，除完成传统的模拟控制器的比例、积分、微分控制功能外，还能进行加、减、乘、除、开方等运算，并可进行高、低值选择和逻辑运算等。这种控制器除功能丰富的优点外，还有控制精度高、使用方便灵活等优点，控制器本身具有自诊断的功能，维修方便。与计算机联用时，该控制器能以通信方式直接接受由上位计算机送来的给定值信号，可作为分散型数字控制系统中的装置级控制器使用。

KMM 型可编程序调节器的面板布置如图 11.20 所示。

指示灯 1 分左右两个，分别作为测量值的上、下限报警用。当调节器依靠内部诊断功能检出异常情况后，指示灯 2 就发亮（红色），表示调节器处于"后备手操"运行方式。在此状态时各指针的指示值均为无效。后面操作可由装在仪表内部的"后备操作单元"进行。只要异常原因不解除，调节器就不会自行切换到其他运行方式。

可编程序调节器通过附加通信接口，就可和上位计算机通信。通信进行过程中的通讯指示灯 3 亮。当输入外部联锁信号后，指示灯 4 闪亮，此时调节器的功能与手动方式相同。但每次切换到此方式后，联锁信号中断，如不按复位按钮 R，就不能切换到其他的运行方式。一按复位按钮 R，就返回到"手动"方式。

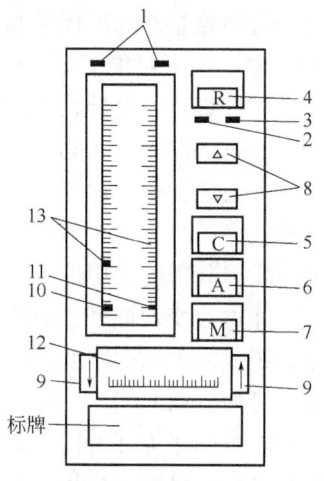

图 11.20　KMM 调节器正面面板布置图
1~7—指示灯；8,9—按钮；10~13—指针

仪表上的测量值（PV）指针10和给定值（SV）指针11分别指示输入到PID运算单元的测量值与给定值信号。

仪表上还设有备忘指针13，用来给正常运行时的测量值、给定值、输出值作记号用。

按钮M、A、C及指示灯7、6、5分别代表手动、自动与串级运行方式。

(1) 当按下按钮M时，指示灯亮（红色）。此时控制器为"手动"运行方式，通过输出操作按钮9可进行输出的手动操作。按下右边按钮时，输出增加；按下左边按钮时，输出减小。输出值由输出指针12进行显示。

(2) 当按下按钮A时，指示灯亮（绿色）。这时调节器为"自动"运行方式，通过给定值（SV）设定按钮8可以进行给定值的增减。上面的按钮为增加给定值，下面的按钮为减小给定值。当进行PID定值调节时，PID参数可借助表内侧面的数据设定器加以改变。数据设定器除可进行PID的参数设定外，还可对给定值、测量值进行数字式显示。

(3) 当按下按钮C时，指示灯亮（橙色）。这时调节器为"串级"运行方式，调节器的给定值可来自另一个运算单元或从控制器外部来的信号。

调节器的启动步骤如下：

(1) 控制器在启动前，要预先将"后备手操单元"的"后备/正常"运行方式切换开关扳到"正常"位置。另外，还要拆下电池表面的两个止动螺钉，除去绝缘片后重新旋紧螺钉。

(2) 使控制器通电，控制器即处于"联锁手动"运行方式，联锁指示灯亮。

(3) 用"数据设定器"来显示、核对运行所必需的控制数据，必要时可改变PID参数。

(4) 按下复位按钮（R），解除"联锁"。这时就可进行手动、自动或串级操作。

这种调节器因具有自动平衡功能，所以手动、自动、串级运行方式之间的切换都无扰动，不需要任何的手动调整操作。

11.4 可编程序控制器

11.4.1 可编程序控制器概述

可编程序控制器的出现是基于微计算机技术，用来解决工艺生产中大量的开关控制问题。1969年美国研制出了第一台可编程序控制器。可编程序控制器初期主要用于顺序控制，虽然也采用计算机的设计思想，但实际上只能进行逻辑运算，故称可编程逻辑控制器，简称PLC（Programmable Logic Controller）。随着其发展和功能的扩大，现已把中间的逻辑两字删除，但基于习惯，也为避免与个人计算机PC混淆，故仍称为PLC。

可编程序控制器（PLC）是一种以微处理器为基础，综合了计算机技术、控制技术和通信技术而发展起来的通用性工业控制装置。与过去的继电器系统相比，其最大特点在于可编程序，可通过改变软件来改变控制方式和逻辑规律，同时，功能丰富、可靠性强，可组成集散控制系统或纳入局部网络。与通常的微计算机相比，它具有体积小、功能强、程序设计简单、编程简便、面向用户、灵活通用、面向现场、使用方便等一系列的优点，特别是它的高可靠性和较强的恶劣环境适应的能力，使其广泛应用于各种工业领域。

PLC在国内已广泛应用于石油、化工、电力、钢铁、机械等各行各业。它除了可用于开关量的逻辑控制、机械加工的数字控制、机器人的控制外，目前已广泛应用于连续生产过程的闭环控制，现代大型的 PLC 都配有 PID 子程序或 PID 模块，可实现单回路控制与各种复杂控制，也可组成多级控制系统。PLC 技术已很成熟，并从开关量的逻辑控制扩展到计算机的数字控制（CNC 等）领域。目前生产的 PLC 已向电气控制、仪表控制和计算机控制的一体化方向发展。

11.4.2 可编程序控制器的分类

PLC 的生产厂家很多，品种也很多。目前已发展成为一个巨大的产业。下面介绍两种 PLC 的分类方法。

1. 按容量（I/O 输入/输出能力）分类

（1）I/O 点数在 256 点以下的小型 PLC，这类 PLC 的主要功能有逻辑运算、定时计算、移位处理等，采用专用简易编程器。通常小型 PLC 用来代替继电器控制，用于机床控制、机械加工和小规模生产过程的连锁控制。小型 PLC 价格低廉，体积小巧，是 PLC 中生产和应用量较大的产品。

（2）I/O 点数在 256~2048 点之间的中型 PLC，内存 8KB 以下。适合于开关量的逻辑控制和过程变量的检测及连续控制。主要功能除具有小型 PLC 的功能之外，还具有算术运算、数据处理及 A/D、D/A 转换、联网通信、远程 I/O 等功能，可用于较复杂过程的控制。

（3）I/O 点数在 2048 点以上的大型 PLC，属 8KB 以上用户存储器。它除了具有中小型 PLC 的功能外，还具有 PID 运算及高速计数等功能，配有显示及常规的计算机键盘，与工业控制计算机类似。编程可采用梯形图、功能表图及高级语言等多种方式。

2. 按硬件的结构形式分类

（1）整体式 PLC：把 PLC 的各个组成部分安装在一个机壳内，输入、输出接线端子及电源进线分别在机箱的上、下两端，并有相应的发光二极管显示输入/输出状态。面板上留有编程器的接口、EPROM 存储器接口、扩展单元的接口等。编程器和主机是分离的，程序编写完毕下装到 PLC 后即可拔下编程器。这种 PLC 具有结构简单、体积小、重量轻、基本功能完备、价格低等特点。一般的小型 PLC 采用这种结构。

（2）模块式 PLC：把 PLC 的各个组成部分做成相对独立的模块，便于扩展。如电源模块、CPU 模块、输入模块、输出模块、通信模块以及各种智能模块等，再以积木搭接的方式组成系统，即 PLC 由框架和各模块组成，各模块插在相应插槽上，通过总线连接。PLC 厂家备有不同槽数的框架供用户选用，用户可选用不同档次的 CPU 模块、品种繁多的 I/O 模块和其他特殊模块；硬件配置灵活，维修时更换模块也很方便。这种 PLC 具有功能完备、配置灵活、组装方便、可扩展性强、维护方便等特点。通常大、中型 PLC 和部分小型 PLC 采用这种结构。

（3）叠装式 PLC：上述两种结构各有特色，整体式 PLC 结构紧凑、安装方便、体积小；易于与被控设备组成一体，但有时系统所配置的输入、输出点不能被充分利用，且不同 PLC 的尺寸大小不一致，不易安装整齐；模块式 PLC 的点数配置灵活，但尺寸较大，很难与小型设备连成一体。为此开发了叠装式 PLC，它吸收了整体式和模块式 PLC 的优点，其基本单元、扩展单元等高等宽，它们不用基板。仅用扁平电缆连接，紧密拼装后组成一个整齐、体积小巧的长方体，且输入与输出点数的配置也相当灵活。

11.4.3 可编程序控制器的基本组成

PLC 的主体由中央处理器 CPU、存储器和输入输出模块三部分组成。

PLC 的基本组成与结构框图如图 11.21、图 11.22 所示。系统电源在 CPU 模块内，也可单独视为一个单元，编程器一般看作 PLC 的外设。其内部采用总线结构，进行数据和指令的传输。

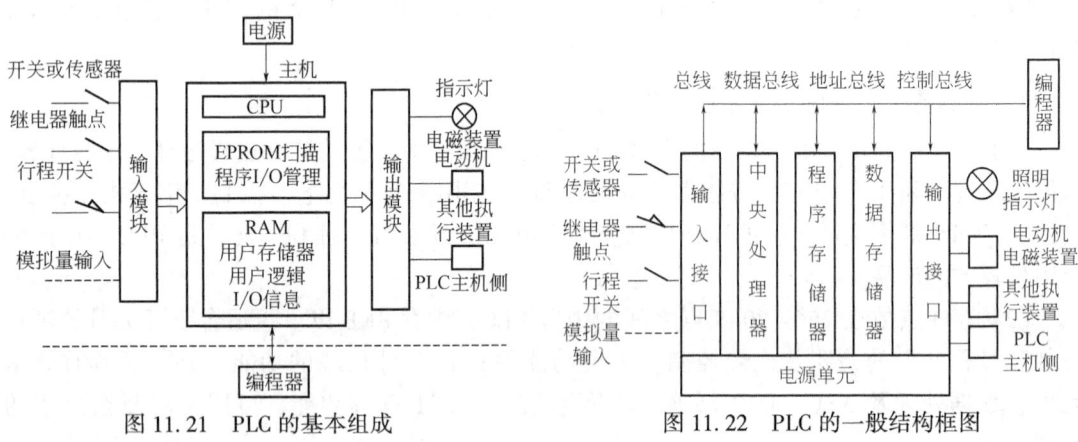

图 11.21　PLC 的基本组成　　　　　图 11.22　PLC 的一般结构框图

外部的开关信号、模拟信号及各种传感器的检测信号作为 PLC 的输入变量，它们经过 PLC 的输入端子进入 PLC 的输入存储器，并收集和暂存被控对象实际运行的状态信息和数据；经 PLC 内部运算与处理后，按被控对象的实际动作要求产生输出结果；输出结果送到输出端子作为输出变量，驱动执行机构。PLC 的各部分协调一致地实现对现场设备的控制。PLC 的逻辑结构框图见图 11.23。

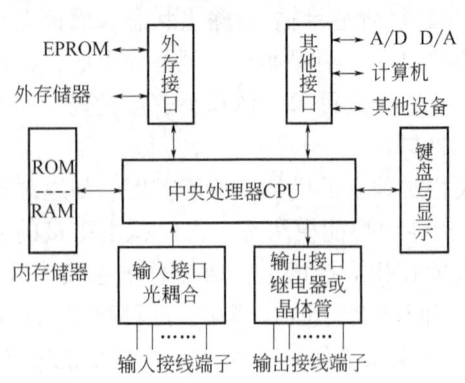

图 11.23　PLC 的逻辑结构框图

1. 中央处理器

中央处理器（CPU）的作用是解释并执行用户及系统程序，通过运行用户及系统程序完成所有的控制、处理、通信功能以及所赋予的其他功能，并控制整个系统协调一致地工作。

常用的 CPU 有通用微处理器、单片机和双极型位片机。

2. 存储器

PLC 的存储器用来存储系统程序和用户程序。系统程序主要包括监控程序、模块化应用功能子程序、命令解释功能子程序及各种系统参数等。用户程序主要指由用户编制的梯形图等程序。PLC 在运行过程中的输入与输出数据（或状态）也存储到相应的状态表或数据寄存器中。

PLC 的常用存储器主要有 ROM、EPROM、E²PROM、RAM 等几种，用于存放系统程序、用户程序和工作数据，外存则常用盒式磁带或磁盘等。对不同的 PLC，存储器的配置形式一样，但存储器的容量随 PLC 规模的不同而有较大差别。

RAM 用于随机存储 PLC 内部的输入与输出信息，并存储内部继电器（软继电器）、移位寄存器、数据寄存器、定时器/计数器及累加器等的工作状态,还可存储用户正在调试和修改的程序及各种暂存的数据、中间变量等。RAM 是一种高密度、低功耗的半导体存储器,可用锂电池作为备用电源,一旦断电就可通过锂电池供电,保持 RAM 中的内容。

ROM 用于存储系统程序。系统程序主要包括系统管理程序、用户指令解释程序和功能程序与系统程序调用等部分。EPROM 主要用来存放 PLC 的操作系统和监控程序。如用户程序已完全调试好,也可将程序固化在 EPROM 中。EPROM 为可电擦除只读存储器,须用紫外线照射芯片上的透镜窗口才能擦除已写入内容,可电擦除、可编程的只读存储器还有 E^2PROM、FLASH 等。

3. 输入输出模块(接口)

可编程序控制器是一种工业控制计算机系统,其控制对象是工业生产过程,与 DCS 相似,它与工业生产过程的联系也是通过输入输出接口模块(I/O)来实现的。输入输出(I/O)模块是 PLC 与工业现场控制或检测元件和执行元件的连接桥梁。现场控制或检测元件输入给 PLC 的各种控制信号,如限位开关、操作按钮、选择开关及其他一些传感器输出的开关量或模拟量等,通过输入接口电路将这些信号转换成 CPU 能接收和处理的信号。输出接口电路将 CPU 送出的弱电控制信号转换成现场需要的强电信号输出,以驱动电磁阀、接触器等被控设备的执行元件。

PLC 连接的过程变量按信号类型可分为开关量(即数字量)、模拟量和脉冲量等,相应输入输出模块可分为开关量输入模块、开关量输出模块、模拟量输入模块、模拟量输出模块和脉冲量输入模块等。

4. 编程单元(编程器)

1)编程器的功能

编程器的作用是编写、编辑、调试和监视用户程序,设置 PLC 系统的运行环境、在线监视或修改运行状态和参数。编程器不仅能对程序进行写入、读出、修改,还能对 PLC 的工作状态进行监控。随着 PLC 功能的不断增强,编程语言的多样化,编程已可在计算机上完成。

2)编程器的工作方式

编程器有在线和离线两种编程方式。(1)在线(联机)编程方式指编程器与 PLC 上的专用插座相连,或通过专用接口相连,程序可直接写入 PLC 的用户程序存储器中,也可先在编程器的存储器内存放,然后再下装到 PLC 中。在线编程方式可对程序进行调试和修改,并可监视 PLC 内部器件(如定时器、计数器)的工作状态,还可强迫某个器件置位或复位,并强迫输出。(2)离线(脱机)编程方式指编程器先不与 PLC 相连,编制的程序先存放在编程器的存储器中,程序编写完毕,再与 PLC 连接,将程序送到 PLC 的存储器中。离线编程不影响 PLC 的工作,但不能实现对 PLC 的监视。

3)编程器的分类

编程器目前主要有便携式编程器和通用计算机。

便携式编程器又称简易编程器,其通常直接与 PLC 上的专用插座相连,由 PLC 给编程器提供电源。这种编程器一般只能用助记符指令形式编程,通过按键将指令输入,并由显示窗口显示。便携式编程器只能联机编程,对 PLC 的监控功能少,便于携带,因此适合于小型 PLC 的编程与现场调试。

在通用计算机中加上适当的硬件接口和软件包,就能使用这些计算机进行编程。此类方式既可直接进行梯形图编程,又可用语句形式编程,监控的功能也较强。同时还能进行脱机编程。

目前 PLC 的制造厂家大都开发了计算机辅助 PLC 编程支持软件,当个人计算机安装了 PLC 的编程支持软件后,就可用作图形编程器,进行用户程序的编辑、修改,并通过个人计算机和 PLC 之间的通信接口实现用户程序的双向传送,并监控 PLC 运行状态等。

5. 电源

PLC 一般配有工业用的开关式稳压电源供内部电路使用。与普通电源相比,通常要求电源模块的输入电压范围大、稳定性好、抗干扰能力强。许多 PLC 电源还可向外部提供直流 24V 稳压电源,用于向输入接口上的接入电气元件供电,以简化外围配置。

11.4.4 可编程序控制器的基本工作原理及工作过程

PLC 通过编程器编制用户的控制程序,即将 PLC 内部的各种逻辑及运算部件按控制工艺进行组合,以求达到一定的逻辑和运算功能。PLC 将输入信息采入 PLC 内部,之后,执行组态后的逻辑运算功能,最后输出达到控制功能。这就是 PLC 的基本工作原理。

1. 继电器控制系统

任一种继电器控制系统均基本由输入、逻辑、输出三部分组成。继电器控制系统如图 11.24 所示。输入部分指各类按钮、行程开关、转换开关;逻辑部分指由各种继电器及其触点组成的实现一定逻辑功能的控制线路;输出部分指各种电磁阀、线圈与电动机的各种接触器及信号指示灯等执行电器。

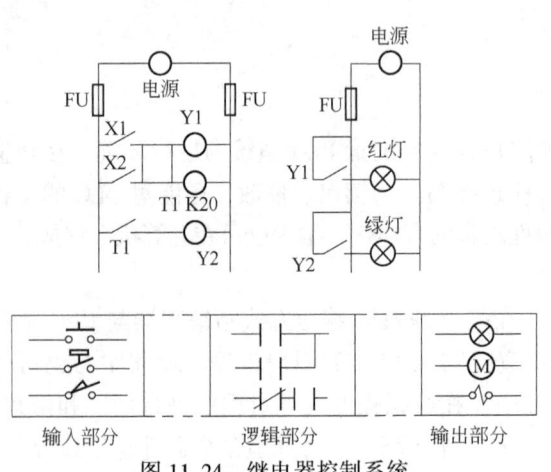

图 11.24 继电器控制系统

继电器控制系统按各种输入条件去执行逻辑控制功能,而各种逻辑控制线路是根据被控对象的实际需要已设计好、并由许多继电器等逻辑部件固定接好的各类控制功能电路。

2. PLC 的内部等效继电器电路

PLC 是一种专用微机,可看成一个执行逻辑功能的工业控制装置,但用它来实现继电接触控制系统的功能时,就无须从计算机角度去研究,而是将 PLC 的内部结构等效为一个继电器电路。在 PLC 内部的一个触发器等效为一个继电器,通过预先编制好并存入内存的程序来实现控制作用。因此,对使用者来说,可直接将 PLC 看成是由许多继电器组成的控制器,但这些继电器的通断由软件来控制,因此称"软继电器"。与继电器控制系统类似,PLC 的等效电路也由输入、逻辑、输出三部分组成,如图 11.24 所示,其内部等效电路图如图 11.25 所示。

(1) 输入部分:由一些控制按钮、操作开关、限位开关、光电管信号等组成,它接收来自被控对象上的各种开关信息,或操作台上的操作命令。其有多个输入端子,可分别与外部开关、敏感元件等交换信号。每个输入端子相当于一个继电器触点(常开/常闭触点)。

(2) 逻辑部分(内部控制电路):根据被控对象的要求而设计的各种继电器控制线路,这些继电器的动作按一定的逻辑关系进行。由用户根据控制要求而编制的程序组成,按程序的控制要求对输入信号进行运算处理,按要求将结果输出到负载。其内部有许多类型的器

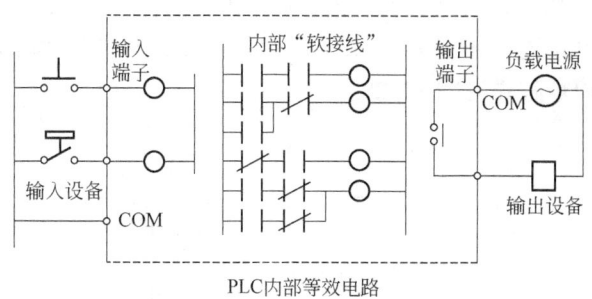

图 11.25 PLC 的等效继电器控制电路

件：定时器、计数器、辅助继电器等。这些器件都是软器件，用户可用程序对其进行任意的逻辑连接，完成被控设备的控制要求。PLC 编程常用梯形图来编写，梯形图基本上和继电器原理图一一对应（对应关系见图 11.26）。

（3）输出部分：指根据用户的需要而选择的各种输出设备，如电磁阀线圈、接通电动动机的各种接触器和信号灯等。主要作用是驱动外部负载，通常有多个可独立使用的输出端子，对应多个输出

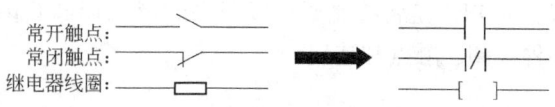

图 11.26 梯形图—继电器原理图对应关系

继电器。同时可根据用户的负载要求选择不同的负载电源。

当将 PLC 视为由许多"软继电器"组成的控制器时，可画出其相应的内部等效电器电路，如图 11.25 所示。由图可见，PLC 的内部等效电路（如图中大框线内所示）分别与用户的输入设备和输出设备相连接。输入设备相当于继电器控制电路中的信号接收环节，如操作按钮、控制开关等；输出设备相当于继电器控制电路中的执行环节，如电磁阀、接触器等。

PLC 的内部为用户提供的等效继电器有输入、输出、辅助、时间、计数等继电器。

（1）输入继电器与 PLC 的输入端子相连，用来接受外部输入设备发来的信号，它不能用内部的程序指令控制。

（2）输出继电器的触头与 PLC 的输出端子相连接，用来控制外部输出设备，其状态由内部的程序指令控制。

（3）辅助继电器相当于继电器控制系统中的中间继电器，其触头不能直接控制外部输出设备。

（4）时间继电器又称定时器。每个定时器的定时值确定后，一旦启动定时器，便以一定的单位（例 10ms）开始递减（或递增），当定时器中设定的是时值减为 0（或增加到给定值）时，定时器的触头就动作。

（5）计数继电器又称计数器。每个计数器的计数值确定后，一旦启动计数器，每来一个脉冲，计数值便减（或加）1，直到给定的计数值减为 0（或增加到设定值）时，计数器的输出触头就动作。值得注意的是，上述"软继电器"只是等效继电器，PLC 中并无这样的实际继电器，"软继电器"的线圈中也无相应的电流通过，其工作完全由编制的程序来确定。

例如：用交流接触器控制异步电动机的启动和停止，其继电器控制系统电路见图 11.27。

SB1 为启动按钮，SB2 为停止按钮。当按下 SB1 时，继电器 KM 通电，主触点 KM-1 闭合，电动机启动。即使放开 SB1，由于辅助触点 KM-2 仍然闭合，保持继电器通电，电动机

仍然转动。只有当按下 SB2 时，继电器断电，KM-1、KM-2 断开，电动机停止。这是一个硬件上完全固定的控制系统。如用 PLC 来实现这种控制，只需作简单的硬件连接，并编写一个控制程序即可。PLC 程序见图 11.28。

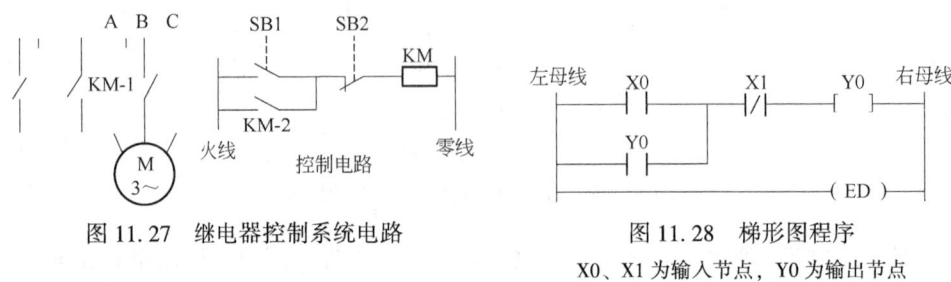

图 11.27　继电器控制系统电路　　　　图 11.28　梯形图程序

X0、X1 为输入节点，Y0 为输出节点

综上所述，继电接触器控制是将各自独立的器件及触点以固定接线方式来实现控制要求，而 PLC 是将控制要求以程序的形式存储其内部，这些程序就相当于继电接触器控制的各种线圈、触点和连线。

3. PLC 的工作过程

如图 11.29 所示，PLC 整个工作过程可分为如下三部分：

（1）上电处理：PLC 上电后对 PLC 系统进行一次初始化工作，包括硬件初始化、I/O 模块配置运行方式检查、停电保持范围设定及其他初始化处理等。

（2）扫描过程：PLC 上电处理完成后进入扫描工作过程。先完成输入处理，其次完成与其他外设的通信处理，再次进行时钟与特殊寄存器的更新。当 CPU 处于 STOP 方式时，转入执行自诊断检查。当 CPU 处于 RUN 方式时，还要完成用户程序的执行和输出处理，再转入执行自诊断检查。

（3）出错处理：PLC 每扫描一次，执行一次自诊断检查，确定 PLC 自身的动作是否正常，如 CPU、电池电压、程序存储器、I/O、通信等是否异常或出错，如检查出异常时，CPU 面板上的 LED 及异常继电器会接通，在特殊寄存器中会存入出错代码。当出现致命错误时，CPU 被强制为 STOP 方式，所有的扫描停止。

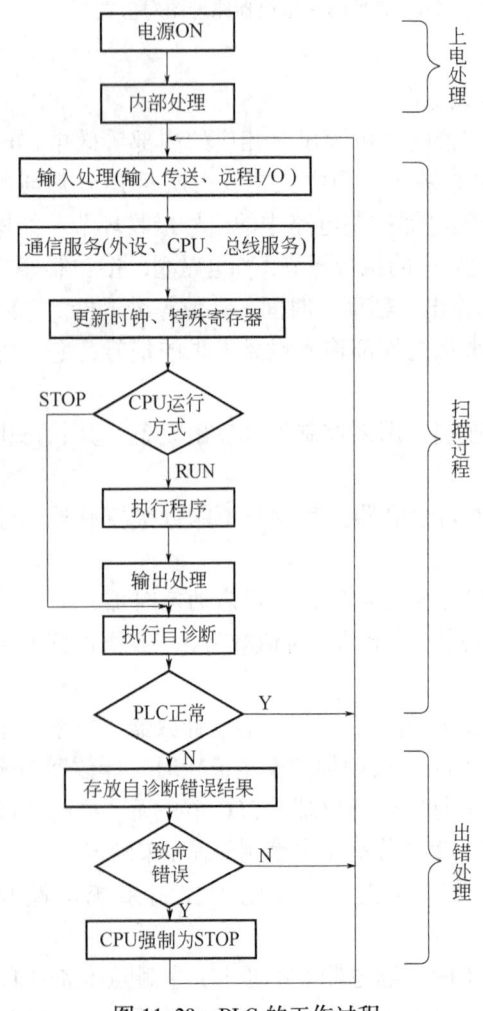

图 11.29　PLC 的工作过程

4. PLC 的工作方式

PLC 和计算机都基于分时处理的原则进行工作，即串行工作模式。如图 11.30 所示，PLC 采用"顺序扫描、不断循环"的工作方式，该过程

分为输入采样、程序执行、输出刷新三阶段,整个过程扫描并执行一次所需的时间称扫描周期。

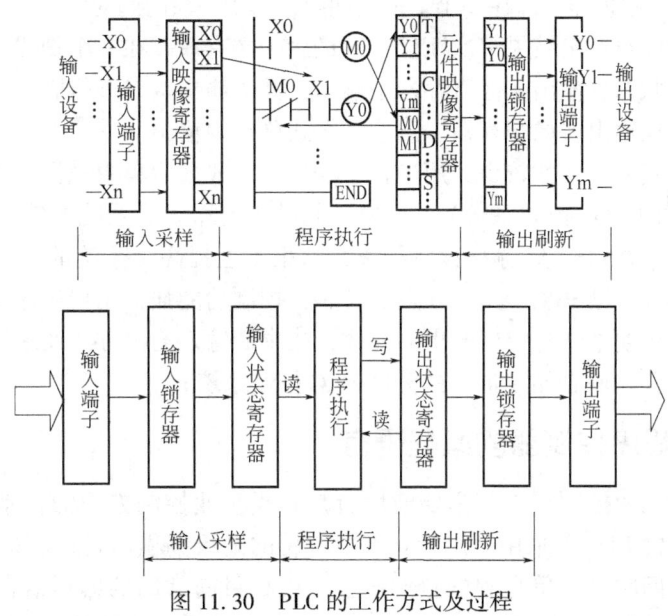

图 11.30 PLC 的工作方式及过程

PLC 的 I/O 处理示意如图 11.31 所示,PLC 工作时,将采集到的输入信号状态存放在输入映像区对应的位上;将运算的结果存放到输出映像区对应的位上。PLC 在执行用户程序时所需的输入继电器、输出继电器的数据取用于 I/O 映像区,而不直接与外部设备发生关系。

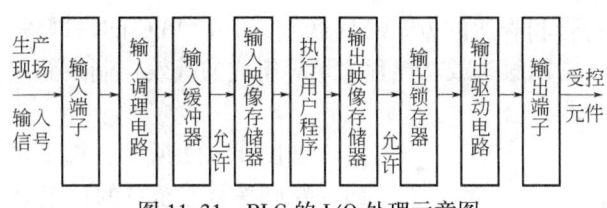

图 11.31 PLC 的 I/O 处理示意图

在输入采样阶段,以扫描工作方式按顺序对所有输入端的输入状态进行采样,并存入输入映像寄存器中,此时输入映像寄存器被刷新;接着进入程序处理阶段,在该阶段或其他阶段,即使输入状态发生变化,输入映像寄存器的内容也不会改变,输入状态的变化仅在下一个扫描周期的输入处理阶段才能被采样到。由此可见,输入映像寄存器的数据完全取决于输入端子上各输入点在上一刷新期间的接通和断开状态。在程序执行阶段,PLC 按从左到右、从上到下的步骤顺序执行程序。当指令中涉及输入与输出状态时,PLC 就从输入映像寄存器中"读入"采集到的对应输入端子状态,并从元件映像寄存器"读入"对应元件("软继电器")的当前状态。然后进行相应的运算,运算结果再存入元件映像寄存器中。对元件映像寄存器来说,每一个元件("软继电器")的状态会随着程序的执行过程而变化。在输出刷新阶段,PLC 将输出映像寄存器中与输出有关的状态(输出继电器状态)转存到输出锁存器中,并通过一定的方式输出,并驱动外部负载。

前面三阶段的工作过程称一个扫描周期,然后 PLC 又重新执行上述过程,周而复始地进行扫描。扫描周期一般为几毫秒至几十毫秒。

因此，PLC 在一个扫描周期内，对输入状态的采样只在输入采样阶段进行。当 PLC 进入程序执行阶段后输入端将被封锁，直到下一个扫描周期的输入采样阶段才对输入状态进行重新采样。这种方式称集中采样，即在一个扫描周期内，集中一段时间对输入状态进行采样。

在用户程序中如对输出结果多次赋值，则最后一次有效。在一个扫描周期内，只在输出刷新阶段才将输出状态从输出映像寄存器中输出，并对输出接口进行刷新。在其他阶段里的输出状态一直保存在输出映像寄存器中。这种方式称集中输出。

对小型 PLC，其 I/O 点数较少，用户程序较短，一般采用集中采样、集中输出的工作方式（如加油加气站的 PLC 控制系统），虽在一定程度上降低了系统的响应速度，但使 PLC 工作时大多数时间与外部输入/输出设备隔离，从根本上提高了系统的抗干扰能力，增强了系统的可靠性。对大中型 PLC，其 I/O 点数较多，控制功能强，用户程序较长，为提高系统响应速度，可采用定期采样与定期输出的方式，或中断输入输出方式及采用智能 I/O 接口等多种方式（如油气集输联合站或油库的分区 PLC 控制系统）。

11.4.5 可编程序控制器的编程语言

PLC 作为一种工业控制器，其主要使用者是各类工业控制方面的技术人员。为满足他们的习惯要求，通常 PLC 不采用通用计算机中所用的高级编程语言，而是专为 PLC 而设计的面向现场、面向问题、简单直观的自然语言。PLC 目前常用的编程语言有如下几种：梯形图语言、助记符语言、逻辑功能图和某些高级语言。原来使用的手持编程器多采用助记符语言，现在多采用梯形图语言，也采用助记符等语言。

1. 梯形图语言

使用最多的编程语言是梯形图语言，其在形式上类似于继电器的控制电路，二者的基本构思一致，仅使用的符号和表达的方式有所区别，它将 PLC 的内部等效成由许多内部继电器的线圈、常开触头、常闭触头或功能程序块等组成的等效控制线路（如前述），因此是非常形象、易学的一种编程语言。

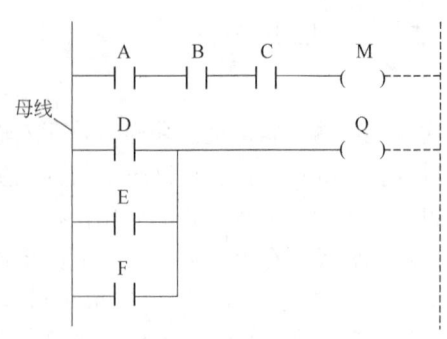

图 11.32 梯形图

如图 11.32 所示，梯形图从上至下按行编写，每一行则按从左至右的顺序编写。CPU 将按自左到右、从上而下的顺序执行程序。梯形图的左侧竖直线称母线（源母线）。梯形图的左侧安排输入触点（如有若干个触点相并联的支路应安排在最左端）和中间继电器触点（运算中间结果），最右边则必须是输出元素。

例如某一个过程控制系统，工艺要求开关 1 闭合 40s 后，指示灯亮，按下开关 2 后灯熄灭。图 11.33(a) 为实现这一功能的一种梯形图程序（OMRON PLC），它由若干个梯级组成，每一个输出元素构成一个梯级，而每个梯级则可由多条支路组成。

梯形图中的输入触点仅两种：常开触点（—| |—）和常闭触点（—|/|—），这些触点可以是 PLC 外接开关的内部影像触点，也可以是 PLC 的内部继电器触点，或内部定时、计数器的状态。每一个触点都有自己特殊的编号，以示区别。同一编号的触点可以有常开和常闭两种状态，使用次数不限。因梯形图中使用的"继电器"对应于 PLC 内部存储区的某字节或某

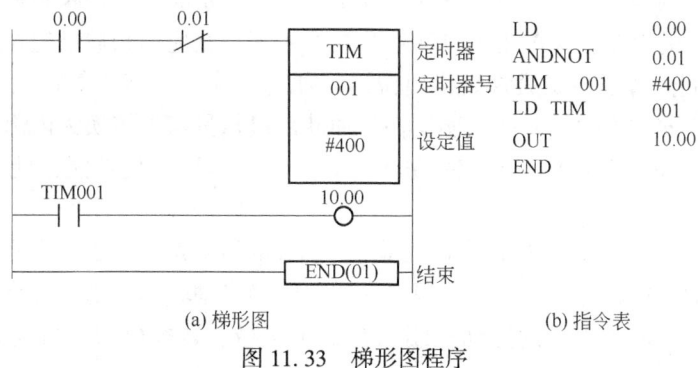

图 11.33 梯形图程序

位，所用的触点对应于该位的状态，并可反复读取，故又称 PLC 有无限对触点。梯形图中的触点可任意地串联与并联。

梯形图中的输出线圈对应于 PLC 内存的相应位号，输出线圈除包括中间继电器线圈、辅助继电器线圈及计数器与定时器外，还包括输出继电器线圈，其逻辑动作只有线圈接通后，对应的触点才可能发生动作。用户程序的运算结果可立即为后续程序所利用。

PLC 梯形图的特点体现在如下几点：

（1）梯形图的符号（输入触点、输出线圈）不是实际的物理元件，而只是对应于存储器中的某一位；

（2）梯形图不是硬接线系统，但可借助"概念电流"来理解其逻辑运算功能；

（3）PLC 根据梯形图符号的排列顺序，按照从左到右、自上而下的方式逐行扫描，前一逻辑行的运算结果，可被后面的程序所引用；

（4）每个梯形图符号的常开、常闭等属性在用户程序中均可以被无限次地引用。

2. 助记符语言

助记符语言又称命令语句表达式语言，它常用一些助记符来表示 PLC 的某种操作。助记符语言类似微机中的汇编语言，但比汇编语言更直观易懂。用户可很容易地将梯形图语言转换成助记符语言。其特点是面向机器、简单易学、灵活方便。它由一系列指令组成，每条指令均占一行，并执行一条命令。

图 11.33(b) 为梯形图对应的用助记符表示的指令表。

不同厂家生产的 PLC 所使用的助记符各不相同，因此同一梯形图写成的助记符语句可能并不相同。用户在梯形图转换为助记符时，必须先弄清 PLC 的型号及内部各器件的编号、使用范围和每一条助记符的使用方法。所以尤其要注意 PLC 的编程语言与 PLC 的型号有关。

11.4.6 可编程序控制器的应用、指令系统与编程举例

1. PLC 的应用场合

近年来，随着大规模集成电路的发展，以微处理机为核心而组成的 PLC 也得到了迅速的发展。PLC 的应用范围非常广泛，在现代化生产过程中，从继电器控制系统到过程控制系统都可用 PLC，以实现自动化控制，提高产品的质量和数量。随着 PLC 性能价格比的不断提高，其应用范围也不断扩大。目前，其应用范围可归纳为如下几个方面。

（1）开关量的逻辑控制。所有 PLC 均具有"与"或"非"等逻辑处理指令，及定时、

计数和基本顺序控制等指令，可组合完成各种逻辑控制、定时控制及顺序控制。开关量控制既可用于单台设备的控制，又可用于自动生产线的控制，其应用领域已遍及各种行业。

（2）过程控制。过程控制通常是指对温度、压力、流量、液位等连续变化的模拟量进行闭环控制。PLC 通过模拟量 I/O 通道，将各种外部模拟量信号转换为内部数字量，并可按照各种控制规律（如 PID 等）对被控变量进行控制，其各种处理功能已能满足一般的闭环控制系统的需要。

（3）运动控制。许多 PLC 提供专门的指令或运动控制模块，对直线运动、圆周运动等的位置、速度和加速度进行控制，可实现单轴、双轴和多轴联动控制，可将运动控制与顺序控制有机地结合到一起。PLC 的运动控制已在加工机械、装配机械、机器人、电梯控制等场合广泛应用。

（4）数据处理。PLC 具有数据传送、数据转换、四则运算、逻辑运算、取反、循环、移位等处理功能，许多 PLC 还具有浮点运算、矩阵运算、函数运算、排序、查表等功能，可完成数据的采集、分析和处理。

（5）分布式控制。PLC 的通信联网功能日益增强，可实现 PLC 与远程 I/O 间的通信、PLC 与 PLC 间的通讯、PLC 与其他数字设备（如计算机、分散控制系统、智能仪表等）之间的通信，可组合成各种结构的分布式控制系统。

2. PLC 的指令系统与编程举例

PLC 的梯形图是一种图形表示方式，它具有形象易学的特点。PLC 还可用类似于计算机汇编语言的形式，用指令的助记符来编程。因 PLC 的语句表较通俗易懂，所以也是一种广泛应用的编程语言。

PLC 的编程语言与 PLC 的型号有关。各种类型的 PLC，其使用的助记符不同。下面以上海某公司的产品 ACMY S80 为例，来说明其语句表的编写方法。

在编写语句表时，要先将 PLC 中的"软继电器"线圈与其触头编号，然后用适当的指令系统连接起来。ACMY S80 的基本逻辑指令有 21 条，见表 11.1。除上述的 21 条基本逻辑指令外，ACMY S80 还有 12 条数据操作指令，见表 11.2。为说明 ACMY S80 指令系统的应用，下面举例说明。

表 11.1　ACMY S80 的基本逻辑指令

指令名称	符号	功能
取指令	LD	用于常开接点与母线连接
取反指令	LD NOT	用于常闭接点与母线连接
与指令	AND	用于常开接点的串联
与反指令	AND NOT	用于常闭接点的串联
或指令	OR	用于常开接点的并联
或反指令	OR NOT	用于常闭接点的并联
与块指令	AND LD	用于接点组的串联
或块指令	OR LD	用于接点组的并联
输出指令	OUT	输出逻辑运算的结果
输出非指令	OUT NOT	输出逻辑运算结果的非
保持指令	KEEP	用于继电器线圈的自保

续表

指令名称	符号	功能
上升微分指令	DIFU	用于对输入信号的上升沿微分,并将微分结果送给设定的继电器线圈
下降微分指令	DIFD	用于对输入信号的下降沿微分,并将微分结果送给设定的继电器线圈
分支指令	IL	表示在逻辑行分支处形成新母线
分支结束指令	ILC	表示分支后的逻辑行返回到原母线
跳步指令	JMP	表示程序的跳转
跳步结束指令	TME	表示程序跳转的结束
计时指令	TIM	表示计时器的延时操作,在紧跟的第二语句用#设定计时器(0.1~9999)
计数指令	CNT	表示计数器计数操作,在紧跟的第二语句用#设定计数器(0~9999)
移位指令	SFT	用于移位寄存器的移位操作。SFT设定移位寄存器起始地址,紧跟的第二语句用#设定终止地址
结束指令	END	表示程序结束

表11.2 ACMY S80的数据操作指令

序号	指令名称	符号	功能
1	数据传递指令	MOV(Y,M)	表示将内部继电器M的内容传送到输出继电器Y
2	常数设定指令	CONST	用于将4位十进制常数送到内部继电器
3	比较指令	CMP	用于将存放在指定继电器中的内容进行比较
4	十/二进制变换指令	BIN	将存放在设定继电器中的十进制数变换成二进制存放到设定继电器
5	二/十进制变换指令	BCD	将存放在设定继电器中的二进制数变换成十进制存放到设定继电器
6	加法指令	ADD	执行加法运算
7	减法指令	SUB	执行减法运算
8	乘法指令	MUL	执行乘法运算
9	除法指令	DIV	执行除法运算
10	数据输出指令	DOUT	将内部继电器的二进制数据输出到某一地址的外设中
11	数据输入指令	DIN	将某外设地址(由#指定)送到DIN设定的继电器中
12	通信指令	COM	用于S80主机与从机间的通信

图11.34梯形图是一较简单的梯形图,右侧为相应的语句表,现说明如下:该梯形图的第一逻辑行起始于左母线,经过常闭触点1000,与常开触点1001串联,然后终止于继电器

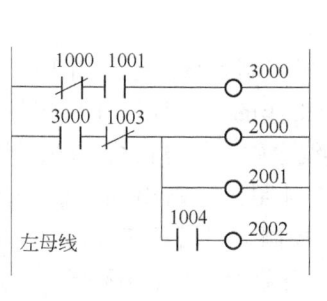

	语句表	
0	LD NOT	1000
1	AND	1001
2	OUT	3000
3	LD	3000
4	AND NOT	1003
5	OUT	2000
6	OUT	2001
7	AND	1004
8	OUT	2002

图11.34 梯形图及语句表

线圈3000。第二逻辑行也起始于左母线,并由常开触点3000与常闭触点1003串联,然后一方面将逻辑运算结果输出到继电器线圈2000与2001,另一方面又与常开触点1004串联后,再将运算结果输出到继电器线圈2002,语句表如图11.34所示。

继电器线圈中有无电流(以状态1代表有电流,状态0代表无电流),完全由相应的触点状态来确定。

当驱动触点1000的线圈状态为0,而驱动触点1001的线圈状态为1时,输出继电器线圈3000的状态为1。各输出继电器线圈状态为1时应满足的条件见表11.3。

表11.3 各继电器线圈状态1的条件

继电器线圈	状态为1的各触头应满足的条件
3000	常闭触头1000不动作;常开触头1001闭合
2000	常闭触头1000不动作;常开触头1001闭合;常开触头3000闭合;常开触头1003不动作
2001	条件与上述相同
2002	常闭触头1000、1003不动作;常开触头1001、3000、1004闭合

为进一步理解如何根据不同的生产过程与工艺条件,来编制PLC的梯形图与语句表,下面举一个简单例子来说明。图11.35所示为油气田轻烃装置中的某一个精馏塔,塔的进料为油气田轻烃,主要来源于原油稳定后的轻烃与天然气净化处理后的凝析油。经精馏后,使低组分物质(C_5以下轻成分,主要为C_3、C_4及部分C_2)汽化上升至塔顶采出成液化石油气(LPG),可再加工处理成丁烷和车用液化气。而重组分物质(C_5及其以上的重成分)则因沸点高、不易汽化从塔底排出,可作为化工原料。

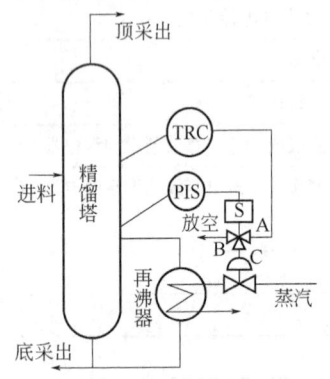

图11.35 油气田轻烃精馏分离控制示意

为控制精馏产物的纯度,该塔采取间接指标控制,即采用温度控制器TRC来改变进入再沸器的加热蒸汽流量,以使塔底温度保持恒定。但为维持塔的安全操作,塔内的压力不能过高,否则易引起液泛事故。为此采取联锁保护措施,当塔压越限时,压力联锁装置PIS使电磁三通阀的线圈S断电,从而使三通阀的A—C切断,B—C接通。这样一来,就切断了由TRC来改变加热蒸汽量的正常通路,温度控制系统停止工作。因由TRC来的控制信号被切断,气动薄膜控制阀膜头上的气压通过B—C迅速降为0,阀门(气开型)立即关闭,蒸汽不再进入再沸器,从而使塔压下降不致酿成事故。

为满足上述工艺要求,可设计相应的继电器控制系统,也可由PLC编制相应的程序来实现。当用继电器控制系统时,支配控制系统工作的"程序"由继电器线圈、触头、按钮等元件用导线连接起来而实现,其程序就在接线之中,故称接线程序,相应的控制系统称接线程序控制系统。为能与PLC的控制系统相对照,特画出相应的塔压联锁保护图,如图11.36所示。图中X是工艺触点,由塔压来控制。当塔压正常时,X是闭合的(常闭),延时继电器KT带电,其常闭触点KT-1断开,报警指示灯BD不亮,常开触点KT-2闭合,使继电器K带电,相应的触点K-1闭合,使电磁阀线圈S带电,三通阀的A—C通,B被切断,温度控制系统正常工作。当塔压越限时,工艺触点X断开,继电器KT失电,相应的触点 KT-1 闭合，报警指示灯 BD 亮，给出报警信号。与此同时，触点 KT-2 断开，断电器 K 失电，相应的触点 K-1 断开，使电磁阀线圈 S 失电，三通阀的 A 被切断，B—C 接通，控制阀膜头上的气压被放空，于是控制阀（气开阀）关闭，切断加热蒸汽进入再沸器的通路，停止加热，以使塔压不至过高而引起液泛事故。

图中联锁开关 SA 是为摘挂联锁之用，当不需要联锁保护时，只要将 SA 闭合，这时不管工艺触点 X 是否闭合，KT 总是带电，因此指示灯 BD 不亮，电磁阀的线圈带电，温度控制系统总是投入运行的状态。为防止因偶然因素引起塔压的瞬时越限，从而使联锁保护系统产生误动作，因此该系统中采用了断电延时继电器 KT。

当采用 PLC 来实现上述的联锁保护系统时，其编制的梯形图如图 11.37 所示，右侧是相应的语句表。在语句表中，TIM 是计时指令，用于计时器的延时操作，紧跟其后语句中的 #0100 是用于设定计时值的，即延时时间为 10s。

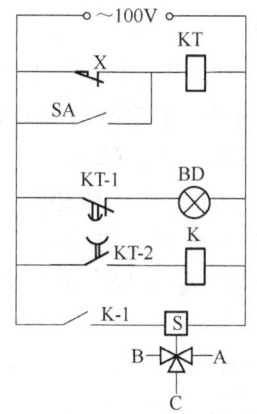

图 11.36　塔压联锁保护电路图

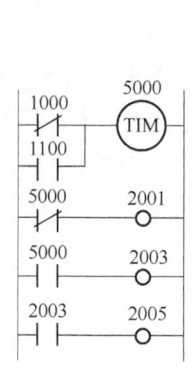

语句表		
0	LD NOT	1000
1	OR	1100
2	TIM	5000
3	#	0100
4	LD NOT	5000
5	OUT	2001
6	LD	5000
7	OUT	2003
8	LD	2003
9	OUT	2005
10	END	

图 11.37　PLC 梯形图及其语句表

由上可知，对 PLC 进行开发时，一般应按下述步骤进行：

（1）首先要了解工艺过程及控制的要求，确定输入、输出的点数和类型，及它们的控制逻辑关系。

（2）编制输入、输出信号的现场代号和 PLC 内部等效继电器的地址编号对照表。

（3）根据控制要求及输入、输出的点数和类型，确定需要的 PLC 的规模，选择功能和容量都能满足的 PLC。

（4）根据工艺流程及控制的要求，结合输入、输出编号对照表，画出梯形图，并按照梯形图编写相应的程序。

（5）将程序通过编程器送入 PLC，并进行系统的模拟调试。检查和修改程序，直到完全正确为止。

（6）进行硬件系统的安装接线，按编号要求接入所有的外部设备。

（7）对整个系统进行测试，然后经过试运行，方可投入正式使用。

11.5　常用的现场控制设备

（1）远程终端单元（简称 RTU）：它是安装在远程现场的电子设备，用来监视和测量安装在远程现场的传感器和设备。RTU 一般包括通信处理单元、开关量采集单元、脉冲量采集单元、模拟量采集单元、模拟量输出单元、开关量输出单元和脉冲量输出单元等。RTU 连接到现场的传感器和执行器,并与监控计算机系统联网,属"智能 I/O",通常具有嵌入式控制功能,如梯形逻辑,以实现布尔逻辑操作。现在的 RTU 除完成本身的数据采集工作和协议处理外,还要完成和各种 IED 设备的接口和协议转换工作。目前 RTU 的通信处理单元能力越来越强大,而相应的采集工作却在逐渐弱化,并由各种 IED 设备所代替。远方的通信则一般和 RTU 安装在一起,以便于接线。

RTU 的功能:其主要作用是进行数据采集及本地控制,进行本地控制时作为系统中一个独立的工作站,这时 RTU 可独立地完成连锁控制、前馈控制、反馈控制、PID 等工业上常用的控制调节功能;进行数据采集时作为一个远程数据通信单元,完成或响应本站与中心站或其他站的通信和遥控任务。

RTU 的配置与程序执行:①RTU 主要配置有 CPU 模板、I/O 模板、通信接口单元,及通信机、天线、电源、机箱等辅助设备。②RTU 能执行的任务流程取决于下载到 CPU 中的程序。应用程序可用工程中常用的编程语言编写,如梯形图等。有些设备采用 C 语言编程。

RTU 的特点:①同时提供多种通信端口和通信机制。②提供大容量程序和数据存储空间。③高度集成的、更紧凑的模块化结构设计。④更适应恶劣环境的应用品质。

(2) 可编程逻辑控制器 PLC (中、小型):PLC 连接到过程控制中的传感器和执行器,并以与 RTU 相同的方式联网到监控系统。与 RTU 相比,PLC 具有更复杂的嵌入式控制功能,并可采用一种或多种 IEC 编程语言进行编程。因其更经济、多功能、灵活和可配置,PLC 常被用来代替 RTU 作为现场设备。

(3) PAC (可编程自动化控制器):作为一种开放型的自控设备,PAC 在自控系统中的下位机应用逐步增多,主要产品有 GE Fanuc 公司的 PACSystemsRX3i/7i、Beckoff 公司的 CX1000、μPAC-7186EX 等。

(4) 智能仪表:在一些侧重数据采集、信息集中管理与远程监管的应用中,远程控制功能要求较低。它们大量使用各种智能现场仪表做下位机,如智能流量计、智能巡检仪等。

习题与思考题

1. 与继电控制及一般的计算机控制相比较,可编程序控制器 (PLC) 有什么特点?
2. 什么是控制器的控制规律?控制器有哪些基本控制规律?它们各有什么特点?
3. 双位控制规律是怎样的?有何优缺点?
4. 比例控制规律是怎样的?什么是比例控制的余差?为什么比例控制会产生余差?
5. 何谓比例控制器的比例度?
6. 比例控制器的比例度对控制过程有什么影响?选择比例度时要注意什么问题?
7. 试写出积分控制规律的数学表达式。为什么积分控制能消除余差?
8. 什么是积分时间 T_I?试述积分时间对控制过程的影响。
9. 理想微分控制规律的数学表达式是什么?为什么微分控制规律不能单独使用?
10. 试写出比例积分微分 (PID) 三作用控制规律的数学表达式。
11. 试分析比例、积分、微分控制规律的各自特点。

12. 试总结比例、积分、微分控制规律的特点、适用条件与应用对象的条件。
13. 在所介绍的几种控制规律中,哪些能消除余差?哪些不能消除余差?为什么?
14. 比例度δ、积分时间T、微分时间T_D对控制过程有何影响?
15. 数字式控制器的主要特点是什么?简述数字式控制器的基本构成以及各部分的主要功能。
16. 可编程序控制器(PLC)主要由哪几部分组成?试述PLC的功能与特点。

12 简单控制系统

随现代工业生产规模的不断扩大，生产过程的日益复杂，自动控制系统已成为工业生产过程中必不可少的设备，在油气储运生产过程中，同样广泛地采用了自动控制系统。在储运工艺管线系统和各类站库都装有各种自动化仪表与控制系统，对油气的压力、温度、流量、液位等参数进行自动检测和控制，如油气处理联合站 DCS 系统、油气长输管道和城市燃气的 SCADA 系统、加油加气站的 PLC 系统等。

在工业生产中，控制系统的类型越来越多，复杂控制、计算机控制系统的应用也日趋广泛，但目前而言，简单控制系统仍是使用最普遍、结构最简单的一种自动控制系统。其分析与设计方法是其他各类控制系统分析和设计的基础。在选择控制方案时，只有当简单控制系统不能满足控制要求时，才考虑用其他较复杂的控制方案。简单控制系统研究的问题，在其他各类控制系统中也基本适用。

本章将简要地介绍简单控制系统的设计方法及其主要内容，然后再介绍简单控制系统的一般设计原则、系统投运的过程、控制器参数的工程整定等。有关复杂控制系统因本书篇幅有限，本书不作相关介绍，有相关需求的读者，可参阅相关书籍学习。

12.1 简单控制系统的结构与组成

自动控制系统由被控对象和自动化装置两部分组成。因构成这两大部分（主要指自动化装置）的数量、连接方式及其目的不同，自动控制系统可有许多类型。图 12.1 的液位、压力、温度控制系统都是典型的简单控制系统例子。这些控制系统都是由一个被控对象（由工业设备及相关管道组成）、一个测量元件/变送器、一个控制器和一个执行装置（控制阀）所构成的单闭环控制系统，因它们结构简单、目标单一，故称简单（或基本）控制系统，也称单回路控制系统。上述系统都用负反馈控制原理，以克服扰动因素对被控变量的影响，实现被控变量的定值或随动跟踪控制。

图 12.1(a) 所示的液位控制系统中，储罐是被控对象，液位是被控变量，变送器 LT 将反映液位高低的信号送往液位控制器 LC，控制器将输出的控制信号送往执行器，并改变控制阀的开度使储罐的输出流量发生变化以维持液位的稳定。图 12.1(c) 所示的温度控制系统，它是通过改变进入换热器的载热体流量，以维持换热器出口流体的温度保持在工艺规定的数值上。它们的工艺控制流程图分别如图 12.1(d)~(f) 所示。

又如图 12.2 所示的储运润滑油灌桶工艺中的流量定量控制系统。灌装管道系统及相关设备是被控对象，流量是被控变量，流量计配合变送器将检测到的流量信号送往流量控制器 FC。控制器的输出信号则送往执行器，并通过改变控制阀的开度及泵的启停来实现流量的定量控制。

需要说明的是，在液位与温度控制系统中绘出了变送器 LT 及 TT 环节，按自控设计规范，测量、变送环节是被省略不画的，控制系统图中通常不画出测量、变送环节，但要注意在实际的系统中总是存在这一环节，只是在画图时被省略罢了。

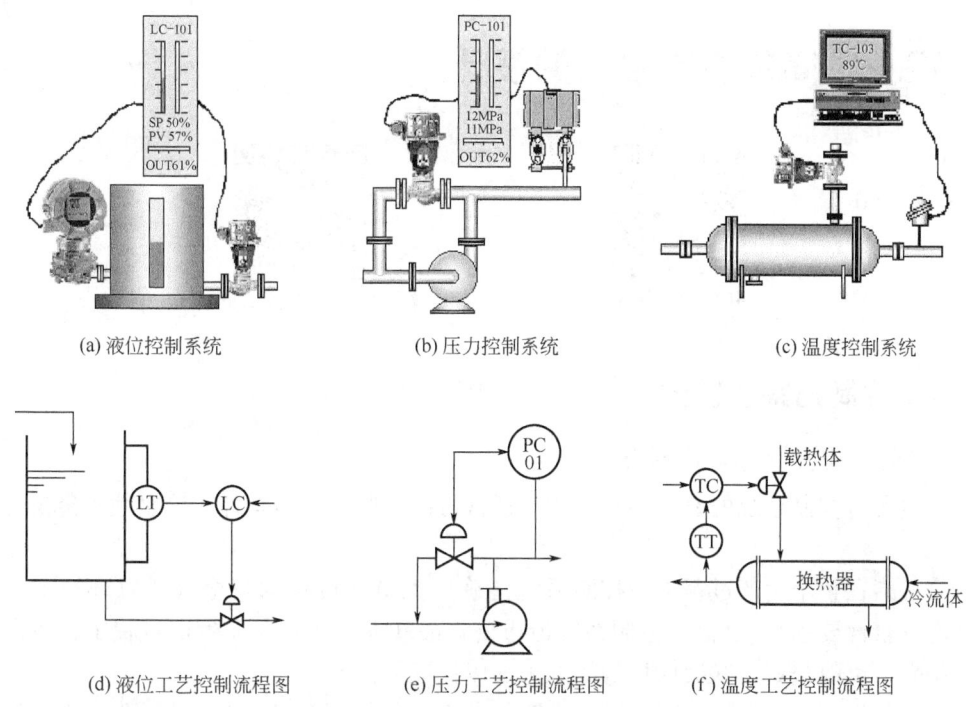

图 12.1 控制系统及其工艺控制流程图示例

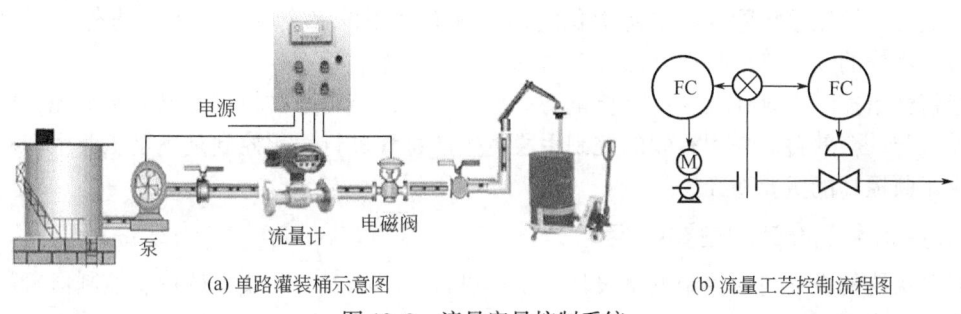

图 12.2 流量定量控制系统

简单控制系统的典型方块图如图 12.3 所示。由图可知，简单控制系统由被控对象（简称对象）、测量变送装置、控制器和执行器四个基本环节组成，对于不同对象的简单控制系统，尽管其具体装置与变量不相同（如图 12.1、图 12.2 所示的系统），但都可用相同的方块图来表示，以便于对它们的共性进行研究。由图 12.3 还可看出，在该系统中有一条从系统的输出端引向输入端的反馈路线，即该系统中的控制器是按被控变量的测量值与给定值的偏差来进行控制，这是简单反馈控制系统的又一特点。

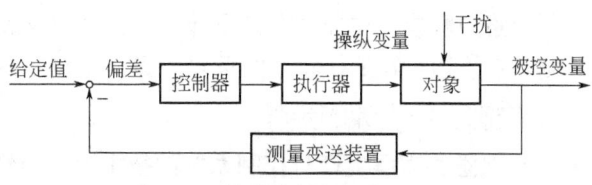

图 12.3 简单控制系统典型方块图

简单控制系统结构较简单，所需的自动化装置数量少，投资低，操作维护也较方便，并且在一般的情况下都能满足控制质量的要求。因此，这种控制系统在工业生产过程中得到了广泛的应用。

12.2 简单控制系统的设计

开放性问题 6

学习拓展与探究式研讨 6

12.2.1 控制方案的设计

1. 控制方案设计的基本要求

生产过程对控制系统的要求多种多样，通常可简要归纳为安全性、稳定性和经济性三个方面。

安全性指在整个生产过程中，控制系统能确保人员和设备的安全（兼顾环境卫生、生态平衡等安全性要求），这是对控制系统最重要、最基本的要求。在生产过程中，通常用参数越限报警、事故报警、联锁保护等措施来加以保证。

稳定性是控制系统保证生产过程正常工作的必要条件。稳定性指在扰动作用下，控制系统将工艺参数控制在规定的范围内，维持设备和系统的长期稳定运行，并使生产过程平稳、持续地进行。控制系统除要满足绝对稳定性（并有适当的稳定裕量）的要求外，同时要求系统具有良好的动态响应特性（过渡过程时间短，动态、稳态误差小等）。

经济性指控制系统在提高产品质量与产量的同时，节省原材料，降低能源消耗，以提高经济效益与社会效益。采用有效的控制手段对生产过程进行优化控制是满足工业生产对经济性要求不断提高的重要途径。

2. 控制系统设计的主要内容

控制系统的设计包括控制方案设计、工程设计、工程安装和仪表调校、控制器参数整定等四个主要内容。

控制方案设计是控制系统设计的核心。工程设计在控制方案正确设计的基础上进行，它包括仪表选型、现场仪表与设备安装位置确定、控制室操作台和仪表盘设计、供电与供气系统设计、信号及联锁保护系统设计等。控制系统设备的正确安装是保证系统正常运行的前提。系统安装完，还要对每台仪表与设备（如计算机控制系统的各个环节）进行单体调校和控制回路的联校。在控制方案设计合理、系统仪表及设备正确安装的前提下，控制器参数整定则是系统运行在最佳状态的重要步骤，是控制系统设计的重要环节之一。

3. 控制系统设计的步骤

（1）熟悉和理解生产对控制系统的技术要求与性能指标。

控制系统的技术要求与性能指标一般由生产过程的设计制造单位或用户提出，这些技术要求和性能指标是控制系统设计的基本依据，设计者必须全面、深入地了解与掌握。技术要求和性能指标必须科学合理、切合实际。

（2）建立被控对象的数学模型。

被控对象的数学模型是控制系统的分析与设计的基础，建立数学模型是控制系统设计的第一步。在控制系统的设计中,首先要解决如何用恰当的数学模型来描述被控对象的动态特性。只有掌握了对象的数学模型,才能深入地分析被控对象的特性,选择正确的控制方案。

(3) 控制方案的确定。

控制方案包括控制方式的选定和系统组成结构的确定,是控制系统设计的关键步骤。控制方案既要确定依据被控对象工艺特点的动态特性、技术要求与性能指标,还要考虑控制方案的安全性、经济性和技术实施的可行性、使用和维护的基本性等因素,并进行反复的比较与综合评价,最终确定合理的控制方案。必要时,可在初步的控制方案确定后,应用系统仿真等方法进行系统静态与动态特性的分析计算,以验证控制系统的稳定性、过渡过程等特性是否满足工艺的要求,并对控制方案进行修正、完善和优化。

(4) 控制设备的选型。

即根据控制方案和过程特性、工艺要求等,选择合适的传感器、变送器与执行器等。

(5) 实验(或仿真)验证。

实验(或仿真)验证是检验系统设计正确与否的重要手段。有些在系统设计过程中难以确定和考虑的因素,可在实验或仿真中引入,并通过实验检验系统设计的正确性,以及系统的性能指标是否满足要求。若系统性能指标与功能不能满足要求,则必须进行重新设计。

对简单控制系统设计而言,其控制方案的设计主要指被控变量的选择、操纵变量的选择、测量元件特性的影响及控制器控制规律的选择等。

12.2.2 被控变量的选择

自动控制的目的是使生产过程自动地按照预定的目标进行,并使工艺参数保持在预先规定的数值上(或按预定规律变化)。生产过程中希望借助自动控制保持恒定值(或按一定规律变化)的变量称为被控变量。在构成一个自动控制系统时,被控变量的选择十分重要。它关系到自动控制系统能否达到稳定运行、增加产量、提高质量、节约能源、改善劳动条件、保证安全等目标,事关控制方案的设计成败。如被控变量选择不当,则不管组成什么形式的控制系统,配置多么精密、先进的工业自动化装置,将都不能达到预期的控制目标。

被控变量的选择与生产工艺密切相关。影响生产过程的因素很多,但并不是所有的影响因素都必须加以控制。所以设计自动控制方案时必须深入分析工艺,找到影响生产的关键变量作为被控变量。所谓"关键"变量,指该变量对产品的产量、质量及生产过程的安全具有决定性的作用,而人工操作又难以满足要求,或人工操作虽可满足要求,但这种操作既紧张而又频繁。

根据被控变量与生产过程的关系,按工艺生产的要求选择被控变量可分为直接指标控制与间接指标控制两种控制形式,如被控变量本身就是需控制的工艺指标(温度、压力、流量、液位等)则称直接指标控制;以表征生产过程的质量指标作为被控变量的,称间接指标控制。但目前按质量指标作为被控变量进行控制,有时缺乏各种合适的获取质量信号的检测手段,或虽能检测,但信号微弱或滞后很大,因而一般都选取与直接质量指标有单值对应关系而反应又快的另一变量,如温度、压力等作为间接控制指标。

例如,如图 12.4 所示的是油气分离精馏过程的示意图,其工作原理是利用被分离物各组分的挥发度不同,把

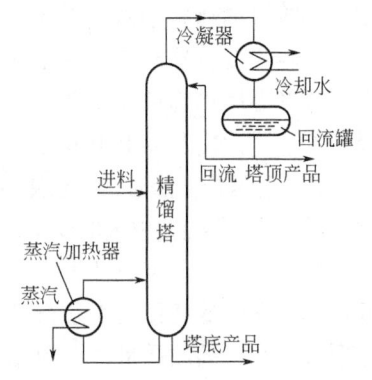

图 12.4 精馏过程示意图

混合物中的各组分进行分离。要求产品达到规定的纯度,并希望在额定生产负荷下尽可能地节省能量,即该精馏塔操作是要使塔顶(或塔底)馏出物达到规定的纯度,则塔顶(或塔底)馏出物的组分 x_D(或 x_W),应作为被控变量,它即工艺上的质量指标,最直接地反映了生产过程的质量。但因缺乏直接测量产品浓度的工具,且滞后时间较大,故组分 x_D(或 x_W)不能作为被控变量进行直接指标控制,这时可在与 x_D(或 x_W)有关的参数中找出合适的变量作为被控变量,进行间接指标控制。

如图12.5所示的二元系统精馏中,当气液两相并存时,塔顶易挥发组分的浓度 x_D、塔顶温度 T_D、压力 p 三者间有一定的关系。当压力恒定时,组分 x_D 和温度 T_D 间存在着单值对应关系。图12.5为苯—甲苯二元系统中易挥发组分苯的浓度与温度之间的关系。易挥发组分浓度越高,对应的温度越低;相反,易挥发组分的浓度越低,对应的温度越高。

当温度 T_D 恒定时,组分浓度 x_D 与压力 p 之间也存在着单值对应关系,如图12.6所示。易挥发组分浓度越高,对应的压力也越高;反之,易挥发组分的浓度越低,对应的压力也越低。可见,在组分、温度与压力这三个变量中,只要固定温度或压力中的一个,另一个变量就可代替 x_D 作为被控变量。这在储运油气集输的原油稳定处理或天然气轻烃回收处理等油气分离过程中就很常见。

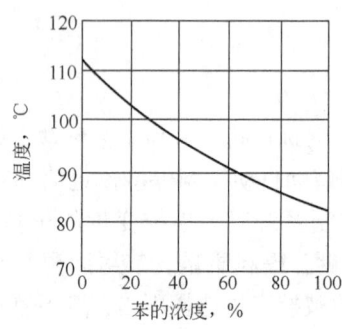
图12.5 苯—甲苯溶液的 T-x 图

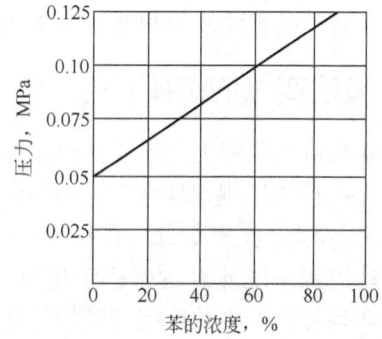
图12.6 苯—甲苯溶液的 p-x 图

从工艺的合理性考虑,常用塔顶、塔底或塔中某点的温度来代替浓度作为被控变量。因为在精馏塔的操作中,压力常需固定。只有将塔压操作在规定压力下时,才易于保证塔的分离纯度,保证塔的效率和经济性。如塔压波动,就会破坏原来的气液平衡,影响相对挥发度,使塔处于不良工况。同时,随着塔压的变化,往往会引起与之相关的其他物料量的变化,影响塔的物料平衡,引起负荷波动。其次,在塔压固定的情况下,精馏塔各层塔板上的压力基本不变,这样各层塔板上的温度与组分间就有一定的单值对应关系。可见,固定压力,选择温度作为被控变量不仅可能,而且合理。同样,储运油气集输的原油稳定、油气田轻烃 $C_{3\sim4}$ 与 C_5 及以上组分的再分离过程控制也有类似的情况。

在选择被控变量时,还须使所选变量有足够的灵敏度。在上例中,当 x_D 变化时温度 T_D 的变化必须灵敏,即有足够大的变化,容易被测量元件所感受,并使相应的测量仪表较简单、便宜。

此外,必须确定表征生产过程的独立变量数目,且被控变量必须是独立变量,一般可根据物理化学中的相律关系进行鉴别。例如在精馏过程中,通常选用温度作为被控变量来反映塔顶或塔底产品的质量,但根据相律可知,只有在塔压恒定的情况下,且只有两个组分时,塔板温度才与产品质量间存在线性的对应关系。对多组分分馏则只有近似的关系。

最后必须注意简单控制系统之间的相互影响，即简单控制系统被控变量间的独立性或所谓相互关联问题。当一个装置或设备具有两个以上的独立变量，且又分别组成简单控制系统时，则往往易产生系统间的相互关联。假如在精馏操作中，塔顶和塔底的产品纯度都需要控制在规定的数值，按以上分析，可在固定塔压的情况下，塔顶与塔底分别设置温度控制系统。但这样一来，因精馏塔各塔板上的物料温度相互间有一定的联系，塔底温度提高，使上升蒸汽温度升高，塔顶温度相应也会提高；同样，塔顶温度提高，回流液温度升高，会使塔底温度相应提高，即塔顶温度与塔底温度间存在关联问题。

因此，以两个简单控制系统分别控制塔顶温度与塔底温度，就势必会造成相互干扰，使两个系统都不能正常工作。所以采用简单控制系统时，通常只能保证塔顶或塔底一端的产品质量。若工艺要求保证塔顶的产品质量，则选塔顶温度为被控变量；若工艺要求保证塔底的产品质量，则选塔底温度为被控变量。如工艺要求塔顶和塔底产品纯度都要保证，则通常需要组成复杂控制系统，增加解耦装置，解决相互关联问题。

从上面论述中可看出，要正确地选择被控变量，必须了解工艺过程和工艺特点对控制的要求，认真分析各变量之间的相互关系。在多个变量中，选择被控变量一般应遵循下列原则：

（1）被控变量应能代表一定的工艺操作指标或能反映工艺操作状态，一般应是工艺过程中较重要的变量。

（2）尽量采用直接指标作为被控变量。当无法获得直接指标信号，或其测量和变送信号滞后很大时，可选择与直接指标有单值对应关系的间接指标作为被控变量。

（3）被控变量在工艺操作过程中常会受到一些干扰的影响而变化。为维持其恒定，需要较频繁的调节。

（4）作为被控变量必须能被测量出来，即能获得测量信号并有足够大的灵敏度。

（5）选择被控变量，必须考虑工艺的合理性和国内仪表产品的现状。

（6）被控变量应是独立可控的。

12.2.3 操纵变量的选择

1. 操纵变量

被控变量确定后，就要对工艺进行分析，找出有哪些因素会影响被控变量并使之发生变化？用什么手段去克服？选用哪个变量去克服干扰最有效，最能使被控变量回到给定值上？自动控制系统中，通常把这个被选出、用于克服干扰对被控变量的影响、实现控制作用的变量称为操纵变量。操纵变量最多见的是介质流量。如图12.1所示的液位及温度控制系统，其操纵变量分别是出口流体的流量与载热体的流量。

使被控变量发生变化的影响因素通常有多个，且各种因素对被控变量的影响程度也不同。究竟选择哪一个影响因素为操纵变量，只有在对生产工艺和各种影响因素进行仔细的分析后才能确定。

导致被控变量变化的因素大致可分为可控的与不可控的两类。一个变量是否可控，主要从工艺角度的两方面去分析考虑：（1）看该变量在工艺上是否能调节，即工艺的可实现性，例如储运加热炉的加热系统中，燃料的流量和成分都对被加热介质的温度有影响，可燃料的成分在工艺上就无法调节。（2）看该变量在工艺上是否允许调节，即工艺的合理性。有些变量在工艺上虽然可调节，但它们因受到其他工序的制约，或它们的频繁动作可能会造成整个生产的不稳定，故工艺上不允许对其进行调节，如生产负荷直接关系到产品的质量和产量,并希望它越稳定越好,所以,一般情况下也就不适宜被选为操纵变量。因此,不可控因素不能作为操纵变量,只能作为干扰来影响被控变量。

当对工艺进行分析后,就须从控制的角度进行分析,看哪个可控变量能更有效地对被控变量进行控制,即选择一个可控性良好的参数为操纵变量。原则上是在诸多影响被控变量的因素中选择一个对被控变量影响显著且可控性良好的参数变量作为操纵变量,而其他未被选中的所有因素则视为系统的干扰。下面举一个实例来加以说明。

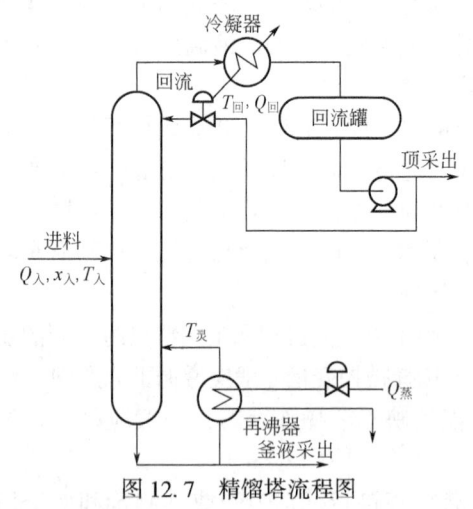

图 12.7 精馏塔流程图

图 12.7 为油气集输中常见的精馏分离设备。如根据工艺要求,选择提馏段某块塔板(一般为灵敏板)的温度作为被控变量。自动控制系统的任务则是通过维持灵敏板上的温度恒定,来保证塔底产品的成分满足工艺要求。从工艺可知:影响提馏段灵敏板温度 $T_\text{灵}$ 的因素主要有进料流量($Q_\text{入}$)、成分($x_\text{入}$)、温度($T_\text{入}$)、回流流量($Q_\text{回}$)、回流液温度($T_\text{回}$)、加热蒸汽流量($Q_\text{蒸}$)、冷凝器冷却温度及塔压等。这些因素都会影响被控变量($T_\text{灵}$)的变化。

如图 12.8 所示,现在的问题是选择哪一个变量作为操纵变量?可先将这些影响因素分为可控的和不可控的两大类。从工艺角度看,本例中仅回流量和蒸汽流量为可控因素,其他一般为不可控因素。但在不可控因素中,有些是可调节的,如 $Q_\text{入}$、塔压等,只是工艺上一般不允许用这些变量去控制塔的温度(因 $Q_\text{入}$ 的波动会使生产负荷产生波动;塔压的波动将导致塔工况的不稳定,并会破坏温度与成分之间的单值对应关系,这些都是不允许的。因此,将这些影响因素也看成是不可控因素)。在两个可控因素中,蒸汽流量对提馏段温度的影响比回流量对提馏段温度的影响更及时、更显著。同时,从节能角度来看,控制蒸汽流量比控制回流量消耗的能量要小,所以通常应选择蒸汽流量作为操纵变量。

例如图 12.1(a) 的液位控制系统,影响储罐液位的主要因素有:液体流入量和流出量。这两个变量影响力相当,显然,液体流出量可控。故选液体流出量作为操纵变量。又如图 12.1(c) 的温度控制系统,影响出口温度的主要因素有载热介质温度、载热介质流量、冷物料温度、冷物料流量等。显然,载热介质流量影响力最大且可控。故选载热介质流量作为操纵变量。

2. 对象特性对选择操纵变量的影响

如图 12.9 所示,操纵变量与干扰变量作用在对象上,都会引起被控变量的变化。干扰变量由干扰通道施加在对象上,起破坏作用,并使被控变量偏离给定值。操纵变量由控制通道施加到对象上,使被控变量恢复到给定值,起着校正作用。这是一对相互矛盾的变量,它们对被控变量的影响都与对象特性有密切关系。因此在选择操纵变量时,要仔细分析对象特性,以提高控制系统的控制质量。

首先来分析控制通道特性对控制质量的影响。

1) 对象静态特性的影响

在选择操纵变量时,一般希望控制通道的放大系数 K_0 要大一些,因为 K_0 的大小表征了操纵变量对被控变量的影响程度。K_0 越大,表示操纵变量对被控变量的影响越显著,使控制作用更为有效、灵敏，抑制干扰的能力更强；同时 K_0 大，过渡过程的余差也小，控制精度可得到提高。故从控制的有效性来考虑，K_0 越大越好。但 K_0 过大，会引起控制通道的控制作用过于灵敏，易使调节过头，引起振荡，使控制系统不稳定。

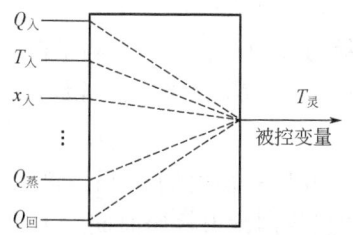
图 12.8 影响提馏段温度的各种因素示意图

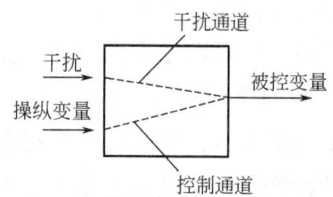
图 12.9 干扰通道与控制通道的关系示意图

因此，在诸多变量都影响被控变量、有多个操纵变量可供选择时，从静态特性考虑，在工艺条件允许的情况下，应尽量选择控制通道的放大系数 K_0 较大的可控变量作为操纵变量。而对象干扰通道的放大系数 k_f 则越小越好，k_f 小表示干扰对被控变量的影响不大，过渡过程的超调量不大，故确定控制系统时，也要考虑干扰通道的静态特性。

2）对象动态特性的影响

(1) 控制通道时间常数的影响。

因控制器的控制作用，通过控制通道施加于对象去影响被控变量。故控制通道的时间常数 T_0 不能过大，否则会使操纵变量的校正作用迟缓、过渡过程的超调量大、过渡时间长，而使控制作用不及时，控制质量差。反之，时间常数 T_0 较小时，反应灵敏、控制及时，过渡时间短。所以，通常要求对象控制通道的时间常数 T_0 小一些，以获得良好的控制质量。如前面列举的精馏塔提馏段温度控制中，因加热蒸汽量比回流量对提馏段温度影响的通道短，时间常数小，故选择蒸汽量为操纵变量更合理。

但 T_0 太小，易引起控制作用过于频繁而造成控制过程的振荡，并使稳定性变差。因此在 T_0 太大或太小的情况下，都比较难以控制，控制系统一般希望控制通道的时间常数 T_0 大小适当。干扰通道的时间常数 T_f 越大，表示干扰对被控变量的影响越缓慢，故干扰通道的时间常数大一些有利于控制。

(2) 控制通道纯滞后的影响。

控制通道的物料输送或能量传递都需要一定的时间。这样造成的纯滞后 τ_0 对控制质量有影响。

纯滞后对控制质量影响的示意如图 12.10 所示。图中 C 为被控变量在干扰作用下的变化曲线（此时无校正作用）；A、B 分别是无纯滞后和有纯滞后时操纵变量对被控变量的校正作用；D 和 E 分别表示无纯滞后和有纯滞后情况下被控变量在干扰作用与校正作用同时作用下的变化曲线。

对象控制通道无纯滞后时，控制器在 t_0 时间接收正偏差信号而产生校正作用 A，使被控变量从 t_0 后沿曲线 D 变化；当对象有纯滞后 τ_0 时，控制器在 τ_0 时间后，虽发出了校正作用，但因纯滞后的存在，使之对被控变量的影响推迟了 τ_0 时间，即对被控变量的实际校正作用沿曲线 B 变化。故被控变量沿曲线 E 变化。比较 E、D 曲线，可见纯滞后使超调量增加；反之，当控制器接收负偏差时所产生的校正作用，因存在纯滞后，使被控变量继续下降，可能造成过渡过程的振荡加剧，以致时间变长，稳定性变差。总之，控制通道纯滞后 τ_0 的存在，会使控制作用落后于被控变量的变化，易引起超调和振荡，使被控变量的最大偏差增大，过渡时间增加，控制质量变差。滞后越大，这种现象越严重，系统的控制质量也越差。因此，在设计自动控制系统时，应使对象控制通道的纯滞后时间 τ_0 尽量小，以尽量避免或减小 τ_0 的影响。

（3）干扰通道时间常数的影响。

干扰通道时间常数 T_f 越大，表示干扰对被控变量的影响越缓慢，有利于控制。故在确定控制方案时，应设法使干扰到被控变量的通道长些，即干扰通道的时间常数要大。

（4）干扰通道纯滞后 τ_f 的影响。

如图 12.11 所示，纯滞后对干扰通道，相当于使干扰隔一段时间 τ_f 后再进入被控过程，即干扰对被控变量的影响推迟了 τ_f，时间结果为使控制作用推迟一段时间 τ_f 后再开始。使整个过渡过程曲线推迟了时间 τ_f，只要控制通道不存在纯滞后，τ_f 通常不会影响控制质量。

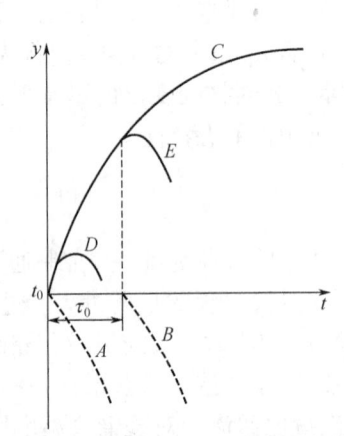
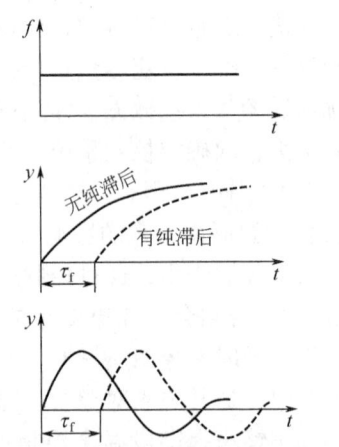

图 12.10 纯滞后 τ_0 对控制质量的影响　　图 12.11 干扰通道纯滞后 τ_f 的影响

3. 操纵变量的选择原则

根据以上分析，操纵变量的选择原则主要有如下几点：

（1）操纵变量必须是可控的，即工艺上允许调节或控制的变量。

（2）操纵变量一般应比其他干扰对被控变量的影响更加灵敏。应合理地选择操纵变量，使控制通道的放大倍数适当大、时间常数适当小（但不宜过小，否则易引起振荡）、纯滞后时间尽量小。为使其他干扰对被控变量的影响尽可能小，应使干扰通道的放大系数尽可能小、时间常数尽可能大。

（3）在选择控制变量时，除了从自动化角度考虑外，还要考虑工艺的合理性与生产的经济性。一般来说不宜选择生产负荷作为操纵变量，因为生产负荷直接关系到产品的产量，不宜经常波动。另外，从经济性考虑，应尽可能地降低物料与能量的消耗。

12.2.4　测量与变送装置对控制系统的影响（测量元件特性的影响）

测量与变送装置是控制系统中获取信息的装置，是控制系统的"眼睛"，也是系统进行控制的依据。要求它能正确、及时地反映被控变量的状况。如测量不准确，会使操作人员把不正常工况误认为正常，或把正常工况认为不正常，形成混乱，甚至会处理错误造成事故。故测量的不准确或不及时，就会产生失调或误调，影响之大不容忽视。

变送器的量程选择，则先要根据生产工艺的要求，得到被控变量的给定值，然后取给定值的 1.5~2.0 倍为所选的变送器量程，最后查找有关厂家的仪表产品目录来选定。工厂目前制造的变送器大多数是线性的，即变送器的输出与输入间成正比例关系，惯性小，出厂时经过严格调整，故测量变送的特性问题主要集中在测量元件上。

总之，设计控制系统时，需认真地考虑测量元件的特性及安装点的选择、使用条件等对控制过程的影响及解决办法。

1. 测量元件的时间常数（测量滞后）

测量滞后指由测量元件的时间常数所引起的动态误差，它由测量元件本身的特性所决定。例如测温元件因存在热阻和热容，它本身具有一定的时间常数而造成测量滞后，故测温元件的输出总滞后于被控变量的变化，而引起幅值的降低和相位的滞后。

测量元件时间常数对测量的影响。如图 12.12 所示，若被控变量 y 做阶跃变化时，测量值 z 慢慢靠近 y [图 12.12(a)]。显然，前一段时间两者差距很大；若 y 做递增变化，而 z 则一直跟不上去，总存在偏差 [图 12.12(b)]；若 y 做周期性变化，z 的振荡幅值将比 y 减小，且将落后一个相位 [图 12.12(c)]。

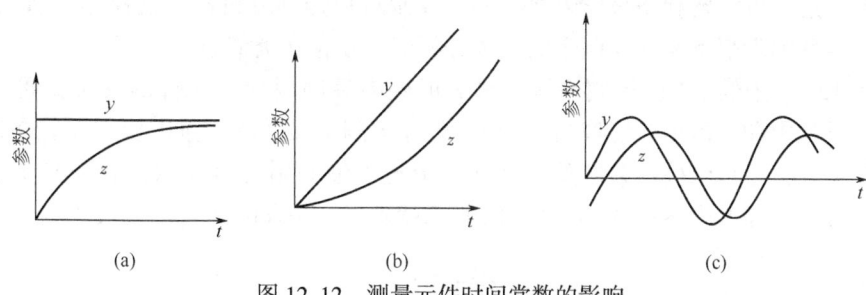

图 12.12　测量元件时间常数的影响

测量元件的时间常数越大，以上测量的滞后现象越显著。假如将一个时间常数大的测量元件用于控制系统，则当被控变量变化时，因测量值不等于被控变量的真实值，控制器接收到的将是一个失真信号，它不能发挥正确的校正作用，控制质量就无法达到要求。

因此，控制系统中的测量元件时间常数不能太大，最好选用惰性小的快速测量元件。例如为减小时间常数，常采用快速热电偶代替工业用热电偶和温包。另外，可通过正确地选择测量元件的安装位置、正确地使用微分环节等途径来克服测量滞后。当测量元件的时间常数 T_m 小于对象的时间常数的 1/10 时，对系统的控制质量影响不大。

测量元件的安装是否正确，维护是否得当，有时也会影响测量与控制。尤其是流量和温度测量元件，如工业用孔板、热电偶和热电阻元件等。如安装不正确，则会影响测量精度，不能正确地反映被控变量的变化情况，这种测量失真的情况就会影响控制质量。同时，在使用过程中要经常注意维护、检查，特别是在使用条件较恶劣的情况（如介质腐蚀性强、易结晶、易结焦等）下，更应该经常检查，必要时进行清理、维护或更换。如用热电偶测量温度时，有时会因使用一段时间后的热电偶的表面结晶或结焦现象而使时间常数大大增加，以致严重地影响控制质量。

图 12.13 给出了 T_m 分别为不同值时的给定值阶跃响应曲线。被控对象的调节通道传递函数如图中所示。控制器为纯比例控制，余差按 5% 考虑，故 $K_c = 19$。从图 12.13 中可见，随着 T_m 的增加，超调量增加、稳定性降低、过渡时间延长，对控制系统不利。

2. 测量元件的纯滞后

当测量存在纯滞后时，也和对象控制通道存在的纯滞后一样，会严重影响控制质量。

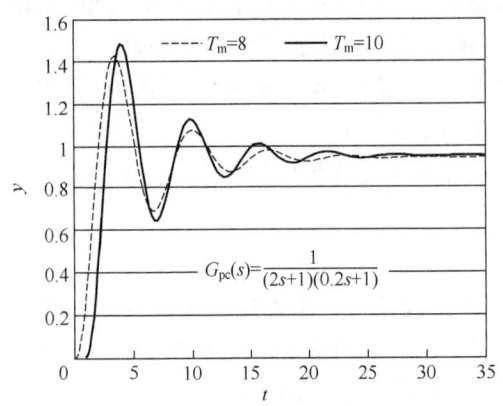

图 12.13　T_m 为最大时对过渡过程的影响

测量元件纯滞后 τ_0 的产生主要有两种因素：(1) 检测仪表本身的不连续输出。如一些分析仪表，从样品进入分析仪，到分析仪输出相应的信号需要一定的时间间隔。(2) 安装位置不当所造成。一些检测元件对检测条件有严格的要求。如温度、压力、流速等必须在规定的范围内，否则无法保证检测精度。

图 12.14 所示的预处理系统是生产中的常用方案，即通过对采样管内的物料进行必要的恒温、恒压、恒流速等处理，以使检测点处的物料状态符合检测元件的要求。物料从工艺控制点到实际检测点需一定的传输时间，即产生了一定的纯滞后。管线越长、速度越慢，则滞后时间越长。另外，有些分析仪表即使不需要对被测物料进行恒温、恒压、恒流速处理，但因不能安装在生产现场，需要安装在专门的分析室，这时也需要利用采样管将物料从控制点传送到分析室，这样也会引入纯滞后。实际使用中两种因素都可能有。储运的在线分析仪表就存在类似情况。

例如图 12.15 中的 pH 值控制系统，测量的纯滞后即因测量元件的安装位置不当而引起。被控变量是中和槽内出口溶液的 pH 值，但作为测量元件的测量电极却安装在远离中和槽的出口管道处，并将电极安装在流量较小、流速很慢的副管道（取样管道）上。故电极所测得的信号与中和槽内溶液的 pH 值在时间上就延迟了一段时间 τ_0，其大小为

$$\tau_0 = \frac{l_1}{v_1} + \frac{l_2}{v_2} \tag{12.1}$$

式中，l_1、l_2 分别为电极离中和槽的主、副管道长度；v_1、v_2 分别为主、副管道内流体的流速。

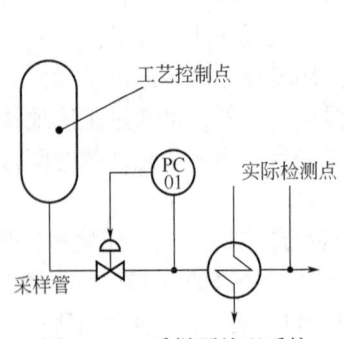

图 12.14　采样预处理系统

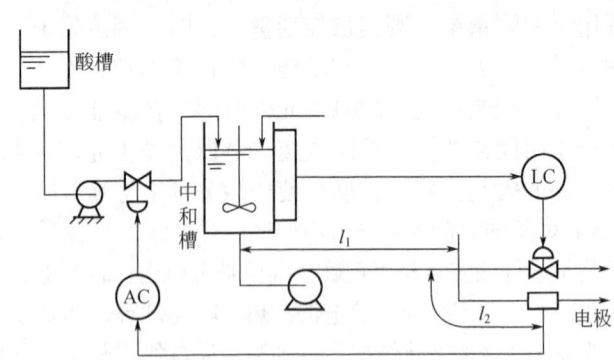

图 12.15　pH 值控制系统示意图

这一纯滞后使测量信号不能及时地反映中和槽内溶液 pH 值的变化，因而降低了控制质量。

目前，以物性为被控变量时往往都有类似的问题，这时引入微分作用是徒劳的，加的不好，反而会导致系统不稳定。所以在测量元件的安装上，一定要注意尽量减小纯滞后。对大纯滞后的系统，简单控制系统往往无法满足控制要求，需用复杂控制系统。

3. 信号的传送滞后

信号的传送滞后通常包括测量信号的传送滞后和控制信号的传送滞后两部分。

测量信号的传送滞后指由现场测量变送装置的信号传送到控制室的控制器所引起的滞后。对电信号来说，可忽略不计，但对气信号，因气动信号管线具有一定的容量，所以会存在一定的传送滞后。

控制信号的传送滞后是由控制室内的控制器输出控制信号传送到现场执行器所引起的滞后。对气动薄膜控制阀来说，因膜头空间具有较大的容量。所以控制器的输出变化到引起控制阀的开度变化，往往具有较大的容量滞后，这样就会使得控制不及时，控制效果变差。

信号的传送滞后对控制系统的影响基本上与对象控制通道的滞后相同，应尽量减小；所以，一般气压信号的管路不能超过300m，直径不能小于6mm，或用阀门定位器、气动继电器增大输出功率，以减小传送滞后。在可能的情况下，现场与控制室之间的信号尽量采用电信号传递，必要时可用气—电转换器将气信号转换为电信号，以减小传送滞后。

总之，测量滞后及传递滞后对控制系统的控制质量影响很大，尤其当控制过程的时间常数小，或其动态响应比信号传输的动态响应快时，类似影响就更为突出，这是在设计控制系统时必须注意的问题。

4. 传感器、变送器的选择

如上所述，测量滞后及传递滞后都对控制系统的控制质量有很大影响，所以设计控制系统时应合理正确地选择测量与变送装置及其安装位置，以满足工艺所要求的控制质量。其一般选择原则如下：

（1）按生产过程的工艺要求，确定传感器与变送器合适的测量范围（量程）与精度等级。

（2）测量仪表反应慢，会造成测量失真。应尽可能选择时间常数小的传感器、变送器。

（3）合理选择检测点，避免测量造成的对象纯滞后。

（4）测量信号的处理：测量信号的校正与补偿、测量噪声的抑制、测量信号的线性化处理等。

12.2.5 控制器控制规律的选择

根据对象特性和要求选择控制器时，不仅要选择相应的控制规律，以获得较高的控制质量；还要确定控制器的正、反作用，这些都是关系到系统正常运行与安全操作的重要问题。

1. 控制器控制规律的确定

简单控制系统由被控对象、控制器、执行器和测量变送装置四大基本部分组成。

在现场的控制系统安装完毕或控制系统投运前，被控对象、测量变送装置和执行器这三部分的特性就已完全确定，不能任意改变。这时可将被控对象、测量变送装置和执行器合在一起，称广义对象。如图12.16所示，此时的控制系统可看成由控制器与广义对象两部分组成。

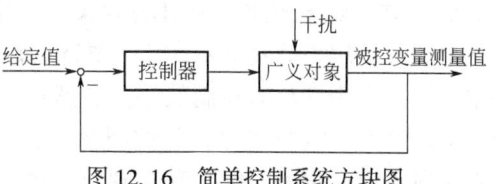

图12.16 简单控制系统方块图

在广义对象特性已确定的情况下，如何通过控制器控制规律的选择与控制器参数的工程整定，来提高控制系统的稳定性和控制质量，即本节及下节所要讨论的主要问题。

合理地选择控制器的控制规律是为了使控制器与被控过程很好地配合，组成满足工艺要求的控制系统。选择什么样的调节规律与具体的被控制过程匹配是一个比较复杂的问题，需要综合地考虑多种因素才能得到合理的解决。图12.17给出了某控制过程在最佳整定条件下，同一阶跃扰动下不同控制规律具有同样衰减率时的过渡过程曲线。从图中可见 PID 的综合控制效果最佳，但并不意味任何情况下都可采用 PID 控制器，PID 控制器有 3 个参数，如整定的不合理，不仅不能发挥 P、I、D 各自的长处，而且还会起反作用。

目前工业上常用的控制器控制规律主要有：位式、比例、比例积分、比例微分和比例积分微分等控制规律。

选择哪种控制规律主要根据广义对象的特性和工艺的要求来决定。下面分别简要说明各种控制规律的特点及应用场合。

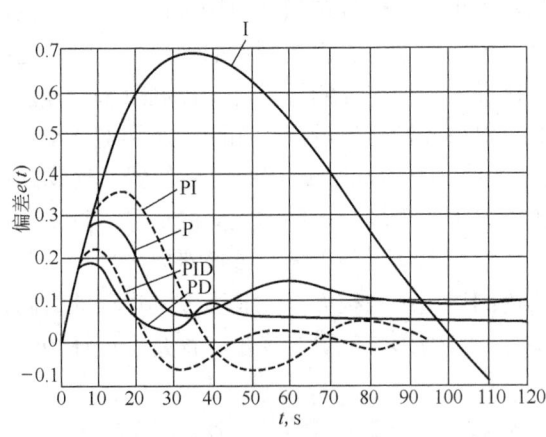

图 12.17　同一扰动下常用控制规律对应的过渡过程比较

（1）位式控制器一般适用于滞后较小，负荷变化不大也不剧烈，控制质量要求不高，允许被控变量在一定范围内波动的场合，如恒温箱、电阻炉等温度控制。

（2）比例控制器（P）的可调整参数有比例放大系数 K_P 或比例度 δ，其控制器的输出与偏差成比例；当负荷变化时，克服干扰能力强、控制及时、过渡时间短，其主要缺点是系统的控制结果存在静差（余差），负荷变化越大，余差就越大。比例作用是常用控制规律中最基本的控制规律，不加比例作用的控制规律很少采用。它适用于控制通道滞后较小、负荷变化不大及外部扰动小、工艺要求不高，工艺上没有提出无静偏差要求（即允许有余差）的系统，如一般的液位控制、压力控制系统，中间储罐的液位，精馏塔液位及不太重要的蒸汽压力控制系统等。

（3）比例积分控制器（PI）使用最多，应用最广泛。可调整参数有比例放大系数 K_P（或比例度 δ）和积分时间 T_I，只要偏差存在，控制器的输出就会不断地变化，直至消除偏差为止，其既控制及时，又能消除余差、有较好的动态响应特性，可用于控制精度要求高的场合。它适用于控制通道滞后较小，负荷变化不大，工艺参数不许存在静偏差的控制系统，如流量、压力和要求较严格的液位控制系统。目前，比例积分控制器是使用最多的控制器。

（4）比例积分微分控制器（PID）是常规控制中性能最好的一种控制器，它综合了各种控制规律的优点。其可调整参数有比例放大系数 K_P（或比例度 δ）、积分时间 T_I 和微分时间 T_D。它对克服对象的滞后有显著效果。在比例控制的基础上加上微分作用能提高稳定性，再加上积分作用可消除余差。其主要特点是既能快速控制，又能消除余差，还能改善系统的稳定性，可得到满意的控制效果。它适用于容量滞后较大、负荷变化大、控制质量要求高（如温度控制、PH 控制等）的控制系统。目前较多的应用在温度控制系统与成分控制系统。但对于对象滞后很大，负荷变化剧烈、频繁的被控过程，用 PID 控制还达不到工艺要求的控制品质时，则应选用串级控制、前馈控制等复杂控制系统。

（5）比例微分控制器（PD）中的微分作用提高了系统稳定性，使系统比例系数增大，加快了控制过程，减小了动态偏差和静差。但在有高频干扰的场合，因微分作用对高频干扰特别敏感，T_D 不能太大，否则会影响系统的正常工作。在高频干扰频繁或存在周期性干扰的场合，不能使用微分控制，同时因比例微分不能消除余差，所以一般不能单独使用。PD 控制适用于控制通道滞后较大的系统，例如加热较慢的温度控制系统。

对滞后很小或噪声严重的系统，应避免引入微分作用，否则会因被控变量的快速变化引起控制作用的大幅度变化，严重时会导致控制系统的不稳定。

目前生产的模拟式控制器一般都同时具有比例、积分、微分三种控制作用。只要将其中的微分时间 T_D 置于 0，就成了比例积分控制器，如同时将积分时间 T_I 置于无穷大，便成了比例控制器。

根据前面讨论的控制规律对控制性能影响所得到的结论，可作为初步选择控制规律的依据。在具体控制工程的实施过程中，控制规律的最终确定还要根据被控过程特性、负荷变化情况、主要扰动特点及生产工艺要求等的实际情况进行分析。同时还应考虑生产过程的经济性以及系统投运、维护等因素。当然，最终结果还要通过工程实践的最后验证。

常用控制规律的优缺点比较如表 12.1 所示。

表 12.1 常用控制规律优缺点比较

控制规律	优点	缺点	应用
P	灵敏、简单，只有一个整定参数	存在静差（余差）	负荷变化不显著、工艺指标要求不高的对象
PI	能消除静差，又控制灵敏	对滞后较大的对象，比例积分调节太慢，效果不好	调节通道容量滞后较小、负荷变化不大、精度要求高的调节系统，例如流量调节系统
PD	增进调节系统的稳定度，可调小比例度，以加快调节过程，减小动态偏差和静差	系统对高频干扰特别敏感，系统输出易夹杂高频干扰	调节通道容量滞后较大，但调节精度要求不高的对象
PID	综合了各类调节作用的优点，所以有更高的调节质量	对滞后很大、负荷变化很大对象，PID 调节也无法满足要求，应设计复杂调节系统	调节通道容量滞后较大、负荷变化较大、精度要求高的对象

2. 控制器正、反作用的选择确定

自动控制系统是具有被控变量负反馈的闭环回路系统，即被控变量值偏高，则控制作用应使之降低；相反，如被控变量值偏低，控制作用使之增加。控制作用对被控变量的影响应与干扰作用对被控变量的影响相反，才能使被控变量回复到给定值。这就存在作用方向的问题。控制器的正反作用是关系到控制系统能否正常运行与安全操作的重要问题。

在控制系统中，控制器、被控对象、测量元件及执行器都有各自的作用方向。它们如组合不当，会使总的作用方向构成正反馈，则控制系统不仅不起作用，反而会破坏生产过程的稳定。所以，在控制器正式投入闭环运行前，必须注意各环节的作用方向，以保证整个控制系统形成负反馈。选择控制器"正""反"作用的目的就是通过改变控制器的"正""反"作用，来保证整个控制系统形成具有负反馈特性的闭环系统。

所谓作用方向指输入变化后，输出的变化方向。控制器正/反作用方向根据控制器输出与输入之间的变化关系而定。当某个环节的输出随输入的增加而增加，则称该环节为"正作用"方向；反之，当环节的输出随输入的增加而减小，则称该环节为"反作用"方向。

对测量元件与变送器，其作用方向一般都为"正"，因为被控变量增加时，其输出量一般也随之增加，因此在考虑整个控制系统的作用方向时，可不考虑测量元件与变送器的作用方向（因为它总为"正"），仅需要考虑控制器、执行器和被控对象三个环节的作用方向，

以使它们组合后能起到负反馈的作用。

对被控对象的作用方向，则随具体对象的不同而各不相同。被控变量随操纵变量的增加而增加的对象属"正作用"。反之，被控变量随操纵变量的增加而降低的对象属"反作用"。

对执行器，其作用方向取决于是气开阀还是气关阀（注意不要与执行机构和控制阀的"正作用"及"反作用"混淆）。当控制器的输出信号（即执行器的输入信号）增加时，气开阀的开度增加，因而流过阀的流体流量也增加，故气开阀是"正"方向。反之，当气关阀接收的信号增加时，流过阀的流体流量反而减少，则是"反"方向。执行器的气开或气关形式主要从工艺安全的角度来确定。

因控制器的输出取决于被控变量的测量值与给定值之差，所以被控变量的测量值与给定值变化时，对输出的作用方向是相反的。对控制器的作用方向是这样规定的：当给定值不变，被控变量的测量值增加时，控制器的输出也增加，称"正作用"方向，或当测量值不变，给定值减小时，控制器的输出增加的称"正作用"方向。反之，如测量值增加（或给定值减小）时，控制器的输出减小的则称"反作用"方向。

控制器正、反作用的选择要与执行器气开或气关的选择、被控对象的作用方向一起综合考虑。在一个安装好的控制系统中，对象的作用方向可由工艺机理确定，执行器的作用方向可按工艺安全条件选定，而控制器的作用方向则要根据对象及执行器的作用方向来确定，以使整个控制系统最终构成一个负反馈的闭环系统。下面举两个例子加以说明。

【例 12.1】 如图 12.18 所示的储运储罐液位控制系统。该系统里，储罐是对象，液体流出量是操纵变量，被控变量是储罐液位。分析可知，如从工艺安全条件出发，执行器选择气开阀（停气时阀门自动关闭），以免当气源突然断气时，液体全部流走。所以执行器是"正"作用方向。当控制阀开度增加时，操纵变量液体流出量增加，被控变量液位是下降的，故对象是"反"作用方向。为保证由对象、执行器与控制器所组成的系统是负反馈的闭环系统，控制器就必须选为"正"作用方向，这样才能当液位升高时，使 LC 的输出增加，从而打开出口阀门（因为是气开阀，当输入信号增加时，阀门开大），使液位降下来。

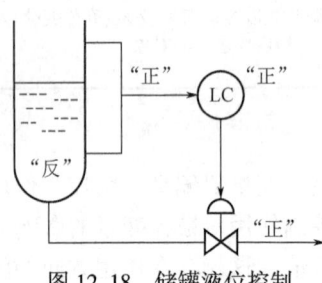

图 12.18 储罐液位控制

【例 12.2】 图 12.19 是一个简单的原油管道加热炉出口温度控制系统。该系统中，对象是加热炉，操纵变量是燃料气（油田伴生天然气）流量，被加热的原油出口温度是被控变量。当操纵变量燃料气流量增加时，被控变量增加，故对象属正作用方向。如从工艺安全条件出发选定的执行器为气开阀（停气时关闭），以免当气源突然断气时，控制阀大开而烧损加热炉，则此时执行器便是"正"作用方向。为保证由对象、执行器与控制器所组成的系统构成负反馈系统，控制器就应选为"反"作用。如此才能保证炉温升高时，控制器 TC 的输出减小，而关小燃料气的阀门（因是气开阀，当输入信号减小时，阀门关小），从而使炉温降下来。

控制器装有实现正、反作用的开关，控制器的正、反作用可通过改变控制器上的正、反作用开关来自行选择，当选正作用控制器时，将开关打向"正"，选反作用控制器时，将开关打向"反"即可。同样，一台正作用的控制器，只要将其测量值与给定值的输入线互换一下，就成了反作用的控制器。其原理如图 12.20 所示。

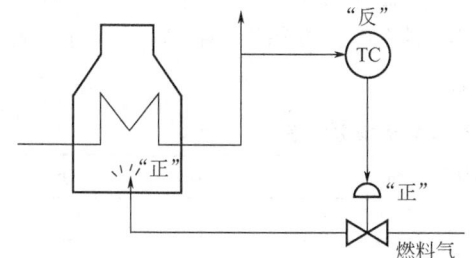
图 12.19　原油管道加热炉出口温度控制

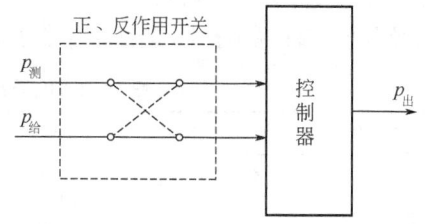
图 12.20　控制器正、反作用开关示意图

12.3　控制器参数的工程整定

一个自动控制系统的控制质量取决于被控对象的特性、干扰的形式与大小、控制方案及控制器参数的整定。一旦系统按设计方案安装就绪，即控制方案、广义对象特性、控制规律等对象各通道的特性已成为定局，控制质量主要就取决于控制器参数的整定。控制器参数的整定就是按已定的控制方案，求取使控制质量最好的控制器参数值，即确定最合适的控制器的比例度 δ、积分时间 T_I 和微分时间 T_D。其实质是通过调整控制器的参数使其特性与被控对象的特性相匹配，以使控制系统的性能指标满足根据工艺生产的要求而提出的所期望的控制质量，获得最为满意的控制效果。例如，对单回路的简单控制系统，一般希望过渡过程为 4∶1（或 10∶1）的衰减振荡过程。

控制器的参数整定方法，主要有理论计算法与工程整定法两大类。

理论计算法根据已知的广义对象特性及控制质量的要求，通过理论计算，来确定控制器的最佳参数。如频率特性法、根轨迹法等。这些方法都要获得控制系统各环节的数学模型，即广义对象的动态特性已知。因对象的特征复杂，其理论推导和实验测定都较困难，有的计算结果有时与实际情况不甚符合；有的方法繁琐，计算麻烦；有的采用近似方法而忽略了一些因素。因此，最后所得的数据可靠性不高，还需到现场去修改。故在工程实践中长期没得到推广和应用。

实际工程中往往很难获得控制系统的精确传递函数，所以无法用理论整定法来整定控制器参数。而工程整定法则在已投运的实际控制系统中，通过试验或探索，来确定控制器的最佳参数。其避开了对象的特性曲线和数学模型描述，直接在控制系统中进行整定。故方法简单，计算简便，容易掌握。用这类方法所得的控制器参数不一定是最佳参数，但相当实用，可解决一般实际问题。工程整定法是一种行之有效的方法，工艺技术人员在现场经常遇到这种方法。常用的工程整定法有临界比例度法、衰减曲线法、经验凑试法等。下面介绍几种常用的工程整定方法。

12.3.1　临界比例度法

临界比例度法是目前应用较多的方法，又称稳定边界法。该法先通过试验得到临界比例度 δ_K 和临界周期 T_K，再根据经验总结出来的关系求出控制器的各参数值。其具体操作过程如下：

在闭环控制系统中，将控制器设置为比例控制，即将 T_I 放在 "∞" 位置上。T_D 放在 "0" 位置上。在干扰作用下，由大到小、不断地逐渐调整控制器的比例度，观察其过渡过程，直至使过渡过程曲线出现如图 12.21 所示的等幅振荡（即临界振荡），此时的比例度称临界比例度 δ_K，由过渡过程曲线可得到临界振荡周期 T_K，取得 δ_K 和 T_K 后，可按表 12-2 所列的经验公式计算出控制器的各参数整定数值。

表 12.2　临界比例度法参数计算公式表

控制作用	比例度 δ,%	积分时间 T_I,min	微分时间 T_D,min
比例	$2\delta_K$		
比例积分	$2.2\delta_K$	$0.85T_K$	
比例微分	$1.8\delta_K$		$0.1T_K$
比例积分微分	$1.7\delta_K$	$0.5T_K$	$0.125T_K$

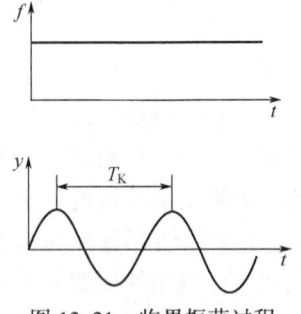

图 12.21　临界振荡过程

临界比例度法简单方便，容易掌握和判断，适用于一般的控制系统。但对临界比例度很小或不存在临界比例度的系统就不适用。因为如果临界比例度很小，则控制器输出的变化就一定很大，被控变量易超出允许范围，从而影响生产的正常进行。

值得注意的是：临界比例度法要使系统达到等幅振荡后，才能找出 δ_K 与 T_K，对工艺上不允许产生等幅振荡的系统就不适用。

12.3.2　衰减曲线法

衰减曲线法的整定过程与临界比例度法基本类似。其通过使系统产生衰减振荡来整定控制器的参数值。

该法在闭环的控制系统中，先将控制器变为纯比例作用，并将比例度预置在较大的数值上。在达到稳定后，用改变给定值的办法加入阶跃干扰，观察被控变量记录曲线的衰减比，再从大到小改变比例度，直至出现 4∶1 或 10∶1 的衰减曲线过渡过程为止，如图 12.22 所示，记下控制器此时的比例度 δ_S（称 4∶1 衰减比例度），并在过渡过程曲线上取得振荡周期 T_S，根据表 12.3 的经验公式，可求出相应控制器的参数整定值 δ、T_I、T_D。

表 12.3　4∶1 衰减曲线法控制器参数计算表

控制作用	δ,%	T_I,min	T_D,min
比例	δ_S		
比例+积分	$1.2\delta_S$	$0.5T_S$	
比例+积分+微分	$0.8\delta_S$	$0.3T_S$	$0.1T_S$

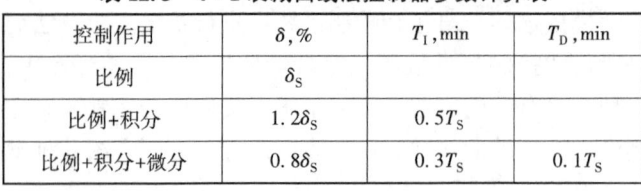

图 12.22　4∶1 和 10∶1 衰减振荡过程

如有的过程用 4∶1 衰减仍嫌振荡过强，此时可用 10∶1 衰减曲线法，方法同上，得到 10∶1 衰减曲线 [图 12.22(b)] 后，记下此时的比例度 δ_S' 和最大偏差时间 $T_升$（又称上升时间），再根据表 12.4 中的经验公式，求出相应的 δ、T_I、T_D 值。应用衰减曲线法时应注意如下几点：

（1）所加的干扰幅值不能太大，要根据生产的操作要求来定，一般为额定值的 5% 左右,有时也可有例外的情况。

(2) 必须在工艺参数稳定的情况下才能施加干扰,否则得不到正确的 δ_S、T_S 或 δ'_S 和 $T_升$ 值。

(3) 对反应快的系统,如流量、管道压力和小容量的液位控制等,要在记录曲线上严格得到 4:1 衰减曲线较困难,一般以被控变量来回波动两次并达到稳定,就可近似地认为达到 4:1 衰减过程了。

表 12.4 10:1 衰减曲线法控制器参数计算表

控制作用	δ,%	T_I, min	T_D, min
比例	δ'_S		
比例+积分	$1.2\delta'_S$	$2T_升$	
比例+积分+微分	$0.8\delta'_S$	$1.2T_升$	$0.4T_升$

衰减曲线法较简便,适用于一般情况下各种参数的控制系统。但对于干扰频繁,记录曲线不规则、不断有小摆动或呈锯齿形的控制系统不适用,因不容易得到正确的衰减比例度 δ_S 和衰减周期 T_S,使该方法难于应用。必须指出,如工艺操作条件改变,负荷有很大变化时,被控对象的特性就改变了。此时控制器的参数必须重新整定。

12.3.3 经验凑试法

经验凑试法是在长期生产实践中总结出来的一种整定方法。它根据经验先将控制器的参数 δ、T_I、T_D 放在一个数值上,直接在闭环控制系统中,通过改变给定值来施加干扰,并在记录仪上看过渡过程曲线,运用 δ、T_I、T_D 对过渡过程的作用为指导,按照规定顺序,对比例度 δ、积分时间 T_I 和微分时间 T_D 逐个整定,直到获得满意的过渡过程为止。此方法又称看曲线调参数法。

各类控制系统中的控制器参数经验数据列于表 12.5 中。供整定时选择参考。

表 12.5 经验凑试法控制器参数的经验数据

控制对象	δ,%	T_I, min	T_D, min	特点	对象特征
温度(PID)	20~60	3~10	0.5~3	比例度小,积分时间长,加微分	对象的容量滞后较大,即参数受干扰后的变化迟缓;δ 应小;T_I 要长;一般需加微分
流量(PI)	40~100	0.3~1		比例度大,积分时间短	对象时间常数小,参数有波动,δ 要大;T_I 要短;不用微分
压力(PI)	30~70	0.4~3		比例度略小,积分时间略大	对象的容量滞后一般,不算大,一般不加微分
液位(P/PID)	20~80	1~5		比例度小,积分时间长	对象的时间常数范围较大。要求不高时,δ 可在一定范围内选取,一般不用微分

表中所给出的数据仅是一个大体范围,有时变动较大。例如流量控制系统的 δ 值有时需在 200% 以上;有的温度控制系统,因容量滞后大,T_I 往往要在 15min 以上。另外,选取 δ 值时还应注意测量部分的量程和控制阀的尺寸,如量程小(相当于测量变送器的放大系数 K_m 大)或控制阀的尺寸选大了(相当于控制阀的放大系数 K_V 大)时;δ 应适当选大一些,即 K_C 小一些,这样可适当补偿 K_m 大或 K_V 大带来的影响,使整个回路的放大系数保持在一

定范围内。

经验凑试法的整定顺序有两种：

(1) 先用纯比例作用进行凑试，待过渡过程已基本稳定并符合要求后，再加积分作用消除余差，最后为提高控制质量、改善动态特性加入微分作用。按此顺序观察过渡过程曲线进行整定工作的具体做法如下。

根据经验并参考表 12.5 数据，选定一个合适的 δ 值为起始值，把积分时间放在"∞"，微分时间置于"0"，将系统投入自动模式。改变给定值，观察被控变量记录曲线形状。如曲线不是 4:1 衰减（这里假设要求过渡过程为 4:1 衰减振荡），并且衰减比大于 4:1 时，则说明所选 δ 偏大，适当减小 δ 值再看记录曲线，直到呈 4:1 衰减为止。注意，当把控制器比例度改变后，如无干扰就看不出衰减振荡曲线，一般都要稳定后再改变一下给定值才能看到。若工艺上不允许反复改变给定值，则只能等候工艺本身出现较大干扰时再看记录曲线。δ 值调整好后，如要求消除余差，则要引入积分作用。一般积分时间可先取为衰减周期的一半值，并在积分作用引入的同时，将比例度增加 10% ~ 20%，看记录曲线衰减比和消除余差的情况，如不符合要求，再适当改变 δ 和 T_I 值，直到记录曲线满足要求。如是三作用控制器，则在已调整好 δ 和 T_I 的基础上再引入微分作用，在引入微分作用后，允许把 δ 值缩小一点，把 T_I 值也再缩小一点。微分时间 T_D 也要在表 12-5 给出的范围内凑试，以使过渡过程的时间短，超调量小，控制质量满足生产要求。

经验凑试法的关键是"看曲线，调参数"。所以必须弄清楚控制器的参数变化对过渡过程曲线的影响关系。在整定中，观察到曲线振荡很频繁，须把比例度增大以减少振荡；当曲线最大偏差大且趋于非周期过程时，需把比例度减小。当曲线波动较大时，应增大积分时间；而在曲线偏离给定值后，长时间回不来，则需减小积分时间，以加快消除余差的过程。如曲线振荡得厉害，需把微分时间减到最小，或暂时不加微分作用，以免加剧振荡；在曲线最大偏差大而衰减缓慢时，则需增加微分时间。经反复凑试，一直调到过渡过程振荡两个周期后基本达到稳定，品质指标达到工艺要求为止。

通常比例度过小、积分时间过小或微分时间过大，都会产生周期性的激烈振荡。但积分时间过小引起的振荡，周期较长；比例度过小引起的振荡，则周期较短；微分时间过大引起的振荡周期最短，如图 12.23 所示：曲线 a 的振荡因积分时间过小引起，曲线 b 由比例度过小引起；曲线 c 的振荡则由微分时间过大引起。

它们还可这样进行判别：从给定值指针动作之后，一直到测量指针发生动作，如果这段时间短，就把比例度增加；如果这段时间长，就把积分时间增大；如果时间最短，就把微分时间减小。

比例度过大或积分时间过大都会使过渡过程变化缓慢，此时可按如下方法判别这两种情况。通常比例度过大，则曲线波动较剧烈、不规则地较大偏离给定值，且形状像波浪般的起伏变化；如图 12.24 曲线 a 所示，如曲线通过非周期的不正常路径，慢慢地回复到给定值，则说明积分时间过大，如图 12.24 曲线 b 所示。应当注意：当积分时间过大或微分时间过大，并且超出允许的范围时，则不管如何改变比例度，都无法补救。

(2) 经验凑试法还可按下列步骤进行：

其出发点是比例度和积分时间可在一定范围内匹配，所得的过渡过程衰减情况一样，即减小比例度时，用增加积分时间来补偿，故可按表 12.5 中给出的经验数据范围，先把积分

时间 T_I 确定下来，如要引入微分作用，可取 $T_D = \left(\dfrac{1}{3} \sim \dfrac{1}{4}\right) T_I$，然后对 δ 进行凑试，直至凑试到满意的过渡过程为止。凑试步骤与前种方法相同。

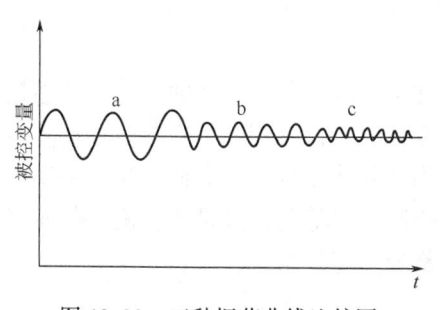

图 12.23　三种振荡曲线比较图

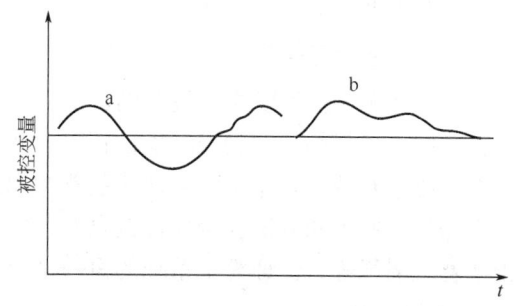

图 12.24　比例度过大、积分时间过大时两种曲线比较图

通常，这样凑试可较快地找到合适的参数值。但如果开始的 T_I 和 T_D 设置得不合适，则可能得不到所要求的记录曲线，这时应将 T_D 和 T_I 适当调整，重新凑试，直至记录曲线合乎要求为止。

经验凑试法的特点是方法简单，适用于各种控制系统，特别是外加干扰作用频繁、记录曲线不规则的控制系统，采用此法最为合适。但此法主要是靠经验，在缺乏实际经验或过渡过程本身较慢时，往往较为费时。尤其对比例、积分、微分三作用控制器的三个参数不容易找出最佳的数值。为缩短整定时间，可运用优选法，以使每次参数改变的大小和方向都有一定的目的性。对同一个系统，最佳整定参数可能不是唯一的，不同的人用经验凑试法整定可能会得出不同的参数值，究其原因，主要是因为无一个很明确的判断标准，对每一条曲线的看法有时会因人而异所致；且不同的参数匹配有时也会得到衰减情况极为相近的过渡过程。

总之，在一个自动控制系统投运时，控制器的参数必须整定，才能获得满意的控制质量。同时，在生产进行的过程中，如工艺操作条件改变，或负荷有很大变化，被控对象的特性就会改变，控制器的参数也必须重新整定。所以，整定控制器的参数是经常要做的工作，对工艺人员与仪表人员来说，都需要掌握。

最后还有两点必须指出：

（1）控制器参数的整定并非"万能"，它只能在一定范围内起作用。如果设计方案不合理、仪表选择不当、安装质量不高、被控对象特性不好等，仅想通过整定控制器的参数来满足工艺生产的要求是不可能的。只有在系统设计合理、仪表选择得当和安装正确的条件下，控制器参数的整定才有意义。

（2）控制器的参数整定并非一劳永逸。工艺条件的改变、负荷的变化及传热设备的结垢等因素都会使对象特性发生变化。只有根据工艺情况的变化及时调整控制器的参数，使之与对象特性相匹配，才能保证控制系统获得稳定而良好的控制质量。

12.4　控制系统的投运

控制系统的投运，是控制系统投入生产、实现自动控制的最后一步工作。无论选用什么样的仪表装置，控制系统的投运大致有如下步骤。

12.4.1 投运前的准备

控制系统的投运准备工作应由工艺人员、自控设计人员以及施工人员共同合作完成，一般要求做到下面几点。

1. 熟悉整个过程

了解主要工艺流程及主要设备的功能、工艺介质性质及各工艺变量间的关系；熟悉控制方案，了解设计意图，明确控制指标；对检测元件、变送器、控制阀等的安装位置和管线走向等都要心中有数；熟悉各种自动化装置的原理、结构及其调校技术，掌握控制器手动—自动切换操作的要求和方法；全面检查电源、气源、管路和线路等的连接是否正确、气压管线是否堵塞或漏气等，保证整个系统的每一个组成环节都处于完好状态。

2. 现场校验

安装完毕后的投运之前，必须对检测元件、变送器、控制器、显示仪表和控制阀等进行现场校验。校验仪表的零点、工作点、满刻度，校验记录控制仪的指示值和控制点偏差等。

3. 检查控制器的内外设定、正反作用方向及执行器的气开、气关形式

控制器的内外设定位置、正反作用方向和执行器的气开、气关形式是关系到控制系统能否正常运行和安全操作的重要问题，投运前必须仔细检查。

12.4.2 投运步骤

只有掌握自动控制系统的投运过程与方法，才能使系统无扰动、平稳而迅速地投入运行。系统投运过程一般要经过现场人工操作、手动遥控、自动控制等若干步骤。

1. 检测系统投入运行

根据工业生产过程的实际情况，将温度、压力、流量、液位等检测系统投入运行，观察测量指示是否正确等。

2. 现场人工操作

控制系统中的控制阀在安装时，一般应设置旁路阀。如图 12.25 所示，在控制阀的前、后各装有一个截止阀1和截止阀2，旁路管线上装有旁路阀3。在自动控制系统投入运行时，先进行现场的人工操作，即先将阀1和阀2关闭，用人工操作旁路阀3，待工况稳定后，转入控制室内手动遥控。也可以省却现场的人工操作，直接手动遥控。

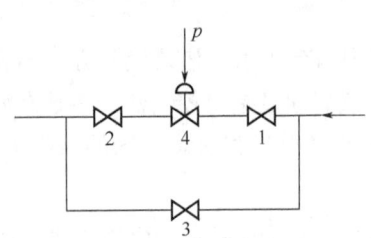

图 12.25 控制阀安装图
1,2—截止阀；3—旁路阀；4—控制阀

3. 手动遥控

在控制室内通过控制器的手动操作旋钮，对控制阀门的开度进行人工遥控。一般在自动控制系统投运以前的调试阶段，在生产过程不稳定或负荷大幅度变化等情况下，都需要对系统进行手动遥控，以便掌握生产状况和操作条件的变化。

4. 自动控制

待手动遥控使工况稳定、被控变量接近或等于给定值并稳定一段时间后，即可将系统由

手动遥控无扰动地切换到自动运行，实现生产过程的自动控制。

12.4.3 控制系统运行中常见的问题

顺利开车后，说明控制方案设计合理，系统间的关联问题处理妥当，仪表装置及管线都畅通无阻，工艺过程也正常。但长期运行中还会出现各种问题。这里仅从自控方面举几种情况作为分析问题的启发。

假如运行中的过渡过程变差了，可分析一下对象特性有无变化。例如换热器管壁有无结垢而增大热阻、降低传热系数。如果对象的时间常数增大，则应重新整定控制器的参数，通常都能获得较好的过渡过程。

假如运行中的被控变量指示值变化不大，由参考仪表或其他参数判断出测量不准确时，则必须检查测量元件有无被结晶或被黏性物包住。另外，工作介质中的结晶或粉末堵住孔板或引压管，引压管中不是单相介质，如液中带气、气中带液而未及时排放等，都能造成测量信号的失灵。在生产中对于重要的温度参数往往采用双支测量元件和两个显示仪表，用于防止测量元件出故障，造成因测量错误而带来的错误操作。

控制阀使用中的问题也不少。有腐蚀性的介质会使阀芯阀座变形、特性变坏，造成系统的不稳定。气压信号管路的漏气，阀门的堵塞等也是常见故障。

工艺操作的不正常，会给控制系统带来很大的影响，情况严重时，只能转入手动遥控。例如控制系统原来设计在中负荷条件下的运行，而改在大负荷或很小负荷条件下运行就不能相适应。

习题与思考题

1. 基本控制系统由哪几个环节构成？简述各环节的作用。
2. 简单控制系统由哪几部分组成？各部分的作用是什么？
3. 试简述家用电冰箱的工作过程，画出其控制系统的方框图。
4. 什么叫直接指标控制和间接指标控制？各使用在什么场合？
5. 被控变量的选择原则是什么？
6. 什么叫可控因素（变量）与不可控因素？当存在着若干个可控因素时，应如何选择操纵变量才是比较合理的控制方案？
7. 操纵变量的选择原则是什么？选择控制系统操纵变量时应该注意什么？
8. 一个系统的对象有容量滞后，另一个系统由于测量点位置因素而造成纯滞后，如分别采用微分作用来克服滞后，效果如何？
9. 比例控制器、比例积分控制器、比例积分微分控制器的特点分别是什么？各使用在什么场合？
10. 为什么要考虑控制器的作用方向？如何选？被控对象、执行器、控制器的正、反作用各是怎样规定的？
11. 简要分析说明检测变送环节的时间常数对控制系统过渡过程的影响。
12. 分析说明变送环节量程变化对控制系统过渡过程的影响及应对措施。
13. 选择控制阀流量特性需要注意什么？

14. 图 12.26 是采用蒸汽对原油加热的控制流程图。工艺控制要求：原油加热后的温度稳定，避免原油温度过高。画出该控制系统的方框图，说明控制系统的受控变量及操纵变量。

15. 图 12.27 是原油长输管道加热炉流程示意图。试设计一个控制系统来维持工艺物料被加热温度的稳定。要求：确定控制阀气开、气关特性及正、反作用形式。

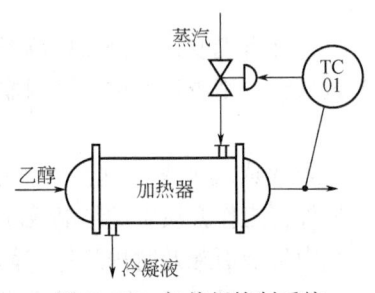 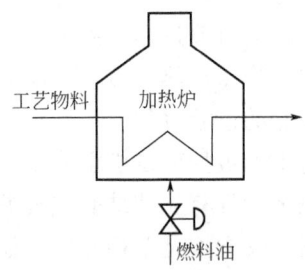

图 12.26　加热板控制系统　　　　图 12.27　加热炉流程示意图

16. 控制器参数整定的任务是什么？工程上常用的控制器参数整定有哪几种方法？

17. 临界比例度的意义是什么？为什么工程上的控制器所采用的比例度要大于临界比例度？

18. 试述用衰减曲线法整定控制器参数的步骤及注意事项。

19. 如何区分由于比例度过小、积分时间过小或微分时间过大所引起的振荡过渡过程？

20. 经验凑试法整定控制器参数的关键是什么？

复杂工程问题实践研讨 7

13 计算机控制系统

随工业生产过程的大规模化要求控制系统既能处理大量的数据，又能实现高级控制。自动化技术和计算机技术的结合则产生了计算机控制技术，它已成为工业自动化的重要支柱。

目前，随着计算机技术的发展，其应用的广泛性，已渗透到各个工业部门和生产过程，并使工业自动化技术发展到了一个崭新的阶段。储运行业从简单的工业装置到大型的工业生产过程和装置，普遍都实现了利用计算机来进行生产过程的自动控制和管理。

13.1 概述

13.1.1 计算机控制系统的原理及控制过程

利用模拟控制器等常规自动化工具来实现工业生产过程自动化控制的自动化系统称常规控制系统（也称模拟式控制系统），利用计算机实现工业生产过程自动化的自动控制系统则称计算机控制系统，其典型原理框图如图13.1所示。在不同于常规仪表控制系统的计算机控制系统中，计算机的输入、输出信号都是数字信号，因此典型的计算机控制系统需要有输入与输出的接口装置（I/O），以实现模拟量与数字量的转换，其中包括将模拟信号转换为数字信号的模/数转换器（A/D）和将数字信号转换成模拟信号的数/模转换器（D/A）。

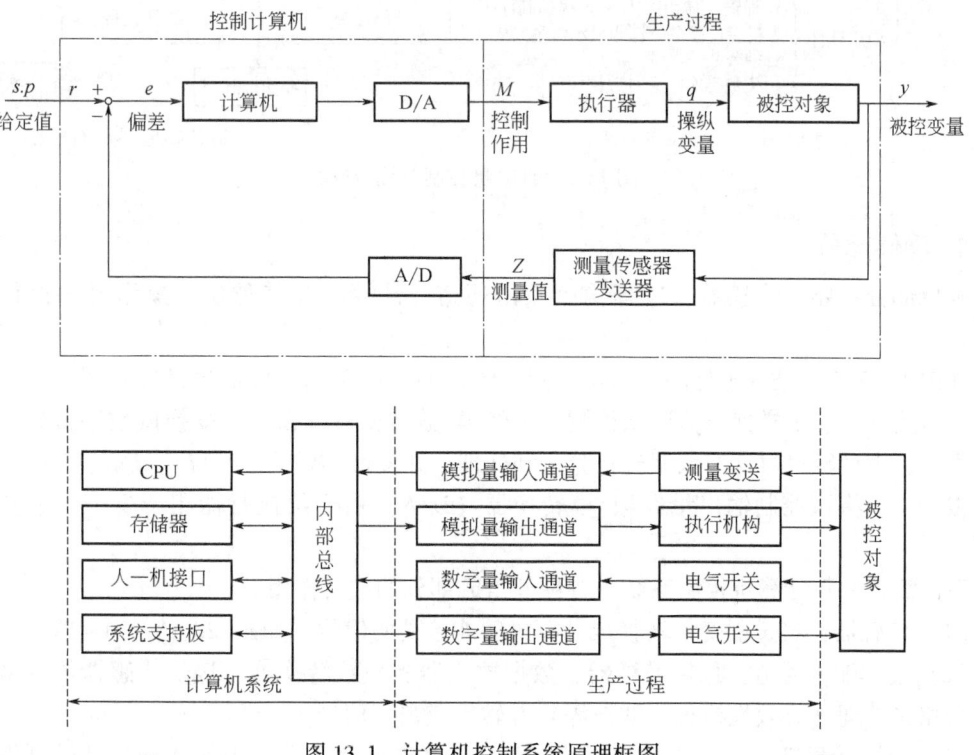

图 13.1 计算机控制系统原理框图

由图 13.1 可见，计算机控制的工作过程分三个步骤：数据采集、控制决策与控制输出。

（1）数据采集：实时检测来自传感器的被控变量瞬时值，即对被控参数的瞬时值进行实时检测并输入。

（2）控制决策：依据采集到的被控变量数据按一定的控制规律进行分析和处理，产生控制信号，决定控制行为，即对采集到的表征被控参数状态的量进行分析处理，并按已定的控制规律进一步控制过程。

（3）控制输出：根据决策，适时地对控制阀发出指令，即按控制决策实时地向执行器发出控制信号，完成控制任务。

上述过程不断重复，使整个系统能按一定的品质指标进行动作，并对被控参数和设备本身出现的异常状态及时监督并做出迅速处理。

13.1.2 计算机控制系统的组成

计算机控制系统一般由硬件和软件两部分组成。其组成示意与系统框图如图 13.2 所示。

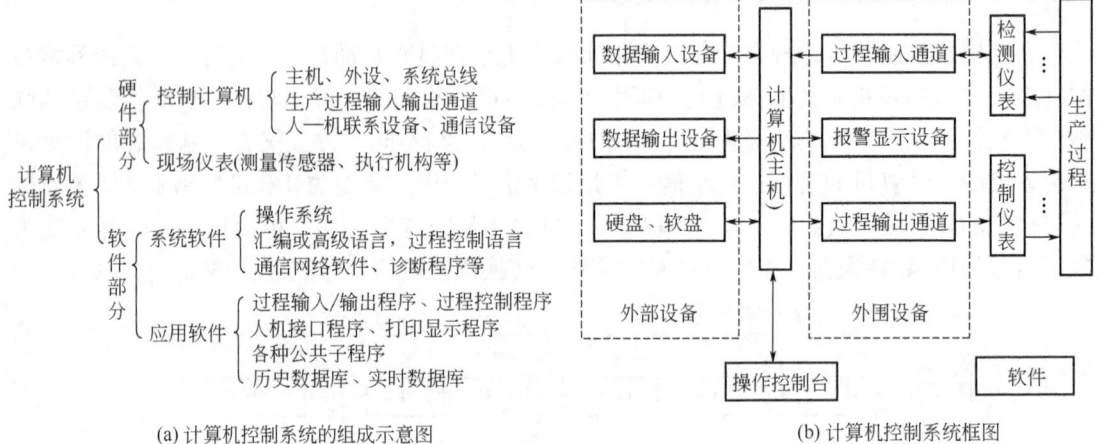

(a) 计算机控制系统的组成示意图　　　　(b) 计算机控制系统框图

图 13.2　计算机控制系统组成

1. 硬件部分

硬件部分主要由传感器、过程输入输出通道、计算机及其外设、操作台和执行器等组成。

如图 13.3 所示是其硬件的组成示意图。图中的生产工艺参数信号经传感器变换成电信号，由多路开关、采样保持器巡回检测，再经模/数转换器（A/D）变换成数字量后送到控制计算机，由计算机对这些数据进行分析和处理，并按操作要求进行屏幕显示、制表打印或越限报警，或将该控制输出量经数/模转换器（D/A）后送给执行器用于生产工艺参数的控制。

下面简述一下计算机控制系统中各硬件组成部分的主要作用。

（1）传感器：将过程变量转换成计算机所能接受的信号，如 4~20mA 或 1~5V。

（2）过程输入通道：包括采样器、数据放大器和模数转换器。接受传感器传送来的信号进行相关处理（有效性检查、滤波等）并转换成数字信号。

（3）控制计算机：根据采集的现场信息，按事先存储在内存中的依据数学模型编写好

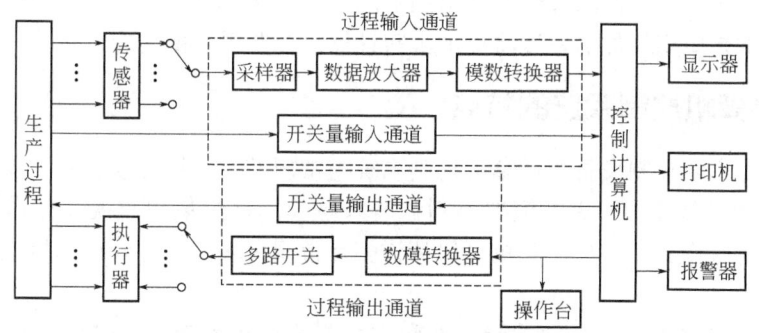

图 13.3　计算机控制系统硬件部分

的程序或固定的控制算法计算出控制输出，并通过过程输出通道传送给相关的接收装置。控制计算机可以是小型通用计算机，也可以是微型计算机。计算机一般由运算器、控制器、存储器及输入、输出接口等部分组成。

（4）外围设备：主要为扩大主机的功能而设置，它们用来显示、打印、存储及传送数据。一般包括光电机、打印机、显示器、报警器等。

（5）操作台：进行人机对话的工具。操作台一般设置键盘与操作按钮，通过它们可修改被控变量的给定值，报警的上、下限，控制器的参数 K_C、T_I、T_D 值，以及对计算机发出指令等。

（6）过程输出通道：将计算机的计算结果经相应的变换送往执行机构，对生产过程进行控制。

（7）执行机构：接受由多路开关送来的控制信号，使执行机构产生相应的动作，并改变控制阀的开度，从而达到控制生产过程的目的。

2. 软件部分

计算机控制系统各种程序，是控制系统的大脑和灵魂，通称软件。它是人的思维与机器硬件间联系的桥梁。软件的优劣关系到计算机的正常运行、硬件功能的充分发挥和推广运用。程序系统一般包括操作系统、监控程序、程序设计语言、编译程序、检查程序及应用程序等。

软件通常分为三大类：系统软件、支持软件和应用软件。不同的控制对象和不同的控制任务在软件组成上有很大的差异。在确定系统硬件后才能确定如何配置软件。

（1）系统软件：包括操作系统、引导程序、调度执行程序等，它是支持软件及各种应用软件的最基础的运行平台。如：Windows 操作系统、Unix 操作系统等都属于系统软件。

（2）支持软件：它在系统软件的平台上运行，是用于开发应用软件的软件，如汇编语言、高级语言、通信网络软件、组态软件等。对设计人员来说，需要了解并学会使用相应的支持软件，并能够按系统要求编制开发所需的应用软件。但不同系统的支持软件会有所不同。

（3）应用软件：应用软件是系统设计人员针对特定要求而编制的控制和管理程序。不同控制设备的应用软件所具备的功能是不同的。在计算机控制系统中，每个控制对象或控制任务都一定要配有相应的控制程序，以用来完成对各个控制对象的不同要求与功能。这种为控制目的而编制的程序，通常称应用程序。应用程序一般由用户自己编写，用哪种语言来编写应用程序，主要取决于控制系统的软件配备情况和整个系统的要求。从发展趋势来看，软件虽不像硬件那样直观，但随着软件技术的日趋完善，构成计算机控制系统的大量工作将在软件方面，特别是应用软件的发展将更加丰富计算机控制系统的内容。

13.1.3 计算机控制系统的特点

以计算机为主要控制设备的计算机控制系统与常规控制系统比较，其主要特点如下：

（1）随着生产规模的扩大，模拟控制盘越来越长，这给集中监视和操作带来困难；而计算机采用分时操作，用一台计算机可代替许多台常规仪表，在一台计算机上操作与监视带来了许多方便。

（2）常规模拟式控制系统的功能实现和方案修改比较困难，常需要进行硬件的重新配置调整和接线的更改；而计算机控制系统，因其所实现功能的软件化，复杂控制系统的实现或控制方案的修改只需修改程序、重新组态即可实现。

（3）常规模拟控制无法实现各系统之间的通信，不便于全面掌握和调度生产情况；计算机控制系统可通过通信网络而互通信息，实现数据和信息的共享，能使操作人员及时地了解生产情况，改变生产控制和经营策略，使生产处于最优状态。

（4）计算机具有记忆和判断功能，它能综合生产中的各方面信息，在生产发生异常情况时，及时做出判断，采取适当的措施，并提供故障原因的准确指导，缩短了系统维修和排除故障的时间，提高了系统运行的安全性和生产效率，这是常规仪表所达不到的。

（5）计算机控制系统的通信系统已成为独立的一个组成部分。早期基地式仪表只能提供现场的显示、控制，非常局限。随着通信技术的发展，现代计算机控制系统以提供远程控制为主，彻底打破了空间限制；各种新型通信协议的诞生极大地改变了控制系统的工作模式和组成结构。

13.1.4 计算机控制系统的发展过程及其典型形式

在应用于过程控制前，计算机主要作为数值运算、数据统计和数值分析的工具，与实际生产过程没有任何的物理连接。计算机控制系统的发展过程取决于计算机应用技术的发展，它主要经过了直接数字控制、集中型计算机控制系统、分布式计算机控制系统和现场总线控制系统等发展过程。

计算机控制系统按照生产过程的复杂程度和要求的不同，有不同的控制方案。本节依据工业生产控制目的的不同，简述几种计算机过程控制的典型应用方式。

1. 直接数字控制系统

20世纪50年代末，因提供了计算机与过程装置间的接口，实现了"传感器—计算机—执行器"三者电气信号的直接传递，计算机在配备了传感器、执行器及相关的电气接口后就可实现过程的检测、监视、控制和管理。这种用数字控制技术简单地取代模拟控制技术，而不改变原有的控制功能，形成了直接数字控制（Direct Digital Control），简称DDC，即用数字技术代替了模拟技术，而系统功能保持不变。

DDC是计算机控制技术的基础，是最简单的一种计算机控制系统，DDC系统是计算机配以适当的输入输出设备，取代模拟调节器，直接对几十个以至上百个控制回路进行自动巡回检测和数字控制，其计算机输出直接去控制调节阀等执行机构，使各个被控参数保持在给定值上。图13.4为DDC单回路控制系统的原理框图。其本质是用一台计算机取代一组模拟控制器所构成的闭环控制回路。其构成示意图如图13.5所示。

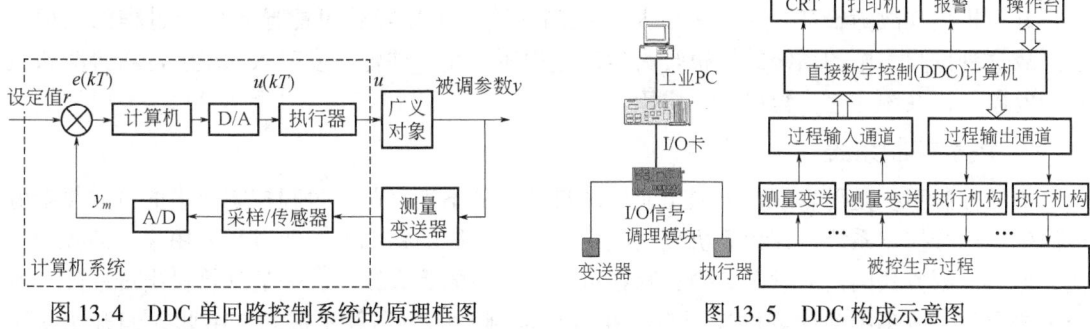

图 13.4 DDC 单回路控制系统的原理框图　　图 13.5 DDC 构成示意图

与采用模拟控制器的控制系统相比，DDC 的突出优点是计算灵活，计算机完全代替了模拟调节器，其不仅能实现典型的 PID 控制规律，且可方便地对 PID 算法进行改进或实现其他控制算法。随着计算机硬件的技术发展，DDC 还很快发展到 PID 以外的其他多种复杂控制系统，如串级控制、前馈控制和解耦控制等。如图 13.6 所示，DDC 通过采样器和多路开关等，还可同时管理多个控制回路，用一台计算机实现对生产过程中若干个被控变量的控制，同时它把显示、记录、报警和给定值设定等都集中在操作控制台上，给操作带来了很大方便。其缺点是：要求工业控制计算机的可靠性很高，如生产过程复杂，则该系统的可靠性就很难保证。该系统的危险性在于过于集中，使系统时常处在瘫痪的边缘，难以确保系统的正常运行，从而会直接影响生产。故该系统主要应用在中小型控制系统中。

2. 集中型计算机控制系统

从系统功能看，集中型计算机控制是 DDC 控制的发展，因当时的计算机系统体积庞大，价格非常昂贵，为使计算机控制能与常规仪表控制相竞争，就企图用一台计算机来控制尽可能多的控制回路，以实现集中检测、集中控制和集中管理。

图 13.7 中的输入子系统包括 AI 和 DI 两部分，它们分别采集过程对象有关的模拟量和开关量测量信号。输出子系统包括 AO 和 DO 两部分，它们分别输出过程对象有关的模拟量和开关量控制信号。CRT 操作台代替传统的模拟仪表盘，实现参数的监视。

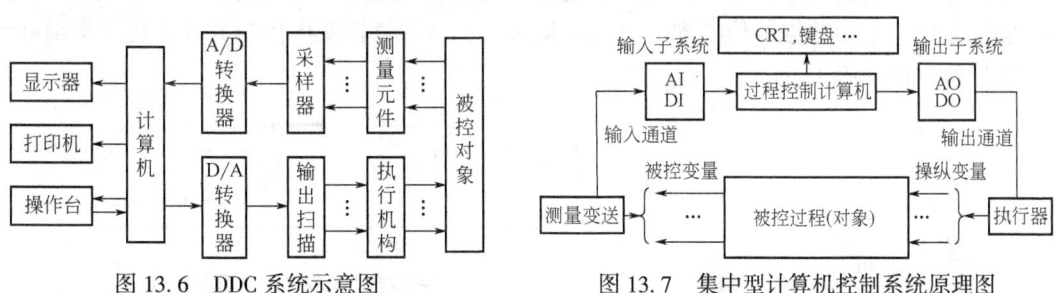

图 13.6 DDC 系统示意图　　图 13.7 集中型计算机控制系统原理图

集中型计算机控制与常规仪表控制相比具有更大的优越性：集中型计算机控制可实现先进控制、联锁控制等各种更复杂的控制功能；其信息集中，便于实现优化控制和优化生产；它灵活性大，控制回路的增减、控制方案的改变由软件来方便实现；HMI 友好，操作方便，大量的模拟仪表盘可由显示器取代，各种人机干预可通过标准 I/O 设备完成。但因当时的计算机总体性能低，运算速度慢，容量小，利用一台计算机控制很多个回路易出现负荷的过载,且控制的集中也直接导致危险的集中,高度集中使系统变得十分"脆弱"。具体表现在一旦计算机出现故障,甚至系统中的某一控制回路发生故障就可能导致生产过程的全面瘫痪。故这种危险集中的系统结构很难为生产过程所接受,并曾一度陷入困境,随着计算机技术的发展,该系统才逐步得以工业应用。

3. 集散控制系统

集散控制系统是随着现代大型工业生产自动化的不断兴起和过程控制要求的日益复杂应运而生的综合控制系统。在计算机控制应用于工业控制的初期,工业过程采用集中的控制方式,但该控制方式因任务过于集中,存在可靠性方面的重大缺陷,一旦计算机出现故障,就会影响全局。故集中型计算机控制系统在过程控制中的应用并不成功。由此人们开始认识到,要提高系统的可靠性,需要把控制功能分散到若干个控制站实现,而不能采取控制回路高度集中的设计思想;此外,考虑到整个生产过程的整体性,各局部的控制系统间还应当存在必要的相互联系,即所有控制系统的运行应服从于工业生产和管理的总体目标。这种管理的集中性和控制的分散性是生产过程高效与安全运行的需要,它直接推动了集散控制系统的产生和发展。计算机集散控制系统(DCS)又称分布式或分散型控制系统。该系统在储运领域应用甚多,如油库、油气田联合站等,DCS 的系统示意如图 13.8 所示,DCS 由多个相关联的可共同承担工作的微处理器为核心,一起组成可并行地运行多个任务的系统,即由若干台微型计算机分别承担任务,代替了集中控制的方式,将危险分散。从而实现地理上和功能上的控制,同时通过高速数据通道把各个分散点的信息集中起来,进行集中的监视和操作,并实现复杂的控制和优化。DCS 的主要特征是集中管理和分散控制。它采用危险分散、控制分散,而操作和管理集中的基本设计思想,多层分级、合作自治的结构形式,同时也为正在发展的先进过程控制系统提供了必要的工具和手段。目前,DCS 在石油、化工、制药等各种领域都得到了极其广泛的应用。

DCS 的系统结构示意图如图 13.9 所示,通常包括控制过程的过程站(或称工作站),具有操作监视作用的操作站和各种辅助的站点,例如系统配置编程、数据存储等。DCS 虽类型众多,但其结构和功能大同小异,都是由以微处理器为核心的基本数字控制器、高速数据通道、操作站和监督计算机等组成。DCS 最突出点是提高了系统的可靠性和灵活性,DCS 是积木式结构,构成灵活,易于扩展;系统可靠性高;采用屏幕显示技术和智能操作台,操作、监视方便;采用数据通信技术,处理信息量大;与计算机集中控制方式相比,电缆和敷缆成本较低,便于施工。

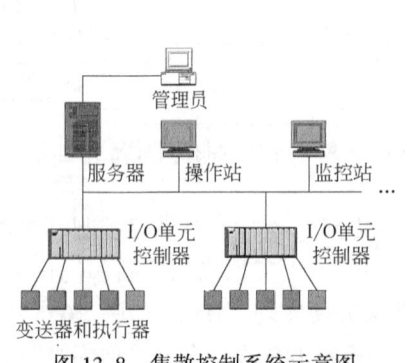

图 13.8 集散控制系统示意图

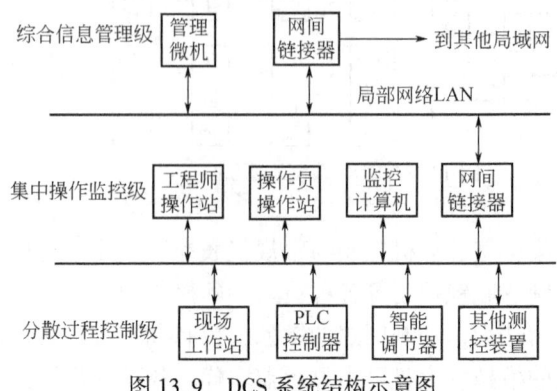

图 13.9 DCS 系统结构示意图

4. 现场总线控制系统

20世纪70年代发展起来的DCS尽管给工业过程控制带来了许多好处，但因其采用了"操作站—控制站—现场仪表"的结构模式，系统成本较高，且各厂家生产的DCS各有标准，不能互联。因此，20世纪90年代兴起了新一代的分布式控制系统结构，即现场总线控制系统（Fieldbus Control System，简称FCS），FCS是计算机技术和网络技术发展的产物，是建立在智能化测量与执行装置的基础上发展起来并逐步取代DCS控制系统的一种新型自动化控制装置。它采用了"工作站—现场总线智能仪表"的结构模式，降低了成本，提高了可靠性，而且在统一的国际标准下可实现真正的开放式互联系统结构，因此它是一种正在发展的很有前途的控制系统。

按国际电工委员会和现场总线基金会对现场总线的定义，现场总线是连接智能现场装置和自动化系统的数字式、双向传输、多分支结构的通信网络。现场总线在本质上属全数字式，取消了原DCS系统中独立的控制器，避免了反复进行A/D、D/A的转换。它有两个显著特点：双向数据通信能力；把控制任务下移到智能现场设备，以实现测量控制一体化，从而提高系统的固有可靠性。对厂商来说，现场总线技术带来的效益主要体现在成本的降低和系统性能的改善，对用户来说，更大的效益在于能获得精确的控制类型，而不必定制硬件和软件。其系统结构示意图如图13.10所示。

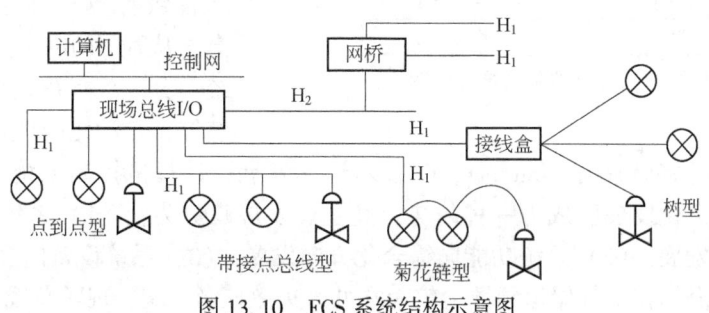

图13.10　FCS系统结构示意图

当前，现场总线及由此而产生的现场总线智能仪表和控制系统已成为全世界范围自动化技术发展的热点，这一涉及整个自动化和仪表的工业"革命"和产品全面换代的新技术在国际上已引起人们广泛的关注。

FCS主要特点有：（1）数字化的信息传输。无论现场底层传感器、执行结构、控制器之间的信号传输，还是与上层工作站及高速网之间的信息交换，系统全都采用数字信号。通信质量较DCS有很大提高。（2）分散的系统结构。FCS将输入/输出单元、控制站的功能分散到智能型现场仪表，每个现场仪表作为一个智能节点都带CPU单元，可独立完成测量、校正、调节、诊断等功能，由网络协议把它们连接在一起协同工作。若某一节点出现故障，它只会影响其本身而不会危及全局。这种结构使系统更加可靠。（3）方便的互操作性。只要是符合统一标准，不同厂商的产品可异构组成统一系统后便可相互操作，统一组态。（4）开放的互联网络。FCS技术与标准是全开放式的，从总线标准、产品检测到信息发布都公开，面向所有的产品制造商和用户。通信网络可和其他系统网络或高速网络连接，用户可以共享网络资源。（5）多种传输媒介和拓扑结构。因采用全数字通信方式，因此可采用多种传输介质通信，即根据控制系统中节点的空间分布情况，可采用多种网络拓扑机构。

5. 分级控制系统

分级控制系统是以微处理器为核心，将工业控制计算机、数据通信系统、微型计算机、显示操作设备、过程通道、模拟仪表等有机结合起来，采用组合组装式结构所组成的系统，主要用于实现大型现代化工业的综合自动化生产。如中石油、中石化等大型集团企业就采用该类系统作为集团的企业自动化系统，其构成如图 13.11 所示。

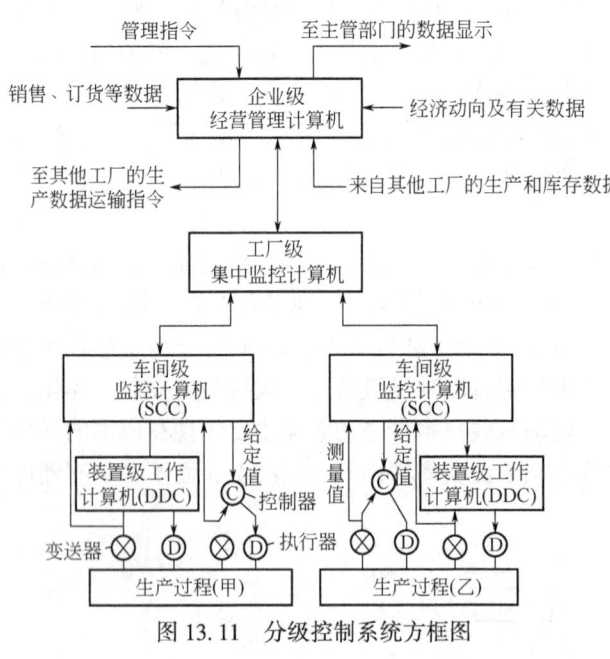

图 13.11 分级控制系统方框图

分级系统兼顾了"集中型"和"分散型"的优点，并把两者有机地结合起来。它保持了集中型计算机控制系统的集中监督、显示、操作、报警、管理的优点，而将集中控制的危险性分散，由一批微处理器来承担控制功能，每台微处理器只负责控制几个回路，用通信网络将各级计算机连接起来，传递信息，从而构成一个完整的控制系统。分级控制系统是目前实现大系统综合自动化的理想方案。

综上所述，随着局域网、Internet、IT 技术迅速发展，计算机控制系统向集成化、网络化、智能化、信息化发展已成为一种趋势。其主要发展趋势为：（1）系统结构向网络化、网络扁平化方向发展；（2）系统功能向综合化方向发展；（3）系统设备向多样化方向发展。

下面将重点介绍在油气储运领域中较为常见的集散控制系统、现场总线控制系统和网络控制系统。远程数据采集与监视控制系统（SCADA），因储运类书籍介绍众多，其体系架构基本类似，本书限于篇幅，不作介绍。

13.2 集散控制系统

集散控制系统是分布式控制系统的英文缩写（Distributed Control System，简称 DCS），它是以微处理器为基础，借助于计算机网络对生产过程进行分散控制和集中管理的先进计算机控制系统（视频 7）。

视频 7 DCS 简介

DCS 系统在集中式控制系统的基础上发展、演变而来，在国内自控行业称集散控制系统。即分布式控制系统（集散控制系统），国外则称分散控制系统。DCS 系统以多台微处理机分散应用于过程控制，全部信息通过通信网络由上位管理计算机监控，以实现最优化控制，并通过通信网络、显示器、键盘、打印机等设备进行高度集中的操作、显示和报警管理。

DCS 系统是由过程控制级和过程监控级等组成，以通信网络为纽带的多级计算机系统，综合了计算机、通信、显示和控制等技术，其基本思想是分散控制、集中操作、分级管理、配置灵活及组态方便。在系统功能方面，DCS 和集中式控制系统的区别不大，但在系统功能的实现方法上却完全不同。该系统既在管理、操作和显示三方面集中，又在功能、负荷和危险性三方面分散。整个装置继承了常规仪表的分散控制和计算机集中控制的优点，克服了常规仪表功能单一、人—机联系差及单台微型计算机控制系统危险性高度集中的缺点。DCS自1975年问世以来，发展十分迅速，目前已得到广泛的应用，在当今现代化生产过程控制中起着重要的作用。

13.2.1 集散控制系统的发展概况与特点

1. 集散控制系统的发展概况

在继承常规模拟仪表和DDC优点的基础上，为进一步提高控制系统的安全性和可靠性、降低成本，集散控制系统的结构和性能日臻完善，其发展大体分如下三个阶段：（1）1975—1976年，集散控制系统的诞生时期。（2）1977—1984年，集散控制系统的飞速发展时期。（3）1985至今，综合信息管理系统时期。

集散控制系统还在继续发展中，其表现为：系统的小型化和微型化；现场检测变送仪表的智能化；现场总线的标准化；通信网络的标准化；DCS与PLC、SCADA等的相互渗透；系统软件的智能化等。

2. 集散控制系统的发展趋势

DCS自问世以来，在系统的体系结构上无重大改变，但经过不断地发展和完善，其功能和性能都得到了巨大的提高。作为生产过程自动化领域的计算机控制系统，其含义已被大大扩展，不仅包括过去DCS中所包含的各种内容，还向下深入到了现场的每台测量设备、执行机构，向上发展到了生产管理、企业经营的方方面面。传统意义上DCS仅是指生产过程控制这一部分的自动化，而工业自动化系统的概念，则应定位到企业全面解决方案，即total solution的层次。只有从这个角度上提出问题并解决问题，才能使计算机自动化真正起到其应有的作用。

DCS的发展趋势大致如下：（1）向开放式系统发展；（2）智能变送器、远程I/O和现场总线的发展，并进一步使现场测控功能下移分散；（3）DCS、PLC、PCCS相互渗透融合，形成数字化、模块化、网络化的分布式控制系统；（4）现场总线集成于DCS系统是现阶段控制网络的发展趋势，它有三种集成应用，即现场总线于DCS系统I/O总线上的集成、现场总线于DCS系统网络层的集成、现场总线通过网关与DCS系统的并行集成。

未来的DCS将采用智能化仪表和现场总线技术，从而彻底实现分散控制，并可节约大量的布线费用，提高系统的易展性。OPC标准的出现从根本上解决了控制系统的共享问题，使系统的集成更加方便，并导致控制系统的价格下降。

目前的DCS通过不断采用新技术正在向着更加开放化、标准化、产品化、通用化的方向发展。

3. 集散控制系统的特点

集散控制系统具有集中管理和分散控制的显著特征，与模拟仪表控制系统和集中式工业控制计算机系统相比具有如下显著的特点。

（1）高可靠性：因采用多台微处理机的管理集中而控制分散的结构，使危险分散，故障影响面小。各个关键设备采用的冗余技术与容错技术，还有完善的自诊断技术使系统的可靠性得以提高，平均无故障时间已达十万小时以上。

(2) 控制功能丰富：DCS 系统具有多种运算控制算法和其他的数学与逻辑运算功能，如四则运算、逻辑运算、PID 控制、前馈控制、自适应控制和滞后时间补偿等；还有顺序控制和各种联锁保护、报警等功能。它可通过组态把以上这些功能有机地组合起来，形成各种控制方案，以满足系统的要求。

(3) 系统扩展灵活，安装维护方便：DCS 系统采用标准化、模块化设计，硬件上采用积木搭接式设计和局部网络通信，用户可根据实际的需要与不同规模工程的要求灵活配置，组成所需要的单回路或多回路系统。在控制方案需要变更时，只需重新组态编程，与常规仪表控制系统相比，省却了许多换表、接线等工作。DCS 采用专用的多芯电缆、标准化接插件设计和规格化的端子板，便于装配和维修更换。DCS 具有强大的自诊断功能，为故障判断提供准确的指导，维修迅速准确。

(4) 信息和数据共享：DCS 系统的各个工作站独立工作时，通过通信网络传递各种信息和数据来协调工作，并实现信息的共享；DCS 系统通信采用国际标准协议，符合 ISO 七层协议标准，具有极强的开放性，便于系统间的互联，提高了系统的可用性。

(5) 实现分散控制，集中监视、操作和管理，监视操作方便：DCS 系统将控制与显示分离，现场过程受现场控制单元控制，每个控制单元可控制若干个控制回路，并完成各自的功能。各控制单元又具有相对的独立性。故系统负荷均匀分散，功能分散，并在本质上将危险性分散。DCS 通过网络提供各种显示手段，通过键盘、鼠标等对被控对象的变量值及其变化趋势、报警情况、软硬件运行情况进行监视，实施各种操作，画面形象直观。

(6) 具有良好的性能价格比：DCS 技术先进，功能齐全，特别适用于具有较为复杂的运算和控制系统。而在价格方面，目前国外 80 个控制回路的生产过程所采用的 DCS 投资已与采用常规仪表的投资费用相当。

13.2.2 集散控制系统的基本构成与层次结构

1. DCS 系统的基本构成

最基本的 DCS 系统应包括四大组成部分：至少一个现场监控站（监测站和控制站，即 I/O 控制站）、至少一台操作员站、一台工程师站和一个系统通信网络。其典型结构如图 13.12 所示。

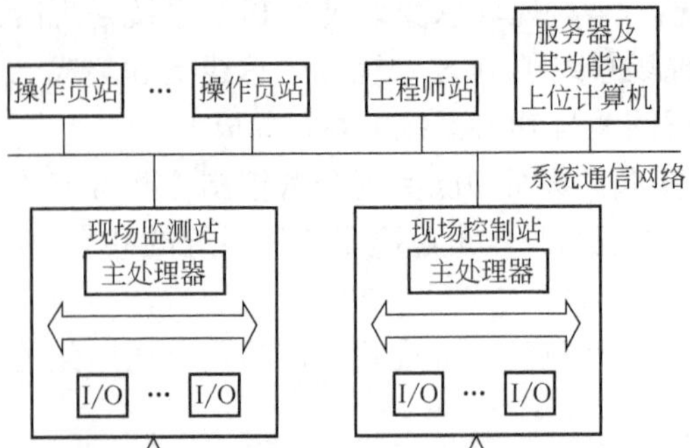

现场监控站是 DCS 的核心，它是直接和生产过程相连接的 I/O 处理单元，完成对整个工业过程的实时监控功能。现场监控站包括监测站和控制站，即 I/O 控制站。

现场监测站又称数据采集站，它直接与生产过程相连接，实现对过程变量的数据采集。它完成数据的采集和预处理，并对实时数据进一步加工，为操作站提供数据，实现对过程变量和状态的监视和打印，同时实现

图 13.12 集散控制系统 DCS 典型结构图

开环监视，或为控制回路的运算提供辅助数据和信息。

现场控制站也直接与生产过程相连接，它对控制变量进行检测、处理，并产生控制信号

驱动现场的执行机构,实现生产过程的闭环控制。它可控制多个回路,具有极强的运算和控制功能,并且能够自主地完成回路控制任务,实现连续控制、顺序控制和批量控制等。

操作员站(简称操作站)是由工业 PC 机、显示器、键盘、鼠标、打印机等组成的人机系统,是操作人员进行过程监视和过程控制操作的设备,主要完成人机界面的功能。用以完成集中显示、集中操作和集中管理等功能。有的操作站还可进行系统组态的部分或全部工作,兼具工程师站的功能。

工程师站是为专业的工程技术人员设计的,并内装有相应的组态平台和系统维护工具。主要用于对 DCS 进行离线的组态工作和在线的监督、控制与维护。它能借助组态软件对系统进行离线组态,并在 DCS 在线运行时实时监视 DCS 网络上各站的运行情况。

服务器及其功能站(上位计算机)用于整个系统的信息管理和优化控制。服务器通过通信网络收集系统中各个单元的数据信息,根据建立的数学模型和优化控制指标进行后台计算、优化控制等。

通信网络是集散控制系统的中枢。它将 DCS 的监测站和控制站、操作员站、工程师站等部分连接起来,构成一个完整的分布式系统,各部分之间的信息传递均通过通信网络实现,以完成数据、指令及其他信息的传递,实现整个系统协调一致地工作,及系统各个部分间的信息传递和共享。

简言之,操作员站、工程师站和服务器(上位计算机)构成了 DCS 的集中管理部分;现场监测站、现场控制站构成 DCS 的分散控制部分;通信网络是 DCS 各个部分的连接纽带,是实现集中管理、分散控制的关键。

2. DCS 系统的硬件体系结构

DCS 的层次化体系结构是其显著特征,使之充分体现了集散系统集中管理、分散控制的思想。按功能可把 DCS 系统分成四层分层体系结构,其体系结构图如图 13.13 所示,其分级递阶结构示意图见图 13.14。

图 13.13 集散型控制系统的体系结构

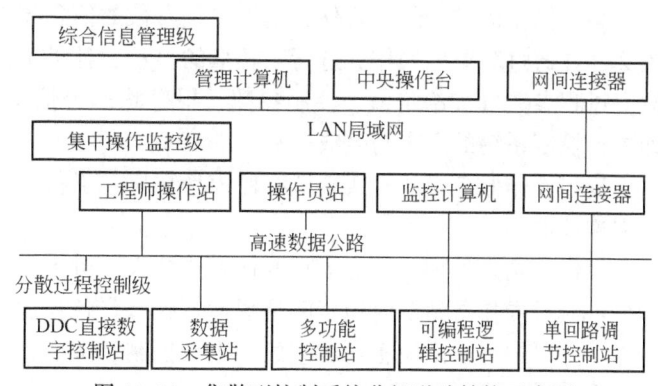

图 13.14 集散型控制系统分级递阶结构示意图

DCS 从结构上划分包括过程级、操作级和管理级三类。其中过程级包括过程管理与直接控制两级。具体如下:(1)过程级主要由过程控制站、I/O 单元和现场控制仪表组成,是系统控制功能的主要实施部分。(2)操作级包括操作员站和工程师站,完成系统的操作和组态。(3)管理级主要是指工厂管理信息系统(MIS 系统),作为 DCS 更高层次的应用。

DCS 层次结构中,最低级的是与生产过程直接相连的直接控制级。在不同的 DCS 中,直接控制级所采用的装置结构形式大致相同，但名称各异，如过程控制单元、现场控制站、过程监测站、基本控制器、过程接口单元等，在这里，统称为现场控制单元 FCU（或控制站）。

FCU 实现了 DCS 的分散控制功能，是 DCS 的核心部分。生产过程的各种参量由传感器接收并转换送给现场控制单元作为控制和监测的依据，而各种操作通过现场控制单元送到各个执行机构。有关信号的转换、各类基本控制算法都在现场控制单元中完成。

过程管理级由工程师站、操作员站、管理计算机和显示装置组成，直接完成对过程控制级的集中监视和管理，通常称操作站。

DCS 生产管理级、经营管理级由功能强大的计算机来实现，无更多硬件构成，这里不再阐述。

1) 分散过程控制级（面向生产过程）

分散过程控制级是 DCS 的基础层，它向下直接面向工业对象，其输入信号来自生产过程现场的传感器（如热电偶、热电阻等）、变送器（如温度、压力、液位、流量等）及电气开关（输入触点）等，其输出去驱动执行器（如调节阀、电磁阀、电动机等），完成生产过程的数据采集、闭环调节控制、顺序控制等功能；其向上与集中操作监控级进行数据通信，接收操作站下传加载的参数和操作命令，并将现场的工作情况经信息整理后向操作站报告。

分散过程控制级的功能有生产过程的数据采集、反馈控制、顺序控制、批量控制等。在其内部完成 A/D 转换、各种控制算法的运算、对模拟量进行滤波及工程单位的转换、将采集到的实时数据通过网络送到操作员（工程师）站或其他 I/O 站。

分散过程控制级的装置有现场控制站、可编程控制器、智能调节器及其他测控装置。

现场控制站主要由机箱（柜）、电源、PC 总线工业控制机、通信控制单元、手动或自动显示操作单元等构成。其功能主要有 6 种，即数据采集功能、DDC 控制功能、顺序控制功能、信号报警功能、打印报表功能、数据通信功能。通过不同的硬件配置和软件设置可构成不同功能的控制站（如过程控制站 PCS、逻辑控制站 LCS、数据采集站 DAS 等。）

2) 集中操作监控级（面向操作员和系统工程师）

集中操作监控级的主要任务是把过程参数的信息集中化，对各个现场控制站的数据进行收集，并通过简单的操作，进行工程量的显示、各种工艺流程图的显示、趋势曲线的显示及改变过程参数（如给定值、控制参数、报警状态等信息）；另一任务是兼有部分管理功能，即进行控制系统的组态与生成。

集中操作监控级的构成装置有监控计算机、工程师显示操作站、操作员显示操作站、层间网连接器。

操作员站是处理一切与运行操作有关的人—机界面功能的网络节点，其主要功能是使操作员可通过操作员站及时地了解现场运行状态、各种运行参数的当前值、是否有异常情况发生等，并可通过输出设备对工艺过程进行控制和调节，以保证生产过程的安全、可靠、高效与高质。

工程师站是对 DCS 进行离线的配置、组态工作和在线的系统监督、控制、维护的网络节点。其主要功能是对 DCS 进行组态，配置工具软件即组态软件，并通过工程师站及时调整系统配置及一些系统参数的设定，使 DCS 随时处于最佳的工作状态之下。

3) 综合信息管理级

DCS 综合信息管理级实际上是一个管理信息系统（Management information System，简称 MIS），由计算机硬件、软件、数据库、各种规程和人共同组成的工厂自动化综合服务体系和办公自动化系统。MIS 是一个以数据为中心的计算机信息系统。企业 MIS 可粗略地分为市场经营管理、生产管理、财务管理和人事管理四个子系统。子系统从功能上说应尽可能独立，子系统之间通过信息而相互联系。其主要完成生产管理和经营管理功能。比如进行市场预测，经济信息分析；对原材料的库存情况、生产进度、工艺流程及工艺参数进行生产统计和报表；并进行长期性的趋势分析，作出生产和经营决策，以确保最优化的经济效益。MIS 由管理计算机、办公自动化系统和工厂自动化服务系统组成，如中石油的油库管理信息系统即为典型的储运 MIS 系统。

DCS 各级间的信息传输主要依靠通信网络系统来支持。通信网络分成低速、中速、高速通信网络。低速网络面向分散过程控制级；中速网络面向集中操作监控级；高速网络面向管理级。

用于 DCS 的计算机网络在很多方面的要求不同于通用的计算机网络。它是一个实时网络，即网络需要根据现场通信的实时性要求，在确定的时限内完成信息的传送。

3. DCS 系统的软件体系系统

DCS 的软件体系包括：计算机系统软件、过程控制软件（应用软件）、通信管理软件、组态生成软件、诊断软件等，如图 13.15 所示。

系统软件与应用对象无关，是一组支持开发、生成、测试、运行和程序维护的工具软件。过程控制软件包括：过程数据的输入/输出、实时数据库、连续控制调节、顺序控制、历史数据存储、过程画面显示和管理、报警信息的管理、生产记录报表的管理打印、人—机接口控制等。其中前四种功能是在现场控制站完成的。

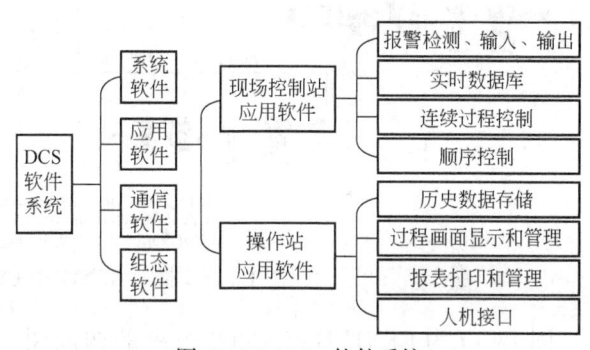

图 13.15 DCS 软件系统

DCS 系统的组态功能包括硬件组态（又称配置）和软件组态。

硬件组态内容包括工程师站与操作员站的选择和配置，现场控制站的个数、分布、现场控制站中各种模块的确定、电源的选择等。

软件组态先要确定控制系统配置的基本信息，如各种站的个数、内存配置信息、最大点数、最短执行周期等。而应用软件的组态则包括实时数据库的生成和控制回路、控制方案及图形与报表功能的实现。这是集散控制系统组态的核心。软件组态通常由 DCS 生产厂家提供一个功能很强的软件工具包（组态软件）来完成。

13.2.3 主要 DCS 厂商和典型 DCS 简介

DCS 控制系统的种类很多，生产厂家也有上百个。典型的 DCS 系统国外有美国 Honeywell 公司的 TDC-300、TPS 等，美国 Emerson 公司的 DeltaV、Plant Web 等，日本横河公司的横河 CENTUM 系列，国内有北京和利时公司的 HOLLIASMACS 系统，浙大中控的 JX-300XP、ECS-700 等。

每种 DCS 的操作方法各不相同，虽然近几年来，有些标准逐步统一，但在许多细节上差别还很大。下面简要介绍日本横河 CENTUM-CS3000 与浙大中控 JX-300XP 这两种典型的

DCS 产品。

1. 日本横河 CENTUM-CS3000 集散控制系统

1）CENTUM-CS3000 系统的构成

横河 CENTUM CS3000 系统如图 13.16 所示，系统由主干网络（Vnet/IP）、现场控制站（FCS）、人机接口站（HIS）、工程师站（EWS）等组成。

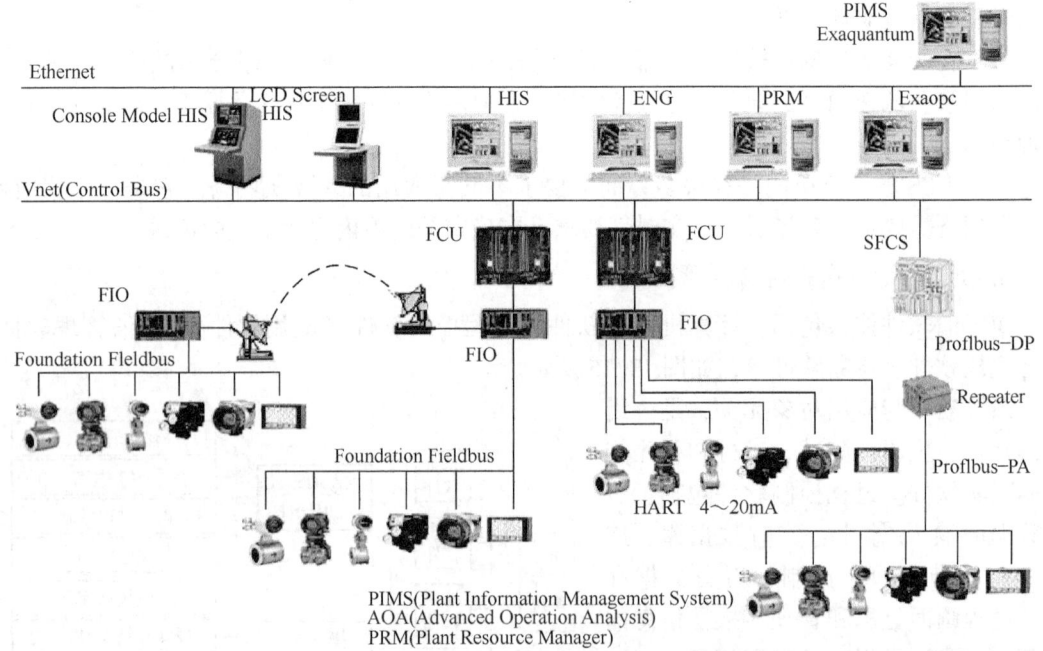

图 13.16 横河 CENTUM-CS3000 系统概貌

图 13.17 为 CENTUM-CS3000 系统的构成图。系统包括操作员站（ICS）、工程师站（EWS）、现场控制站（FCS）、高级控制站（ACS）、用于连接 FCS 与 ICS、ACG、ABC 等其他站的实时控制网（Vnet）、用于 ICS 间通信的信息局域网（Enet）、用于 ICS 与 EWS 间信息通信的局域网（Ethernet）、远程总线 RIO Bus、光纤通信网（FDDI）以及连接各种网络的通信网关（ACG）和总线转换器（ABC）等。它还包括用于过程控制用的检测元件与传感器、控制阀等现场控制装置。按照控制要求也可挂接可编程序控制器（PLC）。

日本横河公司的 CENTUM-CS3000 系统结构十分灵活，可根据用户的需要配置不同规模大小的系统，CS3000 拥有传统 DCS 系统所具有的所有功能和特点，同时支持 HART 和基金会现场总线。不但可与横河前几代的系统进行数据通信，还可与其他 DCS、PLC、ESD 厂家的系统进行数据通信。通过与工厂上层管理系统（如 PIMS、LIMS 及 ERP 等系统）的连接，可完全实现工厂一体化管理，使工厂的各个部门及时地了解到现场的生产情况。

CS3000 系统主要包括 FCS 控制站（Field Control Station，双重冗余型现场控制站）和 HIS 操作站（Human Interface Station，人机界面操作站）两大部分，并利用 VL 网将系统中定义的每个站连接在一起。CS3000 系统配置、系统结构图如图 13.18 所示。

（1）主要的系统配备。

主要系统配备包括 HIS-操作站/工程师站、FCS-现场控制站、PFCS-密集型控制站、ACG-通信关卡单元、ABC-网络转换器。

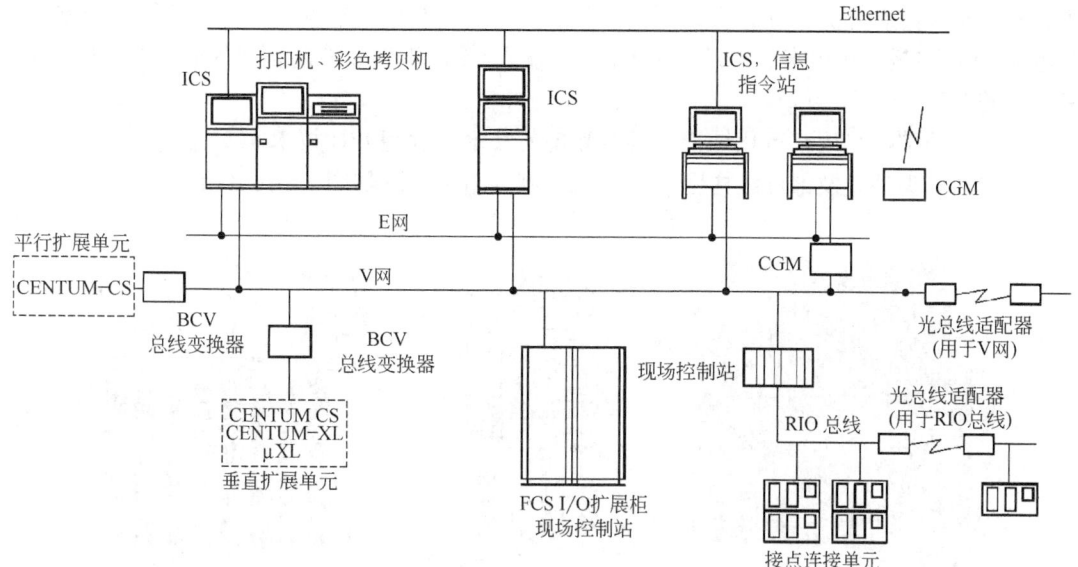

图 13.17　CENTUM-CS 系统构成

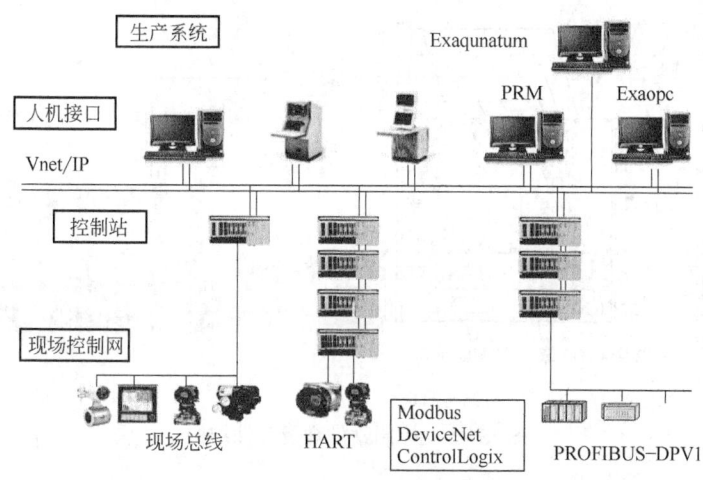

图 13.18　CS3000 系统配置图

(2) V 通信网络。

V 通信网络由如下三部分组成：①读/写通信子系统（1 对 1 式的通信子系统、用于传送/接收工业数据）；②信息通信子系统（输送信息到选定的操作站、用于传送报警信息）；③环形信息传送子系统（同时传播数据到所有的站、用于控制站与控制站间的通信）。

(3) HIS 操作站。

HIS 操作站（Human Interface Station，人机界面操作站）为操作人员提供了以屏幕显示为基础的人机界面。其人机接口站（HIS）由 Windows 操作系统；100000 个工位号容量、2500 个用户可定义的操作视窗；通过用户制作的画面进行操作、功能强大的面板；与实际的工厂结构相关的用户定义的报警；多功能键盘等组成。其操作分组具有友善的人机界面，可根据工厂的实际结构分组、分组方式可在线变更。

(4) 控制站。

CS3000 控制站以微处理器为基础，利用程序软件来实现闭环控制和顺序逻辑控制所需的各种运算及控制算法，并且为数据监测和控制提供了高度灵活的输入输出功能。控制站主要包括 CPU 主板、供电卡、VL 网耦合器以及输入/输出组件。控制站间的通信是利用 VL 网来实现的。

控制站的结构采用双重化结构、成对和备份技术、远程 I/O 技术。

控制站分类外观及部件结构图、控制站控制分组示意图如图 13.19 所示。

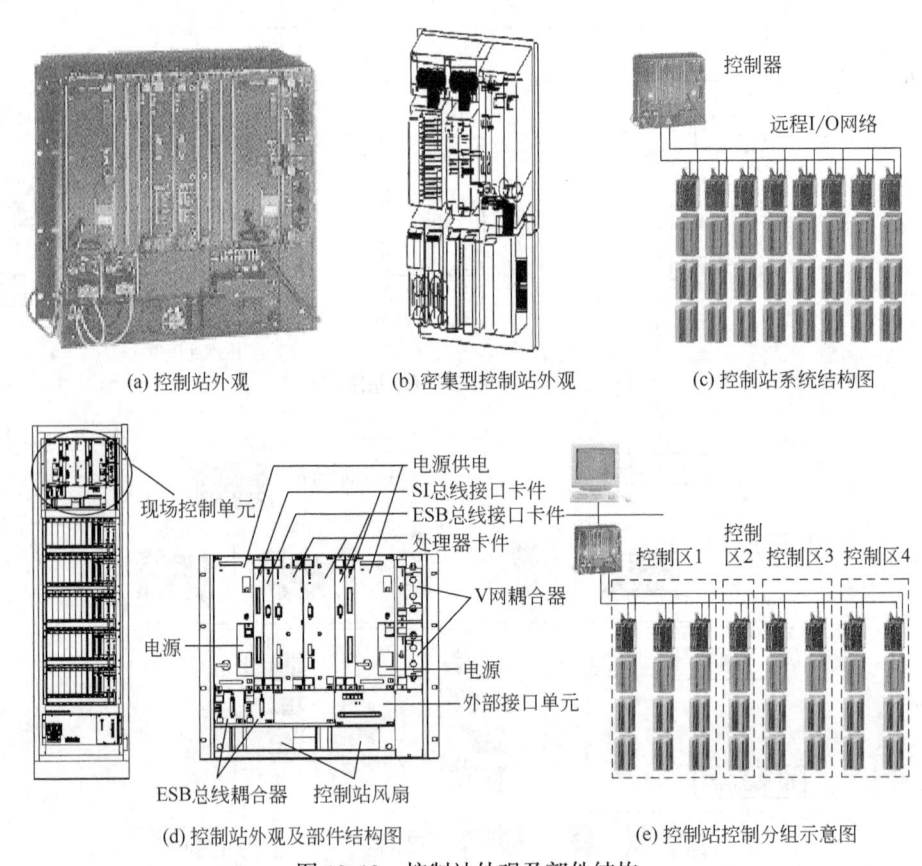

图 13.19 控制站外观及部件结构

（5）输入/输出子系统（I/O Subsystem）。

一个控制站最多可连接 10 个节点，此处的节点可理解为 I/O 模件的底板。每个节点上可插入 8 个输入/输出模件（以下简称为 IOM，即 Input/Output Module），在 FCS 站上常用的 IOM 类型如表 13.1 所示。常用的 I/O 模件（IOM）类型见表 13.2 常用的 I/O 模件（IOM）类型分类表。

表 13.1 常用的 IOM 类型表

IOM 类型	功能
AAI841	模拟输入/输出信号，4~20mA，8 个输入/8 个输出
AAI141	4~20mA 模拟输入模件，16 通道
AAI143	模拟输入信号，4~20mA DC，16 通道
AAI543	模拟控制输出信号，4~20mA DC，16 通道
AAR145	1~5V 模拟热电阻输入模件，16 通道

IOM 类型	功能
AAV141	1~5V 模拟输入模件,16 通道
AAT145	模拟热电偶输入模件,4~20mA DC,16 通道
ADV551	数字量输出模件,32 通道
ADV151	数字量输入模件,32 通道
AAP135	脉冲输入模件,8 通道

表 13.2 常用的 I/O 模件（IOM）类型分类表

序号	类型	名称
1	模拟量 I/O 模件	电流/电压输入模件,mV,TC,RTD 输入模件,脉冲输入模件,电流/电压输出模件
2	多通道模件	16 点电流输入模件,16 点电压输入模件,16 点 mV 输入模件,16 点热电偶输入模件,16 点热电阻输入模件
3	端子型接点 I/O 模件	16 点接点输入模件,16 点电压输入模件,16 点接点输出模件,32 点接点输入模件,32 点 Photo Coupler 输入模件,32 点接点输出模件
4	继电器 I/O 模件	16 点输入模件,16 点输出模件
5	连接器型接点 I/O 模件	16 点接点输入模件,16 点电压输入模件,16 点接点输出模件,32 点接点输入模件,32 点 Photo Coupler 输入模件,32 点接点输出模件
6	通信模件	RS232C,RS422,RS485,现场总线（FF）,色谱仪

(6) CS3000 系统窗口。

CS3000 系统的常见窗口见表 13.3。

表 13.3 CS3000 系统的常见窗口

窗口类型	系统默认窗口名	用户可定义性
系统信息窗(System message window)	—	
分层浏览窗(Navigator window)	—	—
流程图(Graphic window)		√
过程概貌(Process overview)	.GR	√
控制组(Control window)		√
趋势组(Trend window)		√
参数调节窗(Tuning window)	位号名△ TUN	
仪表面板窗(Faceplate window)	位号名	
操作指引窗(Operator guide window)	.OG	
过程报警窗(Process alarm window)	.AL	
过程报告窗(Process report window)	.PR	
历史信息窗(Historical message report window)	.HR	
系统状态概貌窗(Sytem status overview window)	.SO	
系统报警窗(System alarm window)	.SA	
FCS 状态显示窗(FCS status display window)	.SF	
HIS 设置窗(HIS setup window)	.SH	
帮助对话窗(Help dialog)	.HW	

CS3000 系统窗口模式有全屏幕视窗和多视窗监控功能两种，如图 13.20 所示。

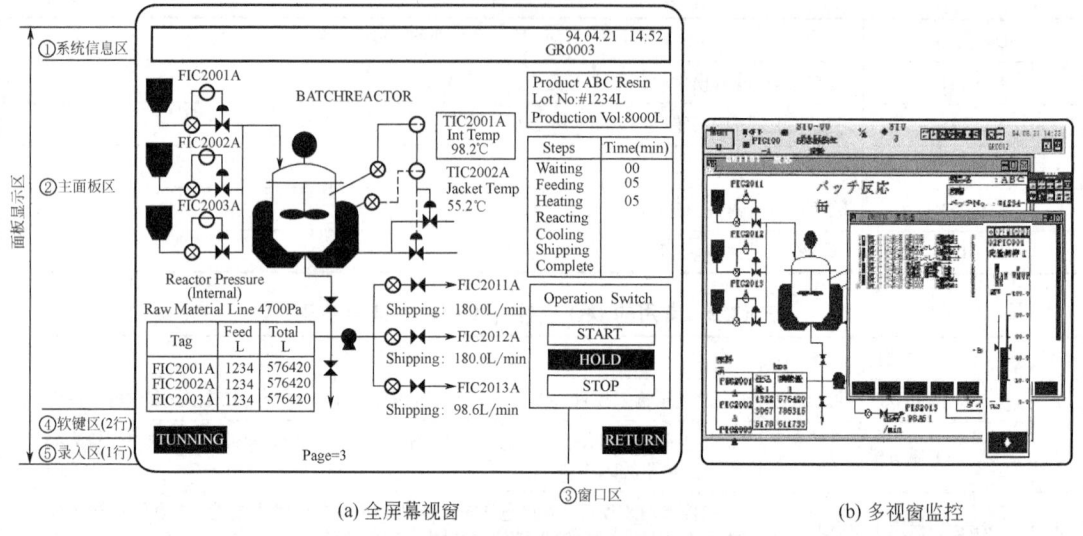

(a) 全屏幕视窗　　　　　　　　　　(b) 多视窗监控

图 13.20　CS3000 系统窗口模式

CS3000 的标准监控视窗有：（1）流程图视窗包括流程图视窗、控制组视图、总貌视窗、多功能视窗；（2）趋势组视图；（3）报警汇总视窗；（4）操作员指导视窗；（5）调试视窗（见图 13.21）。

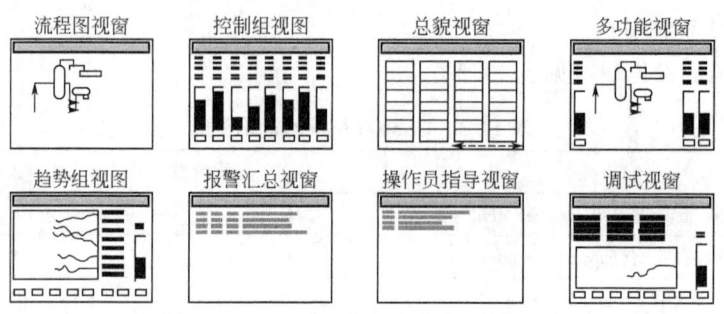

图 13.21　CS3000 标准监控视窗示意图

CS3000 系统的趋势功能有 128 个趋势/趋势块，18 个趋势块/HIS，可显示共享记录在其他 HIS 的趋势块，每个 HIS 可显示高达 8000 个记录点。其框架示意如图 13.22 所示。

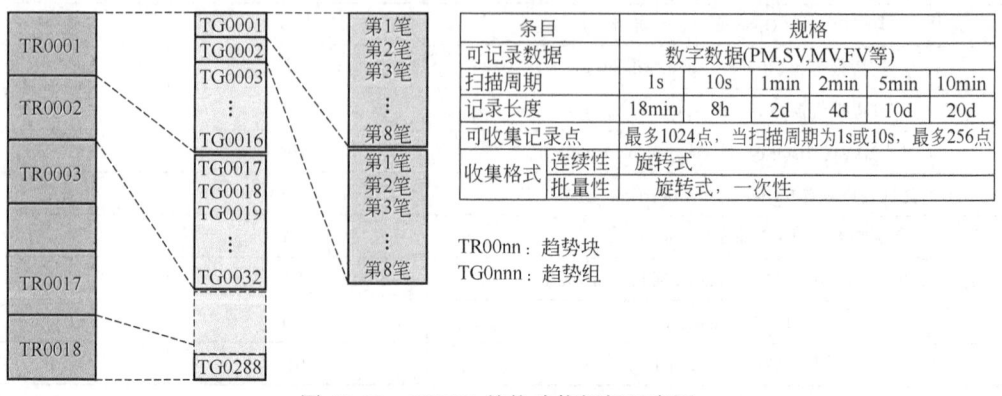

图 13.22　CS3000 趋势功能框架示意图

CS3000 系统的长期趋势功能有：储存时间根据硬盘容量而增长；可储存到其他媒介以供参考；可在标准趋势视窗上调出。其相关参数如表 13.4 所示。

表 13.4　CS3000 系统长期趋势功能相关参数表

数据类型	数据储存时间		所需储存容量	注解
趋势	高速	24h	140.0MB	256 点，1s 周期，2 个趋势块
	低速	100d	750MB	768 点，1min 周期，6 个趋势块
数据	每小时	100d	22.5MB	200 点
	每天	50 个月	14.5MB	
	每月	10 年	1.2MB	
历史信息	100d		50.0MB	假设每天 0.5MB

（7）CS3000 的报表功能。

CS3000 的报表功能如图 13.23 所示。

（8）CS3000 的报警系统。

如图 13.24 所示，CS3000 可组态的报警指示有快速扫描与可选择的报警汇总两种方式。

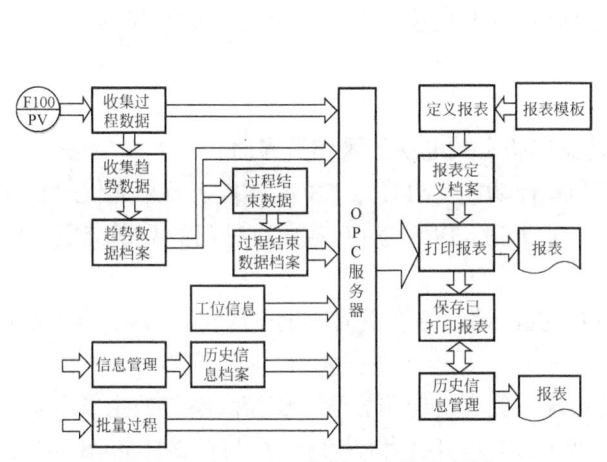

图 13.23　CS3000 的报表功能示意图

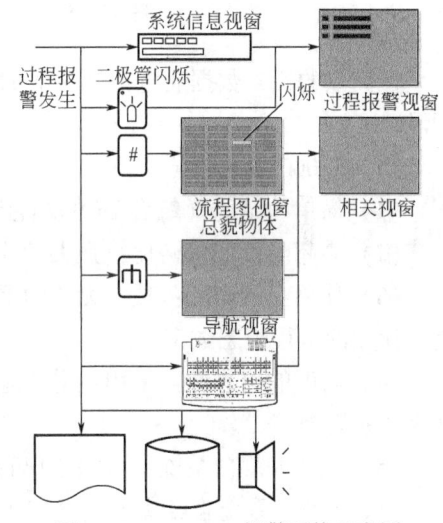

图 13.24　CS3000 报警系统示意图

（9）CS3000 的控制功能结构（高级控制）。

CS3000 的高级控制功能结构如图 13.25 所示。

2）CS3000 的工作过程

来自过程变送器的过程变量经安全栅或端子板送入 I/O 卡件，将现场信号转换为系统的数字信号后，进入控制器，在控制器内按预先设计的控制规律进行运算后，输出控制变量，并通过执行机构控制生产过程。

控制站可通过数据高速公路（即 HUB）把过程信息送往操作站，操作员通过显示屏幕了解每个控制系统的工作情况，并通过键盘或鼠标改变每个控制系统的给定值和控制方式，控制站又通过数据高速公路获得操作站发出的实现过程控制所需的有关指令和信号。

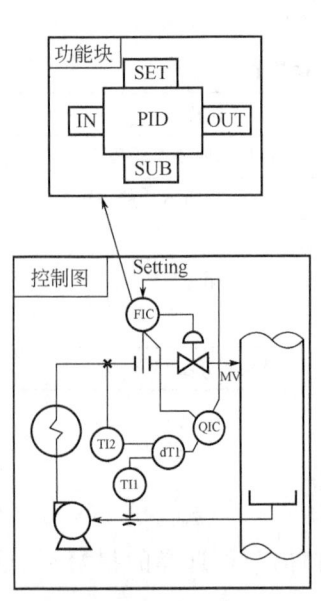
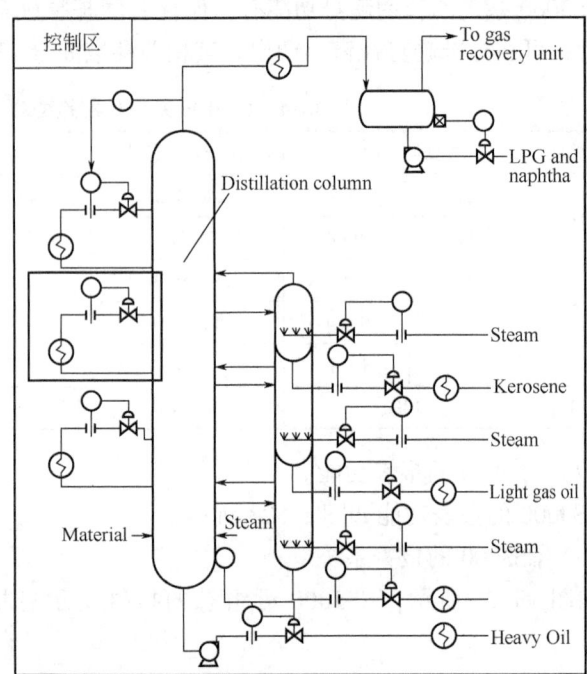

图 13.25 CS3000 的高级控制功能结构示意图

检测点的检测数据通过控制站的输入通道和数据高速公路送到操作站进行显示、报警、记录。

3) CS3000 系统的特点

（1）简单的结构（结合 DCS 功能及易操作的个人电脑的操作员界面）；

（2）高超的性能价格比：强大的连续和顺控功能（SFC，SEBOL 顺控表及单元仪表）；

（3）使用上的简易：独一无二的虚拟调试功能、DCS 与 PC 应用软件间的数据交换、可重复使用的工程组态数据；

（4）高度的可靠性：采用经受考验的 CS 控制站硬件、横河所生产的实时系统（除操作站操作系统外）；

（5）支持大规模系统：可综合现有的系统、更大的应用容量、支持大系统的生成组态；

（6）与现有系统兼容或升级：CENTUM-V 或 XL 可升级为 CS3000、可与 CENTUM CS 共存；

（7）合并企业管理系统（MES）和生产管理：高可靠性的 ETS 平台、CS3000 的单窗口软件界面、服务器—用户的系统结构。

2. 浙大中控 JX-300XP 集散控制系统

JX-300XP 系统吸收了近年来快速发展的通信技术、微电子技术，并应用了最新的信号处理技术、高速网络通信技术和现场总线技术，同时采用先进的控制算法，全面提高了控制系统的功能和性能，并能适应复杂的应用要求。下面着重介绍 JX-300XP 的结构和组态。

1) JX-300XP 的整体结构

JX-300XP 系统包括现场控制站、现场数采站（现场监测站，对过程变量进行采集和预处理，为操作员站提供数据）、工程师站和操作员站，整个系统采用三层通信网络结构，如图 13.26 所示。

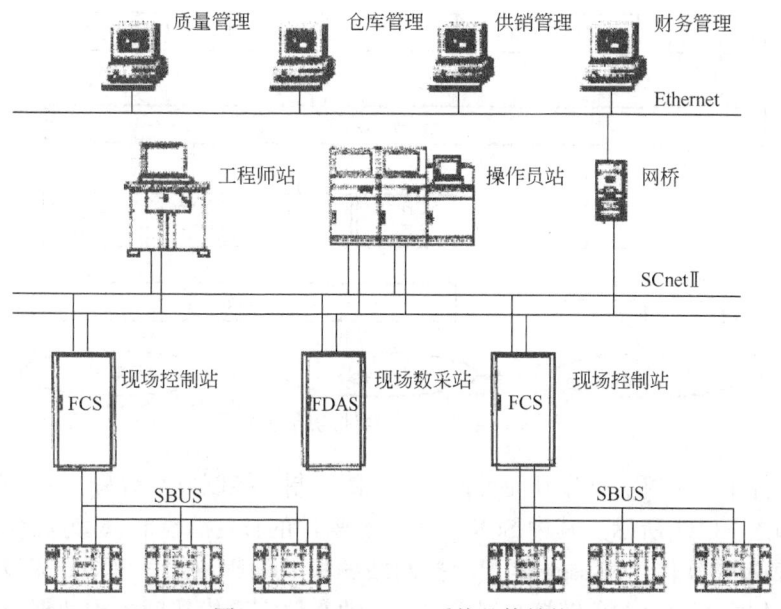

图 13.26 JX-300XP 系统整体结构

图中最上层是信息管理网络,采用符合 TCP/IP 协议的以太网,连接各个控制装置的网桥及企业的各类管理计算机,用于工厂级的信息传送和管理,是实现企业综合管理的信息通道。

中间层为控制网,采用双高速冗余工业以太网 SCnet Ⅱ 作为其过程控制网络,连接操作员站、工程师站和控制站等,用于过程实时数据、组态信息、诊断信息等现场控制层信息的高速可靠传输。还可通过挂接网桥连接上层管理网或其他厂家设备。

底层网络为控制站内部网络(SBUS),属于系统的现场总线,它采用主控制卡指挥式令牌网,存储转发通信协议,是控制站各卡件之间进行信息交换的通道。

2) JX-300XP 系统的设计过程

DCS 实际应用于生产过程控制时需要按设计要求,进行软、硬件设计以使系统按特定的状态运行。

(1) 硬件设计。

DCS 系统的硬件设计即硬件根据系统的实际测量点和控制情况,选择系统需要的硬件设备(机柜、机笼、卡件、操作站等),使硬件配置可以满足设计中的数据监控、画面浏览等要求,并为将来的系统扩展升级留有一定的余量。具体步骤如下:

① 根据测量点性质确定系统 I/O 卡件的类型及数量(适当留有余量),对重要的信号点要考虑是否进行冗余配置;
② 根据 I/O 卡件数量和工艺要求,确定控制站和操作站的个数;
③ 根据上述设备的数量配置其他设备,如机柜、机笼、电源、操作台等;
④ 在有防爆要求的场合,需要考虑选配合适的安全栅;
⑤ 对开关量,根据其数量和性质要考虑是否选配相应的端子板、转接端子和继电器。

(2) 组态设计。

组态设计是 DCS 的软件设计。DCS 的组态包括系统组态、画面组态和控制组态。

硬件选型完毕后,利用 JX-300XP 系统组态软件包中的相关软件实现控制站、操作站等

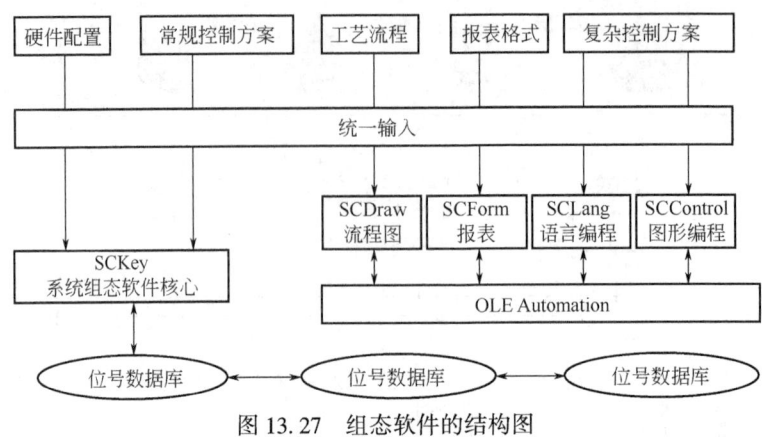

图 13.27 组态软件的结构图

硬件设备在软件中的配置、操作画面设计、流程图绘制、控制方案编写、报表制作等,组态软件的结构如图 13.27 所示。其中 SCKey 为组态软件的核心,SCDraw 为流程图制作软件,SCForm 为报表制作软件,SCLang 是用于控制站编程的编程语言,SCControl 为图形编程软件。各功能软件之间通过对象链接与嵌入技术,动态地实现模块间各种数据与信息的通信、控制和管理。组态设计的基本过程如图 13.28 所示,具体实现如下。

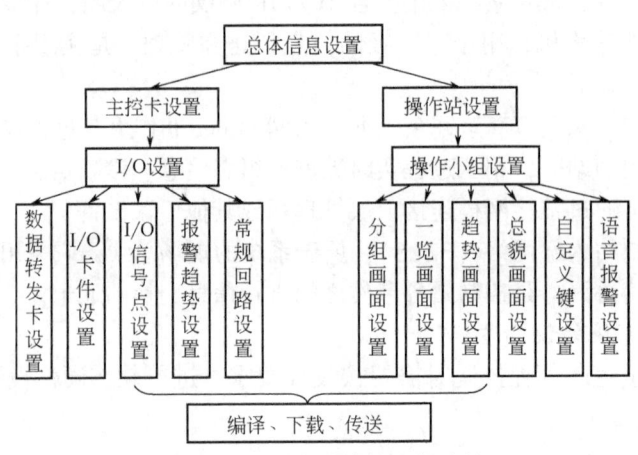

图 13.28 组态设计的基本过程

① 控制系统的硬件配置即对系统硬件构成的软件设置,主要包括以下几部分。

总体信息组态:总体信息组态即主机组态,指对系统控制站(主控制卡)、操作站及工程师站的相关信息进行配置,包括各控制站的地址、控制周期、通信、冗余情况、各个操作站或工程师站的地址等一系列的工作,组态中进行的设置应该和实际的硬件配置保持一致。

控制站 I/O 组态的总体信息组态完毕后,需对 I/O 进行组态。I/O 组态首先从数据转发卡组态开始。数据转发卡组态是对某一个控制站内部的数据转发卡在 SBUS-S2 网络上的地址及卡件的冗余情况等参数进行组态。数据转发卡设置完毕后,可进行 I/O 卡件设置。I/O 卡件设置是对 SBUS-S1 网络上的 I/O 卡件型号及地址等参数进行组态。最后进行 I/O 信号点的设置。对信号单元的组态,除需要设定信号的位号、描述及报警状态外,根据信号类型不同,分别有不同的内容。

控制方案组态完成系统 I/O 组态后,需要对控制站的控制回路进行组态。控制方案组态包括常规控制方案和自定义控制方案两种组态。

JX-300XP 系统以基本 PID 算式为核心进行扩展，设计了串级、前馈、串级前馈（三冲量）等多种控制方案，对一般要求的常规控制，系统提供的方案基本都能满足。这些控制方案易于组态，操作方便，且实际运用中的控制运行可靠、稳定，因此对于无特殊要求的常规控制，建议采用系统提供的控制方案。对于一些特殊的控制，必须根据实际需要，自己确定方案，通过 SCLang 语言编程和图形编程来实现。

上面所述的一系列操作，都在控制站进行。接下来，将进行操作站组态。

② 操作站组态（监控画面，如流程图等）一般采用树形结构，主要包括如下几个方面的内容。

操作小组的组态：在实际的工程应用中，往往并不是每个操作站都需要查看和监测所有的操作画面，例如某工程采用 DCS 控制现场的两个工段，每个工段由指定的操作工分别在两台不同的操作站上进行监控操作，这时现场往往会要求这两个操作站上可显示完全独立的两组画面。此时可利用操作小组对操作功能进行划分，每一个不同的操作小组可观察、设置、修改指定的一组标准画面、流程图、报表、自定义键。系统运行时两个操作站上分别运行不同的操作小组，从而满足现场的应用需要。对一些规模较大的系统，一般建议设置一个总操作小组，它包含所有操作小组的组态内容，这样当其中有一操作站出现故障时，可运行此操作小组，查看出现故障的操作小组的运行内容，以免耽搁时间而造成损失。

标准操作画面的制作：系统的标准画面组态指对系统已定义格式的标准操作画面进行组态。标准画面包括总貌画面、趋势图画面、控制分组画面、数据一览画面等四种操作画面。

总貌画面是各个实时监控操作画面的总目录。它主要用于显示重要的过程信息，或作为索引画面用。它可作为相应的画面的操作入口，也可根据需要设计成特殊菜单页。每页画面最多显示 32 块信息，每块信息可以是过程信息点、标准画面或描述等。

趋势图画面根据组态信息和工艺的运行情况，以一定的时间间隔记录一个数据点，动态更新历史趋势图，并显示时间轴所在时刻的数据。每页最多可显示 8 个位号的趋势曲线，每个数据存储时间的间隔在 1~3600s 间选择。

控制分组画面根据组态信息和工艺运行情况，动态地更新每个仪表的参数和状态。每页可显示 8 个位号的内部仪表。

数据一览画面显示 32 个信号的实时值、单位、描述等数据信息。

流程图绘制：利用 SCDraw 软件绘制的系统流程图。它可对画面基础上的各类动态参数直接进行数据组态，并在流程图画面中对这些动态数据进行实时观察和操作。

报表制作：利用 SCForm 软件制作实时报表，采用窗口交互式界面，所见即所得的数据显示方式。

其他组态：根据实际要求，操作站组态还有自定义键设计、语音报警等。

以上所有的组态工作完成后就可进行编译、下载。JX-300XP 的整个设计过程到此结束。

13.3 现场总线控制系统

现场总线（Fieldbus）是顺应智能现场仪表而发展起来的一种开放型的数字通信技术，其发展的初衷是用数字通信代替 4~20mA 模拟传输技术，把数字通信网络延伸到工业过程现场。随着现场总线技术与智能仪表管控一体化（仪表调校、控制组态、诊断、报警、记录)的发展,这种开放型的工厂底层控制网络构造了新一代的网络集成式全分布计算机控制系统,即现场总线控制系统(Fieldbus Control System,简称 FCS)。

13.3.1 现场总线控制系统的结构特点

传统的计算机控制系统广泛采用了模拟仪表系统中的传感器、变送器和执行机构等现场设备,现场仪表与位于控制室的控制器之间均采用一对一的物理连接,一只现场仪表需要一对传输线来单向传送一个模拟信号。如图 13.29 所示的这种传输方式一方面要使用大量的信号线缆,另一方面模拟信号的传输和抗干扰能力低。

现场总线是一种计算机网络,这个网络上的每个节点都是智能化仪表。现场总线控制系统 FCS 是在 DCS 系统的基础上发展而成的,它继承了 DCS 的分布式特点,但在各功能子系统之间,尤其是在现场设备和仪表之间的连接上,采用了开放式的现场网络,从而使系统现场设备的连接形式发生了根本的改变,具有自己所特有的性能和特征。

如图 13.30 所示,现场总线采用数字信号传输取代模拟信号传输。现场总线允许在一条通信线上挂多个现场设备,而不需要 A/D、D/A 等 I/O 组件。这与传统的一对一的连接方式是不相同的。DCS 与 FCS 结构比较如图 13.31 所示。FCS 结构示意图如图 13.32 所示。

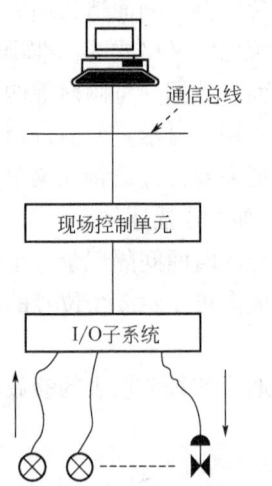

图 13.29 传统计算机控制系统结构示意图

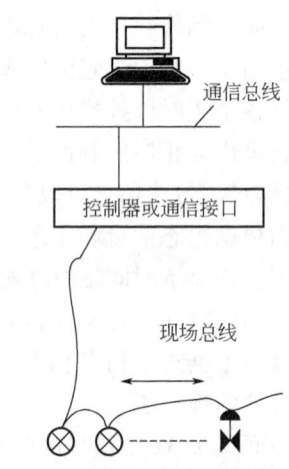

图 13.30 现场总线控制系统结构示意图

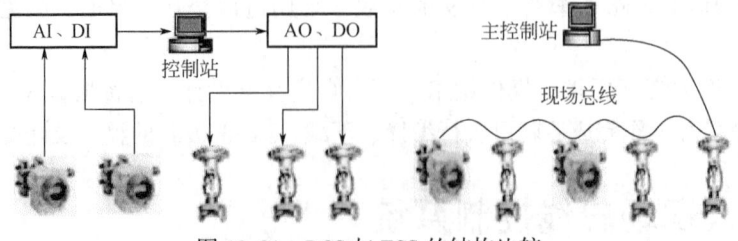

图 13.31 DCS 与 FCS 的结构比较

图 13.33(a)、(b) 为现场总线控制系统体系结构示意图及某油库的现场总线系统示意图。

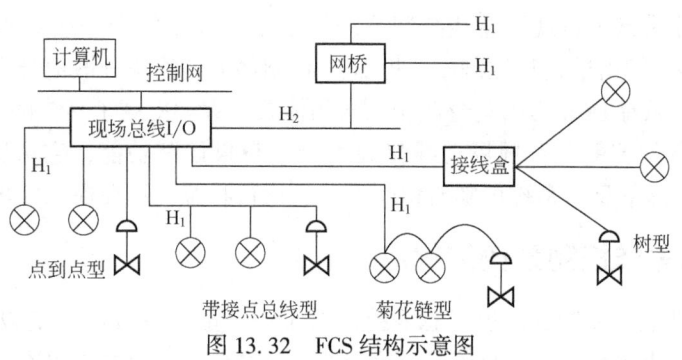

图 13.32 FCS 结构示意图

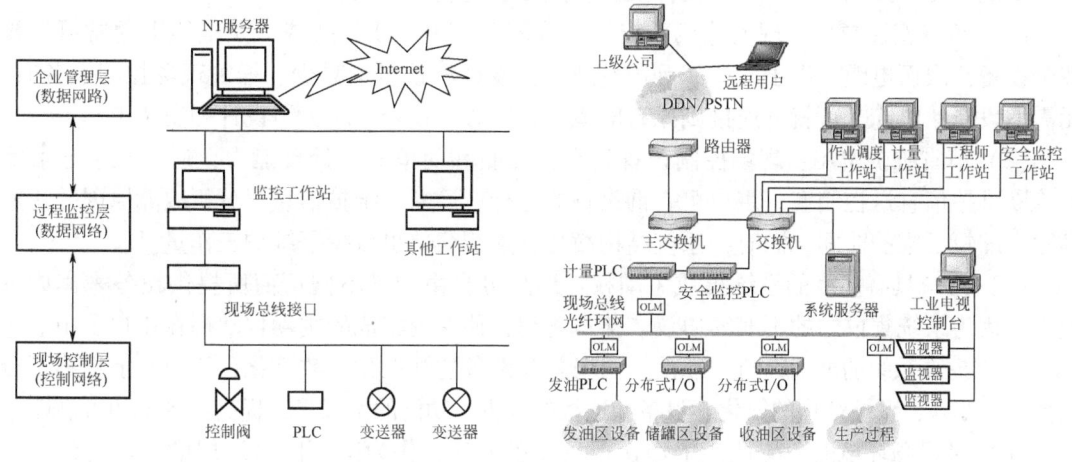

(a) 现场总线控制系统体系结构　　　(b) 某油库现场总线系统示意图

图 13.33 现场总线控制系统体系结构及某油库现场总线系统

13.3.2 现场总线控制系统的技术特点

全数字化、全网络化、全分散式、可互操作和全开放型是 FCS 相对于 DCS 的基本技术特点，具体包括以下内容。

（1）全数字化通信：传统 DCS 的通信网络截止于控制站或输入输出单元，现场仪表仍然是一对一模拟信号传输。在 FCS 中，现场信号都保持着数字特性，所有现场控制设备采用全数字化通信。许多总线在通信介质、信息检验、信息纠错、重复地址检测等方面都有严格的规定，从而确保总线通信快速、完全、可靠地进行。

（2）开放型的互联网络：开放的概念主要是指通信协议公开，也就是指对相关标准的一致性、公开性，强调对标准的共识与遵从。一个开放系统，它可以与任何遵守相同标准的其他设备或系统相连。现场总线就是要致力于建立一个开放型的工厂底层网络。

（3）互操作性与互用性：互操作性的含义是指来自不同制造厂的现场设备可以互相通信、统一组态，构成所需的控制系统；而互用性则意味着不同生产厂家的性能类似的设备可进行互换而实现互用。由于现场总线强调遵循公开统一的技术标准，因而有条件实现设备的互操作性和互换性，用户就可以根据产品的性能、价格选用不同厂商的产品，通过网络对现场设备统一组态，把不同厂家、不同品牌的产品集成在同一个系统内，并可在同功能的产品之间进行相互替换，使用户具有了自控设备选择与集成的主动权。

(4) 系统的全分散式：现场总线控制系统构成了一种新的全分散式的控制系统，可以废弃 DCS 中的输入/输出单元和控制站，把 DCS 控制站的功能块分散地分配给现场仪表，从而从根本上改变了原有 DCS 集中与分散相结合的体系，大大提高了系统的可靠性。

(5) 现场设备的智能化：现场总线仪表本身具有自诊断功能，它可以处理各种参数、运行状态信息及故障信息，系统可随时诊断设备的运行状态，这在模拟仪表中是做不到的。

13.3.3 现场总线控制系统的优点

(1) 节省硬件数量和投资：现场总线控制系统中分散在现场的智能设备能执行多种传感、控制、计算等功能，减少了变送器、控制器、计算单元等数量，也不需要信号调理、转换等功能单元及接线等，节省了硬件投资，减少了控制室面积。

(2) 节省安装费用：现场总线系统的接线简单，一对双绞线或一条电缆上通常可挂接多个设备，因而电缆、端子、桥架等用量减少，设计和校对量减少。增加现场控制设备时，无需增设新的电缆，可就近连接到原有电缆上，节省了投资，减少了设计和安装工作量。

(3) 节省维护费用：现场控制设备具有自诊断和简单故障处理能力，通过数字通信能将诊断维护信息送控制室，用户可查询设备的运行、诊断、维护信息，分析故障原因并快速排除，缩短了维护时间，同时，系统结构简化、连线简单也减少了维护工作量。

(4) 用户具有高度的系统集成主动权：用户可自由选择不同厂商所提供设备来集成系统。不用为系统集成中的不兼容协议、接口犯愁，使系统集成的主动权掌握在用户手中。

(5) 提高系统的准确性与可靠性：现场总线设备的智能化、数字化，从根本上提高了测控精度。此外，系统结构的简化、设备和连线的减少、功能的增强等，提高了系统的可靠性。

(6) 对现场环境的适应性：工作在现场设备前端，作为工厂网络底层的现场总线，是专为在现场环境下工作而设计的，它可支持双绞线、同轴电缆、光缆等多种途径传送数字信号。另外，现场总线还支持总线供电，即两根导线在为多个自控设备传送数字信号的同时，还为这些设备传送工作电源，可满足本质安全防爆要求。

13.3.4 现场总线国际标准化

现场总线自 20 世纪 90 年代开始发展以来，一直是世界各国关注和发展的热点。世界各国都是在开发研究的过程中，同步制定了各自的国家标准（或协会标准），同时都力求将自己的协议标准转化成各区域标准化组织的标准。

国际电工委员会、国际标准化组织、各大公司及世界各国的标准化组织虽然都给予了极大的关注，但由于行业与地域发展等历史原因，加之各大公司的利益驱使，直到 1999 年才形成了一个由 8 个类型组成的 IEC61158 现场总线国际标准。

如图 13.34 所示，IEC61158 包括 8 个组成部分，分别是 IEC61158 原先的技术报告、ControlNet、Profibus、P-Net、FF-HSE、SwiftNet、WorldFIP 和 Interbus。

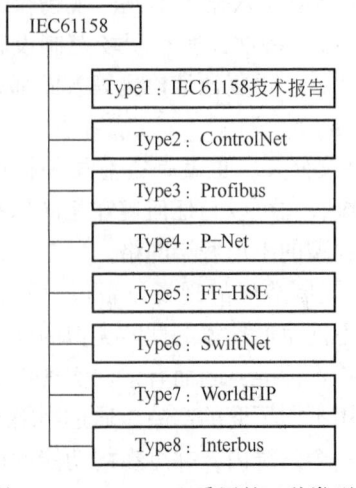

图 13.34 IEC61158 采用的 8 种类型

IEC61158 国际标准只是一种模式，它既不改变原

IEC 技术报告的内容，也不改变各组织专有的行规，各组织按照 IEC 技术报告 Type1 的框架组织各自的行规。IEC 标准的 8 种类型是平等的，其中 Type2~Type8 需要对 Type1 提供接口，而标准本身不要求 Type2~Type8 之间提供接口。用户在应用各类时，仍可使用各自的行规，其目的就是保护各自的利益。

综上所述，因现场总线的工作环境是恶劣的工业环境，在现场总线的实施时需要有特殊的考虑。现场总线的物理层是本安型，为此，传输速度、信号强度、传输距离、通信介质都有限制。此外，如现场的干扰信号强，则应有相应的抗干扰措施。

13.4 网络控制系统

随着计算机技术和网络通信技术的发展，网络控制系统（Networked Control System, NCS）应运而生，其主要标志是在控制系统中引入了计算机网络，从而使众多的传感器、执行器、控制器等主要部件能够通过网络相连接，相关的信号和数据通过网络进行传输和交换，避免了点对点专线的铺设，实现了资源共享，远程操作与控制，增强了系统的灵活性和可靠性。网络控制系统的思想就是应用一系列通信网络去交换分布系统中的物理元件之间的系统信息与控制信号。

13.4.1 网络控制系统概述

如图 13.35 所示的网络控制系统，又称网络化控制系统，即在网络环境下实现的控制系统。它是指在某个区域内一些现场检测、控制及操作设备和通信线路的集合，用以提供设备之间的数据传输，使该区域内不同地点的设备和用户实现资源共享和协调操作。广义的网络控制系统包括狭义的在内，而且还包括通过企业信息网络以 Internet 实现对工厂车间、生产线甚至现场设备的监视与控制等。

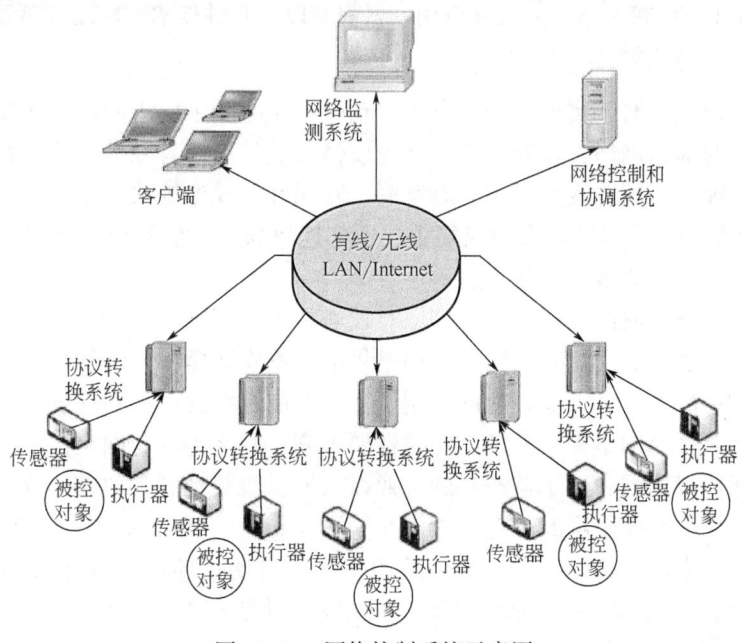

图 13.35 网络控制系统示意图

网络控制系统的特点如下：

（1）控制系统网络化。这是 NCS 的根本特点，正是由于控制网络的引入，将原来不同地点的现场设备连接成网络，为数据的集中管理和远程传送、控制系统与其他信息系统的连接与沟通创造了条件。

（2）信息传输的数字化。数字化与网络化相辅相成，如果网络化是从系统角度描述 NCS 的特点，那么数字化则是从信息的角度描述 NCS。与模拟信号相比，数字信号的抗干扰能力强，传输精度高，传输的信息更丰富，同时数字化进程也大大减少了控制系统布线的复杂性。

（3）控制结构的层次化。在 DDC 控制结构中，一台计算机不仅要完成底层的回路控制和顺序控制，还需要完成系统的实时监控、参数调试等任务。而在 NCS 中，这些任务分别在不同层次的不同计算机完成，每台计算机都各司其职，控制层次与控制任务得到细分。

（4）底层控制的分散化和信息管理的集中化。这一特点是控制系统层次化的延伸，在底层 NCS 利用现场控制设备实现了分布式控制，增强了控制系统的可靠性，在上层实现了对底层数据的集中管理和监视，为上层的协调优化，甚至对宏观决策提供了必要的信息支持。

（5）硬件和软件的模块化。采用模块化机构可以使系统具有良好的灵活性和可扩展性，成本低，体积小，可靠性高。并使系统的组态方便、控制灵活、调试效率高、操作简单。

（6）控制系统的智能化。主要指在现场设备上的智能化和控制算法与优化算法上的智能化。

（7）通信协议的渐进标准化。协议的标准化意味着系统具有更好的开放性、互操作性。

13.4.2 网络控制系统的分类

NCS 的出现给传统的控制系统带来了深刻的变革，NCS 具备一系列的优点：可实现资源的共享、远程的监控和诊断；交互性好；减少了系统的布线，增加了系统的柔性和可靠性，安装维护方便等。基于网络控制系统的发展应用，目前有以下几种技术的网络控制系统。

1. 基于以太网的网络控制系统

现场总线的出现，对于实现面向设备的自动化系统起到了巨大的推动作用，但是现场总线过于专用于实时通信网络，具有高成本、速度低和支持应用有限等缺陷，再加上总线通信协议的多样性，使得不同总线产品不具有互联、互用和互操作等缺点。相反，以太网为代表的 COTS 信息网络通信技术，具有协议简单、通信速率高、完全开放、易于和 Internet 连接、稳定性好、可靠性好和成本低等优点。

工业以太网在继承或部分继承以太网原有核心技术的基础上，面对环境适应性、通信实时性、时间发布与各节点间的时间同步、网络供电、本安防爆、网络的功能安全与信息安全等问题提出了相应的方案。工业以太网是用于工业控制系统的以太网的统称。

工业以太网是一个网络控制系统，实时性要求高，网络传输有确定性。整个网络按功能可分为管理层通用以太网和处于监控层的工业以太网及现场设备层网络（如现场总线）。管理层通用以太网可以与控制层的工业以太网交换数据，上下网段采用相同协议的自由通信。按照国际电工委员会的定义，工业以太网适用于工业自动化环境，符合 IEEE-802.3 标准，按照 IEEE-802.1d"媒体访问控制（MAC）网桥"规范和 IEEE-802.1q"局域网虚拟网桥"规范，对其没有进行任何实时扩展而实现的以太网。工业以太网在技术上与商用以太网是兼容的。

与现场总线系统相比，工业以太网具有明显的优点。

（1）标准统一：以太网标准统一，是全球范围的商用网络的事实标准，在局域网和广域网中占统治地位。目前为了避免出现现场总线开发标准多样性的情况，IEC 组织对工业以太网相关标准的制定进行了规范和约束，从而加快了工业以太网的标准及其控制器件的开发推广和应用。

（2）应用广泛，成本低廉、安装方便：以太网安装节点数量巨大，价格低廉，大部分的工厂建筑和办公室都安装了以太网网络，在安装工业以太网设备时可充分利用已有的布线系统降低系统造价。

（3）通信速度高：以太网传输速度远远高于现场总线，可以满足各类信息需求。常用以太网的传输速度为 10/100Mbps，可实现高速地处理大量数据。

（4）技术成熟，便于开发：因以太网的广泛应用，已有的各类基于商业以太网的协议、设备、应用软件都非常成熟，使得工业以太网在开发中可移植现有技术，降低开发难度。

（5）易于信息集成、可实现无缝集成：由于工业以太网协议和商用以太网协议基本一致，因此工业以太网易于和企业信息网络互联互通，可以无缝地集成到信息网络中，实现从办公室到生产现场设备 I/O 级的全透明的通信。

2. EPA 实时以太网网络控制系统

NCS-EPA 控制系统分成若干区域（area）对象的逻辑概念，通过区域对象将整个系统的控制策略划分为若干个部分的功能，便于用户管理不同类别、范围的模块对象，通常对应于一个现场位置，比如车间，或者一个比较独立的处理过程。

NCS-EPA 网络控制系统下，抽象物理网络为控制网络（control network）对象，抽象物理控制器为虚拟控制器（virtual controller）对象，EPA 的网络控制系统模型如图 13.36 所示。虚拟控制器具有分配控制算法（模块），添加、配置 I/O 模块和通道等物理控制器的很多特性。对虚拟控制器实现离线组态，使控制算法与物理设备

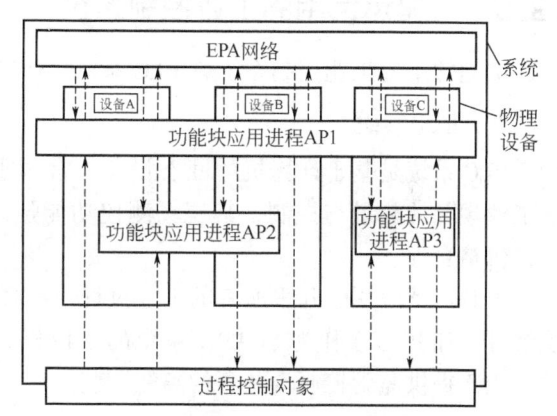

图 13.36 EPA 网络控制系统模型

之间的界限更加清晰，便于维护。将控制网络中的虚拟控制器和物理网络中的物理控制器映射，建立对应关系，以实现下载操作，建立控制策略。并通过在控制网络中添加虚拟控制器，来实现虚拟控制器的组态。同时，进行控制器映射与模块分配。

3. 嵌入式以太网网络控制系统

嵌入式以太网技术是以太网技术与目前发展迅猛的嵌入式技术相结合的产物。嵌入式以太网技术构建的监控系统有以下特点：现场监测设备同时充当网络服务器，它集信号采集、转换及 TCP/IP 通信等功能于一体，采用 TCP/IP 网络协议标准，具有组网容易、传输数据量大、速率快等特点。嵌入式以太网网络控制系统的结构如图 13.37

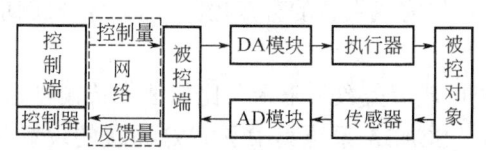

图 13.37 嵌入式以太网网络控制系统结构

所示。

系统由运行监控程序的控制端、集成了多种接口功能的被控端、传感器、执行器以及信号调理电路组成。

4. 基于 Web 和 Internet 的网络控制系统

基于 Web 和 Internet 的网络控制系统指将工业现场被控对象（如液位、流量、温度、压力等）的工作状态和实时数据与万维网（World Wide Web，WWW）结合起来，通过 Internet 网络实现各类实时数据、画面、曲线接入 Web 服务器，并以 HTML 文本的形式实时发布，使得在 Internet 上通过浏览器实现远程的监视和工业现场的控制。

13.5 工业控制系统

工业控制系统（ICS）是一个通用术语，涵盖多种类型的控制系统，包括监控和数据采集（SCADA）系统、分布式控制系统（DCS）等，及其他较小的控制系统配置，如经常在工业部门和关键基础设施中用到的可编程逻辑控制器（PLC）。ICS 广泛使用于电力水利、石油和天然气、化学、运输、制药、纸浆、食品饮料及离散制造（如汽车、航空和耐用品）和造纸等行业。

13.5.1 储运常用的工业控制系统

储运常用的工业控制系统有 PLC 系统、DCS 系统和 SCADA 系统。

1. PLC 系统

PLC 系统是基于计算机的固态设备，常用于控制工业设备和工艺而被用于现场。适用于工业现场的测量与控制，其现场测控功能强，性能稳定，可靠性高，技术成熟，使用广泛，价格合理。

PLC 广泛应用于几乎所有的工业过程。PLC 是整个 SCADA 和 DCS 系统中使用的控制系统组件，如 PLC 多作为 SCADA 系统的下位机。其通常是较小的控制系统配置中的主要组件，用于提供监管控制设备等的离散工艺。

2. DCS 系统

DCS 系统即集散控制系统，用于控制工业过程，广泛应用在基于过程的行业。适用于测控点数多、测控精度高、测控速度快的工业现场，其特点是分散控制和集中监视，它具有组网通信能力、测控功能强、运行可靠、易于扩展、组态方便、操作维护简便，但系统价格昂贵。

3. SCADA 系统

SCADA 是监视控制与数据采集系统，即分布式数据采集和监控系统，属中小规模的测控系统。其在结构上体现为上、下位机的结构，下位机完成设备的直接控制，而上位机侧重于信息集中管理，上、下位机通过通信网络连接。

SCADA 主要用于测量与控制点分散，一个系统可能覆盖数千千米，比如油气长输管道、油气田集输管网、燃气输配管网、电力调度系统等。SCADA 系统集中了 PLC 系统的现场测控功能强和 DCS 系统的组网通信能力两大优点，性能价格比高，故特别适合测控点极为分散、对控制要求不特别高的场合。

13.5.2 PLC、DCS、SCADA 系统的比较

1. 定义概念不同

DCS、SCADA 是一种"系统"概念，PLC 是一种产品，三者不具可比性。

DCS 是过程控制发展起来的，PLC 是继电器—逻辑控制系统发展起来的。

PLC 是一种产品，由它可构成 SCADA 和 DCS；PLC 是设备，只是一种控制"装置"；DCS、SCADA 是系统，系统可实现任意装置的功能与协调，PLC 装置只实现本单元所具备的功能。

2. 应用功能与场合不同

PLC 侧重于对单个装置或设备的逻辑控制。PLC 单纯实现逻辑功能和控制，不提供人机界面，实现操作需借助于按钮指示灯、HMI、DCS 或 SCADA 系统。

DCS 更侧重于过程控制领域，主要是现场参数的监视和调节控制。

SCADA 的重点是在监视、控制，可实现部分逻辑功能，基本用于上位机。

DCS 或 PLC 控制的子系统通常位于较为狭窄的工厂为中心的区域，与之相比，SCADA 的现场测控对象（即子系统）的分布地域可能极为分散。

3. 应用层次与通信方式不同

SCADA 是调度管理层，DCS 是厂站管理层，PLC 是现场设备层。SCADA 系统下位机可由 DCS 的下位机或 PLC/RTU 等设备构成。上位机往往使用各厂商的 SCADA 软件。

DCS 和 PLC 通信通常使用局域网技术且比较可靠和高速度，SCADA 系统使用长途通信系统。因 SCADA 系统的控制对象分布极为分散，SCADA 系统的通信通常比 DCS 要复杂，通信形式更多样化。SCADA 系统可集成不同厂家的各种测控产品，开放性更好。而某一过程的 DCS 控制系统通常是某固定型号。

综上所述，随着油气储运信息化及数字化要求的日益提高，目前的重点是信息的整合和各系统的集成应用，以满足储运行业综合管理系统信息化的发展需求。

习题与思考题

1. 什么是计算机控制系统？计算机控制的工作过程有哪三个步骤？
2. 简述计算机控制系统的主要组成及各部分的作用。
3. 简述计算机控制系统的特点。
4. 简述计算机控制系统的发展过程。
5. 什么是直接数字控制系统（DDC）？与模拟控制系统相比较有什么优点？
6. 什么是集散控制系统？它有什么主要特点？
7. 简述集散控制系统的主要构成。
8. CENTUM-CS 或 JX-300XP 集散控制系统由哪几部分组成？
9. CENTUM-CS 或 JX-300XP 集散控制系统的主要画面有哪些？简述其画面的调出

方法。
10. 什么是现场总线控制系统？在结构上与技术上，它与 DCS 相比有什么特点？
11. 什么是网络控制系统？
12. 简述网络控制系统的特点。
13. 简析 PLC、DCS、SCADA 的应用特点与领域有何不同？

14 储运常见典型系统的控制方案

控制方案的确定是实现储运生产过程自动化的重要环节。要设计好控制方案，必须深入了解生产工艺，按油气储运工程的内在机理来探讨其自动控制方案。储运生产的作业设备种类繁多，控制方案也因对象的不同而不同，这里只选择一些典型的储运单元为例进行讨论。有关单元设备的结构原理和特性，请参阅有关书籍。本章仅从自动控制的角度出发，根据对象的特性和控制的要求，来分析典型储运生产单元中具有代表性的设备的控制方案，并从中阐明设计控制方案的共同原则和方法。

开放性问题7

14.1 流体输送设备的控制方案

在油气储运过程中，油气及其产品大多数在连续流动状态、以气态或液态的方式进行输送和处理。流体输送是一个动量传递过程，流体在管道内流动，从泵或压缩机等输送设备获得能量，以克服流动阻力。泵与压缩机分别为液体和气体的输送设备。

流体输送设备的基本任务是输送流体和提高流体的压头。应用最广泛的输送设备是泵和压缩机。本节主要介绍的是离心泵、压缩机的控制方案和机泵的遥控启停及其监控等，此外，还有为保护输送设备本身不致损坏的一些控制方案，如离心压缩机的"防喘振"方案。

14.1.1 离心泵的控制方案

离心泵是储运最常见的输送设备，其压头由旋转叶轮作用于液体的离心力而产生。离心泵的特点是结构简单，流量均匀，且易于调节和自控。流量控制在储运中很常见，离心泵流量控制的目的是将泵的排出流量恒定在某一给定的数值上。例如储运油库发油系统的发油量或油气集输油水分离装置的进料量都需要维持恒定流量等。

离心泵的流量控制大致有三种方法。

1. 控制泵的出口阀门开度（直接节流法）

如图14.1所示，该方案将控制阀安装在泵出口，通过控制泵出口控制阀的开启度来控制流量。当干扰作用使被控变量（出口Q）发生变化并偏离给定值时，控制器发出控制信号，阀门动作使流量回到给定值上。

改变出口控制阀门的开启度即通过控制阀的节流来改变管路上的阻力。在一定转速下，离心泵的排出量Q与泵产生的压头H有一定的对应关系，如图14.2的曲线A所示。不同流量下泵所提供的压头不同，曲线A称泵的流量特性曲线。泵所提供的压头和管路上的阻力相平衡时才能进行管路流量稳定的控制操作。克服管路阻力所需的压头大小随流量的变化而变化，如图14.2中的曲线1所示，曲线1称管路特性曲线。它和曲线A的交点C_1即进行操作的工作点，此时泵所产生的压头正好用来克服管路的阻力，C_1所对应的流量Q_1即泵的实际出口流量。

当控制阀的开启度发生变化时，因转速恒定，故泵特性没变化，即图14.2中的曲线A

也无变化。但管路上的阻力却发生了变化,即管路特性曲线不再为曲线 1,随着控制阀的关小,可能变为曲线 2 或 3。工作点则由 C_1 移向 C_2 或 C_3,出口流量也由 Q_1 改变为 Q_2 或 Q_3,以上为通过控制泵出口阀的开启度来改变排出流量的基本原理。

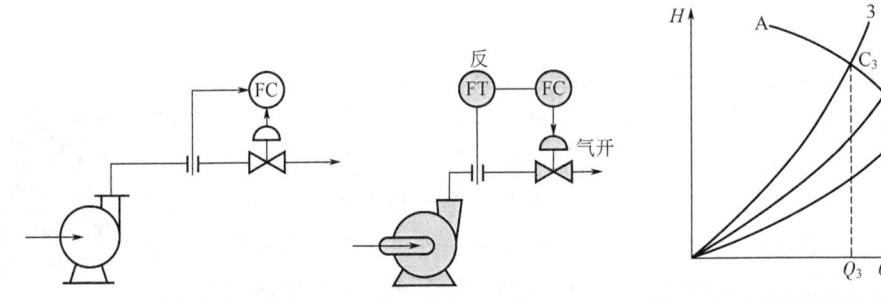

图 14.1　改变泵出口阻力控制流量　　　　图 14.2　泵流量特性与管路特性曲线

直接节流法的控制阀应安装在泵的出口管道上,而不能装在泵的吸入管道上,否则会出现"气缚"及"气蚀"现象。因为控制阀正常时需要有一定的压降,而离心泵的吸入高度有限。另外,在泵的出口管线上如同时装有节流式流量检测元件(如孔板等)时,则控制阀宜装在测量元件的下游,以提高流量的测量精度。

直接节流法简便易行,应用最为广泛。但此方案总的机械效率较低,尤其是控制阀开度较小时,阀上压降较大。对大功率泵,损耗功率相当多。故很不经济也不节能,通常在低于正常排出量 30%的场合或储运输油管道的主输油泵工艺中不宜采用。

2. 控制泵的转速

泵的流量特性随泵转速的改变而改变,图 14.3(a) 中的曲线 1、2、3 表示转速分别为 n_1、n_2、n_3 下的流量特性,且 $n_1 > n_2 > n_3$。在管路特性曲线一定的情况下,转速 n 越高,流量 Q 越大。减小泵转速,会使操作工作点由 C_1 移向 C_2 或 C_3,流量相应也由 Q_1 减少到 Q_2 或 Q_3。

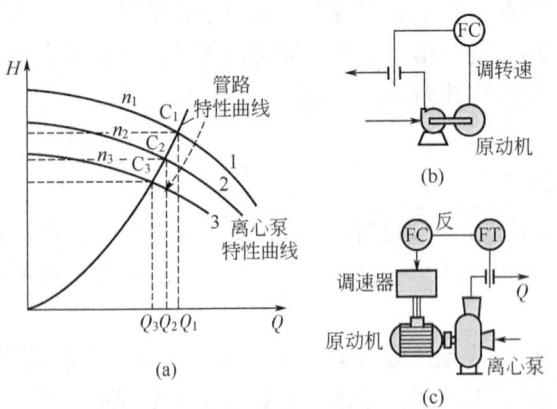

图 14.3　改变泵转速控制流量图

改变泵转速的方法 [图 14.3(b)、(c)] 有如下两类:(1) 调节原动机的转速。泵的驱动设备(原动机)有电动机、燃气轮机、柴油机、蒸汽透平等。若原动机是电动机,流量控制通过控制驱动电动机的转速实现。如为燃气轮机或柴油机,可通过改变燃料量方法实现转速控制;如用蒸汽透平方式,则通过控制蒸汽量或导向叶片的角度来控制转速。(2) 通过改变原动机与泵之间的联轴调速结构上的转速比来控制转速。

这种方案从经济、节能与能量消耗的角度来衡量最为经济、机械效率较高,管道上无需装控制阀,阻力损失较小,泵的机械效率也得以提高。但调速机构一般较复杂,设备费较高。故多应用于大功率场合或重要的泵装置上。例如储运的长输管道的主输油泵就常用原动机调速法。

3. 控制泵的出口旁路

如图 14.4 所示,将部分排出量重新送回到泵的吸入管路,用改变旁路阀门开启度的方法来控制泵的实际排出量。

控制阀装在旁路上,因压差大、流量小,故控制阀的尺寸可选得比装在出口管路上的小得多。该方案十分简便,且控制阀的口径较小。但因旁路管道和旁路控制阀消耗了一部分高压液体的能量,使总的机械效率较低而不经济,故很少采用。

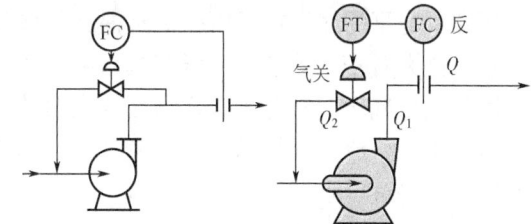

图 14.4 改变旁路阀控制流量

14.1.2 往复泵的控制方案

往复泵多用于流量较小、压头要求较高的场合,它利用活塞在汽缸中的往复滑行来输送流体。

往复泵的理论流量可按下式计算:

$$Q_{理} = 60nFS \tag{14.1}$$

式中,n 为每分钟的往复次数,次/min;F 为汽缸的截面积,m^2;S 为活塞冲程,m。

由上式可见,影响往复泵出口流量变化的仅有 n、F、S 三个参数,或只能通过改变 n、F、S 来控制流量。常用的流量控制方案有以下三种。

(1) 改变原动机的转速。

该方案适用于以蒸汽机或汽轮机作原动机的场合,借助于改变蒸汽流量的方法可方便地控制转速,进而控制往复泵的出口流量,如图 14.5 所示。当原动机为电动机时,因调速机构较复杂,故很少采用。

(2) 控制泵的出口旁路。如图 14.6 所示,用改变旁路阀开度的方法来控制实际排出量。该方案因高压流体的部分能量要浪费消耗在旁路上,故经济性较差。

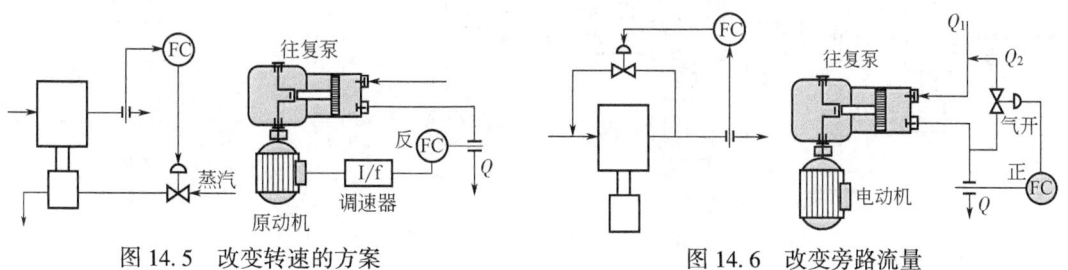

图 14.5 改变转速的方案　　　　图 14.6 改变旁路流量

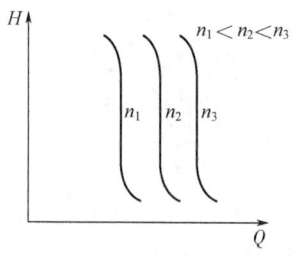

图 14.7 往复泵的特性曲线

(3) 改变冲程 S。往复式计量泵常改变冲程 S 来进行流量控制,冲程 S 的调整可在停泵时进行,也可在运转状态下进行。

往复泵的前两种控制方案原则上也适用于其他直接位移式的泵,如齿轮泵等。往复泵的出口管道上不允许安装控制阀,因为往复泵活塞每往返一次,总有一定体积流体排出。当在出口管线上节流时,压头 H 会大幅度增加。图 14.7 为往复泵压头 H 与流量 Q 间的特性曲线。在一定转速下,随流量的减少压头急剧增加。故改变出口管道的阻力既达不到控制流量的目的，又极易导致泵体损坏。

14.1.3 压缩机的控制方案

压缩机与泵的区别在于压缩机是提高气体的压力，主要用来输送气体。因气体可压缩，故要考虑压力对密度的影响。压缩机与泵一样，按作用原理可分为容积型和速度型两类，储运常用的天然气压缩机有离心式和往复式两种。制定控制方案时则须考虑其各自的特点。

压缩机出口流量（压力）的控制方案与泵类似，它的被控变量同样是流量或压力，其控制方案主要有以下三种。

1. 直接控制流量

因气体可压缩，为防止出口压力过高，压缩机常在入口端控制流量。该方案对往复式压缩机也适用。而对低压离心式鼓风机，可在如图 14.8 所示的出口管路上安装控制阀来控制流量，如管径较大，执行器可用蝶阀。

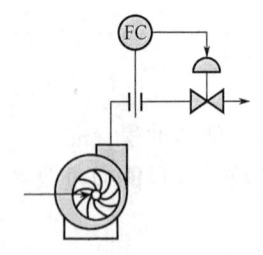

图 14.8 直接流量控制方案

控制阀关小时会在压缩机入口端产生负压，即吸入同样容积的气体，其质量流量减少。Q 降至低于额定值 50%~70% 以下时，负压严重，压缩机效率大为降低。此时可用分程控制方案，即以如图 14.9(a) 所示的方式加一个旁路，出口流量控制器 FC 操纵两个控制阀。吸入阀只能关小到一定开度，入口流量过低时，则打开旁路阀 2，以免入口端负压严重。两个阀的特性见图 14.9(b)。

对大型压缩机，为减少阻力损失，往往不用控制吸入控制阀的方法，而用调整导向叶片角度的方法。

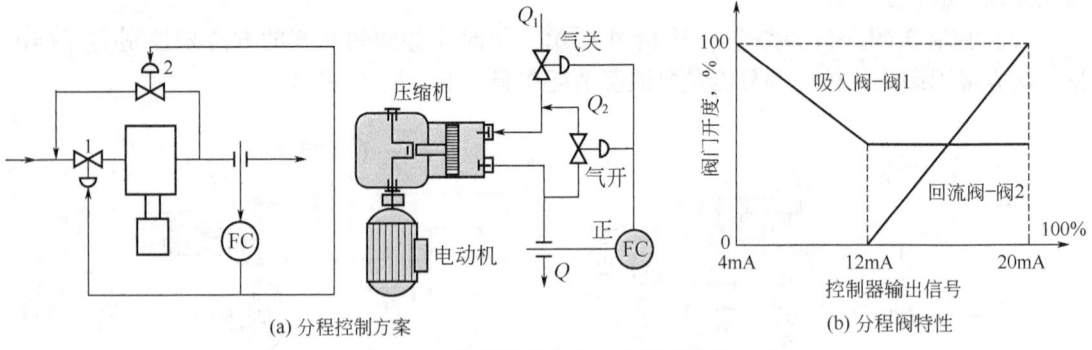

(a) 分程控制方案　　　　　(b) 分程阀特性

图 14.9 分程控制方案和分程阀特性

2. 控制旁路流量

与泵的旁路控制相同，如图 14.10 所示，该方案将部分排出量送回入口端，利用控制阀的节流作用以控制旁路流量大小的方式来控制流量。但对压缩比很高的多段压缩机或多机串联时，从出口直接旁路回到入口的控制方式很不

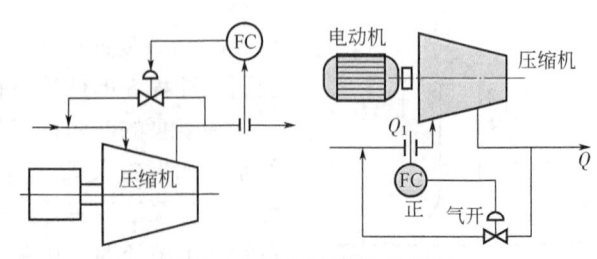

图 14.10 控制旁路流量方案

适宜,这样使控制阀前后的压差太大,功率损耗太大,故一般只在压差相对较小的压缩机上使用。为解决多段压缩机或多机串联时的此类问题,可在中间某段安装控制阀,使其回到入口端,用一只控制阀即可满足一定工作范围的需要。

3. 调节转速

压缩机的流量控制可通过调节原动机的转速,改变压缩机的流量特性来实现。该方案效率最高、经济性与节能性最好,但调速机构的设备通常较复杂,无前两种方案简便。

14.1.4 离心式压缩机的防喘振控制方案

近年来,随着天然气的广泛使用,储运压缩机的应用也日益增加。常用的有往复式与离心式压缩机两类。往复式压缩机主要用于流量小、压缩比较高的场合,离心式压缩机则向高压、高速、大容量和高度自动化方向发展。与往复式压缩机相比较,离心式压缩机具有以下优点:体积小,重量轻,流量大;运行效率高,易损件少,维修简单;供气均匀,运转平稳,气量控制的变化范围广;压缩机的润滑油不会污染被输送的气体;有较好的经济性能。离心式压缩机的缺点为喘振、轴向推力大等。

目前大型离心式压缩机常设有独立的自控系统:其功能有(1)气量控制系统;(2)防喘振控制系统;(3)压缩机油路控制系统;(4)压缩机主轴的轴向推力、轴向位移及振动的指示与联锁保护系统。

1. 离心式压缩机的特性曲线及喘振现象

喘振是离心式压缩机的固有特性,由其特性曲线呈驼峰型而引起。图 14.11 为其喘振现象的示意图。

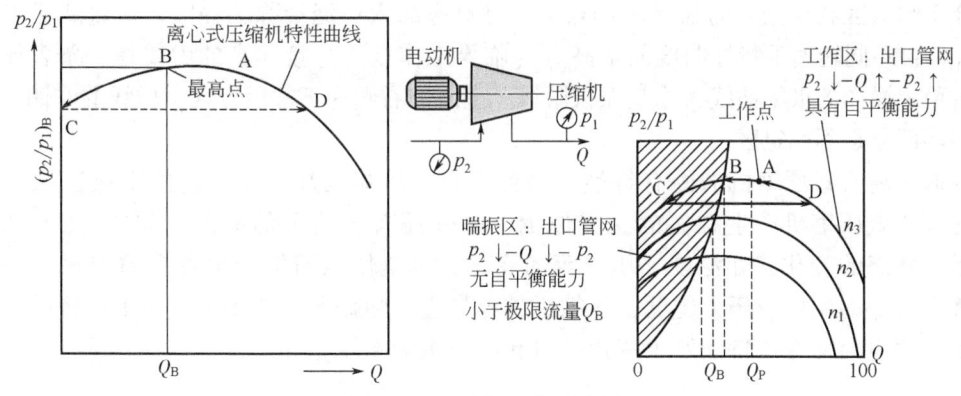

图 14.11 喘振现象示意图

对离心式压缩机,若因压缩机的负荷(即流量)减少,使工作点进入不稳定区,将会出现一种危害极大的喘振现象。如图 14.11 所示,图中 Q_B 为压缩机特性曲线上的最高点,其为固定转速 n 条件下、对应于最大压缩比 $(p_2/p_1)_B$ 的体积流量。设压缩机工作点原处于点 A,因负荷减少,工作点将沿着曲线 ABC 方向移动,在点 B 处压缩机达到最大压缩比;若继续减小负荷,则工作点继续左移,此时出口压力减小,但与压缩机相连的管路系统在此瞬间的压力不会突变,管网压力将高于压缩机的出口压力,于是会发生气体倒流现象,工作点迅速下降到点 C,因压缩机在继续运转,当压缩机的出口压力重新达到管路系统压力后,又开始向管路系统输送气体,压缩机的工作点又由点 C 突变到点 D,但此时流量 $Q_D > Q_B$,

超过了工艺要求的负荷量,系统压力则被迫升高,其工作点又将沿 DAB 曲线下降到 C。如此压缩机的工作点将会出现反复迅速突变的过程,因气体由压缩机忽进忽出,使转子受到交变负荷的影响,机身则发生振动并波及相连的管线,以致发生强烈震荡,发出噪声,并使流量计和压力表的指针大幅度摆动,这种现象即为离心式压缩机的喘振,或称"飞动"。喘振时,如与机身相连接的管网容量较小并严密,则可听到周期性的如同哮喘病人"喘气"般的噪声;而当管网流量较大时,则会发生周期性间断的吼响声,并使逆止阀发出撞击声,它将使压缩机及其所连接的管网系统和设备发生强烈的振动,甚至使压缩机遭到破坏。

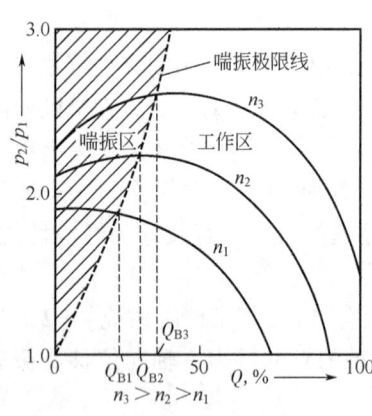

图 14.12 离心式压缩机特性曲线

由图 14.11 及上述分析可见:Q_B 是压缩机能否正常操作的极限流量,压缩机特性曲线的最高点 B 是压缩机能否稳定操作的分界点。图 14.12 为离心式压缩机的特性曲线,即压缩机出口与入口的绝对压力之比 p_2/p_1 与入口体积流量 Q 间的关系曲线。图中 n 是离心机的转速,且有 $n_1<n_2<n_3$,由图可知,对应于不同转速 n 的每一条特性曲线都有一个最高点(B_i 点)。该点之右,降低压缩比会使流量增大,因压缩机有自衡能力,其表现在因干扰作用使出口管网的压力下降时,压缩机能自发地增大排出量,以提高压力建立新的平衡;该点之左,降低压缩比,反而使流量减少,此时,如因干扰作用使出口管网的压力下降时,压缩机不但不增加输出流量,反而减少排出量,致使管网压力进一步下降。

如图 14.11、图 14.12 所示及上述的分析都说明:压缩机在一定转速下工作时,必存在一个介于喘振区和安全区的临界工作点,该点对应的入口流量称临界吸入流量或极限流量(即 Q_{Bi});不同转速下特性曲线的最高点(临界工作点)连接起来的虚线是一条表征压缩机能否稳定操作的极限曲线,称喘振极限线。虚线的右侧为正常运行区,虚线的左侧,即图中的阴影部分是不稳定区。

喘振为离心式压缩机的固有特性,每台离心式压缩机都有其一定的喘振区域。负荷减小是离心式压缩机产生喘振的主要原因,另外还有工艺上的原因,如图 14.13 所示。气体吸入状态的变化,如温度、压力等的变化,也是使压缩机产生喘振的因素。一般而言,吸入气体的温度或压力越低,压缩机越容易进入喘振区。如图 14.13(b) 所示,管网阻力的变化也会使管道特性发生变化,引起压缩机的喘振。

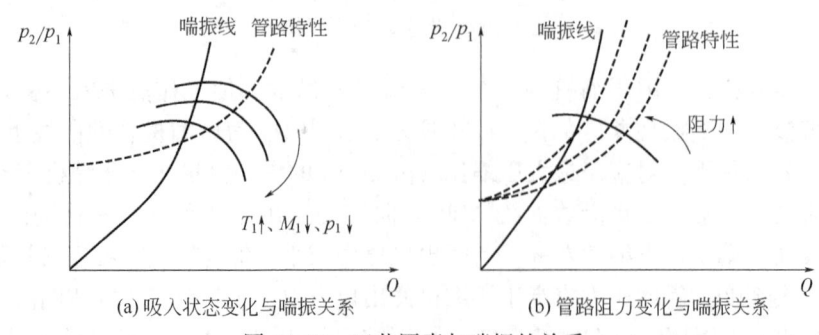

图 14.13 工艺因素与喘振的关系

2. 防喘振控制方案

由上可知，产生喘振的主要原因是负荷降低，吸气量小于极限值 Q_B 所致，只要使压缩机的实际吸气流量 Q 大于或等于该工况下的喘振极限流量 Q_B，即可防止喘振现象。目前，工业上常用的防喘振控制方案主要有固定极限流量法和变极限流量法两种，现简述如下。

1) 固定极限流量法防喘振控制

在一定转速下工作的离心式压缩机，都有一个进入喘振区的极限流量 Q_B，为安全起见，规定一个压缩机吸入流量的最小值 Q_P，且有 $Q_P > Q_B$。固定极限流量法防喘振控制方案即当负荷变化时，始终使压缩机的入口流量 $Q_1 \geq Q_P$，以避免其进入喘振区运行，如图14.14(a)所示。该方案[图14.14(b)、(c)]与图14.10所示的旁路控制法在形式上相同，但其控制目的、测量点的位置不同，固定极限流量法的压缩机入口流量测量点在压缩机的吸入管线上，流量控制器的给定值为 Q_P，如测量值 $Q_1 \geq Q_P$，则旁路阀完全关闭，因负荷变小且 $Q_1 < Q_P$ 时，则开大旁路控制阀以加大回流量，以保证其吸入流量 $Q_1 \geq Q_P$，从而防止发生喘振现象。

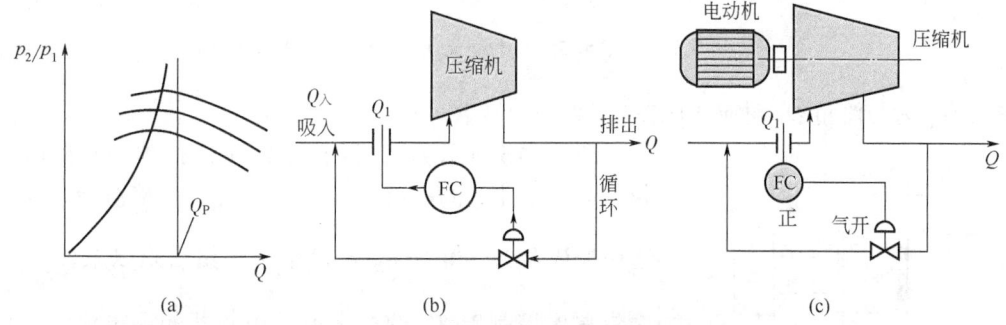

图 14.14 固定极限流量的防喘振控制

该方案结构简单，系统可靠性高，投资少，但当压缩机的转速变化时，如按高转速取给定值，势必使低转速时的给定值偏高，能耗过大；如按低转速取给定值，则在高转速时仍有因其给定值偏低而使压缩机产生喘振的危险。故当压缩机转速不恒定时，一般不宜采用该控制方案。固定极限流量法控制方案适用于固定转速的场合或负荷不经常变化的生产装置。

2) 变极限流量防喘振控制

当压缩机的转速可变时，进入喘振区的极限流量也随之变化。为减少能耗，在压缩的负荷可能经常波动的场合，可采用变极限流量的防喘振控制方案。它是在整个压缩机负荷变化范围内，设置极限流量跟随转速的变化而变化的一种防喘振控制方法。

由图14.15所示的压缩机喘振极限线可知，只要压缩机工作点在临界喘振极限线的右侧，即可避免喘振的发生。但为安全起见，实际工作点往往控制在安全操作线的右侧。通常安全操作线近似为抛物线，其方程可用下式表示为

$$\frac{p_2}{p_1} = a + \frac{bQ_1^2}{T_1} \tag{14.2}$$

式中，p_1、p_2 分别为压缩机的入口、出口的绝对压力；Q_1 为入口流量；T_1 为入口的绝对温度；a、b 均为系数，该系数一般由压缩机制造商提供。

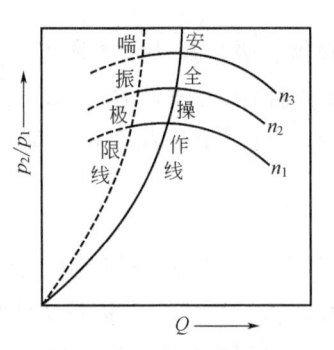 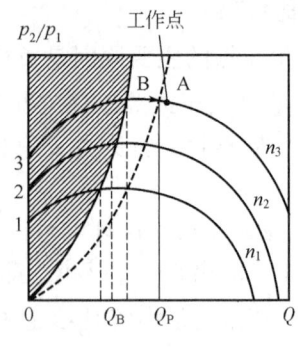

图 14.15 防喘振曲线

如 $\dfrac{p_2}{p_1} \leq a+\dfrac{bQ_1^2}{T_1}$,则工况安全,压缩机工作在安全区;如 $\dfrac{p_2}{p_1} > a+\dfrac{bQ_1^2}{T_1}$,则系统将可能产生喘振。变极限流量法的防喘振控制即通过控制系统来确保压缩机工作在 $\dfrac{p_2}{p_1} > a+\dfrac{bQ_1^2}{T_1}$ 的工况区域。

经换算,上述不等式可写成如下形式:

$$\Delta p_1 \geq \dfrac{r}{bk^2}(p_2 - ap_1) \tag{14.3}$$

式中,Δp_1 为与流量 Q_1 对应的压差;r 为一个常数。

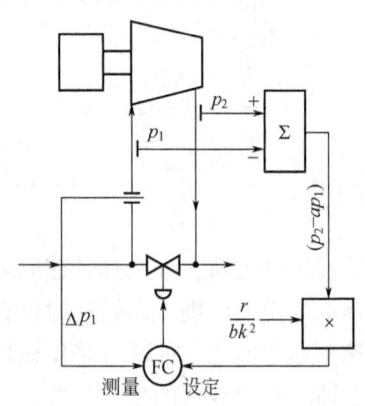

图 14.16 变极限流量的防喘振控制

图 14.16 所示为按式(14.3)所设计的一种防喘振控制方案。压缩机的入口与出口压力 p_1、p_2 经测量变送器后送往加法器 Σ,得到 $(p_2 - ap_1)$ 信号,然后乘以系数 $\dfrac{r}{bk^2}$,作为防喘振控制器 FC 的给定值。控制器的测量值为入口流量下的测量压差经过变送器后的信号。当测量值大于给定值时,压缩机在正常运行区工作,旁路阀始终关闭;而当测量值小于给定值时,这时则需控制器去开启旁路的控制阀到一定位置,以保证压缩机的入口流量不小于给定值,防止喘振的出现,以确保压缩机的安全运行。此方案为变极限流量法的防喘振控制方案,这时控制器 FC 的给定值是经过运算得到的,故能根据压缩机负荷的变化情况随时调整入口流量的给定值,且因这种方案将运算部分放在闭合回路之外,所以可以像单回路流量控制系统那样整定控制器的参数。

3) 压缩机的串并联运行及其防喘振

压缩机的串联运行可提高压缩机的出口压头,并联运行则可增大压缩机的出口流量。

压缩机串联运行时,其防喘振控制对每台而言,与单机运行一样,如图 14.17 所示。但如果串联运行的两台压缩机仅有一个旁路阀时,防喘振控制方案就需另行考虑。

压缩机并联运行时,如每台压缩机分别装有旁路阀,则防喘振控制方案也与单机运行时一样。但如两台压缩机共同使用一个旁路阀时,同样需另行设置防喘振控制方案。图 14.18 为压缩机并联运行时的防喘振控制方案,采用此方案的前提是两台压缩机的特性相同或十分接近。

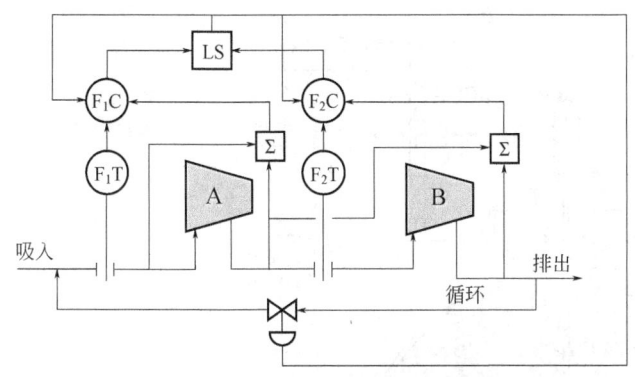
图 14.17 串联运行防喘振控制方案

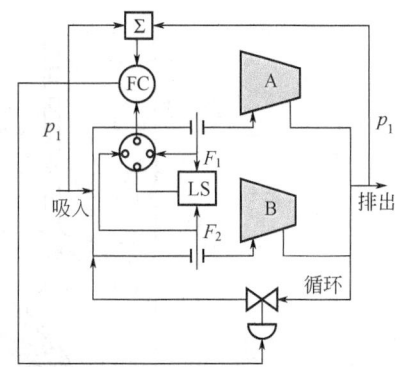
图 14.18 并联运行防喘振控制方案

14.2 储存设备及分离设备的自动控制方案

储存设备是油气储运（油气管道、集输、油库）中常用的重要设备，主要用于调节储存供需与均衡、计量及缓冲，并在生产管理上有其相应的监控及保护系统。

油气储运的储存设备主要是储罐，储罐的种类很多，储运用罐一般为钢质罐，主要种类有立式拱顶罐、内或外浮顶罐、卧式罐与球罐等。它们常用于长输管线、炼油厂和油库等生产环节中的各类油品储存或作为油气集输过程中的中间分离处理、储存与缓冲设备。

储运分离设备主要用于油气集输过程中的油气水三相分离及处理过程，主要有三相分离器、电脱水器、原油稳定塔、轻烃再分离精馏塔等。

在储运生产过程中，常对油罐及分离设备等进行油水界位和液位测量及控制，安全液位的报警、联锁保护等，以保证储运生产的稳定与安全运行。

14.2.1 储罐的液位控制方案（油库）

如图 14.19 所示，储罐的液位控制方案，除正常的液位测量与控制外，还有安全联锁系统。为了防止储罐的抽空或溢油"冒顶"事故，用泵收、发油的储罐液位报警系统，要设置高、低液位报警，及高、低液位的联锁停泵和关阀，以免储罐的溢油"冒顶"或抽空。

1. 储罐的安全液位高度

储运收发油作业时，要准确地测定罐内的液位，以防止溢罐和抽空。油罐的安全液位高度，按不同类型的油罐情况具体确定。通常从罐的结构、消防设施与作业方式三个方面来考虑，以确保油罐的安全运行。它们一般涉及油罐的容量、油品的储存时间（储存期间受环境温度的影响，导致油品的温度上升，进而导致油品液位的上升，故需预计油品的进出库时间，并留有足够空间）、灭火时所需的泡沫厚度、所存油品的闪点、油罐的量油孔高度、泡沫发生器的位置等多方面的因素。

储罐的作业安全液位高度（拱顶罐）可用下式计算（仅供参考）。

$$H = h_{总} - (h_1 + h_2 + c) \tag{14.4}$$

式中 $h_{总}$——量油孔顶面距罐底的高度；
h_1——量油孔顶面距罐壁顶面的高度；
h_2——空气泡沫发生器进罐孔最低位置距罐顶的高度；

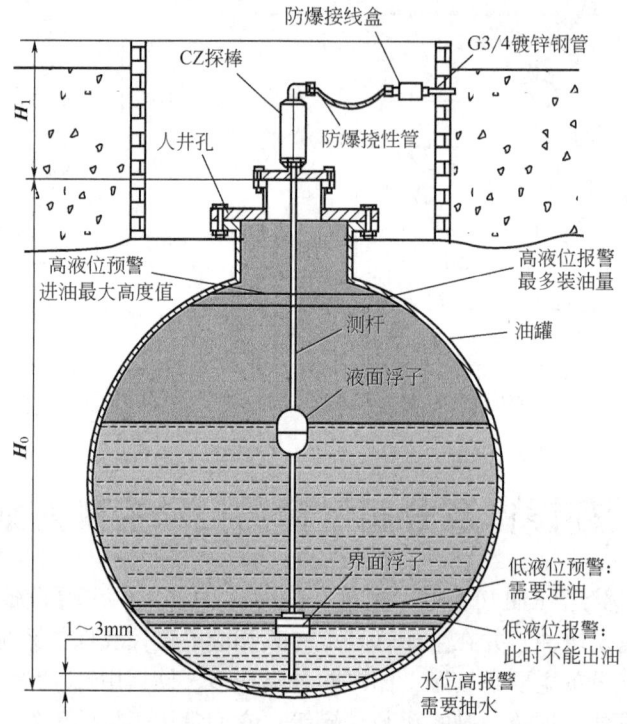

图 14.19 加油站车用柴油卧式罐液位控制示意图

c——常数，考虑到不同油品的闪点不同，消防泡沫的厚度也不同（一般闪点越低要求的泡沫厚度越大，c 越大），另外考虑到油品进出罐的排量大小与进出油管的直径大小（一般排量大、管径大，c 值就大），常按经验 c 值取 20~40cm。

油罐作业的最低安全液位（拱顶罐），主要按罐进出油管的位置、油管的直径、输油泵的排量、油品的性质与温度等因素考虑。油罐操作时的最低安全油位，可用下式简单计算（仅供参考）：

$$h_{低} = h_{总} - (h_3 + c) \tag{14.5}$$

式中 h_3——量油孔距出油管的顶面高度；

c——常数，同上。

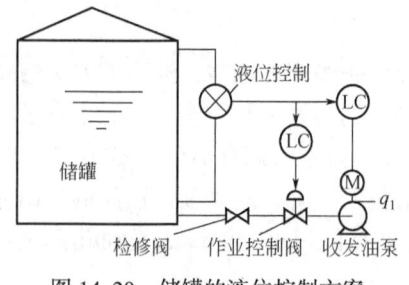

图 14.20 储罐的液位控制方案

2. 储罐的液位控制

储罐的液位控制可用单回路控制方案，如图 14.20 所示。被控变量为罐液位，对象为罐，操作变量为输入或输出流量 q_1，选用差压变送器或伺服式液位计测液位，控制器选正作用，执行器选气关式。液位的安全联锁系统设置高低液位报警，并联锁停泵和关阀。

14.2.2 油气集输分离器等的控制方案（油气集输）

1. 油气集输分离器等的液位控制方案

油气集输的分离设备主要有缓冲罐与沉降罐、立（或卧）式三相分离器、电脱水器、原油稳定装置与天然气脱轻烃、脱水、脱硫净化装置等。

分离器是油气储运集输过程中的重要设备。对天然气的处理主要是从气流中分离掉液体、固体及机械杂质；对原油的处理则是从原油中分离掉气体、固体及游离水。其主要分卧式和立式两种。一般处理高气油比的原油选卧式分离器（有乳状液）；处理低气油比的原油或油气比非常高的原油选立式分离器（气体洗涤器）。

如图 14.21 所示的为油气水三相分离器的液位控制示意图。图中主要有油室与水室的液位控制、油水界面的控制及天然气出口压力的控制。下面以三相分离器为例加以简要介绍（视频 8）。

由立式、卧式油气水三相分离器的结构可见，其主要为液位、界面及压力这三类被控变量的控制。

图 14.22 为立式三相分离器的液面、界面控制方案。图 14.23 为卧式三相分离器工艺及自控方案（重点关注液面、界面及压力的控制方案）。

视频 8　三相分离缓冲罐

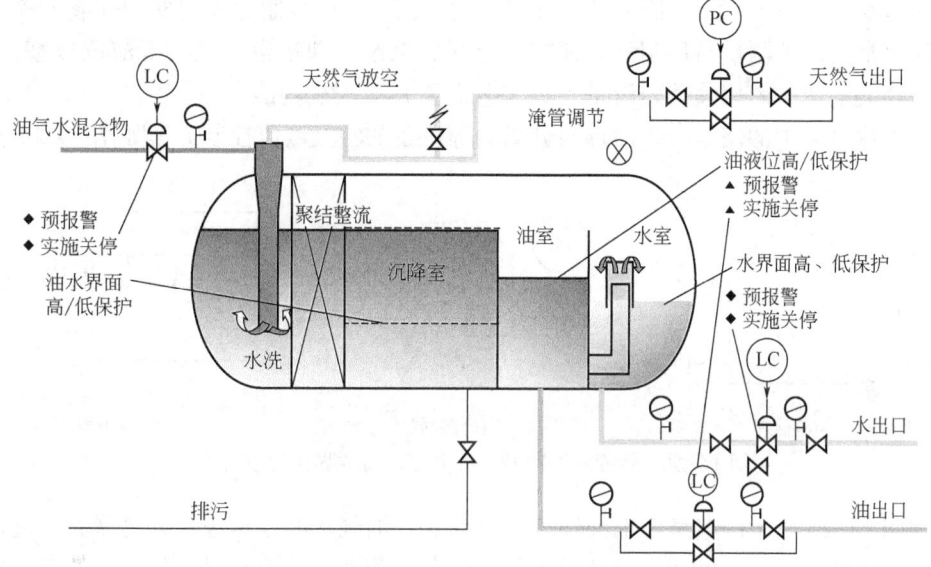

图 14.21　油气水三相分离器的液位控制示意图

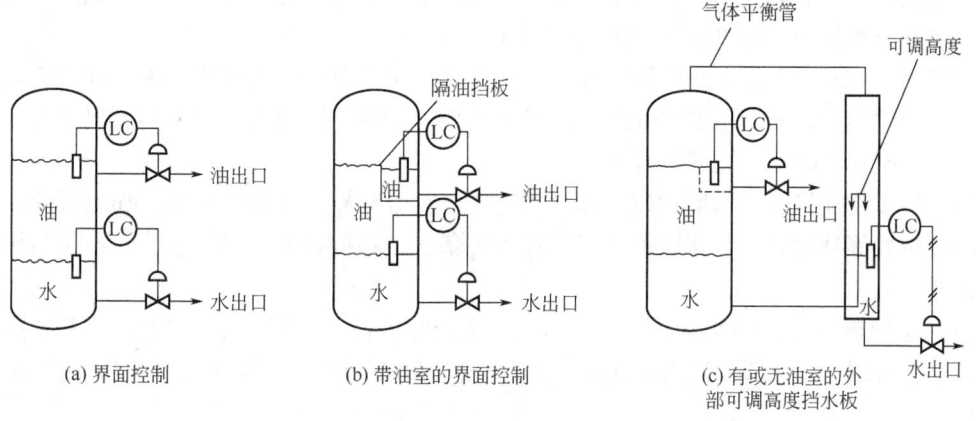

图 14.22　立式三相分离器的液面、界面控制方案

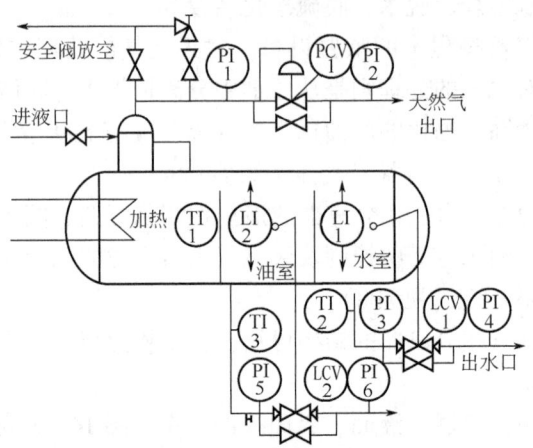

图 14.23　卧式三相分离器工艺及自控方案

从图 14.21 至图 14.23 分析可见，分离器的液面、界面控制方案与储罐的液位控制方案类似，除正常的液位测量与控制外，还有安全联锁系统，即都设有高、低液位报警，及高、低液位联锁关阀或关闭相关动力设备（如工艺需要）等安全功能。

油气集输过程中的储罐、缓冲罐与分离器等设备的常见液位控制方案如图 14.24 所示。

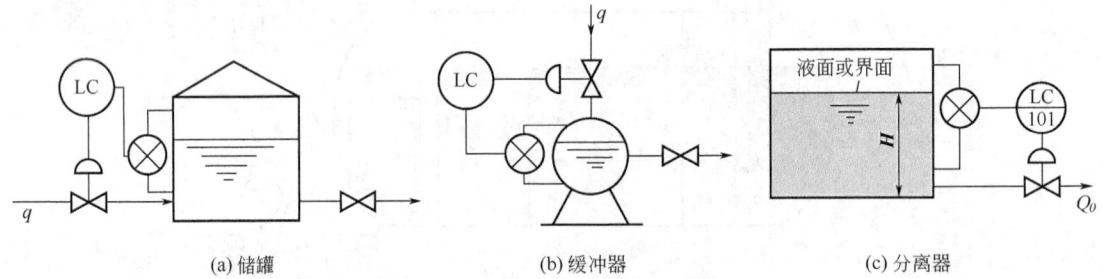

(a) 储罐　　　　　　　(b) 缓冲器　　　　　　　(c) 分离器

图 14.24　储罐、缓冲罐、分离器液位或界面控制方案

例如图 14.25 所示的典型海上油田三相分离器：油气水混合物进入分离器后，进口分流器把混合物大致分成气液两相，液相进入集液部分，集液部分应有足够的体积使自由水沉降至底部形成水层，其上是原油和含有较小水滴的乳状油层，油和乳状油从挡板上面溢出，油水界面和油面由控制阀控制于恒定的高度；气体水平地通过重力沉降部分，经除雾器后由气出口流出，分离器压力由设在气管上的控制阀控制。

又如图 14.26 所示的电脱水器结构示意图，其油水界面过高会破坏电场，过低则会放水中带油，影响生产。其油水的界面控制就可通过出水管路控制阀的开度来调节出水量，并将油水界面控制在预期的工艺要求范围内。

目前的多功能联合脱水器，以及高效填料式三相分离器，将油气分离、加热沉降、电脱水和净化缓冲等功能合为一体，简化了流程和设备，虽结构各异，但其液位、界位与压力控制方案基本类似。

由上述分析可见，各类控制方案虽然不同，但它们基本都由被控对象、变送器、显示仪表、控制器和执行器（控制阀）组成。如图 14.27 所示的为其控制方案的基本构成示意图。

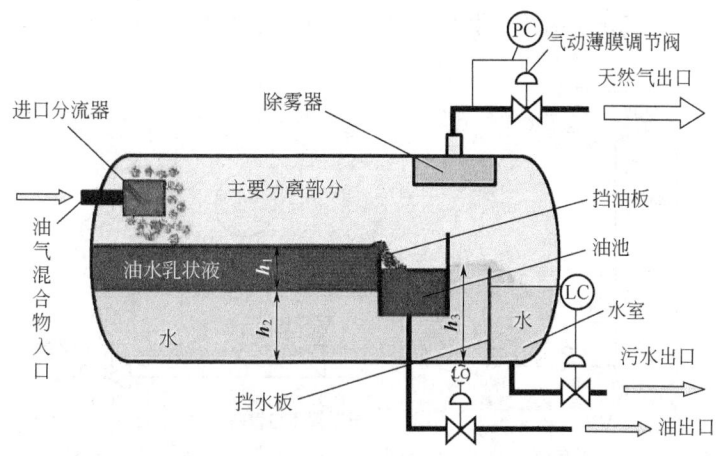

图 14.25 典型海上油田三相分离器示意图

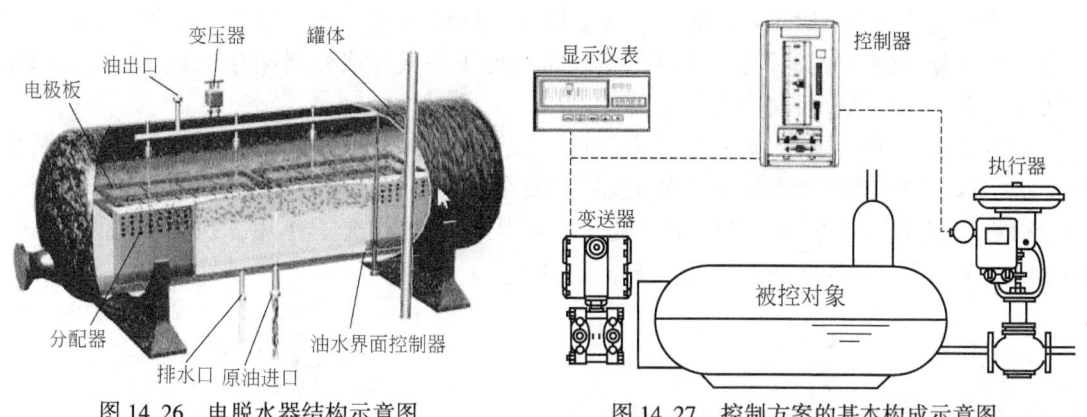

图 14.26 电脱水器结构示意图   图 14.27 控制方案的基本构成示意图

例如三相分离器的控制方案可归类为液面（含界面）与压力控制两类。如图 14.28 所示，图中 PC 为分离器顶部的天然气压力控制系统。被控变量为分离器顶部的气体压力，被控对象为分离器，操纵变量为分离器输出的气体流量。采用压力变送器测压，控制器选反作用，执行器选气关式。LC 为分离器内的液位控制系统，有油与水两类液位，被控变量分别为分离器油室与水室的液位，被控对象分别为分离器的油室与水室，操纵变量分别为分离器底部油、水管路的排出流量。其分别采用差压变送器测液位，各自控制器选正作用，执行器都选气开式。

2. 油气集输分离器等设备的压力控制方案

油气集输分离设备及天然气管网（集输与城市燃气输配管网）的压力控制都是一个单回路控制系统。如图 14.29 所示，为使分离设备或天然气管网的压力稳定，保证设备及管网系统的安全。被控变量为压力 p，被控对象为分离设备或管网，操纵变量为 q，采用压力变送器测压力，控制器选正作用，执行器选气关式。

对储运城市燃气管网，因用户的用气量随着时间不同而变化，而气源的供气则一般变化不大。故城市燃气管网除维持压力稳定外，还有利用管道压力的变化，改变管道中存气量的储气功能，以调节供气和用气的不平衡。常规管道储气方式有长输气干线的末端储气和城市高压环网储气两种。用气低峰时，多余气体存入管道使管压提高；用气高峰时，不足之气由管道中储气弥补，则管道压力降低。储气控制主要是压力控制。但目前常用的 LNG 气化调峰储气，则需控制气化器的气化负荷流量和后端的管路气化压力来实现与管网压力间的调峰平衡。

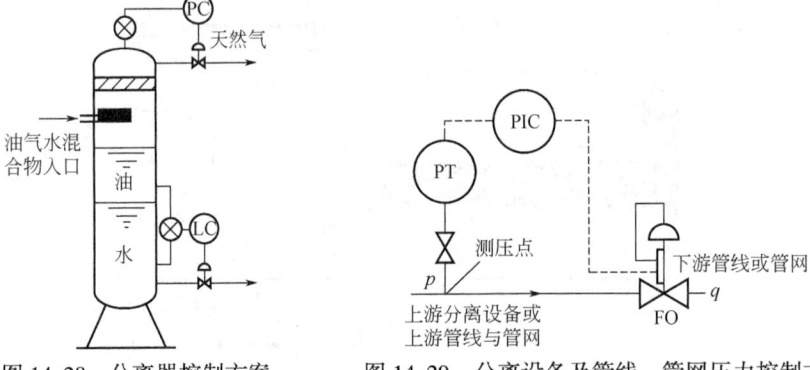

图 14.28　分离器控制方案　　　图 14.29　分离设备及管线、管网压力控制方案

对天然气的储存一般有容器储存、管道储气、低温液化储存、天然气水合物储存（固态储存）和地下储气库储存等。天然气干线常用地下储气库或容器储存，油气田则常用低温液化储存，固态储存目前尚有难度。

对容器储存（常用储气罐）的压力控制，如图 14.30(a) 所示，常用单回路回流控制系统方案，以使储气罐的压力稳定，保证储罐的安全。其被控变量为压力 p，被控对象为储气罐，操纵变量为回流量 q，采用压力变送器测压，控制器选正作用，执行器选气关式。图 14.30(b) 为天然气除油器的工艺及自控方案。

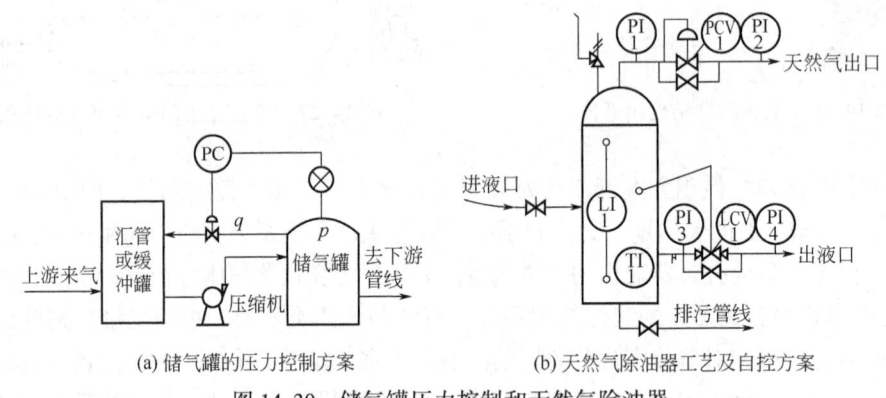

(a) 储气罐的压力控制方案　　　(b) 天然气除油器工艺及自控方案

图 14.30　储气罐压力控制和天然气除油器

3. 油气集输分离器等设备的控制方案实例

精馏原油稳定主要由缓冲、换热、加热和分馏四部分组成。如图 14.31 所示的为原油稳定装置缓冲-换热部分的控制系统流程图。来自转油站的脱水净化原油（50℃），进入卧式密闭缓冲罐，再用进料泵增压，经换热器去原油加热炉升温至 200~220℃，再进入原油稳定塔进行原油稳定处理，稳定塔只设精馏段。

图中缓冲—换热工艺中的原油缓冲罐 101/1 或 101/2 及其配套设施可构成冗余系统，接收油站的来油，并进行初步的油气分离，脱出的干气送深冷装置，原油经泵 101/1 或 101/2 送入换热罐 101/1 或 101/2、102/1 或 102/2，并与泵 102/1 或 102/2 输入的稳油换热后输往加热炉。

图中有两套单回路系统来控制原油缓冲罐的液位与压力，一套串级控制系统来控制换热罐

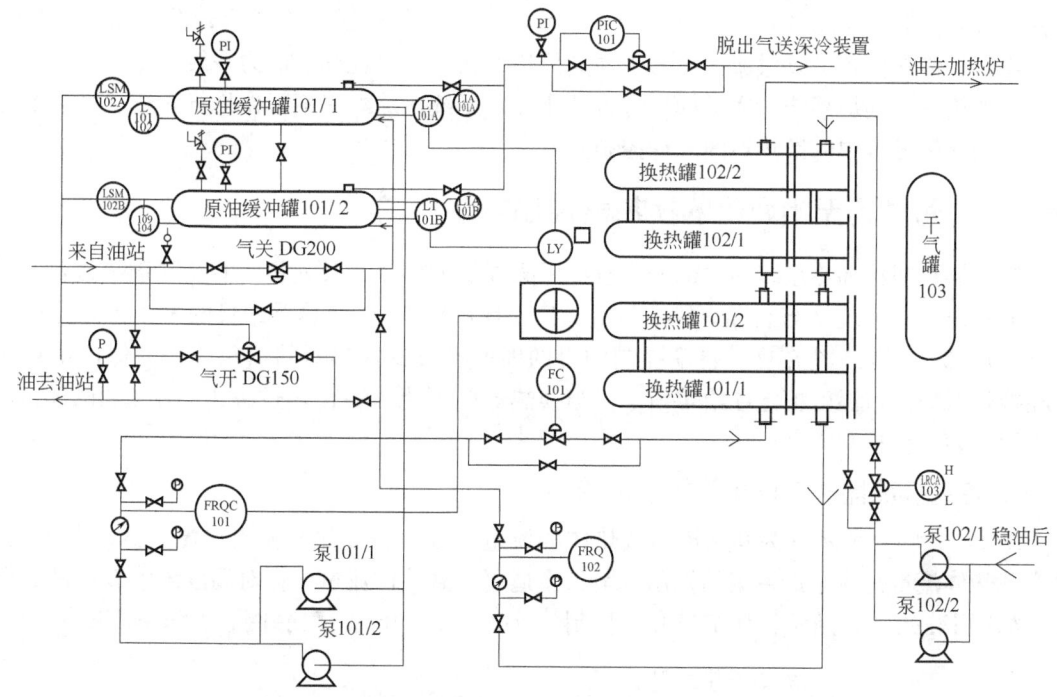

图 14.31 原油稳定装置缓冲-换热部分控制系统流程示意图

的液位及进油流量。(1) 液位选择报警 (LAS102A/B) 和气动调节阀 (DG200/150) 构成单回路的液位控制系统，通过控制原油流量来控制原油缓冲罐 101/1 或 101/2 的液位；(2) 压力指示控制器 (PIC101) 和气动调节阀构成单回路的压力控制系统，以控制脱干后脱出气的天然气管道压力；(3) 液位变送器 (LT101A/B) 的输出信号经液位电磁阀的继动器计算器处理后，与流量记录累计控制器 (FRQC101) 的信号共同作为流量控制器 (FC101) 的输入而构成串级控制系统，并控制换热罐 101/1 或 101/2 及 102/1 或 102/2 的进油流量。此外，各个控制系统都有控制及显示等仪表，以完成如压力指示/液位指示、液位指示报警、流量累计记录和液位记录控制报警等系统功能。

14.3 传热设备的自动控制方案

我国的原油绝大部分为高凝、高黏原油，需加热输送，以降低原油的黏度，减少输送所耗的压力能；同时油气集输的分离处理过程中也要加热，以提高处理与分离的效果，故保证加热装置的安全运行与监控对降耗节能与安全生产等非常重要。储运的加热设备主要有加热炉和换热器两类。加热方式有直接与间接加热两种，直接加热采用串级直接控制方案，原油出口温度为被控变量，燃料流量为操纵变量。间接的主要为热媒加热炉系统，其本质为加热炉+换热器，传热工质（热媒）为导热油、水等。水套加热炉则主要由水套、火筒、烟管、烟囱、走油盘管和燃油（或气）燃烧控制系统组成。导热油加热炉系统则主要由导热油炉本体（附有安全保护系统）、导热油循环泵、阀组、控制柜、自动控制系统、燃气燃烧系统、膨胀罐、储油罐等部分组成。

在储运的生产过程中，常需要按工艺要求，对所输送、分离处理或储存的介质进行加热或冷却，为保证工艺过程的正常与安全运行，就必须对传热设备进行有效的控制。传热设备的种类很多，储运所用的主要有换热器、再沸器、蒸汽加热器、冷凝冷却器、加热炉和锅炉，前四种传热设备是以对流传热为主要的传热方式，有时也称它们为一般传热设备。

因加热炉与锅炉系统，通常都自带自动化控制系统，故本书不再作另行介绍。本节主要介绍间接加热方式中的换热器的自动控制。

14.3.1. 两侧均无相变化的换热器控制方案

换热器是间接加热系统的一部分，有些厂家提供的换热器及其相应的控制系统独立于热媒炉的就地控制系统（与热媒炉的控制系统独立且在现场）。换热器的目的是使工艺介质加热（或冷却）到某一个温度，自动控制的目的即通过改变换热器的热负荷，以保证工艺介质在换热器的出口温度恒定在给定值上。当换热器两侧流体在传热过程中均不起相变化时，常采用下列几种控制方案。

1. 控制换热器载热体（热媒）的流量

图 14.32(a) 所示的为利用控制载热体的流量来稳定被加热介质出口温度的控制方案。改变载热体流量是应用最普遍的控制方案，多适用于载热体流量变化对温度影响较灵敏的场合。如图 14.32(b) 所示，如 T 升高→控制器（正）M_V 升高→气关阀 q 下降→T 下降。

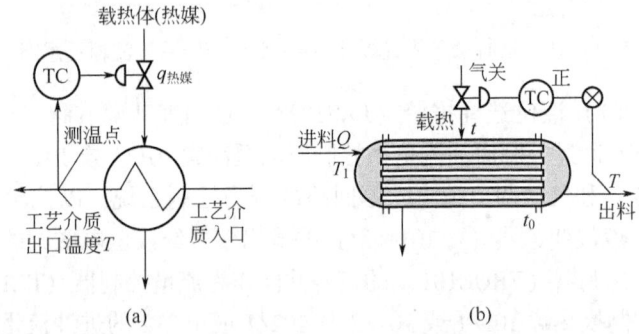

图 14.32 改变载热体流量控制温度

如载热体本身压力不稳定，可另设稳压系统，或采用以温度为主变量、流量为副变量的串级控制系统，如图 14.33(a) 所示。

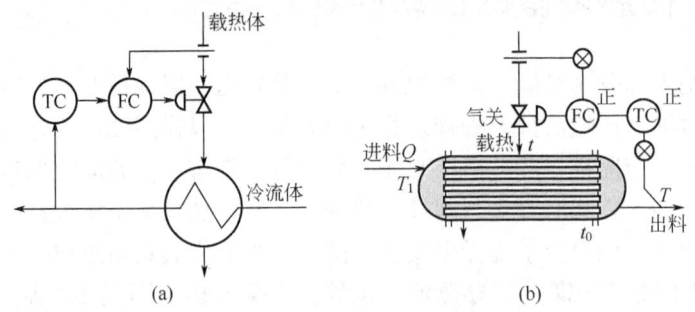

图 14.33 换热器串级控制系统

如图 14.33(b) 所示，若 T 升高→TC 主控制器（正）$M_{V1}=S_{V2}$ 升高→FC 副控（正）M_V 升高→气关阀 q 降低→T 降低；如载热体压力 p 升高→q 升高→FC 副控（正）M_V 升高→气关阀 q 降低→T 降低。

2. 控制载热体的旁路流量

如图 14.34(a) 所示，如载热体是工艺流体，其流量不允许变动时，可用三通控制阀来改变进入换热器的载流体流量与旁路流量的比例，这样既可改变进入换热器的载热体流量，还可保证载热体总流量不受影响。此方案在载热体为工艺主要介质时，极为常见。如储运的油田回注水加热等。

如图 14.34(b) 所示，如 T 升高→控制器（正）M_V 升高→气开阀 q_2 升高→q 降低→T 降低。

旁路流量一般不用直通阀来直接进行控制，因为换热器内部的流体阻力小时，则控制阀前后的压降很小，这样就使得控制阀的口径要选得很大，且阀流量特性易发生畸变。

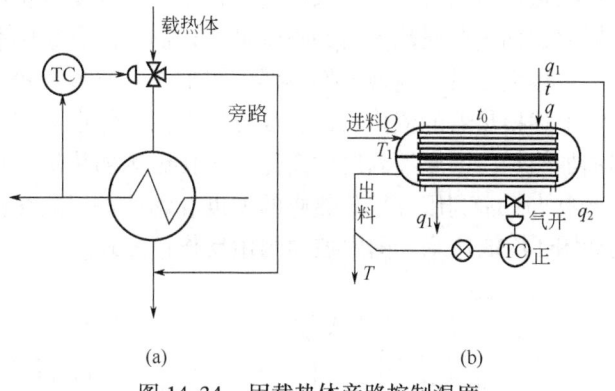

图 14.34 用载热体旁路控制温度

对储运原油间接加热的换热器，因通常有几组换热器并联使用，则用如图 14.35 所示的热媒旁路流量调节方式来控制热媒流量，热媒流量的给定值与测量值在 TIC 中进行比较和计算（如 PI 运算）后，通过控制阀来改变热媒总管道热媒介质的流量，以使进入多个并联换热器的热媒介质总流量恒定。

几组换热器并联使用时，每一组都有相同的控制系统（图 14.35）。经充分考虑加热原油所需的热量及热媒介质所具有的热量后，增加旁路球阀 A，控制其旁通热媒流量的大小，但要求大部分热媒介质进入换热器。进入换热器的主要热媒量来自于热媒流量控制系统的出口，其总流量恒定。被加热原油分路进入换热器，在换热器中进行热交换后的原油再汇总成一路出来。

原油出口温度的给定值与实测值（TW 测定）在 TIC 中进行比较运算后，对换热器的出口控制阀和旁路控制阀同时施加控制。例如，若原油出口温度偏高，则旁路阀开度加大，而出口阀开度减少，使进入换热器的热媒流量小一些。故两个控制阀的工作方式相反，一个为风开，一个为风关。但此类系统要特别注意流量的平衡问题，即如果各路原油或热媒的流量不相等，就会出现问题，发生振荡。解决方法是适当改变有关系统的给定值，尽可能不让其出现振荡。

3. 控制被加热流体的自身流量

如图 14.36 所示，控制阀安装在被加热流体进入换热器的管道上，被加热流体的流量越大，出口温度就越低。因为 Q 越大，流体流速越快，与热流体换热必然不充分，出口温度一定会下降。此控制方案只能用在工艺介质流量允许变化的场合，储运中很少用。

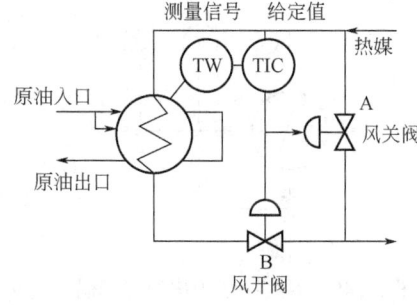

图 14.35 热媒炉换热器热媒流量控制系统

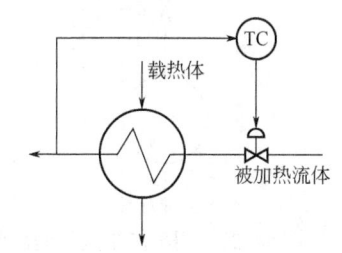

图 14.36 用介质自身流量控制温度

4. 控制被加热流体自身流量的旁路

当被加热流体的总流量不允许控制，且换热器传热面积有余量时，可将一小部分被加热流体由旁路直接流到出口处，利用冷热流体的混合来控制温度。如图 14.37 所示，即通过改变被加热流体的自身流量来控制出口温度，改变流量的方法是用三通控制阀，以改变进入换热器的被加热介质流量与旁路流量的比例。此方案中载流体一直处于最大流量，且要求传热面积有较大裕量，故通过换热器的被加热介质流量较小时就不太经济。

上述换热器的流体出口温度控制方案，储运常用 1、2 两种，3、4 方案较少采用。但对燃油加热炉，因燃油温度的高低，直接影响加热炉的加热速度，故为提高燃油温度，更好地进行点火，常利用一部分热媒的温度和燃油进行热交换，燃油加热器温度控制系统的控制回路如图 14.38 所示，图中控制阀用反作用方式。

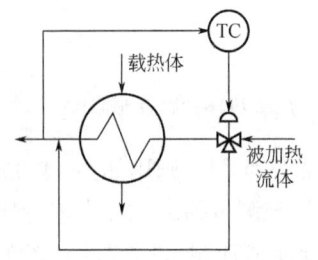
图 14.37 用介质旁路控制温度

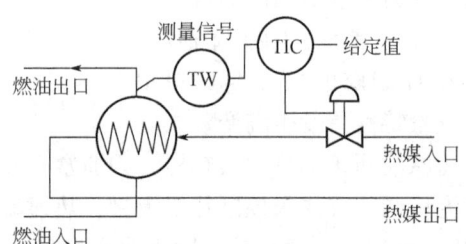
图 14.38 燃油加热器温度控制系统

14.3.2 载热体进行冷凝的加热器自动控制

利用蒸汽冷凝来加热介质的加热器，在石油化工及储运中很常见。在蒸汽加热器中，蒸汽冷凝，由气相变液相而放热，并通过管壁加热工艺介质。这种蒸汽冷凝的传热过程不同于两侧均无相变的传热过程。蒸汽在整个冷凝过程中温度保持不变，其传热过程分两段进行，先冷凝后降温。因蒸汽的冷凝潜热远大于凝液降温的显热，故储运输油泵站、集输站与联合处理站等，常用此法来进行管道的伴管加热保温和储罐的加热保温。当被加热介质的出口温度为被控变量时，常采用下述两种控制方案。

1. 控制蒸汽流量

通过改变加热的蒸汽量来稳定被加热介质的出口温度，这类方案最为常见。如蒸汽压力本身较稳定则可采用图 14.39 所示的简单控制方案。当阀前蒸汽压力有波动时，可对蒸汽总管加设压力定值控制，即用温度与蒸汽压力（或流量）的串级控制（分别见图 14.40、图 14.41）。

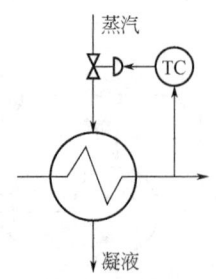
图 14.39 用蒸汽流量控制温度

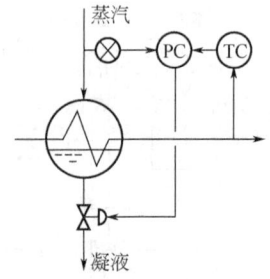
图 14.40 温度—压力串级控制温度

通常设压力定值控制较方便，但用温度与流量的串级控制对副环内的其余干扰或阀门特性不够完善情况，也能有所克服。因而改善了控制品质。

2. 控制换热器的有效换热面积

如图 14.42 所示，控制阀装在凝液管线上，如被加热流体的出口温度高于给定值，则传热量过大，可关小凝液控制阀，凝液积聚，蒸汽有效冷凝面积减少，传热量降低，则工艺介质的出口温度降低。反之，如被加热流体的出口温度低于给定值，则传热量过小，可开大凝液控制阀，增大有效换热面积，使传热量相应地增加。

该方案因凝液至传热面积的通道为滞后环节，故控制作用较迟钝。当工艺介质的温度偏离给定值后，常需很长时间才能校正过来，影响了控制质量。较有效的办法是采用如图 14.43 的温度与凝液液位串级控制及图 14.41 所示的温度与蒸汽流量串级控制。因串级控制系统克服了进入副回路的主要干扰，改善了对象特性，因而提高了控制品质。

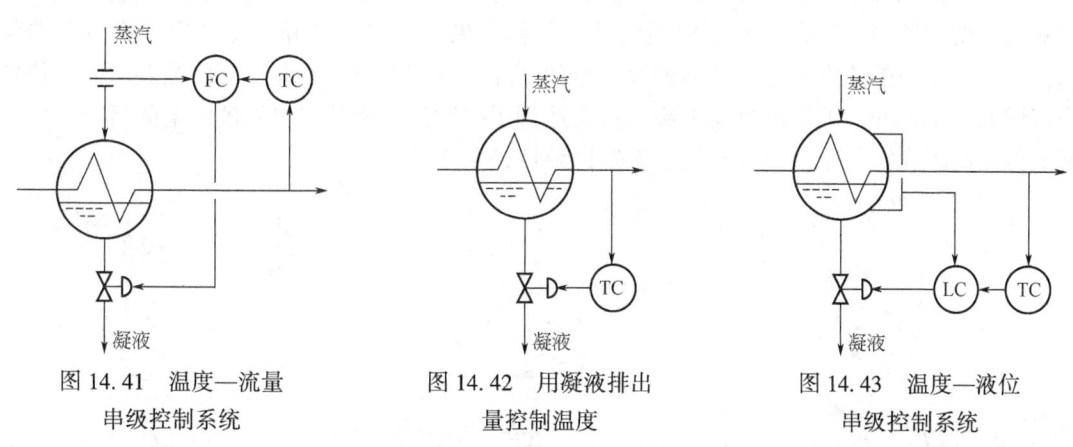

图 14.41 温度—流量　　图 14.42 用凝液排出　　图 14.43 温度—液位
　　串级控制系统　　　　　量控制温度　　　　　　串级控制系统

上述方案各有优缺点。控制蒸汽流量的方案简单易行、过渡过程时间短、控制迅速，但需选用较大的蒸汽阀门、传热量的变化较剧烈，有时凝液冷却到100℃以下，这时加热器内的蒸汽一侧会产生负压，造成冷凝液的排放不连续，影响均匀传热。控制凝液排出量方案，则控制通道长、变化迟缓，且需有较大的传热面积余量。但因变化缓和，有防止局部过热优点，它对一些过热后会引起化学变化的过敏性介质较适用。且因蒸汽冷凝后凝液的体积比蒸汽体积小得多，故可选用尺寸较小的控制阀门。其简单易行、过渡过程时间短、控制迅速。

14.3.3　冷却剂进行汽化的冷却器自动控制

当用水或空气为冷却剂不能满足冷却温度的要求时，需用其他冷却剂。常用冷却剂有液氨、乙烯、丙烯等。这些液体冷却剂在冷却器中由液体汽化为气体时带走大量潜热，而使另一种物料得到冷却。例如液氨在常压下汽化时可使物料冷却到-30℃的低温。这类冷却器中以氨冷器最为常见，储运则常用于油气田集输中的轻烃回收和轻烃的再分离冷却。下面以它为例介绍几种控制方案。

1. 冷却剂流量的控制

图 14.44 所示的方案通过改变液氨的进入量来控制介质的出口温度。其控制过程为：当工艺介质的出口温度上升时，就相应增加液氨的进入量使氨冷器内的液位上升，则液体的传热面积增加，并使传热量增加，介质的出口温度下降。

该方案不以液位为被控变量，但液位不能过高，否则会造成蒸发空间不足，使出去的氨气中夹带大量液氨，从而引起氨压缩机的操作事故。故该方案带有上限液位报警，或采用温度—液位自动选择性控制，当液位高于某上限值时，自动把液氨阀关小或暂时切断。

2. 温度与液位的串联控制

图 14.45 所示的方案中，操纵变量仍为液氨流量，但以液位为副变量、以温度为主变量构成了串级控制系统。此方案同样对液位的上限值加以限制，以保证有足够的蒸发空间。该方案的实质仍是改变传热面积，但因采用了串级控制，将液氨压力变化而引起的液位变化这一主要干扰包含在副环内，故提高了控制质量。

3. 汽化压力的控制

如图 14.46 所示，因氨的汽化温度与压力有关，故可将控制阀装在气氨的出口管道上。该方案的工作原理是控制阀的开度变化而引起氨冷器内的汽化压力改变，并使相应的汽化温度随之改变。即当工艺介质的出口温度升高并偏离给定值时，就开大氨气出口管道上的阀门，使氨冷器内的压力下降，液氨的温度也就下降，冷却剂与工艺介质间的温差增大，传热量就增大，工艺介质的温度也就下降，从而达到了控制工艺介质出口温度恒定的目的。为保证液位不高于允许上限，该方案还设有辅助液位控制系统。

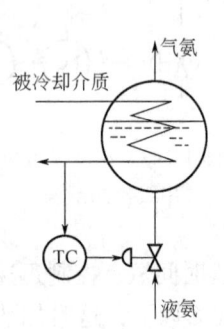
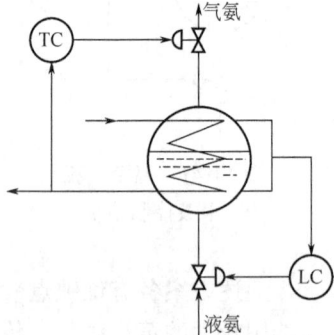

图 14.44　用冷却剂流量控制温度　　图 14.45　温度—液位串级控制　　图 14.46　用汽化压力控制温度

该方案控制作用迅速，只要汽化压力稍有变化，就能很快影响汽化温度，达到控制工艺介质出口温度的目的。但因控制阀安装在气氨的出口管道上，故要求氨冷器要耐压，且当气氨压力因整个制冷系统的统一要求不能随意加以控制时，该方案就不能采用。

? 习题与思考题

1. 离心泵的控制方案有哪几种？各有什么特点？
2. 何谓离心式压缩机的喘振？离心式压缩机在什么情况下会产生喘振？有何防喘振控制方案？
3. 机泵运行监测主要包括哪些方面的内容？
4. 原油的加热自控方案主要有哪两种？各有什么特点？

15 油气储运自动化综合管理系统及其信息化

15.1 储运自动化系统及其信息化概述

储运自动化技术是一种运用控制理论、仪器仪表、计算机和其他信息技术,对诸如油气的生产与集输、分离与加工处理、储存与输送、分配与销售等储运生产过程实施检测与控制、优化与调度、管理和决策,以达到增加产量、提高质量、降低消耗和确保安全等目的的综合性技术。

15.1.1 储运自动化系统概述

1. 储运自动化系统的分类

储运自动化即采用合适的自动化设备对储运生产过程进行自动地监测、分析和控制的管理方法。

储运自动化设备按功能分类,有如下五类:(1)信息监测设备,如各种压力、温度、液位、流量、含水率等仪表和传感器,这是人五官功能的延伸;(2)信息传输设备,如各种通信网络和计算机网络设备,这是人的神经功能的延伸;(3)信息储存及处理设备,如各种计算机,这是人的脑功能的延伸;(4)信息反馈操作设备,如各种阀门开关及开度调节设备、电动机启停及转速调节设备,这是人的四肢功能的延伸;(5)信息显示和输入设备:如各种屏幕、打印机、键盘、鼠标,这是各种自动化设备与生产操作管理人员间起交互作用的设备。

随着自动化技术的发展及各类新型自动化设备的采用,信息监控将越来越准确与齐全,信息传输、储存、处理及反馈所需的时间也越来越短,生产效率和效益将越来越高,而所需的操作和管理人员则会越来越少。自动化在各油气田、管道等储运领域所起的作用越来越重要。

目前的储运自动化控制系统以计算机控制为主,储运常用的计算机自动化控制系统有如下几种。

1)以工控机为核心的工业控制计算机 IPC 系统

如图 15.1 所示,IPC 性能可靠、软件丰富、价格低廉,它广泛应用于通信、工业控制现场、环保等诸多领域。IPC 属小型系统,一般适用于如油气田单井控制,计量站、转接站、配水间和加气站等小型场站控制;锅炉或科研实验装置控制,联合站内部分或油气计量等橇块控制场合。

2)以可编程序控制器 PLC 为核心的 ICS 系统

如图 15.2 所示,ICS(Integrated Control System)综合控制系统将现场仪表信号引入控制室,由控制室的一套或多套控制器对整个场站等进行集中控制,以实现对生产过程的监控、紧急切断、火气报警和消防等生产监控功能。同时通过人机界面(HMI)操作员可方便地完成生产操作、报警处理、数据归档、报表打印等工作。其核心一般是 PLC,它的特点是高可靠性、丰富的 I/O 接口模块、采用模块化结构、编程简单易学、安装简单、维修方便,其功能为逻辑控制、定时控制、计数控制、步进(顺序)控制、PID 控制、数据控制、通信和联网等。

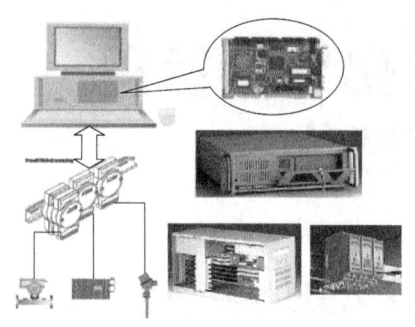

图 15.1　IPC 系统示意图

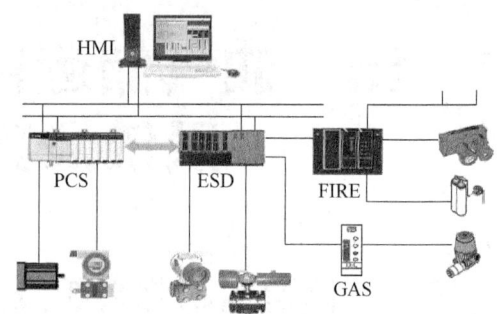

图 15.2　ICS 系统示意图

ICS 常用于中等规模的控制系统，如油气田联合站或较重要的小系统（如交接计量站、管线站场、加气站等）。它一般要求有比较高的可靠性和稳定性，且能独立于 HMI 系统运行。PLC 侧重于对单个装置、设备或小型系统的逻辑控制，一般为现场设备层。

按功能不同，ICS 系统由如下三部分构成：过程控制系统（Process Control System，PCS），完成工艺过程的测量、控制和生产运行操作；紧急切断系统（Emergency Shutdown，ESD），完成工艺系统的紧急切断，以保障人员和设备的安全；火气系统（Fire&Gas System），进行可燃气体泄漏和火灾的探测，以实现自动消防与灭火。目前，按最新规范，ESD、FGS 等已归类于独立设置的安全仪表系统（SIS）。

3）软硬件统一的 DCS 系统

DCS 系统通常用于现场测控对象位于较为狭窄的工厂为中心的区域控制，如油库、大型集输处理站等。根据 DCS 分散控制、集中操作、分级管理、分而自治和综合协调的设计原则，把系统从上到下分为分散过程控制级、集中操作监控级、综合信息管理级等，从而形成了分级分布式控制。

DCS 属厂站管理层，侧重于过程控制领域，主要作用是现场工艺参数的监视和调节控制。

4）应用广泛的远程多站点 SCADA 系统

SCADA 是远程的计算机分级测控系统，是在遥控、遥测与遥信技术的基础上用计算机系统实现的测控系统，其主要组成部分是远程终端单元 RTU、主站计算机和通信系统等。

SCADA 系统属调度管理层，其重点是监视与控制，它可实现部分逻辑功能，基本用于上位机。其现场测控对象分布地域可能极为分散，适合于点多、面广、线长的油气田集输或油气管道（或管网）。主站是 SCADA 系统控制中心，也可扩充为管理中心。SCADA 系统通常一块整装油气田或一条长输管道配置一个控制中心。

5）安全仪表系统（SIS）

SIS 是实现一个或多个安全仪表功能的仪表系统，它由测量仪表、逻辑控制器、最终元件及相关软件等构成，其作用是监视生产过程的状态，在出现危险条件时，自动执行其规定的安全仪表功能，防止危险事件的发生，或减轻危险事件造成的影响。

2. 自动化系统的结构构成

目前储运的工业自动化控制系统以计算机控制系统为主，主要有数据采集与监控系统（SCADA）、分布式控制系统（DCS）、程序逻辑控制（PLC）与 FCS 等控制系统。

上述计算机自动化控制系统虽形式不同，但其结构构成基本类似，一般由如下部分构成：

(1) 通信系统：现场总线、以太网、控制网、设备网、Profibus、Modbus、CC-Linux 等；

(2) 上位机系统：包括组态软件，通信软件、数据分析等；
(3) 控制系统：PLC、DCS、SCADA、FCS 等或其他控制系统；
(4) I/O 系统：AI、AO、DI、DO、RTD、远程、本地；
(5) 低压配电、接线系统：断路器、继电器、接触器等；
(6) 传感器和变送器：压力、温度、流量等传感器或变送器；
(7) 驱动设备：直流驱动器、交流变频器等；
(8) 执行机构：阀门、电动机、加热器等。

15.1.2 储运自动化系统的现状及发展趋势

目前的储运自动化早已摆脱了传统的自动化模式，由早期的模拟式仪表自动化发展为以微电子为基础，广泛进入到集微电子、计算机、自动化控制和网络通信等技术于一体，大量应用可编程控制系统（PLC）、集散控制系统（DCS）和数据采集及监控系统（SCADA）等的新一代自动化时期。

现有储运自动化系统的结构基本上以面向网络为基础，系统及设备大多采用以太网 Ethernet 或光纤环网 FDDI 等通用网络设备并连接高性能的微机、工作站、服务器，在被控设备现场则较多地采用 PLC 或智能现场控制单元（如 RPC/RTU）等，再通过现场总线与基础层的智能 I/O 设备、智能仪表、远程 I/O 等相连接构成现场控制子系统，并通过以太网 Ethernet 或光纤环网 FDDI 等与厂级系统结合形成整个控制系统。其信息检索和查询的实时性、图形数据与属性数据的有机耦联等尚存在某些不足，在储运管网视图与管网运行参数实时监测、系统模拟和仿真等的有机结合与应用，及管网视图与地理信息的协调统一方面尚须进一步加强。这些问题已严重制约了储运信息化系统的发展，结合 GIS 技术、数据库技术、工程优化技术和软件工程技术，以满足储运信息化、智能化建设的需要已成为关键问题。随着储运行业的需求及信息化技术的发展，储运自动化系统主要有以下发展趋势。

1. 智能化

智能控制技术有模糊逻辑控制、神经网络控制、专家系统、学习控制、分层递阶控制、遗传算法等。以智能控制为核心的智能控制系统具备一定的智能行为，如自学习、自适应、自组织等。

2. 网络化

网络化控制系统（Networked Control Systems，NCS）是计算机远程监控、计算机数据通信、现场总线技术、DCS、SCADA 系统、局域网、云端技术、物联网等诸多技术的综合集成应用，是一种全分布式、网络化的实时反馈控制系统，它是指某个区域现场传感器、控制器、执行器和通信网络的集合，用以提供设备之间的数据传输，使该区域内不同地点的用户实现资源共享和协调操作。网络化控制是复杂大系统控制和远程控制系统的客观需求，传感器、执行机构和驱动装置等现场设备的智能化是通信网络在控制系统更深层次的应用，它们为 NCS 提供了必要的物质基础，而高速以太网和现场总线技术的发展和成熟则解决了网络控制系统自身的可靠性和开放性问题，并使之成为现实。

3. 管控一体化的信息化自动化系统

与生产销售管理信息系统的结合是生产过程自动化系统与其他信息系统结合的最重要发展方向之一，这种结合构成的系统称计算机集成生产系统，或管理控制一体化系统（Management Control Integration System），简称 MCIS。管控一体化的信息化自动化系统是当前储运自动化系统的最新模式，目前已成为世界性的发展潮流。

管控一体化系统处于 ERP 与现场控制层的中间层。MCIS 采用计算机、网络、数据库、自动控制和接口通信等诸多先进技术，以生产过程控制系统为基础，通过对企业生产管理、过程控制等信息的处理、分析、优化、整合、存储、发布，运用现代化企业生产管理模式建立了覆盖企业生产管理与基础自动化的综合系统。将企业生产全过程的实时数据和生产管理信息有机集成并优化，实现企业信息共享和有效利用，实现了企业生产与经营过程的整体优化。

从管理观点看，MCIS 要求将传统的分阶段管理上升到现代化的集成管理，即将传统生产过程的规划设计、操作控制和生产销售管理进行优化集成，形成一个统一的计算机集成生产系统，实现全过程的整体优化，使企业从市场分析研究到做出经营决策，从接受订货到售后服务的全部工作均纳入一个优化的系统之中，充分利用人、财、物、信息等资源，提高企业竞争力。

实现管理与控制一体化的储运信息化自动化系统，应用计算机网络控制技术、现场总线技术（FCS）、集散控制系统（DCS）和监督控制与数据采集系统（SCADA）等多种系统的技术，并由这些系统构建计算机网络，进而集成诸多系统构成信息化的计算机网络集成监控系统。

管控一体化为大数据技术、云技术、办公自动化、生产调度与管理、生产过程自动控制、企业经营管理与决策信息化等方面的综合集成应用。目前对储运自动化控制和管理一体化、安全系统自动化管理及大容量管理信息平台的建立，还处于应用起步阶段。执行规范为 GB/T 23001—2017《信息化和工业化融合管理体系要求》，未来的储运自动化技术正在向开放、网络化和集成化、智能化的方向发展，具体表现在以下方面：（1）PLC 向微型化、PC 化、网络化和开放性方向发展；（2）DCS 系统面向测、控、管一体化的方向发展；（3）SCADA 系统向标准化和集成化的方向发展。

例如，图 15.3 所示的油气田信息化集成监控系统（管控一体化系统），它从工程规划与实施、开车到系统运行、维护及扩展，保证了油气田用户在原油（天然气）井站、油气地面的开采集输、原油（天然气）处理联合站、输油（气）管道的自动化需求都能实现。

现有信息化油气田自动化综合信息化管理系统具有操作简单、使用方便、功能齐全、性

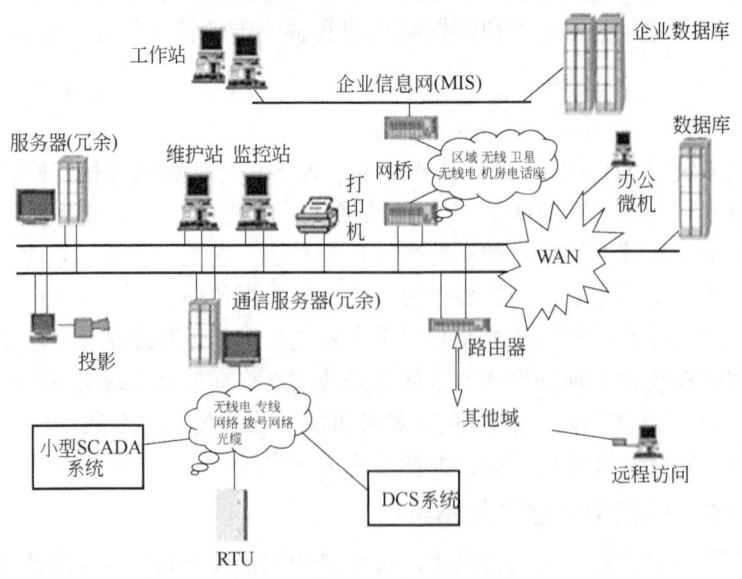

图 15.3　油气田信息化集成监控系统 MCIS 示意图

能可靠、应用广泛、组态灵活、运行安全等特点。从远程测控终端到办公室管理计算机,从通信系统到管理网络,从软件到硬件,信息化油气田自动化系统提供了完整的信息管理解决方案。例如,集成多个油气田 SCADA 系统或 DCS 系统等自动化控制系统,则构成了油气田计算机集成信息化监控与管理系统,即管控一体化系统。

网络化的管控一体化油气生产物联网平台系统架构如图 15.4 所示。在互联网不断深化应用的今天,物联网技术随着智能感知芯片、移动嵌入式系统、云计算等技术研究和发展的日趋成熟。网络化的管控一体化油气生产物联网平台已逐步进入应用阶段。油气生产物联网平台利用物联网技术,基于物联网的传感器与变送器技术,实现了油气田生产过程的自动化监控和数据采集;最终基于组态技术将生产过程数据以流程、图表、声光报警、Web 页面等形式的可视化呈现,辅助采油厂等油气田生产单位进行生产经营、调度管理及决策分析,并实现了井组、管线、站(库)等基本生产单元的管控一体化,从而达到了高效管理、节能增产的目的。其主要功能特点为:(1)功图数据库展示识别;(2)视频与 SCADA 联动——全方位视频安全感知系统;(3)生产故障预警(智能语音报警);(4)报表自动生成;(5)设备管理的在线运行与维护等。

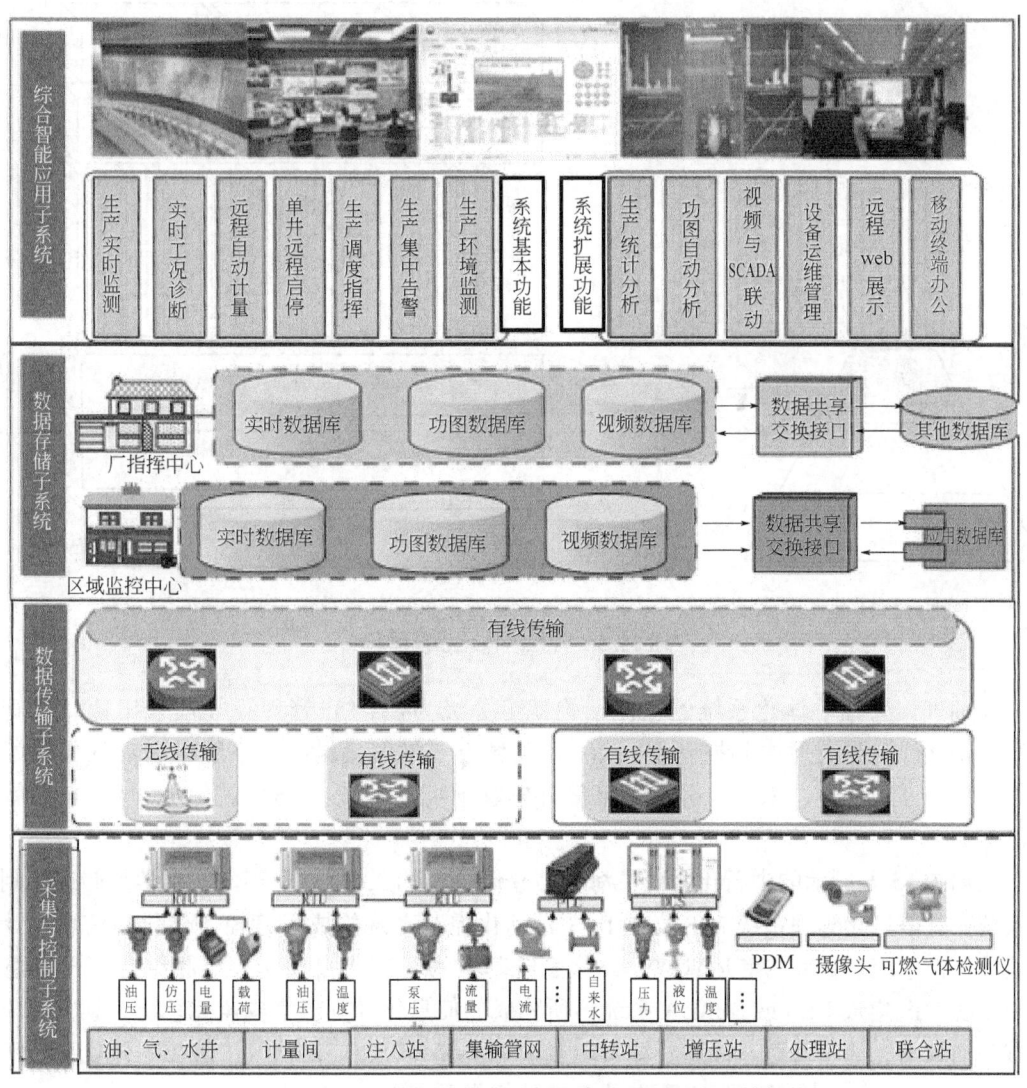

图 15.4 管控一体的网络化油气生产物联网平台系统架构

15.1.3 储运管控一体化系统体系及其构成

信息化的储运管控一体化自动化集成监控系统,利用自动化、信息化技术及自动化设备,对石油与天然气的生产、分离、处理、储存、输送、分配销售等过程进行监督、控制与管理,及生产过程中的信息采集、传输、储存、分析处理等,为储运生产的科学决策提供了及时、准确的信息,保障了储运生产的安全、稳定与高效运行。

管控一体化系统其本质是信息化管理系统 MIS 集成储运 SCADA 或 DCS 等自动化控制系统,所构成的管理与自动化控制相结合的信息化计算机集成监控系统。

图 15.5(a) 为管控一体化的计算机网络体系图,该体系一般由如下四部分构成:(1) 过程控制层(现场仪表和控制设备,如 PLC、IPC);(2) 控制层(DCS、ICS 等系统);(3) 管理层(FCS、SCADA 等系统);(4) 经营决策层。其体系结构基本如图 15.5(b) 所示。

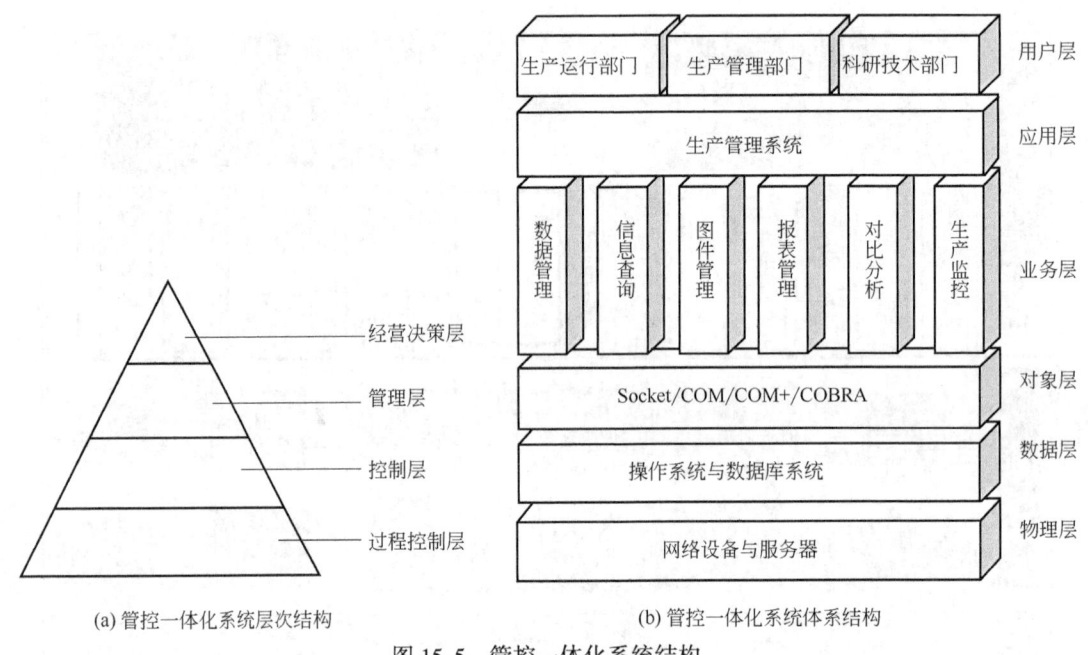

图 15.5 管控一体化系统结构

如油气田管控一体化系统的整体结构就可分级为:(1) 管理级(油气田信息化管理系统);(2) 控制级(中心控制室);(3) 站场级(油气集输控制系统中各油气集输站站控系统);(4) 首站、末站、分输站场等外输管道控制系统;(5) 就地级(手/自动就地控制)。

又如图 15.6 所示的中石化常熟汇海化工仓储公司的 $230×10^4$ t/年危险化学品储运控制调度系统,其信息化管理系统 MIS 集成 DCS 自动化控制系统构成了管控一体化的信息化计算机集成监控系统。目前的储运管控一体化系统基本为管理与自动化控制相结合(即信息化管理系统 MIS 集成 DCS 或 SCADA 系统)所构成的信息化计算机集成监控系统。其主要应用领域为油气田、油气管道、油库及城市燃气输配系统等。相应的油气田管控一体化系统已比较成熟,故本书主要介绍储运中下游的管控一体化系统。

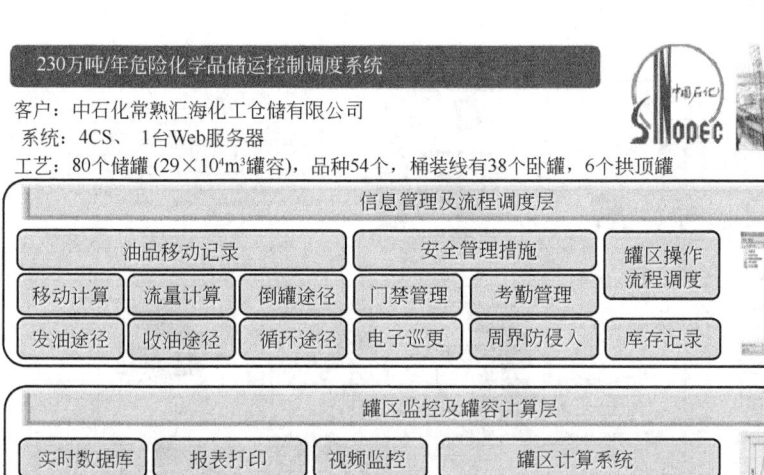

图 15.6　储运管控一体化系统

15.2　油库管控一体化自动化系统及其信息化

15.2.1　油库管控一体化自动化系统

油库管控一体化自动化系统将油库各个自动化子系统的信息集成处理，对油库各个自动化子系统的关键动作进行控制，实现相关自动化子系统间的联锁保护、联动反应和信息共享，以实现油库生产作业数据的统一管理，并通过信息的综合利用，来增强油库的管理效率。

典型的油库储运管控一体化自动化系统，其由自动控制系统（通常为 DCS 系统）、信息管理系统和网络传输系统三部分组成。网络传输系统由三层网络构成：现场控制网、局域网和远程宽带网。

现场控制网分区设计，安全监控系统采用现场总线技术，零售发油灌装系统采用工业以太网技术，其他部分大都采用 RS485 直接连接。局域网主要由服务器、网络交换机、路由器等硬件设备和软件传输平台构成，利用光纤、双绞线等传输介质，通过与综合信息网的连接，来实现与上级业务机关的数据动态交互。

油库自动化控制系统由 8 个自控分系统构成：油罐液位测量系统、零售发油自动灌装系统、消防电话报警系统、门禁管理系统、视频监控系统、条形码管理系统、查库到位系统、便携式油库作业记录系统。对油库而言，其中的储油罐区、油料灌装系统、消防报警系统最为重要。

油库自动化控制系统可用 DCS 或 SCADA 系统，自动控制系统最后集成进油库储运管控一体化系统。油库自动化控制 DCS 系统的结构如图 15.7 所示。

如图 15.8 所示，目前的油罐区监控系统已向工艺测量系统和安全防护系统（FGS）相结合的集成化、信息化的管控一体化方向发展，构成了油罐区安全防护监测和预报警系统。

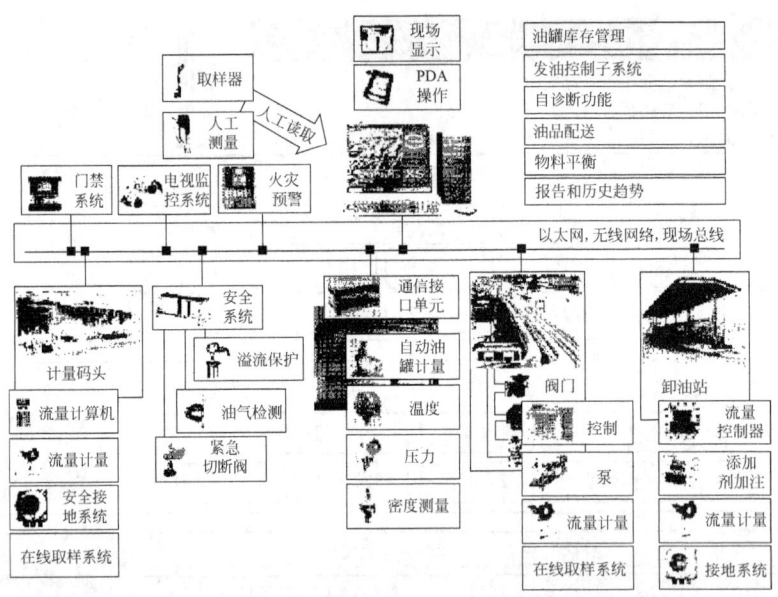

图 15.7　油库自动化控制 DCS 系统结构示意图

油库综合自动化管控一体化系统结构框图如图 15.9 所示。

该系统的目标是构建成管控一体化的油库信息化运营管理系统。

如图 15.10 所示，该系统为信息管理系统 MSI 集成 DCS 等监控自动化系统所构成的信息化管控一体化系统，其综合展示油库全貌、工艺生产流程、安全监测系统、报警联锁、工

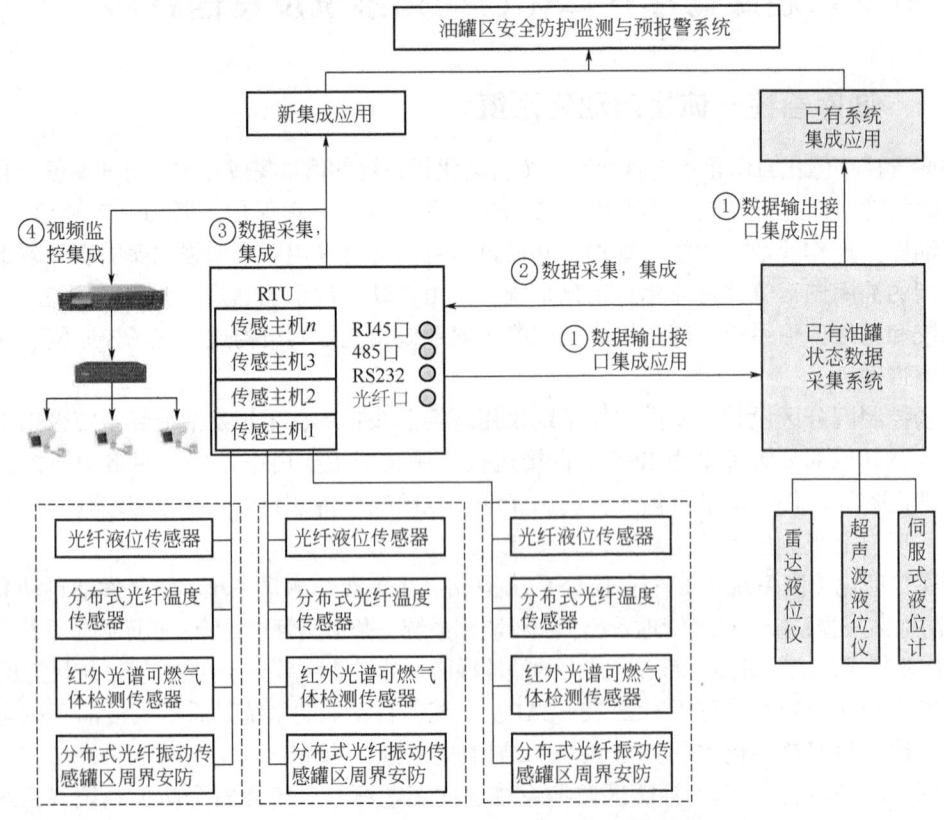

图 15.8　油罐区安全防护监测和预报警系统

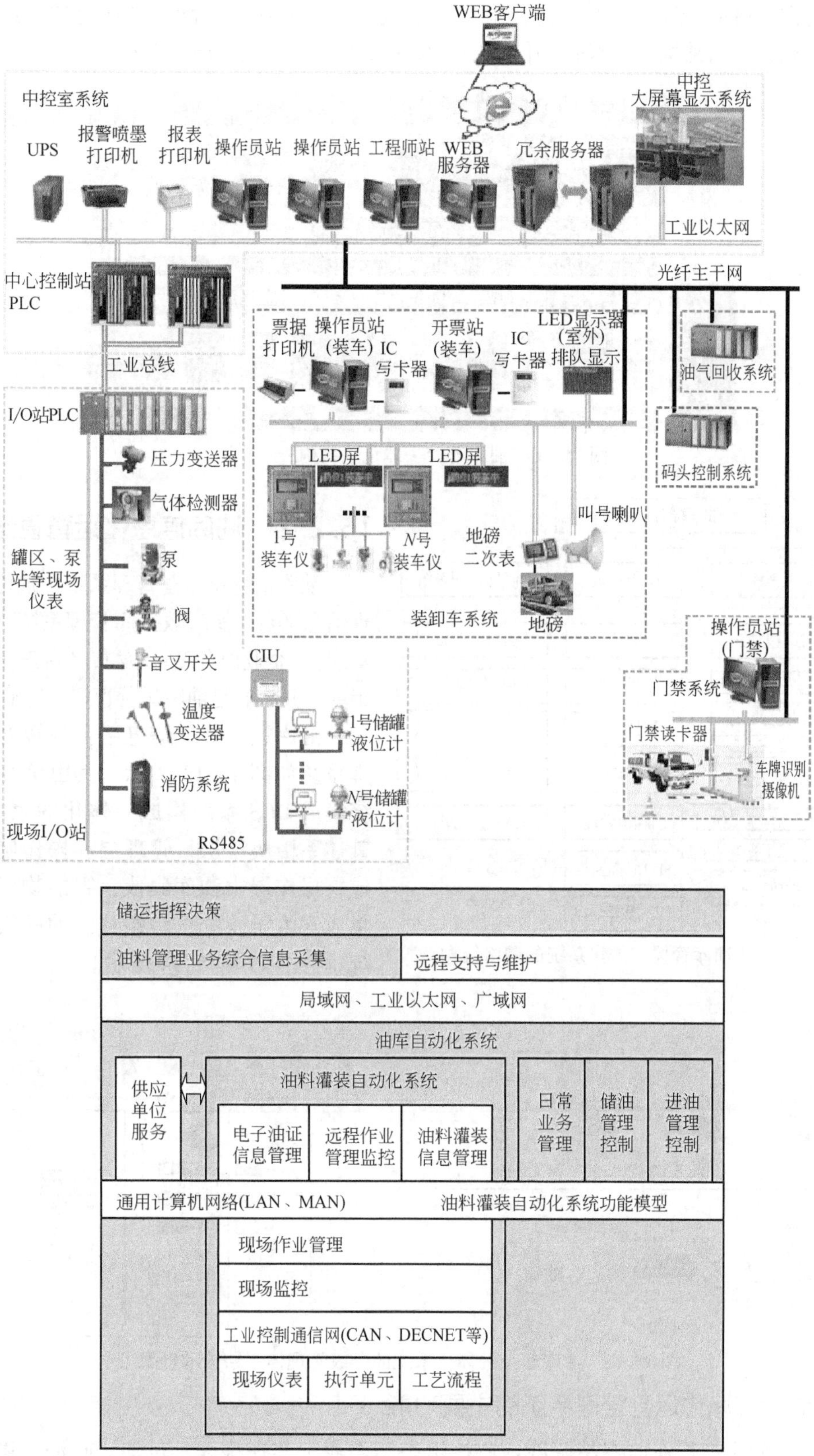

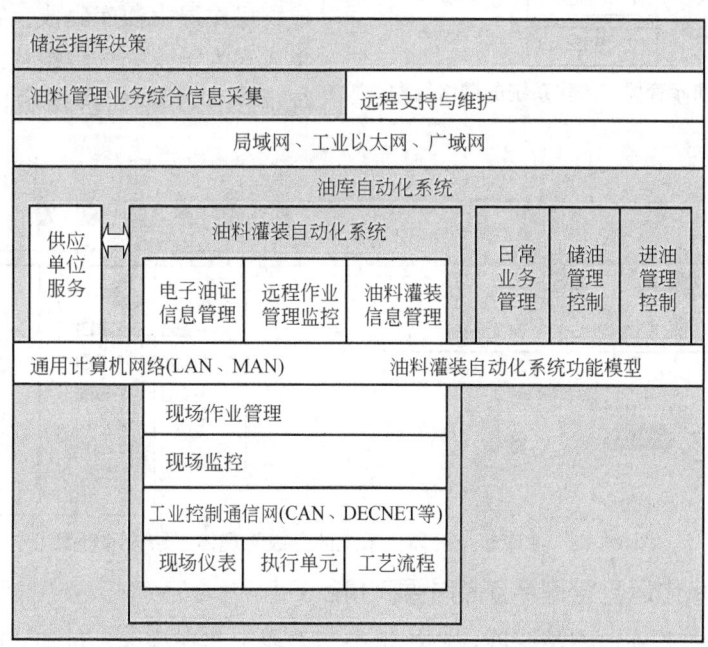

图 15.9 油库综合自动化管控一体化系统结构框图

艺自动化作业模型指导等，并为生产调度提供辅助决策手段，以满足油库管理和经营的需求。该系统的网络结构及分级管理体系结构分别如图 15.11、图 15.12 所示。

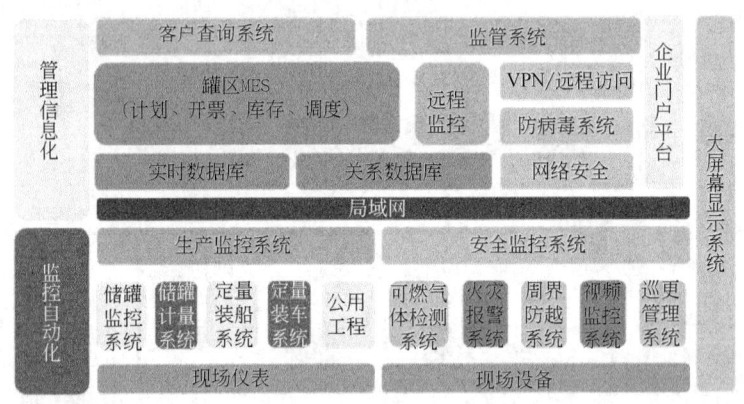

图 15.10　油库管控一体化系统构成示意图

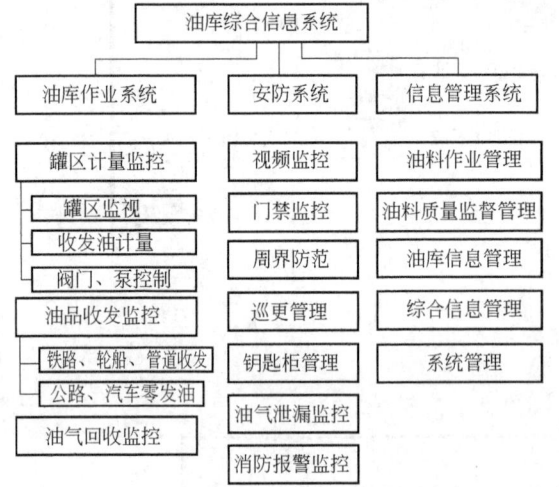

图 15.11　油库管控一体化系统的网络结构

15.2.2　油库信息化运营管理系统

油库信息化运营管理系统由油库运营管理信息平台、实时数据库管理系统（信息采集层）、企业信息 Web 发布平台三个子系统组成。其核心是油库运营管理信息平台。

油库运营管理信息平台的智能储运管理系统如图 15.13 所示，其由信息管理系统集成 DCS 系统构成一体化的系统平台。其体系由决策层、管理层和操作层三级构成，操作层由油库集成、智能物流、油站集成三大子系统平台组成。油库集成子系统示意图如图 15.14 所示。

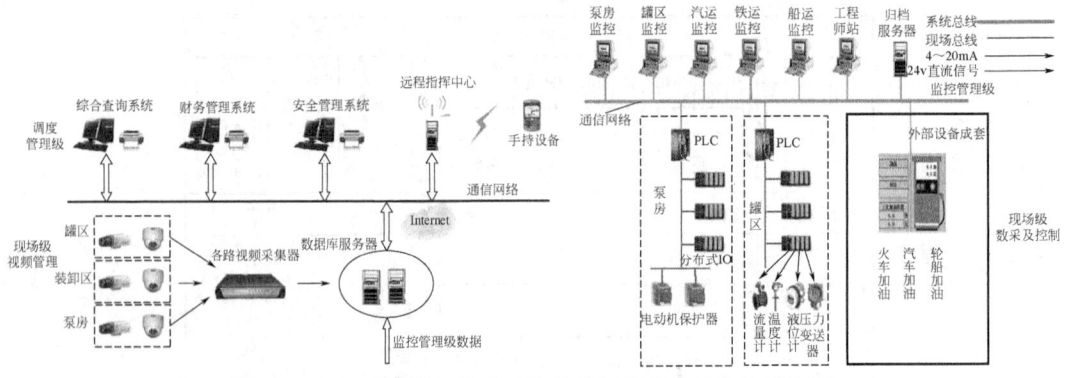

图 15.12　油库管控一体化系统的分级管理体系结构示意图

1. 油库信息化运营管理系统的主要功能

（1）油库生产作业监控与调度：监控组态画面通常实现罐区、付油、收油、输转等多种作业流程状态图。集中监控陆路发货与油罐计量的实时数据，库区阀门、机泵、管线的实

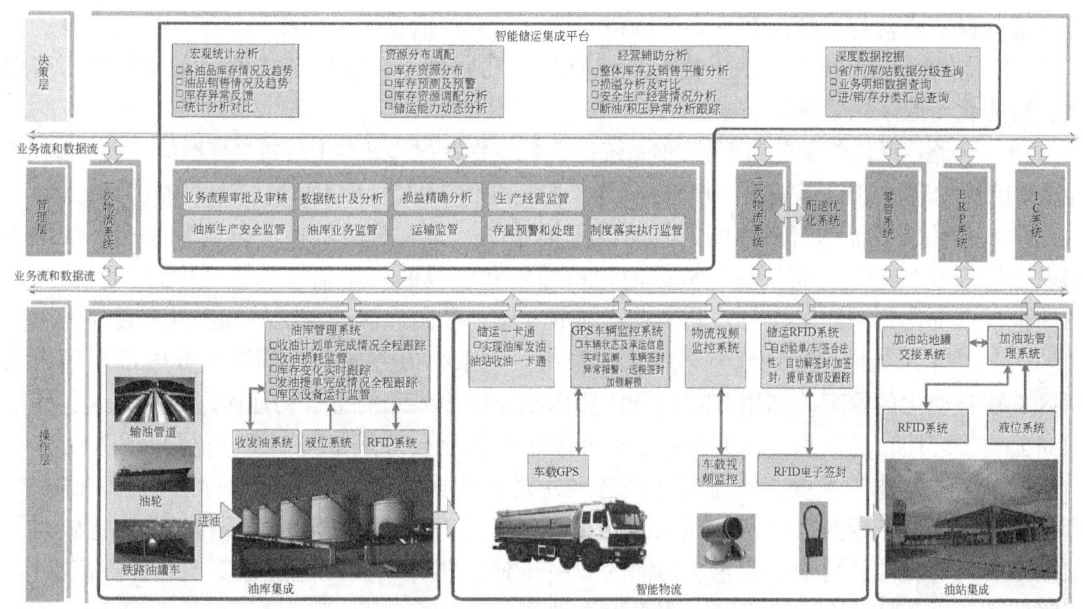

图 15.13 智能储运管理系统示意图

时状态(包含机泵的电流、电压、温度、转速数据)、站场流量计算机的实时数据等,并对正在流动的油品管线有变色显示,阀门、机泵可在线控制。

(2) 油库作业安全的监管:以油库平面图为背景,在平面图上实时显示消防报警信息、可燃气体报警信息、周界报警信息,可实现各种报警信息的在线解答及报警日志的查询;可查询门禁出入记录、电子巡检记录。

(3) 油库生产作业数据的管理:能够将油库各个自动化子系统的生产作业数据保存

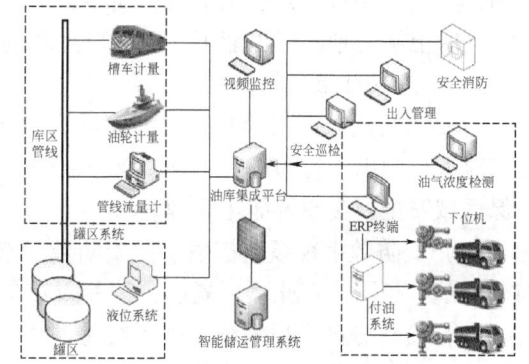

图 15.14 油库集成平台子系统示意图

至数据库,并根据用户需求生成各类监控数据的历史趋势曲线和查询报表。

(4) B/S 架构功能:油库自动化系统集成平台支持油库办公网用户、地区公司用户、省公司用户,按照设定的权限和密级,通过 IE 浏览器的方式进行访问,远程获取生产现场的实时信息,以进行生产的调度与管理。

(5) 不同设备和系统之间的信息整合、安全联动和作业联动:实现站场与油库的视频监控集成;储罐自动计量系统与发货系统的连锁保护;可燃气体报警系统、消防报警系统、周界报警系统与视频监控系统的联动;输油管线监控系统(阀门、机泵控制系统)与智能巡检系统的数据共享;储罐自动计量系统与输油管线监控系统(阀门、机泵控制系统)的连锁保护等。

2. 油库信息化运营管理系统包含的油库自动化监控系统

1) 油库运行监控系统

(1) 罐区生产自动化系统。利用 DCS 系统集成各自动化子系统,建立统一的操作平台;油库作业调度系统,对现场仪表进行数据采集,实现实时监控和管理。其主要功能有:①实现数据源的一次采集,多系统共享,统一数据平台;②实现管控一体化,即收发存一体化与多系统的报警联动与互锁；③提供上级访问接口，实现信息平台对接和数据交换与共享。

（2）储罐计量系统。它基于高精度传感器、互联网、智能处理技术，实现储运的精细化、智能化与数字化管理。

（3）公路定量装车系统。定量发油系统基于系统 DCS 操作站与上位机系统通信，实现数据的显示和控制，以完成现场按键操作和远程操作，控制器可同时显示累积总量、批量和瞬时流量。

（4）码头或成品油管道站场的管路收发油系统。所有管路的检测设备和阀门、泵等控制设备接入 DCS 系统，将码头、成品油管道站场和管线的状态信息采集到中控，实现收发油的全程可视化管理和操作，并利用系统间的连锁和控制，保证系统的安全性和可靠性。

（5）罐车出入库门禁系统与车牌识别系统。该系统可方便地对油罐车或内部车辆出入库区实现自动化的管理，利用 IC 卡、VR 技术把车辆出入库信息自动地实现储存记录、管理和向公司管理层传送信息，以方便整个油库系统的安全自动化管理，以节省人力和物力。

（6）配送一卡通系统。物流配送环节利用现有配送管理系统、自动付油系统、ERP 管理系统，配合电子铅封系统，实现从计划安排→油罐车入库→开出库单→付油→油库铅封→加油站解封等提油、付油、铅封、卸油的"一卡通"操作，使配送过程实现全程规范操作、实时监控，以保证工作的准确度，提高配送效率。

（7）生产数字视频监控系统。该系统将油库现场的各种全息信息实时地反馈到中控室，利用视频监控和自动化系统组网，能不经人力、自动连锁地反映各种突发情况，利于油库安防。同时上层管理部门也能第一时间看到现场情况。

2）油库安防监控系统

（1）人员出入库门禁系统。油库属高危区域，进出人员必须得到授权才可进入。门禁系统对人员的出入行为进行管理，该系统数据可通过总线传到上位监控，形成网络联控，以确保区域安全，实现智能化管理。

（2）安防数字视频监控系统。安防数字视频监控系统与生产数字视频监控系统的结构与形式基本相同，在此不再复述，请参阅安全生产数字视频监控系统相关内容。

（3）安防分区广播系统。该系统是油库为各种突发事件的应急而设置的一种在紧急情况下能将语音信息传达到油库的各个角落，保证油库系统人员安全的一种安防设备。

（4）周界入侵防范系统。该系统用于油库围墙的攀爬翻越等入侵活动的警戒报警及管理，并可同步以各种形式或方式人性化地告知安保人员做进一步的处理，以防止各类防盗等警情事件。

3）油库自动消防系统

（1）可燃气体报警系统。油库属特殊行业，所有电气基本都属防爆类型，国家硬性规定了在可能出现泄漏的地方必须安装可燃气体探测器。可燃气体报警系统可集成于综合监控平台，即将所测的实时信息传送到综合监控平台，并可联动驱动排风、切断、喷淋等系统以防止发生爆炸、火灾、中毒事故，保障安全生产。

（2）火灾自动报警系统（简称 FAS 系统）。火灾自动报警系统通常由火灾探测器、区域报警控制器和集中报警控制器，及联动模块等组成，也可根据工程的要求同各种灭火设施和通信装置联动，以形成中心控制系统。该系统用于早期发现与通报火灾，并及时地采取有效措施，以控制和扑灭火灾。油库则通常由火灾自动报警（消防监控 PLC 系统）及消防联动控制系统组成，即由自动报警、自动灭火、安全疏散诱导、系统过程显示、消防档案管理等组成一个完整的消防控制系统。

综上所述，油库储运管控一体化的信息化网络系统如图 15.15 所示。

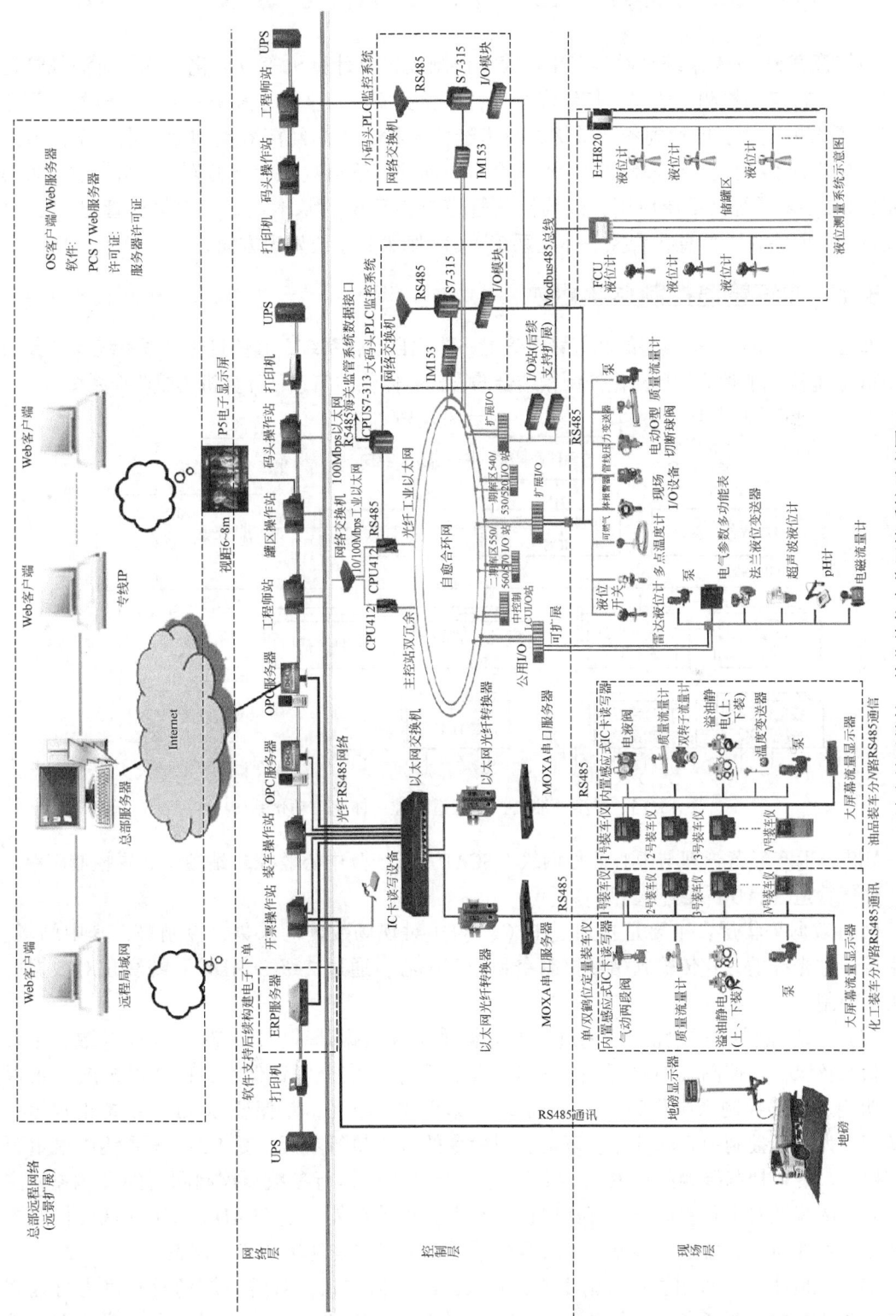

图 15.15 油库储运管控一体化的信息化网络系统示意图

15.3 油气管道管控一体化自动化系统及其信息化

油气管道 SCADA 系统是通过采用仪表、控制装置及计算机等自动化工具，对油气管道生产过程进行自动检测、监视、控制和管理，以保证安全、平稳、经济的输油、输气。管道 SCADA 系统的实现，能达到各种最优的技术经济指标，提高经济效益和劳动生产率，节约能源，改善劳动条件，保证环境及生产安全。目前油气管道具有计算机监测控制与数据采集功能的 SCADA 系统已广泛应用，成为油气管道自控系统的基本模式。而集成管道 SCADA 自控系统的网络化、信息化管控一体化系统 MCIS 则为其主要发展方向。

15.3.1 油气管道控制系统概述

如图 15.16 所示，为典型的油气管道管控一体化自动化系统。其信息化管理系统 MIS 集成 SCADA 系统构成了管理与自动化控制相结合的管控一体化的信息化计算机集成监控系统。

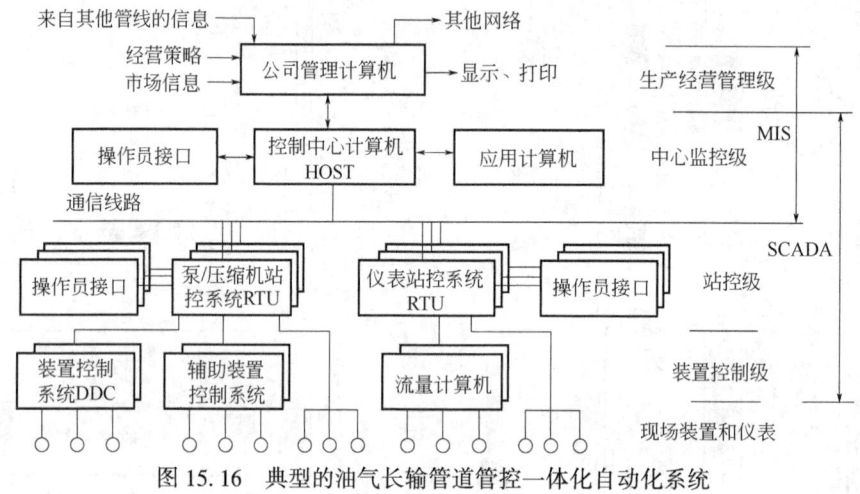

图 15.16 典型的油气长输管道管控一体化自动化系统

MIS 分生产经营管理与中心监控两级，SCADA 系统分中心监控、站控、装置控制三级。油气管道 SCADA 系统分三层：

(1) 数据采集层：主要是指通过 PLC、RTU 对现场数据的采集、控制等，其中站场、阀室等通过光纤的方式传输到站场控制室和调度中心，通过 2 级 SCADA 系统实现对数据的采集、控制。

(2) 站级控制：主要完成工艺过程的数据采集及数据处理，监控生产运行参数、主要设备状态及保护，控制阀门的开关，主要参数的调节及安全联锁保护，ESD 保护或水击保护等功能。站场控制系统作为 SCADA 系统的远程控制单元，是保证 SCADA 系统正常运行的基础，为调度控制中心调度、管理与控制命令的远方执行单元，是 SCADA 系统中最重要的监控级。装置控制级如阀室 RTU 系统，监控阀室生产运行参数，控制阀门的开、关，主要参数的调节及安全联锁保护，ESD 保护、水击保护等功能，是 SCADA 系统和调度控制中心调度、管理与控制命令的远方现场级执行单元，用来监控现场装置和仪表。

(3) 调度中心：采用主—备调度中心方式，经通信方式，对所有站场及阀室进行远程监控和调度安排。调度中心建立中心 SCADA、传输、仿真和 WEB 等功能，备用中心在主控中心链路出现问题时，担负起全线监控、调度的任务。

15.3.2 管控一体化的油气管道信息化自动化系统

信息化管理系统 MIS 集成油气管道 SCADA 自动化控制系统构成了管控一体化的长距离油气管道信息化计算机集成监控系统。如川气东送工程和西气东输工程的综合信息化自动控制系统，即为储运信息化计算机集成监控系统（管控一体化系统）的典型应用。

如图 15.17 所示，西气东输管理信息系统 MIS 集成 SCADA 系统构成了管控一体化系统 MCIS 体系。

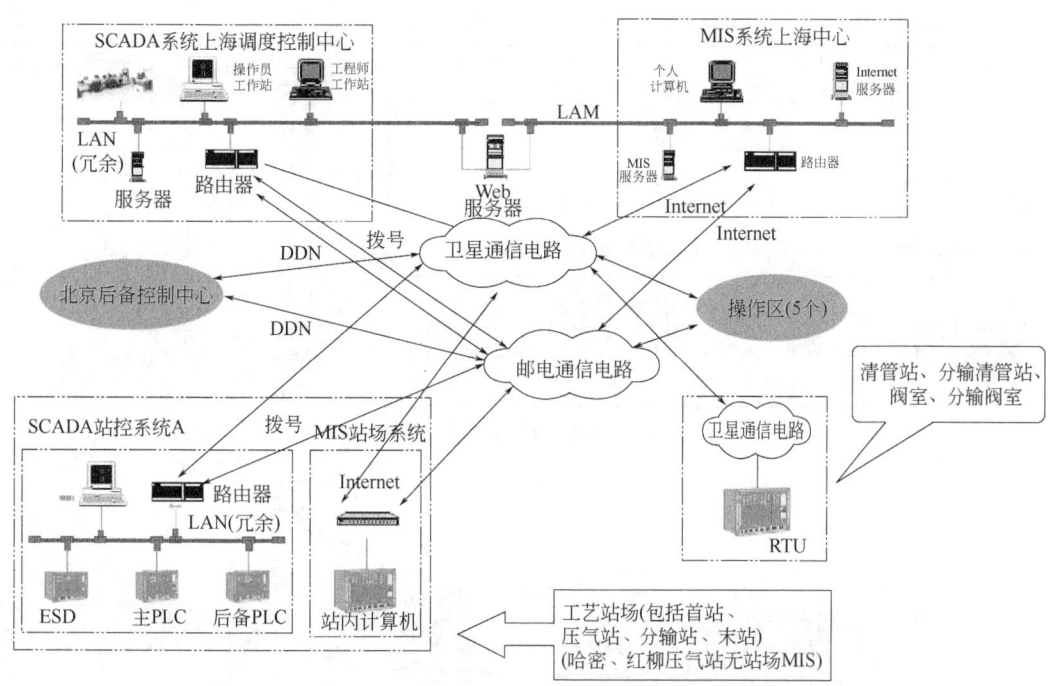

图 15.17 西气东输管控一体化系统 MCIS 示意图

典型站场站控系统配置图如图 15.18 所示，RTU 配置框图如图 15.19 所示。

15.3.3 成品油输油管道管控一体化系统

信息化管理系统 MIS 集成 SCADA 系统构成成品油顺序输送管道管控一体化系统。SCADA 系统则由控制中心、管道沿线有人值守的工艺站场设站控系统 SCS 和安全仪表系统 SIS、设有远程终端装置 RTU 的无人值守远控线路截断阀室与界面检测间所构成。

控制中心主计算机按顺序对每一台 RTU 及相关站场定期进行查询，其主要功能如下。

（1）监视各站的工作状态及设备运行情况，采集各站的主要运行数据和状态信息。

① 检测量：进出站油温、油压；首站、末站和分输站流量；输油泵机组（包括原动机及辅机）的有关数据；油罐液位、油温及储油量，泵机组进出口油温、油压及流量；泵站出站压力调节阀的开度及阀前、后压差；站母线电压、输油泵电动机电流等。

② 报警信号：油品进站压力过低，出站压力过高；油罐液位（高、低）超限；停电。输油泵机组故障停运；出站调节阀室故障；输油泵机组轴承温度过高，振动量过大；安全阀、泄压阀动作等。

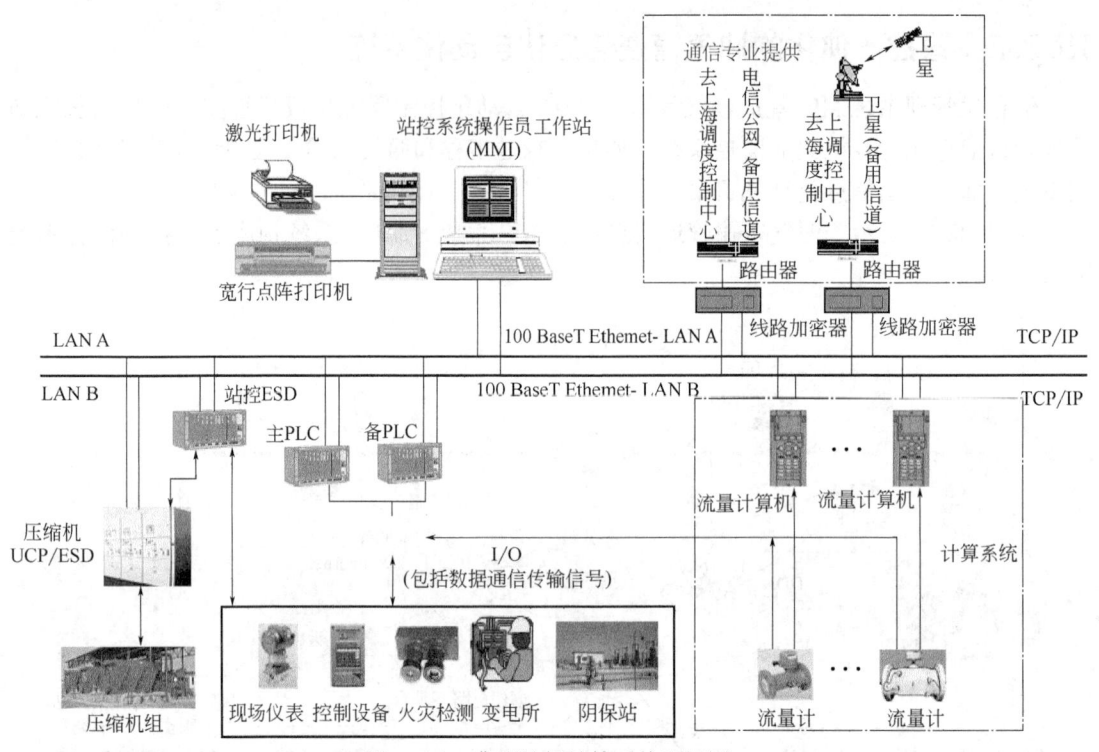

图 15.18　典型站场站控系统配置图

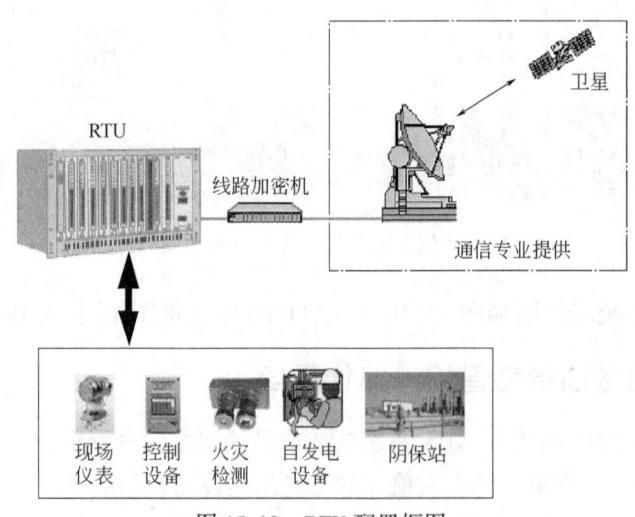

图 15.19　RTU 配置框图

③ 状态量：输油泵机组、出站调节阀和主要阀门的运行状态。

（2）向站控系统或 RTU 发布命令，通过 RTU 进行远程操作与控制。

① 从远方各输油站的 PLC 采集数据，监视各输油站的工作状态及设备运行情况。记录重要事件的发生，工艺参数及设备运行状态参数的超限报警，显示、打印报警报告。

② 给远方各输油站的 PLC 发送指令（同时进行指令记录），程序自动启停机组、开关阀门及自动切换工艺流程。

③ 对需要调节的主要参数如压力、油温、流量进行远程给定和自动调节，对各输油站的工艺参数及设备运行状态参数的报警值及停机（跳闸）给定值进行远程修改等。

④ 显示管道全线的工作状态，打印管道全线的运行报告。
⑤ 对管道全线的密闭输送进行水击超前保护控制。
⑥ 对管道全线进行实时工艺计算和优化运行控制。
⑦ 对管道全线进行清管控制。
⑧ 对管道全线及各站运行的设备状态和工艺参数进行运行趋势显示和历史趋势显示。
⑨ 对系统设备的故障与事件等具有自检功能。
⑩ 用系统的外围辅助设备进行数据库编制和显示图像编制。
（3）就地控制系统 RTU 的主要功能
① 过程变量的巡回检测和数据处理。
② 向控制中心报告经选择的数据和报警。
③ 提供画面与图像显示。
④ 除执行控制中心的控制命令外，还可独立进行工作，实现 PID 和其他控制。
⑤ 实现流程切换。
⑥ 进行自诊断程序，并把结果报告控制中心。
⑦ 提供给操作人员操作记录和运行报告。

SCS、SIS 和 RTU 是保证 SCADA 系统正常运行的基础，为调控中心调度、管理与控制命令的远方执行单元。SCS、SIS 和 RTU 不但能独立地完成对所在工艺场站的数据采集和控制，而且能将有关信息传送给调度控制中心并接受其下达的命令。

阀室 RTU 系统监控阀室的生产运行参数，控制阀门的开与关，它还有主要参数的调节及安全联锁保护，ESD 保护、水击保护等功能，是 SCADA 系统和调度控制中心调度、管理与控制命令的远方执行单元。

15.4 城市燃气管控一体化自动化系统及其信息化

城市燃气是城市发展不可或缺的重要动力，供气对象包括每个城市规划用地区域内的居民、商业及公共建筑、工业、燃气空调、燃气燃料汽车等用户。城市燃气的输配体系是城市基础设施建造的重要组成部分，近年来，随着燃气管网规模的不断扩大，管道燃气已成为城市燃气消费中最重要的运送和消费形式。我国城市燃气输配管网也发展为多气源供气、多压力等级管网输配所构成的燃气管网体系，但对突发事故的应变能力和处理效率已难以适应城市建设高速发展的要求。为满足对城市燃气生产过程中的调度指挥，建立可靠的数字化与信息化燃气生产指挥与调度自动化管控系统已成当务之急。

15.4.1 城市燃气管控一体化系统的构成

目前的城市燃气输配企业基本都建立了相应的城市燃气管网 SCADA 系统，以完成对燃气输送管网、燃气场站、门站、燃气储配站等的远程操控、数据自动实时收集、事端报警、参数调整、气量调理等，大多数的城市燃气企业选用 SCADA 体系，集成 PLC 和 RTU 等操控设备，操作人员在调度操控中心经 SCADA 系统就可完成对燃气输配体系的监控和运行管理。

城市燃气管控一体化系统则通常由信息管理系统集成燃气 SCADA 系统来实现安全、高效的城市燃气输配管控一体化信息化管理。该系统同时集成燃气管网地理信息系统（GIS 统）、客户信息系统（CIS 系统）、仿真等数字化管理系统，可对管网的运行工况进行仿评估，生成调度策略和紧急抢修策略，保障燃气管网安全、连续、稳定运行，以提高燃气企业管理水平和运营经济效益。

该系统集成整合了城市燃气输配的各个业务子系统信息（如SCADA系统与管网信息有机融合，数据共享和信息的统一管理和发布），提高了事故的应急处理能力，并通过数据的综合分析，优化生产运营流程，提供了决策支持。

该平台集成监控系统功能有：（1）利用GIS空间数据管理技术，对管网设备数据统一管理；（2）依据燃气行业设备间的逻辑关系（空间拓扑管线）建立强大的燃气管网数据编辑功能；（3）设备运行状态管理，对不同运行状态的管网设备分别制定相应的监管方案；（4）用GIS空间数据快速检索技术，进行管网设备信息的快速检索；（5）与SCADA系统的完善融合，调度中心可实时监控燃气输配的压力、流量、温度、加臭量等技术参数的变化和场站运行图像，根据这些参数判断燃气输配系统是否处于安全运行状态，以及时调整和调度，保障燃气输配系统的安全运行。

城市燃气管控一体化系统的应用发展目标是构成智能燃气信息平台，以实现对城市燃气的智能化管理。该平台基本架构如图15.20所示。该方案系统融合了先进的计算机技术和工业控制技术，能实现对燃气系统的进气、计量、输配、调压等生产，进行全过程的监控、管理和调度。通过对生产信息管网状况的自动化收集、分类、传送、整理、分析和存储，为管网输配的优化调度、供气预测、故障分析、辅助决策提供科学的手段，以使燃气生产与输配管理更加安全、准确、高效。

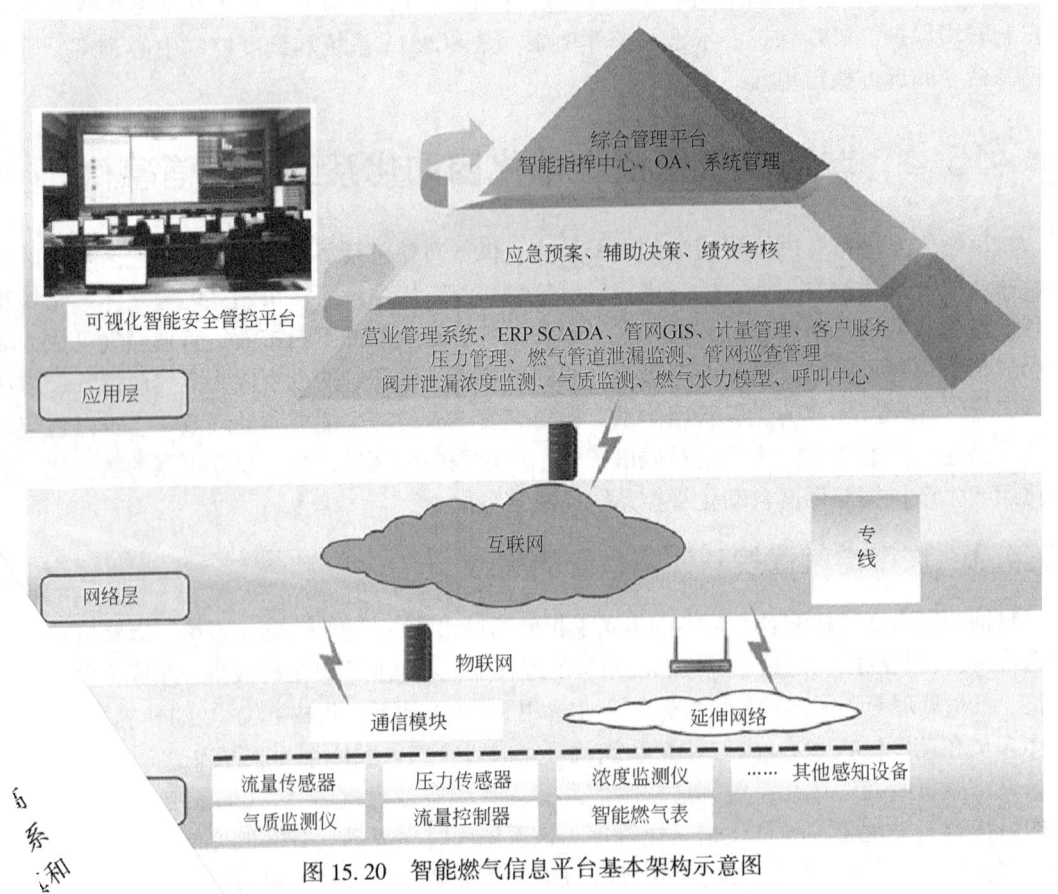

图15.20　智能燃气信息平台基本架构示意图

15.4.2 城市燃气 SCADA 系统的体系及功能

城市燃气管控一体化系统是信息管理系统与燃气 SCADA 系统的综合集成应用。其主体控制系统为燃气 SCADA 系统。该系统包括调度监控中心、门站、储配站等 PLC/RTU 站控系统、无人值守 RTU 站、安防系统等。操作人员在调度控制中心通过 SCADA 系统可完成对全市燃气输配系统的监控和运行管理。其系统结构如图 15.21 所示。

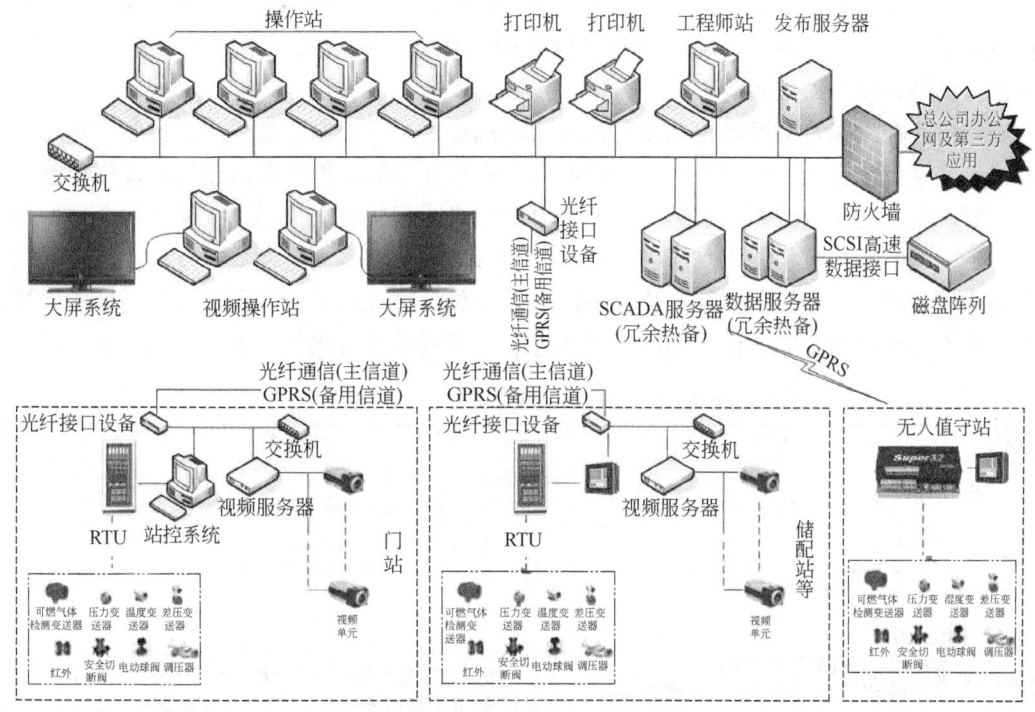

图 15.21 燃气 SCADA 系统结构框图

燃气 SCADA 系统具备通信诊断、分析的工具，各个通信口及其通信参数记录可在网络上的任何一台操作员工作站上显示。调度中心及站场自动控制功能至少实现管道运行参数监视、站场运行过程监控、报警响应、应急控制、数据处理与存储、运行工况模拟及预测、输差平衡与负荷预测等功能。其主要的自动控制功能分析如表 15.1 所示。

表 15.1 燃气管道系统主要的自动控制功能分析表

序号	类别	控制功能
调控中心远程控制功能		
1	站场应急控制	全站 ESD、区域 ESD
2	全站功能控制	站启动、关闭
3	区域功能控制	用户启动、关闭,管线选择
4	站场运行参数调整	压缩机组负荷分配参数控制,分输用户压力、流量及日指定参数
5	主要设备远程操作控制	压缩机组启、停,重要阀门操作等
6	通信路由选择控制	主备路由切换、通断测试等
站场自动控制功能		
1	站场应急控制	全站 ESD、区域 ESD、超压保护、火气报警 ESD 控制、机组 ESD 保护等

续表

序号	类别	控制功能
2	全站功能控制	全站启动、关闭,越站旁通阀控制、线路爆管检测控制、自动校时控制等
3	区域功能控制	分输用户启动、关闭、过滤、计量、调压等并联支路自动切换,压缩机组负荷分配自动控制,用户自动分输控制等
4	设备控制	压缩机组控制、辅助系统设备控制、阀室控制等

该系统以组态软件、工业数据库、控制器为核心,并采用各种通信方式构成一个分布式计算机数据采集与监控网络,同时兼有经营管理的功能。SCADA 系统按功能划分为调度中心系统、场站系统和通信系统三大部分。

调控中心在站场自动逻辑控制基础上来实现远程目标的控制。站场过程控制的重点是实现站场工艺系统的自动逻辑控制及调控中心的宏观目标控制,而不仅仅是远程操作控制。过程控制要求所有切换控制能实现无扰切换,自动切换执行优先级控制,并能设置合理的切换阈值与触发延时和超时报警,其所有的切换控制参数采用基本测量参数。过程控制进程遇阻后自动中断进程,过程控制执行完成后程序自动复位。过程控制命令受站场控制模式的权限限制,中心与站场命令应互锁。国内外燃气管道的运行模式对比如表 15.2 所示。

表 15.2 国内外燃气管道运行模式对比

项目	国外管道	国内管道
管道运行	调控中心负责管道运行; 现场负责区域维护管理	调控中心指导管道运行; 现场负责区域管道运行、维护管理
站场运行	无人值守; 属地人员负责巡检,维护管理	有人值守,大部分为有人驻守; 站场人员负责现场运行、监控、操作管理
管道控制	采用 SCADA 系统,调控中心远程目标控制; 站场采用自动逻辑控制; 站场正常运行不需要人为干预; 异常报警,自动按照预定程序进行处理,处理时效短	采用 SCADA 系统,调控中心远程监视、操作控制; 站场采用现场操作、远程操作、部分逻辑控制; 站场主要依赖现场人员对输气过程中的各个环节进行干预; 异常报警,先由现场进行人工判断,再由现场人员负责处置,处理时效长
现场人员	每 100km 管道平均 2~5 人,站场无人; 以技能型为主,要求具备综合维护技能、异常处置能力; 负责所辖区域内站场、管线的现场巡检、维护管理; 管道抢修、大型设备维检修、专业化维检修等主要依托第三方服务商,通过合同管理保障	每 100km 管道平均 15~30 人(不含服务人员),站场 5~20 人驻守(分站类型); 以操作型为主,要求掌握基本操作技能,能按规程操作; 人员执行 24h 值班制度,负责属地范围日常管理、操作、巡检、简单维护等; 管道抢修、设备维检修、专业化维检修等主要依托上级单位或第三方服务商

综上所述,燃气 SCADA 系统的基本功能如下:

(1) 运行工况实现"四遥"。在调度监控中心可观察到全管网的运行工况,为管网运行调度提供依据,并根据调度方案向各重要节点发出调整、控制指令到执行机构。调整、控制后的新工况参数又实时地传送到调度监控中心,从而对管网实现遥测、遥控、遥调、遥信功能。系统通过标准以太网与公司计算机管理网络联网运行,公司有关负责人和相关部门可根据权限(由 SCADA 限定),对管网运行状况和相关数据进行查询、调用。

(2) 安全报警系统。在输配管网的调压站、门站等子站,当压力超高限或超低限时发出报警信号。通过 PLC/RTU 进入 SCADA 系统,对事故的及时处理提供决策和调度依据。

(3) 实时事故预测及报警。通过对检测数据的分析处理,并与正常工况进行比较,可及时发现异常现象及事故危险,并结合 GIS、CIS 系统确定发生的地点及现场管道与设备的情况,在调度监控中心显示屏上显示,同时发出报警信号。在管网发生事故时,由计算机给出发生地局部区域管网布置的详细情况,准确判断出事故波及影响的范围及相关的设备等,结合 GPS 系统指挥抢修人员迅速处理,将事故影响控制在最小的范围内。

(4) 自诊断和设备管理功能。对可能发生事故的隐患,也可作出一定程度的分析判断,提醒值班人员作相应的处理,做到将事故隐患消灭在萌芽状态,防患于未然。

(5) 调度监控中心的功能。调度监控中心实时采集本地监测站的运行参数,实现对管网和工艺设备的运行情况进行自动、连续的监控管理和数据统计,为管网平衡、安全运行提供必要的辅助决策信息。

调度监控中心的主要任务是通过各站点的 RTU/PLC 对管网和场站的工艺参数进行数据采集和监控。调度监控中心的操作人员通过计算机系统的操作员工作站所提供的管网和场站工艺过程的压力、温度、流量、设备运行状态等信息,完成对燃气输配管网的运行监控和管理。操作人员还可通过调度管理计算机完成数据的发布、传输等调度管理工作。

(6) PLC/RTU 站控系统的功能。门站、储配站等各重要站场的站控系统作为管道 SCADA 系统的现场控制单元,除完成对所处站场的监控任务外,同时负责将有关信息传送给调度控制中心并接受和执行其下达的命令。其可用于门站、各类调压站或柜、计量站、管网测压点、LNG 储配站,以及加气站、阀室和干、湿式储气柜等燃气输配场所。

PLC/RTU 站控系统与 SCADA 系统间的结构关系如图 15.22 所示。其主要功能为:①对现场的工艺变量进行数据采集和处理。②经通信接口与第三方的监控系统或智能设备交换信息。③监控各种工艺设备的运行状态。④对供电设备及其相关变量的监控。⑤站场可燃气体的监视和报警。⑥消防系统的监控。⑦周界报警系统的监控;显示动态工艺流程;提供人机对话的窗口;显示各种工艺参数和其他有关参数;显示报警一览表。⑧数据存储及处理;显示实时趋势曲线和历史曲线。⑨数据计算;逻辑控制;联锁保护;紧急停车(ESD)。⑩打印报警和事件报告;打印生产报表;数据通信管理;与主控及紧急备份中心通信,为调度控制中心提供有关数据;接受并执行调度控制中心下达的命令等。

为确保站场在应急状态下有效将风险控制在安全范围内,防止事故的进一步扩大,站场 ESD 的控制重点是在紧急状态下实现站场的关断,隔离站场与管线的连通,站场关闭后放空站内天然气。ESD 命令不受站场控制模式的限制,ESD 进程遇阻后保持激活状态,ESD 执行完成后应人工本地复位。站场 ESD 控制如图 15.23 所示。

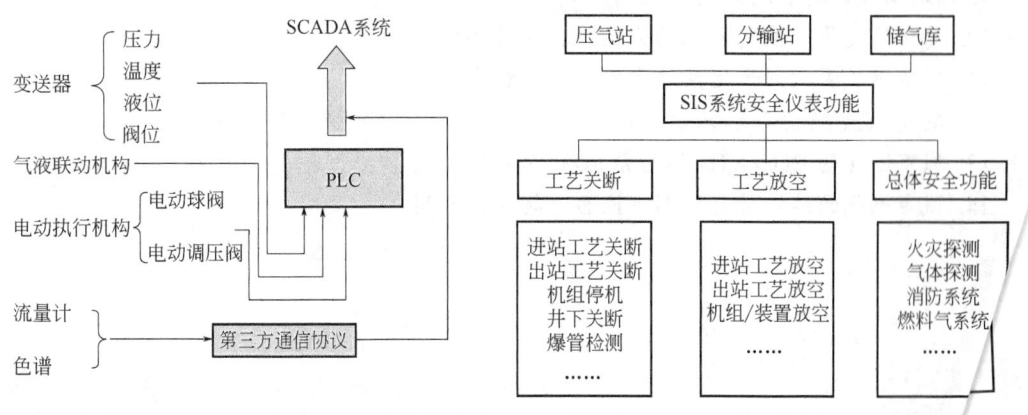

图 15.22 站控 PLC(RTU)与 SCADA 的结构关系   图 15.23 站场紧急控制(ESD)功能

(7) 无人值守站功能。系统常在小型调压站等无人值守站点处配置 RTU，完成对现场工艺参数的数据采集和处理；其主要功能有：①监控管网的安全切断阀门和电动阀门。②供电系统的监控。③可燃气体的监测和报警。④数据的存储及处理；逻辑控制；紧急停车（ESD）。⑤与主控中心通信，为调度控制中心提供有关数据；接受并执行调度控制中心下达的命令。

例如重庆爱尔公司的城市燃气调压计量智能系统，其利用计算机、信息与控制技术，构建了燃气管网的站级调压、计量、输配的数据采集系统，结合异常提示、安全联动、紧急切断，构成了有实时监控与安全处置功能的调压计量底层智能 SCADA 系统无人值守单元。

(8) 通信系统。通信系统是 SCADA 系统的重要组成部分，系统一般可支持有线、无线、微波、卫星、DDN、GSM/GPRS 等多种方式与现场设备或其他的系统进行通信。通信系统的结构及功能如下：①门站等重要场站采用 ADSL 或光纤为主，并用通信线路、GPRS 无线通信为备用通信线路的通信方式。②无人值守站采用 GPRS 的无线通信方式。③各站将有线通信方式的数据传输到调度监控中心；GPRS 的数据传输到移动公司机房，然后采用光纤或其他有线连接的方式接入主调度监控中心。④调度监控中心及各下级站点采用固定 IP 地址的方式，组成一个虚拟 LAN，实现 DNP3.0 数据通信协议的 TCP/IP 通信，并实现中心端对 RTU/PLC 的远程配置。各场站内则采用 Modbus 通信协议。⑤通信线路故障期间，各站点的 PLC/RTU 按时间顺序在其存储器内保存数据，待通信恢复后，将这些数据补传。中心则根据时间顺序将这些数据插入到数据库的适当位置。

习题与思考题

1. 目前应用的储运自动化系统有哪些主要类型？
2. PLC、DCS、SCADA 各适用于哪些储运生产场所？
3. 计算机自动化控制系统主要由哪些部分构成？
4. 简析储运自动化系统的发展趋势。
5. 何为管控一体化的信息化系统？
6. 简述管控一体化的信息化系统的体系及构成。
7. 简述油库信息化运营管理系统的功能。
8. 简析油库运行监控系统的构成。
9. 简述油气外输管道控制系统的组成与结构。
10. 简析油气管道控制系统的分层结构及其功能。
11. 城市燃气管控一体化系统由哪些部分构成？
12. 燃气 SCADA 系统的基本功能有哪些？
13. 城市燃气的 PLC/RTU 站控系统有哪些主要功能？
14. 城市燃气的站场紧急控制（ESD）起什么作用？

参 考 文 献

[1] 中国石化销售公司组织. 基础知识. 北京：中国石化出版社，2017.
[2] 陆建国. 仪表与自动化. 北京：化学工业出版社，2010.
[3] 梁月，宋小东，胡正钧. 油气储运仪表及自动化. 青岛：中国石油大学出版社，2019.
[4] 吴明，邓淑贤. 油气储运自动化. 2版. 北京：化学工业出版社，2013.
[5] 何道清，谌海云，等. 仪表自动化技术. 2版. 北京：化学工业出版社，2013.
[6] 黄春芳. 油气管道仪表与自动化. 北京：中国石化出版社，2009.
[7] 王克华. 油气集输仪表自动化. 北京：石油工业出版社，2012.
[8] 马秀让. 油库辅助设备设施与专用仪表. 北京：中国石化出版社，2016.
[9] 《油气管道自动化仪表技术》编委会. 油气管道自动化仪表技术. 北京：石油工业出版社，2016.
[10] 毛宝瑚，郑金吾，刘敬彪. 油气田自动化. 青岛：中国石油大学出版社，2005.
[11] 厉玉鸣. 化工仪表及自动化. 3版. 北京：化学工业出版社，1999.
[12] 厉玉鸣. 化工仪表及自动化. 4版. 北京：化学工业出版社，2008.
[13] 厉玉鸣. 化工仪表及自动化. 5版. 北京：化学工业出版社，2011.
[14] 厉玉鸣. 化工仪表及自动化. 6版. 北京：化学工业出版社，2019.
[15] 杨丽明，张光新. 化工自动化及仪表. 北京：化学工业出版社，2004.
[16] 俞金寿. 过程自动化及仪表. 北京：化学工业出版社，2003.
[17] 王化祥. 自动检测技术. 北京：化学工业出版社，2004.
[18] 张宝芬，张毅，曹丽. 自动检测技术及仪表控制系统. 北京：化学工业出版社，2000.
[19] 张宏建，蒙建波. 自动检测技术与装置. 北京：化学工业出版社，2004.
[20] 周泽魁. 控制仪表与计算机控制装置. 北京：化学工业出版社，2002.
[21] 孙瑜，张根宝. 工业自动化仪表与过程控制. 西安：西北工业大学出版社，2003.
[22] 王树青，等. 工业过程控制过程. 北京：化学工业出版社，2003.
[23] 王家桢. 电动显示调节仪表. 北京：清华大学出版社，1987.
[24] 曹润生，等. 工程控制仪表. 杭州：浙江大学出版社，1987.
[25] 唐明辉，等. 热工自动控制仪表. 北京：水利电力出版社，1990.
[26] 王家桢，等. 传感器与变送器. 北京：清华大学出版社，1996.
[27] 王家桢. 调节器与执行器. 北京：清华大学出版社，2001.
[28] 钱承茂，刘焕彬. 制浆造纸过程测量与控制. 北京：中国轻工业出版社，1991.
[29] 拉维格纳 J R. 制浆造纸厂的仪表配置与自动控制. 张运展等译. 北京：中国轻工业出版社，1992.
[30] 蒋慰孙，俞金寿. 过程控制过程. 2版. 北京：中国石化出版社，1999.
[31] 金以慧. 过程控制. 北京：清华大学出版社，1993.
[32] 舒迪前. 预测控制系统及其应用. 北京：机械工业出版社，1996.
[33] 王永骥，等. 神经元网络控制. 北京：机械工业出版社，1998.
[34] 诸静，等. 模糊控制原理与应用. 北京：机械工业出版社，1995.
[35] 孙增圻，等. 智能控制理论与技术. 北京：清华大学出版社，1993.
[36] 周春辉. 过程控制工程手册. 北京：化学工业出版社，1992.

[37] 孙优贤,等. 造纸过程建模与控制. 杭州:浙江大学出版社,1993.
[38] 张宝芬,等. 自动检测技术及仪表控制系统. 北京:化学工业出版社,2000.
[39] 袁南儿,等. 计算机新型控制策略及其应用. 北京:清华大学出版社,1998.
[40] 焦李成. 神经网络系统理论. 西安:西安电子科技大学出版社,1990.
[41] 王红卫. 建模与仿真. 北京:科学技术出版社,2002.
[42] 王桂增,等. 高等过程控制. 北京:清华大学出版社,2002.
[43] 吴勤勤. 控制仪表及装置. 北京:化学工业出版社,2002.
[44] 李军. 检测技术及仪表. 2版. 北京:中国轻工业出版社,2000.
[45] 周培森,等. 自动检测与仪表. 北京:清华大学出版社,1987.
[46] 赵玉珠. 测量仪表与自动化. 东营:石油大学出版社,1997.
[47] 盛炳乾,李军. 工业过程测量与控制. 北京:中国轻工业出版社,1994.
[48] 张鑫,陈会军,刘德军. 检测技术及微机化仪器. 北京:化学工业出版社,1999.
[49] 杜效荣. 化工仪表及自动化. 2版. 北京:化学工业出版社,1994.
[50] 孙自强. 生产过程自动化及仪表. 北京:清华大学出版社,1999.
[51] 陈德民. 石油化工自动控制设计手册. 3版. 北京:化学工业出版社,2000.
[52] 王克华,张继峰. 石油仪表及自动化. 北京:石油工业出版社,2006.
[53] 樊宝德,朱勤. 油库计量与监控设备. 北京:中国石化出版社,2006.
[54] 孟凡芹,赵鹏程. 油库仪表与自动化. 北京:中国石化出版社,2008.
[55] 吴明,孙万富,周诗崇. 油气储运自动化. 北京:化学工业出版社,2006.
[56] 李亚芬. 过程控制系统及仪表. 大连:大连理工大学出版社,2010.
[57] 杨丽明,张光新. 化工自动化及仪表. 北京:化学工业出版社,2004.
[58] 陆德民. 石油化工自动控制设计手册. 北京:化学工业出版社,2000.
[59] 张毅,张宝芬,曹丽等. 自动检测技术及仪表控制系统. 3版. 北京:化学工业出版社,2012.
[60] 谢建昌,王克华. 测量仪表及自动化. 北京:石油工业出版社,1996.
[61] 李琳,穆向阳,江秀汉. 长输管道自动化技术. 石油工业出版社,2005.
[62] 庄兴稼,沈桂悢. 油品储运系统自动化. 北京:烃加工出版社,1989.
[63] 王永红. 化工检测与控制技术. 上海:上海交通大学出版社,2005.
[64] 吴明,陈世一. 石油化工静电及其测试技术. 沈阳:东北大学出版社,2000.
[65] 金德馨,王晶. 油气田及管道自动化(1). 石油规划设计,1999,10(1):41-44.
[66] 金德馨,王晶. 油气田及管道自动化(2). 石油规划设计,1999,10(4):42-44.
[67] 金德馨,王晶. 油气田及管道自动化(3). 石油规划设计,2000,11(1):42-44.
[68] 金德馨,王晶. 油气田及管道自动化(4). 石油规划设计,2000,11(2):44-47.
[69] 威廉斯 R I. 油气工业监控与数据采集(SCADA)系统. 北京:石油工业出版社,1995.
[70] 吴爱国,何信. 油气长输管道SCADA系统概述. 油气储运,2000,19(3):43-46.
[71] 孙齐. 数字管道的技术及应用. 油气储运,2005,24(4):1-2.
[72] 许秀,肖军,王莉. 石油化工自动化及仪表. 2版. 北京:清华大学出版社,2017.
[73] 王树青. 自动化与仪表工程师手册. 北京:化学工业出版社,2010.
[74] 范小平. 天然气加气站设备管理. 北京:中国质检出版社,2015.
[75] 李继从,范小平. 天然气加气站操作与运行. 北京:中国质检出版社,2014.
[76] 中国石化销售公司. 液化天然气加气站. 北京:中国石化出版社,2017.